住房城乡建设部土建类学科专业“十三五”规划教材
高等学校土木工程学科专业指导委员会规划教材
（按高等学校土木工程本科指导性专业规范编写）

土木工程测量

（第二版）

王国辉　魏德宏　主编
宁津生　闫　利　主审

中国建筑工业出版社

图书在版编目（CIP）数据

土木工程测量/王国辉，魏德宏主编. —2版. —北京：中国建筑工业出版社，2020.9（2023.12重印）
住房城乡建设部土建类学科专业“十三五”规划教材 高等学校土木工程学科专业指导委员会规划教材：按高等学校土木工程本科指导性专业规范编写
ISBN 978-7-112-25233-6

Ⅰ. ①土… Ⅱ. ①王… ②魏… Ⅲ. ①土木工程-工程测量-高等学校-教材 Ⅳ. ①TU198

中国版本图书馆CIP数据核字（2020）第097641号

本书是在第一版基础上，根据土木工程测量领域新规范、新技术及教学新要求修订而成。全书内容划分为测量学基础知识和工程测量两大部分，主要包括：大比例尺地形图的应用，测设的基本工作和平面位置测设的基本方法，工业与民用建筑的施工测量，管道和道路工程测量，桥梁和隧道工程测量。本书将常规测量方法与现代科学技术相结合，各专业和方向可根据需要对教学内容进行选择。教材在编写过程中，以培养应用型人才为宗旨，注重理论与实际相结合，力求做到既能满足本科专业的教学要求，又能满足施工现场的实际需要。

本书不仅可作为土木工程专业的各专业方向教材，还可作为建筑学、城乡规划、环境工程、房地产与土地管理等专业的教材及工程技术人员参考书。

为更好地支持本课程教学，我社向选用本教材的任课教师提供课件，有需要者可与出版社联系，索取方式如下：建工书院 http://edu.cabplink.com，邮箱 jckj@cabp.com.cn，电话：010-58337285。

责任编辑：吉万旺 王 跃
责任校对：张惠雯

住房城乡建设部土建类学科专业“十三五”规划教材
高等学校土木工程学科专业指导委员会规划教材
（按高等学校土木工程本科指导性专业规范编写）

土木工程测量（第二版）

王国辉 魏德宏 主编
宁津生 闫 利 主审

*

中国建筑工业出版社出版、发行（北京海淀三里河路9号）
各地新华书店、建筑书店经销
霸州市顺浩图文科技发展有限公司制版
北京云浩印刷有限责任公司印刷

*

开本：787×1092毫米 1/16 印张：26¾ 字数：560千字
2020年9月第二版 2023年12月第二十一次印刷
定价：**75.00**元（赠教师课件）
ISBN 978-7-112-25233-6
（35996）

本系列教材编审委员会名单

出 版 说 明

近年来，我国高等学校土木工程专业教学模式不断创新，学生就业岗位发生明显变化，多样化人才需求愈加明显。为发挥高等学校土木工程学科专业指导委员会“研究、指导、咨询、服务”的作用，高等学校土木工程学科专业指导委员会制定并颁布了《高等学校土木工程本科指导性专业规范》（以下简称《专业规范》）。为更好地宣传贯彻《专业规范》精神，规范各学校土木工程专业办学条件，提高我国高校土木工程专业人才培养质量，高等学校土木工程学科专业指导委员会和中国建筑工业出版社组织相关参与《专业规范》研制的专家编写了本系列教材。本系列教材均为专业基础课教材，共20本，已全部于2012年年底前出版。此外，我们还依据《专业规范》策划出版了建筑工程、道路与桥梁工程、地下工程、铁道工程四个主要专业方向的专业课系列教材。

经过五年多的教学实践，本系列教材获得了国内众多高校土木工程专业师生的肯定，同时也收到了不少好的意见和建议。2016年，本系列教材整体入选《住房城乡建设部土建类学科专业“十三五”规划教材》，为打造精品，也为了更好地与四个专业方向专业课教材衔接，使教材适应当前教育教学改革的需求，我们决定对本系列教材进行第二版修订。本次修订，将继续坚持本系列规划教材的定位和编写原则，即：规划教材的内容满足建筑工程、道路与桥梁工程、地下工程和铁道工程四个主要方向的需要；满足应用型人才培养要求，注重工程背景和工程案例的引入；编写方式具有时代特征，以学生为主体，注意新时期大学生的思维习惯、学习方式和特点；注意系列教材之间尽量不出现不必要的重复；注重教学课件和数字资源与纸质教材的配套，满足学生不同学习习惯的需求等。为保证教材质量，系列教材编审委员会继续邀请本领域知名教授对每本教材进行审稿，对教材是否符合《专业规范》思想，定位是否准确，是否采用新规范、新技术、新材料，以及内容安排、文字叙述等是否合理进行全方位审读。

本系列规划教材是实施《专业规范》要求、推动教学内容和课程体系改革的最好实践，具有很好的社会效益和影响。在本系列规划教材的编写过程中得到了住房城乡建设部人事司及主编所在学校和学院的大力支持，在此一并表示感谢。希望使用本系列规划教材的广大读者继续提出宝贵意见和建议，以便我们在本系列规划教材的修订和再版中得以改进和完善，不断提高教材质量。

高等学校土木工程学科专业指导委员会
中国建筑工业出版社

序

以3S技术为代表的现代测绘科学技术，使测绘学科从理论到手段发生了根本性的变化，它在经济社会发展中的应用范围正在日益扩展。所谓工程测量就是测绘学在国民经济、社会发展和国防建设中的直接应用。

《土木工程测量》这本教材是根据高等学校土木工程专业教学指导委员会制订的“土木工程指导性专业规范”，结合土木工程、环境工程、土地资源和房产管理等专业对工程测量的实际需求编写而成，可供相关本科专业选用，是一部内容全面的工程测量教材。

这本教材结合现代测绘科学技术的发展趋势，在阐述测量的基本理论与方法的同时介绍了现代测绘科技成果。在论述空间点位的表示方法中增加了我国2000国家大地坐标系（CGCS2000）的内容；在论述测定和测设的三项基本工作中，密切结合数字水准仪、全站仪、GPS等新仪器的构造、原理及其使用；增加了数字地形图测绘、地籍测量、房产测量的方法及相关绘图软件的使用；在工程应用部分包括了建筑、道路（公路与铁路）、桥梁、隧道和管道工程在勘测设计、施工、竣工验收和运营管理各阶段的测量工作。特别是在公路、铁路的工程测量中加入了在数字地形图上获取测设资料以及全站仪和GPS放样等内容。可以看出，该教材能将现代测绘科学技术与工程实际需求密切结合，充分体现了本教材为满足现代工程建设与时俱进的需要和特点。

这本教材内容全面，知识结构布局先易后难、循序渐进，便于学生理解、掌握和自学；教材注重理论与实际相结合，做到了既能达到非测绘类本科专业的教学要求，又能满足工程建设的实际需要。衷心希望本教材能在教学和工程实践中发挥积极作用。

武汉大学教授、中国工程院院士

第二版前言

近年来，随着测绘科学技术的进步，特别是全球定位系统（GPS）、地理信息系统（GIS）、摄影测量与遥感（RS）以及低空、地面、水下测量等新技术在工程领域的不断应用和发展，工程测量技术的理论和方法也随之发生了深刻变化。有的测量仪器将逐渐淡出工程测量的应用范畴，数字测量方兴未艾。2016年6月，我国正式成为《华盛顿协议》成员国，意味着我国工程教育必须从以教材理论体系为中心向“以学生为中心、以成果输出为导向、持续改进”的教育理念转变，面向新时代工程教育全面认证的要求。本书是在上一版《土木工程测量》的基础上修订而成的。修订版着重突出了以下两方面的特点：一是在内容体系组织上从注重系统性、全面性，转变为注重面向工程实际的针对性和实用性；二是内容上更加贴近工程实际，对实际应用较少的内容进行了删除，对测绘新技术和新仪器设备及相应软件的应用等内容进行了增补和更新。同时，相应地对各章的习题、电子课件等进行了修改。

本书以大土木为背景，工程测量内容涵盖建筑、道桥、地下工程、环境工程、土地和房产管理、给水排水等专业，内容比较全面，可供不同专业选用。教材以工程实际为导向，结合现行测量规范，每章都配有思考题、习题，以便培养学生分析问题、解决问题的能力。教师可根据学生的专业特点和本学校的仪器情况，结合应用领域选择相关的测量内容进行教学。本书配有多媒体课件，适合土木工程专业的院校选用，同时也可供相关专业的工程技术人员参考。本书第1～7章介绍了测绘学的基本知识、测量的基本工作及测量仪器的构造和使用；第8～11章讲述了大比例尺地形图（纸质与数字）、地籍图的测绘及应用；第12～17章着重介绍了建筑工程、道路、桥梁、隧道和管道工程的测量工作。本书由广东工业大学王国辉教授（第1、14章）、马莉教授（第5、14章）、张兴福教授（第4、7章）、蒋利龙教授（第6章）、魏德宏讲师（第10、11章）、赵滔滔讲师（第2、9章）、余旭副教授（第13章）、王宇会讲师（第3、12章）以及石家庄铁道大学梁建昌副教授（第8、17章）、李少元副教授（第15章）、侯永会副教授（第16章）、赵军华讲师（第17章）共同编写。本次修订由魏德宏、王国辉老师执笔对全书进行了修改和统筹。

作者

2020年3月

第一版前言

测绘学是一门古老而又崭新的学科。古老基于其悠久的历史渊源，崭新体现在其紧贴时代发展的脉搏，随着科学技术的不断进步，测绘科学的理论与技术也得到了飞速发展。工程测量学是测绘学的一个分支学科，是现代工程建设不可或缺的应用科学。

本教材是以高等学校土木工程专业教学指导委员会制订的《土木工程指导性专业规范》为指导，为培养"厚基础、宽口径、强能力"的工程类应用型人才而编写的。本书以大土木为背景，工程测量内容涵盖建筑、道桥、地下工程、环境工程、土地和房产管理、给水排水等专业工程，内容比较全面，可供不同专业选用。教材以工程实际为背景，结合现行测量规范，在每章都配有思考题、习题，以便培养学生分析问题、解决问题的能力。

在教材编写过程中我们注重教学与工程实际相结合，传统理论与现代理论相结合。在介绍测量仪器及其使用过程中，既兼顾工程建设的仪器现状，又考虑到学校的实验条件，将光学仪器和现代仪器均纳入介绍范围；在讲述测量方法时，传统方法与现代测量方法同时讲解以供选用。教师可根据学生的专业特点和本学校的仪器情况，结合应用领域选择相关的测量内容进行教学。本书配有多媒体课件，适合土木工程专业的院校选用，同时也可供相关专业的工程技术人员参考。

本书第1～7章介绍了测绘学的基本知识、测量的基本工作及测量仪器的构造和使用；第8～11章讲述了大比例尺地形图(纸质与数字)、地籍图的测绘及应用；第12～17章着重介绍了工业与民用建筑、道路、桥梁、隧道和管道工程的测量工作。

本书由广东工业大学王国辉教授（第1、14章）、蒋利龙教授（第6章）、马莉教授（第5、14章）、张兴福副教授（第4、7章）、唐桂文讲师（第4章）、魏德宏讲师（第10、11章）、赵滔滔讲师（第2、9章）、余旭博士（第13章）、王宇会讲师（第3、12章）以及石家庄铁道大学梁建昌副教授（第8、17章）、李少元副教授（第15章）、侯永会副教授（第16章）、赵军华讲师（第17章）共同编写。全书由王国辉教授和张兴福副教授统稿，魏德宏老师负责插图绘制。全书配有多媒体教学课件，由马莉教授和魏德宏老师负责统筹。

《土木工程测量》既是广东省精品课程建设项目（广东工业大学），同时也是河北省精品课程建设项目（石家庄铁道大学）。

本书在编写过程中荣幸地得到了中国工程院院士、武汉大学教授宁津生先生和武汉大学阎利教授的悉心指导，他们在百忙中审阅了全书，提出了宝贵的修改意见，谨在此表示衷心地感谢！

本书配有多媒体教学课件，如有需要，请发邮件至 jiangongkejian@163.com 索取。

由于编者水平所限，书中可能存在不足和缺陷，请读者批评指正。

作者

2011 年 2 月

目　　录

第1章 绪论

本章知识点

【知识点】 测量学的任务及作用、水准面与大地水准面、大地体与参考椭球面、地球空间点位的表示方法、测量的基本工作和工作原则。

【重点】 地球空间点位的表示方法。

【难点】 高斯平面直角坐标系的建立。

1.1 测量学的任务及作用

测量学是研究地球的形状、大小以及空间几何实体的形状、大小、位置、方向和分布，并对这些空间位置信息进行采集、加工处理、储存、管理和使用的一门科学。

测量学的主要内容包括测定和测设两个方面。测定是指使用测量仪器和工具，按照一定的方法进行测量和计算，得到点和物体的空间位置，或把地球（或其他空间星体）的表面形态测绘成地形图，为经济建设、规划设计、科学研究和国防建设提供信息。测设是指把图纸上设计好的建筑物、构筑物，通过测量标定于实地的工作。按照研究范围、研究对象以及研究方法的不同，测量学可以分为多个分支学科。

大地测量学：研究和测定地球的形状、大小和地球重力场，以及建立地球表面广大区域控制网的理论、技术和方法。在大地测量中，必须考虑地球的曲率。随着现代空间技术的发展，大地测量学正在从常规大地测量学向空间大地测量学和卫星大地测量学方向发展。

天文测量学：研究测定恒星的坐标，以及利用恒星确定地面观测点坐标（经度、纬度等）的科学。

普通测量学：研究在地球表面局部区域内测绘地形图的理论、技术和方法，有时又称为地形测量学。当研究的范围较小时，可以不考虑地球曲率的影响。

摄影测量学与遥感：研究利用摄影像片或遥感技术获取被测物体的信息，以确定其形状、大小和空间位置的理论、技术和方法。根据获得像片方式和研究目的的不同，摄影测量学又分为航空摄影测量学、地面摄影测量学、水下摄影测量学和航天（卫星）摄影测量学等。

海洋测量学：研究以海洋和陆地水域为对象的测量以及海图编制工作的理论、技术和方法。

工程测量学：研究工程建设在设计、施工和管理各阶段所进行测量工作的理论、技术和方法。

地图制图学：研究利用测量采集、计算所得到的成果资料，编制各种地图的理论、原理、工艺技术和应用的科学。其主要的研究内容包括地图投影学、地图编制、地图整饰、印刷等。目前，已实现了制图自动化、电子地图制作以及建立数字化地理信息系统，并越来越广泛地被人们所应用。

测量仪器学：研究测量仪器的制造、改进和创新的科学。

随着科学技术的迅速发展，光电技术、卫星定位技术和计算机技术的应用已为测绘科学带来一场全新变革。随着全站仪、电子水准仪和 GPS 等新型测量仪器设备的使用，传统的测量模式正在向数字化、自动化、程序化方向发展；利用卫星影像、合成孔径激光雷达采集地球空间信息，研究地球或其他星体表面的形态变化以及球体内部的矿藏资源是当前的热点课题；无人机和卫星摄影测量正逐渐揭开人类无法到达区域的神秘面纱；地球空间信息采集、加工处理正向多源信息融合方向迈进，其应用领域越来越宽广；测量学分支学科的划分将越来越模糊，将以新的理念进行定义和诠释。

测绘科学的应用范围很广，在国民经济和社会发展规划中，首先要有地形图和地籍图，才能进行各种规划及地籍管理，可见测绘信息是最重要的基础信息之一。在国防建设中，军事测量和军用地图是现代大规模诸兵种协同作战不可或缺的重要保障。根据地球形状、大小的精确数据和相关地域的重力场资料，精确测算出发射点和目标点的坐标、方位、距离，才能保证远程导弹、空间武器、人造卫星或航天器精确入轨，随时校正轨道或命中目标。空间科学技术研究、地壳形变、地震预报以及地极周期性运动的研究等都需要应用测绘科学所采集的信息。此外，在陆地、海底资源勘探及开采等方面都需要测量提供资料和指导。

测绘科学在城乡建设和环境保护中有着广泛的应用。在规划设计阶段，要测绘各种比例尺的地形图，供城镇规划、工厂选址、管线及交通道路选线以及平面和立面位置设计使用。在施工阶段，要将设计好的建筑物、构筑物的平面位置和高程在实地测设标定出来，并指导施工。竣工后，还要测绘竣工图，供日后扩建、改建和维修之用。此外，还要对某些重要的建筑物进行变形观测，以保证建筑物安全使用。

综上所述，可以看出测量工作贯穿于经济建设和国防建设的各个领域，贯穿于工程建设的始终。因此，测量工作是土木工程、土地管理、环境保护等专业必备的专业基础。掌握测量工作的测、算、绘、用的基本技能，以便灵活运用所学测量知识更好地为其专业工作服务。本教材主要包括普通测量和工程测量的部分内容，以满足相关本科专业的教学需要。

1.2 地面点位的表示方法

1.2.1 地球的形状与大小

测量工作主要是在地球表面上进行的，而地球是一个赤道稍长、南北极稍扁的椭球体。地球自然表面极不规则，有高山、丘陵、平原和海洋。最高的珠穆朗玛峰海拔 8844.43m，最低的马里亚纳海沟低于海水面达 11022m。但是，这样的高低起伏，相对于地球半径 6371km 而言还是很微小的。如何表述地球空间点的位置呢？考虑到海洋面积约占整个地球表面的 71%，陆地面积约占 29%，故而人们习惯上把海水面所包围的地球实体看作地球的形体，依此确定测量工作的基准依据，进而确定地球空间点的位置。

由于地球的自转运动，其表面的质点同时受到地球引力和离心力的双重作用，这两个力的合力称为重力，重力的方向线称为铅垂线。铅垂线是测量工作的基准线。

假想自由静止的水面将其延伸穿过岛屿与陆地，而形成的连续封闭曲面称之为水准面。水准面是受地球重力影响而形成的重力等位面，其特点是处处与铅垂线方向垂直。通常将与水准面相切的平面称为水平面。由于水准面可高可低，所以水准面有无数个。在众多的水准面当中，人们将与平均海水面吻合并穿过岛屿向大陆内部延伸而形成的闭合曲面称之为大地水准面。大地水准面是测量工作的基准面。

由大地水准面所包围的地球形体称之为大地体。由于地球内部质量分布的不均匀，引起铅垂线的方向产生不规则变化，导致大地水准面成为一个复杂的曲面（图 1-1），大地体无法用数学公式表达，故而在这个不规则的曲面上处理测量数据很不方便。因此，需要用一个在形体上与大地体非常接近，并可用数学公式表述的几何形体——地球椭球来代替地球的形状（图 1-2）作为测量计算工作的基准面。地球椭球是一个椭圆绕其短轴旋转而成的形体，故又称其为旋转椭球。旋转椭球由长半径 a（或短半径 b）和扁率 α 所确定。

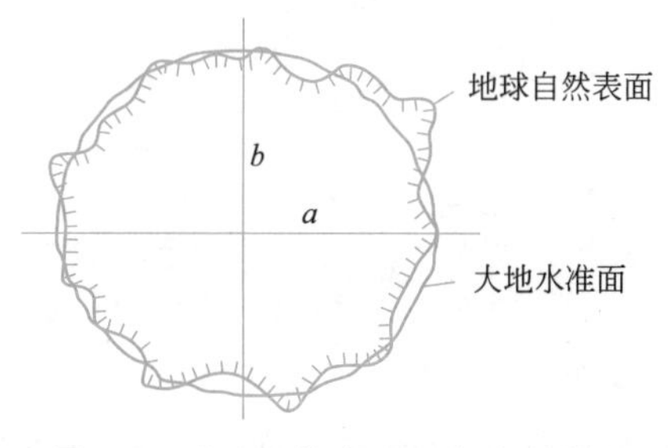

图 1-1 地球自然表面、大地水准面

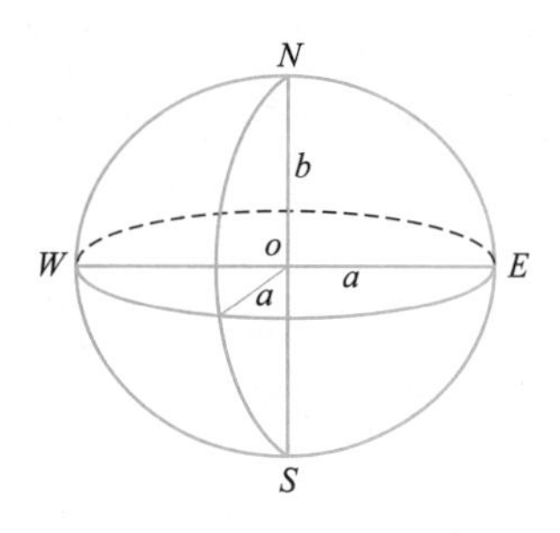

图 1-2 旋转椭球

我国建立和使用的“1980 年国家大地坐标系”，大地原点在陕西省泾阳县永乐镇，所采用的椭球元素为

长半径：$a=6378140\text{m}$

扁率：$\alpha=1:298.257$

其中：$\alpha=\dfrac{a-b}{a}$

由于地球椭球的扁率很小，当测区范围不大时，可近似地把地球椭球作为圆球，其平均半径 R 为

$$R=(2a+b)/3\approx6371\text{km}$$

1.2.2 地面点位的表示方法

定位是测量的主要工作内容之一，即确定地面点的空间位置。地面点的空间位置通常用球面坐标（如经纬度）、平面坐标、地心三维空间坐标来表示。在工程中，通常用平面直角坐标和高程来表示地面点的空间位置。

1. 地面点的高程

地面点到大地水准面的铅垂距离，称为该地面点的绝对高程或高程，又称海拔。我国以黄海平均海水面作为高程起算的基准面（大地水准面）。由于条件限制或临时需要，在局部地区测量时，也可以考虑以当地的湖泊或者河流的平均水面（假定水准面）作为基准面，建立局部或临时的相对高程系统。在图1-3中 A、B 两点的绝对高程分别为 H_A、H_B。相对高程是指地面点到某一假定水准面的铅垂距离，又称为假定高程，当个别地区引用绝对高程有困难时使用。如图1-3中 A、B 点的相对高程分别为 H'_A、H'_B。两地面点间的绝对高程或相对高程之差称为高差，地面点 A、B 两点之间的高差 h_{AB} 为

$$h_{AB}=H_B-H_A=H'_B-H'_A \tag{1-1}$$

由此可见，两点间的高差与高程起算面无关。

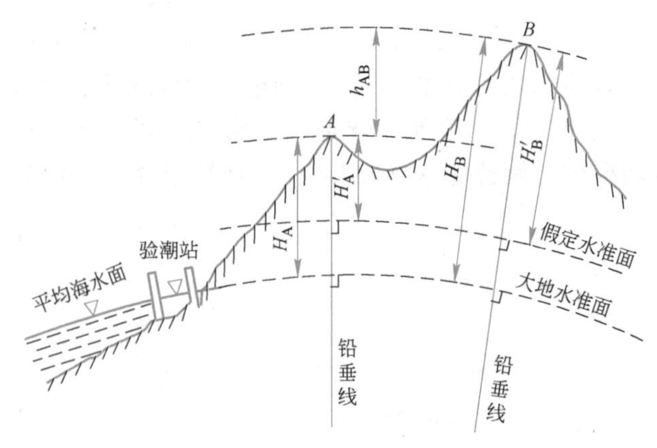

图1-3 地面点的高程

由于潮汐、风浪等因素影响，海水面的高低位置时刻在变化，是个动态的曲面。我国在青岛设立验潮站，长期观察和记录黄海海水面高低位置的变化，取其均值作为大地水准面高程为零的位置，并将其引测到水准原点。目前，我国采用的统一高程基准为“1985国家高程基准”，青岛水准原点的高程

为 72.260m，并以此为基准测算到全国各地。1987 年以前我国统一使用的“1956 年黄海高程系统”（水准原点高程为 72.289m），已由国家测绘局颁发{1987} 198 号文件通告废止。除此之外，还有一些地方高程系统，如上海的“吴淞口高程基准”、广州的“珠江高程基准”等。在利用旧的高程系统和地方高程系统下的高程测量成果资料时，要进行不同高程系统的统一和换算。

2. 地面点的坐标形式

常用的球面坐标为地理坐标（又分为天文坐标和地理坐标）；常用的平面坐标有高斯平面直角坐标、独立平面直角坐标；常用的地心坐标有 WGS-84 坐标、CGCS2000 坐标等。

(1) 地理坐标

用经度、纬度表示地面点在椭球面上的位置称为地理坐标。地理坐标又按坐标所依据的基准线和基准面的不同分为天文坐标和大地坐标两种。

1) 天文坐标

天文坐标又称天文地理坐标，用天文经度 λ 和天文纬度 φ 表示地面点在大地水准面上的位置。如图 1-4 所示，NS 为地球的自转轴（或称地轴），N 为北极，S 为南极。过地球表面任一点与地轴 NS 所组成的平面称为该点的子午面，子午面与地面的交线称为子午线，亦称经线。P 点的天文经度 λ，是 P 点所在子午面 $NPKSO$ 与首子午面 $NGMSO$（即通过英国格林尼治天文台的子午面）所呈的二面角。经度自首子午线起向东或向西度量，经度从 0°起算至 180°，在首子午线以东者为东经，以西者为西经。垂直于地轴的平面与球面的交线称为纬线。其中，垂直于地轴的平面并通过球心 O 与球面相交的纬线称为赤道。经过 P 点的铅垂线和赤道平面的夹角，称为 P 点的纬度，常以 φ 表示。由于铅垂线是引力线与离心力的合力，所以地面点的铅垂线不一定经过地球中心。纬度从赤道向北或向南自 0°起算至 90°，分别称为北纬或南纬。

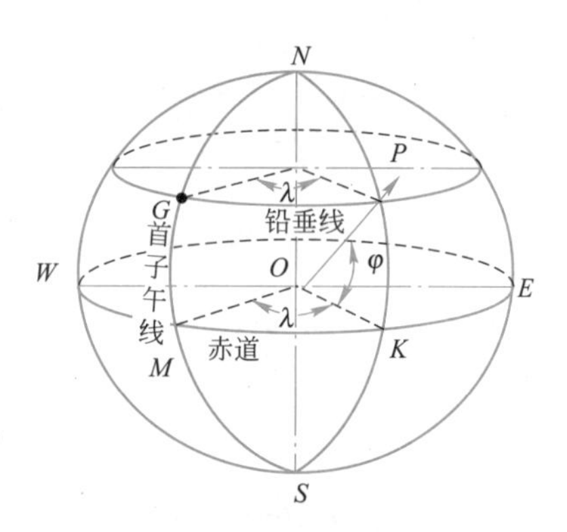

图 1-4　天文坐标

2) 大地坐标

大地坐标又称为大地地理坐标，用大地经度 L 和大地纬度 B 表示地面点在旋转椭球面上的位置。在图 1-5 中 P'是地面点，P 是其在参考椭球面上的位置，P'点的大地经度 L 就是 P 点所在子午面 $NPSO$ 和首子午面 $NGSO$ 所夹的二面角；P'点的大地纬度 B 就是过 P 点的法线与参考椭球赤道面所呈的交角。

天文经纬度是用天文测量的方法直接测定，大地经纬度是根据按大地测量所测得的数据推算而得到的。地面上一点的天文坐标和大地坐标之所以不同，是因为依据的基准面和基准线不同。天文坐标依据的是大地水准面和铅垂线，大地坐标依据的是旋转椭球面和法线。

(2) 平面直角坐标

地理坐标是球面坐标，不便于直接应用于工程建设。所以，工程建设中通常采用高斯平面直角坐标和独立的平面直角坐标。

1) 高斯平面直角坐标

高斯平面直角坐标系是按高斯横椭圆柱投影的方法建立的，简称高斯投影。首先，将野外采集、计算得到的点位数据按一定的方法改画到参考椭球面上；再将参考椭球面按一定经差划分成若干投影带（图 1-6）；然后将参考椭球装入横向椭圆柱筒中进行保角投影（图 1-7a），将每个投影带投影到柱面上，最后沿柱面母线剪开、展平得到各点的平面直角坐标（图 1-7b）。

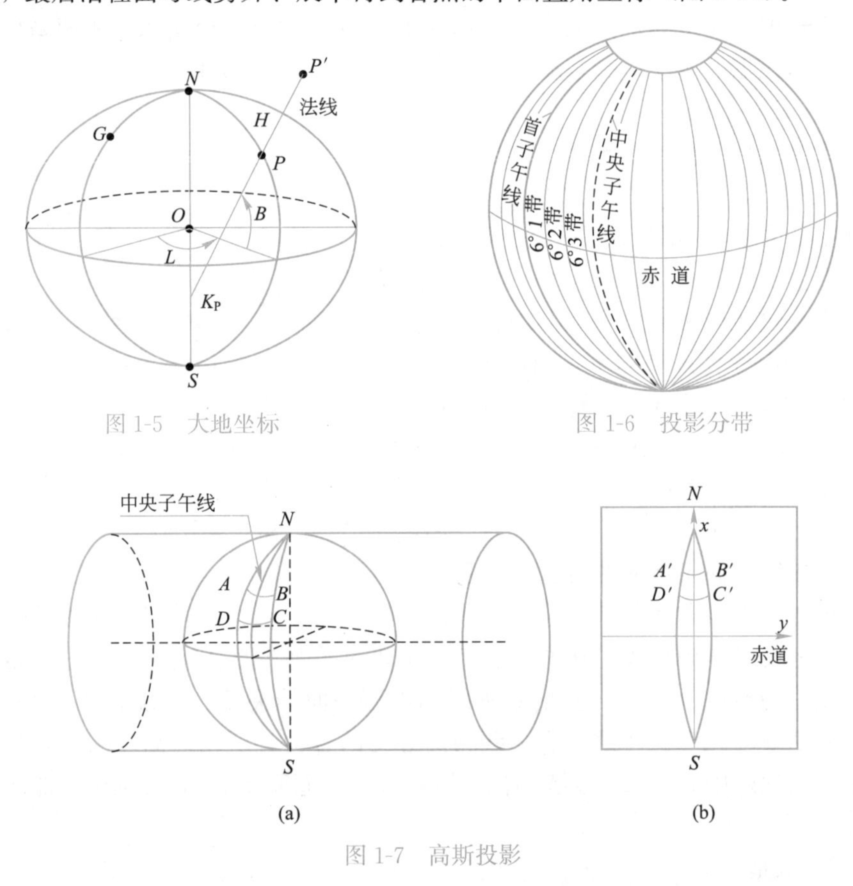

图 1-5　大地坐标

图 1-6　投影分带

图 1-7　高斯投影

投影带的划分是从首子午线（通过英国格林尼治天文台的子午线）起，自西向东每隔经差 6°划分一个投影带（称为六度带），将整个地球划分成经差相等的 60 个带，如图 1-6 所示。带号从首子午线起自西向东编，用阿拉伯数字 1、2、3……60 表示。位于各带中央的子午线称为各投影带的中央子午线。第一个六度带的中央子午线的经度为 3°，任一投影带的中央子午线的经度 L_0，可按式（1-2）计算

$$L_0 = 6^\circ N - 3^\circ \tag{1-2}$$

式中，N 为投影带的号数。反之，若已知地面某点的经度 L，要计算该点所

在统一 6°带编号的公式为

$$N=\mathrm{Int}\left(\frac{L}{6}\right)+1 \tag{1-3}$$

式中，Int 为取整函数。

高斯投影属于正形投影，即投影后角度大小不变，长度会发生变化。投影时椭圆柱的中心轴线位于赤道面内并且通过球心，使地球椭球上某六度带的中央子午线与椭圆柱面相切，在椭球面上的图形与椭圆柱面上的图形保持等角的条件下，将整个六度带投影到椭圆柱面上，如图 1-7（a）所示。然后，将椭圆柱沿着通过南北极的母线剪开并展成平面，便得到六度带的投影平面，见图 1-7（b）。中央子午线经投影展开后是一条直线，其长度不变形；纬圈 AB 和 CD 投影在高斯平面直角坐标系统内仍为曲线（$A'B'$和 $C'D'$）；赤道经投影展开后是一条与中央子午线正交的直线。以中央子午线的投影作为纵轴，即 x 轴；赤道投影为横轴，即 y 轴；两直线的交点作为原点，则组成高斯平面直角坐标系统。按照一定经差进行投影后便得到如图 1-8 所示若干个投影带的图形。

我国位于北半球，x 坐标均为正值，而 y 坐标值有正有负。在图 1-9（a）中，$y_A=+165080\text{m}$，$y_B=-307560\text{m}$。为避免横坐标出现负值，我国规定把高斯投影坐标纵轴向西平移 500km。坐标纵轴西移后 $y_A=500000+165080=665080\text{m}$，$y_B=500000-307560=192440\text{m}$，见图 1-9（b）。

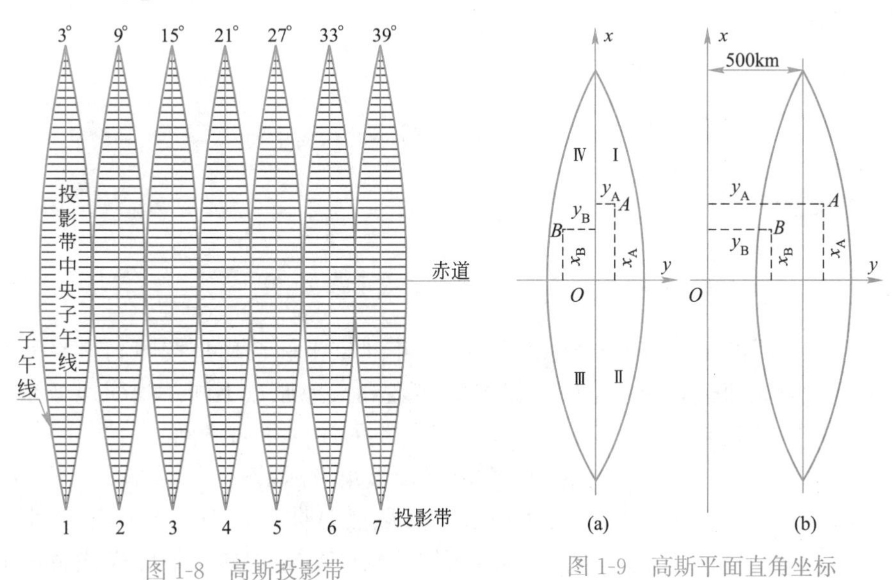

图 1-8　高斯投影带

图 1-9　高斯平面直角坐标

为了区分不同的投影带，还应在横坐标值前冠以两位数的带号。例如，A 点位于第 19 带内，则其横坐标 y_A 为 19665080m。

高斯投影中，离中央子午线近的部分变形小，离中央子午线越远变形越大，两侧对称。在大比例尺测图和工程测量中，有时要求投影变形更小，可采用三度分带投影法。它是从东经 1°30′起，每经差 3°划分一带，将整个地球划分为 120 个带（图 1-10），每带中央子午线的经度 L_0' 可按下式计算

$$L_0' = 3°n \quad (1-4)$$

式中 n——三度带的号数。

若已知某点的经度为 L，则该点所在 3°带的带号为 $n=\frac{L}{3}$（四舍五入）。

在测量坐标系中，纵轴为 x 轴，横轴为 y 轴，象限按顺时针方向编号（图 1-11），这与数学上的规定是不同的，目的是为了定向方便，而且可以将数学中的公式直接应用到测量计算中。

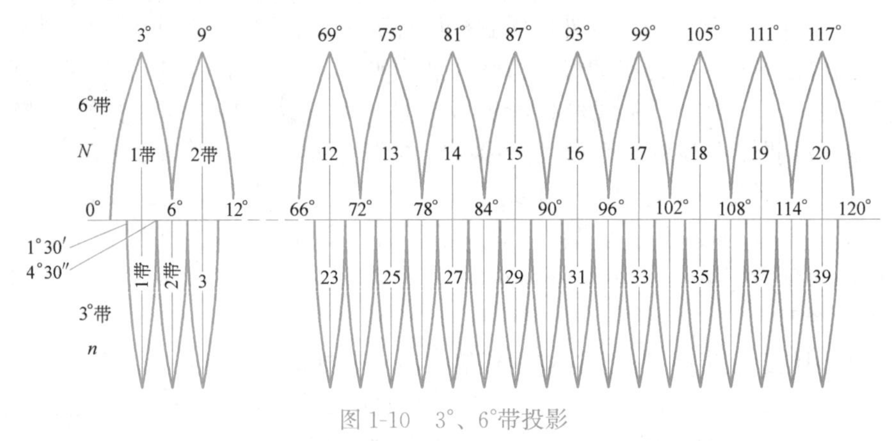

图 1-10　3°、6°带投影

【例题 1-1】 已知某点的大地经度为 124°54′，则该点各在 6°带和 3°带的哪一带？

【解】 6 度带带号：

$$N=\frac{L}{6}(\text{取整})+1\Rightarrow\frac{124.9}{6}=20.8+1\Rightarrow 20+1=21\text{ 带}$$

3 度带带号：

$$n=\frac{L}{3}(\text{四舍五入})\Rightarrow\frac{124.9}{3}=41.6\Rightarrow 42\text{ 带}$$

我国采用的 1980 西安坐标系和 1954 年北京坐标系均是按照高斯平面直角坐标投影原理建立的，不同的是椭球参数和大地原点不同。我国地处东经 74°～135°，六度带在 13～23 带之间，三度带在 25～45 带之间。

2）独立平面直角坐标系

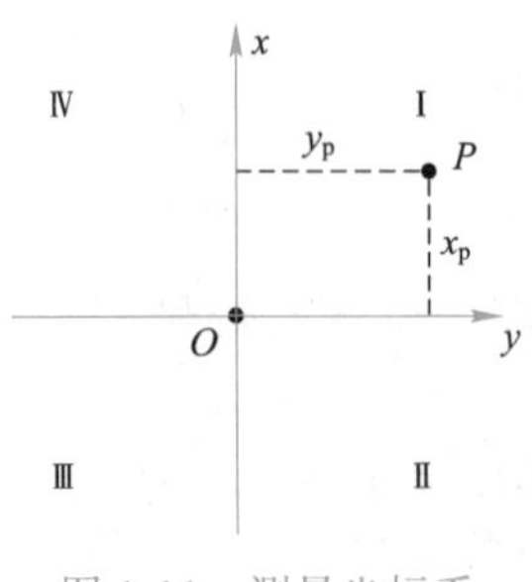

图 1-11　测量坐标系

大地水准面虽然是曲面，但当测区半径小于 10km 时，可用测区中心点 a 的切平面来代替曲面作为投影面。此时，地面点投影在投影面上的位置可用独立的平面直角坐标来确定。为了使测区内各点坐标均为正值，一般规定原点 O 选在测区的西南角，南北方向为纵轴 x 轴，向北为正，向南为负；东西方向为横轴 y 轴，向东为正，向西为负，如图 1-12 所示。

3. WGS-84 坐标系

WGS 英文含义是世界大地坐标系，它是美国国防局为 GPS 导航定位于 1984 年建立的地心坐标系，1985 年投入使用。WGS-84 坐标系的原点为地球质心，z 轴指向 BIH（国际时间局）1984.0 定义的协议地球极（CTP）方向，x 轴指向 BIH1984.0 的零度子午面和 CTP 赤道的交点，y 轴与其他两轴构成右手正交坐标系（图 1-13），尺度采用引力相对论意义下局部地球框架下的尺度。其采用的参考椭球参数 $a=6378137\text{m}$，$\alpha=1/298.257223563$。

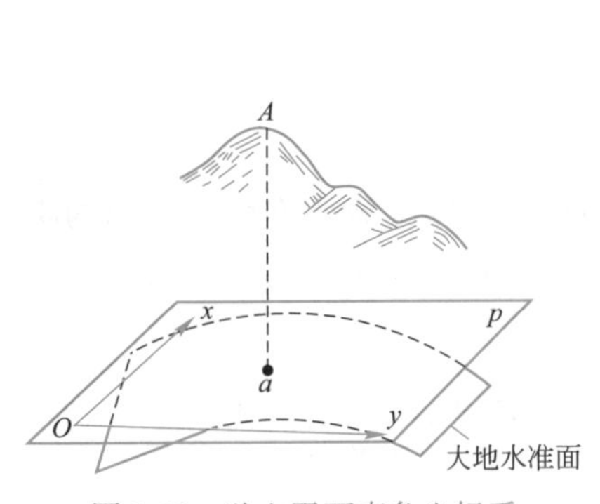

图 1-12　独立平面直角坐标系

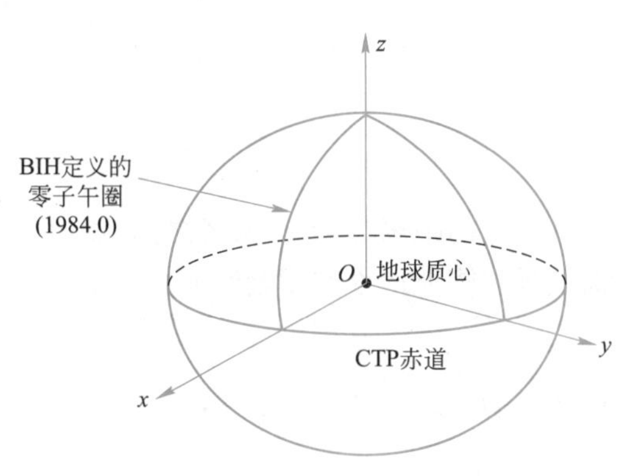

图 1-13　WGS-84 地心坐标系统

4. 2000 国家大地坐标系

2000 国家大地坐标系是我国新统一采用的地心坐标系统。国家测绘总局于 2008 年 6 月 18 日颁布，7 月 1 日开始执行。原点为地球质心，z 轴指向历元 2000.0 的地球参考极，x 轴指向格林尼治参考子午面与地球赤道面（历元 2000.0）的交点，y 轴与 z 轴、x 轴成右手正交坐标系，尺度采用引力相对论意义下局部地球框架下的尺度。其采用参考椭球参数 $a=6378137\text{m}$，$\alpha=1/298.257222101$。

WGS-84 坐标系、2000 国家大地坐标系、1980 西安坐标系和 1954 年北京坐标系均可根据相互关系（转换参数）进行坐标转换。

1.3　地球曲率对测量工作的影响

在平面直角坐标系中，水准面是一个曲面，把曲面上的图形投影到水平面上，总会产生一定的变形。如果把水准面当作水平面看待，其产生的变形不超过测量和制图的容许误差范围时，可在一定范围内用水平面代替水准面，从而大大简化测量和绘图工作。

1.3.1　用水平面代替水准面对距离的影响

在图 1-14 中，A、B、C 是地面点，它们在大地水准面上的投影点分别是 a、b、c，用该区域中心点的切平面代替大地水准面后，地面点在水平面上的投影点分别是 a、b'和 c'。设 A、B 两点在大地水准面上的距离为 D，在

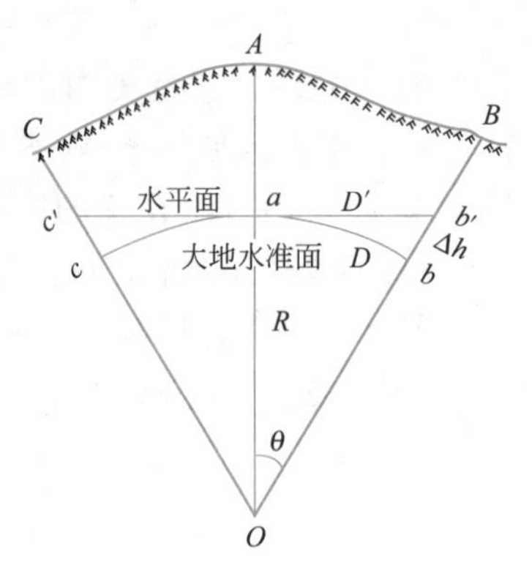

图 1-14 水平面代替水准面的影响

水平面上的距离为 D'，两者之差为 ΔD，即用水平面代替水准面所引起的距离差异。将大地水准面近似地看作半径为 R 的球面，则有

$$\Delta D = D' - D = R(\tan\theta - \theta) \tag{1-5}$$

已知 $\tan\theta = \theta + \frac{1}{3}\theta^3 + \frac{2}{15}\theta^5 + \cdots$，因 θ 角很小，只取其前两项代入式（1-5），得

$$\Delta D = R\left(\theta + \frac{1}{3}\theta^3 - \theta\right)$$

因 $\theta = \frac{D}{R}$ 故

$$\Delta D = \frac{D^3}{3R^2} \tag{1-6}$$

$$\frac{\Delta D}{D} = \frac{D^2}{3R^2} \tag{1-7}$$

式中，$\frac{\Delta D}{D}$ 为相对误差，用 $\frac{1}{M}$ 表示，M 越大，精度越高。取地球半径 $R=$ 6371km，以不同的距离 D 代入式（1-6）和式（1-7），得到表 1-1 所列结果。

水平面代替水准面对距离的影响　　表 1-1

距离 D(km)	距离误差 ΔD(cm)	相对误差 $\frac{\Delta D}{D}$
10	0.8	1/120 万
25	12.8	1/19 万
50	102.7	1/4.9 万
100	821.2	1/1.2 万

从表 1-1 所列结果可以看出，当 $D=10$km 时，地球曲率所产生的相对误差为 1∶120 万。在现阶段的测量工作中，要求距离测量的相对误差最高为 1∶100 万，一般距离测量仅为 1∶2000～1∶2 万，所以一般情况下，在 10km 为半径（或更小）的区域内进行距离测量时，地球曲率对距离的影响不必考

虑，可以把水准面当作水平面看待。

1.3.2 用水平面代替水准面对高程的影响

在图 1-14 中，地面点 B 的高程应是铅垂距离 bB，若用水平面代替水准面，则 B 点的高程为 $b'B$，两者之差 Δh，即为对高程的影响，由几何知识可知

$$\Delta h = bB - b'B = ob' - ob = R\sec\theta - R = R(\sec\theta - 1) \tag{1-8}$$

将 $\sec\theta$ 按级数展开为

$$\sec\theta = 1 + \frac{\theta^2}{2} + \frac{5}{24}\theta^4 + \cdots$$

已知 θ 值很小，仅取前两项代入式（1-7），考虑 $\theta = \frac{D}{R}$

故有
$$\Delta h = R\left(1 + \frac{\theta^2}{2} - 1\right) = \frac{D^2}{2R} \tag{1-9}$$

用不同的距离代入式（1-9），可得表 1-2 所列结果。从表中可以看出，用水平面代替水准面对高程的影响是很大的，当距离为 1km 时，就有 8cm 的高程误差，这是绝对不容许的。由此可见，即使距离很短（范围很小）也不能以水平面作为高程测量的基准面，而应顾及地球曲率对高程的影响。

水平面代替水准面对高差的影响　　　　表 1-2

D(km)	0.2	0.5	1	2	3	4	5
Δh(cm)	0.31	2	8	31	71	125	196

1.4 测量工作概述

1.4.1 基本概念

地球表面的形态和物体是复杂多样的，通常在测量工作中将其分为地物和地貌两大类。地面上自然或人工形成的物体称为地物，如河流、道路、房屋等；地面高低起伏的形态称为地貌，如山丘、平原等。

图 1-15 为部分地面地物、地貌的透视图，测区内有房屋、山丘、河流、小桥和道路等。在该区域测绘地形图时，首先选定一些具有控制意义的点，如图 1-15 中的 1、2、3、4、5、6 点，用较精密的仪器和较精确的方法测量相邻两点间的水平距离 D、高差和相邻两条边所构成的水平角 β，再根据已知数据计算出它们的坐标和高程。测算这些点的坐标和高程的测量工作叫作控制测量，这些点叫作控制点。然后，在控制点上安置仪器（如 1 点），测定地物特征点（地物轮廓线的转折点）和地貌特征点（地面坡度的变化点）相对于控制点的水平距离、高差，测定测站与特征点和测站点与相邻控制点所成直

线构成的水平角度，则可得到特征点的空间位置。最后，将地物特征点绘成地物图形，将地貌特征点勾绘成等高线，绘出如图 1-16 所示的地形图。地物和地貌的特征点统称为碎部点，地形图测绘又叫碎部测量。

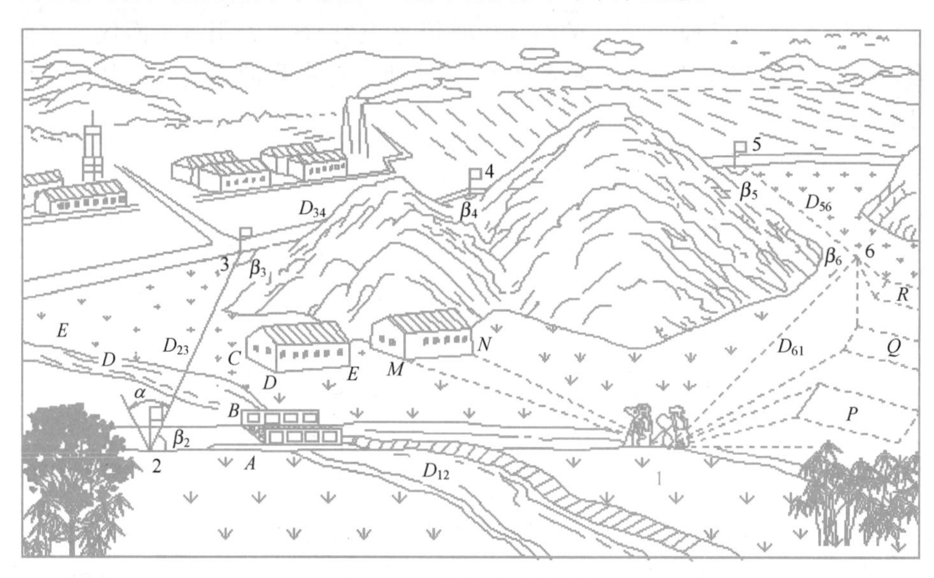

图 1-15 局部地形透视图

1.4.2 测量工作的程序和原则

测绘地形图时，要先进行控制测量，再进行碎部测量。当测区范围较大时，应首先进行整个测区的控制测量，然后再进行局部区域的控制测量；控制测量精度要由高等级到低等级逐级布设。因此，测量工作应遵循的程序和原则是“先控制后碎部”“从整体到局部”“由高级到低级”。这样，可以减少误差积累，保证测图精度，又可以分组测绘，加快测图进度。同时，测量工作还必须遵循“步步有检核”的原则，即“此步工作未做检核不进行下一步工作”。遵循这些原则，可以避免错误发生，保证测量成果的正确性。

测量工作的程序和原则，不仅适用于测定，而且也适用于测设。若欲将图 1-16 中设计好的建筑物 P、Q 测设标定于实地，也必须先在施工现场进行控制测量，然后在控制点上安置仪器测设它们的特征点。测设建筑物特征点的工作也叫碎部测量，也必须遵循“先控制后碎部”“从整体到局部”“由高级到低级”和“步步有检核”的原则，以防出错。

1.4.3 确定地面点位的基本要素和测量的基本工作

无论是控制测量，还是碎部测量，其实质都是确定地面点的位置。而地面点间的相互位置关系，是以水平角、水平距离和高程来确定的，通常将它们称之为确定地面点位的基本要素。因此，测量的基本工作就是高程测量、水平角测量和水平距离测量。

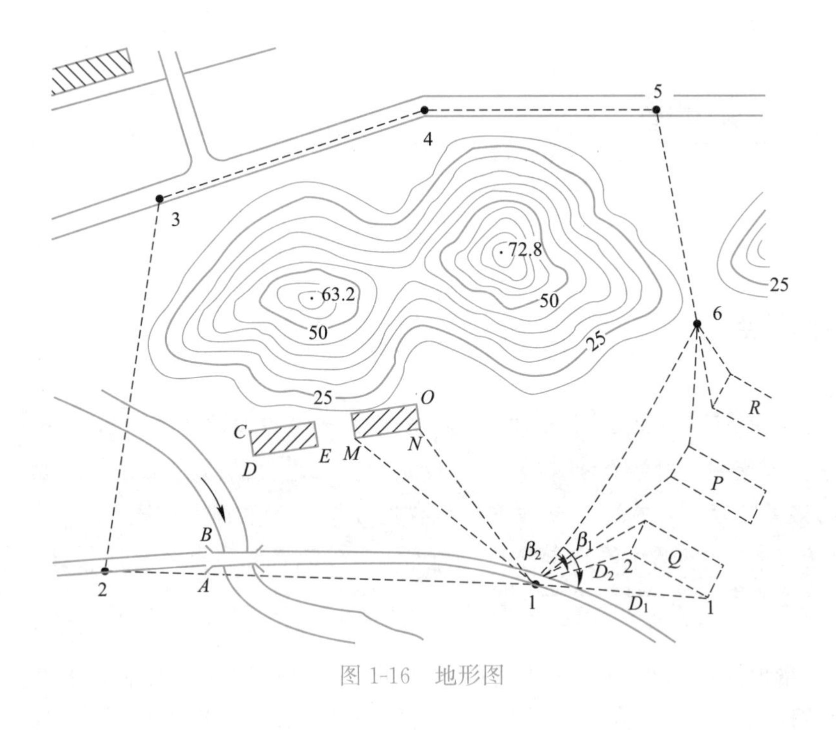

图 1-16　地形图

思考题

1-1　测量学的主要工作内容包括哪两部分，有何区别？

1-2　何谓大地水准面？何谓铅垂线？它们在测量工作中的作用是什么？

1-3　何谓绝对高程和相对高程？两点之间绝对高程之差与相对高程之差有无差异？

1-4　高斯平面直角坐标系是如何建立的？

1-5　测量工作中的平面直角坐标系与数学上的笛卡尔坐标有哪些异同？

1-6　用水平面代替水准面，对距离、高程有何影响？

1-7　测量工作应遵循哪些原则？其目的是什么？

1-8　测量工作的实质是什么？测量的基本工作有哪些？

习题

1-1　某地的经度为 113°42′，试计算它所在的六度带和三度带号，相应六度带和三度带的中央子午线的经度是多少？

1-2　我国某地一点的高斯三度带坐标和高程记为（2553148.412，38431075.623，3.760），问该点位于高斯 3°投影带第几带？投影带中央子午线的经度是多少？该点到赤道和到投影带中央子午线的距离分别为多少？

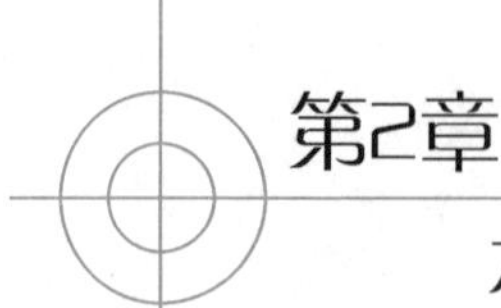

第2章 水准测量

本章知识点

【知识点】 水准测量原理，DS_3 水准仪构造及其使用；水准点和水准路线、水准测量外业实施和内业数据处理；水准仪的检验与校正，水准测量的误差及注意事项。自动安平水准仪及数字水准仪的基本特点。

【重点】 水准仪的基本操作，水准测量外业实施和内业数据处理。

【难点】 水准测量内业数据处理、水准仪的检验与校正。

测量地面点高程的工作称为高程测量。高程测量方法通常有水准测量、三角高程测量、GPS 高程测量和气压高程测量。其中水准测量是测定高程精度最高的一种方法，在高程控制测量、普通测量和工程测量中被广泛应用。本章主要介绍水准测量方法。

2.1　水准测量基本原理

水准测量的基本原理就是利用水平视线测得两点间的高差，进而由已知点的高程求得未知点高程。

如图 2-1 所示，设已知点 A 的高程为 H_A，欲求未知点 B 的高程 H_B，需测定 A、B 两点之间的高差 h_{AB}。在 A、B 两点之间安置一台能够提供水平视线的仪器——水准仪，并在 A、B 两点上分别竖立带刻划的尺子——水准尺。当仪器视线水平时，在 A、B 两个点的水准尺上分别读得读数 a 和 b，则 A、B 两点的高差为

$$h_{AB}=a-b \tag{2-1}$$

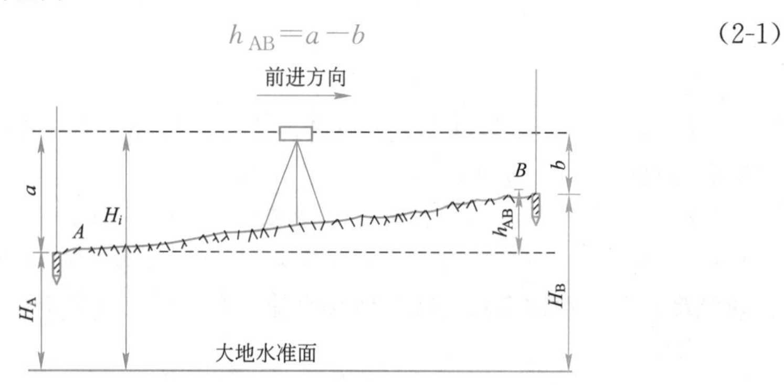

图 2-1　水准测量原理

如果水准测量前进方向是由 A 到 B，如图 2-1 中的箭头所示，则称 A 点为后视点，其水准尺读数 a 为后视读数；称 B 点为前视点，其水准尺读数 b 为前视读数。因此，高差等于后视读数减去前视读数。如果 $a>b$，高差为正，表明 B 点较高，从 A 到 B 为上坡；若 $a<b$，高差为负，表明 A 点较高，从 A 到 B 为下坡；若 $a=b$，则 A、B 同高。

由图 2-1 可以看出，未知点 B 的高程 H_B 为

$$H_B=H_A+h_{AB} \tag{2-2}$$

B 点的高程 H_B 也可以通过仪器的视线高程 H_i 求得，即

$$\text{视线高程} \qquad H_i=H_A+a \tag{2-3}$$

$$B\ \text{点高程} \qquad H_B=H_i-b \tag{2-4}$$

式（2-2）是直接利用高差 h_{AB} 计算 B 点高程的，称为高差法，常用于水准点高程测量。式（2-4）是利用仪器视线高程 H_i 计算 B 点高程的，称为仪高法。利用仪高法可以在同一个测站测出若干个前视点的高程，该方法常用于断面测量和高程检测。

2.2 DS_3 型水准仪

水准测量所使用的仪器和工具有水准仪、水准尺和尺垫。水准仪的类型很多，按其精度可分为 DS_{05}、DS_1、DS_3 和 DS_{10} 四个等级。在工程测量中，最常用的是 DS_3 型微倾式水准仪。“D”和“S”分别为“大地测量”和“水准仪”汉语拼音的首字母，其下标的数值为用该类仪器进行水准测量每千米往返测高差中数的中误差，以毫米计。DS_{05}、DS_1 等水准仪属精密水准仪，DS_3、DS_{10} 水准仪为普通水准仪。本节主要介绍 DS_3 水准仪。

2.2.1 水准仪的基本结构

图 2-2 所示为我国生产的 DS_3 型微倾式水准仪，主要由望远镜、水准器和基座三部分构成。

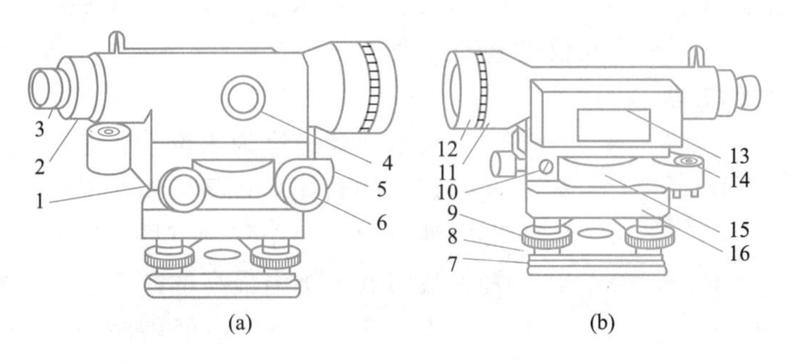

图 2-2　DS_3 型水准仪

1—微倾螺旋；2—分划板护罩；3—目镜；4—物镜对光螺旋；5—制动螺旋；6—微动螺旋；7—底板；8—三角压板；9—脚螺旋；10—弹簧帽；11—望远镜；12—物镜；13—管水准器；14—圆水准器；15—连接小螺钉；16—轴座

1. 望远镜

望远镜具有放大目标成像和扩大视角的功能，用以看清远近距离不同的目标，并在水准尺上读数。DS_3 微倾式水准仪望远镜的构造主要由物镜、目镜、调焦透镜和十字丝分划板所组成，如图 2-3 所示。

物镜和目镜多采用复合透镜组。物镜固定在物镜筒前端，其作用是使目标的成像落在十字丝板的前后。调焦透镜通过物镜调焦螺旋可以沿着光轴在镜筒内前后移动，使目标的成像面与十字丝平面重合。十字丝分划板是由平板玻璃圆片制成的，通过分划板座固定在望远镜目镜端。十字丝分划板上刻有两条互相垂直的刻画线，竖直的称为竖丝，横向中间的称为中丝。竖丝和中丝分别是为了瞄准目标和读取读数用的。在中丝的上下还对称地刻有两条与中丝平行的短横线，是用来测定距离的，称之为视距丝。目镜放大十字丝和目标的成像，并借助十字丝的中丝在水准尺上读取读数。

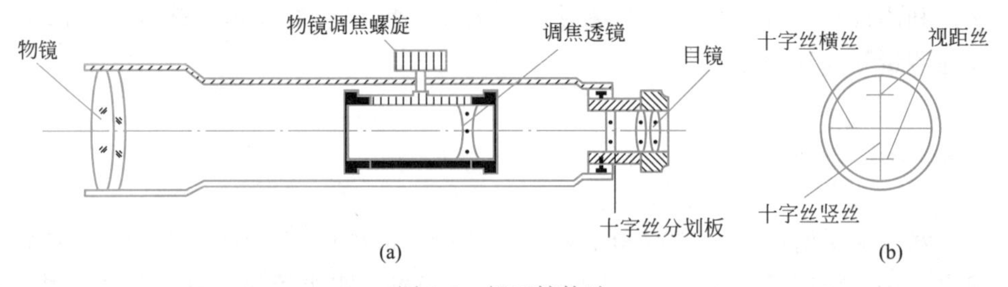

图 2-3　望远镜构造

十字丝交点与物镜光心的连线，称为视准轴，也就是仪器的视线。十字丝上下两条短丝为视距丝，中间的水平长丝为横丝或中丝。当视准轴精确水平时，通过十字丝的中丝来截取水准尺上的刻画并读数。等级水准测量中，一般需要视距丝来估算视距。

从望远镜内看目标影像的视角与肉眼直接观察该目标的视角之比，称为望远镜的放大率。DS_3 级水准仪望远镜的放大率一般为 28 倍。

2. 水准器

水准器有管水准器和圆水准器两种。管水准器用来指示视准轴是否精确水平，圆水准器用来反映仪器竖轴是否竖直。

(1) 管水准器

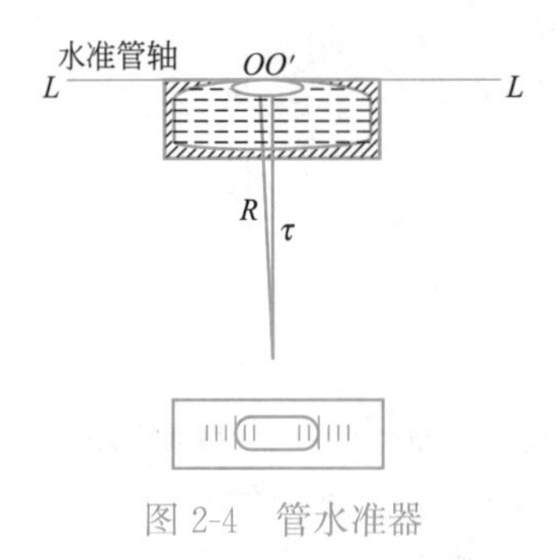

图 2-4　管水准器

管水准器又称为水准管，是一内壁磨成纵向圆弧形的封闭玻璃管，管内装酒精和乙醚的混合液，内有一个气泡（图 2-4）。由于气泡较轻，故恒处于管内最高位置。

水准管上一般刻有间隔为 2mm 的分划线，分划线的对称中心 O，称为水准管零点（图 2-4）。通过零点作水准管纵向弧线的切线称为水准管轴（图 2-4 中 $L—L$）。当水准管的气泡中点与水准管零点重合时，称为气泡居中。这时，水

准管轴 LL 处于水平位置。水准管圆弧长 2mm 所对的圆心角 τ，称为水准管分划值，用公式表示，即

$$\tau''=\frac{2}{R}\times\rho'' \tag{2-5}$$

式中　$\rho''=206265''$；

R——水准管圆弧半径，以“mm”为单位。

式（2-5）说明圆弧的半径 R 越大，圆心角值 τ 越小，则水准管灵敏度越高。可见，水准管分划值的大小反映了仪器置平精度的高低。DS_3 级水准仪水准管的分划值一般为 20″/2mm。

为便于准确判别气泡的居中情况，微倾式水准仪在水准管气泡的正上方安装了一组中间带有 V 形槽口的屋形反射棱镜，如图 2-5（a）所示，水准管气泡两端各一半的影像通过屋形棱镜的反射，使气泡影像转到 V 形玻璃斜面上，再通过正对 V 形槽口的三角反射棱镜最终将两个半像反射在望远镜旁的符合气泡观察窗中。若气泡的半像错开，则表示气泡不居中，如图 2-5（b）所示。这时，应耐心仔细地转动微倾螺旋，使气泡的两个半像一致。若气泡两端的半像吻合时，就表示气泡居中，如图 2-5（c）所示。微倾螺旋可调节望远镜在竖直面内微小仰俯，使水准管气泡居中。这种能精确观察气泡居中情况的水准器称为符合水准器。

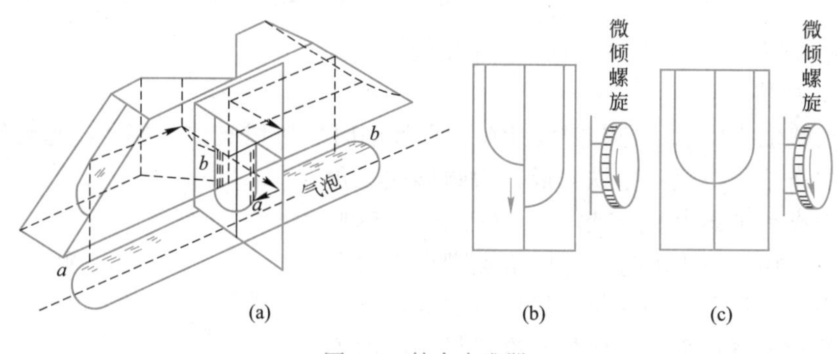

图 2-5　符合水准器

（2）圆水准器

圆水准器是一个圆柱形的玻璃盒子，如图 2-6 所示，圆水准器顶面内壁是球面，球面中央刻有小圆圈，圆圈的中心为水准器的零点。通过球心和零点的连线为圆水准器轴线，当圆水准器气泡居中时，该轴线处于竖直状态。气泡中心偏移零点 2mm，轴线所倾斜的角值，称为圆水准器的分划值。DS_3 水准仪圆水准器的分划值一般为 8′/2mm。由于它的精度较低，故只用于仪器的粗略整平。

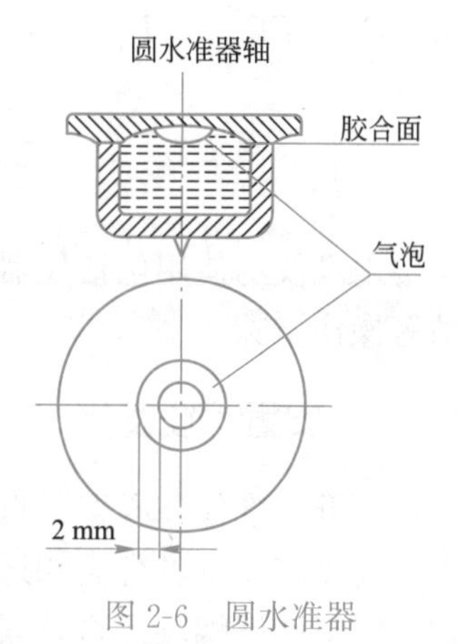

图 2-6　圆水准器

3. 基座

基座的作用是支承仪器的上部并与三脚架连

接。它主要由轴座、脚螺旋、底板和三角压板构成，如图 2-2 所示。

2.2.2　水准尺和尺垫

1. 水准尺

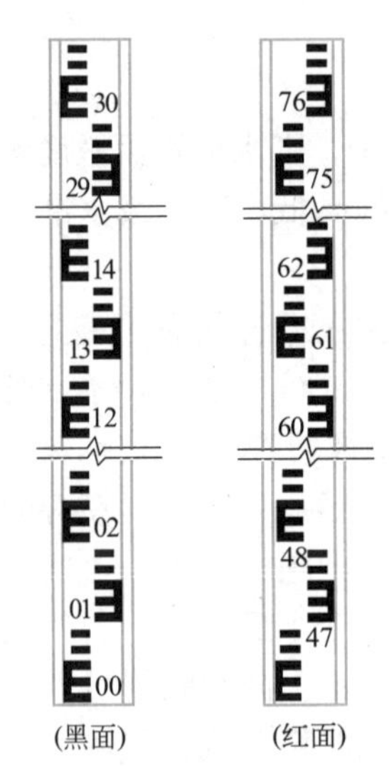

图 2-7　水准尺

水准尺是水准测量所使用的标尺，它的质量好坏直接影响水准测量的精度，其基本要求是尺长稳定，分划准确。常用的水准尺有双面尺和塔尺两种，采用不易变形且优质干燥木材或铝合金制成，如图 2-7 所示。

双面水准尺（图 2-7）多用于三、四等水准测量。其长度为 3m，两把尺为一对。双面水准尺的两面均有刻画，一面为黑白相间称为黑面，另一面为红白相间称为红面，两面最小刻画均为 1cm，并在分米处注记。黑面尺底均由零开始，而红面尺底刻划一把由 4.687m 开始至 7.687m，另一把由 4.787m 开始至 7.787m。通常将黑、红面尺底零点之差（4687 或 4787）称为两把尺的标尺常数 K。利用常数 K 可对水准测量读数进行检核。塔尺多用于等外水准测量，其长度有 3m 和 5m 两种，用两节或三节套接在一起，需要时拉长使用。塔尺携带方便，但精度较低。

2. 尺垫

尺垫也叫尺承，是专门设计在转点处临时放置以支撑水准尺，起到传递高程的作用。一般由生铁铸成，为圆形或三角形，中央有半球状的突起，下方有三个支脚，如图 2-8 所示。使用时，将尺垫支脚牢固地踩入土中，以防下沉和移位，然后将水准尺立于突起的半球体顶面，以保持水准尺尺底高度不变。注意，尺垫只能在转点上使用。转点一般按 TP_1、TP_2、TP_3…… 顺序编号。

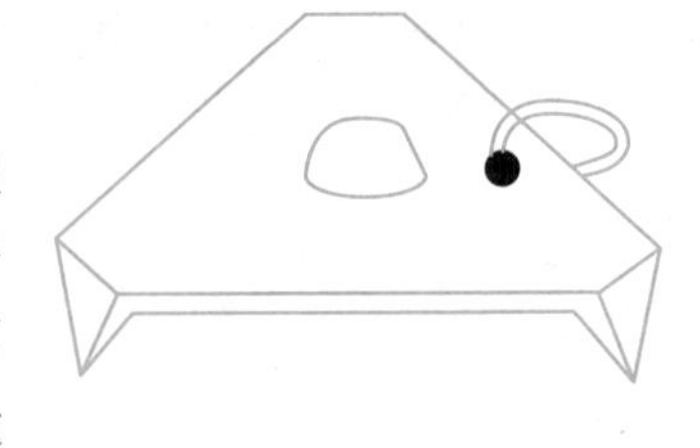

图 2-8　尺垫

2.3　水准仪的使用

水准仪的使用包括仪器的安置、粗略整平、瞄准水准尺、精确整平和读数等操作步骤。

2.3.1　安置水准仪

打开水准仪三脚架，将其分开支在地面上，脚架腿与地面角度呈六七十度，高度与观察者身高相适应，三脚架头大致水平。检查脚架腿是否安置稳固，脚架伸缩螺旋是否拧紧，然后打开仪器箱取出水准仪，置于三脚架平台上，通过平台下的连接螺旋将仪器牢固地固定在三脚架上。

2.3.2 粗略整平

粗略整平是借助圆水准器的气泡居中，使仪器竖轴大致铅直，从而使视准轴大致水平。首先可通过前后左右轻推调整三脚架架腿位置，使圆水准器气泡快速接近居中位置，然后再进行如下粗略整平操作：（1）选择任意连个脚螺旋，双手以相反方向同时旋转脚螺旋，如图 2-9（a）所示的①和②，让气泡在与两脚螺旋连线平行的方向上移动到中间位置，（2）单手转动脚螺旋③使气泡居中，如图 2-9（b）所示。注意在整平的过程中，气泡的移动方向与左手大拇指运动的方向一致。反复（1）、（2）两步直到圆水准气泡居中。

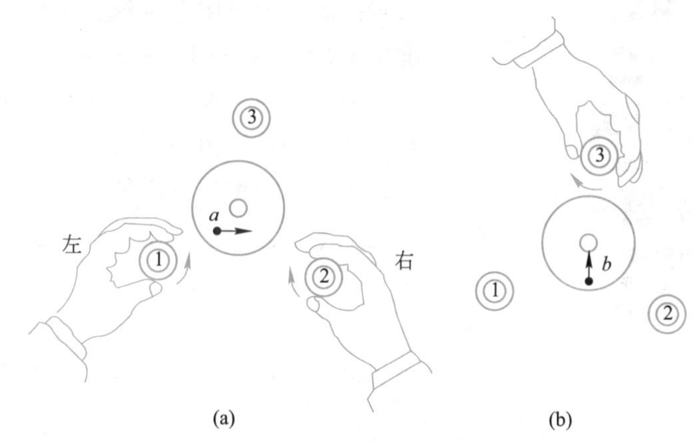

图 2-9 水准仪粗略整平

2.3.3 瞄准水准尺

瞄准水准尺有以下几个步骤：（1）目镜调焦：将望远镜对着明亮的背景，转动目镜调焦螺旋直到十字丝清晰为止。（2）粗略瞄准：松开制动螺旋，转动望远镜，通过镜筒上部的瞄准器瞄准水准尺，拧紧制动螺旋。（3）物镜调焦：从望远镜中观察并转动物镜调焦螺旋，使水准尺成像清晰。（4）精确瞄准：转动微动螺旋使十字丝竖丝对准水准尺。

瞄准水准尺后，当眼睛在目镜端上下微动时，若看到十字丝与尺像有相对运动，这种现象称为视差（图 2-10）。产生视差的原因是尺像平面与十字丝平面不重合。由于视差的存在会影响到读数的准确性，应予以消除。消除的方法是重新进行物镜调焦，直到眼睛上下移动时读数不变为止。

2.3.4 精平与读数

精平（即精确整平）是调节微倾螺旋使管水准气泡精确居中，目的是使视准轴水平，从而读取正确的尺读数。眼睛观察位于目镜左边的气泡符合观察窗的水准管气泡，右手缓慢地转动微倾螺旋使气泡两端的影像相吻合（图

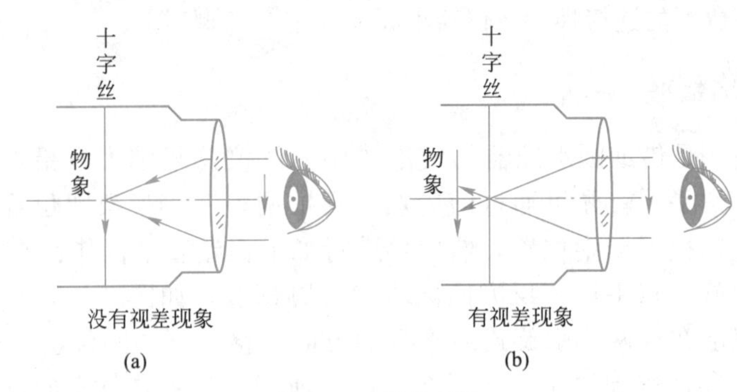

图 2-10　视差现象

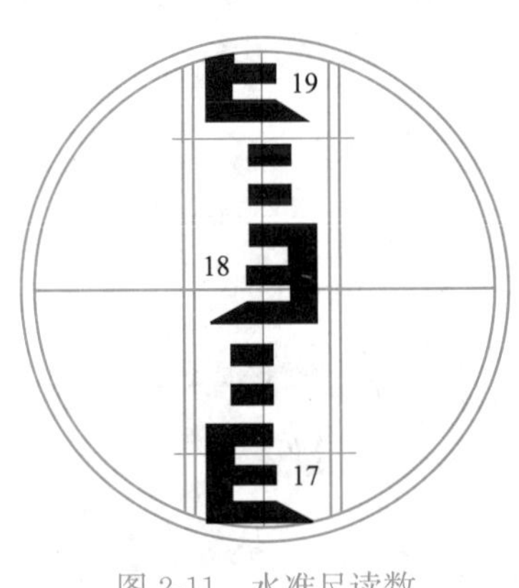

图 2-11　水准尺读数

2-5)，表明气泡已精确居中，视线处于水平位置。此时即可用十字丝的中丝在竖立的水准尺上读数。不同的 DS_3 水准仪成像可能为倒像或正像，读数时，注意应从小到大读数，注记的数字由小到大增加，首先确认整分米的起始位置，读出整厘米数，再估读中丝的毫米数，然后报出全部四位读数。如图 2-11 所示的读数为 1.817m（可直接读，记为 1817)。读数后，还需再检查气泡影像是否仍然吻合，若发生了移动须再次精平，重新读数。

精平和读数虽然是两项不同的操作步骤，但是在水准测量的实施中，却通常将这两项操作视为一个整体，即精平后马上读数，再检查气泡是否准确居中，这样才能保证读数正确。

2.4　等外水准测量外业

我国国家水准测量根据精度要求不同分为一、二、三、四等，一等精度最高。四等以下的水准测量一般称为等外水准测量。不同等级的水准测量对所用仪器、工具、观测程序和计算方法都有不同的要求，但其基本原理是相同的。

本章只讲述等外水准测量的方法，本书第 6 章将会介绍三、四等水准测量方法。

2.4.1　水准点和水准路线

1. 水准点

在地面上设定专门的点位标志，通过水准测量方法测定，标示着某个已知高程精确位置的点，称为水准点。水准点有永久性和临时性两种。一至四等的等级水准点通常需要埋设永久性固定标志，图 2-12 所示为国家等级水准点，一般用石料或钢筋混凝土制成，深埋到地面冻结线以下，在标石的顶面设有用不锈钢、陶瓷或其他耐腐蚀材料制成的半球状标志，半球顶面为水准点准确的高程位置。有些水准点也可设置在稳定的墙脚或岩石上，如图 2-13 所示。普通水准点一般为临时性的，可以在地上打入木桩、铁钉，或用红漆画一临时标志标定点位即可。

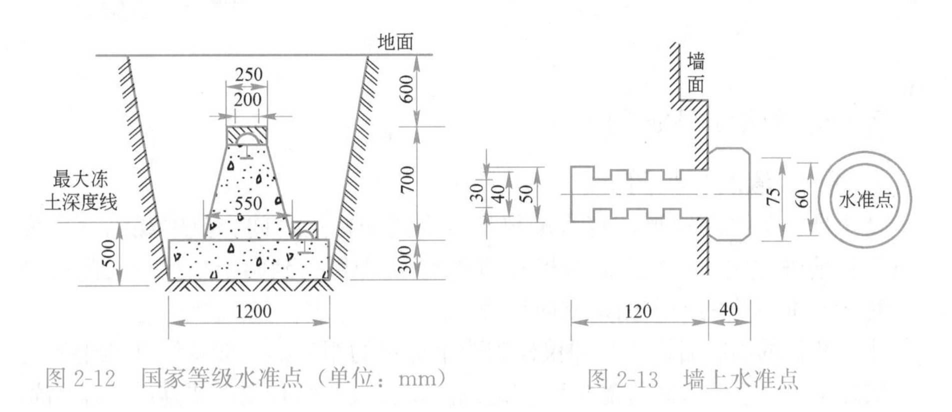

图 2-12　国家等级水准点（单位：mm）　　图 2-13　墙上水准点

2. 水准路线的布设形式

在水准点之间进行水准测量时所经过的路线称为水准测量路线，单一水准路线的布设形式有闭合水准路线、附合水准路线及支水准路线，此外还有水准网。水准路线可以从整体上检核水准测量成果的准确性。

（1）附合水准路线

如图 2-14 所示，从高级水准点 BM_1 出发，沿各待定高程点 1、2、3、4 进行水准测量，最后测至另一高级水准点 BM_2 所构成的水准路线，称为附合水准路线。该路线具有严密的检核条件。从理论上讲，附合水准路线各测段高差代数和应等于首尾两点的高程之高差，即$\sum h_{AB理}=H_B-H_A$。

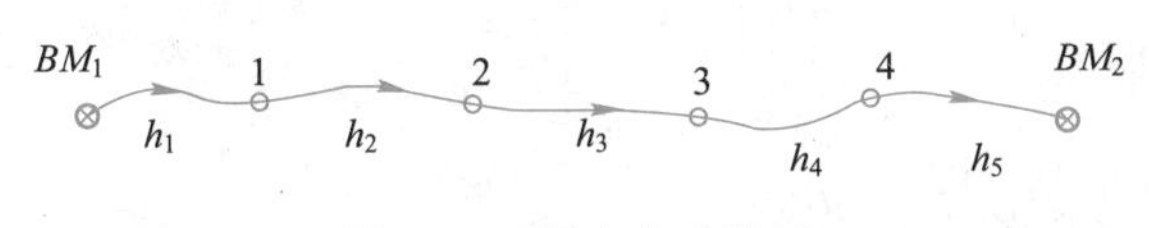

图 2-14　附合水准路线

（2）闭合水准路线

如图 2-15 所示，从已知水准点 BM 出发，沿待定高程点 1、2、3 进行水准测量，最后仍回到原水准点 BM 所组成的环形路线，称为闭合水准路线。该路线具有严密的检核条件。从理论上讲，闭合水准路线各测段高差代数和应等于零，即$\sum h_{理}=0$。

（3）支水准路线

如图 2-16 所示，从一个已知水准点 BM_1 出发，沿待定高程点 1、2 进行水准测量，其路线既不附合也不闭合，称为支水准路线。支水准路线无检核条件，必须往返观测才能检核。

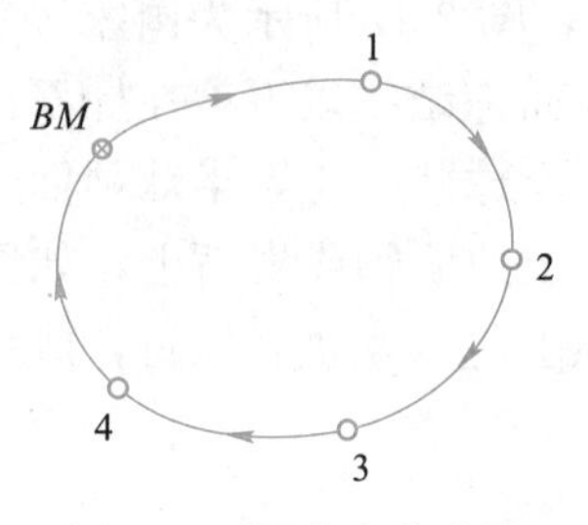

图 2-15 闭合水准路线

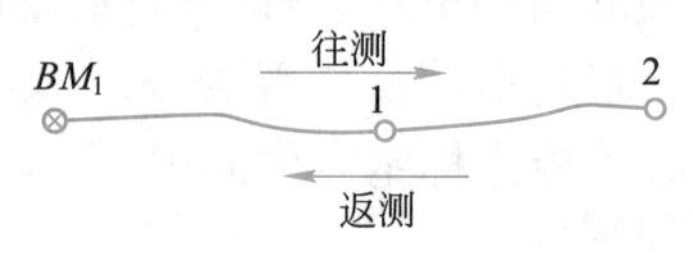

图 2-16 支水准路线

2.4.2 水准测量的外业工作

1. 测站、测段与水准路线

从水准测量原理知道，将水准仪架设在两个标尺之间，分别观测两个标尺（根据前进方向分别称为后视尺和前视尺），即可得到两个立尺点之间的高差。称为水准测量的一个测站或简称为一站。

水准测量的前、后视距（即仪器到两个标尺的距离）一般限制在几十米之内。实际工作中，两点间可能相距较远或高差较大，此时则需要连续多个测站的观测才能测得两点间的高差。如图 2-17 中，设水准点 A 的高程已知为 H_A，较远处 B 点为高程待测点，从 A 点开始按测站序号Ⅰ、Ⅱ、Ⅲ、Ⅳ逐站测量，直到 B 点结束。除起点 A 和终点 B 外，中间立尺点 TP_1、TP_2、TP_3、TP_4 均为转点，根据观测前进的路径临时设定并放置尺垫，只起过渡和传递高程的作用。通常将形如 A 到 B 这样从一个水准点到另一个水准点，中间包含 n 个测站（即包含 $n-1$ 个转点）的水准测量过程，称为一个测段或简称为一段。

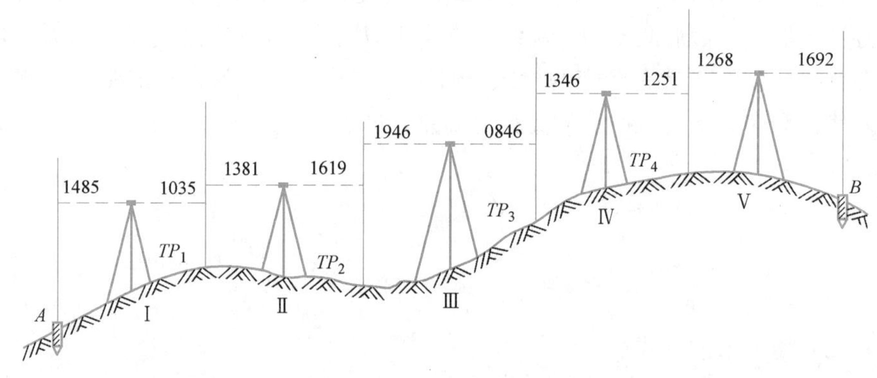

图 2-17 水准测量外业

一个测站观测、记录和计算检验完成后，则前视尺不动，后视尺移动到下一个立尺点，变成下一站的前视尺，观测者将仪器架腿合拢，双手托举仪器轻微斜靠于肩膀，将仪器搬到下一站，然后观察前后尺的位置和距离（可用步量等方法估计前后视距），选择合适的位置架设仪器，使前后视距大致相等。等级水准测量中，应注意前、后视距差不得超限，否则应及时调整仪器的位置，直到视距差满足要求才能开始测站高差观测。

实际工程中，往往有多个待测的高程点。通常从已知水准点出发，选择合适的路径，逐站测量，将这些待测点串联起来，形成一条含有若干个测段的水准路线。如前所述，为了检验测量结果的可靠性，一般需要将水准路线闭合或者附合。

在连续逐个测站的水准测量中，每一测站上读取的后视读数和前视读数分别为 a_1、b_1，a_2、b_2，…，a_n、b_n，则各测站测得的高差分别为

$$h_1 = a_1 - b_1$$
$$h_2 = a_2 - b_2$$
$$\cdots$$
$$h_n = a_n - b_n$$

将各式相加，得

$$h_{AB} = h_1 + h_2 + \cdots + h_n = \sum_{i=1}^{n} h_i \tag{2-6}$$

或写成

$$h_{AB} = \sum_{i=1}^{n} a_i - \sum_{i=1}^{n} b_i \tag{2-7}$$

则 B 点的高程为 $H_B = H_A + h_{AB}$。式（2-7）常用作高差计算检核。

水准测量观测手簿（单黑面） 表 2-1

测站	测点	水准尺读数（mm）		高差（m）	高程（m）	备注
		后视读数	前视读数			
Ⅰ	BM_A	1485		+0.450	29.956	
	TP_1		1035			
Ⅱ	TP_1	1381		−0.238	—	
	TP_2		1619			
Ⅲ	TP_2	1946		+1.100	—	
	TP_3		0846			
Ⅳ	TP_3	1346		+0.095	—	
	TP_4		1251			
Ⅴ	TP_4	1268		−0.424	30.939	
	B		1692			
计算检核		$\sum a=7426$	$\sum b=6443$	$\sum h=0.983$		
		$\sum a - \sum b = 0.983$				

2. 观测步骤与记录

（1）在起始点 A 上竖立水准尺作为后视，在路线前进方向适当位置设置转点 TP_1，安放尺垫，在尺垫上竖立水准尺作为前视，然后在地面稳定安全的位置安置测站Ⅰ，安置水准仪。注意前、后视距（仪器到前视点和后视点的距离）要大致相等。

（2）将仪器粗略整平，瞄准后视水准尺，消除视差，精确整平，用十字

丝中丝读取后视读数 a_1 并记入观测手簿（表 2-1）。

（3）转动水准仪，瞄准前视尺，消除视差，精确整平，用十字丝中丝读取前视读数 b_1，记入手簿并计算本站高差。

以上为第一测站的基本操作及计算。

（4）TP_1 点前视水准尺位置不动，变作后视，将仪器搬到测站Ⅱ，在适当位置设置 TP_2 并竖立水准尺，重复（2）、（3）步骤操作，获得后视读数 a_2、前视读数 b_2。各测站以此类推，一直测到终点 B 为止。

水准测量观测手簿（双面尺法） 表 2-2

日期_______ 天气_______ 仪器_______ 观测_______ 记录_______

测站	测点	水准尺读数(mm)		高差(m)	平均高差(m)	高程(m)	备注
		后视(a)	前视(b)				
Ⅰ	BM_A	1485 6174		+0.450 +0.351	+0.450	29.956	采用一对水准尺，双面尺法观测。 K_1:4687 K_2:4787 $h_{平均}=1/2(h_{黑}+h_{红}\pm0.100)$
	TP_1		1035 5823				
Ⅱ	TP_1	1381 6168		−0.238 −0.140	−0.239		
	TP_2		1619 6308				
Ⅲ	TP_2	1946 6633		+1.100 +1.000	+1.100		
	TP_3		0846 5633				
Ⅳ	TP_3	1346 6134		+0.095 +0.196	+0.096		
	TP_4		1251 5938				
Ⅴ	TP_4	1268 5955		−0.424 −0.524	−0.424		
	B		1692 6479			30.939	
计算校核					+0.983		
	注：使用配对标尺双面尺法观测，观测手簿可不再做计算检核						

2.4.3 水准测量的检核

1. 计算检核

为保证高差计算的正确性，应在每页手簿下方进行计算检核。由式（2-6）和式（2-7）可以看出，各测站观测高差的代数和应等于所有后视读数之和减去所有前视读数之和，如表 2-1 中的

$$\sum h=+0.983\text{m}$$

$$\sum a-\sum b=7.426-6.443=+0.983\text{m}$$

两种方法计算结果相等，即$\sum h=\sum a-\sum b$，说明高差计算正确无误。

2. 测站检核

各站测得的高差是推算待定点高程的依据，若其中任何一测站所测高差有误，则全部测量成果就不能使用。因此，还需对每一站的实测高差进行测站检核。测站检核通常采用变动仪器高法或双面尺法。

（1）变动仪器高法。在同一测站上安置两次仪器，用两次不同的仪器高度，测得两次高差并相互比较进行检核。两次安置仪器的高度变化值应不小于10cm，两次测得的高差之差不超过容许值（如等外水准测量为±6mm），取其平均值作为该测站的观测高差，否则重测。

（2）双面尺法。在同一测站上仪器高度不变，分别用水准尺的黑面和红面进行观测。利用前、后视的黑面和红面读数，用$h_{黑}=a_{黑}-b_{黑}$、$h_{红}=a_{红}-b_{红}$分别算出两个高差。如果黑、红面高差之差不超过容许值（例如红黑面高差之差容许值为±5mm），取其平均值作为该测站观测结果，否则重测。等外水准测量双面尺法观测的记录、计算格式见表2-2。

等级水准的测站检核一般还包括前、后视距差等检核项（例如根据《工程测量规范》，四等水准前、后视距差容许值为±5m）。四等水准测量详见第6章。

3. 路线检核

必须指出，表2-1、表2-2中计算出的B点高程值是不可靠的。即使采用变动仪器高法或双面尺法进行了测站检核，也只能检核一个测站的观测高差是否正确。由于水准路线由若干测站构成，各测站观测时的外界条件不同，如风力、温度、大气折光以及仪器、尺垫下沉等因素的变化引起的测量误差，在一个测站上反映不明显，但多个测站误差的积累可能会超过规定的限差，所以必须进行路线检核。路线检核通常采取将水准路线闭合（或符合），求得水准路线的高差闭合差，将高差闭合差与其容许值比较，若高差闭合差小于容许值，则测量成果满足精度要求，否则，重新测量。

整条水准路线的外业观测结束且经检核后成果合格，应根据实际情况，绘出形如图2-18所示的水准路线略图，统计出各个测段的长度（千米数或测站数）、测段高差等，并将地面点号、测段观测方向、测段长度和各测段高差标在水准路线略图上。

2.5 水准测量内业计算

水准测量的外业观测结束后，应对各测段的野外记录手簿进行认真检查，确认无误后，算出水准路线各段实测高差，随后进行高差闭合差的计算与调整，最后计算各点的高程。这项工作称为水准测量的内业计算。

2.5.1 高差闭合差及其限差

由于测量误差的存在，使得水准路线的实测高差与其理论值存在差异，其差值即为高差闭合差。不同形式的水准路线，高差闭合差的计算方法不同。

1. 闭合水准路线高差闭合差

各测段观测高差的代数和$\sum h_{测}$应等于零，如果不等于零，即为高差闭合差

$$f_{h}=\sum h_{测} \tag{2-8}$$

2. 附合水准路线高差闭合差

各测段观测高差的代数和$\sum h_{测}$应等于路线起点A和终点B的高程之差$H_{B}-H_{A}$，如果不相等，其差值则为附合水准路线的高差闭合差，即

$$f_{h}=\sum h_{测}-(H_{B}-H_{A}) \tag{2-9}$$

3. 支水准路线高差闭合差

沿支线测得往测高差$\sum h_{往}$与返测高差$\sum h_{返}$的绝对值应大小相等、符号相反，如果不相等，其差值即为高差闭合差，亦称较差，即

$$f_{h}=|\sum h_{往}|-|\sum h_{返}| \tag{2-10}$$

不同等级的水准测量，高差闭合差的限值也不相同，等外水准测量高差闭合差的容许值规定为

$$\left.\begin{array}{l}\text{平地:} f_{h容}=\pm 40\sqrt{L}\ (\text{mm}) \\ \text{山地:} f_{h容}=\pm 12\sqrt{n}\ (\text{mm})\end{array}\right\} \tag{2-11}$$

式中 L——水准路线的总长度，以“km”为单位；

n——测站总数。

若$|f_{h}|\leqslant|f_{h容}|$，则测量成果合格，否则，应找出问题，重新观测。

2.5.2 闭合差的调整

测段越长，测段高差的误差越大。水准路线的高差闭合差已满足限差要求，但不为零，则应将闭合差按各测段长度的比例分配到各测段，亦即将各测段实测高差进行一个微小数值的“改正”。因此高差闭合差的调整就是计算各测段的高差改正数，然后将其加到相应的测段高差上。按测站数比例计算改正数的公式为

$$v_{i}=-\frac{f_{h}}{\sum n}\times n_{i} \tag{2-12}$$

按测段长度计算改正数的公式为

$$v_{i}=-\frac{f_{h}}{\sum L}\times L_{i} \tag{2-13}$$

上两式中，v_{i}是第i测段的高差改正数，$\sum n$是水准路线测站总数，n_{i}是第i测段的测站数；$\sum L$是水准路线的全长，L_{i}是第i测段的路线长度。改正数应与闭合差符号相反。

各测段高差改正数的总和应与高差闭合差大小相等、符号相反，即

$$\sum v_{i}=-f_{h} \tag{2-14}$$

等外水准测量，高差改正数计算应保留到整毫米；若高差闭合差不能被

整除，要适当调整改正数，使改正数的总和与高差闭合差绝对值相等。

2.5.3 计算各测段改正后的高差

各测段实测高差与其相应改正数的代数和就是改正后的高差

$$h_{i改}=h_i+v_i \tag{2-15}$$

各测段的改正后高差的总和应等于相应的理论值，否则，要检查改正后高差的计算。

2.5.4 计算待定点高程

根据改正后高差和已知点高程，按顺序逐点推算各点的高程。若 i 为已知点，$(i+1)$ 为未知点，两点间的改正后高差为 $h_{i改}$，则有：

$$H_{i+1}=H_i+h_{i改} \tag{2-16}$$

最后，推算出的已知点高程应与相应的已知高程值相等。否则，应对高程计算进行检核。

【例题 2-1】 某附合水准路线测量数据如图 2-18 所示，A 点的高程 $H_A=20.321$m，B 点的高程 $H_B=23.884$m，1、2、3 为高程待定点，$h_1=+1.485$m、$h_2=+2.083$m、$h_3=-1.637$m、$h_4=+1.596$m 为各测段高差观测值，$n_1=5$、$n_2=6$、$n_3=4$、$n_4=5$ 为各测段测站数。

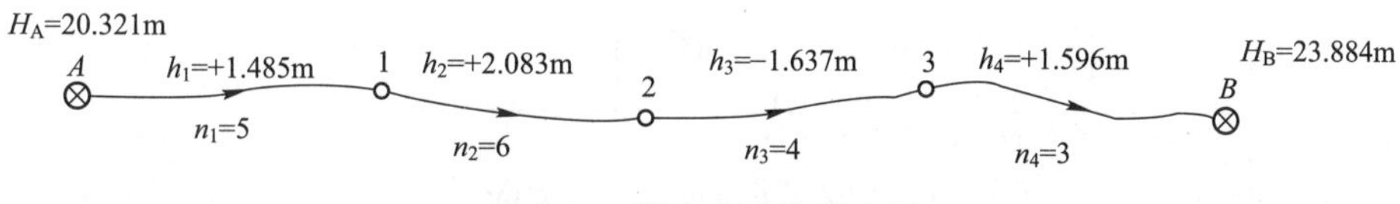

图 2-18 附合水准路线略图

【解】 (1) 将图 2-18 中的已知数据及观测数据，填入样式如表 2-3 的水准内业计算表相应的位置。

(2) 计算高差闭合差和闭合差容许值：

$$f_h=\sum h_{测}-(H_B-H_A)$$

$$=3.527-(23.884-20.321)=-36\text{mm}$$

设为山地，闭合差的容许值为：

$$f_{h容}=\pm 12\sqrt{n}(\text{mm})=\pm 12\sqrt{20}(\text{mm})=\pm 53.7(\text{mm})$$

由于 $|f_h|<|f_{h容}|$，高差闭合差在容许范围内，说明观测成果的精度符合要求。

(3) 闭合差的调整和改正后高差的计算。

根据精度等级的不同，水准路线的测段长度可能统计公里数，也可能统计测站数。本例的测段长度统计测站数，所以按测站数来计算改正数。各测段的改正数为

$$v_i=-\frac{f_h}{\sum n}\times n_i$$

第一测段的改正数为 $v_1=-\frac{f_h}{\sum n}\times n_1=-\frac{(-0.036)}{20}\times 5=0.009\text{m}$

将各测段改正数凑整至毫米填写在表 2-3 相应栏内，并检核改正数之和是否与闭合差相等且符号相反。

改正后的高差按 $h_{i改}=h_i+v_i$ 计算并填入表 2-3 相应栏内。各测段改正后的高差应满足$\sum h_{i改}=H_B-H_A$，据此对改正后高差进行计算检核。

水准测量内业成果处理　　表 2-3

测段编号	点名	测站数	实测高差（m）	改正数（mm）	改正后高差（m）	高程（m）	备注
1	2	3	4	5	6	7	8
	A					20.321	已知点
1		5	+1.485	9	+1.494		
	1					21.815	
2		6	+2.083	11	+2.094		
	2					23.909	
3		4	−1.637	7	−1.630		
	3					22.279	
4		5	+1.596	9	+1.605		
	B					23.884	已知点
Σ		20	+3.527	36	+3.563		
辅助计算	$f_h=-36\text{mm}$ $f_{h容}=\pm 10\sqrt{n}(\text{mm})=\pm 12\sqrt{20}(\text{mm})=\pm 53.7(\text{mm})$ $\lvert f_h\rvert<\lvert f_{h容}\rvert$ 总站数：$n=20$　　一站高差改正数：$-\frac{f_h}{n}=1.8\text{mm}$						

（4）计算待定点高程。

用改正后高差和已知点高程按顺序逐点推算各点的高程，如 1 点高程为

$$H_1=H_A+h_{A1改}=20.321+1.494=21.815\text{m}$$

依次类推求出所有待定点的高程，最后推算出的 B 点高程应与其已知高程相同，说明高程计算正确。以上计算过程不需要写出，完成如表 2-3 的各项填写和检验即可。

2.6 DS_3 型微倾式水准仪的检验与校正

根据水准测量原理，水准仪只有准确地提供一条水平视线，才能测出两点间的正确高差。为此，微倾式水准仪主要轴、线间（图 2-19）应满足以下几何关系：

（1）圆水准器轴 $L'L'$ 应平行于仪器竖轴 VV；

（2）十字丝的中丝应垂直于仪器竖轴 VV；

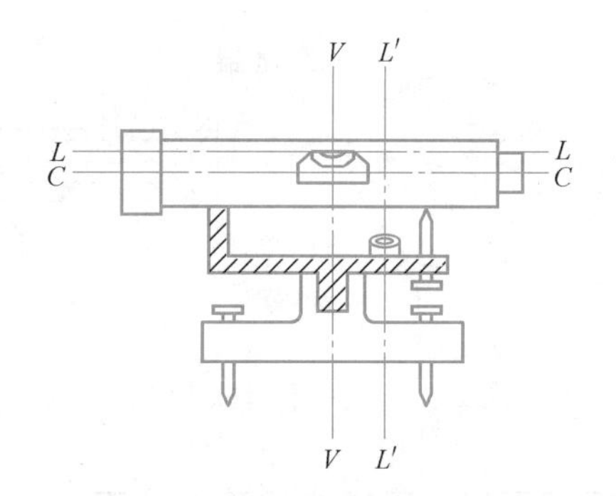

图 2-19　水准仪的轴线关系

(3) 管水准轴 LL 应平行于视准轴 CC。

2.6.1　圆水准器轴平行于仪器竖轴的检验与校正

1. 检验方法

调整脚螺旋使圆水准器气泡居中，然后将望远镜绕竖轴旋转 180°，如果气泡仍居中，则说明圆水准轴与仪器竖轴平行；如果气泡偏出分划圈外，说明 $L'L'$ 与 VV 不平行，两轴必然存在交角 δ，则需要校正。图 2-20 (a)、(b) 为两轴不平行时，转动望远镜 180°前、后的示意图，转动前 $L'L'$ 轴处于竖直位置，VV 轴偏离竖直方向 δ 角，转动后 $L'L'$ 轴与转动前比较倾斜了 2δ 角。

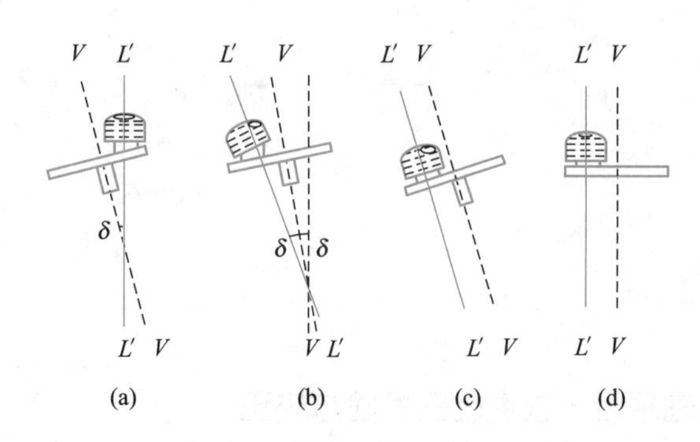

图 2-20　圆水准器的检校原理

2. 校正方法

圆水准器底部的构造如图 2-21 所示。校正时，应先松开中间的固定螺钉，用校正针拨动校正螺钉，使气泡向零点方向移动偏离量的一半，此时 $L'L'$ 轴与竖直方向的倾角由 2δ 变为 δ，$L'L'$ 与 VV 变成平行关系，如图 2-20 (c) 所示。然后，调整脚螺旋，使气泡居中，这时圆水准器轴平行于仪器竖轴且处于铅垂位置，如图 2-20 (d) 所示。

此项校正需反复进行，直至仪器旋转到任意位置，圆水准器气泡皆居中为止。最后拧紧固定螺钉。

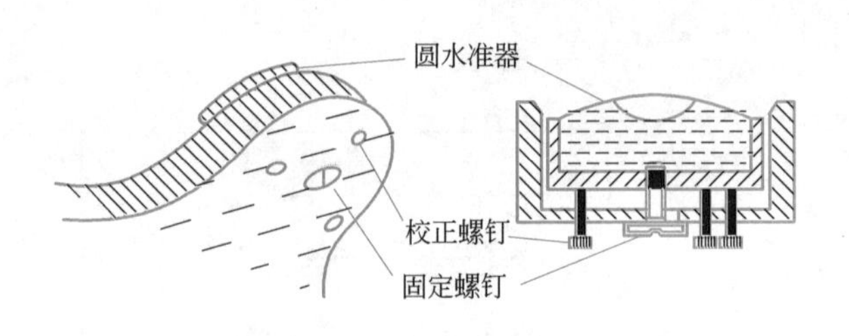

图 2-21　圆水准器校正螺钉

2.6.2　十字丝横丝垂直于仪器竖轴的检验与校正

1. 检验方法

整平仪器后用十字丝横丝的一端瞄准远处一目标点 M，如图 2-22（a）所示，然后用微动螺旋使，M 点移动到横丝的另一端，若 M 点与横丝没有发生偏离，如图 2-22（b）所示，则说明横丝垂直于竖轴。如果 M 点与横丝发生偏离，如图 2-22（c）所示，则需要校正。

2. 校正方法

取下目镜端的十字丝分划板护盖，如图 2-22（d）所示，松开四个压环螺钉，微微转动十字丝分划板座，使 M 点对准中丝即可。此项校正需反复进行，直到 M 点不再偏离中丝为止。最后，拧紧压环螺钉。

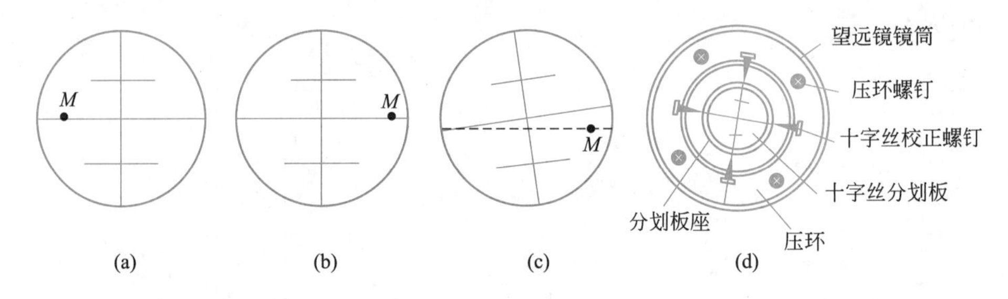

图 2-22　十字丝横丝的检验

2.6.3　管水准轴平行于视准轴的检验与校正

1. 检验方法

如图 2-23（a）所示，在平坦的地面上选定相距约 80～100m 的 A、B 两点，打入木桩或放置尺垫。用钢尺丈量 A、B 距离，定出 AB 的中间点 C。

（1）在 C 点处安置水准仪，用变动仪器高法，连续两次测出 A、B 两点的高差，若两次测定的高差之差不超过 3mm，则取两次高差的平均值 h_{AB} 作为最后结果。由于距离相等，若视准轴与管水准轴不平行，两轴在同一竖直平面内投影存在一个 i 角，所产生的前、后视读数误差 Δ 也相等，在计算高差时可以抵消，故高差 h_{AB} 不受视准轴误差的影响。

$$h_{AB}=a_1-b_1=(a+\Delta)-(b+\Delta)=a-b$$

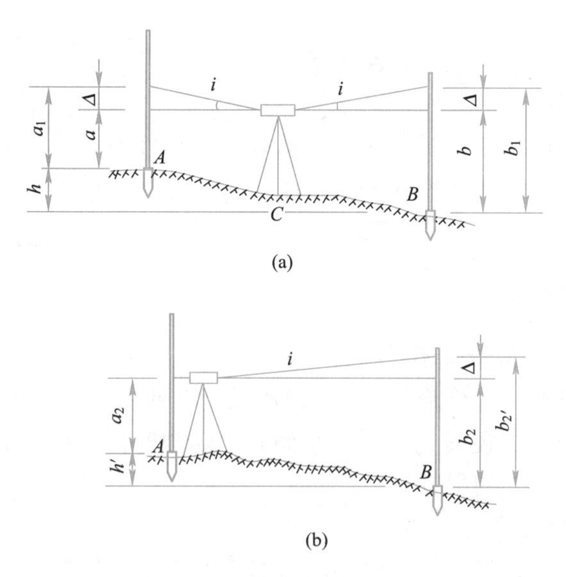

(a)

(b)

图 2-23　管水准轴平行于视准轴的检验

(2) 在距 A 点 2～3m 处安置仪器，精平后又分别读得 A、B 点水准尺读数为 a_2、b_2'(图 2-23b)。此时计算出的高差为 $h'_{AB}=a_2-b'_2$，若 $h'_{AB}=h_{AB}$，说明管水准轴平行于视准轴，不需要校正。若 $h'_{AB}\neq h_{AB}$，则两次设站观测所获得的高差之差为

$$\Delta h=h'_{AB}-h_{AB}$$

i 角的计算公式为

$$i=\frac{\Delta h}{D_{AB}}\rho'' \tag{2-17}$$

式中，$\rho''=206265''$。对于 DS_3 型水准仪来说，i 角值不得大于 20″，如果超限，则需要校正。

2. 校正方法

根据图 2-23 可以计算出 B 点水准标尺上正确读数为 $b_2=a_2-h_{AB}$。旋转微倾螺旋，用十字丝中丝对准 B 点尺上的正确读数 b_2，此时视准轴处于水平位置，而管水准气泡却不再居中。先用校正针稍稍松动管水准器一端的左（或右）校正螺钉（图 2-24），再用校正针拨动上或下校正螺钉，将水准管的一端升高或降低，使气泡的两个半像符合。该项校正工作需反复进行，直到 B 点水准尺的实际读数与正确读数的差值不大于 3mm 为止。最后，拧紧校正螺钉。

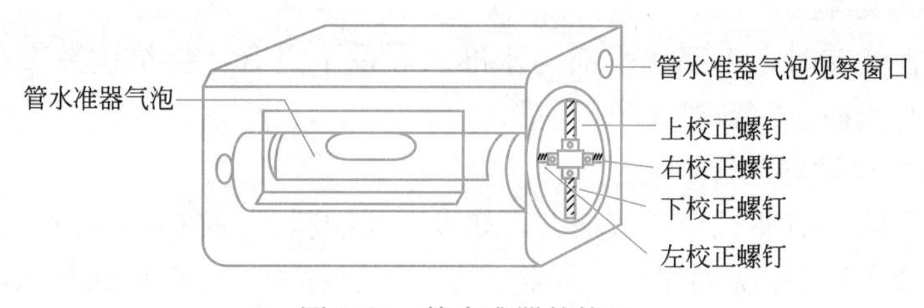

图 2-24　管水准器的校正

2.7 水准测量的误差来源及消减办法

水准测量的误差包括仪器误差、观测误差和外界条件影响带来的误差三个方面。在水准测量作业中应根据产生误差的原因，采取措施，找出防止和减小各类误差的方法，提高水准测量的观测精度。

2.7.1 仪器误差

1. 视准轴与水准管轴不平行的误差

这项误差虽然经过检验和校正，但两轴仍会残留一个微小的交角。因此，水准管气泡居中时，视线仍会有微小倾斜。观测时保持前、后视距相等，可消除或减少该项误差的影响。

2. 水准尺的误差

水准尺刻画不准确、尺底磨损、弯曲变形等都会给读数带来误差，因此应对水准尺进行检验，不合格的尺子不能使用。

2.7.2 观测误差

1. 整平误差

水准管居中误差主要与水准管分划值及人眼的分辨率有关。设水准管分划值为τ，通常人判断气泡居中误差约为$\pm0.15\tau$，采用符合水准器时，气泡居中精度约提高一倍，即$\pm0.15\tau/2$，气泡居中误差为

$$m_{居}=\pm\frac{0.15\tau''}{2\rho''}\cdot D \tag{2-18}$$

式中，D为水准仪到水准尺的距离，$\rho''=206265''$。为减少整平误差的影响，应限制视距长度。

2. 读数误差

在水准尺上估读毫米数的误差，与人眼的分辨能力、望远镜的放大倍率以及视线长度有关，通常按下式计算

$$m_{V}=\frac{60''}{V}\cdot\frac{D}{\rho''} \tag{2-19}$$

式中，V为望远镜的放大倍率，$60''$为人眼分辨的极限，$\rho''=206265''$，D是水准仪到水准尺的距离。为减少读数误差的影响，应限制视距长度。

3. 视差影响

当存在视差时，十字丝平面与水准尺影像不重合，会给读数带来较大误差，因此必须通过重新对光予以消除。

4. 水准尺倾斜的影响

水准尺倾斜将使尺上读数增大，如水准尺倾斜3°，在水准尺上1.5m处读数时，将会产生2mm的误差，因此，在观测过程中，应严格保持水准尺直立状态。

2.7.3 外界条件引起的误差

1. 仪器下沉

由于仪器下沉，使视线降低，从而引起高差误差。若采用“后、前、前、后”的观测程序，可减弱其影响。

2. 尺垫下沉

如果在转点发生尺垫下沉，将使下一站后视读数增大，这将引起高差误差。采用往返观测的方法，取观测成果的中数，可以减弱其影响。

3. 地球曲率及大气折光影响

用水平线代替大地水准面在尺上读数产生的误差为 C，如图 2-25 所示，则

$$C=\frac{D^2}{2R} \tag{2-20}$$

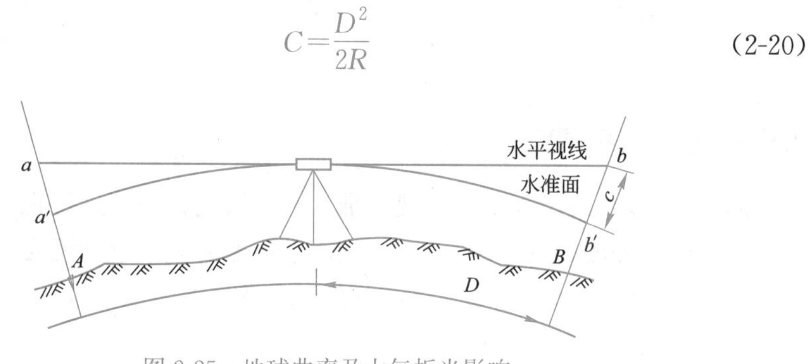

图 2-25 地球曲率及大气折光影响

实际上由于大气折光，视线并非是水平的，而是一条曲线，曲线的曲率半径为地球半径的 7 倍，其折光量的大小对水准读数产生的影响为

$$r=\frac{D^2}{2\times7R} \tag{2-21}$$

大气折光与地球曲率的综合影响称之为球气差

$$f=C-r=\frac{D^2}{2R}-\frac{D^2}{14R}=0.43\frac{D^2}{R} \tag{2-22}$$

如果前、后视距相等，则由上式计算的球气差相等，地球曲率及大气折光的影响将得到消除或减少。故而，观测时要做到前、后视距大致相等。

4. 温度变化的影响

温度的变化不仅引起大气折光的变化，而且当烈日照射水准管时，由于水准管本身和管内液体温度的升高，气泡向着温度高的方向移动，而影响仪器水平，产生气泡居中误差，因此观测时应注意给仪器撑伞遮阳。

2.8 自动安平水准仪简介

自动安平水准仪是用设置在望远镜内的自动安平补偿装置代替了微倾式水准仪的水准管和微倾螺旋。观测时，只需将圆水准器进行粗略整平，就可直接读取读数。与微倾式水准仪相比，该仪器操作简便，提高了观测效率，

具有明显的优越性。

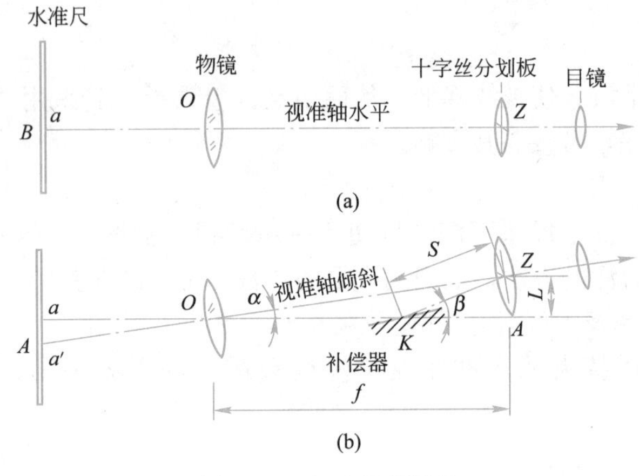

图 2-26 自动安平原理

2.8.1 自动安平原理

图 2-26（a）所示为望远镜视准轴水平时情况；当望远镜视准轴倾斜了一个小角α时，如图 2-26（b）所示，由水准尺上的a点过物镜光心O所形成的水平线，不再通过十字丝中心Z，而在离Z为L的A点处，显然

$$L=f\cdot\alpha \tag{2-23}$$

式中 f——物镜的等效焦距；

α——视准轴倾斜的小角。

在图 2-26（b）中，若在距十字丝分划板S处，安装一个补偿器K，使水平光线偏转β角，通过十字丝中心Z，则

$$L=S\cdot\beta \tag{2-24}$$

故有

$$f\cdot\alpha=S\cdot\beta \tag{2-25}$$

这就是说，式（2-25）的条件若能得到满足，虽然视准轴有微小倾斜，但十字丝中心Z仍能读出视线水平时的读数a，从而达到自动补偿的目的。

2.8.2 自动安平补偿器

自动安平补偿器的种类很多，但一般都是采用特殊材料制成的金属丝悬吊一组光学棱镜组成的方法，借助重力的作用达到视线自动补偿的目的。补偿器起作用的最大容许倾斜角称为补偿范围，视准轴的倾斜角在这个范围内补偿器才能起作用。自动安平水准仪的补偿范围一般为正负8′～11′，而圆水准器的分划值8′/2mm，因此只要将自动安平水准仪粗平，补偿器就起作用。

补偿器包括固定屋脊棱镜、悬吊直角棱镜和空气阻尼器三部分，相当于一个钟摆（图 2-27），因此开始时会有晃动，表现为十字丝相对于水准尺影像的移动，1～2s后渐渐稳定，这时就可以读数了。

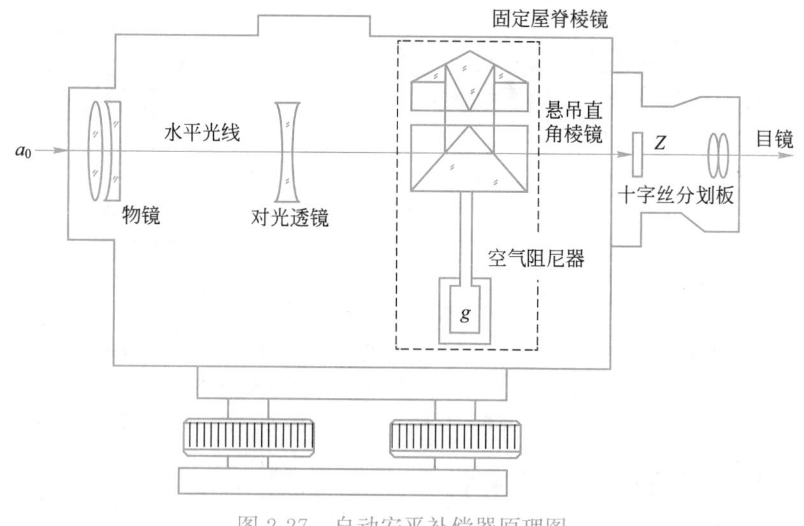

图 2-27　自动安平补偿器原理图

2.8.3　自动安平水准仪的使用

自动安平水准仪的使用与普通水准仪类似，安置好仪器后，首先将圆水准气泡居中，然后瞄准水准尺，等待 2～4s 之后就可读数、记录了，无需进行精平操作。有的自动安平水准仪配有一个补偿器检查按钮，确认补偿器能正常工作再读数。

2.9　精密水准仪

2.9.1　精密水准仪的构造

精密水准仪主要用于国家一、二等水准测量、精密工程测量和变形观测中。例如建筑物的沉降观测，大型桥梁工程的施工测量和大型精密设备安装测量等。

精密水准仪（图 2-28）的原理和构造与一般水准仪类似，由望远镜、水准部和基座三部分组成。其不同点在于能够精密地整平视线和精确读取读数。为此，在结构上应满足：

（1）水准器具有较高的灵敏度。如 DS_1 水准仪的管水准器 τ 值为 10″/2mm。

（2）望远镜具有良好的光学性能。如 DS_1 水准仪望远镜的放大倍数为 38 倍，望远镜的有效孔径 47mm，视场亮度较高。十字丝的部分中丝刻成楔形，能较精确地瞄准水准尺的分划。

（3）具有光学测微器装置。可直接读取水准尺一个分格（1cm 或 0.5cm）的 1/100 单位（0.1mm 或 0.05mm），提高读数精度。

（4）视准轴与水准轴之间的联系相对稳定。精密水准仪均采用钢构件，

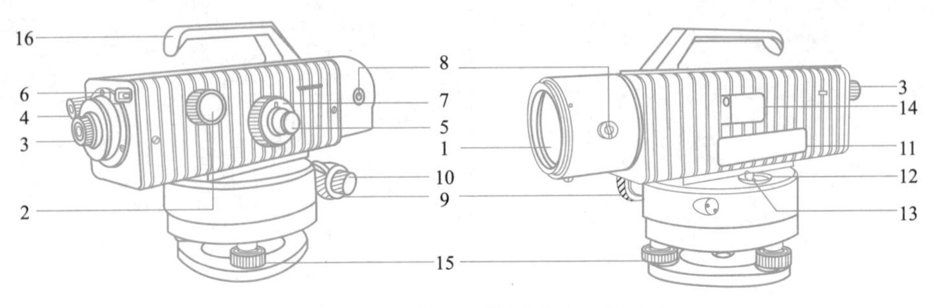

图 2-28　Leica 新 N_3 微倾式精密水准仪

1—物镜；2—物镜调焦螺旋；3—目镜；4—管水准气泡；5—微倾螺旋；6—微倾螺旋行程指示器；7—平行玻璃测微螺旋；8—平行玻璃旋转轴；9—制动螺旋；10—微动螺旋；11—管水准器照明窗口；12—圆水准器；13—圆水准器校正螺钉；14—圆水准器观察装置；15—脚螺旋；16—手柄

并且密封起来，受温度变化影响小。

（5）配套的专用水准尺，尺身用铟钢制造。

2.9.2　精密水准仪及其读数原理

图 2-28 为 Leica N_3 微倾式精密水准仪，其每千米往返测高差中数的中误差为±0.3mm。为了提高读数精度，精密水准仪上设有平行玻璃板测微器。其工作原理如图 2-29 所示。

平行玻璃测微器由平行玻璃板、传动杆、测微轮、测微分划尺及测微螺旋等构件组成。平行玻璃板安装在望远镜物镜前，其旋转轴与平行玻璃板的两个面相平行，并与望远镜视准轴相正交。平行玻璃板与测微尺间用带有齿条的传动杆连接，当旋转测微螺旋时，传动杆带动平行玻璃板绕其旋转轴作俯仰倾斜。视线经过倾斜的平行玻璃板时产生上下平行移动，可以使原来并不对准尺上某一分划的视线能够精确对准某一分划，从而读到一个整分划读数（图中的 148cm 分划），而视线在尺上的平行移动量则由测微尺记录下来，测微尺的读数通过光路成像在测微尺读数窗内。

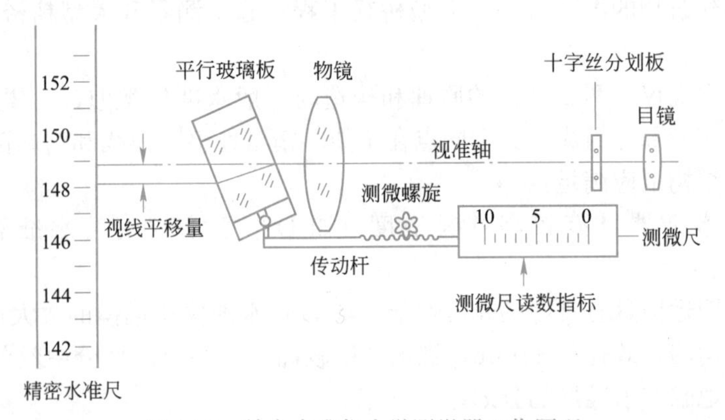

图 2-29　精密水准仪光学测微器工作原理

平行玻璃板测微器的最大视线平移量为 1cm 或 5mm，对应于测微尺上的 100 个分格，则测微尺上 1 个分格等于 0.1mm 或 0.05mm，可估读到 0.01mm。

2.9.3 精密水准尺

精密水准仪必须配有专用的精密水准尺。精密水准尺一般是在木质尺身中央的凹槽内安置了一根因瓦合金钢带。钢带的零点端固定在尺身上，另一端用弹簧牵引着，这样就可以使因瓦合金钢带不受尺子伸缩变形的影响。钢带上标有分划，数字标在木尺上，见图 2-30。

精密水准仪尺上的分划注记形式一般有 10mm 和 5mm 两种。10mm 分划的精密水准尺如图 2-30（a）所示，尺身上刻有左右两排分划，右边为基本分划，左边为辅助分划。基本分划的数字注记从 0 到 300cm，辅助分划数字注记从 300 到 600cm，基本分划与辅助分划的零点相差一个常数 301.55cm，这一常数称为基辅差或尺常数。用以检查读数中是否存在读数错误。

5mm 分划的精密水准尺如图 2-30（b）所示，尺身上两排均是基本分划，其最小分划值为 10mm，彼此错开 5mm。尺身一侧注记米数，另一侧注记分米数。

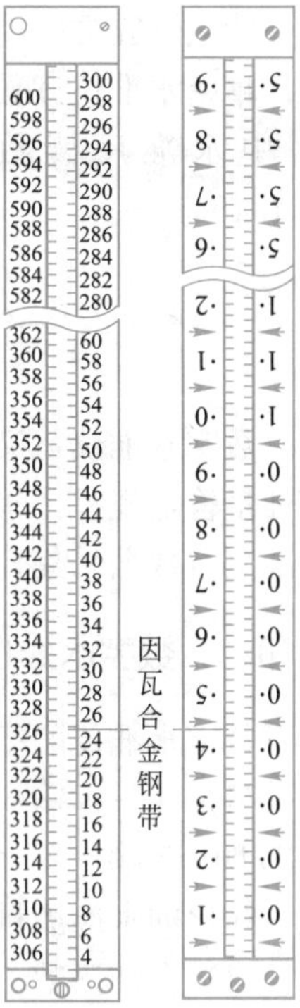

(a) (b)

图 2-30 精密水准尺

2.9.4 精密水准仪的操作

精密水准仪的操作与普通水准仪的操作基本相同，不同之处是用光学测微器测出不足一个分格的数值。在仪器精确整平后，十字丝中丝往往不恰好对准水准尺某一个整分划数，这时需要旋转测微轮使视线上下平行移动，使十字丝的楔形丝正好对称地夹住一个整分划数，如图 2-31 所示。

测微尺与管水准气泡观察窗视场　　望远镜视场

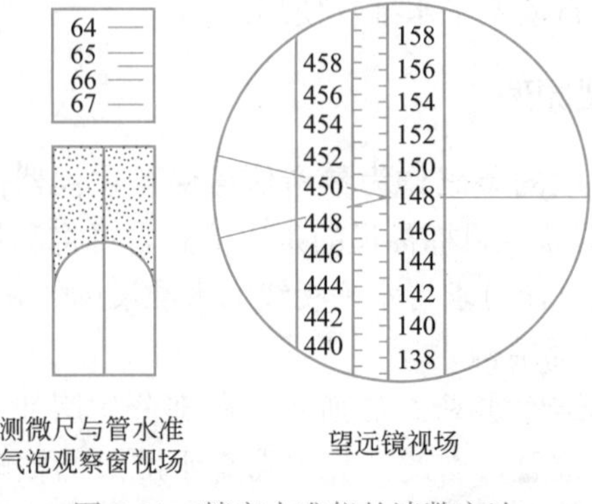

图 2-31 精密水准仪的读数方法

被对称夹住的整分划线读数为 148（cm），然后从测微器读数显微镜中读出尾数值为 655（0.655cm ），其末位 2 为估读数 0.02mm，全部读数为 148.655cm。

总起来说，精密水准仪的操作流程为：粗平—瞄准基本分划—精平—测微—读数—瞄准辅助分划—精平—测微—读数。

精密水准仪读数由尺上读数（三位）加测微窗上读数（三位）组成。图 2-31 中水准尺读数为 148cm，测微器读数为 0.655cm，则整个读数为 1.48655m。

2.10 数字水准仪简介

数字水准仪，又叫电子水准仪或者数字电子水准仪，中华人民共和国国家计量检定规程《水准仪检定规程》JJG 425—2003 中将应用光电数码技术使水准测量数据采集、处理、存储自动化的水准仪命名为数字水准仪。

2.10.1 数字水准仪特点

数字水准仪的望远镜光学部分和机械结构与光学自动安平水准仪基本相同，只是在望远镜光路中增加了调焦发送器、分光镜和补偿器监视、探测器 CCD 四个部件，采用编码水准尺和图像处理系统构成光机电、图像获取与处理一体化的水准测量系统。与光学水准仪相比，电子水准仪的特点是：

（1）自动读数、自动存储。无人为误差（读数误差、记录误差、计算误差等）。

（2）精度高。实际观测时，视线高和视距，都是采用大量条码分划图像经处理后获得，因此削弱了标尺分划误差的影响。

（3）速度快、效率高。实现自动记录、检核、处理和存储，可实现水准测量从野外数据采集到内业成果计算的内外业一体化。只需照准、调焦和按键就可以自动观测，减轻了劳动强度，与传统仪器相比可以缩短测量时间。

（4）数字水准仪是设置有补偿器的自动安平水准仪，当采用普通水准尺时，电子水准仪当作自动安平水准仪使用。

2.10.2 数字水准仪原理

数字水准仪将标尺的条码作为参考信号保存在仪器内。测量时，数字水准仪利用 CCD 探测器获取目标标尺的条码信息，再将测量信号与仪器已存贮的参考信号进行比较，便可求得水平视线的水准尺读数和视距值。

1. 数字水准仪内部结构

数字水准仪内部结构如图 2-32 所示。各部分作用如下：调焦发送器的作用是测定调焦透镜的位置，由此计算仪器至水准尺的概略视距值；补偿器监视的作用是监视补偿器在测量时的功能是否正常；分光镜的作用是将经由物镜进入望远镜的光分离成红外光和可见光两个部分，红外光传送给探测器 CCD 作标尺图像探测的光源，可见光源穿过十字丝分划板经目镜供观测员观测水准尺。探测器 CCD 的作用是将水准尺上的条码图像转化为电信号并传送给微处理器，信息经处理后即可求得测量信息。CCD 探测器是组成数字水准测量系统的关键部件，作为一种高灵敏度光电传感器，在条码识别、光谱检测、图像扫描、非接触式尺寸测量等系统中得到广泛的应用。

不同厂家的数字水准仪产品具有不同的数字图像识别算法和不同的编码标尺设计。目前，世界上主要有三种不同的数字水准仪编码标尺图像识别算法，即相关法（瑞士 Leica）、几何位置法（德国蔡司）、相位法（日本拓普康）。

2. 相关法基本原理

Leica 数字水准仪将 CCD 上的所获得的信号（测量信号）与其事先存储在仪器内的参考信号按相关方法进行比较，当两信号处于最佳相关位置时，即获得标尺读数和视距读数。相关法需要优化两个参数，也就是水准仪视线在标尺上的读数（参数 h）和仪器到标尺的距离（参数 d），这种变化属二维（h 和 d）离散相关函数。为求得相关函数峰值，需要在整个尺子上搜索。这样一个大范围内的搜索计算量太大，较为费时。因此，采用了粗相关和精相关两个运算阶段来完成此项工作。由于仪器到标尺的距离不同，水准尺条码在探测器上成像的大小也不同，因此，粗相关一个重要的内容就是用调焦发送器求得概略视距值，将测量信号的图像缩放到与参考图像大致相同的大小，即距离参数 d 由粗相关确定。然后再按一定的步长完成精相关的运算工作，求得图像对比的最大相关值 h，即水平视准轴在水准尺上的读数。同时，求得准确的视距值 d。

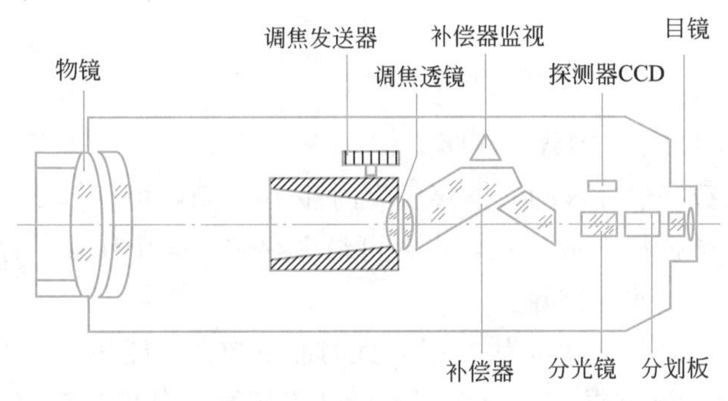

图 2-32　数字水准仪结构示意图

2.10.3　南方 DL-2007 数字水准仪简介

自 20 世纪 90 年代初瑞士 Leica 公司生产出第一代产品 NA2000 以来，目前已经有瑞士 Leica、德国蔡司、美国天宝、日本拓普康等公司、国内南方测绘等公司推出了多种型号和精度等级的数字水准仪等。下面对南方 DL-2007 数字水准仪（图 2-33）的基本功能进行简单介绍。

1）南方 DL-2007 的主要技术参数

DL-2007 的主要技术参数为：望远镜放大倍率 32×，分辨率 3″，视场角 1°20′；采用磁性阻尼补偿器，补偿范围为±12′，补偿精度±0.3″；标称精度每千米往返高差中误差为±0.7mm，视距测量距精度 1cm～0.001D，测量时间 3s；防尘防水级别 IP54；带照明功能的 160×60 点阵液晶屏幕，工作温度 −20～50℃。

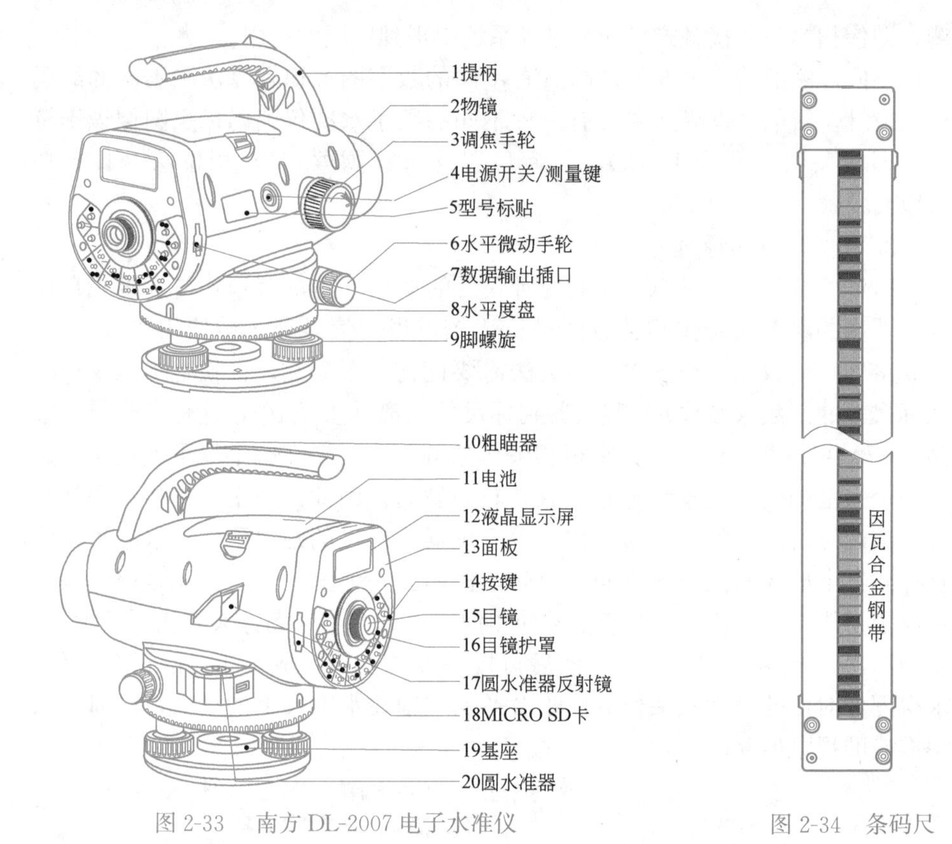

图 2-33　南方 DL-2007 电子水准仪

图 2-34　条码尺

2）南方 DL-2007 的数据存储

DL-2007 数字水准仪的数据容量为内存 16Mbit，可存储 20000 个测量数据。水准测量数据按作业存贮，内存可最多存储 256 个作业。存贮的数据可以按作业拷贝、修改和删除。

仪器数据记录状态默认为“关”，此时测量数据只能显示，不能存储和输出；需要记录观测数据时，应将仪器的“设置”—“条件参数”—“数据输出”模式（图 2-35）设置为“内存”或“SD 卡”，也可插入 SD 卡进行外部实时存储，观测数据可以直接存入 SD 卡。

注意当数据正在读写 SD 卡时不要取下电池和 SD 卡，否则，已存入的数据会受到破坏，甚至会影响到内存的存储；损坏的 SD 卡可能会破坏内存的存储。建议数据的实时存储使用内存，导出数据时再将作业拷贝到 SD 卡。

设置有 USB 接口，可用数据缆连接计算机实时通信或插入 U 盘导出观测数据。

3）南方 DL-2007 测量程序

DL-2007 数字水准仪机载程序包括标准测量模式、高程放样模式、高差放样模式、视距放样模式、线路测量模式等。线路测量模式下可选以下四种水准测量观测程序：

水准测量 1：三等水准测量（后前前后 BFFB）

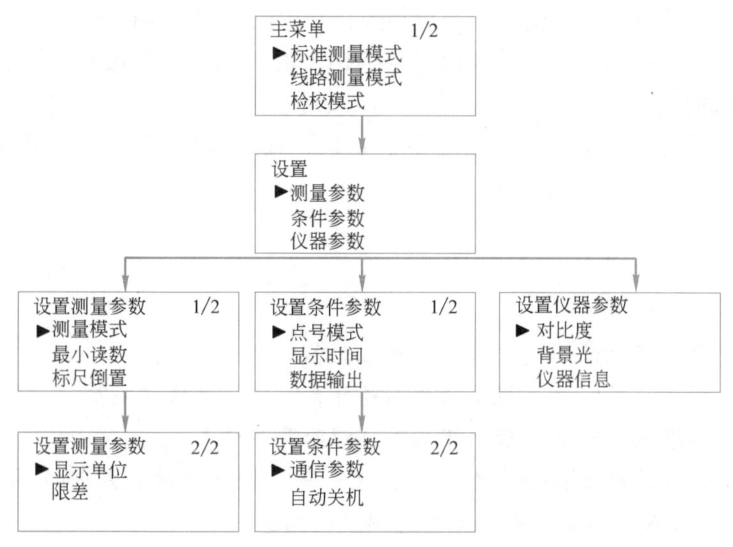

图 2-35 南方 DL-2007 数字水准仪设置模式菜单

水准测量 2：四等水准测量（后后前前 BBFF）

水准测量 3：后前/后中前（BF/BIF）

水准测量 4：二等水准测量（往返测：后前前后/前后后前 aBFFB）

选定适用观测程序后，根据系统提示输入作业名、基准点号和基准点高程，即可开始线路的测量。

当一个测站测量完后，可以关机以节约电源，将仪器搬到下一站，再次开机后，仪器会自动继续下一个站点的测量。如当前测站未测量完成就关机，再次开机后需重新测量此测站。

2.10.4 数字水准仪使用注意事项

由于数字水准仪的测量是采集标尺条形码（图 2-34）图像并进行处理来获取标尺读数的，因此图像采集的质量直接影响到测量成果的精度。如果在测量中能注意到以下的事项，则会大大提高水准测量成果质量和测量工作效率。

1. 精确地调焦，多次观测取平均值。

2. 遮挡的影响。虽然少量的对标尺的遮挡不会影响到测量结果，但如果要求精度较高时，建议尽可能减少对标尺的遮挡。一般，标尺被遮挡的程度应少于 30%。

3. 逆光背光的影响。若标尺处于逆光或有强光对着目镜时测量，可使用物镜遮光罩。强烈的阳光下应该打伞。

4. 仪器振动的影响。安置时踩紧三脚架，测量时轻按测量键，才能使仪器稳定。

5. i 角的检校。电子 i 角的检校可以通过机内程序完成，光学 i 角的变化不会影响到数字水准测量的精度，但补偿精度是对数字水准测量有影响的，高精度测量前应先对电子 i 角进行检校。

6. 在测量中前、后视距应尽量相等，减少仪器的调焦误差。

7. 标尺的影响。观测时要保持条码标尺的清洁并使标尺竖直，否则会影响到测量的精度。

8. 仪器视线距地面高度不应小于0.5m，以使地面大气折射对视线影响最小。

思考题

2-1 水准仪上的圆水准器和管水准器各起什么作用？

2-2 何谓视差？产生视差的原因是什么？怎样消除视差？

2-3 水准测量时前、后视距相等可消除哪些误差？

2-4 什么是转点？哪些点上不能放尺垫？转点处放置尺垫支承水准尺，为何不会导致人为抬高（或降低）待测点的高程？

2-5 水准仪有哪些轴线？各轴线间应满足哪些条件？

2-6 使用 DS_3 水准仪进行普通水准测量，一站的操作过程大致是怎样的？

2-7 自动安平水准仪有何特点？精密水准仪有何特点？

2-8 使用数字水准仪有哪些注意事项？

习题

2-1 设 A 点为后视点，B 点为前视点，A 点高程为25.452m，当后视读数为1.164m，前视读数为1.885m时，问高差 h_{AB} 是多少？B 点比 A 点高还是低？B 点高程是多少？试绘图说明。

2-2 水准测量观测数据已填入表2-4中，试计算各测站的高差和 B 点的高程，并进行计算检核。

水准测量观测手簿 表2-4

测站	测点	水准尺读数(m)		高差(m)	高程(m)	备注
		后视	前视			
1	BM_A	1.465			10.985	已知
	TP_1		1.162			
2	TP_1	1.850				
	TP_2		1.467			
3	TP_2	1.357				
	TP_3		1.918			
4	TP_3	1.95				
	B		1.473			
计算校核						

2-3　将某测段水准测量示意图（图 2-17）中的点号、观测数据等填入水准测量观测手簿中，并进行测站高差、计算检核等各项计算。

2-4　请完成表 2-5 的附合水准路线观测成果整理，求出各点高程。

水准测量内业成果处理　　表 2-5

测段编号	点名	测站数	实测高差（m）	改正数（mm）	改正后高差（m）	高程（m）	备注
	BM_A					10.000	已知
1		15	+1.224				
	1						
2		21	+1.427				
	2						
3		10	−1.783				
	3						
4		19	+1.825				
	BM_B					12.670	已知
总和							
辅助计算	$f_h=$ $f_{h容}=$						

2-5　图 2-36 为一闭合水准路线概略图。BM 为已知水准点，已知水准点高程、各测段水准高差观测值、测段长度、测段观测方向均标注在水准路线略图上，试计算 A、B、C、D 各点的高程（列表计算，闭合差限差按式 2-11）。

2-6　在相距 100m 的 A、B 两点的中央安置水准仪，测得 A 尺读数 $a_1=1.642$m，B 尺读数 $b_1=1.893$m。把仪器搬至 A 点附近，再次测得 A 尺读数 $a_2=1.129$m，B 尺读数 $b_2=1.470$m，计算该水准仪的 i 角（参考图 2-23）。

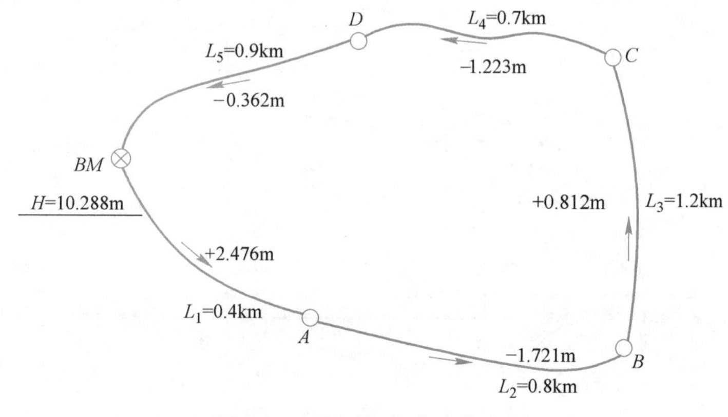

图 2-36　某闭合水准路线略图

第3章 角度测量

本章知识点

【知识点】 水平角、竖直角的概念；经纬仪的构造及使用；水平角和竖直角的观测、记录与计算；水平角测量误差；经纬仪轴线关系的检验与校正；电子经纬仪测角原理等。

【重点】 经纬仪的使用，水平角和竖直角的观测、记录与计算。

【难点】 测角误差的分析，电子经纬仪测角原理。

角度测量是测量工作的基本内容之一，包括水平角测量和竖直角测量。测量角度的仪器有经纬仪和全站仪。

3.1 角度测量的原理

3.1.1 水平角测量原理

水平角是由一点发出的两条空间直线在水平面内投影的夹角，也就是它们所在竖直平面的二面角，其变化范围在0°～360°之间。如图3-1中，A、B、C为地面上高低不同的三个点，将其沿铅垂线方向投影到水平面H之后，得到A_1、B_1、C_1三点，空间直线BA和BC所构成的水平角为$\angle A_1B_1C_1$，即β。

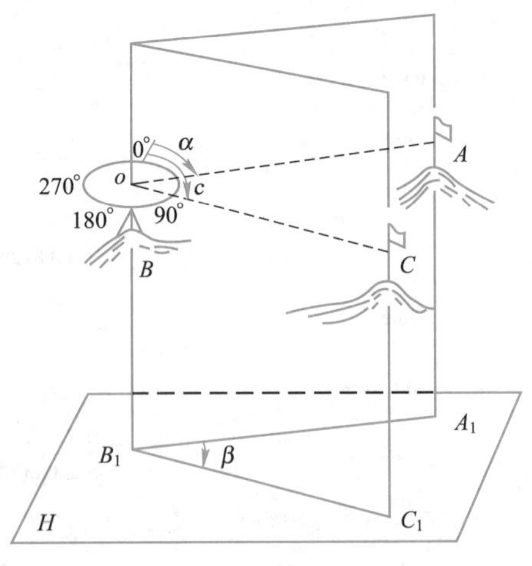

图3-1 水平角测量原理

如果在B点的铅垂线上，水平地安置一个有均匀刻度且顺时针注记角度值的圆盘，其圆心位于 B 点的铅垂线上，则空间直线 BA 和 BC 在这个水平圆盘上投影的夹角也就是水平角 β。假设两直线在圆盘上的投影所对应的读数分别为 a、c，则有

$$\beta = c - a \tag{3-1}$$

3.1.2 竖直角测量原理

竖直角是指在同一竖直面内视线与水平线之间的夹角，用 α 表示。若视线位于水平线的上方时，称其为仰角，角值为正；若视线位于水平线的下方时，称其为俯角，角值为负；如图 3-2 所示。竖直角的变化范围在 $-90°\sim+90°$ 之间。

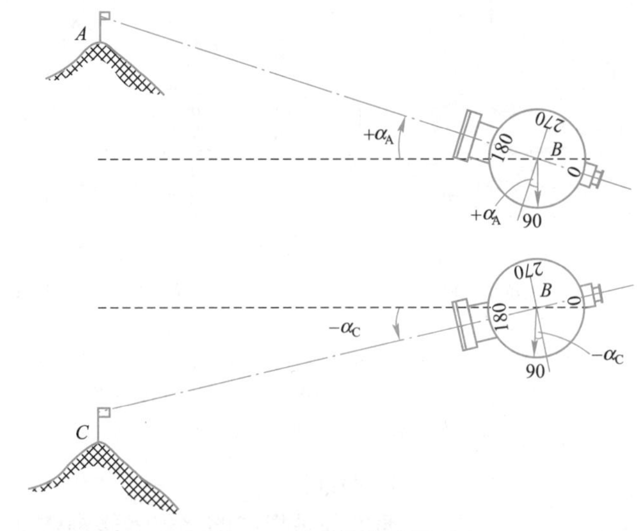

图 3-2 竖直角测量原理

如图 3-2 所示，为竖直角测量原理的示意图，在测站点的铅垂线上竖直地安置一个有均匀刻度的圆盘，称为竖直度盘（简称竖盘）。与水平角的测量原理类似，竖直角也是两条方向线在竖直度盘上的读数之差。不同的是，这两条方向线中有一条处于固定的水平位置。在设计和制造仪器时，使视线水平时的读数为固定的常数。在测量竖直角时，只要照准目标读取一个竖盘读数即可求得竖直角。

当目标点的高度一定时，竖直角的大小与竖直度盘放置的高低位置有关。

3.2 经纬仪的构造

根据度盘的刻画方式及读数方法的不同，经纬仪分为光学经纬仪和电子经纬仪。我国经纬仪的型号按照精度等级可以分为 DJ_{07}、DJ_1、DJ_2、DJ_6 等，其中字母“D”和“J”分别是“大地测量”和“经纬仪”的第一个汉字的汉语拼音的第一个字母，数字 07、1、2、6 是指该仪器一测回方向值观测中误差的秒值。

3.2.1 DJ_6 型光学经纬仪的构造

由于 DJ_2 与 DJ_6 光学经纬仪大同小异，本教材在讲述中以 DJ_6 经纬仪为主，其差异在具体内容中加以体现。光学经纬仪由照准部、水平度盘和基座三部分组成，DJ_6 光学经纬仪的基本构造如图 3-3 所示。

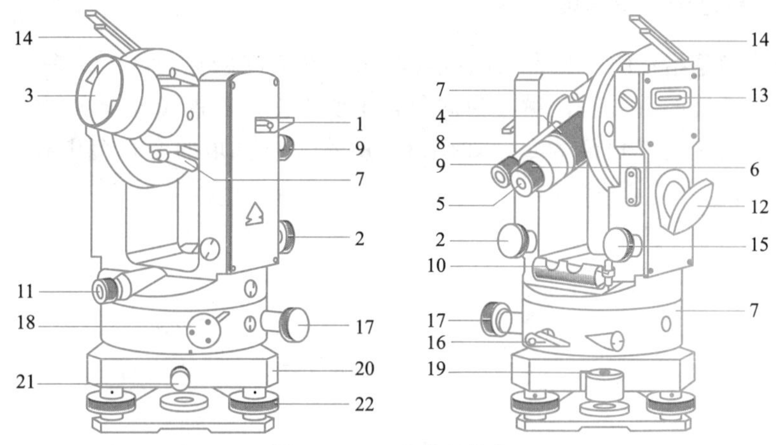

图 3-3 DJ_6 光学经纬仪

1—竖直制动螺旋；2—竖直微动螺旋；3—物镜；4—物镜调焦螺旋；5—目镜；6—目镜调焦螺旋；7—光学粗瞄器；8—度盘读数显微镜；9—度盘读数显微镜调焦螺旋；10—水准管；11—光学对中器；12—读数窗采光镜；13—竖盘指标水准管；14—竖盘指标水准管观察镜；15—竖盘指标水准管微动螺旋；16—水平制动螺旋；17—水平微动螺旋；18—拨盘手轮；19—圆水准器；20—基座；21—轴座固定螺旋；22—脚螺旋

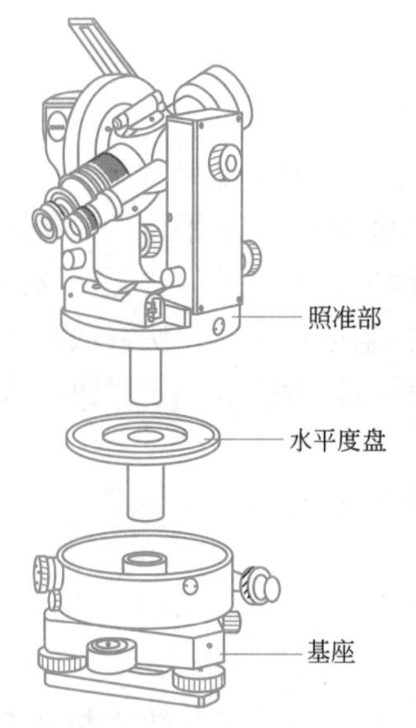

图 3-4 DJ_6 型光学经纬仪的构造

1. 照准部

照准部是指能够绕仪器竖轴转动的部分。照准部包括望远镜、竖轴、横轴、U 形支架、管水准器、竖直度盘和读数装置等，如图 3-4 所示。

望远镜和竖直度盘安装在 U 形支架上，可以绕横轴在竖直面内旋转，其转动由竖直制动螺旋和微动螺旋（又称望远镜制、微动螺旋）控制。

竖轴插入仪器基座的轴套内，照准部可以绕竖轴水平转动，其转动由水平制动螺旋和微动螺旋（又称照准部制、微动螺旋）控制。

经纬仪望远镜的组成与水准仪望远镜基本相同，不同的是它能绕横轴纵向转动，可以瞄准高低不同的目标。

照准部的管水准器用于精确整平仪器，当其气泡居中时，水平度盘水平、竖直度盘竖直。

2. 水平度盘

水平度盘是由玻璃制成的圆环形盘片，其边缘上顺时针刻画有 0°～360°的等间隔的分划线，并在整度分划线上按顺时针方向标有注记，用于测量水平角度。

一般情况下，水平度盘和照准部是分离的，转动照准部，水平度盘不会随之转动，若需改变水平度盘的位置，可以通过经纬仪上的复测器扳手或拨盘手轮来实现。

如图 3-5 所示，复测盘 2 与水平度盘 1 固定在一起，转动复测盘可以带动水平度盘一起转动。将复测扳手 9 扳向上，会推动顶轴 5 向左，进而将滚珠 4 顶开，使簧片 3 扩张，即水平度盘和照准部分离。此时转动照准部，水平度盘不会转动，读数窗中水平度盘的读数就会发生变化。将复测扳手扳向下，顶轴向右退出，滚珠跟着回退，簧片将复测盘夹紧，则水平度盘和照准部固连在一起。此时转动照准部，水平度盘就会随之一起绕竖轴转动，不管照准什么方向，水平度盘的读数都不会发生变化。

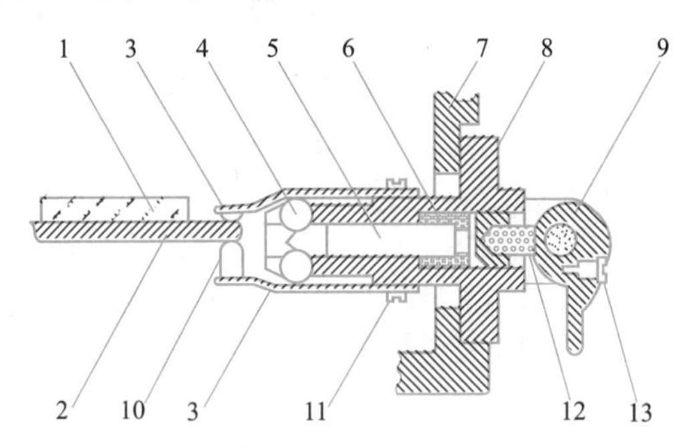

图 3-5　经纬仪的复测装置

1—水平度盘；2—复测盘；3—簧片；4—滚珠；5—顶轴；6—弹簧片；7—照准部；8—复测卡座；9—复测扳手；10—铆钉；11—簧片固定螺丝；12—垫块；13—复测扳手固定螺丝

拨盘手轮通过齿轮与水平度盘相连。当望远镜照准目标之后，拨动拨盘手轮（图 3-3 的 18），水平度盘转动，从而可以找到任意的度盘位置。使用这样的仪器时，为防止观测的过程中碰动手轮，配置完度盘之后应立即关上护盖。

3. 基座

经纬仪的基座与水准仪的基座大致相同，主要由轴套、脚螺旋、连接板、圆水准器、轴套固定螺旋等组成。脚螺旋和圆水准器用于整平仪器；轴套固定螺旋用于将仪器固定在基座上，旋松该螺旋，可以将照准部连同水平度盘一起从基座中拔出，平时应将该螺旋旋紧。

3.2.2　读数设备与读数

根据结构及原理的不同，按经纬仪的读数方法不同读数设备有分微尺测微器、单平板玻璃测微器和双光楔对径重合读数三种类型。

1. 分微尺测微器及其读数方法

分微尺测微器结构简单，读数方便，广泛应用于 DJ_6 型光学经纬仪上。这种仪器的水平度盘和竖直度盘均刻画为 360 格，每格对应的圆心角为 1°，其读数设备是由一系列光学零件所组成的光学系统。

如图3-6所示，外部光线经采光镜1穿过进光孔2进入仪器，之后分为水平度盘光路和竖盘光路两部分。其中，照亮水平度盘的光线，经过水平度盘显微物镜组7和转向棱镜8，使水平度盘的分划线成像在读数窗9的分划面上；照亮竖直度盘的光线，经由转向棱镜15、17及竖盘显微物镜组16、菱形棱镜18，将竖直度盘的分划线也成像在读数窗9的分划面上。该分划面上有2个分微尺，其全长均为1°，与经过放大后度盘上相邻两条分划线（分划值相差1°）之间的宽度相同。分微尺上刻画有60格，每格的宽度为1′。经过棱镜10的反射，可以在仪器的读数窗中观察到这两个度盘分划线的像和两个分微尺的刻画与注记。

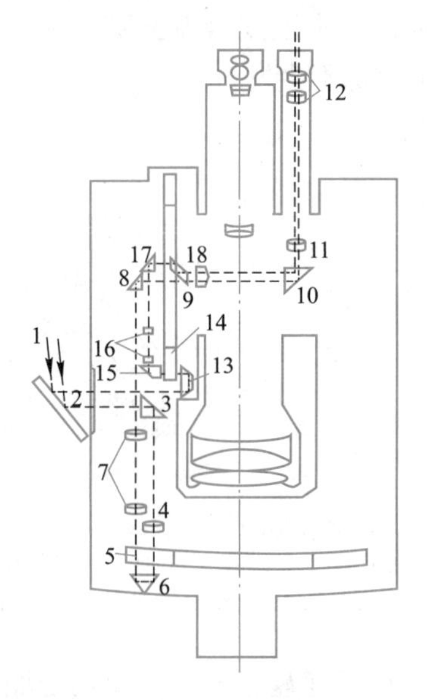

图3-6 DJ6型经纬仪光路图

1—读数窗反光镜；2—读数窗进光孔；3—转向棱镜；4—水平度盘聚光透镜；5—水平度盘；6—水平度盘照明棱镜；7—水平度盘显微物镜组；8—水平度盘转向棱镜；9—测微器；10—转向棱镜；11—读数窗显微镜物镜；12—读数窗显微镜目镜；13—竖盘照明棱镜；14—竖盘；15—竖盘转向棱镜；16—竖盘显微镜物镜组；17—竖盘转向棱镜；18—菱形棱镜

图3-7所示为分微尺测微器读数窗的视场。读数窗中可以同时显示水平度盘读数和竖直度盘读数，其中水平度盘标示“H”或“—”，竖直度盘标示“V”或“⊥”。

由于度盘上分划值相差1°的两相邻分划线的间距经放大后与测微器的全长相等，故每次只会有一个“度”刻画线落在测微器中。读数时，角值中的“度数”就是位于测微器中的“度”刻画线的注记数字，该“度”刻画线同时作为读数指标线，用以读取角值中的分数和秒数；“分数”由读数指标线直接在测微器上读出，“秒数”则需要估读（估读至测微器上1格的十分之一，即6秒）。

图3-7所示的水平度盘的读数为179°56.0′，即179°56′00″，竖直度盘的读数为73°02.5′，即73°02′30″。

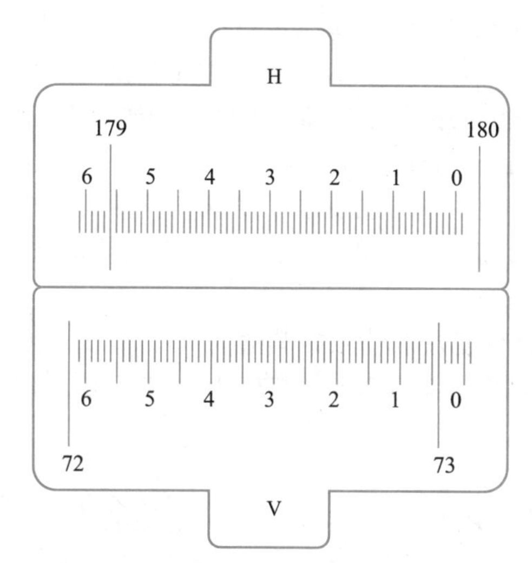

图 3-7　分微尺测微器的读数窗

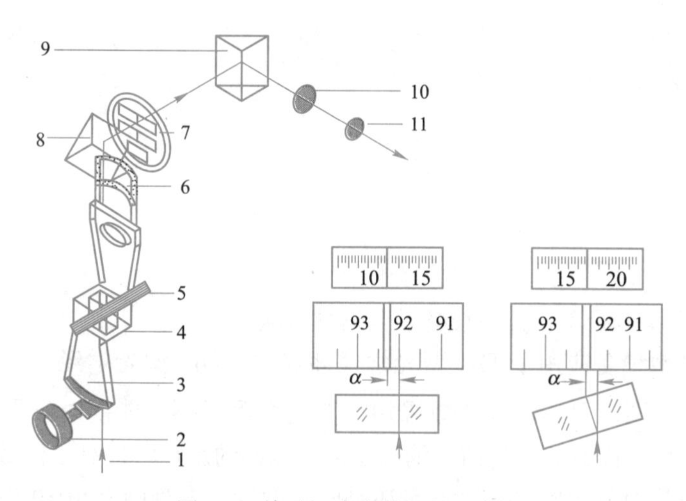

图 3-8　单平板玻璃测微器的读数

1—度盘读数光线；2—测微螺旋；3—扇形齿；4—平板玻璃；5—扇形齿旋转轴；6—测微尺；7—读数面板；8、9—反光棱镜；10—读数显微物镜；11—读数显微目镜

2. 单平板玻璃测微器及其读数方法

单平板玻璃测微器的读数装置如图 3-8 所示。平板玻璃 4 安置在水平度盘和竖直度盘反光棱镜之前，玻璃度盘上刻画有 720 格，每格所对的圆心角为 30′，顺时针注记。来自两个度盘的包含有度盘刻画和注记的光线 1 通过平板玻璃，经反光棱镜 8 转向后连同测微尺 6 上的分划线一起，成像在读数面板 7 上，再经过反光棱镜 9 进入读数显微镜，通过读数显微镜 10 和 11 就可以观察到度盘（包括刻画和注记）和测微尺的影像。

当度盘刻画线的影像没有位于双指标线的中央时（图 3-8 中相差了 a），旋转仪器上的测微螺旋 2，就会带动扇形齿 3 使平板玻璃 4 和测微尺 6 绕旋转轴 5 一起转动，使度盘刻画线的影像移动 a 后位于双指标线的中央，而移动的 a 会在测微尺上显示出来。

度盘影像移动1格（即0.5°或30′）时，测微器对应移动90格。所以，测微器上1格代表30×60÷90=20″。读数时可估读至0.1格，即2″。

单平板玻璃测微器的读数窗如图3-9所示。读数窗中有三部分：最上面是测微器的影像，中间是竖直度盘的影像，下面是水平度盘的影像。

读数时，旋转测微轮，分别使水平度盘和竖直度盘的一条分划线位于双指标线的中央，将度盘分划线的读数和测微器读数相加，即为各自的最终读数。

图3-9左图为竖直度盘的读数，其值为93°12′30″（93°00′+12′20″+0.5格×20″）；右图为水平度盘的读数，其值为15°53′00″（15°30′+23′00″+0.0格×20″）。

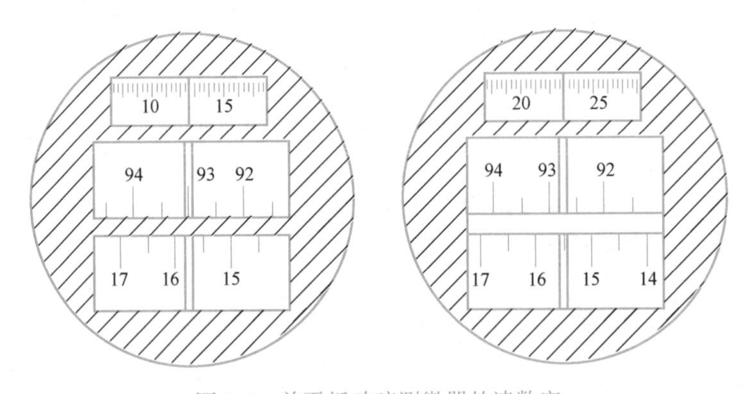

图3-9 单平板玻璃测微器的读数窗

3. 双光楔对径重合读数设备及其读数方法

这种读数设备应用于DJ_2型光学经纬仪中。DJ_2型光学经纬仪的构造与DJ_6型基本相同，但其度盘读数采用了双光楔测微器，能同时读取度盘对径180°两端分划线读数的平均值，消除了度盘偏心的影响，提高了读数精度。

仪器的度盘（不管是水平度盘还是竖直度盘）上刻画有1080格，每格所对的圆心角为20′，顺时针注记。读数设备采用对径符合读数：在度盘对径两端分划线的光路中分别设置一个移动的光楔，并使它们的楔角方向相反，而且固定在一个光楔架上做等量移动，以使度盘分划线影像做等距而反向的移动。

旋转测微轮使正倒像分划线相对移动，对径分划线影像上下对齐，移动量可在测微器上读出。

DJ_2光学经纬仪的读数视窗中只能看到一个读盘的读数，需要转动望远镜支座一侧的换盘手轮，使水平度盘和竖直度盘变换出现，并配有两度盘采光镜配合两度盘读数使用。

如图3-10所示，读数前先转动测微轮，使度盘的正倒像分划线准确对齐，找出相差180°且正像在左、倒像在右的一对分划线，正像注记数字是角值中的“度数”；两分划线之间的格数乘以度盘分划值的一半（10′），得到的是整10′数，不足10′的数值在测微器上读得。测微器的全长为10′（与度盘分划值的一半相

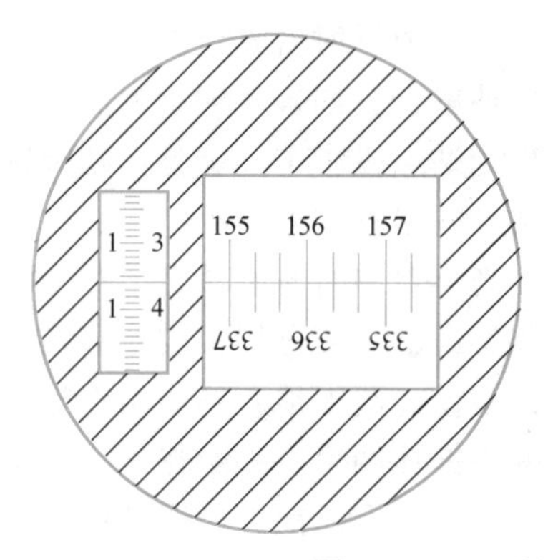

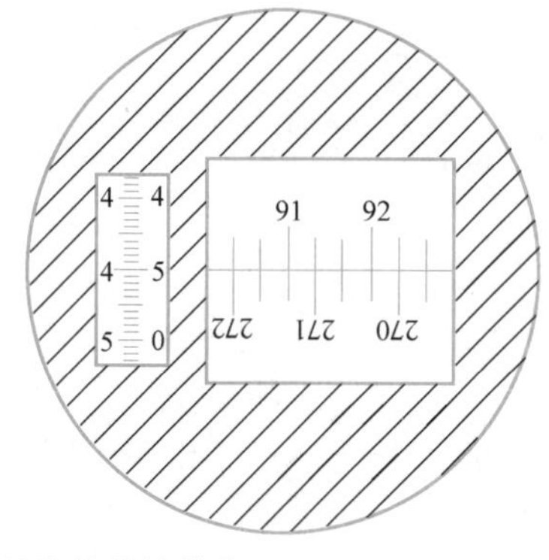

图 3-10 DJ_2 型光学经纬仪的读数窗

同)，最小分划为 1″，读数时可估读至 0.1″。将度盘上的读数与测微器的读数相加得到完整的度盘读数。如图 3-10 所示，左窗口的读数是 156°01′35.9″(156°00′+01′35.9″)；右窗口的读数是：91°14′50.0″(91°10′+04′50.0″)。

DJ_2 型经纬仪的读数窗不能同时显示水平度盘和竖直度盘的读数。仪器上设有换像手轮，转动该手轮能够进行两个度盘影像的转换。

为方便读数和防止出错，现代生产的 DJ_2 型经纬仪的读数窗都做了改进。如图 3-11 所示，改进后的读数窗中有 3 个小窗口：度盘对径的分划线的影像窗口、度数和 10′数影像窗口以及测微器影像窗口。转动测微轮使对径分划线上、下对齐之后，直接读取度数和整 10′数，再加上测微器的读数，得到最后的读数。图 3-11 中的度盘读数为 120°24′54.0″。

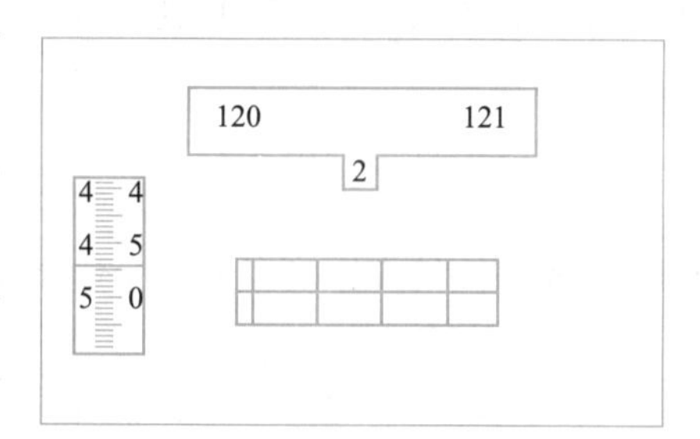

图 3-11 改进后 DJ_2 经纬仪的读数窗

3.3 经纬仪的安置与使用

3.3.1 经纬仪的安置

在开始测量之前，必须首先将经纬仪安置到既对中又水平的状态。所以经纬仪的安置包括对中和整平两个内容。对中的目的是使仪器竖轴与测站点的铅垂线重合，使仪器中心位于测站点铅垂线上。整平的目的是使仪器竖轴竖直，水平度盘处于水平位置。

1. 对中

光学经纬仪对中一般利用经纬仪配备的光学对中器或对点器（如图 3-3 中 11）对中。光学对中器是一个小型的外对光式折射望远镜，由目镜、分划板、转向棱镜和物镜组成，如图 3-12 所示。当仪器处于水平位置时，对中器的视

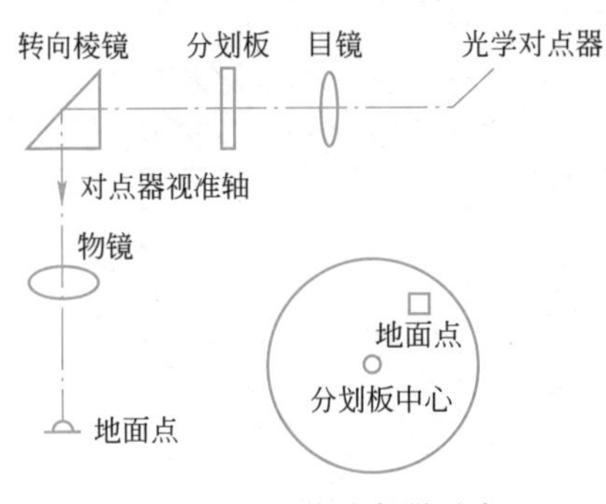

图 3-12 光学对中器对中

线经过棱镜折射后成铅垂方向，且与仪器竖轴重合。如果光学对中器分划板中心与测站点投影中心重合，则竖轴位于测站点的铅垂线上。

光学对中时先旋转光学对中器的目镜调焦螺旋，使分划板成像清晰；再伸缩目镜镜筒清晰地看到测站点标志；然后两手握住两个三脚架腿（另一腿支撑地面）左、右、前、后摆动仪器，当对中器分划板中心与地面点标志重合时把两腿放下，踩紧。此时，已基本对中。

当三个架腿只能放在测站的固定位置时（安置仪器困难），则先将三脚架架脚放在固定位置，伸缩架腿使架头大致水平，且架头中心位置在测站点正上方，然后再旋上仪器，最后转动三个脚螺旋使测站点中心与光学对中器分划板中心重合。利用光学对中器安置仪器的对中误差一般不大于 1mm，使用光学对中器之前，必须对其进行检验。

2. 整平

经纬仪是否精确水平，是由经纬仪 U 形支架中央的管水准器（如图 3-3 中 10）来标示的。转动仪器照准部到任意位置静止，观察管水准器气泡居中，则认为经纬仪的水平度盘处于精确水平状态。

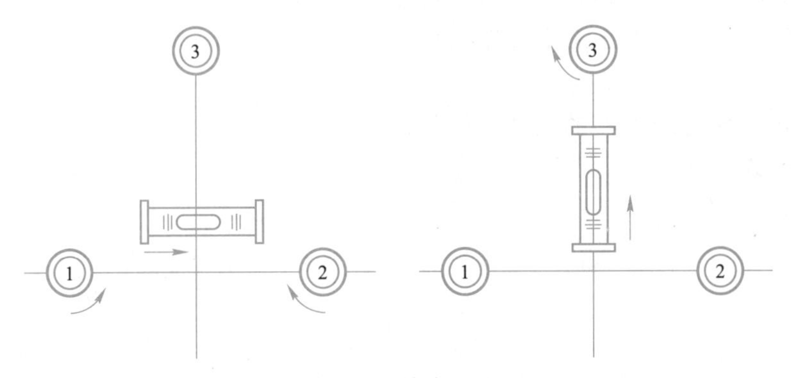

图 3-13 精确整平

整平经纬仪分为粗略整平和精确整平。粗略整平目的是使仪器竖轴竖直，操作方法是通过升降相邻的两个三脚架腿使圆水准器气泡居中。精确整平目的是使水平度盘水平，其操作方法如图 3-13 所示，首先转动仪器使照准部水准管轴与任意两个脚螺旋的连线方向平行，同时以双手以相反的方向同时转动两个脚螺旋，使管水准器的气泡居中（气泡移动方向与左手大拇指的运动方向相同）。然后，将照准部旋转 90°，使管水准轴与原来的位置垂直，单手旋转第三个脚螺旋，使管水准器气泡居中（称其为“先平行，后垂直”）。反复进行，直到将照准部转到任意位置气泡均居中为止，至此达到精平。

对中和整平是相互影响的，两者要互相兼顾，往往整平后又破坏了对中。若整平仪器后对中误差大于 1mm，则稍稍松开仪器的中心连接螺旋，使仪器基座在架头上平行移动达到对中，然后再次精确整平。经过反复对中、整平，达到安置要求为止。

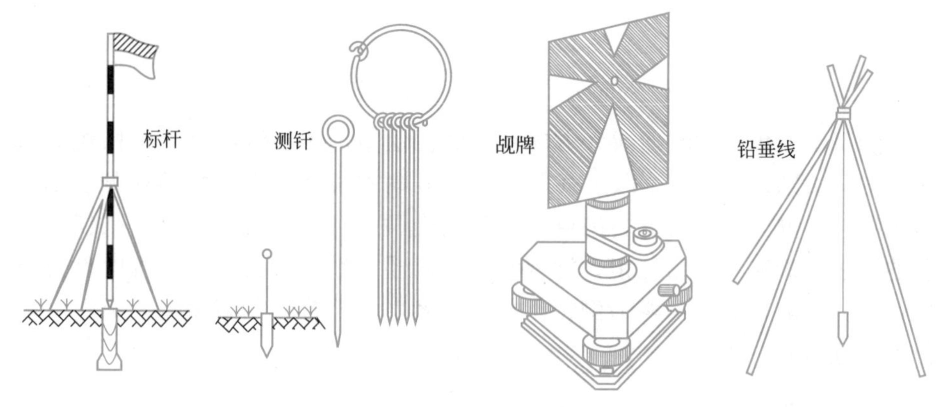

图 3-14　角度测量照准标志

3.3.2　照准和读数

测量角度时，要在目标点上竖立标志，常用测钎、标杆、觇牌等，如图 3-14 所示。照准和读数的基本操作如下：

1. 目镜调焦

松开水平制动和竖直制动螺旋，将望远镜对向比较明亮的背景（如白色的墙面、天空等），转动望远镜目镜调焦螺旋，使十字丝清晰。

2. 照准目标

用望远镜镜筒上的粗瞄器瞄准目标后，制动照准部和望远镜。旋转物镜调焦螺旋，使目标成像清晰，再旋转水平微动螺旋和竖直微动螺旋精确地照准目标，如图 3-15 所示。

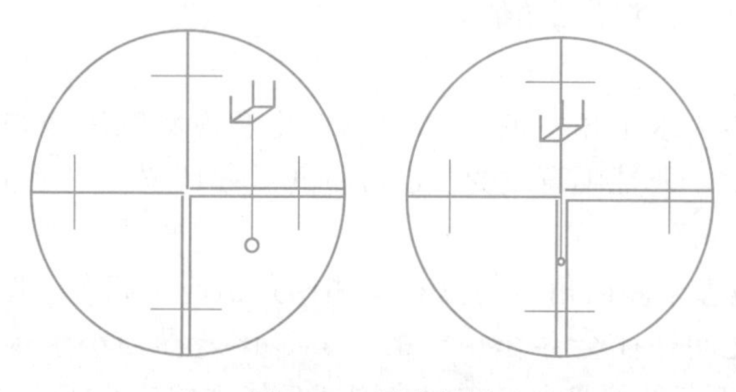

图 3-15　照准目标

测水平角时，用十字丝竖丝瞄准，理想情况是竖丝的单丝与线状目标（如垂球线等）相重合。根据目标像的粗细程度，可采用单丝平分粗目标或细目标平分双丝的瞄准方式，并尽量瞄准目标底部。测竖直角时，则用横丝切在标杆的顶部，或觇牌的水平照准标志线。

3. 读数

打开采光镜，并调节其开启的方向和角度，使读数窗内亮度适中。转动读数显微镜的目镜调焦螺旋，使度盘及测微器的刻画线成像清晰，然后按前述方法读取读数。

3.4 水平角的测量方法

测量水平角常用测回法和方向法。测回法适用于观测两个方向构成的单角，方向法则适用于三个以上（含三个）方向构成多个水平角的观测。不管采用哪种观测方法，均需要进行盘左和盘右两个位置的观测，以削减仪器误差的影响。盘左又称为正镜，指观测者对着望远镜的目镜时，竖直度盘位于望远镜的左侧；盘右又称为倒镜，指观测者对着望远镜的目镜时，竖直度盘位于望远镜的右侧。

3.4.1 测回法

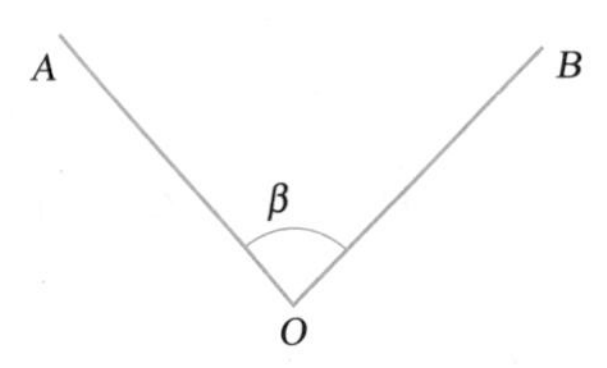

图 3-16 测回法观测水平角

如图 3-16 所示，欲测量 OA 和 OB 两方向之间的水平角 β，在测站点 O 安置经纬仪，在两目标点 A、B 竖立照准标志。然后按以下步骤进行观测：

（1）以盘左位置照准目标 A，读取水平度盘的读数（称为方向值），记为 $a_{左}$；松开制动螺旋，顺时针旋转照准部，照准目标 B，读取水平度盘读数，记为 $b_{左}$，完成上半测回，上半测回角值为

$$\beta_{左}=b_{左}-a_{左} \tag{3-2}$$

（2）纵转望远镜变成盘右位置，旋转照准部照准目标 B，读水平度盘读数，记为 $b_{右}$；逆时针旋转照准部照准目标 A，读水平度盘读数，记为 $a_{右}$，则完成下半测回，下半测回角值为

$$\beta_{右}=b_{右}-a_{右} \tag{3-3}$$

以上过程称为水平角一测回的观测。注意观测顺序必须是“左 A—左 B—右 B—右 A”，不能随意改变。也可将此过程理解为“盘左顺时针、盘右逆时针扫过水平角”。

理论上，盘左半测回角值与盘右半测回角值应该相等。但由于测量误差的存在，两者之间往往会存在一定的差异。该差异须小于规范规定的限值（规范规定 DJ_6 型经纬仪盘左盘右两半测回角值之差应小于 $\pm 40''$）。实际较差超过限值时，应查找原因，并重新进行测量。若较差小于限值，则取两半测回角值的平均值作为一测回角值，即

$$\beta=\frac{1}{2}(\beta_{左}+\beta_{右}) \tag{3-4}$$

将上述观测成果记录于观测手簿中，如表 3-1。

工程中，当测角精度要求较高时，往往需要对同一个水平角重复观测多个测回。若需观测 n 个测回，规范规定各测回应按 $\frac{180°}{n}$ 的增量来配置每测回盘左位置起始方向的方向值（第一测回起始方向的读数为通常配置为 0°），可抵消或减弱度盘分划误差和度盘偏心误差的影响。

各测回观测值的互差小于规定的限值（DJ_6 型经纬仪的测回角值之差应小于±40″）时，取平均值作为最后的结果；超过时则应查找原因，重测不合格的测回。

若观测过程中管水准气泡偏离超过 2 格，则应立即重新对中整平，重新观测该测回。

测回法观测水平角手簿　　表 3-1

测站	目标	竖盘位置	水平度盘读数 ° ′ ″	半测回角值 ° ′ ″	一测回角值 ° ′ ″	各测回平均值 ° ′ ″
O	*A*	盘左	0 00 06	90 23 36	90 23 42	90 23 46
	B		90 23 42			
	A	盘右	180 00 00	90 23 48		
	B		270 23 48			
O	*A*	盘左	90 00 18	90 23 48	90 23 51	
	B		180 24 06			
	A	盘右	270 00 24	90 23 54		
	B		0 24 18			

3.4.2 方向法

如图 3-17 所示，在测站点 O 需要观测 4 个方向。在测站点安置经纬仪之后，在所有的观测目标中选择距离适中且成像最清晰的方向作为起始方向，又称为零方向（如 A）。

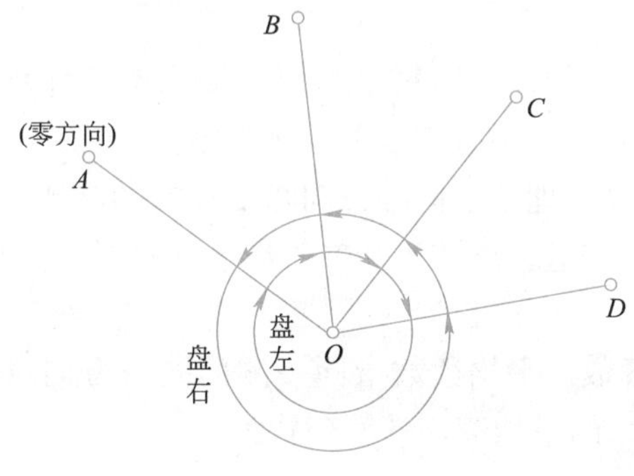

图 3-17　方向法观测

1. 观测

上半测回，以盘左位置照准零方向 A，并将水平度盘读数设置为 0°或稍大于 0°，读数并记录；然后松开制动螺旋，顺时针旋转照准部，依次照准 B、C、D 并读数，最后回到零方向（称为归零）。两次零方向读数之差称为归零差。

下半测回，以盘右位置照准零方向 A，读数并记录；松开制动螺旋，逆时针旋转照准部，依次照准 D、C、B 并读数，最后再次回到零方向 A，完成下半测回的观测。

方向法观测记录格式见表 3-2。

在上述观测过程中，照准部在半个测回内旋转了整个圆周，所以又称为全圆方向法。在实际工作中，当观测的方向数小于 4 时，半测回可以不归零。

方向法观测水平角手簿 表 3-2

测站	测回	目标	水平度盘读数		2C=L−(R±180°)	平均读数=[L+R±180°]/2	归零后方向值	各测回归零方向值的平均值
			盘左	盘右				
			° ′ ″	° ′ ″	″	° ′ ″	° ′ ″	° ′ ″
O	1					(0 02 06)		
		A	0 02 06	180 02 00	+6	0 02 03	0 00 00	0 00 00
		B	51 15 42	231 15 30	+12	51 15 36	51 13 30	51 13 28
		C	131 54 12	311 54 00	+12	131 54 06	131 52 00	131 52 02
		D	182 02 24	2 02 24	0	182 02 24	182 00 18	182 00 22
		A	0 02 12	180 02 06	+6	0 02 09		
O	2					(90 03 32)		
		A	90 03 30	270 03 24	+6	90 03 27	0 00 00	
		B	141 17 00	321 16 54	+6	141 16 57	51 13 25	
		C	221 55 42	41 55 30	+12	221 55 36	131 52 04	
		D	272 04 00	92 03 54	+6	272 03 57	182 00 25	
		A	90 03 36	270 03 36	0	90 03 36		

2. 计算

（1）半测回归零差的计算。每半测回观测完毕应计算归零差（半测回两个零方向的读数之差），并检查归零差是否超限。

（2）2C 值的计算。理论上同一方向盘左盘右的观测值应相差 180°。同测回同一目标盘左读数与盘右读数±180°之差称为 2C 值，即

$$2C=L-(R\pm180°) \tag{3-5}$$

（3）计算平均读数。平均读数指同一测回同一方向盘左读数与盘右读数（盘右读数值±180°）的平均值，计算公式为

$$平均读数=(L+R\pm180°)/2 \tag{3-6}$$

（4）归零方向值的计算。先计算零方向两个平均读数的平均值，写在起始方向平均值的上方，加上括号；然后将各方向的平均读数减去零方向的平均读数，即得各方向的归零方向值。此时，零方向的方向值为 0°00′00″。

（5）如果各目标各测回间的归零方向值的互差在允许范围内，则计算各测回各方向归零后方向值的平均值。

3. 限差

方向观测法的各项限差见表 3-3。

方向观测法的各项限差　　表 3-3

经纬仪	半测回归零差	2C 互差	同一方向值各测回较差
DJ_2	8″	13″	9″
DJ_6	18″	—	24″

2C 互差是指同一测回各方向的 2C 值的差异，当各方向的竖直角互差超过一定值时，则指同一目标各测回间的 2C 变化，其变化不能超限。

方向法多测回观测也要在各测回盘左位置的起始方向配置水平度盘读数。按相关规范要求，各测回起始读数应配置在度盘和测微器的不同位置（参见《工程测量规范》）。

3.4.3 水平角观测注意事项

（1）安置仪器时，三脚架要踩实，仪器与脚架连接要牢固，以确保仪器稳固安全；操作仪器时，手不要扶三脚架；转动望远镜和照准部前应先松开制动螺旋，切不可强行扭转仪器。

（2）目标须立直。照准时，用十字丝竖丝尽量瞄准目标的底部。

（3）记录要清晰整洁，计算工作应在现场完成，发现错误应立即重测。

（4）在一测回观测过程中，不得重新调整照准部管水准器。如果发现气泡偏离中心超过一格，应重新整平，重新开始该测回的观测。

3.5 竖直角测量

3.5.1 竖直角测量原理

如图 3-18 所示，经纬仪的竖直度盘垂直于横轴，竖盘与望远镜固定在一起，可随望远镜一起绕横轴旋转；望远镜转动时，竖盘指标不动；当整平仪器后望远镜视线水平，竖盘指标水准管气泡居中时，竖盘读数（通常为天顶距）应为 90°或 270°。当望远镜绕横轴俯仰转动照准高度不同的目标时，竖直度盘跟随望远镜在竖直面内转动，竖直度盘上的读数与视线水平时读数不同，从而可计算出竖直角。

竖盘指标位置正确与否决定了竖盘读数是否正确，为此仪器设计有一个竖盘指标水准管，竖盘指标与竖盘指标水准管固连在一起，旋转竖盘指标水准管微动螺旋可使水准管和竖盘指标一起做微小的转动。当竖盘指标水准管气泡居中时，读数指标精确处于正确位置。所以，测量竖直角时，瞄准目标后应先调竖盘指标水准管气泡居中，再读数。有的经纬仪有自动调平装置，

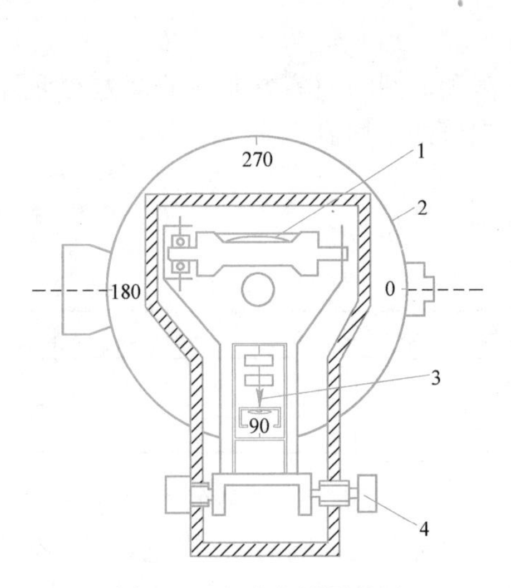

图 3-18 竖直角测量装置

1—竖盘指标水准管；2—竖直度盘；3—竖直度盘指标；4—竖盘指标水准管微动螺旋

则无此水准管，瞄准目标后直接读数。

3.5.2 竖直角的计算

目前，绝大多数光学经纬仪的竖盘刻度采用“全圆顺时针天顶距式”的注记方式。

如图 3-19 所示，盘左望远镜视线水平、竖盘指标水准管气泡居中时，竖盘读数为 90°。当望远镜上仰一个角度 α 后，使竖盘指标水准管气泡居中，竖盘读数为 L 减少，则盘左观测的竖直角为

$$\alpha_{左}=90°-L \tag{3-7}$$

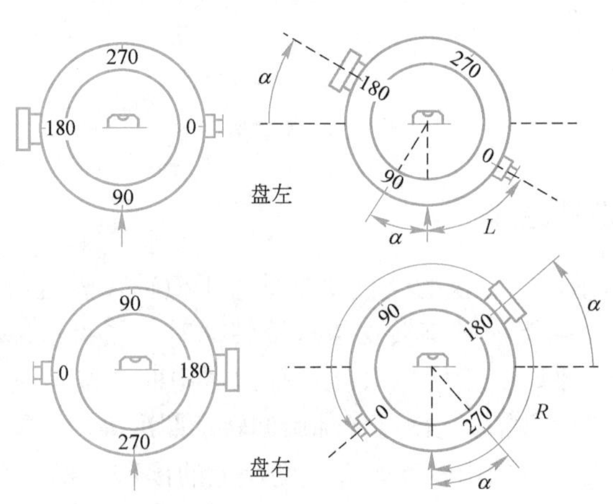

图 3-19 竖直角计算

仪器转为盘右位置，望远镜视线水平、竖盘指标水准管气泡居中时，竖盘的读数为 270°。当望远镜向上仰一个角度 α 后，竖盘指标水准管气泡居中，竖盘读数为 R 增加，则盘右观测的竖直角为

$$\alpha_{右}=R-270° \tag{3-8}$$

盘左、盘右观测竖直角一测回，取两个半测回竖直角的平均值得到一测回角值

$$\alpha=\frac{1}{2}(\alpha_{左}+\alpha_{右})=\frac{1}{2}(R-L-180°) \tag{3-9}$$

根据上式计算的角值是正值时，则为仰角，是负值时，为俯角。

3.5.3 竖盘指标差

上述竖直角计算公式成立的前提条件是视线水平、竖盘指标水准管气泡居中时，竖盘读数为 90°或 270°。实际上，由于竖盘指标水准管与竖盘读数指标的关系不正确，竖盘指标水准管气泡居中时，竖盘读数指标会偏离其正确位置，从而使竖盘读数与理论读数相差了一个小角，这个小角称为竖盘指标差，用 x 表示，如图 3-20 所示。

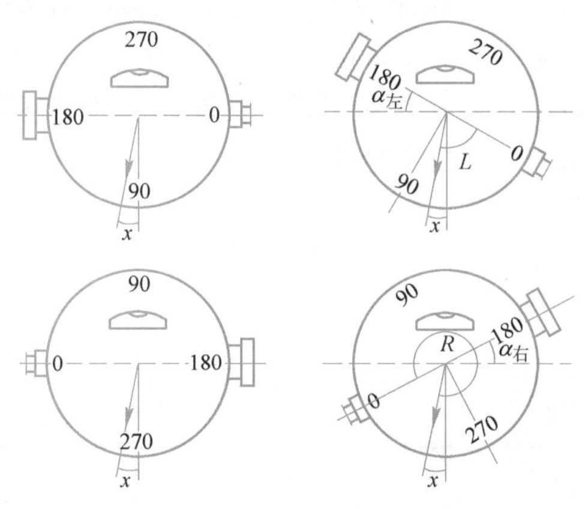

图 3-20 竖直度盘指标差

在图 3-20 中，盘左视线水平、竖盘指标水准管气泡居中时，竖盘读数 L 比正确值大了 x。于是，盘左竖直角的正确值为

$$\alpha'_{左}=90°-(L-x)=\alpha_{左}+x \tag{3-10}$$

盘右视线水平、竖盘指标水准管气泡居中时，竖盘读数 R 同样比正确值大了 x，相应的盘右竖直角的正确值为

$$\alpha'_{右}=(R-x)-270°=\alpha_{右}-x \tag{3-11}$$

一测回的竖直角为

$$\alpha=\frac{1}{2}(\alpha'_{左}+\alpha'_{右})=\frac{1}{2}[(R-L)-180°]=\frac{1}{2}(\alpha_{左}+\alpha_{右}) \tag{3-12}$$

由上式可见：盘左盘右观测的竖直角取平均值，可以消除竖盘指标差的影响。

将式（3-10）与式（3-11）左右两边对应相减，整理后可得

$$x=\frac{1}{2}(\alpha_{右}-\alpha_{左})=\frac{1}{2}(L+R-360°) \tag{3-13}$$

式（3-13）为竖盘指标差的计算公式。同一台仪器，在不长的时间内，竖盘指标差的变化很小，可以认为是一个定值。因此，同一测回各方向的指标差应该相等。但因照准和读数均不可避免地存在误差，所以，同一测回各方向的指标差实际上总会存在一定差异。规范规定：DJ_6 型经纬仪竖盘指标差变化的允许值为±25″，即指标差互差应小于±25″。如果超限，应重新观测。DJ_2 型经纬仪竖盘指标差互差的允许值为±15″。

3.5.4 竖直角观测

观测竖直角时，用十字丝的横丝切在目标的某一部位，如标杆的顶部（或标尺的某个位置，或觇牌的水平照准标志线）。竖直角观测一测回的程序如下：

（1）在测站点安置经纬仪，对中、整平。

（2）盘左照准目标，使横丝切于目标的顶部或一固定位置，旋转竖盘指标水准管微动螺旋，使气泡居中，读取竖盘读数 L。

（3）盘右照准目标，使横丝切于目标的相同位置，旋转竖盘指标水准管微动螺旋，使气泡居中，读取竖盘读数 R。

（4）计算竖直角及竖盘指标差，竖直角的记录与计算见表 3-4。

竖直角观测与高度有关，一般需要同时量取仪器高和目标高，并记录。

竖直角观测手簿　　表 3-4

测站	目标	竖盘位置	竖盘读数（° ′ ″）	半测回竖直角（° ′ ″）	指标差（″）	一测回竖直角（° ′ ″）
O	A	盘左	91 01 06	−1 01 06	+6	−1 01 00
		盘右	268 59 06	−1 00 54		
	B	盘左	89 43 24	+0 16 36	+9	+0 16 45
		盘右	270 16 54	+0 16 54		

（5）测站检核。

为检核观测成果，评价观测质量，竖盘指标差变化不得超过规范规定，超限须重测。

尽管经纬仪竖盘指标差的大小不会影响竖直角的观测精度，但为了方便计算，其值不宜太大，一般不超过±1′，否则须先校正。

3.5.5 竖盘指标自动补偿器

观测竖直角时，每次读取竖盘读数之前都需要调节竖盘指标水准管微动螺旋使气泡居中，大大降低了作业效率。目前，多数国产 J_2 级光学经纬仪都采用了竖盘指标自动补偿装置。该装置在经纬仪有微量倾斜时，会自动调节光路使读数为气泡居中时的正确读数，称作竖盘指标自动归零。

使用竖盘指标自动归零的经纬仪观测竖直角时，应将竖盘补偿器打开，观测完毕则应将其关闭。

对采用了竖盘自动补偿装置的经纬仪，当自动补偿装置与竖盘指标位置不正确时，也会存在竖盘指标差，其计算与消除方法和装有竖盘指标水准管的经纬仪相同。

3.6 经纬仪的检验与校正

3.6.1 经纬仪的主要轴线及其应满足的关系

经纬仪的主要轴线有视准轴（CC）、横轴（HH）、水准管轴（LL）和竖轴（VV）等，其相对位置关系如图 3-21 所示。

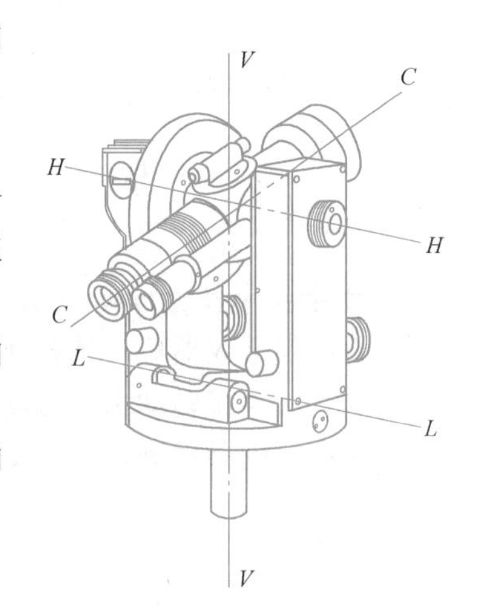

图 3-21 经纬仪的主要轴线及其关系

为使经纬仪能够精确地测量角度，其各轴线之间必须满足一定的关系。这些关系主要包括：

（1）照准部水准管轴应垂直于仪器竖轴（$LL \perp VV$）；

（2）望远镜视准轴应垂直于仪器横轴（$CC \perp HH$）；

（3）横轴应垂直于竖轴（$HH \perp VV$）；

（4）十字丝竖丝应垂直于横轴（竖丝$\perp HH$）；

（5）光学对中器的视准轴应与竖轴重合。

3.6.2 经纬仪轴线关系的检验与校正

1. $LL \perp VV$ 的检验与校正

检验：首先将仪器大致调平，旋转照准部，使水准管平行于两个脚螺旋，调节这两个脚螺旋使气泡居中；然后旋转照准部 180°，若水准管气泡仍然居中，说明轴线关系正确，即 $LL \perp VV$。否则，应进行校正。

如图 3-22（a）所示，若水准管轴与竖轴不垂直，其交角与 90°之差为 α，则在某一位置整平水准管后，竖轴相对于铅垂线倾斜了 α。使照准部绕倾斜的竖轴旋转 180°后，仪器竖轴方向不变，但水准管轴和水平线的夹角变成了 2α，水准管气泡不再居中，如图 3-22（b）所示。

校正：用校正针拨动水准管一侧的校正螺旋，使水准管气泡向中心方向移动偏移量的一半（相当于改正了 α）。校正过程中，旋紧水准管一侧的校正螺旋之前须先旋松另一侧的校正螺旋；如果校正动作使气泡偏离更多，则应反向操作，如图 3-22（c）所示。此时水准管轴已与竖轴垂直，旋转脚螺旋使气泡完全居中，则水准管轴水平、竖轴铅直，如图 3-22（d）所示。

此项检校工作需反复进行，直至将照准部转到任意位置，水准管气泡的偏离量均小于 1 格为止。

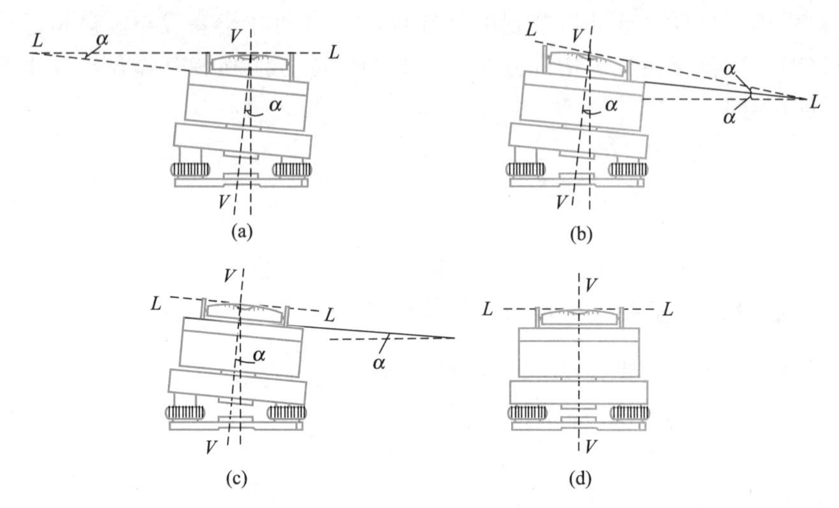

图 3-22 水准管轴的检验与校正

2. 十字丝竖丝⊥HH 的检验与校正

检验：整平仪器后，选择远处一个清晰的点状目标 P，用十字丝交点准确地照准它。缓慢转动水平微动螺旋，观察 P 点的运动轨迹，若 P 点始终在横丝上移动，则条件满足，否则需要校正（图 3-23a）。

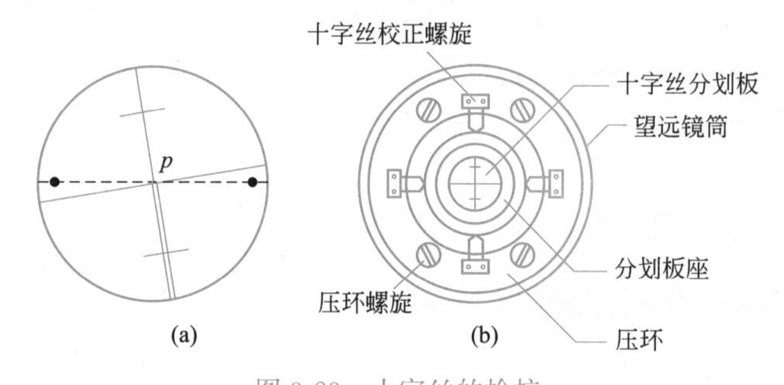

图 3-23 十字丝的检校

校正：打开目镜端的十字丝分划板护罩，松开 4 个压环螺旋（图 3-23b），先根据检验情况判断十字丝的偏转方向，沿相反方向适量转动分划板座，然后再照准 P 点进行检验，直到符合要求，再旋紧压环螺旋，盖好护罩。

3. CC⊥HH 的检验与校正

检验：选择远处一个大致与仪器同高的目标 A，盘左、盘右照准 A 并读取水平度盘读数，分别记为 L'和 R'，然后按式（3-5）计算 $2C$。

当 $C>60''$时，应进行校正。

校正：首先计算盘右位置时水平度盘的正确读数：

$$R=R'+C=\frac{1}{2}(L'+R'\pm180°) \tag{3-14}$$

转动照准部微动螺旋，使水平度盘的读数为正确读数 R，则视准轴必然偏离目标点 A。打开十字丝分划板护罩，略微旋松上下校正螺旋，使十字丝分划板能够移动，用校正针拨动十字丝环的一对左右校正螺旋（在校正时，应使左右两螺旋一松一紧，始终卡住十字丝分划板），使视准轴重新对准 A 点。校正完成后将上下两校正螺旋旋紧。

4. $HH \perp VV$ 的检验与校正

检验：如图 3-24 所示，在离墙壁不远的位置架设经纬仪，选择墙面高处的一点 P 作为观测标志（仰角最好在 30°左右）。用盘左照准 P，然后将望远镜放平（竖直度盘读数为 90°），在墙面上定出一点 P_1，再盘右照准 P 点，将望远镜放平（竖盘读数为 270°），在墙面上定出另一点 P_2。若 P_1、P_2 两点重合，则横轴与竖轴垂直，即横轴误差为 0；否则，取这两点的中点 P_0，按下式计算横轴误差 i：

$$i=\frac{D_{P_1P_2}}{2D_0}\rho'' \tag{3-15}$$

式中，$D_{P_1P_2}$ 为墙面上 P_1、P_2 之间的距离，D_0 仪器到 P_0 点的距离。当 $i>20''$时，需要对横轴进行校正。

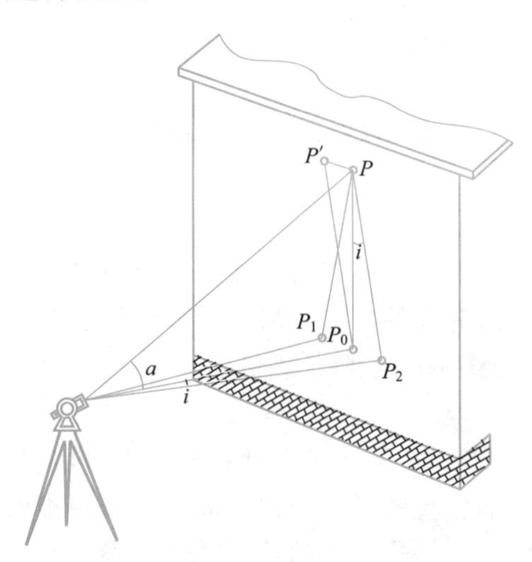

图 3-24　横轴的检验与校正

校正：照准 P_0，旋紧照准部制动螺旋，松开望远镜制动螺旋，向上转动望远镜，此时视准轴偏离目标点 P。抬高或降低横轴的一端，使视准轴对准 P 点。此项工作需要反复进行，直至满足要求为止。

通常经纬仪的横轴是密封的，一般测量人员很难自行校正。当关系不满足时，需送专业检修部门进行校正。

5. 竖盘指标差的检验与校正

检验：安置仪器之后，盘左、盘右分别照准同一目标，读取竖盘读数（读数前需调节竖盘指标水准管微动螺旋使气泡居中，或将竖盘自动补偿器打开），分别记为 L、R，利用式（3-13）计算竖盘指标差。当 $x>\pm1'$时，应进行校正。

校正：盘右位置时竖盘读数的正确值为 $R-x$。仪器不动，仍照准原目标点，旋转竖盘指标水准管微动螺旋，使竖盘读数为 $R-x$，此时，竖盘指标水准管气泡不再居中。打开竖盘指标水准管校正螺旋的护盖，用校正针拨动校正螺旋，使气泡居中。此项工作亦应反复进行直至满足要求为止。

对于有竖盘自动补偿器的仪器，竖盘指标差的检验方法同上，但是校正应由专业的检修人员进行。

6. 光学对中器的检验与校正

检验：在一张白纸上画一个十字形标志，交叉点为 P。将画有十字标志的白纸固定在地面上，以 P 点为标志安置经纬仪（对中、整平）。然后将照准部旋转 180°，查看是否仍然对中。如果仍然对中，则条件满足，否则需进行校正。

校正：在白纸上，找出照准部旋转 180°后对中器所对准的点 B，并取 P、B 两点的中点 O，旋转对中器的校正螺旋，使对中器对准 O 点。

光学对中器的校正部件随仪器类型的不同而有所不同。有些是校正转向棱镜，有些则是校正分划板，校正时需注意加以区分。

3.7　水平角观测误差分析

水平角测量的误差主要由仪器误差、观测误差和外界条件的影响。

3.7.1　仪器误差

仪器误差是由于仪器制造不完善（如度盘分划误差、度盘偏心差等）或仪器校正不彻底等原因造成的，它们都会对水平角产生影响，应根据产生的原因采用一定的措施使影响程度降低到最小。

1. 视准轴误差

视准轴误差 C 指视准轴 CC 不垂直于横轴 HH 的误差。存在视准轴误差的仪器，视准轴绕横轴旋转所形成的视准面是一个圆锥面。如图 3-25 所示，盘左照准目标点 P 时，水平度盘的读数为 L（图 3-25a），正确读数应为 $L'=L+C$；仪器处于盘右位置时视准轴 CC 与横轴 HH 的关系如图 3-25（b），盘右照准目标 P 后，读数为 R（图 3-25c），正确读数应为 $R'=R-C$。

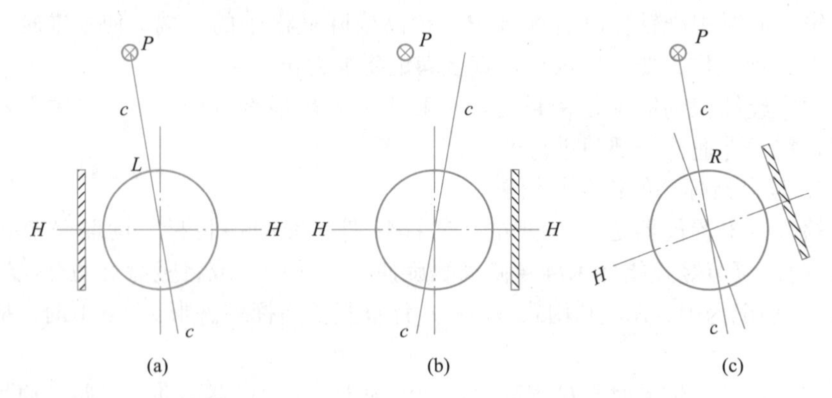

图 3-25　视准轴误差对观测水平方向的影响

一测回方向值为

$$\overline{L}=\frac{1}{2}(L'+R'\pm 180°)=\frac{1}{2}(L+R\pm 180°) \tag{3-16}$$

由此可见，盘左、盘右观测取平均，可以消除视准轴误差的影响。

2. 横轴倾斜误差

横轴误差指横轴 HH 不垂直于竖轴 VV 的偏差 i。存在横轴误差时，视准轴绕横轴的旋转面是一个倾斜平面，与铅直面的夹角为 i。

如图 3-26 所示，整平仪器后，盘左照准与仪器同高的 P'_1 点时，如果横轴与竖轴垂直，则望远镜向上抬高角度 α 后应照准与 P'_1 位于同一铅垂线上的 P 点；如果横轴与竖轴不垂直，则视准轴绕横轴旋转形成了一个与铅垂方向有夹角 i 的平面，抬高望远镜后将照准另一点 P'。盘右照准 P'_1 点之后，望远镜抬高 α 角，视准面是一个与铅垂方向有夹角 i 但与盘左时反向的平面，而照准 P'' 点。所以，横轴误差对盘左盘右观测值的影响是大小相等、符号相反的，盘左、盘右观测取平均，可以消除横轴误差的影响。

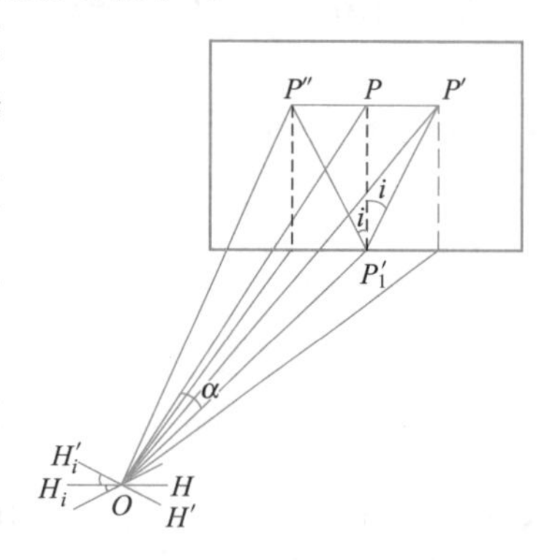

图 3-26　横轴误差对水平角测量的影响

3. 竖轴倾斜误差

竖轴误差指竖轴 VV 不垂直于水准管轴 LL，见图 3-22。水准管气泡居中后，竖轴倾斜 α 角，导致横轴也倾斜相同的角度（只考虑竖轴误差）。观测水平角时，照准部绕竖轴旋转，不管盘左还是盘右，竖轴误差的存在都将使竖轴向同一方向倾斜 α 角，横轴也随之倾斜相同的角度。因此，竖轴误差是不能通过盘左盘右取平均的方法来消除的。在观测水平角前，须对管水准器进行认真的检验与校正；在观测过程中，应尽量保持水准管气泡居中，如果气泡偏离中心超过 1 格，应重新整平。

除上述原因外，仪器误差还包括度盘分划误差和水平度盘偏心差。

光学经纬仪的度盘分划误差是指由于度盘分划不均匀所产生的误差。作业时，各测回间变换起始方向读数，可以减弱此项误差的影响。

水平度盘偏心差是指水平度盘的分划中心与照准部的旋转中心不重合而引起的误差。作业时，盘左盘右观测取平均可以消除此项误差的影响。

3.7.2　观测误差

水平角的观测误差包括对中误差、目标偏心误差、瞄准误差、读数误差等。

1. 对中误差

对中误差指仪器中心与地面测站点标志中心不在同一铅垂线上所引起的

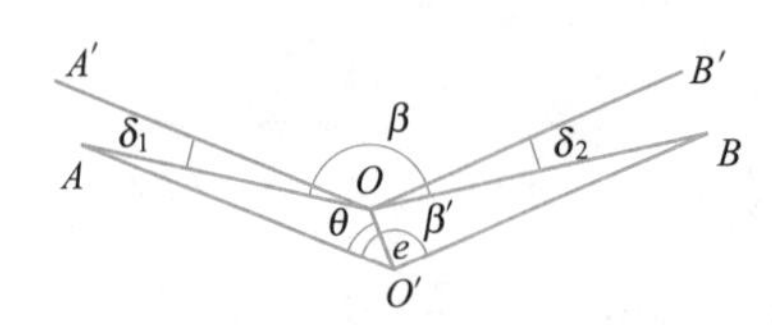

图 3-27　对中误差对水平角观测的影响

误差，其对水平角观测结果的影响如图 3-27 所示。O 为测站点，A、B 为目标点，实际对中时仪器中心对准的是 O'点，O'与 O 之间的偏距为 e；水平角的正确值为 β，观测值为 β'。

过 O 点分别作 $O'A$、$O'B$ 的平行线 OA'、OB'，其与 OA、OB 的夹角分别为 δ_1、δ_2。由图可知，对中误差对水平角观测的影响为

$$\delta=\beta-\beta'=\delta_1+\delta_2 \tag{3-17}$$

考虑到 δ_1 和 δ_2 都很小，于是有

$$\delta_1''=\frac{\rho''}{D_1}e\sin\theta$$

$$\delta_2''=\frac{\rho''}{D_2}e\sin(\beta'-\theta)$$

$$\delta''=\delta_1''+\delta_2''=\rho''e\left(\frac{\sin\theta}{D_1}+\frac{\sin(\beta'-\theta)}{D_2}\right) \tag{3-18}$$

式中，θ 为偏距 e 与方向 $O'A$ 间的夹角；δ_1''、δ_2''、δ''是以秒为单位的角值。当 $\beta=180°$，$\theta=90°$时，δ 达最大值为

$$\delta''_{\max}=\rho''e\left(\frac{1}{D_1}+\frac{1}{D_2}\right) \tag{3-19}$$

设 $e=3\text{mm}$，$D_1=D_2=100\text{m}$，则 $\delta''=12.4''$。由此可见，对中误差对水平角测量的影响很大，而且边长越短，影响越大。为保证测角精度，必须仔细对中，测量短边所夹的角度时更要注意。

2. 目标偏心差

目标偏心差指因照准目标与相应的地面标志中心不在同一铅垂线上所产生的误差。如图 3-28 所示，A、B 为两观测点，A'与 B'为实际的照准位置，两目标存在偏心距 e_1、e_2。e_1、e_2 对水平角观测值的影响分别为 δ_1、δ_2，其大小不仅与偏心距有关，而且还与目标偏心的方向有关。

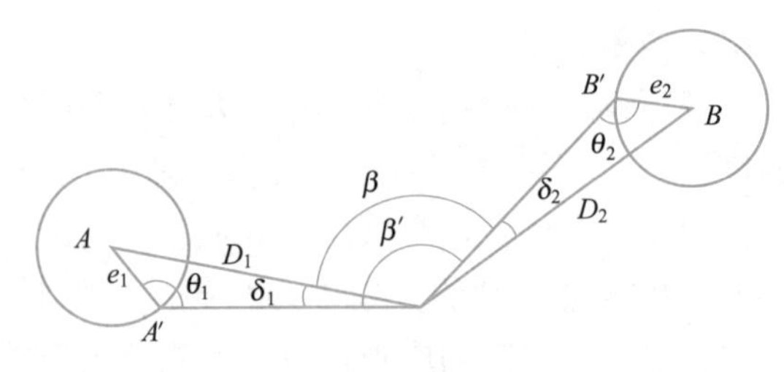

图 3-28　目标偏心差对测量水平角的影响

与对中误差的影响类似，目标偏心对水平角测量的影响与测站至目标点之间的距离有关，距离越短，影响就越大。

测量水平角时，除需尽量保持观测标志的竖直外，还应尽量照准目标的底部，以减小偏心距及其对角度观测结果的影响。

应该注意：目标偏心差与对中误差均属于“对中”性质的误差，一旦仪

器架设好、目标竖立好，则对中误差值和目标偏心距均为固定值。无论观测多少测回，这两项误差在各个测回均保持不变，不会因增加测回数而减小它们对水平角观测成果的影响。

3. 瞄准误差

瞄准的精度有赖于人眼分辨率、望远镜放大率、照准目标的形状、观测者的判别能力、目标成像的亮度和清晰度等。其无法消除，只能采用提高观测技术、使用高精度的仪器、选择有利的观测条件等措施降低它们的影响。

4. 读数误差

读数误差主要取决于仪器的读数设备的精密程度。由于估读误差一般不会超过最小分划值的十分之一。因此，采用分微尺测微器的 DJ_6 型仪器的估读为 6″，使用 DJ_6 型仪器的估读为 2″。

3.7.3 外界环境的影响

外界环境对水平角观测的影响因素主要有风力对仪器稳定性的影响、大气透明度对照准精度的影响、地面热辐射对大气稳定性的影响、土地松软对仪器的影响、温度变化对水准管气泡和视准轴的影响等。

在实际作业时，应选择有利的观测时间和观测地点，以减弱外界环境对角度测量的影响；观测视线应离开地面或障碍物一定距离，尽量避免通过水面上方；阳光下要打遮阳伞，避免光线直接照射仪器；等等。

3.8 电子经纬仪简介

随着光电技术、计算机技术的发展，20 世纪 60 年代出现了电子经纬仪。电子经纬仪的轴系、望远镜的制动微动构件等与光学经纬仪相似，主要区别在于电子经纬仪用微处理器控制电子测角系统，能够以数字形式自动显示角度值。

电子经纬仪的测角系统有编码度盘、光栅度盘和动态测角系统三种。

由于经纬仪适用范围较小，现常用全站仪代替经纬仪进行角度测量。全站仪是在电子经纬仪数字测角系统的基础上，增加测距、存储、通信、处理器等软硬件，集测角、测距、存储、计算等功能于一体的测量系统。图 3-29 所示为几种常用的全站仪，其中图 3-29（a）是徕卡 TS09 系列全站仪，图 3-29（b）是南方 NTS-312B 系列全站仪，图 3-29（c）是苏一光 RTS632B 系列全站仪。

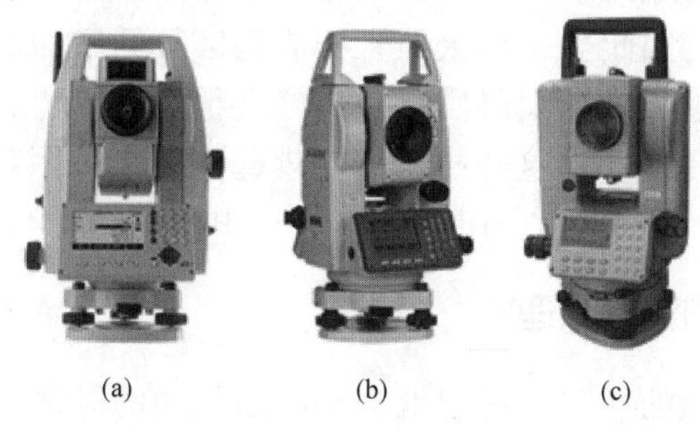

(a) (b) (c)

图 3-29 常用全站仪

3.8.1　编码度盘的测角原理

编码度盘是一个刻有多道同心圆环的光学圆盘，每一个同心圆环称为一个码道，在每个码道内既有透光区（白区），也有不透光区（黑区）。设码道数为 n，则将整个度盘分为 2^n 个码区，码区呈径向辐射状。编码度盘的原理和结构如图 3-30 所示。

图 3-30（a）所示是一个有 4 个码道的纯二进制编码度盘，共有 16 个码区。该度盘的角度分辨率（相当于光学经纬仪度盘的分划值）为 360°/ 16 = 22.5°。码道由外向里赋予二进制编码，16 个码区的二进制代码为 0000～1111（内道为高位）。

度盘位置信息是通过光传感器识别码区的二进制代码来获取的。在编码度盘的一侧，沿径向正对每个码道均安置一个发光二极管（光源），在另一侧对着光源安置 n 个光电管（接收二极管）。当位置固定的光电探测器阵列正对某一码区时，若发光二极管发出的光线通过透光区被光电二极管接收，则光传感器输出低电平（逻辑 0）；当光线被不透光区挡住时，光传感器输出高电平（逻辑 1）。

当度盘上的某一码区通过光电探测器阵列时，由光传感器译码器显示的二进制数即可获知该码区在度盘上的位置，进而显示该位置对应的角度值。

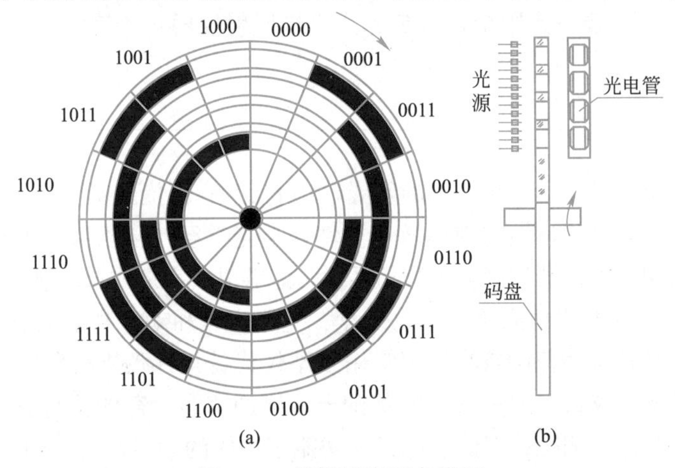

图 3-30　编码度盘测角原理

为了提高编码度盘的角度分辨率，必须增加码道数 n。由于码区数与码道数之间是指数关系，因此当 n 增大时，相应码区数的增加非常快。考虑到度盘尺寸有限，若码道太多，则码区弧长必然会很短，相应的发光二极管和光电二极管就必须做得很小，这在技术上实现起来是十分困难的。因此，实际的码道数不能太多，测角精度的提高只能通过电子测微技术来实现。

3.8.2　光栅度盘的测角原理

在光学玻璃度盘的径向上均匀地刻制明暗相间的等角距细线条就构成了光栅度盘。如图 3-31（a）所示，透光的缝隙和不透光的栅线的宽度均为 a。

如果将两块密度相同的光栅重叠，并使它们的刻线相互倾斜一个小角 θ，就会出现明暗相间的条纹（如图 3-31b 所示），这种条纹称为莫尔条纹。两光栅之间的夹角 θ 越小，条纹就越粗，相邻明条纹（或暗条纹）之间的间隔 w 也越大，w 与 θ 之间的关系为

$$w=d \cdot \cot\theta \tag{3-20}$$

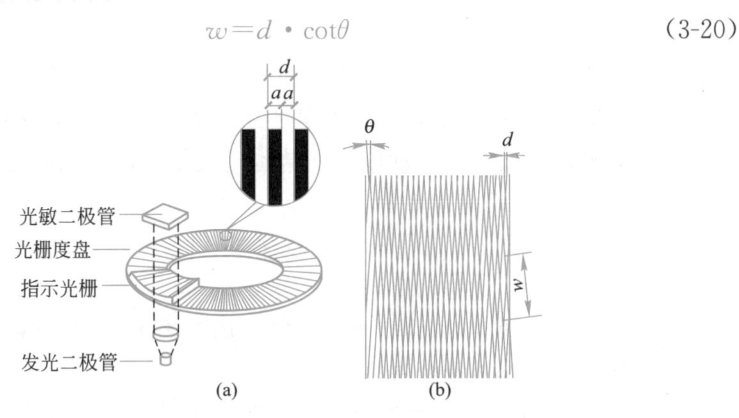

图 3-31　光栅度盘测角原理

在图 3-31（a）中，在光栅度盘的下面放置一个发光二极管，上面安置一个可与光栅度盘形成莫尔条纹的指示光栅，指示光栅上面是光敏二极管。发光管、指示光栅和光电管的位置固定，不随照准部转动，而光栅度盘与照准部固连在一起，照准部转动时带动度盘一起转动，即形成莫尔条纹。随着莫尔条纹的移动，光敏二极管将输出相应的电信号。在测量角度时，仪器接收元件可以累计出条纹的移动量，从而测出光栅的移动量，并经过译码器换算为度分秒显示到显示器上。

3.8.3　动态光栅度盘测角原理

动态光栅度盘测角原理如图 3-32 所示。度盘的内侧和外侧各有一个光电扫描系统 R 和 S，它们的结构相同，都由一个发光二极管和一个接收二极管组成。

发光管发出连续的红外光，而接收管只能断续地接收到光信号（只有当红外光通过缝隙时才能被接收管接收）。转动的度盘分划通过 R 和 S 时将分别产生两个电信号。

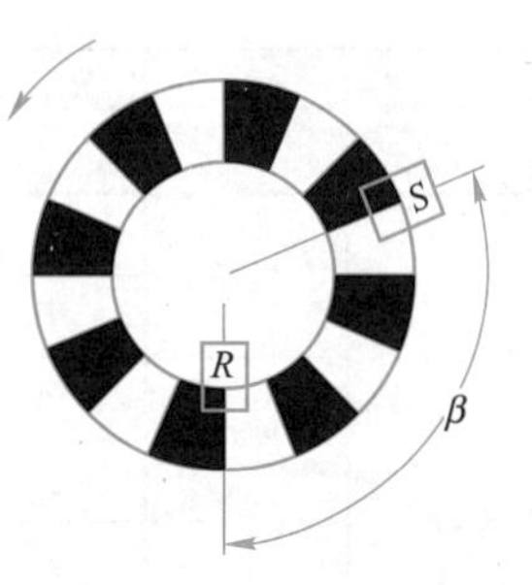

图 3-32　动态测角原理

位于度盘外侧的 S 是固定的，相当于角值的起始方向；位于度盘内侧的 R 可以随照准部转动，提供目标方向。β 是 R、S 之间的夹角，也是要测量的角值。

测量时，度盘在马达的带动下，始终以恒定的速度逆时针旋转，从而使接收二极管断续地接收到发光二极管发出的红外光，以此完成对度盘的扫描。水平角 β 由两分划线之间的角值 φ_0 的 n 倍和不足一个分划的尾数 $\Delta\varphi_0$ 构成，即

$$\beta = n\varphi_0 + \Delta\varphi_0 \tag{3-21}$$

显然，β 角的测量包括整倍数 n 的测量和 $\Delta\varphi_0$ 的测量，分别称之为粗测和精测。测量过程中，粗测和精测是同时进行的。度盘扫描完成后，仪器的微处理系统按一定的标准分析所得到的粗测值和精测值，满足要求后计算最后结果。

动态测角除了具有前两种测角方式的优点外，最大的特点在于能够消除度盘分划误差的影响，因此，高精度（0.5″级）的测角仪器通常采用这种方式。但动态测角需要马达带动度盘，结构比较复杂，耗电量也大。

思考题

3-1　什么是水平角？水平角的取值范围有多大？望远镜在竖直方向旋转时，水平度盘的读数是否会发生变化？

3-2　什么是竖直角？竖直角的取值范围是多少？为什么在测量竖直角时只需读取一个目标的读数即可计算出竖直角？

3-3　经纬仪主要由哪几部分组成？各有什么作用？

3-4　观测竖直角，为什么首先要调节竖盘指标水准管微动螺旋，使气泡居中才能读数？

3-5　经纬仪有哪些轴线？这些轴线之间应该满足什么关系？

3-6　水平角测量的误差来源主要有哪些？

3-7　盘左盘右观测可以消除或减弱哪些误差对水平角的影响？

3-8　电子经纬仪和光学经纬仪的主要区别是什么？

习题

3-1　完成表 3-5 测回法观测水平角记录手簿的相应计算。

水平角观测记录（测回法）　　表 3-5

测站	竖盘位置	测点	水平度盘读数 ° ′ ″	半测回角值 ° ′ ″	一测回角值 ° ′ ″	各测回平均值 ° ′ ″
O	盘左	A	0 01 06			
		B	45 13 24			
	盘右	A	180 01 12			
		B	225 13 48			
	盘左	A	90 02 00			
		B	135 14 24			
	盘右	A	270 02 12			
		B	315 15 00			

3-2　竖直角观测记录于表 3-6 中，试完成相应计算。

竖直角观测记录　　表 3-6

测站	目标	竖盘位置	竖盘读数	半测回竖直角	指标差	一测回竖直角	备注
			° ′ ″	° ′ ″	″	° ′ ″	
O	1	左	72　18　18				270 180 0 90
		右	287　42　00				
	2	左	96　32　48				
		右	263　27　30				

3-3　完成表 3-7 中的全圆方向观测法观测水平角记录的相应计算。

水平角观测的记录（方向法）　　表 3-7

测站	测回	目标	水平度盘读数		$2C=L-(R\pm180°)$	平均读数 $=1/2[L+(R\pm180°)]$	归零后方向值	各测回归零方向值的平均值
			盘左	盘右				
			° ′ ″	° ′ ″	″	° ′ ″	° ′ ″	° ′ ″
1	2	3	4	5	6	7	8	9
O	1	A	0 01 06	180 01 06				
		B	91 54 06	271 54 00				
		C	153 32 48	333 32 48				
		D	214 06 12	34 06 06				
		A	0 01 24	180 01 18				
O	2	A	90 02 18	270 02 18				
		B	181 55 06	1 55 18				
		C	243 33 54	63 34 00				
		D	304 07 24	124 07 18				
		A	90 02 36	270 02 42				

3-4　对某个水平角观测 4 测回，则根据复测水平角度盘配置规则，第三测回的水平度盘应怎样配置？

第4章 距离测量与直线定向

本章知识点

【知识点】 本章主要介绍测量中三大基本工作之一的距离测量以及相应的直线定向。距离测量介绍距离测量的仪器和方法，包括钢尺量距、视距测量、电磁波测距、全站仪；直线定向介绍了与直线定向有关的概念以及坐标方位角的推算方法。

【重点】 钢尺量距、电磁波测距以及直线定向。

【难点】 直线定向及坐标方位角的推算。

距离测量是测量的基本工作之一。所谓距离是指两点间的水平直线长度，如果测量了两点间的斜距，还需要根据两点间高差或垂直角改算为水平距离。根据测量距离所使用的仪器、工具以及量距的原理的不同，可将距离测量的方法分为钢尺直接量距、光学视距法量距以及光电测距仪测距。

4.1　钢尺量距

钢尺量距简单实用，是工程测量中最常用的一种距离测量方法。根据精度要求的不同，钢尺量距又分为钢尺量距的一般方法和钢尺量距的精密方法。钢尺量距的基本步骤分为定点、直线定线、量距及成果计算。

4.1.1　量距的工具

钢尺（图 4-1）是钢制的带尺，又称钢卷尺，通常钢尺宽度为 10～15mm，厚度为 0.2～0.4mm，长度有 20m、30m 及 50m 等几种，卷放在圆形盒内或金属架上。钢尺的基本分划为厘米，最小分划为毫米。在每米、每分米及每厘米处有数字注记。

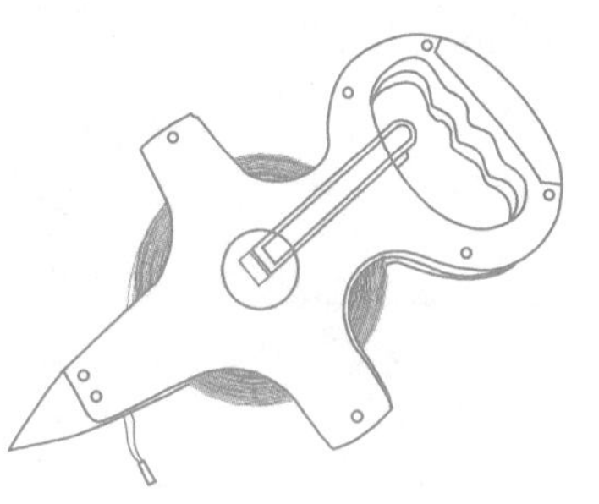

图 4-1　钢尺

由于尺的零点位置的不同，钢尺可分为端点尺和刻线尺。端点尺是以尺的最外端作为尺的零点，如图 4-2（a）所示，使用该尺从建筑物墙边开始丈量时很方便。刻线尺是以尺前端的注记零的刻线作为尺的零点，如图 4-2（b）所示。

丈量距离的工具除钢尺外，还有测钎

（图 4-3a）、标杆（图 4-3b）以及垂球架（图 4-3c）。测钎用绿豆粗细的钢丝制成，用来标志所量尺段的起、止点和计算已量过的整尺段数。测钎一组为 6 根或 11 根。标杆长 2～3m，直径 3～4cm，杆上涂以 20cm 间隔的红、白油漆，用于标定直线。垂球架由三根竹竿和一个垂球组成，是在倾斜地面量距的投点工具。此外还有弹簧秤和温度计，以控制拉力和测定温度。

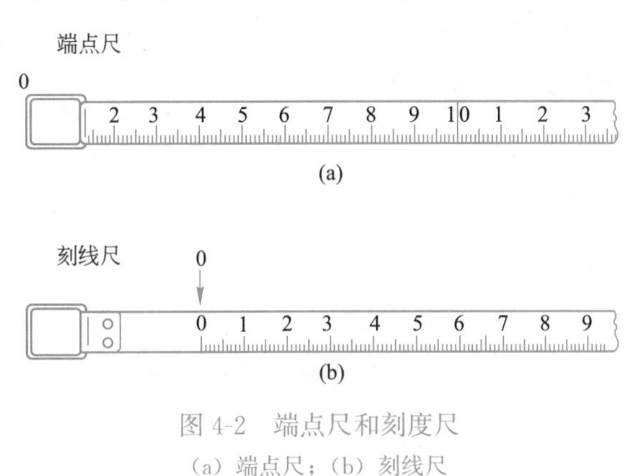

图 4-2　端点尺和刻度尺

（a）端点尺；（b）刻线尺

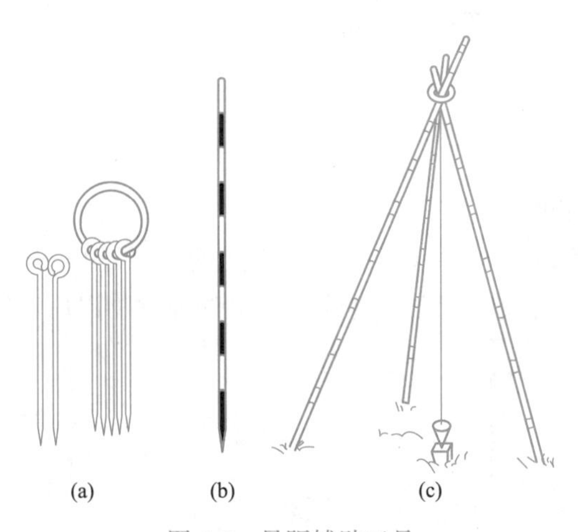

图 4-3　量距辅助工具

（a）测钎；（b）标杆；（c）垂球架

4.1.2　钢尺量距的一般方法

1. 定点

为了测量两点间的水平距离，需要将点的位置用明确的标志固定下来。使用时间较短的临时性标志一般用木桩，在钉入地面的木桩顶面钉一个小钉，表示点的精确位置。需要长期保存的永久性标志用石桩或混凝土桩，在顶面刻十字线，以其交点表示点的精确位置。为了使观测者能从远处看到点位标志，可在桩顶的标志中心上竖立标杆、测钎或悬吊垂球等。

2. 直线定线

当两个地面点之间的距离较长或地势起伏较大时，为方便量距，一般可采取分段丈量的方法。这种把多根标杆标定在已知直线上的工作称为直线定线。一般量距用经纬仪在两点间定线，方法和过程如下。

如图4-4所示，欲在AB线内精确定出1、2等点的位置。可将经纬仪安置于B点，用望远镜照准A点，固定照准部制动螺旋；然后将望远镜向下俯视，用手势指挥移动标杆至与十字丝竖丝重合时，在标杆位置打下木桩，顶部钉上白铁皮；再根据十字丝在白铁皮上画出纵横垂直的十字线，纵向线为AB方向，横向线为读尺指标，交点即为1点。

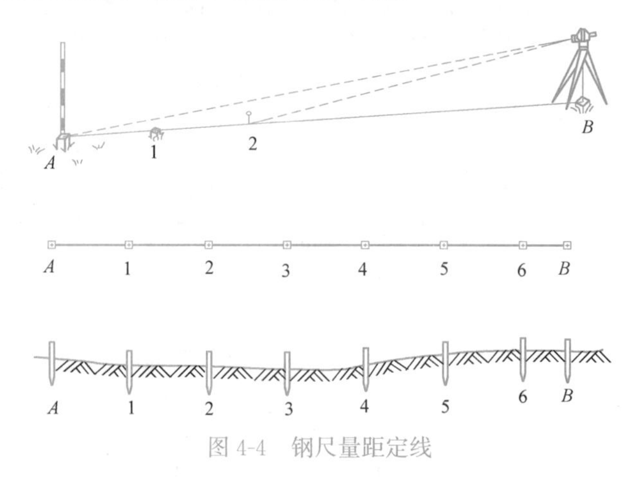

图4-4　钢尺量距定线

3. 量距

(1) 平坦地面的量距

如图4-5所示，欲测定A、B两点之间的水平距离，先在A、B处竖立标杆，作为丈量时定线的依据，清除直线上的障碍物以后，即可开始丈量。

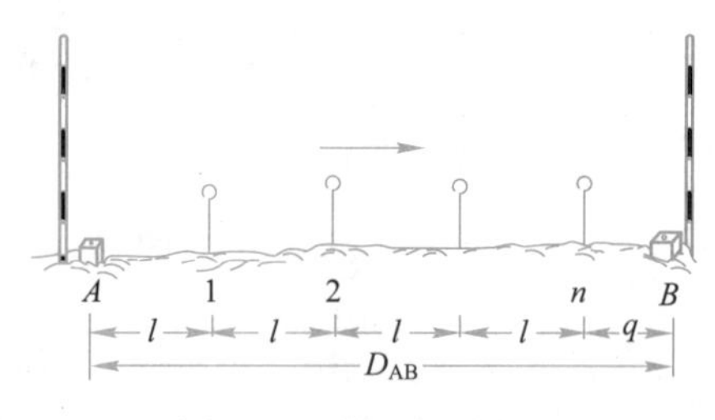

图4-5　平坦地面量距

丈量工作一般由2人进行，后尺手持尺的零端位于A点，前尺手持尺的末端并携带一组测钎（5～10根），沿AB方向前进，行至一尺段处停下。后尺手以尺的零点对准A点，当两人同时把钢尺拉紧、拉平和一拉稳后，前尺手在尺的末端刻线处垂直地插下一测钎，得到点1，这样便量完了一个尺段。如此继续丈量下去，直至最后不足一整尺段的长度，称之为余长（图4-5中nB段）；丈量余长时，前尺手将尺上某一整数分划对准B点，由后尺手对准n点，在尺上读出读数，两数相减，即可求得不足一尺段的余长，则A、B两点之间的水平距离为

$$D_{AB}=n\cdot l+q \tag{4-1}$$

式中　n——尺段数；

l——钢尺长度；

q——不足一整尺的余长；

为了防止量距中发生错误以及提高量距精度，距离要往返测量，前面所讲为往测，返测时要重新定线，当往返测的差值在允许范围内时，取往返测的平均值作为量距结果。量距精度以相对误差表示，并将分子化为1，其公式为

$$\boldsymbol{K}=\frac{|D_{往}-D_{返}|}{D_{平均}} \tag{4-2}$$

当量距的相对误差小于等于相对误差的容许值时，可取往、返量距的结果作为最终成果。在平坦测区，钢尺一般量距的相对误差一般要优于1/3000。在量距困难的测区，其相对中误差也不应当大于1/1000。例如，某距离AB，往测时为200.31m，返测时为200.35m，相对误差约为1/5000，满足钢尺一般量距的精度要求，则距离平均值为200.33m。

（2）倾斜地面的量距

如果A、B两点间有较大的高差，但地面坡度比较均匀，大致呈一倾斜面，如图4-6所示。则可沿地面丈量倾斜距离D'，用水准仪测定两点间的高差h，按下列任一式即可计算水平距离D：

$$D=\sqrt{D'^2-h^2} \tag{4-3}$$

或

$$D=D'+\Delta D_{\mathrm{h}}=D'-\frac{h^2}{2D'} \tag{4-4}$$

式中　ΔD_{h}——量距时的高差改正（或称倾斜改正）。

（3）高低不平地面的量距

当地面高低不平时，为了能量得水平距离，前、后尺手同时抬高并拉紧钢尺，使尺悬空并大致水平（如为整尺段时则中间有一人托尺），同时用垂球把钢尺两个端点投影到地面上，用测钎等做出标记（如图4-7a所示），分别量得各段水平距离l_i，然后取其总和，得到A、B两点间的水平距离D。这种方法称为水平钢尺法量距。当地面高低不平并向一个方向倾斜时，可只抬高钢尺的一端，然后在抬高的一端用垂球投影，见图4-7（b）。

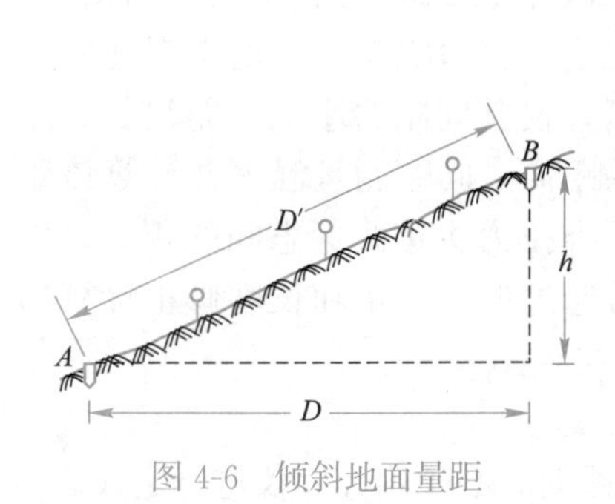

图4-6　倾斜地面量距

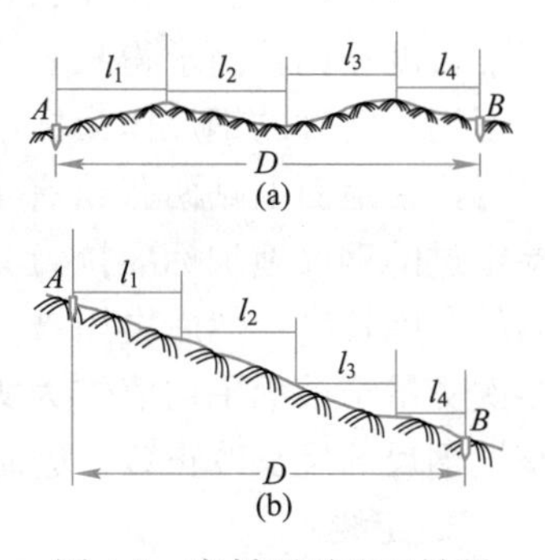

图4-7　高低不平地面量距

4. 成果计算

钢尺量距一般方法的记录、计算及精度评定见表4-1。

钢尺一般量距记录及成果计算　　表4-1

线段	尺长(m)	往测			返测			往返差(m)	相对精度	往返平均(m)
		尺段数	余长数(m)	总长(m)	尺段数	余长数(m)	总长(m)			
AB	30	6	23.188	203.188	6	23.152	203.152	0.036	1/5600	203.170
BC	50	3	41.841	191.841	3	41.873	191.873	0.032	1/6000	191.857
…	…	…	…	…	…	…	…	…	…	…

4.1.3 钢尺量距的精密方法

钢尺量距的一般方法的精度只能达到1/5000～1/1000，当量距精度要求较高时，例如要求量距精度达到1/30000～1/10000，这时应采用精密方法进行丈量。钢尺量距的精密方法与钢尺量距的一般方法基本步骤是相同的，只不过前者在相应步骤中采用了较精密的方法并对一些影响因素进行了相应的改正。

1. 钢尺检定

由于受钢尺的制造误差（如刻画误差）、丈量时温度变化以及拉力不同的影响，钢尺的实际长度往往不等于其名义长度。因此，丈量前应对钢尺进行检定，求出钢尺在标准温度和标准拉力下的实际长度，以便对丈量结果加以改正。在标准拉力及检定温度下，钢尺的实际长度可表示为如下形式的尺长方程式：

$$l_t = l_0 + \Delta l + \alpha(t - t_0)l_0 \tag{4-5}$$

式中 l_t——钢尺在温度 t（℃）时的实际长度；

l_0——钢尺的名义长度；

Δl——在标准拉力、标准温度下的尺长改正数；

α——钢尺的线性膨胀系数（1.25×10^{-5}/℃）；

t_0——钢尺检定时的温度，通常为20℃；

t——量距时的钢尺温度。

钢尺检定往往是在比长台上进行，用钢尺丈量比长台上的固定距离，与标准长度相比较而求得尺长方程式中的尺长改正数 Δl。若有检定过的钢尺，亦可用检定过的钢尺作为标准尺来检定其他钢尺。检定宜在室内水泥地面上进行，在地面上贴两张绘有十字标志的图纸，使其间距略小于一整尺长；用检定过的钢尺施加标准拉力丈量两标志间的距离，同时测量温度并计算该距离的实际长度；然后再用被检定钢尺施加标准拉力丈量两标志间的距离，取多次丈量结果的平均值作为丈量结果；最后通过温度改正和长度修正计算出整把钢尺的尺长改正数，进而得到尺长方程式。

2. 定线

由于目估定线精度较低，在钢尺精密量距时，必须用经纬仪进行定线。

经纬仪延长直线如图 4-8 所示，如果需将直线 AB 延长至 C 点，置经纬仪于 B 点，对中整平后，望远镜以盘左位置用竖丝瞄准 A 点，制动照准部，松开望远镜制动螺旋，倒转望远镜，用竖丝定出 C'点。望远镜以盘右位置再瞄准 A 点，制动照准部，再倒转望远镜定出 C''点。取 $C'C''$的中点，即为精确位于 AB 直线延长线上的 C 点。这种延长直线的方法称为经纬仪正倒镜分中法，用正倒镜分中法可以消除经纬仪可能存在的视准轴误差与横轴不水平误差对延长直线的影响。

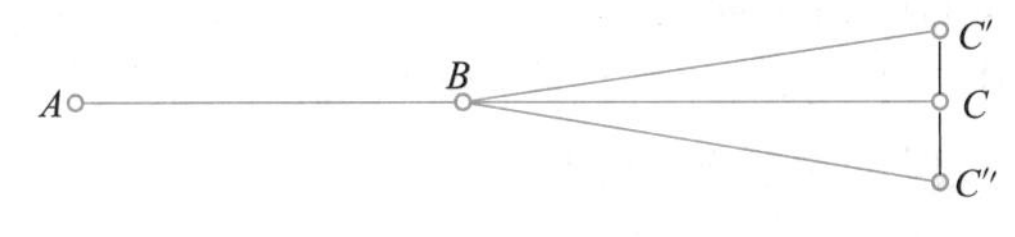

图 4-8　经纬仪延长直线

3. 量距

用检定过的钢尺精密丈量 A、B 两点间的距离，丈量组一般由 5 人组成，2 人拉尺，2 人读数，1 人记录和读温度。丈量时，拉伸钢尺置于相邻两木桩顶上，并使钢尺有刻画线的一侧贴切十字线。后尺手将弹簧秤挂在尺的零端，以便施加钢尺检定时的标准拉力，如图 4-9 所示。钢尺贴着桩顶拉紧，后读尺员看到拉力计读数为标准拉力时喊“预备”，当前尺手看到尺上某一整分划对准十字线的横线时喊“好”，此时，两读尺员在两端同时读取钢尺读数，后尺读数估读到 0.5mm 记入手簿（见表 4-2），并计算尺段长度。前、后移动钢尺 2～3cm，同法再次丈量，每一尺段要读三组数，由三组读数算得的长度较差应小于 3mm，否则应重量。如在限差之内，取三次结果的平均值，作为该尺段的观测结果。每一尺段应记温度一次，估读至 0.5℃。如此继续丈量至终点，即完成一次往测。完成往测后，应立即返测。每条直线所需丈量的往返次数视量距的精度要求而定，具体可参考有关测量规范。

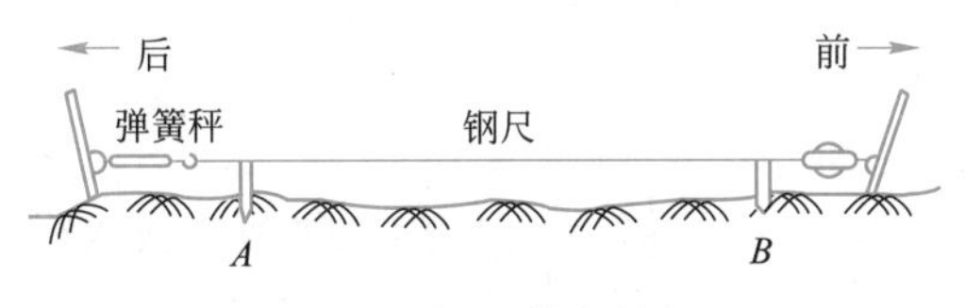

图 4-9　钢尺精密量距

4. 测量桩顶间高差

上述所量的距离是相邻桩顶点间的倾斜距离，为了改算成水平距离，要用水准测量的方法测出各桩顶间的高差，以便进行倾斜改正。水准测量宜在量距前或量距后往、返观测一次，以资检核。相邻两桩顶往、返所测高差之差，一般不得超过±10mm，如在限差以内，取其平均值作为观测的成果。

5. 成果计算

精密量距中，将每一段丈量结果经过尺长改正、温度改正和倾斜改正换算成水平距离，并求总和，得到直线往测或返测的全长。如相对精度符合要求，则取往、返测平均值作为最后成果。

(1) 尺段长度的计算

1) 尺长改正

钢尺在标准拉力、标准温度下的实际长度为 l'，它与钢尺的名义长度 l_0 的差数 Δl 即为整尺段的尺长改正数，$\Delta l = l' - l_0$。则有

$$\Delta l_d = \frac{l' - l_0}{l_0} \cdot l \tag{4-6}$$

式中 Δl_d——尺段的尺长改正数；

l——尺段的倾斜距离。

例如，表4-2中 $A1$ 尺段，$l = l_{A1} = 29.8655\text{m}$，$\Delta l = l' - l_0 = +0.0025\text{m} = +2.5\text{mm}$，故 $A1$ 尺段的尺长改正数为

$$\Delta l_d = (+2.5\text{mm}) \div 30 \times 29.8655 = +2.5\text{mm}$$

2) 温度改正

设钢尺在检定时的温度为 t_0℃，丈量时的温度为 t℃，钢尺的线膨胀系数为 α，则丈量一个尺段 l 的温度改正数 Δl_t 为

$$\Delta l_t = \alpha(t - t_0)l \tag{4-7}$$

式中 l——尺段的倾斜距离。

【例题4-1】 表4-2中，NO：12钢尺的膨胀系数为0.000012，检定时温度为20℃，丈量时的温度为26.5℃，$l = l_{A1} = 29.8655\text{m}$，则 $A1$ 尺段的温度改正数为

$$\Delta l_t = \alpha(t - t_0)l = 0.000012 \times (26.5 - 20) \times 29.8655 = +2.3\text{mm}$$

3) 倾斜改正

如图4-10所示，设 l 为量得的斜距，h 为尺段两端点间的高差，现要将 l 改算成水平距离 D，故要加倾斜改正数 Δl_h，从图4-10可以看出：

$$\Delta l_h = D - l$$

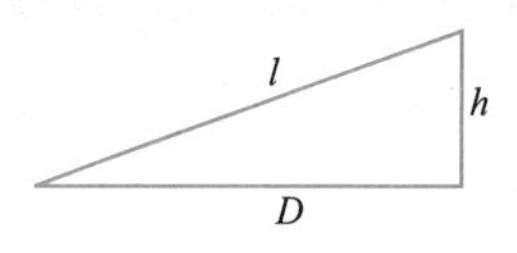

图4-10 尺段倾斜改正

即 $$\Delta l_h = \sqrt{l^2 - h^2} - l = l\left(1 - \frac{h^2}{l^2}\right)^{\frac{1}{2}} - l$$

将 $\left(1 - \frac{h^2}{l^2}\right)^{\frac{1}{2}}$ 展成级数后代入得

$$\Delta l_h = l\left(l - \frac{h^2}{2l^2} - \frac{h^4}{8l^4} - \cdots\right) - l \approx -\frac{h^2}{2l} \tag{4-8}$$

可见，倾斜改正数恒为负值。

【例题4-2】 仍以表4-2中 $A1$ 尺段为例，$l = l_{A1} = 29.8655\text{m}$，$h = -0.114\text{m}$，则 $A1$ 尺段倾斜改正数为

$$\Delta l_h = -(-0.114)^2 \div (2 \times 29.8655) = -0.2\text{mm}$$

综上所述，每一尺段改正后的水平距离 D 为

$$D = l + \Delta l_d + \Delta l_t + \Delta l_h \tag{4-9}$$

表4-2中，$A1$ 尺段实测距离为29.8655m，三项改正值为 $\Delta l_d = +2.5\text{mm}$，$\Delta l_t = +2.3\text{mm}$，$\Delta l_h = -0.2\text{mm}$，故按式(4-9)计算 $A1$ 尺段的

水平距离为

$$D_{A1}=29.8655\mathrm{m}+2.5\mathrm{mm}+2.3\mathrm{mm}-0.2\mathrm{mm}=29.8701\mathrm{m}$$

（2）计算全长

将各个改正后的尺段长和余长相加起来，便得到 AB 距离的全长。表 4-2 为往测结果，其全长为 196.5286m；同样，测算出返测的全长为 196.5131m，其相对误差为

$$K_D \doteq \frac{|D_{往}-D_{返}|}{D_{平均}}=\frac{1}{13000}$$

假设往返的相对误差在限差范围内，其平均距离为 196.5208m，即为观测结果。如果相对误差超限，则应重测。

钢尺精密量距的记录及有关计算见表 4-2。

4.1.4 钢尺量距误差分析

影响钢尺量距的因素比较多，主要可分为量距工具误差、人为误差以及外界条件的影响等。

1. 钢尺误差

如果钢尺的名义长度和实际长度不符，则产生尺长误差。尺长误差属系统误差，是累积的，所量距离越长，误差越大。因此新购置的钢尺必须经过检定，以求得尺长改正值。

2. 钢尺倾斜误差和垂曲误差

当地面高低不平、按水平钢尺法量距时，钢尺没有处于水平位置或因自重导致中间下垂而成曲线时，都会使所量距离增大，因此丈量时必须注意钢尺水平。必要时可施加垂曲改正。

钢尺精密量距记录及成果计算　　表 4-2

钢尺号码：NO：12　钢尺膨胀系数：0.000012　钢尺鉴定时温度 t_0：20℃　计算者________
钢尺名义长度：30m　钢尺鉴定长度 l'：30.0025m　钢尺鉴定时拉力：100N　日期________

尺段编号	实测次数	前尺读数(m)	后尺读数(m)	尺段长度(m)	温度(℃)	高差(m)	温度改正数(mm)	尺长改正数(mm)	倾斜改正数(mm)	改正后尺段长(m)
$A1$	1	29.88	0.0145	29.8655	26.5	−0.114	+2.3	+2.5	−0.2	29.8701
	2	29.89	0.0230	29.8670						
	3	29.89	0.0260	29.8640						
	平均			29.8655						
12	1	29.94	0.0200	29.9200	25.0	0.421	+1.8	+2.5	−3.0	29.9240
	2	29.95	0.0295	29.9205						
	3	29.97	0.0515	29.9185						
	平均			29.9197						
…	…		…	…	…	…	…	…	…	…
$6B$	1	19.92	0.0235	19.8965	28.0	+0.132	+1.9	+1.7	−0.4	19.8990
	2	19.94	0.0445	19.8955						
	3	19.96	0.0645	19.8955						
	平均			19.8958						
总和										196.5286

3. 定线误差

由于丈量时钢尺没有准确地放在所量距离的直线方向上，使所量距离不是直线而是一组折线，因而总是使丈量结果偏大，这种误差称为定线误差。一般丈量时，要求定线偏差不大于0.1m，可以用标杆目估定线。当直线较长或精度要求较高时，应用经纬仪定线。

4. 拉力变化的误差

钢尺在丈量时所受拉力应与检定时拉力相同，一般量距中只要保持拉力均匀即可，而对较精密的丈量工作则需使用弹簧秤。

5. 丈量本身的误差

丈量时用测钎在地面上标志尺端点位置时插测钎不准，前、后尺手配合不佳，余长读数不准，都会引起丈量误差，这种误差对丈量结果的影响可正可负，大小不定。因此，在丈量中应尽力做到对点准确，配合协调，认真读数。

6. 外界条件的影响

外界条件的影响主要是温度的影响，钢尺的长度随温度的变化而变化，当丈量时的温度和标准温度不一致时，将导致钢尺长度变化。按照钢的膨胀系数计算，温度每变化1℃，会产生1/80000尺长误差。一般量距时，当温度变化小于10℃时可以不加改正，但精密量距时必须考虑温度改正。

4.2 光电测距

4.2.1 概述

钢尺量距工作劳动强度大，且精度与工作效率都较低，尤其在山区或沼泽区，丈量工作更是困难。随着技术的进步，20世纪70年代以来，光电测距技术得到了迅猛发展和广泛应用。光电测距也称为电磁波测距，它具有测程远、精度高、作业速度快、受地形起伏影响小等优点。光电测距是一种物理测距的方法，通过测定光波在两点间传播的时间计算距离，按此原理制作的以电磁波为载波的测距仪称光电测距仪。按测定传播时间的方式不同，光电测距仪分为相位式测距仪和脉冲式测距仪；按测程大小可分为远程、中程和短程测距仪，如表4-3所示。目前工程测量中使用较多的是相位式短程光电测距仪。按采用不同的电磁波分类，常见的有红外测距仪和激光测距仪。

光电测距仪的种类 表4-3

仪器种类	短程光电测距仪	中程光电测距仪	远程光电测距仪
量程	<3km	3～15km	>15km
精度	±(5mm+5ppm×D)	±(5mm+2ppm×D)	±(5mm+1ppm×D)
光源	红外光源	CaAs发光二极管或激光管	He-Ne激光器
测距原理	相位式	相位式	相位式

4.2.2 光电测距原理

如图 4-11 所示，欲测定 A、B 两点间的距离 D，安置仪器于 A 点，安反射棱镜（简称反光镜）于 B 点。仪器发出的光束由 A 到达 B，经反光镜反射后又返回到仪器。设光速 c（约 3×10^8m/s）为已知，如果再知道光束在待测距离 D' 上往返传播的时间 t，则可由下式求出：

$$D=\frac{1}{2}ct \tag{4-10}$$

由式（4-10）可知，测定距离的精度，主要取决于测定时间 t 的精度，例如要保证 ±10cm 的测距精度，时间要求准确到 6.7×10^{-11}s，这实际上是很难做到的。为了进一步提高光电测距的精度，必须采用间接测时手段——相位法，即把距离和时间的关系改化为距离和相位的关系，通过测定相位来求得距离，即所谓的相位式测距。

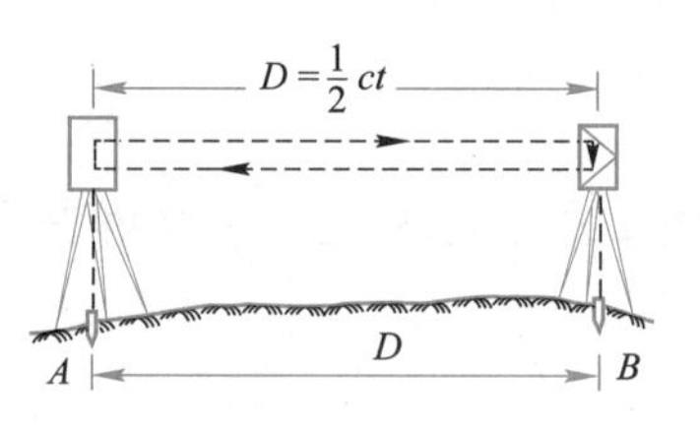

图 4-11 光电测距原理

相位式光电测距仪采用周期为 T 的高频电振荡等幅光波为载波，调制器对其进行连续的振幅调制，使光强随调制频率产生周期性地明暗变化（每周相位 φ 的变化为 2π），如图 4-12 所示。调制光波（调制信号）一部分在待测距离上往返传播（称之为测距信号），另一部分在内部光路（称之为参考信号），使同一瞬间发射的测距信号与参考信号进行比相，测定出测距信号的相位移（相位差）$\Delta\varphi$，如图 4-13 所示。根据相位差间接计算出传播时间，从而计算距离。

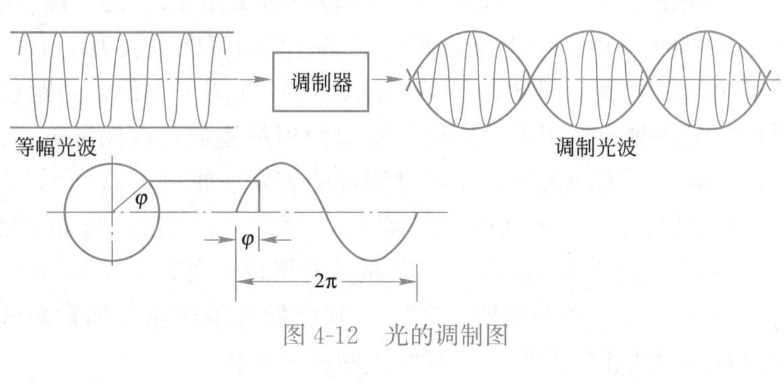

图 4-12 光的调制图

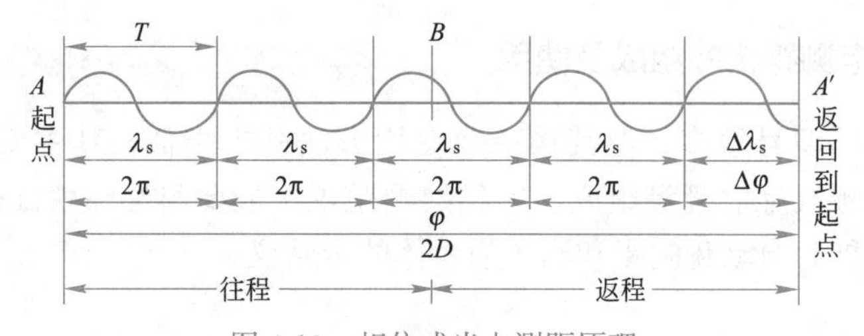

图 4-13 相位式光电测距原理

图4-13中调制光的波长λ_s，光强变化一周期的相位差为2π，调制光在两倍距离上传播的时间为t，每秒钟光强变化的周期数为频率f，并可表示为$f=c/\lambda_s$。

由图4-13可以看出，将接收时的相位与发射时的相位比较，它延迟了φ角。又知

$$\phi=wt=2\pi ft$$

则

$$t=\frac{\varphi}{2\pi f}$$

代入式（4-10）得

$$D=\frac{c}{2f}\cdot\frac{\varphi}{2\pi} \tag{4-11}$$

由于图4-13相位差φ又可表示为$\varphi=2\pi\cdot N+\Delta\varphi$，将其代入式（4-11）得

$$D=\frac{c}{2f}\left(N+\frac{\Delta\varphi}{2\pi}\right)=\frac{\lambda_s}{2}(N+\Delta N) \tag{4-12}$$

式中 N——整周期数；

ΔN——不足一个周期的比例数。

式（4-12）为相位法测距的基本公式。由该式可以看出，c、f为已知值，只要知道相位差的整周期数N和不足一个整周期的相位差$\Delta\varphi$，即可求得距离（斜距）。将式（4-12）与钢尺量距相比，我们可以把半波长$\lambda_s/2$当作“测尺”的长度，则距离D也像钢尺量距一样，成为N个整尺长度与一个不足整尺长度之和。

仪器上的测相装置（相位计），只能分辨出小于2π的相位变化，即只能测出不足2π的相位差$\Delta\varphi$，相当于不足整“测尺”的距离值。例如“测尺”为10m，则可测出小于10m的距离值。同理，若采用1km的“测尺”，则可测出小于1km的距离值。由于仪器测相系统的测相精度一般为1/1000，测尺越长，测距误差则越大。因此为了兼顾测程与精度两个方面，测距仪上选用两个“测尺”配合测距；用短“测尺”测出距离的尾数，以保证测距的精度；用长“测尺”测出距离的大数，以满足测程的需要（如图4-13所示）。

例如，精测尺$\lambda_1/2=10$m，粗测尺$\lambda_2/2=1000$m，当精测结果为6.815m，粗测结果为636.8m时，仪器显示的组合距离为636.815m，经一测回测距得到的显示斜距的平均值，还要对其施加气象改正、加常数改正、乘常数改正以及倾斜改正，最后才得到两点间的水平距离。

4.2.3 光电测距仪的组成及使用

测距仪的型号很多，但其构造及使用方法基本类似，其主要由照准头、控制器、电源及反射镜等组成，单独的测距仪一般要与经纬仪配合使用，现在基本已发展为自动化测距和测角为一体的全站仪。

1. 照准头

照准头内装有发射和接收光学系统，光调制器和光接收器电路。照准头

内的电子元件及两个伺服机构：一个用于控制内、外光路自动转换；另一个控制两块透过率不同的滤光片以减弱近距离时反射回的过强信号。利用平衡锤使安置照准头后起到平衡作用。照准头侧面有电缆与控制器相连接。

2. 控制器

控制器是测距仪的核心部分，内装有低频电子线路、相位计及计算器等部件，通过控制面板来进行距离操作。控制面板上有电源开关，检验/起动开关，距离选择开关，测量单位互换开关等。

3. 反射镜（棱镜）

反射镜的作用是在被测点将发射来的调制光反射至接收系统。随着测程的不同，使用的反射棱镜数目也不同。但当测距小于100m时，由于反射镜反射回的光强很大，应使用滤光器以减弱光强。

将测距仪和反射镜分别安置于测线两端点。反射棱镜面与入射光线方向大致垂直，照准反射镜，检查经反射镜反射回的光强信号，合乎要求后即可开始测距。为避免错误和减少照准误差的影响，重新照准反射镜。每次可读取若干次读数，称为一测回。同时应由温度计和气压计读取大气温度和气压值。所有观测结果均记入相应的记录手簿中。测距仪配合经纬仪使用的具体过程如下。

（1）安置仪器

先在测站上安置好经纬仪，对中、整平后，将测距仪主机安装在经纬仪支架上，用连接器固定螺旋锁紧，将电池插入主机底部、扣紧。在目标点安置反射棱镜，对中、整平，并使镜面朝向主机。

（2）观测垂直角、气温和气压

用经纬仪十字横丝照准觇板中心，测出垂直角α。同时，观测和记录温度和气压计上的读数。观测垂直角、气温和气压，目的是对测距仪测量出的斜距进行倾斜改正、温度改正和气压改正，以得到正确的水平距离。

（3）测距准备

按电源开关打开，若仪器能设定的温度、气压和棱镜常数值，则进行设置。若不可设置这些参数，则要利用（2）中的观测结果进行改正。最后还要对获得的水平距离进行加常数和乘常数改正。

【例题4-3】 某台测距仪，测得AB两点的斜距为578.667m，测量时的气压$p=120\text{kPa}$，$t=26℃$，竖直角$\alpha=+15°30'00''$；仪器加常数$K=+3\text{mm}$，乘常数$R=+2.7\text{ppm}$，求AB的水平距离。

该仪器气象改正公式为：$K_a=\left(281.8-\dfrac{2.18\times10^{-3}\times p}{1+0.00366t}\right)\times10^{-6}$

【解】（1）计算气象改正

$$\Delta D_1=K_a\times s'=\left(281.8-\frac{2.18\times10^{-3}\times120}{1+0.00366\times26}\right)\times0.578667=24.6\text{mm}$$

（2）计算加常数改正

$$\Delta D_2=+3\text{mm}$$

（3）计算乘常数改正

$$\Delta D_3 = +2.7 \times 0.578667 = +1.6\text{mm}$$

（4）计算改正后斜距

$$s = s' + \Delta D_1 + \Delta D_2 + \Delta D_3 = 578.696\text{m}$$

（5）计算水平距离

$$D = s \times \cos\alpha = 578.696 \times \cos(15°30') = 557.649\text{m}$$

4.2.4　影响光电测距精度的因素分析

1. 误差分析

由测距公式（4-12），顾及大气中的电磁波的传播速度 $c = \frac{c_0}{n}$ 及仪器加常数 K，则可写成

$$D = \frac{c_0}{2nf}\left(N + \frac{\Delta\phi}{2\pi}\right) + K \tag{4-13}$$

由上式可以看出，c_0、f、n、$\Delta\phi$ 和 K 的测定误差及变化都将导致距离测量产生误差。对上式全微分得

$$\mathrm{d}D = \frac{D}{c_0}\mathrm{d}c_0 + \frac{D}{n}\mathrm{d}n - \frac{D}{f}\mathrm{d}f + \frac{\lambda}{4\pi}\mathrm{d}\phi + \mathrm{d}K \tag{4-14}$$

将上式转化为中误差

$$m_{\mathrm{D}} = \left(\frac{m_{\mathrm{c0}}^2}{c_0^2} + \frac{m_n^2}{n^2} + \frac{m_{\mathrm{f}}^2}{f^2}\right)D^2 + \left(\frac{\lambda}{4\pi}\right)^2 m_{\phi}^2 + m_{\mathrm{K}}^2 \tag{4-15}$$

由上式可以看出前一项和距离成正比，称比例误差，后两项与距离无关，称固定误差。

m_{c0} 为测定真空光速 c_0 的中误差，真空光速 c_0 的相对精度已达 1×10^{-9}，按照测距仪的精度，其影响可略不计。

m_{n} 为折射率 n_{g} 引起的误差，其大小决定于气象参数的精度。如果大气改正达到 10^{-6} 的精度，则空气温度须测量到 1℃，大气压力测量到 300Pa，这不难实现。

m_{f} 为调制频率引起的误差，是由频率调制误差以及由于晶体老化而产生的频率漂移而产生的误差。由于制造技术的提高，对于短程测距仪这项误差一般可不予考虑。

m_{ϕ} 为测相误差，它不仅与测相方式有关，还包括照准误差、幅相误差以及噪声引起的误差。产生照准误差的原因是由于发光二极管所发射的光束相位不均匀性。幅相误差是由于接收信号的强弱不同而产生的。在测距时按规定的信号强度范围作业，就可基本消除幅相误差的影响。由于大气的抖动以及工作电路本身产生噪声也能引起测相误差。这种误差是随机性质的，符合高斯分布规律。为了削弱噪声的影响，必须增大信号强度，并采用多次检相取平均的办法（一般一次测相结果是几百至上万次检相的平均值）可以大大削弱它的影响。

m_K 是加常数误差，它是由于加常数测定不准确而产生的剩余值。这项误差与检测精度有关。

实践表明除上述误差外，还包括测距仪光电系统产生的干扰信号而引起的按距离成周期变化的周期误差。由于周期误差相对较小，所以估计精度时不予考虑。

综上所述，测距仪的测距误差主要有三类：（1）与距离无关的误差，称固定误差；（2）与距离成比例的误差，称比例误差；（3）按距离成周期变化的误差，称周期误差。

此外测距误差还包括仪器和反光镜的对中误差。

2. 测距仪的标称精度

测距仪的周期误差很小，可以忽略不计。电磁波测距的误差主要为固定误差和比例误差（见式 4-15）。因此，电磁波测距仪出厂时的标称精度为（见表 4-3）

$$m_D = a + b \cdot D \tag{4-16}$$

式中 a——固定误差（mm）；

b——比例误差，是测距仪每公里产生的误差值（ppm/m，百万分之一米每米）；

D——所测距离（m）。

根据测距仪制造精度级别的不同，标称精度不同。目前市场上的测距仪，a 一般在 1～10mm，b 一般在 0.5～5ppm/m。

标称精度系指仪器的精度限额。即仪器的实际精度若不低于此值，该仪器即合格，但它并不是该仪器的实际精度。仪器经过检定后，成果经过各种常数改正，其精度要高于此值。经检定后的实际精度为

$$m_D = \sqrt{m_d^2 + m_K^2 + m_R^2} \tag{4-17}$$

式中 m_D——测距中误差；

m_K——加常数 a 的检测中误差；

m_R——乘常数误差的检测中误差；

m_d——和距离无关的测距中误差，m_d 可按下式计算：

$$m_d = \sqrt{\frac{[vv]}{n-1}} \tag{4-18}$$

式中 v——对某一距离重复观测，每一次观测改正后的值与算术平均值的差。若在已知距离基线上观测，m_d 亦可按下式计算：

$$m_d = \sqrt{\frac{[\Delta\Delta]}{n}} \tag{4-19}$$

式中 Δ——每一次观测改正后的值与基线真值之差。

根据实验统计表明，按照现在测距仪的检测水平，测距成果经各项改正后，基本可消除系统误差（加常数和乘常数）的影响，测距误差以偶然误差为主，因此测距成果经各项改正后其实际精度评定应按式（4-17）计算。

4.2.5　手持式激光测距仪

近年来，激光测距技术发展很快。与红外测距仪相比，激光测距仪有几个突出的优点：如可见激光光斑、测距仪体积小、激光可进行无合作目标模式测距（或免棱镜测距）等。所谓无合作目标模式测距，即测距仪向目标物体发出测距激光光束，只需接收目标物体表面的漫反射信号即可完成测距，因此无须在目标点上安置反射装置，从而使测距工作更加方便快捷。手持式激光测距仪（图4-14）是激光测距仪中的典型产品。手持式激光测距仪采用无合作目标模式测距，仪器外形十分小巧，便于携带和使用，且测距精度高，被广泛用于建筑施工、房屋测量、隧道测量等领域。手持式激光测距仪品牌众多，设计测程一般在100～200m，精度通常达到±2mm。除测量距离的基本功能外，一般还具有测量距离累加、测量距离并计算面积、体积等扩展功能。

图4-14　南方PD-520S

4.3　全站仪简介

全站型电子速测仪（简称全站仪）是指在测站上一经观测，必需的观测数据如斜距、天顶距（竖直角）、水平角等均能自动显示，而且几乎是在同一瞬间内得到平距、高差和点的坐标的测量仪器。如通过传输接口把全站仪野外采集的数据终端与计算机、绘图机连接起来，配以数据处理软件和绘图软件，即可实现测图的自动化。

近年来，由于微电子技术的应用，使新一代的全站仪无论在外形、结构、体积和重量等方面，还是在功能、效率方面，都有了很大的进步。目前，这类先进仪器在我国的建筑业和测绘业中得到了广泛的使用。

4.3.1　全站仪的组成与功能

全站仪由电子经纬仪、光电测距仪、微处理器和数据记录装置组成。全站仪外形结构沿用了光学经纬仪的基本特点，其内部结构也保留光学经纬仪的基本轴系。但全站仪的核心部件却与计算机、光电子等技术密切相关。它包括光电测角系统、光电测距系统、光电补偿系统、光学瞄准系统、控制总线、微处理器、输入输出接口、存储器、显示器和键盘等，此外还有配套的锂电池、数据线等配件。如图4-15中所示的是普通全站仪的基本系统和器件。微

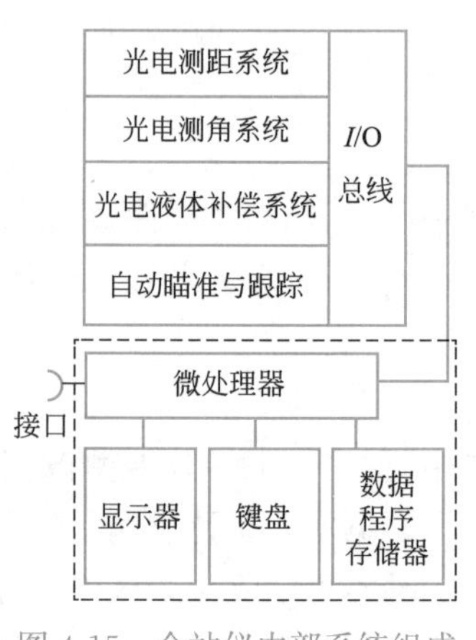

图4-15　全站仪内部系统组成

处理器是全站仪的核心部件，它如同计算机的 CPU，主要由寄存器系列（缓冲寄存器、数据寄存器、指令寄存器）、运算器和控制器组成。微处理机的主要功能是根据键盘指令启动全站仪进行测量工作，执行测量过程的检验和数据的传输、处理、显示、储存等工作，保证测量工作有条不紊地完成。

输入、输出单元是与外部设备连接的接口。数据存储器是测量成果数据的存储单元。为便于测量人员设计软件系统，处理某种用途的测量参数，全站仪的计算机还设有程序存储器。此外，全站仪通常内置有全站仪专用的测站设置、定向等程序以及常用的测量程序。图 4-16 和图 4-17 展示了全站仪配套的反射镜件。下面以南方 NTS-342R10A 全站仪为例进行说明。

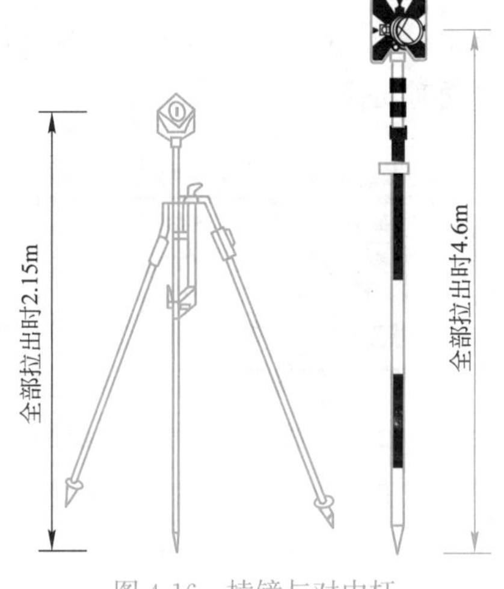

图 4-16　棱镜与对中杆

图 4-17　反光棱镜与基座图

4.3.2　南方 NTS-342R10A 全站仪

全站仪型号众多，功能丰富，但其基本功能相似。图 4-18 和图 4-19 显示了南方 NTS-342R10A 型全站仪的基本功能部件和操作面板。全站仪的测距系

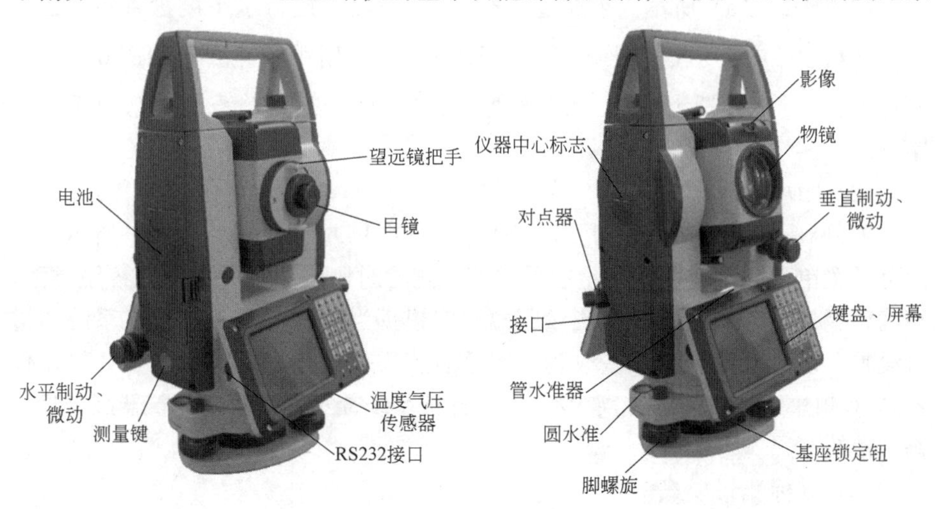

图 4-18　南方 NTS-342R10A 全站仪功能部件

统集成在望远镜周围。

1. 南方 NTS-342R10A 全站仪主要技术参数

（1）测角精度 2″，红色可见激光测距，测距精度 2mm+2ppm·D，最大测程 5000m。

（2）可免棱镜测距，免棱镜模式下，测距精度 3mm+2ppm·D，最大测程 1000m。

（3）望远镜放大倍数 30 倍，视场角 1.5°，最小对焦距离 1m，分辨率 3″。

（4）可充电 7.4V 锂电池，持续工作时间 8h，工作温度−20℃至 50℃。

（5）设置蓝牙、USB、SD 卡、RS232C 接口。内存可存储约 10000 个标准点数据。

（6）背光触点键盘；3.5 英寸 LCD、320×240 点阵、自动感光彩色高清触屏；图形显示功能，数据、图形的显示可随时切换。

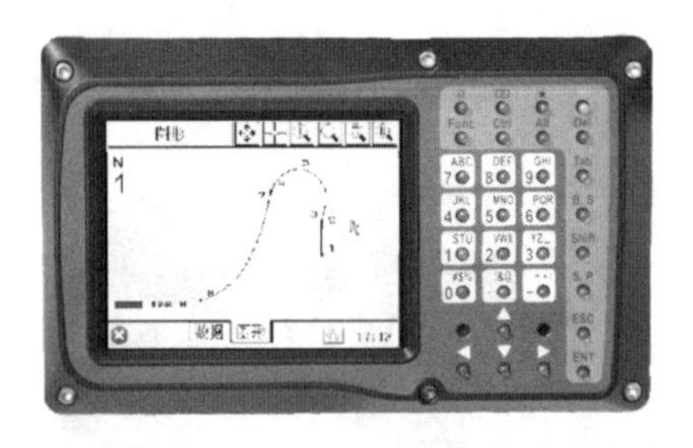
图 4-19 南方 NTS-342R10A 全站仪图形界面

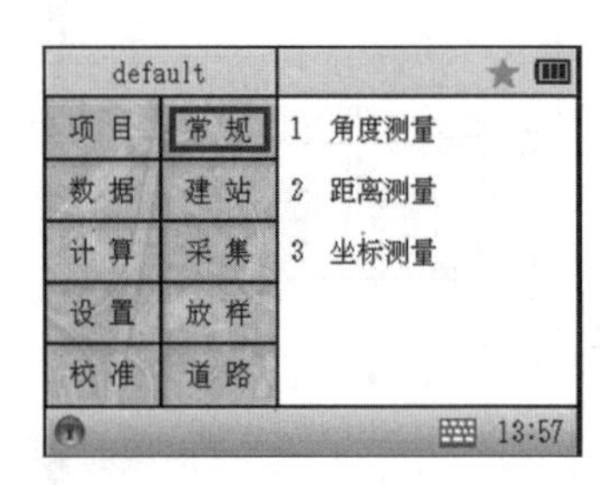

图 4-20 南方 NTS-342R10A 全站仪主菜单

2. 南方 NTS-342R10A 全站仪基本功能

长按电源键开机后，对中整平仪器。点选屏幕菜单中的“常规”，则系统提供了角度测量、距离测量和坐标测量三种基本测量功能。

（1）角度测量模式

如图 4-21（a）所示。可通过“置零”“置盘”进行水平度盘置零或键盘输入度盘起始方向值，水平角可使用R/L切换使用顺时针测角 HR 或逆时针测角 HL，一般设置为 HR。可切换显示天顶距 V 或垂直角 α，一般显示天顶距 V。

（2）距离测量模式

屏幕显示斜距 SD、平距 HD 和初算高差 VD。如图 4-21（b）所示。测距可设置单次测量或多次测量取平均值。测距时，应注意所使用的棱镜类型，正确设置棱镜常数。高精度测量距离，应根据当时的气压、温度在系统内进行设置，以便系统进行误差改正。测距后若需获得正确的高差，则要量取仪器高（如图 4-18 所示的量高中心点），并按系统提示输入正确的仪器高、目标高（棱镜高）。

（3）坐标测量模式

屏幕显示北坐标 N、东坐标 E 和 Z，分别表示测量坐标系的 x、y 和高程

H。如图 4-21（c）所示。坐标测量前，首先要按系统提示完成测站设置、后视已知点定向等步骤，否则测量和显示的坐标没有意义。

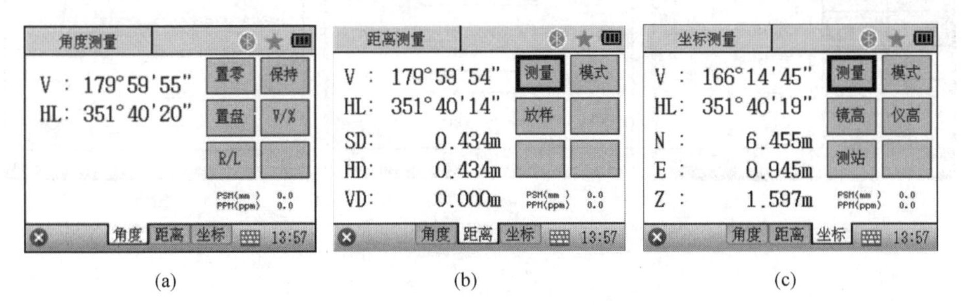

(a) (b) (c)

图 4-21　南方 NTS-342R10A 全站仪基本功能

（a）角度测量；（b）距离测量；（c）坐标测量

3. 南方 NTS-342R10A 全站仪坐标测量方法

角度测量、距离测量的操作过程较为简单，下面介绍南方 NTS-342R10A 全站仪进行坐标测量的过程。

（1）准备工作。开机，对中整平全站仪，新建或打开一个“项目”。南方 NTS-342R10A 全站仪中，每个项目对应一个文件，必须先建立一个项目才能进行测量和其他操作。默认系统将建立一个名为 default 的项目，每次开机将默认打开上次打开的项目。项目中保存测量和输入的数据，可以通过导入、导出操作将数据导入项目或从项目中导出。也可对项目中的数据进行浏览，删除等操作。测量开始前，还必须对全站仪进行必要的设置。在屏幕主菜单中选择“设置”项，可对仪器系统的单位、距离改正、棱镜常数、通信参数、电源、屏幕亮度等进行设置。

（2）建站。在屏幕主菜单中选择“建站”项，如图 4-22（a）所示，系统列出多种建站方法，通常选择使用“已知点建站”，则系统弹出已知点建站界面，如图 4-21（b）所示，输入测站点、后视点（定向点）的点号，输入测站点高程、量取并输入仪器高。

若项目中未存储测站点或后视点，此时可以通过仪器键盘输入测站点、后视点的坐标数据，然后进行检查。瞄准相应的后视点，点“设置”完成建站。

（3）后视检查。检查当前的角度值 H_A 与控制点的已知方位角是否一致。可以在测站上输入不同的后视点点号，并瞄准相应的后视点进行检查。dH_A 反映出建站后某个后视点方位角的差值。如图 4-22（c）所示。若 dH_A 超限，则应重新定向，或重新选择较优的后视点。如当前瞄准的后视点较优，则可直接按“重置”完成重新定向。然后返回屏幕主菜单。

（4）点坐标数据采集。在屏幕主菜单中选择“采集”项，系统列出多达 9 种的数据采集方案供选择使用。如图 4-23（a）所示、图 4-23（b）所示。通常选择“点测量”进行点坐标数据采集。如图 4-23（c）所示。瞄准目标点进行观测，界面显示测定的水平角、天顶距、水平距离、斜距、高差等信息，此时输入观测点点号、棱镜高等信息，并进行存储。存储后观测点的点号自

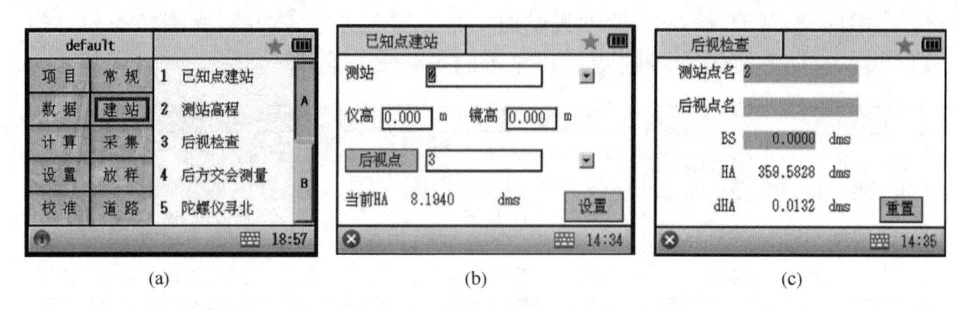

(a)　(b)　(c)

图 4-22　坐标测量数据采集菜单

(a) 建站菜单；(b) 已知点建站；(c) 后视检查

动加 1。在进行地形数据采集时，还可以输入测点的编码、输入已测得的某个连线点的点号，并进行存储。测量过程中，可以随时在数据/图形之间切换，以对测得的数据点和连线图形进行观察。

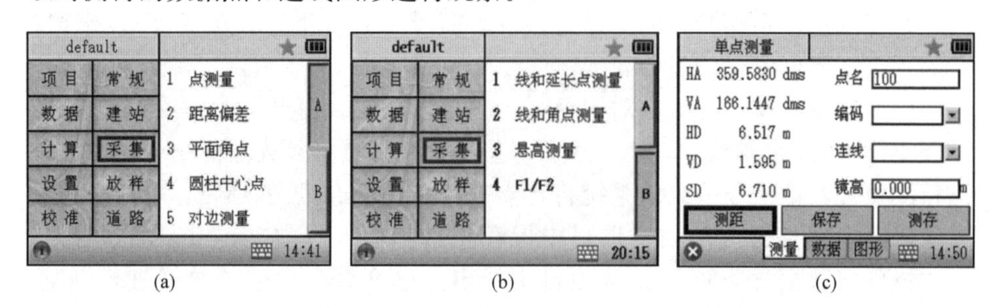

(a)　(b)　(c)

图 4-23　采集菜单与点坐标测量

(a) 采集菜单 A；(b) 采集菜单 B；(c) 点测量

(5) 数据导出。测点数据文件被保存在测量前设定的项目中，测量过程中，可随时在主菜单的“数据”项中对数据进行浏览和维护。测量完成后，应及时按项目导出测点数据文件，以防数据丢失。导出数据的方法可以使用 USB、蓝牙、SD 卡或 RS232 串口连接导出。特别注意，应及时清理仪器中过期的项目文件以节省空间，若仪器存储空间不足时进行测量，会导致存储的测量数据丢失，甚至仪器系统崩溃。

4. 仪器内置测量程序

除上述数据采集程序外，南方 NTS-342R10A 全站仪的内置测量程序还包括坐标放样、后方交会以及悬高测量、对边测量、偏心测量、高程连续测量、面积测量、点到直线测量以及道路测量、道路放样等程序，供用户选择使用。具体使用方法可参考仪器使用手册。

4.4　直线定向

确定地面上两点之间的绝对位置，仅知道两点之间的水平距离是不够的，还必须确定此直线与标准方向之间的关系。确定直线与标准方向之间的水平角度称为直线定向。

4.4.1 标准方向的种类

1. 真子午线方向

通过地球表面某点的真子午线的切线方向，称为该点真子午线方向。通常真子午线方向用天文测量方法或用陀螺经纬仪进行测定。

2. 磁子午线方向

磁子午线方向是在地球磁场的作用下，磁针自由静止时其轴线所指的方向。磁子午线方向可用罗盘仪测定。

3. 坐标纵轴方向

我国采用高斯平面直角坐标系，每6°或3°投影带都以该带中央子午线的投影作为坐标纵轴，其特点是在同一坐标系中各点的纵坐标轴相互平行。因此，在工程测量中常用坐标纵轴方向作为直线定向的标准方向。

4.4.2 表示直线方向的方法

测量工作中的直线都是具有一定方向的。通常采用方位角来表示直线的方向。由标准方向的北端起，顺时针方向量到某直线的夹角，称为该直线的方位角。方位角的变化范围0°～360°。

如图4-24所示，若标准方向ON为真子午线，并用A表示真方位角，则A_1、A_2、A_3、A_4分别为直线$O1$、$O2$、$O3$、$O4$的真方位角。若ON为磁子午线方向，则各角分别为相应直线的磁方位角。磁方位角用A_m表示。若ON为坐标纵轴方向，则各角分别为相应直线的坐标方位角，用α来表示之。

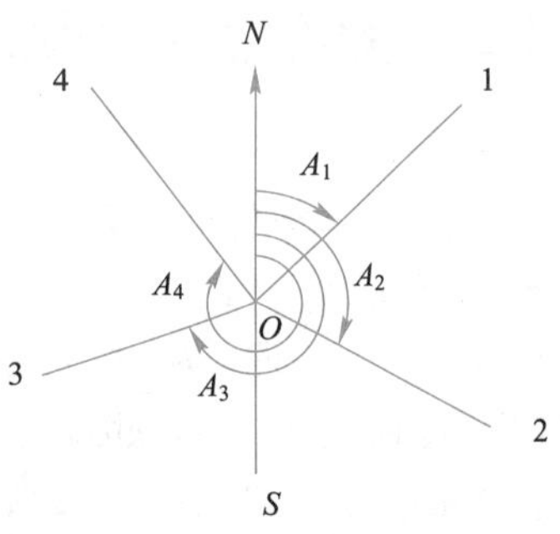

图4-24 直线方向的表示方法

4.4.3 几种方位角之间的关系

1. 真方位角与磁方位角之间的关系

由于地磁南北极与地球的南北极并不重合，因此，过地面上某点的真子午线方向与磁子午线方向一般不重合，两者之间的夹角称为磁偏角δ，如图4-25所示。磁北方向偏于真北方向以东称东偏，δ取正值，偏于真子午线以西称西偏，δ取负值。直线的真方位角与磁方位角之间可用下式进行换算

$$A=A_m+\delta \quad (4\text{-}20)$$

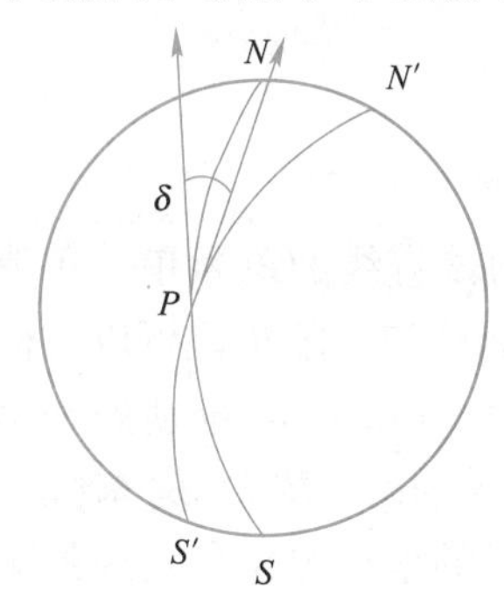

图4-25 磁偏角δ

我国磁偏角的变化大约在$-10°$到$+6°$之间。

2. 真方位角与坐标方位角之间的关系

中央子午线在高斯投影平面上是一条直线，作为该带的坐标纵轴，而其他子午线投影后为收敛于两极的曲线，如图4-26所示。地面点M、N等点

的真子午线方向与中央子午线之间的角度，称为子午线收敛角，用 γ 表示。当地面点的坐标纵轴偏在真子午线以东时，γ 为正值；当地面点的坐标纵轴偏在真子午线以西时，γ 为负值。某点的子午线收敛角 γ，可由该点的高斯平面直角坐标为引数在测量计算用表中查到。也可用下式计算：

$$\gamma=(L-L_0)\sin B$$

式中　L_0——中央子午线的经度；

L、B——计算点的经纬度。

真方位角 A 与坐标方位角之间的关系，如图 4-26 所示，可用下式进行换算：

$$A_{12}=\alpha_{12}+\gamma \tag{4-21}$$

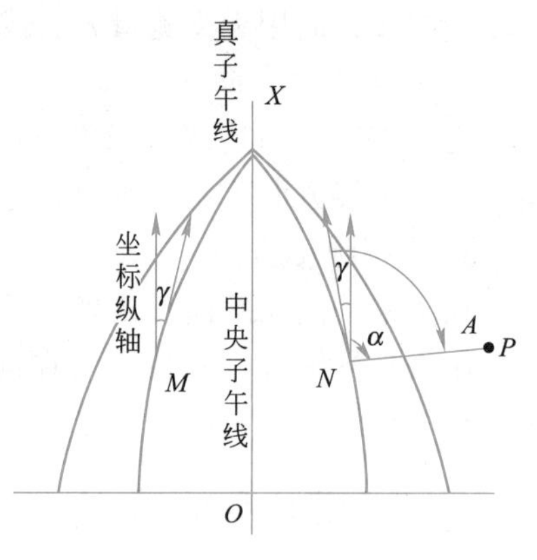

图 4-26　子午线收敛角

3. 坐标方位角与磁方位角之间的关系

若已知某点的磁偏角 δ 与子午线收敛角 γ，则坐标方位角与磁方位角之间的换算式为

$$\alpha=A_m+\delta-\gamma \tag{4-22}$$

4.4.4　直线的正反坐标方位角

如图 4-27 中有直线 AB，以过 A 点的坐标纵轴北方向为标准方向，从这个标准方向起，顺时针转到直线 AB，此水平角称为直线 AB 的坐标方位角 α_{AB}。同理，从过 B 点的坐标纵轴北端起，顺时针转到直线 AB，也确定了直线 AB 的坐标方位角 α_{BA}。所以，同一直线具有正、反两个方位角。为了区别，将 α_{AB} 称为直线 AB 的正坐标方位角，而将 α_{BA} 称为直线 AB 的反坐标方位角。正、反坐标方位角相差 180°，即

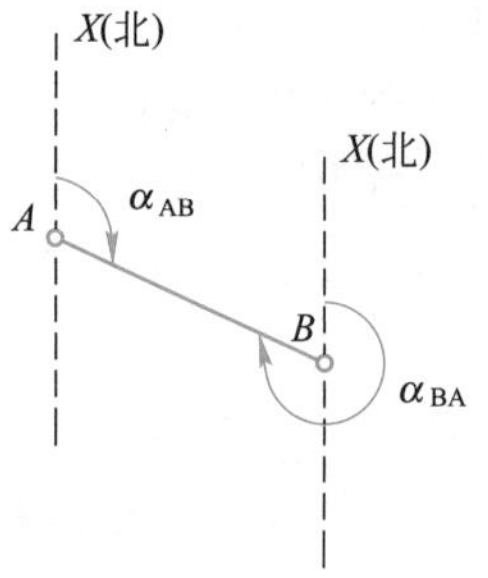

图 4-27　正反坐标方位角

$$\alpha_{BA}=\alpha_{AB}\pm180° \tag{4-23}$$

由于地面各点的真（或磁）子午线收敛于两极，各点的真（或磁）北方向并不互相平行。因此同一直线的真方位角（或磁方位角），其正、反方位角之间并不严格相差 180°，这给测量计算带来不便。故测量工作中常采用坐标方位角进行直线定向。

4.4.5　直线的象限角

某直线与坐标纵轴方向线之间构成的锐角，称为该直线的象限角，角值范围 0°～90°，用 R 表示。根据直线走向的所在象限名称和象限角，可以方便地表示出直线的方向。如图 4-28 所示，直线 $O1$、$O2$、$O3$、$O4$ 分别处于第Ⅰ、Ⅱ、Ⅲ、Ⅳ象限，它们的象限角分别为 R_{o1}：北东 43°、R_{o2}：南东 38°、R_{o3}：南西 25°和 R_{o4}：北西 27°。直线的象限角与直线的坐标方位角之间的关系如表 4-4 所示。

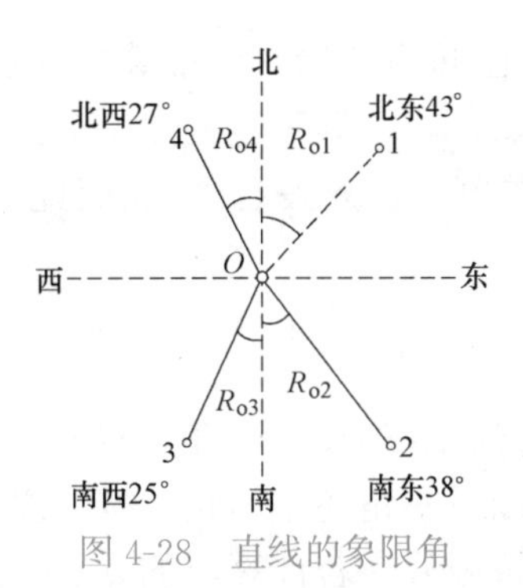

图 4-28　直线的象限角

象限角与坐标方位角的关系　　表 4-4

直线所在象限	由象限角计算坐标方位角
北东——第Ⅰ象限	$\alpha=R$
南东——第Ⅱ象限	$\alpha=180-R$
南西——第Ⅲ象限	$\alpha=180+R$
北西——第Ⅳ象限	$\alpha=360-R$

4.4.6　坐标方位角的推算

工程测量工作中，直线定向的工作主要是确定直线的坐标方位角。直线（称为“边”）的坐标方位角一般不能直接测得，而是须通过测量与已知边（方位角为已知）之间的水平角（转折角），推算得到各边的坐标方位角。

如图 4-29 所示，A、B 为已知坐标的点，且 A、B 两点通视，则 AB 边为已知边（用双线表示）。现已测得转折角 β_B、β_1、β_2，则根据 AB 边的已知坐标方位角 α_{AB}，可按 AB-$B1$-12-23 的方向顺序，逐条边推算坐标方位角 α_{B1}、α_{12} 和 α_{23}。这个过程称为坐标方位角的推算。沿着推算方向，各边之间的转折角可能位于推算路径的左侧（左角），如图 4-29 中的 β_B、β_2，也可能位于推算路径的右侧（右角），如图 4-27 中的 β_1。可以看出各边方位角有如下的关系：

$$\alpha_{B1}=\alpha_{BA}+\beta_{B(左)}=\alpha_{AB}\pm180^\circ+\beta_{B(左)}$$
$$\alpha_{12}=\alpha_{1B}-\beta_{1(右)}=\alpha_{B1}\pm180-\beta_{1(右)}$$
$$\alpha_{23}=\alpha_{21}+\beta_{2(左)}=\alpha_{12}\pm180^\circ+\beta_{2(左)}$$
$$\cdots\cdots$$

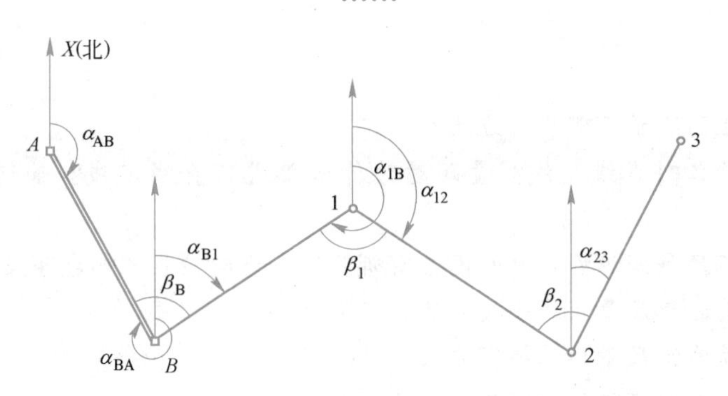

图 4-29　坐标方位角的推算

上述推算过程，即从已知边开始，沿推算方向逐条边往前推算，则某条边的坐标方位角$\alpha_{前}$（例如α_{23}），等于它的上一条边的坐标方位角$\alpha_{后}$（例如α_{12}）加减180°，再加上左角（或减去右角）。因此，一般地，可以将推算坐标方位角的公式写为

$$\alpha_{前}=\alpha_{后}\pm180°\mp{}^{\beta_{右}}_{\beta_{左}} \quad (4\text{-}24)$$

式中，$\alpha_{后}\pm180°$实际上得到$\alpha_{后}$的反方位角，计算时可只取加号以避免混乱。对于转折角β，则首先判断是左角还是右角，按“左加右减”的准则，β为左角时取加号，β为右角时取减号。若计算出的$\alpha_{前}$大于360°，则减去360°；若$\alpha_{前}$小于0°，则加360°。

【例题4-4】 如图4-30为一支导线，A、B为已知点，AB边的方位角α_{AB}已知，β_1（右角）和β_2（左角）为观测的转折角，其值分别为：$\alpha_{AB}=45°10'20''$，$\beta_1=148°49'00''$，$\beta_2=161°16'28''$，请推算边1-2的坐标方位角。

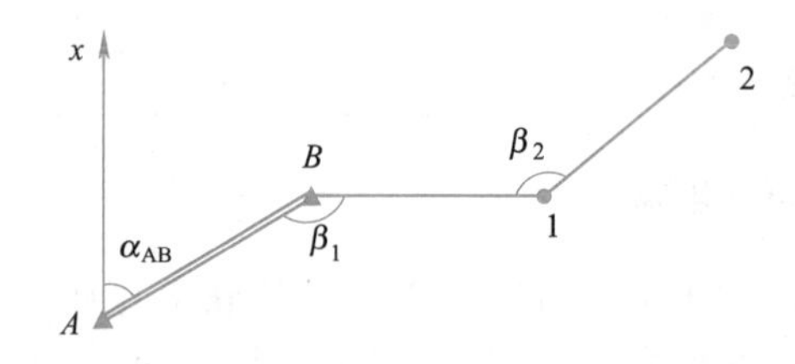

图4-30 支导线坐标方位角推算

【解】（1）根据A-B边的已知坐标方位角推算B-1边的坐标方位角，依式（4-24）

$$\alpha_{B1}=\alpha_{AB}+180°-\beta_1$$

$$\alpha_{B1}=45°10'20''+180°-\beta_1=225°10'20''-148°49'00''=76°21'20''$$

（2）根据B-1边的坐标方位角推算1-2边的坐标方位角

$$\alpha_{12}=\alpha_{B1}+180°+\beta_2$$

$$\alpha_{12}=76°21'20''+180°+\beta_2=256°21'20''-161°16'28''=57°37'48''$$

即1-2边的坐标方位角为57°37′48″。

思考题

4-1 距离测量有哪几种方法？

4-2 什么叫直线定线？量距时为什么要进行直线定线？如何进行直线定线？

4-3 钢尺量距影响精度的因素有哪些？测量时应注意哪些事项？

4-4 简述钢尺量距的一般方法。

4-5 简述钢尺量距的精密方法。

4-6 光电测距仪的测距原理是什么？

习题

4-1　C、D两点之间的水平距离往测为136.468m，返测为136.476m，试计算其较差和相对误差，是否满足工程测量1/2000的精度要求？

4-2　表4-5是距离AB的外业丈量成果，试进行各项改正，并计算全长的相对误差。

精密量距记录表　　　　表4-5

线段	尺段	尺段长度(m)	温度(c)	高差(m)	备注
AB(往测)	A1	29.392	10	0.861	NO:22钢尺的尺长方程式：$30m+0.005m+1.2\times10^{-5}(t-20)\times30m$
	12	23.391	12	1.282	
	23	27.683	11	0.141	
	34	28.537	11	1.033	
	4B	17.898	13	0.941	
BA(返测)	B1	25.301	13	0.863	
	12	23.923	13	1.141	
	23	25.071	12	0.272	
	34	28.582	12	1.101	
	4A	24.051	13	1.182	

4-3　如图4-31所示，已知边AB的坐标方位角为已知$\alpha_{AB}=320°16'21''$，测得AB边与闭合多边形$A1$边的夹角β'（连接角）以及多边形的所有内角，$\beta'=98°20'16''$，$\beta_1=108°03'17''$，$\beta_2=66°54'28''$，$\beta_3=124°38'32''$，$\beta_A=60°23'47''$。

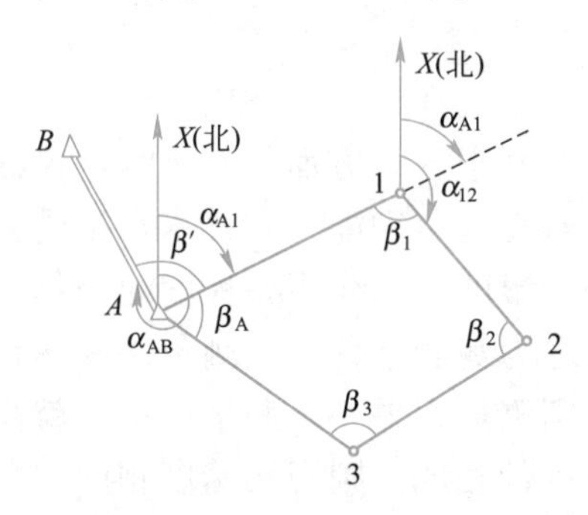

图4-31　闭合导线的坐标方位角推算

(1) 试按顺时针方向推算A-1、1-2、2-3和3-A各边的坐标方位角α_{A1}、α_{12}、α_{23}和α_{3A}。

(2) 利用β_A的角度值再次推算出A-1边的坐标方位角，则两次推出的A-1边坐标方位角是否相同？试分析原因。

4-4　如图4-28所示，图中$O1$、$O2$、$O3$、$O4$边的坐标方位角分别是多少？

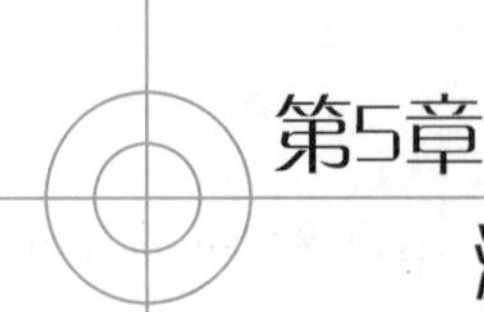

第5章 测量误差的基本知识

本章知识点

【知识点】 系统误差、偶然误差及其特性、中误差、极限误差、相对误差、误差传播定律、算术平均值及其中误差、加权平均值。

【重点】 偶然误差的传播规律。

【难点】 误差传播定律的应用，加权平均值及其中误差。

5.1　测量误差概述

5.1.1　测量误差及其来源

在测量工作中，对某一未知量进行多次观测时，不论测量仪器有多精密，多么严格地按照操作规则进行观测，各次观测结果总是不会完全相等。观测值之间总是存在差异，这说明要测量就不可避免地会产生误差。假设某量的观测值为 L，其真值为 X，则测量误差（观测误差）——观测值与真值之差 Δ 为

$$\Delta = L - X \tag{5-1}$$

测量误差的产生主要源于三个方面，一是测量仪器制造和检验校正的不完善；二是观测者感觉器官的鉴别能力和技术水平受到限制；三是外界条件的变化，如风力、温度、湿度、光线明亮程度的变化。通常我们把上述三个方面的因素综合起来称之为观测条件。观测条件好坏将直接影响观测成果的精度，若观测条件好，则测量误差小，测量的精度就高；反之，则测量误差大，精度就低；若观测条件相同，则观测精度相同。在相同的观测条件下进行的一系列观测称之为等精度观测；在不同的观测条件下进行的一系列观测称之为不等精度观测。

鉴于测量结果中不可避免地含有误差，研究误差理论的目的在于通过对误差的来源、性质及其产生原因和传播规律进行研究，以便解决测量工作中遇到的一些实际问题，而不是为了去消灭误差。例如，在一系列的观测值中，如何确定观测量的最可靠值；如何评定测量成果的精度；根据实际需求和已有的仪器设备，如何确定观测方案等。这些问题，都可运用测量误差理论得到解决。

5.1.2 测量误差的分类

测量误差按其性质可分为系统误差、偶然误差和粗差。

1. 系统误差

在相同的观测条件下，对某一未知量进行一系列观测，若误差的符号和大小按照一定的规律变化，或保持不变，这种误差被称之为系统误差。例如水准仪的水准管轴与视准轴不平行而引起的 i 角误差，其值大小与视线长度成正比，且符号保持不变；经纬仪的视准轴与横轴不垂直产生的 $2C$ 误差，其值大小随视线竖直角的大小而变化，且符号不变；钢尺量距中的尺长误差改正、温度误差改正，它们的数值和符号都按照一定规律变化；这些误差都属于系统误差。

系统误差主要来源于测量仪器、工具制造和检验校正不完善；来源于观测者的某些观测习惯，例如有些人习惯性地把读数估读得偏大或偏小；还来源于外界环境的影响，如风力、温度及大气折光等影响。系统误差具有明显的累积性，对测量结果影响较大，应尽量消除或减弱它们对测量成果的影响。消减系统误差措施有两种，一是采用一定观测方法或观测程序来消除或减弱系统误差的影响，例如在水准测量中，前、后视距离相等，可消除水准管轴与视准轴不平行等系统误差的影响；在测水平角时，采用盘左和盘右观测取其平均值，可以消除视准轴与横轴不垂直所引起的水平角测量误差。二是对测量结果加以改正，例如对钢尺量距结果施加尺长改正和温度改正，可消除钢尺长误差和温度变化引起的误差影响等。

2. 偶然误差

在相同的观测条件下，对某一未知量进行一系列观测，如果观测误差的大小和符号没有明显的规律性，则称其为偶然误差。例如在水平角测量中的瞄准误差，读数时估读误差；它们的符号和大小均不相同，都属于偶然误差。就单个偶然误差来看，其符号和大小没有一定的规律，但对大量的偶然误差而言，它们遵循正态分布的统计规律。

偶然误差产生的原因很多，主要是由于仪器或人的感觉器官分辨能力所限引起，如观测中的瞄准误差、估读误差等。此外，外界环境的变化（如温度、风力、光线亮度等）也是偶然误差产生的原因。偶然误差不能通过采取一定措施加以消除，只能通过提高观测精度和合理地处理观测数据减少其对测量成果的影响。

3. 粗差

测量成果中除了系统误差和偶然误差以外，还可能存在粗差，即错误。产生错误的原因较多，如由作业人员疏忽大意引起的读错、记错、照错目标等。错误对观测成果的影响极大，所以在测量成果中绝对不允许有错误存在。消除错误的方法是进行必要的多余观测，通过精度检核并加以剔除。

5.1.3 偶然误差的特性

在测量的成果中，可以消除或减弱系统误差的影响，粗差可以发现并剔除，而偶然误差则无法消除，合理处理偶然误差需要研究它们的规律特性。

例如，在相同的观测条件下，观测了 96 个三角形的全部内角。由于存在偶然误差，各三角形的内角之和 L 不一定等于真值 X（180°），其差即为真误差 Δ，则有

$$\Delta_i = L_i - X = L_i - 180° \quad (i=1,2,\cdots,96)$$

将 96 个内角和的真误差按照大小和一定的区间（本例 $d\Delta$ 为 0.5″）进行统计，在各区间正负误差出现的个数 k 及其频率 k/n（$n=96$），则得统计表（表 5-1）。

三角形内角和真误差统计表　　表 5-1

误差区间 dΔ	负误差		正误差		合计	
	个数 k	频率 k/n	个数 k	频率 k/n	个数 k	频率 k/n
0.0″～0.5″	19	0.1979	20	0.2083	39	0.4062
0.5″～1.0″	13	0.1354	12	0.1250	25	0.2604
1.0″～1.5″	8	0.0833	9	0.0938	17	0.1771
1.5～2.0″	5	0.0521	4	0.0417	9	0.0938
2.0″～2.5″	2	0.0208	2	0.0208	4	0.0416
2.5″～3.0″	1	0.0104	1	0.0104	2	0.0208
3.0″以上	0	0.0000	0	0.0000	0	0.0000
合　计	48	0.500	48	0.500	96	1.000

从表 5-1 中可以看出，该组观测误差具有如下分布规律：

（1）绝对值小的误差个数比绝对值大的误差个数多；

（2）绝对值相等的正、负误差出现的机会大致相等；

（3）最大误差不超过 3″。

为了更加直观地表现误差的分布，根据表 5-1 的区间和频率绘出误差分布的直方图（图 5-1）。横坐标轴表示真误差，纵坐标轴表示各区间误差出现的频率 k/n 与区间 $d\Delta$ 的比值（即概率密度），根据每一区间和相应的纵坐标值画出一个长条矩形，则各矩形的面积等于误差出现在该区间内的频率 k/n。如图 5-1 中有斜线的矩形面积等于出现在＋0.5″～1.0″区间误差的频率为 0.1354。显然，所有矩形面积的总和等于 1。

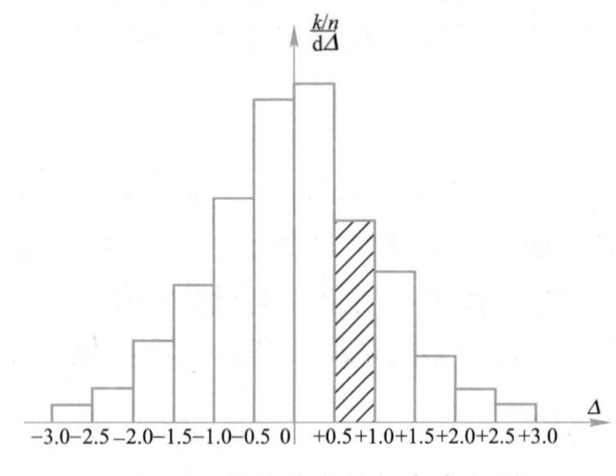

图 5-1　误差分布的频率直方图

在相同的观测条件下，如果观测总数 n 不断增加，在各误差区间出现的频率趋向于一个稳定值；当 $n \to \infty$ 时，在各误差区间出现的频率趋向一个完全确定的概率。如果误差区间无限缩小，使 $d\Delta \to 0$，则直方图的上部折线就趋近于一条以纵轴为对称的光滑曲线（如图 5-2 所示），称为误差分布曲线，即偶然误差的理论分布。在数理统计中，称其为正态分布曲线，概率密度函数为

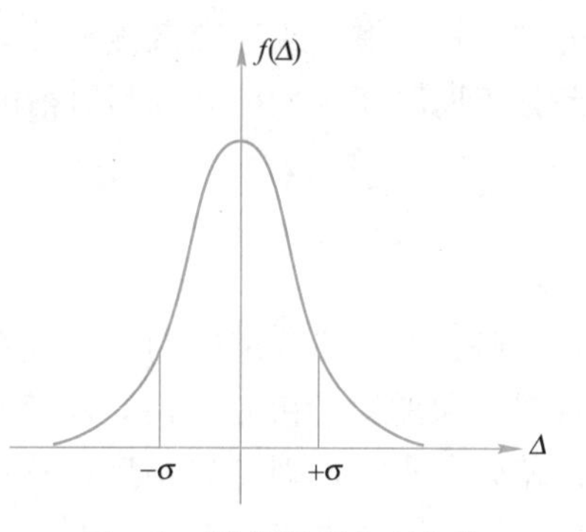

图 5-2　误差概率分布曲线

$$f(\Delta)=\frac{1}{\sigma\sqrt{2\pi}}e^{-\frac{\Delta}{2\sigma^2}} \tag{5-2}$$

式中，Δ 为偶然误差；σ（>0）为标准差，它的大小可以反映观测精度的高低。

由概率统计原理可知，频率即真误差出现在区间 $d\Delta$ 上的概率 $P(\Delta)$，记为

$$P(\Delta)=\frac{k/n}{d\Delta}=f(\Delta)d\Delta \tag{5-3}$$

通过大量实验统计分析证明偶然误差具有如下统计特性：

（1）在一定的观测条件下，偶然误差的绝对值不会超过一定的限值，称之为偶然误差的有限性；

（2）绝对值较小的误差比绝对值较大的误差出现的概率大，称之为偶然误差的集中性有限性；

（3）绝对值相等的正误差和负误差出现的概率相同，称之为偶然误差的对称性；

（4）当观测次数无限增多时，偶然误差的算术平均值趋近于零，称之为偶然误差的抵偿性，即

$$\lim_{n \to \infty}\frac{[\Delta]}{n}=0 \tag{5-4}$$

式中，$[\Delta]=\Delta_1+\Delta_2+\cdots+\Delta_n$。在数理统计中，也称偶然误差的数学期望为零，即 $E(\Delta)=0$。

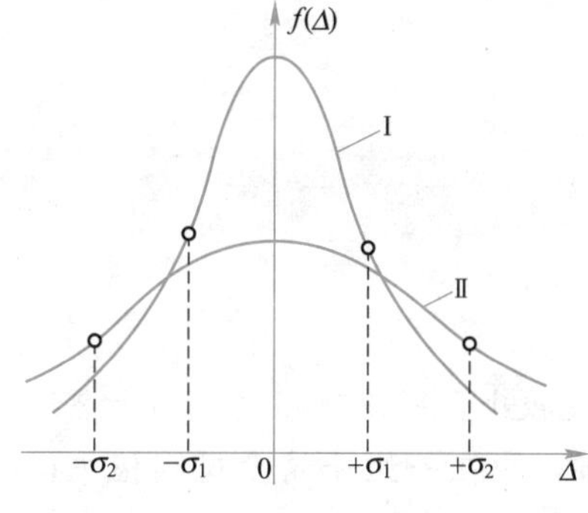

图 5-3　不同精度的误差分布曲线

在一定的观测条件下，测量误差对应着一定的误差分布，当观测条件不同时，其误差分布曲线的形态将随之改变。在图 5-3 中，曲线Ⅰ、Ⅱ分别表示两组在不同观测条件下得到的两组误差分布曲线，均属于正态分布。曲线Ⅰ较陡峭，其拐点的横坐标值 σ_1 小于曲线Ⅱ拐点的横坐标值 σ_2，说明对应于曲线Ⅰ的误差

分布比较密集，或称离散度较小，则观测值精度较高。曲线Ⅱ较为平缓，误差分布离散度较大，则观测值精度较低。

5.2　评定精度的指标

研究测量误差理论的主要任务之一是评定测量成果的精度。当消除了系统误差和剔除了粗差之后，精度就是指一组观测误差分布密集与离散程度。误差分布密集，则测量精度高；误差分布离散，则测量精度低。精度的高低可用误差统计表或直方图说明，但这样不便于实际应用，需要有一个数值能反映误差分布的密集与离散程度，将其作为评定精度的指标。评定测量成果精度的常用指标有方差和中误差、极限误差、相对误差。

5.2.1　方差和中误差

在相同的观测条件下，对某一未知量进行了 n 次独立观测，其观测值分别为 L_1、L_2、…、L_n，相应的真误差为 Δ_1、Δ_2、…、Δ_n，则定义该组观测值的方差 D 为

$$D=\sigma^2=\lim_{n\to\infty}\frac{[\Delta\Delta]}{n} \tag{5-5}$$

式中 $[\Delta\Delta]=\Delta_1^2+\Delta_2^2+\cdots+\Delta_n^2$，$\Delta_i=L_i-X(i=1、2、\cdots、n)$，$\sigma$ 被称为中误差，也就是正态分布误差的标准差，即

$$\sigma=\lim_{n\to\infty}\sqrt{\frac{[\Delta\Delta]}{n}} \tag{5-6}$$

式（5-5）和式（5-6）所表述的是观测次数为无限次时的方差和中误差的理论值，当 n 为有限次时，中误差的估计值 m 为

$$m=\hat{\sigma}=\pm\sqrt{\frac{[\Delta\Delta]}{n}} \tag{5-7}$$

【例题5-1】 1、2两组分别用相同的观测条件观测了某角度各6次，与真值比较得真误差 Δ 分别为：

1组：$+2''$、$+1''$、$-2''$、$-3''$、$-2''$、$-3''$；

2组：$+5''$、$-4''$、$+1''$、$-4''$、$-3''$、$+6''$。

试分析两组观测值的精度。

【解】 用中误差公式（5-7）计算得

$$m_1=\pm\sqrt{\frac{2^2+1^2+(-2)^2+(-3)^2+(-2)^2+(-3)^2}{6}}=\pm2.27''$$

$$m_2=\pm\sqrt{\frac{5^2+(-4)^2+1^2+(-3)^2+(-2)^2+6^2}{6}}=\pm3.89''$$

由上述计算结果可以看出，1组的中误差较小，所以观测精度高于2组。

中误差代表的是一组观测值的误差分布，即在一组等精度观测值中，尽管各观测值真误差的大小和符号各异，而观测值的中误差却是相同的。也就

是说只要观测条件相同，则中误差相同，其相应的观测值精度相同。中误差的几何意义即为偶然误差分布曲线两个拐点的横坐标，其值小，则观测精度高，其值大，则观测精度较低。

5.2.2 极限误差

由偶然误差的特性可知，在一定的观测条件下，偶然误差的绝对值不会超过一定限值，这个限值就是极限误差。可以从概率统计理论来确定极限误差和中误差的关系。根据式（5-2）和式（5-4）有

$$P(-\sigma<\Delta<\sigma)=\int_{-\sigma}^{\sigma}f(\Delta)\mathrm{d}\Delta=\int_{-\sigma}^{\sigma}\frac{1}{\sigma\sqrt{2\pi}}e^{-\frac{\Delta^2}{2\sigma^2}}\mathrm{d}\Delta\approx 0.683$$

上式表示真误差出现在区间（$-\sigma$，$+\sigma$）内的概率等于0.683。同法可得

$$P(-2\sigma<\Delta<2\sigma)=\int_{-2\sigma}^{2\sigma}f(\Delta)\mathrm{d}\Delta=\int_{-2\sigma}^{2\sigma}\frac{1}{\sigma\sqrt{2\pi}}e^{-\frac{\Delta^2}{2\sigma^2}}\mathrm{d}\Delta\approx 0.955$$

$$P(-3\sigma<\Delta<3\sigma)=\int_{-3\sigma}^{3\sigma}f(\Delta)\mathrm{d}\Delta=\int_{-3\sigma}^{3\sigma}\frac{1}{\sigma\sqrt{2\pi}}e^{-\frac{\Delta^2}{2\sigma^2}}\mathrm{d}\Delta\approx 0.997$$

上述三式说明：在一组等精度观测值中，绝对值大于 σ 的偶然误差，其出现的概率为31.7%；绝对值大于 2σ 的偶然误差，其出现的概率为4.5%；绝对值大于 3σ 的偶然误差，出现的概率仅为3‰。

由于绝对值大于3倍中误差的偶然误差个数只占全部真误差的3‰，其概率很小，可以认为是不可能事件。所以，通常以三倍的中误差作为偶然误差的极限误差，它与中误差的关系为

$$\Delta_{限}=3\sigma\approx 3m$$

在测量工作中为了确保观测精度，测量规范通常以两倍的中误差作为极限误差，称之为容许误差，即

$$\Delta_{容}=2m \tag{5-8}$$

如果观测值中出现了大于容许误差的偶然误差，则认为该观测值不可靠，应舍去不用或重测。

5.2.3 相对误差

测量误差、中误差和极限误差统称为"绝对误差"，它们都有符号，并且单位与观测值相同。用中误差和极限误差可以评定与观测值大小无关量的精度，如角度、方向、高差等。但在距离测量中，绝对误差不能客观地反映观测值的精度。例如，用钢尺丈量长度分别为100m和200m的两段距离，若观测值的中误差都是±2cm，则不能认为两者的精度相等。这时，采用相对误差就比较合理。相对误差 K 等于绝对误差的绝对值与相应观测值 D 的之比，它是一个无量纲的量，通常用分子为1的分数表示，即

$$相对误差\ K=\frac{|绝对误差|}{观测值\ D}=\frac{1}{T} \tag{5-9}$$

与绝对误差一样，相对误差对应地分为相对真误差、相对中误差和相对极限误差。当上式中绝对误差为中误差 m 时，K 称为相对中误差，即

$$K_{\text{中误差}}=\frac{|m|}{D}=\frac{1}{\frac{D}{|m|}} \tag{5-10}$$

在上例中两段距离的相对中误差分别为 1/5000 和 1/10000，可以看出，后者精度较高。

当绝对误差为极限误差时，K 称为相对极限误差。测量中取相对极限误差为相对中误差的两倍，即

$$K_{\text{限}}=2K_{\text{中误差}}=\frac{1}{\frac{D}{|2m|}} \tag{5-11}$$

在距离测量中往返测量的相对较差要小于相对容许误差，相对较差是往返测差值与均值之比，相对较差 K 亦即相对误差

$$K=\frac{|D_{\text{往}}-D_{\text{返}}|}{D_{\text{均值}}}=\frac{|\Delta D|}{D_{\text{均值}}}=\frac{1}{\frac{D_{\text{均值}}}{|\Delta D|}} \tag{5-12}$$

相对误差用来反映距离测量的精度，其值越小，观测结果越可靠。若相对误差大于相对极限误差，则距离必须重测。

5.3 误差传播定律

在测量工作中，如果一系列等精度直接观测值的真误差可知，则可用中误差评定其精度。但在实际工作中，有些未知量是不可能或者是不便于直接观测获得的，而是根据某些直接观测量按一定的函数关系计算得来的，这些量称之为间接观测量。例如在光电测距中，水平距离是根据直接观测值倾斜距离 S 和竖直角 α 按 $D=S\cos\alpha$ 计算出来的。由于直接观测值中都带有误差，直接观测值的函数必然受到其误差的影响而产生误差。说明观测值的中误差与其函数中误差之间传播规律的定律叫作误差传播定律。

5.3.1 误差传播定律

设 Z 是独立变量 x_1，x_2，…，x_n 的函数

$$Z=f(x_1,x_2,\cdots,x_n) \tag{5-13}$$

式中，x_1，x_2，…，x_n 为直接观测量的真值，其相应的观测值为 L_i（$i=1$，2，…，n），它们观测中误差分别为 m_1，m_2，…，m_n，欲求观测值的函 Δx_i 数 Z 的中误差 m_Z。

设各独立观测量 L_i（$i=1$，2，…，n）的真误差为要知道函数 Z 的真误差 ΔZ 与独立变量真误差 Δx_i 间的函数关系，首先对函数式（5-13）进行全微分

$$dZ=\frac{\partial f}{\partial x_1}dx_1+\frac{\partial f}{\partial x_2}dx_2+\cdots\frac{\partial f}{\partial x_n}dx_n$$

式中，$\frac{\partial f}{\partial x_i}$为各独立变量 x_i 分别对函数 Z 的偏导数。顾及独立观测值 Δx_i 及函数的真误差 ΔZ 均为微小量，可用 Δx_i 及 ΔZ 代替 dx_i 及 dZ，同时令$\frac{\partial f}{\partial x_i}=f_i$ 则有

$$\Delta Z=f_1\Delta x_1+f_2\Delta x_2+\cdots f_n\Delta x_n \tag{5-14}$$

式（5-14）为函数 Z 与独立观测值 L_i 的真误差关系式，将观测值 $L_i=x_i$ 代入$\frac{\partial f}{\partial x_i}$，则 f_i 均为常数。

假设对各个变量 x_i 都独立地观测了 k 次，可写出 k 个类似于式（5-14）的真误差关系式

$$\begin{cases}\Delta Z^{(1)}=f_1\Delta x_1{}^{(1)}+f_2\Delta x_2{}^{(1)}+\cdots+f_n\Delta x_n{}^{(1)}\\ \Delta Z^{(2)}=f_1\Delta x_1{}^{(2)}+f_2\Delta x_2{}^{(2)}+\cdots+f_n\Delta x_n{}^{(2)}\\ \cdots\cdots\\ \Delta Z^{(k)}=f_1\Delta x_1{}^{(k)}+f_2\Delta x_2{}^{(k)}+\cdots+f_n\Delta x_n{}^{(k)}\end{cases}$$

将以上各式等号两边平方相加，再都除以 k，则有

$$\frac{[\Delta Z\Delta Z]}{k}=f_1{}^2\left[\frac{\Delta x_1\Delta x_1}{k}\right]+f_2{}^2\left[\frac{\Delta x_2\Delta x_2}{k}\right]+\cdots+ f_n^2\left[\frac{\Delta x_n\Delta x_n}{k}\right]+2\sum_{i,j=1,i\neq j}^{n}f_if_j\left[\frac{\Delta x_i\Delta x_j}{k}\right]$$

由于观测值 L_i 彼此独立，当 $i\neq j$ 时，$\Delta x_i\Delta x_j$ 亦为偶然误差。根据偶然误差的第四个特性可知，当 $k\to\infty$时，有

$$\lim_{k\to\infty}\frac{[\Delta x_i\Delta x_j]}{k}=0$$

根据方差的定义，则有

$$\sigma_Z^2=f_1^2\sigma_1^2+f_2^2\sigma_2^2+\cdots+f_n^2\sigma_n^2$$

当 k 为有限次时，函数 Z 的方差估计值为

$$m_Z^2=f_1^2m_1^2+f_2^2m_2^2+\cdots+f_n^2m_n^2 \tag{5-15}$$

中误差为

$$m_Z=\sqrt{f_1^2m_1^2+f_2^2m_2^2+\cdots+f_n^2m_n^2} \tag{5-16}$$

上式称为误差传播定律。

从误差传播定律的推导过程，可以总结出由直接观测值的中误差求函数中误差的步骤：

（1）列出函数式

$$Z=f(x_1,x_2,\cdots,x_n)$$

（2）对函数式进行全微分得到真误差关系式：

$$dZ=\frac{\partial f}{\partial x_1}dx_1+\frac{\partial f}{\partial x_2}dx_2+\cdots\frac{\partial f}{\partial x_n}dx_n$$

或写成 $$\Delta Z=f_1\Delta x_1+f_2\Delta x_2+\cdots f_n\Delta x_n$$

(3) 运用误差传播律，求函数的中误差

$$m_Z=\sqrt{f_1^2m_1^2+f_2^2m_2^2+\cdots+f_n^2m_n^2}$$

5.3.2 误差传播律的应用

利用误差传播定律可以求得观测值函数的中误差，进而确定函数的容许误差以及函数为距离元素的相对中误差和相对容许误差等。

【例题 5-2】 假设测得一圆的半径为 2.0m，其测量的半径中误差 $m_R=\pm 0.002$m，求圆的面积及其中误差。

【解】 $$S=\pi R^2=12.566\text{m}^2$$

对其全微分有 $dS=2\pi R\,dR=12.566dR$

运用误差传播律，圆形面积的中误差 $m_S=12.566\times m_R=\pm 0.025\text{m}^2$

最后结果为 $S=12.566\text{m}^2\pm 0.025\text{m}^2$。

【例题 5-3】 用光电测距仪测得斜距为 $L=300.485$m，其中误差 $m_L=\pm 0.003$m，并测得竖直角 $\alpha=8°34'36''$，测角中误差 $m_\alpha=\pm 3''$，求水平距离 D、中误差 m_D 和相对中误差。

【解】 列出函数式 $D=L\cos\alpha$

水平距离 $D=300.485\times\cos 8°34'36''=297.125$m

对函数式进行全微分得真误差关系式

$$\Delta D=\frac{\partial D}{\partial L}\Delta L+\frac{\partial D}{\partial \alpha}\frac{\Delta\alpha}{\rho''}$$

函数对 L 和 α 的偏导数分别为

$$\frac{\partial D}{\partial L}=\cos 8°34'36''=0.98882$$

$$\frac{\partial D}{\partial \alpha}=-L\cdot\sin 8°34'36''=-300.485\times\sin 8°34'36''=-44.8121$$

由于 $\Delta\alpha$ 是以秒为单位，要化为弧度，除以 $\rho=206265''$，则真误差关系式为

$$\Delta D=0.9888\Delta L-\frac{44.8121}{206265}\Delta\alpha=0.9888\Delta L-0.0002\Delta\alpha$$

运用误差传播律，得 $m_D=\pm\sqrt{0.98882^2\times 0.003^2+(-0.0002)^2\times 3^2}=\pm 0.003$m

故水平距离为 $D=297.125\text{m}\pm 0.003$m，相对中误差 $K=1/99041$。

【例题 5-4】 在水准测量中，若已知水准尺读数的中误差为 $m_{读}=\pm 2$mm，假定视距平均长度为 50m，若以 3 倍或 2 倍中误差作为容许误差，试求水准路线长度为 S（km）的往返测高差较差的容许值。

【解】 每测站的观测高差为 $h=a-b$，则每测站观测高差的中误差为

$$m_h=\sqrt{2}m_{读}=\pm 2\sqrt{2}\text{mm}$$

当视距平均长度为 50m 时，每千米需要观测 10 个测站，S 千米共观测 $10\times S$ 个测站，S 千米往测高差为

$$\sum h=h_1+h_2+\cdots h_{10S}$$

S 公里往测高差或返测高差的中误差均为 $m_S=\sqrt{10S}m_h=\pm 4\sqrt{5S}$ mm
往返测高差的较差为 $f_h=\sum h_{往}+\sum h_{返}$
高差较差的中误差为 $m_{f_h}=\sqrt{2}m_S=\pm 4\sqrt{10S}$ mm
若以 3 倍中误差作为高差较差的容许误差，则往返测高差较差的容许值为

$$f_{h容}=3m_{f_h}=\pm 12\sqrt{10S}\approx 38\sqrt{S}\ \text{mm}$$

若以 2 倍中误差作为高差较差的容许误差，则往返测高差较差的容许值为

$$f_{h容}=2m_{f_h}=\pm 8\sqrt{10S}\approx 26\sqrt{S}\ \text{mm}$$

再考虑其他误差因素的影响，《工程测量规范》中图根水准测量取 $f_{h容}=\pm 40\sqrt{S}$（mm）作为往返测较差的容许值，铁路行业则以 $f_{h容}=\pm 30\sqrt{S}$（mm）为往返测较差的容许值。

【例题 5-5】 对某段距离等精度地测量了 n 次，观测值分别为 L_1、L_2、…、L_n，每次观测值的中误差均为 m，试求算术平均值 x 的中误差。

【解】 算术平均值为 $x=\frac{L_1+L_2+\cdots+L_n}{n}=\frac{L_1}{n}+\frac{L_2}{n}+\cdots+\frac{L_n}{n}$

对函数式进行全微分

$$\mathrm{d}x=\frac{1}{n}\mathrm{d}L_1+\frac{1}{n}\mathrm{d}L_2+\cdots+\frac{1}{n}\mathrm{d}L_n$$

根据误差传播律有

$$M=\sqrt{\frac{1}{n^2}m^2+\frac{1}{n^2}m^2+\cdots+\frac{1}{n^2}m^2}=\frac{m}{\sqrt{n}} \tag{5-17}$$

由式（5-15）可以看出，n 次等精度直接观测值的算术平均值的中误差为观测值中误差的 $1/\sqrt{n}$。

【例题 5-6】 用 DJ_2 经纬仪测水平角，若一测回角度测量中误差 $m=\pm 2.83''$，当测角中误差要求 $m_\beta=\pm 1.8''$时，至少应测多少测回才能满足精度要求？

【解】 根据题意，可知 $\beta=\frac{\beta_1+\beta_2+\cdots+\beta_n}{n}$，考虑例题 5-5 结论，则有

$$m_\beta=\frac{m}{\sqrt{n}}=1.8''=\frac{2.83''}{\sqrt{n}}$$

解得测回数 $n=3$，即至少应测 3 测回才能满足测角的精度要求。

5.4 等精度直接观测值的最可靠值

测量中为了提高精度和发现错误，往往对某一未知量等精度地观测 n 次，将其算术平均值作为最接近真值的最可靠值，有时又称其为最或然值。

5.4.1 等精度直接观测值的最可靠值

设对某未知量等精度地观测了 n 次，其观测值分别为 L_1、L_2、…、L_n，

它们的算术平均值为

$$x=\frac{L_1+L_2+\cdots L_n}{n}=\frac{[L]}{n}$$

假设该未知量的真值为 X，各观测值的真误差为 Δ_1、Δ_2、…、Δ_n，即

$$\Delta_i=L_i-X \quad (i=1,2,\cdots,n)$$

将各式求和再除以次数 n，得

$$\frac{[\Delta]}{n}=\frac{[L]}{n}-X$$

显然

$$x=\frac{[L]}{n}=\frac{[\Delta]}{n}+X$$

根据偶然误差的第四个特性 $\lim\limits_{n\to\infty}\frac{[\Delta]}{n}=0$

则

$$x=\lim_{n\to\infty}\frac{[L]}{n}=X$$

由此可见，当观测次数 n 趋近于无穷大时，算术平均值就趋向于未知量的真值。当 n 为有限值时，算术平均值是最接近真值的值，称其为最可靠值或最或然值，作为观测的最后结果。

5.4.2　用观测值的改正数求观测值的中误差和算术平均值的中误差

根据中误差定义，要计算观测值的中误差，必须知道观测值 L_i 的真误差 Δ_i。但是，由于某些未知量的真值常常无法获知，因而真误差无法知道。此时，可利用算术平均值与观测值的差值——加改正数来计算观测值的中误差。观测值的改正数为

$$v_i=x-L_i \quad (i=1、2、\cdots、n)$$

将 n 个等式两边求和，则有

$$[v]=nx-[L]=0$$

此式常用作改正数计算的检核。

观测值的真误差　$\Delta_i=L_i-X \quad (i=1、2、\cdots、n)$

将观测值的改正数与真误差两式相加，得

$$\Delta_i+v_i=x-X \quad (i=1、2、\cdots、n)$$

令 $x-X=\delta$，代入上式，并移项整理得

$$\Delta_i=-v+\delta \quad (i=1、2、\cdots、n)$$

将上述各式自乘求和，并考虑 $[\nu]\delta=0$，得

$$[\Delta\Delta]=[vv]+n\delta^2$$

将上式两边都除以 n，有

$$\frac{[\Delta\Delta]}{n}=\frac{[vv]}{n}+\delta^2 \tag{1}$$

又考虑 $\delta=x-X=\frac{[L]}{n}-\frac{nX}{n}=\frac{[L-X]}{n}=\frac{[\Delta]}{n}$

有

$$\delta^2=\frac{[\Delta]^2}{n^2}=\frac{1}{n^2}(\Delta_1^2+\Delta_2^2+\cdots\Delta_n^2+2\Delta_1\Delta_2+2\Delta_1\Delta_3+\cdots+2\Delta_{n-1}\Delta_n)$$

$$=\frac{[\Delta\Delta]}{n^2}+\frac{2}{n^2}(\Delta_1\Delta_2+\Delta_1\Delta_3+\cdots+\Delta_{n-1}\Delta_n) \tag{2}$$

由于 Δ_1、Δ_2、…、Δ_n 是相互独立的偶然误差，故 $\Delta_1\Delta_2$、$\Delta_1\Delta_3$、…、$\Delta_{n-1}\Delta_n$ 亦具有偶然误差的性质。当 $n\rightarrow\infty$时，式（2）等号右边第二项趋于零；即使当 n 为较大的有限值时，其值远比第一项小，可以忽略不计。于是式（1）整理为

$$\frac{[\Delta\Delta]}{n}=\frac{[vv]}{n}+\frac{[\Delta\Delta]}{n^2}$$

根据中误差定义，上式可写为

$$m^2=\frac{[vv]}{n}+\frac{m^2}{n}$$

故观测值的中误差为

$$m=\pm\sqrt{\frac{[vv]}{n-1}} \tag{5-18}$$

式（5-18）即为用改正数计算等精度观测值中误差的公式，称为白塞尔公式。

根据算术平均值中误差的计算公式（5-17）可知，用改正数计算算术平均中误差的公式为

$$M=\frac{m}{\sqrt{n}}=\pm\sqrt{\frac{[vv]}{n(n-1)}} \tag{5-19}$$

【例题 5-7】 对某角等精度地观测 6 次，其观测值见表 5-2。试求观测值的最可靠值、观测值的中误差以及算术平均值的中误差。

等精度直接观测平差计　　表 5-2

观测序数	观测值	改正数 v(″)	vv(″²)
1	65°28′32″	−1.0″	1.0
2	65°28′33″	−2.0″	4.0
3	65°28′31″	0.0″	0.0
4	65°28′29″	2.0″	4.0
5	65°28′30″	1.0″	1.0
6	65°28′31″	0.0″	0.0
	$x=[L]/n=$65°28′31.0″	$[v]=0$	$[vv]=10.0$

【解】 等精度直接观测值的算术平均值、改正数及其平方项列于表 5-2。观测值的中误差为

$$m=\pm\sqrt{\frac{[vv]}{n-1}}=\pm\sqrt{\frac{10.0}{5}}=\pm1.41''$$

算术平均值的中误差为

$$M=\frac{m}{\sqrt{n}}=\pm\frac{1.41''}{\sqrt{6}}=\pm0.6''$$

算术平均值写为

$$x=65°28'31.0''\pm0.6''$$

算术平均值的中误差是观测值中误差的 $1/\sqrt{n}$，算术平均值的精度随着观测次数的增加而提高。当观测值的中误差 $m=1$ 时，算术平均值的中误差 M 与观测次数 n 的关系如图 5-4 所示。可以看出，观测次数 n 增加时，M 减小。但是当 n 达到一定数值后（$n=15$），再增加观测次数，提高精度的效果就不明显了。此时，不能单靠增加观测次数来提高测量成果的精度，而应设法提高单次观测的精度，如使用精度较高的仪器，提高观测技能或在较好的外界条件下进行观测等。

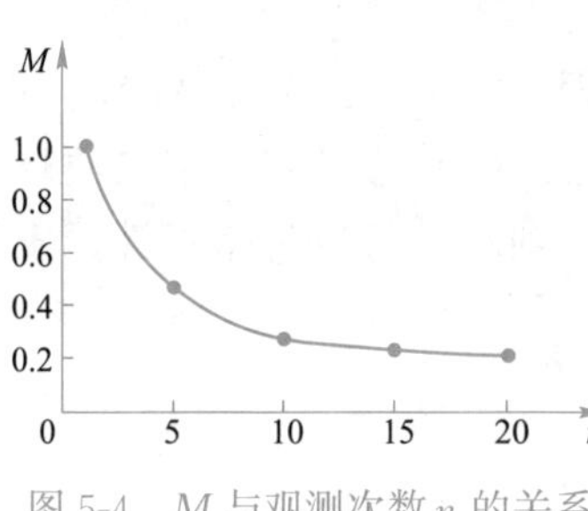

图 5-4 M 与观测次数 n 的关系

5.5 权与加权平均值

对某一未知量在不同的观测条件下进行观测时，各次观测值的精度是不同的。此时，要计算未知量的最可靠值，要考虑衡量各个观测值中误差的比例关系，将它们的比例数值称之为观测值的权。权是衡量观测质量高低的数值，精度较高的观测值其权值大，在计算最可靠值时考虑的分量重。

例如，对某未知量分两组进行观测，第一组观测 4 次，观测值为 L_1、L_2、L_3、L_4，第二组观测 3 次，观测值为 L_1'、L_2'、L_3'，各次观测是等精度观测，则每组的算术平均值分别为

$$x_1=\frac{L_1+L_2+L_3+L_4}{4},\quad x_2=\frac{L_1'+L_2'+L_3'}{3}$$

可见，x_1 和 x_2 是不等精度观测值，x_1 的精度比 x_2 高。若取其权为 4，x_2 的权为 3，得加权平均值为

$$x=\frac{4x_1+3x_2}{4+3}\sqrt{2}$$

此时，x_1 与 x_2 中误差的比例关系是 4∶3。

若将加权平均值展开 $x=\frac{4x_1+3x_2}{4+3}=\frac{L_1+L_2+L_3+L_4+L_1'+L_2'+L_3'}{7}$

可见，加权平均值与 7 次等精度观测值的算术平均值相等。

5.5.1 观测值的权

设有一系列观测值 L_i（$i=1$，2，…，n），它们的方差是 m_i^2（$i=1$，

2，…，n)，如果选定任意常数 m_0^2，则观测值的权定义为

$$p_i=\frac{m_0^2}{m_i^2} \tag{5-20}$$

式中，m_0^2 为单位权方差，又称比例因子。

由权的定义可以看出，权与中误差的平方成反比，中误差越小，其权越大，其精度高。设非等精度观测值的中误差分别为 m_1、m_2、…、m_n，其相应的权分别为

$$p_1=\frac{m_0^2}{m_1^2},\quad p_2=\frac{m_0^2}{m_2^2},\cdots,p_n=\frac{m_0^2}{m_n^2}$$

各观测值权的比例关系为

$$p_1:p_2:\cdots:p_n=\frac{m_0^2}{m_n^2}:\frac{m_0^2}{m_n^2}:\cdots:\frac{m_0^2}{m_n^2}$$

【例题 5-8】 假设以非等精度观测某角，其观测结果的中误差分别为 $m_1=\pm2''$，$m_2=\pm3''$，$m_3=\pm4''$，以 m^0 分别等于 $\pm2''$、$\pm3''$、$\pm4''$ 时确定各观测值的权。

$$m_0=2''\text{时}，\quad p_1=\frac{m_0^2}{m_1^2}=1,\quad p_2=\frac{m_0^2}{m_2^2}=\frac{4}{9},\quad p_3=\frac{m_0^2}{m_3^2}=\frac{1}{4},\quad p_1:p_2:p_3=1:\frac{4}{9}:\frac{1}{4}$$

$$m_0=3''\text{时}，\quad p_1=\frac{m_0^2}{m_1^2}=\frac{9}{4},\quad p_2=\frac{m_0^2}{m_2^2}=1,\quad p_3=\frac{m_0^2}{m_3^2}=\frac{9}{16},\quad p_1:p_2:p_3=1:\frac{4}{9}:\frac{1}{4}$$

$$m_0=4''\text{时}，\quad p_1=\frac{m_0^2}{m_1^2}=\frac{1}{4},\quad p_2=\frac{m_0^2}{m_2^2}=\frac{16}{9},\quad p_3=\frac{m_0^2}{m_3^2}=1,\quad p_1:p_2:p_3=1:\frac{4}{9}:\frac{1}{4}$$

可以看出，在确定一组观测值的权时，只能选用一个 m_0^2。不论 m^0 取何值，但权的比例关系不变。当观测值的权 $p=1$ 时，其权称为单位权，其中误差 m 称为单位权中误差，该观测值称为单位权观测值。

在测量工作中，若已知某量的权和单位权中误差，其中误差可根据权的定义写出

$$m_i=m_0\sqrt{\frac{1}{p_i}} \tag{5-21}$$

【例题 5-9】 设对某未知量等精度地观测了 n 次，求算术平均值的权。

设一测回观测值的中误差为 m，算术平均值的中误差为 $M=\frac{m}{\sqrt{n}}$，取 $m_0=m$，则

一测回观测值的权为 $\qquad p=\frac{m^2}{m^2}=1$

算术平均值的权 $\qquad p_x=\frac{m^2}{m^2/n}=n$

5.5.2 加权平均值及其中误差

设对同一未知量进行了 n 次不等精度观测，观测值为 L_1、L_2、…、L_n，

其相应的权为 p_1、p_2、…、p_n，则加权平均值为

$$x=\frac{p_1L_1+p_2L_2+\cdots+p_nL_n}{p_1+p_2+\cdots+p_n}=\frac{[pL]}{[p]} \tag{5-22}$$

加权平均值的函数式还可写为

$$x=\frac{p_1}{[p]}L_1+\frac{p_2}{[p]}L_2+\cdots+\frac{p_n}{[p]}L_n$$

根据误差传播定律，可得 x 的方差

$$M^2=\frac{p_1^2}{[p]^2}m_1^2+\frac{p_2^2}{[p]^2}m_2^2+\cdots+\frac{p_n^2}{[p]^2}m_n^2$$

式中，m_1、m_2、…、m_n 分别为 L_1、L_2、…、L_n 的中误差。根据权的定义可知 $p_1m_1^2=p_2m_2^2=\cdots=p_nm_n^2=m_0^2$，则有

$$M^2=\frac{p^1}{[p]^2}m_0^2+\frac{p^2}{[p]^2}m_0^2+\cdots+\frac{p^n}{[p]^2}m_0^2=\frac{m_0^2}{[p]} \tag{5-23}$$

再根据权的定义整理上式，可得加权平均值的权为

$$p_{\mathrm{x}}=\frac{m_0^2}{M^2}=[P] \tag{5-24}$$

即加权平均值的权为各观测值权之和。

由权的定义可知 $p_1m_1^2+p_2m_2^2+\cdots+p_nm_n^2=nm_0^2$，则有

$$m_0^2=\frac{p_1m_1^2+p_2m_2^2+\cdots+p_nm_n^2}{n}=\frac{[pm^2]}{n} \tag{5-25}$$

当 n 足够大时，可用相应观测值 L_i 的真误差 Δ_i 来代替 m_i，则单位权中误差为

$$m_0=\pm\sqrt{\frac{[p\Delta\Delta]}{n}} \tag{5-26}$$

将上式代入式（5-24），可得

$$M=m_0\sqrt{\frac{1}{p_{\mathrm{x}}}}=\pm\sqrt{\frac{[p\Delta\Delta]}{n[p]}} \tag{5-27}$$

式（5-27）为用真误差计算加权平均值中误差的数学表达式。

当真误差不能求得时，通常用改正数来计算单位权中误差，即

$$m_0=\pm\sqrt{\frac{[pvv]}{n-1}} \tag{5-28}$$

用 $[pv]=0$ 检核改正数计算是否有误。加权算术平均值的中误差则为

$$M=\pm\sqrt{\frac{[pvv]}{[p](n-1)}} \tag{5-29}$$

【例题 5-10】 某水准测量，从 A、B、C 三个已知高程点出发测到 D 点，得到三个高程观测值 H_i，各水准路线的长度 S_i 和高程观测值列于表 5-3，求 D 点高程的加权平均值 H_{D} 及其中误差 $M_{H_{\mathrm{D}}}$。

【解】 取 $p_i=1/S_i$ 为各观测值的权，在表 5-3 中进行计算。

不等精度直接观测平差计算　　表 5-3

测段	高程观测值 H_i(m)	路线长度 S_i(km)	权 $p_i=1/S_i$	改正数 v(mm)	pv(mm)	pvv (mm^2)
$A\sim D$	72.416	2.0	0.5	2.8	1.40	3.92
$B\sim D$	72.423	4.0	0.25	−4.2	−1.05	4.41
$C\sim D$	72.420	3.0	0.33	−1.2	−0.40	0.48
	$x=72.4188$		$[p]=1.08$		$[pv]=0.05$	$[pvv]=8.81$

D 点高程的最或然值为

$$H_D=x=\frac{p_1H_1+p_2H_2+p_3H_3}{p_1+p_2+p_3}=72.4188\text{m}$$

单位权中误差为

$$m_0=\pm\sqrt{\frac{[pvv]}{n-1}}=\pm\sqrt{\frac{8.81}{2}}=\pm2.1\text{mm}$$

最或然值中误差为

$$M_{H_D}=\frac{m_0}{\sqrt{[p]}}=\pm\sqrt{\frac{[pvv]}{[p](n-1)}}=\pm2.0\text{mm}$$

思考题

5-1　测量误差产生的原因有哪些？

5-2　何谓观测条件？何谓等精度观测和非等精度观测？

5-3　何谓系统误差？系统误差有哪些特点？测量工作中如何消除或减弱系统误差的影响？

5-4　偶然误差是如何定义的？能否消除？它有哪些特性？

5-5　如何判定系统误差和偶然误差？试判断由下列原因引起的测量误差属于哪种误差：

水准测量时视差引起的误差、水准仪的视准轴与水准管轴不平行、水准尺估读误差、水准仪下沉、尺垫下沉；钢尺量距时钢尺的尺长误差、温度的变化；角度测量时经纬仪的视准轴误差、横轴误差、读数误差、照准误差；光电测距时的气象误差、倾斜误差。

5-6　何谓精度？衡量精度的指标有哪些？

5-7　用钢尺丈量两段水平距离，第一段长 800m，第二段长 200m，中误差均为±20mm，问哪一条的精度高？用经纬仪测两个角度，$\angle A=280°20'$，$\angle B=15°42'$，中误差均为±0.3′，问哪个角精度高？

5-8　何谓权？其作用是什么？权和中误差有何关系？

5-9　为什么说算术平均值是最可靠值？

习题

5-1　在△ABC 中，已测得$\angle A=50°20'\pm3'$，$\angle B=65°21'\pm4'$，求$\angle C$

及其中误差。

5-2　光电测距仪测得两点之间的斜距 $S=567.248\text{m}\pm0.002\text{m}$，竖直角 $\alpha=12°21'18''\pm2.8''$，试求水平距 D 及其相对中误差。

5-3　等精度观测一个多边形的 n 个内角，测角中误差 $m=\pm15''$，取容许闭合差为中误差的 2 倍，求该 n 边形角度闭合差的容许值 $f_{容许}$。

5-4　对某角等精度观测 6 测回，计算得其平均值的中误差为 $\pm0.6''$，要求该角的中误差为 $\pm0.4''$ 还要再增测多少测回？

5-5　等精度观测某边长 9 次，观测值分别为：687.481m，687.486m，687.478m，687.483m，687.475m，687.483m，687.482m，687.479m，687.484m。试求该边长的算术平均值及其中误差。

5-6　甲、乙、丙用同一台经纬仪观测某水平角，其测回数分别为 3 测回、6 测回、9 测回，各组观测的最后结果分别为 $\beta_1=48°38'26''$、$\beta_2=48°38'28''$、$\beta_3=48°38'30''$，试求一测回角值的中误差以及这个角度的加权平均值及其中误差。

第6章 工程控制测量

本章知识点

【知识点】 控制测量的基本概念；平面控制网与高程控制网的类型、等级、布设形式及施测方法；控制点坐标的正算与反算公式；导线测量的外业与内业；交会定点方法；三、四等水准测量和三角高程测量。

【重点】 导线测量，三、四等水准测量。

【难点】 导线计算，高差观测值的“两差改正”。

6.1 控制测量概述

6.1.1 基本概念

测量工作的基本原则之一是“先控制，后碎部”。落实在具体的测量工程之中，就是须先建立控制网，然后根据控制网进行碎部（又称细部）测量或测设。

无论是测定还是测设工作，都需以测区内部或附近的具有控制作用的基准点为依据来进行。有着准确的平面坐标和高程值、具有控制作用的固定基准点，称为控制点。

由若干个彼此有联系的控制点组成的具有一定几何强度的网状图形叫控制网。在一定区域内，为大地测量、摄影测量、地形测量或工程测量建立控制网所进行的测量工作，称为控制测量。其具体任务就是在测区内按设计要求的精度测定一系列控制点的平面位置和高程，作为各种测量工作的基础。

控制测量的基本工作包括控制网设计、踏勘选点、埋石、观测、计算和技术总结等。

控制测量包括平面控制测量和高程控制测量。

平面控制测量：确定控制点的平面坐标（x，y）的测量工作。

高程控制测量：确定控制点的高程（H）的测量工作。

平面控制测量和高程控制测量既可以分别单独进行，也可以同时进行，形成三维控制测量。

6.1.2 平面控制测量

1. 平面控制网的类型与等级

平面控制网的类型包括国家控制网、城市（厂矿）控制网和工程控制网。

(1) 国家控制网

在全国范围内布设建立的控制网。等级分为一、二、三、四等，从一等到四等逐级进行控制，精度逐级降低，边长逐级缩短，密度逐级增大。

国家一、二等控制网合称为天文大地网。

我国天文大地网于1951年开始布设，1961年基本完成，1975年修、补测工作全部结束，全网有4.8万多个大地控制点。

一等控制网采用"三角锁"的形式。大致沿经线和纬线布设成纵横交叉的三角锁系，锁长200～250km，构成许多锁环。锁内由近于等边的三角形组成，边长为20～30km。

二等控制网有两种布网形式。一种是由纵横交叉的两条二等基本锁将一等锁环划分成4个大致相等的部分，这4个空白部分用二等补充网填充，称纵横锁系布网方案；另一种是在一等锁环内布设全面二等三角网，称全面布网方案。二等基本锁的边长为20～25km，二等网的平均边长为13km。

三、四等三角网在二等三角网内进一步加密，平均边长为4～5km和2～3km。

(2) 城市（厂矿）控制网

国家控制网的密度较稀，难以满足城市或厂矿建设的需要，所以，在县级以上的城市和大、中型厂矿，一般需建立自己的平面控制网，称作城市平面控制网或（厂）矿区平面控制网。

城市（厂矿）控制网通常须与国家控制网联结（或相联系），即以两个或两个以上的国家控制点作为起始点，在此基础上，根据城市规模、（厂）矿区大小以及经济建设工程对测量精度的要求，合理布设相应等级的平面控制网。城市（厂矿）平面控制网的等级最高为二等（省府以上的大城市或特大型矿山），一般为三等或四等，四等以下还可根据需要布设一级和二级小三角网。

城市（厂矿）控制网的等级与测量方法的选择须因地制宜，既满足当前需要，又兼顾今后发展，做到技术先进、经济合理、确保质量、长期适用。

(3) 工程控制网

直接为某项建设工程（如水电站、公路、铁路、桥梁、新建城镇、开发区以及较大规模的厂区等）专门布设的测量控制网称为工程控制网。

工程控制网应尽可能与国家网或城市网联结。联结确有困难时，也可建立独立的控制网。工程控制网的等级最高为三等，一般为四等或一、二、三级。

2. 平面控制网的形式与施测方法

平面控制网的形式有许多种，不同形式的控制网有不同的施测方法。

(1) 三角网与三角测量

所有的控制点构成彼此相连的三角形网状，如图 6-1 所示。

用经纬仪测量出网中所有三角形的内角。当已知两个点的坐标，或已知一个点的坐标和一条边的长度与方位角，便可求算网中所有控制点的平面坐标（由正弦定理传递边长）。

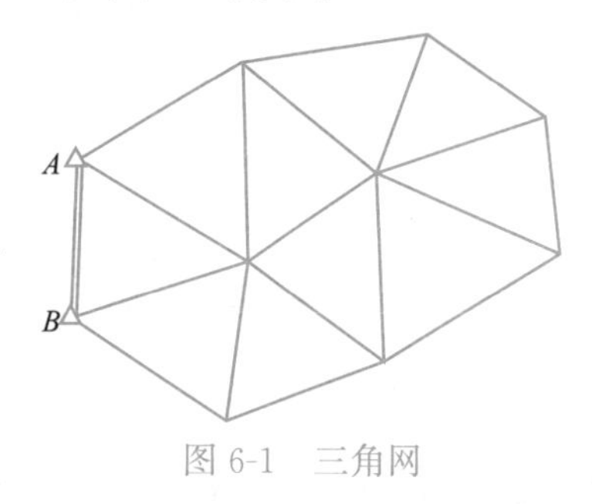

图 6-1 三角网

构建、测定三角网点的工作叫三角测量。

三角测量在过去（20 世纪 80 年代以前）是平面控制测量的主要方法。过去已经建成、目前仍在使用的国家一、二、三、四等平面控制点基本上都是采用三角测量方法获得的。当时，高精度测边很难实现。

三角测量的观测量主要是水平角，边长观测很少，距离传递误差较大；此外，三角网对相邻控制点之间的通视条件要求很高（多边形的中点须与多点通视），实地选点难度较大，一般只能位于高处（如山头或房顶），使用也不方便。因此，在光电测距仪和全站仪已普遍应用的现代，城市控制测量和工程控制测量基本上不采用三角网。

除了测角三角网之外，还有在此基础上发展起来的、形状与测角三角网相类似的测边网和边角组合网。三角网、测边网和边角网统称为“三角形网”。

与测角网一样，测边网和边角网目前也很少采用。

(2) 导线网与导线测量

所谓导线，是由若干条直线连成的折线。它是将一系列测量控制点依相邻次序连接起来，形成折线形式的平面控制图形。

布设控制点时，使点与点之间单线相连形成链状折线，测量出边长和角度之后便可逐点传递平面坐标。导线中的每一条直线叫导线边，相邻两直线之间的水平角（转折角）叫导线角，折线上的转折点叫导线点。

选择、测定导线点平面坐标的工作叫导线测量。通过测量导线边长和转折角，再根据起算点及附合点的已知数据，可推算各边的坐标方位角，最后求出所有导线点的平面坐标。

导线的形式有附合导线、闭合导线、支导线和导线网等四种，类似于水准路线。

图 6-3 中包括了前三种形式的导线。

导线网是由若干条附合导线或闭合导线构成的网状图形。导线网包括：一个节点的导线网、两个以上节点的导线网和两个以上闭合环所组成的导线网等，如图 6-4 所示。

与水准路线不同的是，导线所传递的是平面坐标 x、y（有时也与高程一起传递）；观测量为水平角和边长；起始点或附合点一般都各有两个。

跟三角网比较，导线网的主要优点是点间通视条件容易满足，布设灵活、方便。在林区和城市建成区，导线的优势尤为明显。导线测量是现代控制测

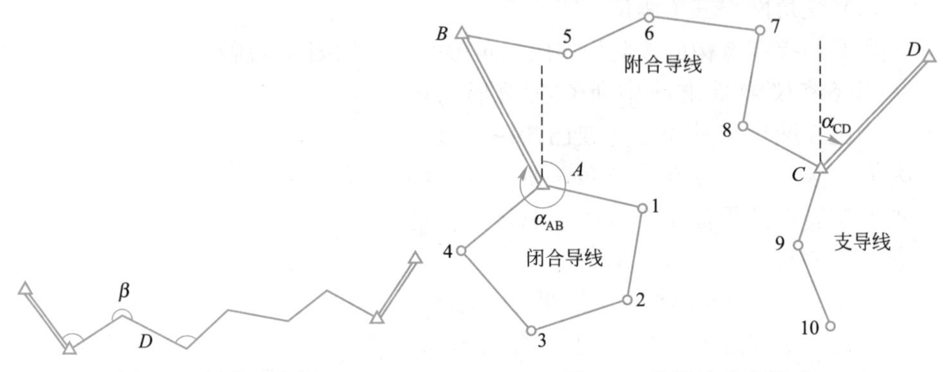

图 6-2　导线示意图　　图 6-3　导线的基本形式

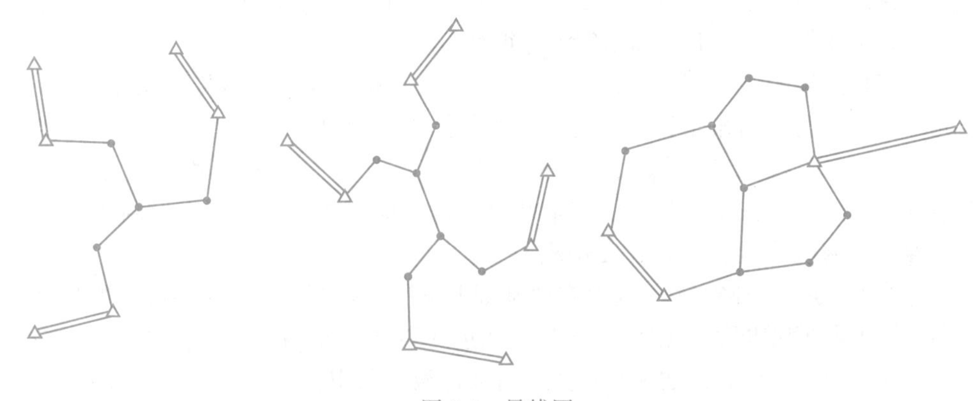

图 6-4　导线网

量的重要形式。

（3）GPS 控制网

利用 GPS 定位技术建立的测量控制网。GPS 测量的特点是速度快、精度高、全天候，无需考虑点与点之间的通视情况。但在建筑物内、地下、树下及狭窄的城区街道内不能使用。

GPS 定位的原理与方法将在第 7 章专门介绍。

（4）其他形式

除了三角测量、导线测量、GPS 测量之外，在某些场合还可以运用其他的控制测量方法，如：小三角锁、大地四边形、前方交会、后方交会等。

在地势平坦的施工场地，控制网也可布设成“建筑方格网”的形式。

6.1.3　高程控制测量

高程控制测量的任务是采用一定的方法测定地面控制点的高程。高程控制测量的方法主要有水准测量和三角高程测量。

1. 水准测量

由第 2 章知，水准测量的基本原理是利用水准仪提供的水平视线在前后两把竖直的标尺上的读数之差来测定两点间的高差。一般从高程已知的水准点开始，通过点间高差的测量与传递，求得其他水准点的高程。

由水准仪和前、后视标尺所构成的组合关系叫作一个测站。由若干个水准测站构成的高差观测路线叫水准路线。

水准路线的基本形式有附合、闭合、支水准路线和水准网，如图 6-5（a）～（d）所示。

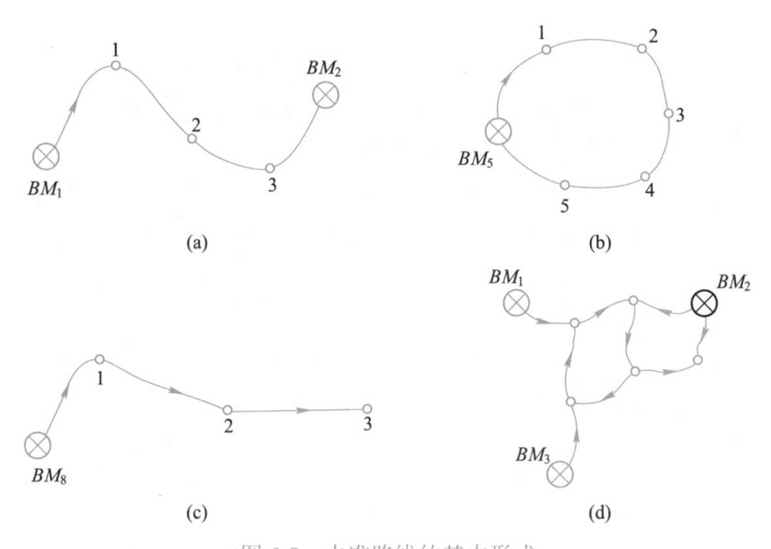

图 6-5　水准路线的基本形式

水准网分为国家水准网和城市或工程水准网。无论是国家水准网还是城市或工程水准网都需按照“由高级到低级，从整体到局部，逐级控制，逐级加密”的原则进行布设。

国家水准网分为一等、二等、三等和四等 4 个等级。各等级水准测量每千米高差中数的全中误差分别为±1mm、±2mm、±6mm 和±10mm。

城市或工程水准网分为二等、三等、四等和五等（等外）4 个等级。各等级水准测量每千米高差中数的全中误差分别为±2mm、±6mm、±10mm 和±15mm（数据引自《工程测量规范》GB 50026—2007）。

2. 三角高程测量

测量出两点间的平距（或斜距）及其垂直角之后，按三角函数推算测站点与目标点之间的高差的方法称为三角高程测量。

三角高程测量分为“电磁波测距三角高程测量”和“视距三角高程测量”。前者简称 EDM 测高，精度较高，可达四等甚至三等水准；后者精度较低，主要用于碎部测量。二者的区别在于斜距测量方法及精度不同。

三角高程测量分为一、二两级（分别对应于四等、五等水准测量）。

三角高程测量路线应尽可能形成附合或闭合。

6.2　控制点坐标的正反算

平面控制测量的最终成果是控制点及其坐标。尽管全站测量和 GPS 测量可以直接测出待定点的坐标，但为了确保成果的精度，控制测量中通常需根据边长和角度的最或然值来计算坐标。

6.2.1　坐标正算

根据直线始点的坐标和始点至终点的长度与方位角计算终点的坐标，称为坐标正算。

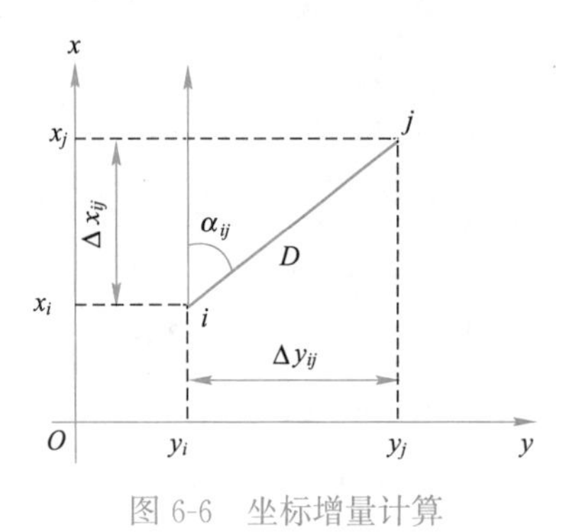

图 6-6　坐标增量计算

如图 6-6 所示，由 i 点的坐标和直线 ij 的边长 D、方位角 α_{ij} 计算 j 点坐标的过程便是坐标正算。

用 Δx_{ij}、Δy_{ij} 分别表示直线 ij 的纵、横坐标增量，则有：

$$\left.\begin{aligned}\Delta x_{ij}&=D\cdot\cos\alpha_{ij}\\ \Delta y_{ij}&=D\cdot\sin\alpha_{ij}\end{aligned}\right\}\tag{6-1}$$

$$\left.\begin{aligned}x_j&=x_i+\Delta x_{ij}\\ y_j&=y_i+\Delta y_{ij}\end{aligned}\right\}\tag{6-2}$$

6.2.2　坐标反算

根据直线始点和终点的坐标计算直线的长度和方位角，称为坐标反算。

在图 6-6 中，直线 ij 的纵、横坐标增量为：

$$\left.\begin{aligned}\Delta x_{ij}&=x_j-x_i\\ \Delta y_{ij}&=y_j-y_i\end{aligned}\right\}\tag{6-3}$$

求得坐标增量之后，分别按式（6-4）和式（6-5）计算直线 ij 的边长 D 和方位角 α_{ij}：

$$D=\sqrt{(\Delta x_{ij})^2+(\Delta y_{ij})^2}\tag{6-4}$$

$$\left.\begin{aligned}\alpha_{ij}&=\tan^{-1}\left(\frac{\Delta y_{ij}}{\Delta x_{ij}}\right)+360^\circ\quad(\Delta x_{ij}>0)\\ \alpha_{ij}&=\tan^{-1}\left(\frac{\Delta y_{ij}}{\Delta x_{ij}}\right)+180^\circ\quad(\Delta x_{ij}<0)\end{aligned}\right\}\tag{6-5}$$

反算直线 ij 的坐标方位角，也可根据式（6-3）的坐标增量，判断直线 ij 走向所在的象限，按下式计算象限角 R_{ij}

$$R_{ij}=\tan^{-1}\left|\frac{\Delta y_{ij}}{\Delta x_{ij}}\right|\tag{6-5$'$}$$

然后按表 4-4 象限角与坐标方位角的关系（见第 4 章）计算出 ij 的坐标方位角 α_{ij}。

6.3 导线测量

导线在现代控制测量中的应用极为普遍。

导线的定义及其基本形式在 6.1 节已经述及。本节介绍导线测量的主要技术要求、导线测量的外业和内业计算工作。

6.3.1 导线控制测量的主要技术要求

不同等级的导线测量，其技术要求也有所不同。表 6-1 为《工程测量规范》中关于导线测量的主要技术要求。

导线测量的主要技术要求　　表 6-1

等级	导线长（km）	平均边长（km）	测角中误差（″）	测距中误差（mm）	测回数			方位角闭合差（″）	导线全长相对闭合差
					1″级仪器	2″级仪器	6″级仪器		
三等	14	3.0	±1.8	±20	6	10	—	$3.6\sqrt{n}$	≤1/55000
四等	9	1.5	±2.5	±18	4	6	—	$5\sqrt{n}$	≤1/35000
一级	4	0.5	±5	±15	—	2	4	$10\sqrt{n}$	≤1/15000
二级	2.4	0.25	±8	±15	—	1	3	$16\sqrt{n}$	≤1/10000
三级	1.2	0.1	±12	±15	—	1	2	$24\sqrt{n}$	≤1/5000

注：表中 n 为导线点的个数。当导线平均边长较短时，应控制导线边数不超过表中相应等级导线长度和平均边长算得的边数；当导线平均边长小于表中规定长度的 1/3 时，导线全长的绝对闭合差不应大于 13cm。

图根导线测量宜采用 6″级仪器 1 测回测定水平角。其主要技术要求须符合表 6-2 的规定。

图根导线测量的主要技术要求　　表 6-2

导线长度（m）	相对闭合差	测角中误差（″）		方位角闭合差（″）	
		一般	首级控制	一般	首级控制
$\leqslant a\times M$	$\leqslant 1/(2000\times a)$	30	20	$60\sqrt{n}$	$40\sqrt{n}$

注：1. a 为比例系数，取值宜为 1，当采用 1∶500、1∶1000 比例尺测图时，其值可在 1～2 之间选用；
2. M 为测图比例尺的分母，但对于工矿区现状图测量，不论测图比例尺大小，M 均应取值为 500；
3. 隐蔽或施测困难地区导线相对闭合差可放宽，但不应大于 $1/(1000\times a)$。

6.3.2 导线测量外业

导线测量的外业工作包括选点埋石和测角量边。

1. 选点埋石

选点埋石工作就是选择导线控制点的位置，并在所选位置埋设标石。

选点分为图上选点和实地选点两个步骤。在进行实地选点之前，应到有

关部门（测绘或国土、规划部门）收集测区原有的中小比例尺地形图以及高一等级控制点的成果资料，然后在地形图上初步设计导线布设路线，最后按照设计方案到实地踏勘选点。

现场踏勘选点时，应注意以下事项：

① 相邻导线点之间应通视良好。

② 点位应选在土质坚实处，便于埋石、保存和使用。

③ 视野应开阔，便于测绘周围的地物、地貌。

④ 边长须符合规范要求，且应大致相等；相邻边比不得小于 1/3。

⑤ 密度足够，分布均匀，便于控制整个测区。

导线点位选定后，在泥土地面上，先在点位上打一木桩，作为临时性标志，随后再埋设预制的固定标石或进行现场浇灌。标石的材料、尺寸及埋设形式视导线的等级和用途而异。与水准点标志不同的是，导线点标志的中心通常有一个“+”字标记，作为对中之用，如图 6-7 所示。

导线点埋好之后，根据需要可绘制“点之记”。所谓“点之记”，就是点位的记录。像一张小小的地图，其上记有控制点的名称（或点号）、等级、标志类型、地点、方位以及与周围主要地物或自然地理环境的相互关系，主要用于今后使用导线点时寻找点位。简易点之记如图 6-8 所示。

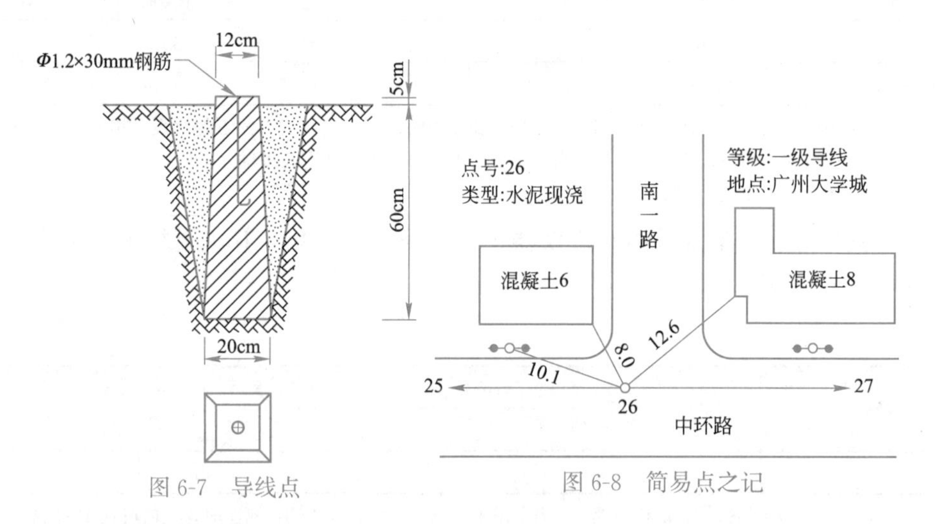

图 6-7　导线点　　图 6-8　简易点之记

2. 测角量边

选点埋石结束之后，一般需间隔一段时间（数天至数月不等，视导线等级或工程要求而定），待所埋标石稳固之后才能测角和量边。

测角就是用经纬仪或全站仪观测导线上的所有水平转折角。对于附合导线，一般同侧的转折角（左角或右角），如图 6-9 所示，观测同侧的转折角 β_B、β_1～β_3、β_C。

对于闭合导线，则通常观测多边形各内角，同时须观测连接角（如图 6-10 中 β_B）。

水平角的观测通常采用测回法。所用仪器及测回数须符合《工程测量规范》的规定（见表 6-1）。

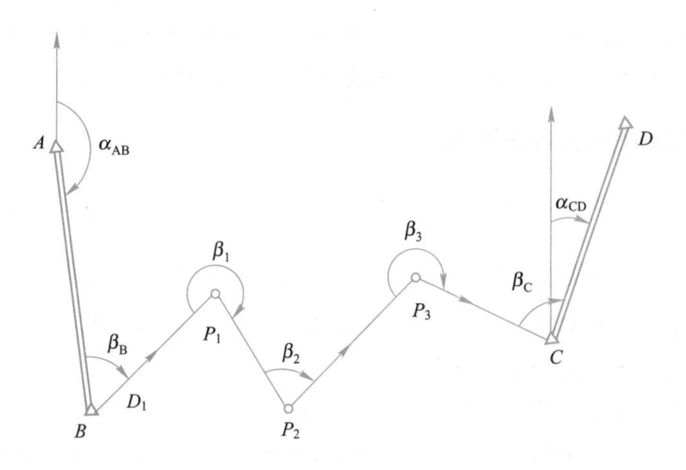

图 6-9　附合导线示意图

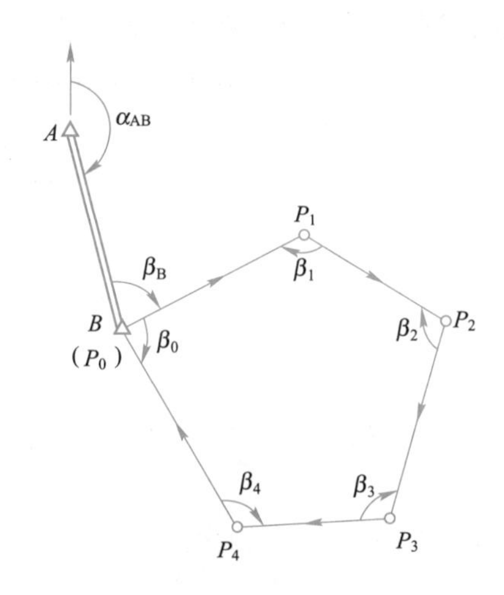

图 6-10　闭合导线示意图

导线边长一般宜用光电测距仪或全站仪观测（若没有测距仪，也可用经过检定的钢尺丈量）。边长测量技术要求须执行《工程测量规范》，相关内容列于表 6-3。

光电测距的主要技术要求　　表 6-3

平面控制网等级	仪器精度等级	每边测回数		一测回读数较差(mm)	单程各测回较差(mm)	往返测距较差(mm)
		往	返			
三等	5mm 级仪器	3	3	≤5	≤7	≤2(a+b·D)
	10mm 级仪器	4	4	≤10	≤15	
四等	5mm 级仪器	2	2	≤5	≤7	
	10mm 级仪器	3	3	≤10	≤15	
一级	10mm 级仪器	2	—	≤10	≤15	—
二、三级	10mm 级仪器	1	—	≤10	≤15	

注：一测回是指照准目标一次，读数 2～4 次的过程。

采用光电测距仪或全站仪时，量边和测角工作既可以分开进行，也可以同时进行；采用钢尺量距时，量边和测角工作只能分别进行。

6.3.3 导线测量的内业计算

外业工作结束后，即进入内业阶段。导线测量内业计算的目的是计算各导线点的坐标。

导线的内业计算可以采用严密平差方法或简易计算方法。导线的等级较高时一般须采用严密平差，等级较低时则通常采用简易计算方法。下面以附合导线为例介绍导线的简易计算。

附合导线简易计算的工作内容包括：检查记录、计算并分配角度闭合差、推算方位角、计算坐标增量、调整坐标增量闭合差、计算导线点坐标等。

1. 检查外业记录、抄录成果数据

全面检查观测手簿，漏测需补测，测错或超限需重测。若外业观测数据符合要求，则绘制导线略图，将各项数据标注在略图上的相应位置，如图6-11所示。

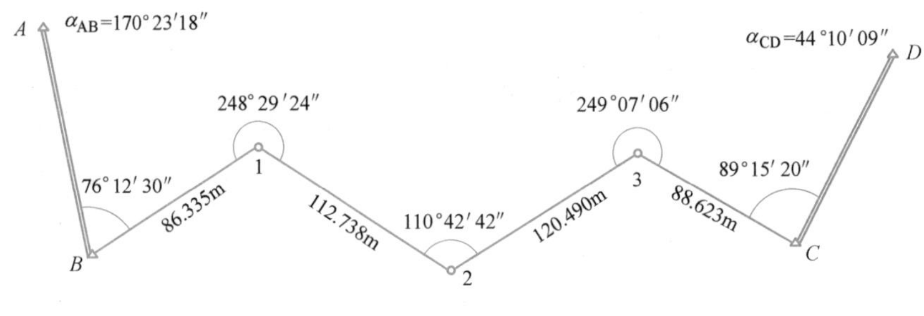

图6-11 附合导线略图

2. 角度闭合差的计算与调整

对于附合导线而言，两端都有更高精度的已知边，其方位角 α_{AB}、α_{CD} 为已知。有了导线转折角及连接角的观测值之后，从一条已知边（如 AB）开始，利用其已知方位角可以推算出另一条已知边（如 CD）的方位角，设为 α'_{CD}。推算出的 α'_{CD} 与已知值 α_{CD} 之差，叫作方位角闭合差（也叫作角度闭合差），用 f_β 表示，即

$$
\begin{aligned}
f_\beta &= \alpha'_{CD} - \alpha_{CD} \\
&= \alpha'_{终} - \alpha_{终}
\end{aligned}
\tag{6-6}
$$

方位角的推算方法在第4章已介绍。

在图6-11所示的附合导线中，所有的转折角均为左角。按照方位角的推算方法，由式（6-6）容易求得该附合导线的角度闭合差：

$$
\begin{aligned}
f_\beta &= \alpha'_{CD} - \alpha_{CD} \\
&= 44°10'20'' - 44°10'09'' \\
&= +11''
\end{aligned}
$$

对于闭合导线，角度闭合差等于所有内角观测值之和与内角和的理论值之差，即

$$
\begin{aligned}
f_{\beta} &= \sum\beta_{测} - \sum\beta_{理} \\
&= \sum\beta_{测} - (n-2)\times180^{\circ}
\end{aligned} \tag{6-7}
$$

若 f_{β} 之值超过规范规定值，需返工重测；若未超限，对每个角度观测值加上改正数 v_{β}，按式（6-8a）和式（6-8b）计算，式中的 n 为测量转折角的个数。

附合导线： $$v_{\beta} = \pm\frac{f_{\beta}}{n}（右角取“+”号，左角取“-”号） \tag{6-8a}$$

闭合导线： $$v_{\beta} = -\frac{f_{\beta}}{n} \tag{6-8b}$$

$$\beta_{i改} = \beta_i + v_{\beta} \quad （\beta_{i改}为改正后的角度观测值） \tag{6-9}$$

一般 v_{β} 取至整秒。若有剩余，则加在由短边构成的转折角中；若凑整时是“入”的，即凑整后 v_{β} 的绝对值超过其计算值，则最小的那个改正数应加在由长边构成的转折角中。

在分配角度闭合差之后，必须进行以下检核：

$$\sum v_{\beta} = -f_{\beta} \tag{6-10}$$

3. 计算各边的坐标方位角

根据起始边（如 AB）的已知坐标方位角 $\alpha_{始}$ 及改正后的转折角 $\beta_{i改}$，按方位角推算方法计算各导线边的坐标方位角 α_{ij}。

为了检核计算的正确性，须推算终边（如 CD）的方位角 $\alpha_{终}$，若推算值与其已知值不一致则须仔细检查计算过程。对于闭合导线，须再次推出起始边方位角以进行检核。

4. 计算坐标增量

根据导线边长（水平距离）观测值 D_{ij} 和推算得到的各边坐标方位角 α_{ij} 按下式计算坐标增量：

$$\left.\begin{aligned}
\Delta x'_{ij} &= D_{ij}\cdot\cos\alpha_{ij} \\
\Delta y'_{ij} &= D_{ij}\cdot\sin\alpha_{ij}
\end{aligned}\right\} \tag{6-11}$$

5. 坐标增量闭合差的计算与调整

对于附合导线，各导线边坐标增量代数和的理论值应等于附合点（终点）与起算点（始点）的已知坐标之差。

由于存在量边误差和测角误差，由误差传播定律可知，坐标增量的计算值也必定含有误差，因此，根据实际观测值计算得到的各边坐标增量的代数和并不等于终、始点已知坐标之差，其较差称作坐标增量闭合差。纵、横坐标增量闭合差分别用 f_x、f_y 表示：

$$f_x = \sum \Delta x'_{ij} - (x_{终} - x_{始}) = (x_{始} + \sum \Delta x'_{ij}) - x_{终} \tag{6-12}$$

$$f_y = \sum \Delta y'_{ij} - (y_{终} - y_{始}) = (y_{始} + \sum \Delta y'_{ij}) - y_{终} \tag{6-13}$$

从始点（B）出发，用含有误差的坐标增量逐点推算导线点坐标，最后推算得到的终点（C）的坐标值必定与该点的已知坐标不一致，使附合导线未能真正附合，存在一个缺口，如图 6-12 所示。这个缺口叫作“导线全长闭合差”，用 f_D 表示。

$$f_D = \sqrt{f_x^2 + f_y^2} \tag{6-14}$$

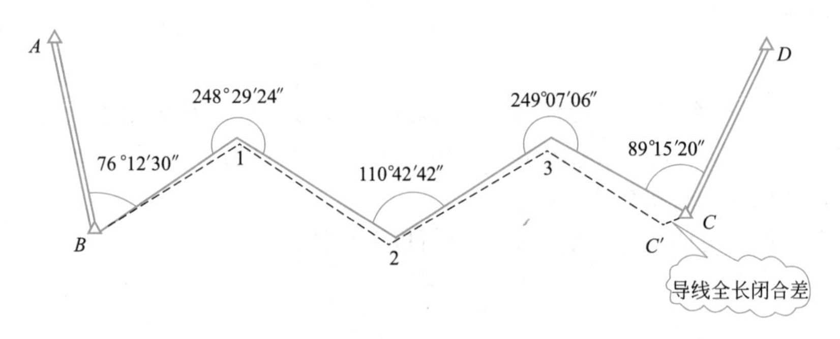

图 6-12　附合导线全长闭合差

对于闭合导线，各边坐标增量代数和的理论值等于零。因此，闭合导线的坐标增量闭合差为

$$\left.\begin{aligned} f_x &= \sum \Delta x'_{ij} \\ f_y &= \sum \Delta y'_{ij} \end{aligned}\right\} \tag{6-15}$$

闭合导线同样存在导线全长闭合差，其与附合导线的区别在于“附合点即起始点”。导线全长闭合差的计算公式与附合导线相同，见式（6-14）。

f_D 与导线全长 $\sum D$ 之比，叫作导线全长相对闭合差，用 K 表示。K 值通常采用分子为 1 的分数形式：

$$K = \frac{f_D}{\sum D} = \frac{1}{\frac{\sum D}{f_D}} \tag{6-16}$$

相对闭合差 K 是衡量导线测量精度高低的指标之一，须符合相关测量规范的要求（表 6-1、表 6-2）。超限必须重测，未超限时则进行坐标增量闭合差的调整。

坐标增量闭合差的调整方法：分别将 f_x 及 f_y 反号，按与边长成正比计算各导线边的纵、横坐标增量改正数，然后将改正数加在对应的纵、横坐标增量中：

$$
\left.\begin{aligned}
v_{xij} &= -\frac{D_{ij}}{\sum D} \times f_x \\
v_{yij} &= -\frac{D_{ij}}{\sum D} \times f_y
\end{aligned}\right\} \tag{6-17}
$$

$$
\left.\begin{aligned}
\Delta x_{ij} &= \Delta x'_{ij} + v_{xij} \\
\Delta y_{ij} &= \Delta y'_{ij} + v_{yij}
\end{aligned}\right\} \tag{6-18}
$$

计算和调整坐标增量闭合差之后，需进行以下检核：

$$
\left.\begin{aligned}
\sum v_x &= -f_x \\
\sum v_y &= -f_y
\end{aligned}\right\} \tag{6-19}
$$

6. 计算各导线点的坐标

根据起始点（A）的已知坐标和经过改正之后的坐标增量，按下式计算各导线点的坐标：

$$
\left.\begin{aligned}
x_j &= x_i + \Delta x_{ij} \\
x_j &= y_i + \Delta y_{ij}
\end{aligned}\right\} \tag{6-20}
$$

为了检查坐标计算是否正确，最后还需计算终点（C）的坐标。若计算值与已知值一致，说明计算无误，导线内业计算工作便告结束，否则，须检查、重算。

闭合导线可以看作“附合点即起始点”的特殊附合导线，计算过程与附合导线简易计算完全相同。

【例题 6-1】 某附合图根导线如图 6-13 所示。A、B、C、D 为已知点，1、2、3、4 为待测的图根导线点。已知数据以及连接角、转折角和各边的水平距离观测值列于表 6-4 中。按照上面介绍的步骤对该附合导线进行内业计算，全部计算工作均在表格中完成。计算结果列于表 6-4 中。

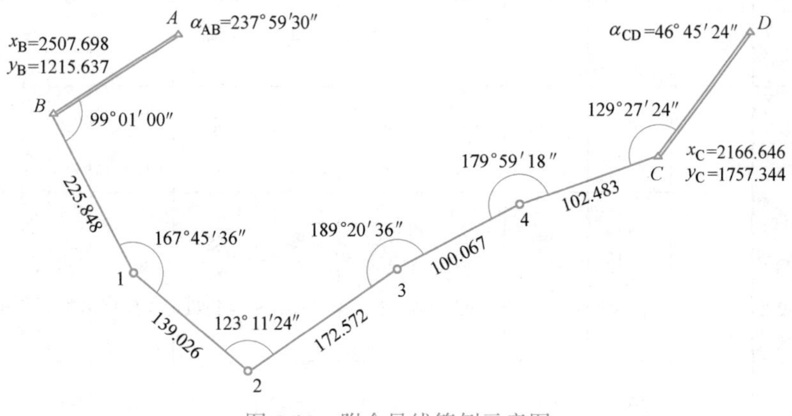

图 6-13 附合导线算例示意图

附合图根导线计算表

表 6-4

点号	角度观测值 (° ′ ″)	改正数 (″)	改正后角值 (° ′ ″)	坐标方位角 (° ′ ″)	平距 (m)	坐标增量		改正后坐标增量		坐标值	
						Δ′x(m)	Δ′y(m)	Δx(m)	Δy(m)	X(m)	Y(m)
A											
				237 59 30							
B	99 01 00	+6	99 01 06							2507.698	1215.637
				157 00 36	225.848	+0.012 −207.910	−0.021 +88.210	−207.898	+88.189		
1	167 45 36	+6	167 45 42							2299.800	1303.826
				144 46 18	139.026	+0.007 −113.565	−0.013 +80.195	−113.558	+80.182		
2	123 11 24	+6	123 11 30							2186.242	1384.008
				87 57 48	172.572	+0.009 +6.133	−0.016 +172.463	+6.142	+172.447		
3	189 20 36	+6	189 20 42							2192.384	1556.455
				97 18 30	100.067	+0.005 −12.729	−0.009 +99.254	−12.724	+99.245		
4	179 59 18	+6	179 59 24							2179.660	1655.700
				97 17 54	102.483	+0.005 −13.019	−0.009 +101.653	−13.014	+101.644		
C	129 27 24	+6	129 27 30							2166.646	1757.344
				46 45 24							
D											
Σ	888 45 18	+36	888 45 54		739.996	−341.090	+541.775	−341.052	+541.707		
闭合差计算	$\alpha'_{CD}=46°44'48''$，$\alpha_{CD}=46°45'24''$。$f_\beta=\alpha'_{CD}-\alpha_{CD}=-36''$，$f_{\beta容}=\pm40''\sqrt{n}=\pm97''$，$v=-f_\beta/n=+6''$ $f_x=\sum\Delta x'_{ij}-(x_C-x_A)=-0.038m$，$f_y=\sum\Delta y'_{ij}-(y_C-y_A)=+0.068m$ 导线全长闭合差：$f_D=0.078m$，导线全长相对闭合差：$K=1/(\sum D/f_D)=1/9400$；相对闭合差允许值为：$K_{容}=1/4000$										

6.4　交会法定点

当等级控制点（三角点、导线点或 GPS 点）的密度不能满足测绘地形图或施工测量的需要，而所需增加的控制点数量不多，没有必要布设整条导线或三角锁时，可用交会法加密控制点，称为交会法定点。

常用的交会法有前方交会、侧方交会和后方交会等。

6.4.1　前方交会

前方交会是在两个或多个已知点上设站，去观测一个未知点的过程。如图 6-14（a）所示，A、B 为已知控制点，P 为待定的加密点。分别在 A、B 设站，用经纬仪观测水平角 α、β，即可根据已知点的坐标和水平角观测值按余切公式计算待定点 P 的坐标：

$$\left.\begin{aligned} x_{\mathrm{P}}&=\frac{x_{\mathrm{A}}\cot\beta+x_{\mathrm{B}}\cot\alpha-y_{\mathrm{A}}+y_{\mathrm{B}}}{\cot\alpha+\cot\beta}\\ y_{\mathrm{P}}&=\frac{y_{\mathrm{A}}\cot\beta+y_{\mathrm{B}}\cot\alpha+x_{\mathrm{A}}-x_{\mathrm{B}}}{\cot\alpha+\cot\beta}\end{aligned}\right\} \tag{6-21}$$

观测水平角 α、β 的测回数视加密精度要求而定，至少应观测一测回。

为保证交会定点的精度，在选点时还需考虑图形结构，使 P 点的交会角位于 30°～120°之间，尽量接近 90°。

为了检核和提高交会精度，通常需在三个已知点 A、B、C 设站，观测水平角 α_1、β_1 及 α_2、β_2，如图 6-14（b）所示。分别由两个三角形计算 P 点坐标，若坐标差值在允许范围（视工程精度要求而定）内，则取平均值作为待定点 P 的最终坐标。

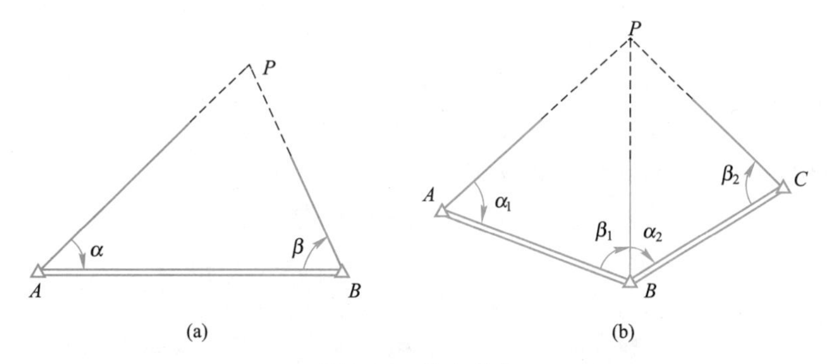

图 6-14　前方交会

6.4.2　侧方交会

侧方交会的布点跟前方交会一样，也是使待定点与两个已知点构成三角形。但采用侧方交会法时是在待定点和一个已知点上设站观测水平角。

如图 6-15 所示，A、B 为已知控制点，P 为待定的加密点。分别在 A

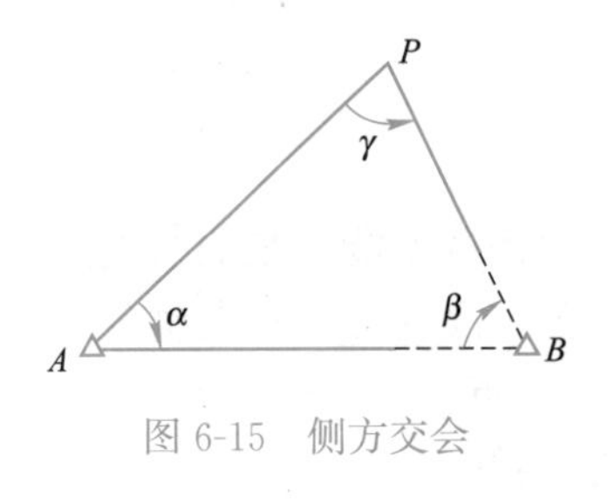

图 6-15　侧方交会

（或 B）和 P 点设站，用经纬仪观测水平角 α（或 β）和 γ。由图 6-15 可知

$$\beta=180^{\circ}-\alpha-\gamma$$

或

$$\alpha=180^{\circ}-\beta-\gamma$$

然后按前方交会计算公式（6-21）可求得待定点 P 的坐标。

6.4.3　后方交会

所谓后方交会是指仅在待定点上设站，用经纬仪或全站仪照准多个已知控制点，通过观测水平角度或距离来计算待定点的坐标。

根据具体观测方法的不同，后方交会分为角度后方交会、边长后方交会和边角后方交会。

1. 角度后方交会

在图 6-16（a）中，A、B、C 为已知控制点，P 为待定的加密点。在待定点 P 架设经纬仪，观测 PA、PB 及 PC 三个方向，得到水平角 α、β 及 γ。

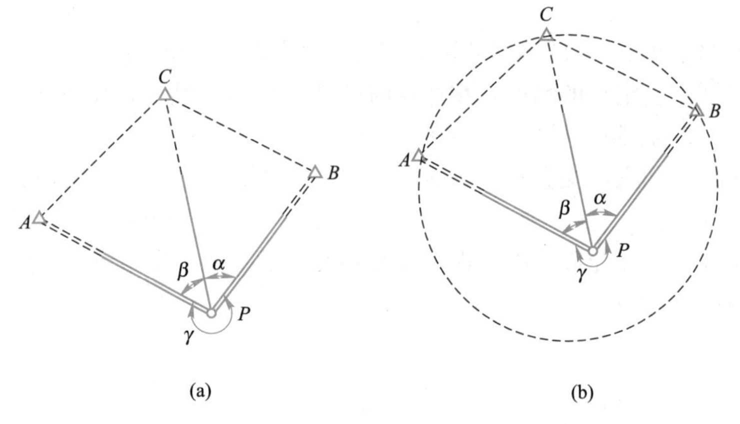

图 6-16　角度后方交会

待定点 P 的坐标可按下式计算：

$$\left.\begin{aligned}x_{\mathrm{P}}&=\frac{P_{\mathrm{A}}\cdot x_{\mathrm{A}}+P_{\mathrm{B}}\cdot x_{\mathrm{B}}+P_{\mathrm{C}}\cdot x_{\mathrm{C}}}{P_{\mathrm{A}}+P_{\mathrm{B}}+P_{\mathrm{C}}}\\y_{\mathrm{P}}&=\frac{P_{\mathrm{A}}\cdot y_{\mathrm{A}}+P_{\mathrm{B}}\cdot y_{\mathrm{B}}+P_{\mathrm{C}}\cdot y_{\mathrm{C}}}{P_{\mathrm{A}}+P_{\mathrm{B}}+P_{\mathrm{C}}}\end{aligned}\right\}\tag{6-22}$$

式中

$$\left.\begin{aligned}P_{\mathrm{A}}&=\frac{1}{\cot A-\cot\alpha}\\P_{\mathrm{B}}&=\frac{1}{\cot B-\cot\beta}\\P_{\mathrm{C}}&=\frac{1}{\cot C-\cot\gamma}\end{aligned}\right\}\tag{6-23}$$

式（6-23）中，α、β 及 γ 为直接观测值，A、B、C 是三个已知点所构成的三角形的内角，其值由已知边方位角相减求得

$$\left.\begin{aligned} A &= \alpha_{AB} - \alpha_{AC} \\ B &= \alpha_{BC} - \alpha_{BA} \\ C &= \alpha_{CA} - \alpha_{CB} \end{aligned}\right\} \tag{6-24}$$

已知边的方位角 α_{AB}、α_{AC} 及 α_{BC} 按式（6-5）计算。

运用以上公式时，已知点 A、B、C 需按逆时针顺序编号。

由三个已知点 A、B、C 构成的圆叫危险圆，如图 6-16（b）所示。采用角度后方交会法时，待定点 P 不能位于危险圆的圆周上，否则无解。

角度后方交会的优点是仅需在待定点上设站观测，野外工作量少。当已知点上竖有固定照准标志时，其优点尤为明显。

实际工作中，为了检核和提高精度，通常需要观测四个已知方向，得到四个水平角观测值。按三个一组将四个观测角分成两组，分别计算 P 点坐标。当两组坐标的较差在容许范围内时，取平均值作为最终结果。

2. 边长后方交会

边长后方交会是在待定点上架设电磁波测距仪，分别观测待定点至两个（或两个以上）已知点之间的水平距离，然后计算待定点的坐标。

如图 6-17（a）所示，A、B 为已知控制点，P 为待定点。用电磁波测距仪（地势平坦且距离较短时可以用钢尺）测量出边长 D_{PA} 和 D_{PB}，根据已知点的坐标按式（6-4）求出已知边的长度 D_{AB}，即可按余弦定理反算三角形的三个内角，最后用前方交会的余切公式（6-21）计算待定点 P 的坐标。

由于距离观测值存在误差，因此，按余弦定理求得的三内角之和一般不等于 180°。在用式（6-21）计算坐标之前，需先调整角度闭合差。

为了防止出现粗差，一般须用三边甚至四边进行交会，如图 6-17（b）所示。

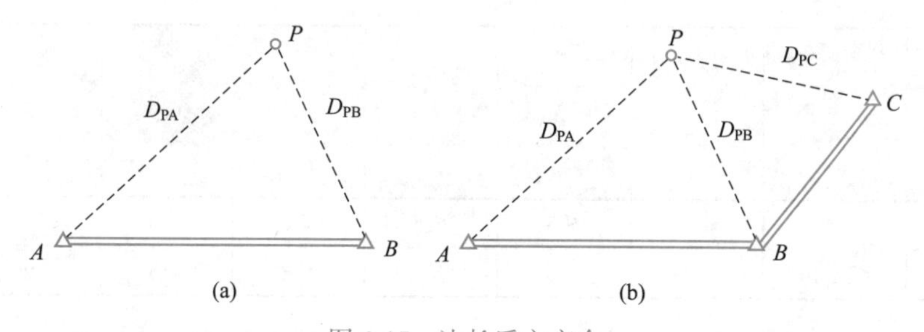

图 6-17 边长后方交会

3. 边角后方交会

边角后方交会法又叫“全站仪自由设站法”。其与“边长后方交会”的区别在于，在待定点 P 除了测量边长 D_{PA} 和 D_{PB} 之外，还需测量水平角 γ，如图 6-18 所示。

根据已知点 A、B 的坐标按式（6-4）可求出已知边的长度 D_{AB}，由正弦定理可计算出角度 α、β，然后用式（6-21）计算待定点 P 的坐标。

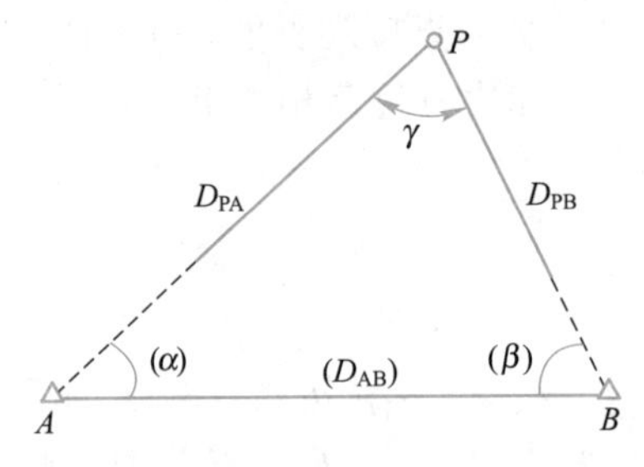

图 6-18 边角后方交会

除了用上述余切公式求 P 点坐标外，也可采用极坐标公式：

$$\left.\begin{aligned}x_P&=x_A+D_{PA}\cos(\alpha_{AB}-\alpha)\\y_P&=y_A+D_{PA}\sin(\alpha_{AB}-\alpha)\end{aligned}\right\}\tag{6-25}$$

与边长后方交会法一样，计算坐标之前也需先调整三角形的角度闭合差。

6.5 高程控制测量

对于小地区或土木建筑工程而言，高程控制测量可根据具体情况选择三、四等水准测量或三角高程测量。

6.5.1 三、四等水准测量

三、四等水准测量不仅可以用作国家高程控制网的加密，也可用于建立小地区首级高程控制网。

1. 技术要求

三、四等水准点的高程应从附近的一、二等水准点引测，布设成附合或闭合水准路线。三、四等水准测量的主要技术要求见表 6-5。

三、四等水准测量主要技术要求　　表 6-5

等级	每公里高差中数全中误差(mm)	视线长度(m)	前后视距差(m)	前后视距累积差(m)	黑红面读数差(mm)	黑红面高差之差(mm)	往返较差、附合或环线闭合差(mm)
三等	≤±6	≤75	≤3	≤6	≤2	≤3	$\leqslant 12\sqrt{L}$
四等	≤±10	≤100	≤5	≤10	≤3	≤5	$\leqslant 20\sqrt{L}$

表中数据对应的观测仪器为常用的 DS_3 型水准仪和双面水准尺；L 为测段、附合路线或闭合环线的长度，以“km”为单位。

2. 水准测量外业

水准测量的外业工作包括选点埋石、水准观测、记录、计算和测站检核等。

（1）选点埋石

在施测水准测量之前，需先选择、埋设水准点。水准点应选在土质坚硬、便于长期保存和使用的地方，并埋设水准标石。如果水准路线附近有埋设了标石的平面控制点，也可将其用作水准点。为了便于今后寻找，水准点埋好之后，需绘制点之记。

当水准点较多时，一般需构成附合或闭合形式，形成闭合或附合水准路线。

（2）水准观测

一段水准路线通常由若干个测站组成，每站的观测内容基本相同。下面以一个测站为例，介绍采用双面标尺时，三等和四等水准测量的观测程序。

1）三等水准观测程序

如图 6-19 所示，在后视点和前视点上分别竖立双面标尺，在其中间安置水准仪。接下来执行以下操作：

① 照准后视标尺黑面，调符合水准气泡，读下、上、中丝读数；

② 照准前视标尺黑面，调符合水准气泡，读下、上、中丝读数；

③ 照准前视标尺红面（翻转标尺），读中丝读数；

④ 照准后视标尺红面（翻转标尺），调符合水准气泡，读中丝读数。

以上观测顺序简称为“后—前—前—后”，或“黑—黑—红—红”。

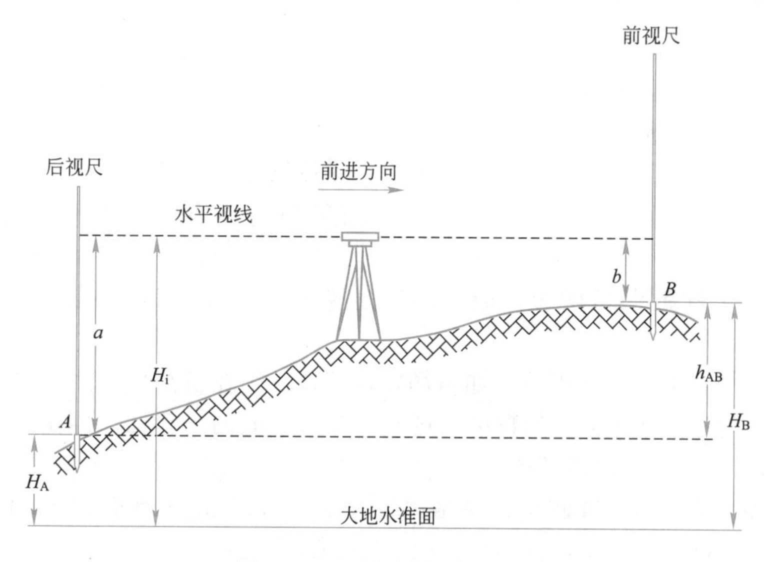

图 6-19　一个测站的水准观测

2）四等（及等外）水准观测程序

① 照准后视标尺黑面，调符合水准气泡，读下、上、中丝读数；

② 照准后视标尺红面（翻转标尺），读中丝读数；

③ 照准前视标尺黑面，调符合水准气泡，读下、上、中丝读数；

④ 照准前视标尺红面（翻转标尺），读中丝读数。

以上观测顺序简称为“后—后—前—前”，或“黑—红—黑—红”。

第一个测站测完之后，将仪器搬至第二站；第一站的前尺不动，作为第二站的后尺，而第一站的后尺前移作为第二站的前尺，如图 6-20 所示。依次如此观测，直至测完整个测段。

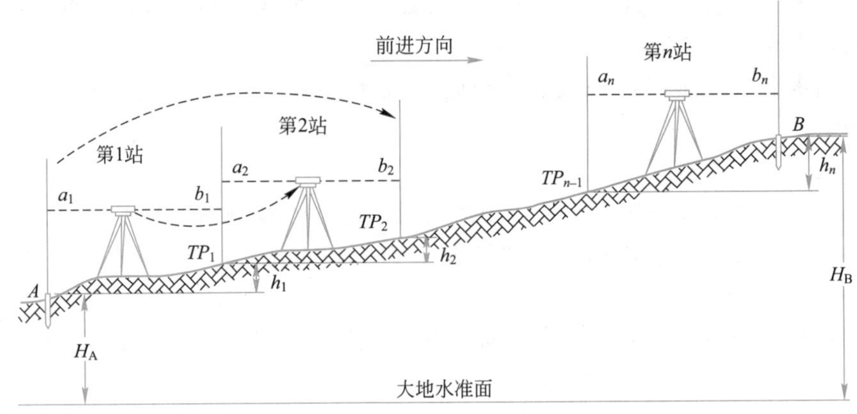

图 6-20　一个测段的水准观测

在水准观测中必须注意：

① 尺垫只能作为转点而不能放在水准点上。

② 仪器搬站时，原前尺尺垫不能移动，原后尺尺垫的移动必须听从记录员的指挥。

（3）记录、计算

水准测量工作需要全体作业人员的认真配合。在所有作业人员当中，记录员的责任是最重大的。

每站需要记录的原始读数共有 8 个，须按顺序、依格式记入手簿（记录本）。记录员必须“既记又算”，不能“只记不算”。记录时需做到“先回报后记数”。

每一个读数保留四位，最后一位是毫米（如 0678）。小数点可不读、不记。

记录的毫米数不许更改。如当场发现记错，须在备注栏内注明“记错”，另起一栏重记。厘米以上的数可以更改（在原数上划一斜杠，再在其上方记上正确数字），但不许连环改。

双面尺法三等水准测量记录格式见表 6-6。每站记录计算共 18 个栏目。表中（1）～（8）为记录项，（9）～（18）为计算项。

双面尺法水准测量记录表　　表 6-6

<table>
<tr><th rowspan="3">测站编号</th><th>后视尺 下丝
上丝</th><th>前视尺 下丝
上丝</th><th rowspan="3">方向及尺号</th><th colspan="2">标尺读数</th><th rowspan="3">黑+k减红</th><th rowspan="3">高差中数</th><th rowspan="3">备注</th></tr>
<tr><th>后视距</th><th>前视距</th><th rowspan="2">黑面</th><th rowspan="2">红面</th></tr>
<tr><th>视距差 d</th><th>Σd</th></tr>
<tr><td rowspan="4"></td><td>(1)</td><td>(4)</td><td>后</td><td>(3)</td><td>(8)</td><td>(14)</td><td></td><td rowspan="4">记录计算检核说明</td></tr>
<tr><td>(2)</td><td>(5)</td><td>前</td><td>(6)</td><td>(7)</td><td>(13)</td><td></td></tr>
<tr><td>(9)</td><td>(10)</td><td>后－前</td><td>(15)</td><td>(16)</td><td>(17)</td><td>(18)</td></tr>
<tr><td>(11)</td><td>(12)</td><td></td><td></td><td></td><td></td><td></td></tr>
</table>

续表

测站编号	后视尺 下丝	前视尺 下丝	方向及尺号	标尺读数		黑+k减红	高差中数	备注
	后视尺 上丝	前视尺 上丝						
	后视距	前视距		黑面	红面			
	视距差 d	Σd						
1	1574	0735	BM_1 N0.5	1384	6171	0		N0.5
	1193	0367	TP_1 N0.6	0551	5239	−1		k=4.787
	38.1	36.8	后—前	0833	0932	1	0832	N0.6
	1.3	1.3						k=4.687
2	2225	2302	TP_1 N0.6	1934	6621	0		
	1642	1715	TP_2 N0.5	2008	6796	−1		
	58.3	58.7	后—前	−0074	−0175	1	−0074	
	−0.4	0.9						

关于表6-6中相关计算项目的说明：

后视距(9)=[(1)−(2)]×100，以“m”为单位；

前视距(10)=[(4)−(5)]×100，以“m”为单位；

前后视距差(11)=(9)−(10)；

视距差累积值(12)=(11)+前站(12)；

前尺黑红面读数差(13)=(6)+k_1−(7)，下一站的k_1与k_2交换；

后尺黑红面读数差(14)=(3)+k_2−(8)，下一站的k_2与k_1交换；

黑面高差(15)=(3)−(6)；

红面高差(16)=(8)−(7)；

黑红面高差之差(17)=(14)−(13)=(15)−(16)±100mm；

高差中数(18)=[(15)+(16)±100mm]/2，大数（m、dm位）以黑面为准。

（4）测站检核

两个水准点之间的水准路线，叫作一个测段。一个测段的高差是由其间若干个测站的高差累加求和得到的，就像铁链一样，一环紧扣一环。若其中一站测错，则整个测段的高差全错。为保证测段高差的正确性，必须对每站高差观测结果进行检核，即“测站检核”。

测站检核的实质就是检查一个测站的所有读数值以及各读数之间的简单代数关系是否符合规范规定的要求。

三、四等水准测量测站观测的限差（即容许误差）列于表6-5中。

对照表6-5进行测站检核时，应检核表中第二～第六项。若均未超限，则由记录员通知搬站；否则本站须重测。

顺便提及，当水准测量外业告一段落或已全部完成时，还需对照表6-5检查第七项和第一项。若第七项超限，即测段往返较差、附合或环线闭合差超限，并且从观测记簿中无法找到超限的原因时，须重测整个测段或整条路线；若第一项超限，即每千米高差中数全中误差超限时，须对整个水准网进行分析，并重测部分闭合差偏大的路线。

3. 水准测量内业

水准测量外业结束后便进入内业阶段。水准测量内业工作包括检查手簿、计算并调整闭合差、计算各点的高程等。相关内容在第2章已介绍，此处不再赘述。

6.5.2 三角高程测量

在山区特别是高山地区，水准测量速度慢、效率低，有时甚至无法实施。所以，在山区通常采用三角高程测量方法来测量高差。

根据地面上两点之间的平距（或斜距）及垂直角计算两点间高差的方法称为三角高程测量。三角高程测量不仅可用在山区，平地也可采用。

前已述及，三角高程测量分为“光电测距三角高程测量”和“视距三角高程测量”，二者的区别在于距离测量的方法不同。

如图6-21所示，A、B为地面上的两点。在A点安置全站仪（或经纬仪），在B点架设反光镜（或竖立标杆）。测量出仪器中心至反光镜中心（或标杆顶端）的斜距S以及垂直角α，用小钢尺量取仪器高i和目标高（又称觇高）v，则A、B两点间的高差为：

$$h_{AB}=S\cdot\sin\alpha+i-v \tag{6-26}$$

如果已知A、B两点间的平距D，则高差h_{AB}也可按下式计算：

$$h_{AB}=D\cdot\tan\alpha+i-v \tag{6-27}$$

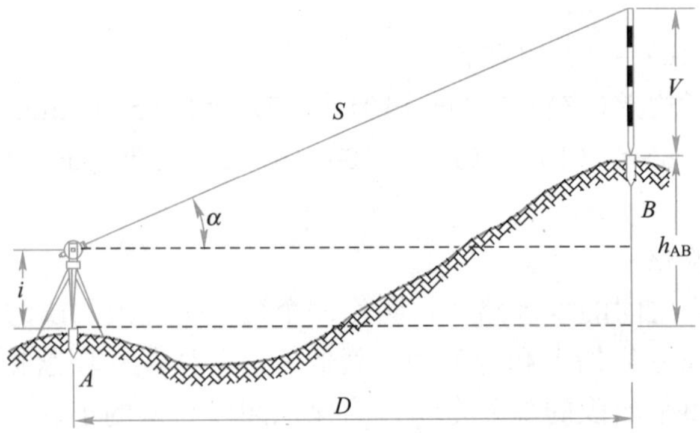

图6-21 三角高程测量

当A、B两点间的距离较大（如超过300m），且高程测量的精度要求比较高时，需要考虑地球曲率和大气折光对垂直角的影响。

地球表面是一个近似于球面的曲面。欲在地表上的某点看到远处与其同高的目标，必须将目标抬高才行。所抬高的高度便是地球曲率对高程的影响，称作地球曲率差。由第1章知，地球曲率差的大小为

$$\Delta h_1=\frac{D^2}{2R} \tag{6-28}$$

式中　R——地球曲率半径。

地球曲率差恒为正。按式（6-28）求出Δh_1之后，须将其加在高差观测结果之中。

由费马原理可知，光波在大气中传播时总是沿着光程（折射率与几何路径的乘积）最短的路线行进。由于大气密度分布不均匀，仪器至目标的视线行径并非直线，而是曲线，该曲线通常叫作折光弧。

如图6-22所示，A为测站仪器中心，B为照准目标；R为测线处的地球曲率半径，θ为对应的中心角，R'为折光弧（即曲线AB）的曲率半径，D为A、B间的距离。

折光弧在A点的切线AB'与弦线AB之夹角在垂直面上的投影叫作大气垂直折光角，简称大气折光角，用γ表示，其计算式为

$$\gamma=\frac{D}{2R'}=\frac{KD}{2R} \tag{6-29}$$

式中，$K=R/R'$，叫作大气垂直折光系数，简称大气折光系数。

大气折光系数K有正负之分。因折光弧总是凸向大气密度较小的一侧，所以，当大气垂直密度分布为“上疏下密”时，折光弧AB将凸向空中，其凹向与椭球弧线AB'相同，此时K为正值；反之，如果大气垂直密度分布为“上密下疏”，折光弧AB将凸向地面，其凹向与椭球弧线AB''相反，此时K取负值。

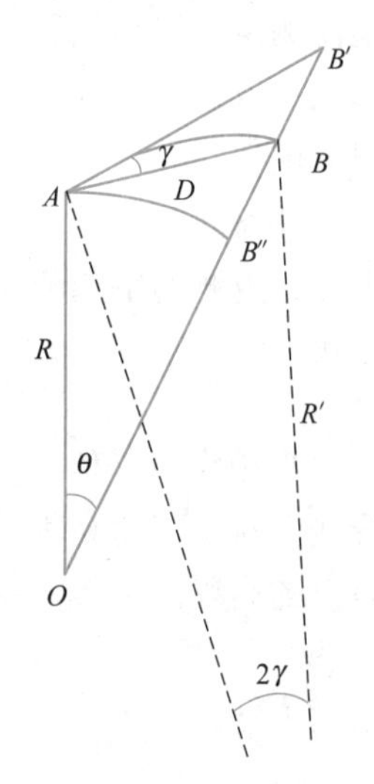

图6-22　大气折光角与大气折光差

大气折光系数K是一个变量，其大小与时间、地点、气象条件以及视线高度有关。视线较高时，可取值为0.13或0.14。

大气折光角在B点处所对应的目标高度差BB'叫作大气折光差，其值为

$$\begin{aligned}\Delta h_2&=BB'\approx D\cdot\gamma\\&=\frac{KD^2}{2R}\end{aligned} \tag{6-30}$$

与地球曲率差Δh_1不同的是，大气折光差Δh_2并不恒为正值（因折光系

数 K 可为正也可为负)，并且在实施大气折光差改正时是用高差观测值减去 Δh_2。

地球曲率差和大气折光差通常称作“两差”。对高差观测值施加“两差改正”后，高差计算式为：

$$\begin{aligned} h_{AB} &= S \cdot \sin\alpha + i - v + \Delta h_1 - \Delta h_2 \\ &= S \cdot \sin\alpha + \frac{1-K}{2R}D^2 + i - v \end{aligned} \tag{6-31}$$

或

$$h_{AB} = D \cdot \tan\alpha + \frac{1-K}{2R}D^2 + i - v \tag{6-32}$$

以上二式中，S 为斜距，D 为平距，$D = S \cdot \cos\alpha$。

当三角高程测量的精度要求较高，如用以代替四等水准时，须进行“对向观测”，即在 A 点架设仪器观测完 B 点之后，要将仪器搬至 B 点再观测 A 点。

无论是往测还是返测，垂直角均须用 DJ_2 以上的经纬仪（或全站仪）观测 3～4 测回；边长须用不低于Ⅱ级精度的测距仪各观测一测回，测距的同时还需测定气温和气压以进行气象改正；仪高和觇高在观测前后须用经过检定的量杆或精确度较高的小钢尺各量测一次，精确至 1mm，当较差小于 2mm 时取中数。

若对向观测高差之较差小于 $\pm 40\sqrt{D}$ (mm)（D 以“km”为单位）时，取往、返测的平均值作为最终结果：

$$h_{AB平} = \frac{h_{AB} - h_{BA}}{2} \tag{6-33}$$

当相邻的三角高程点之间彼此通视时，应尽量构成附合或闭合三角高程导线。对于三角高程导线，可仿照水准测量内业方法调整路线闭合差和计算各点的高程。

思考题

6-1 什么叫控制测量？为什么在测量工程中需要控制测量？控制测量包括哪些基本工作？

6-2 平面控制网有哪些布设形式？其各自的应用条件是什么？

6-3 实地踏勘选点时应注意哪些问题？

6-4 导线测量有哪几个精度等级？光电测距图根导线的精度要求是怎样的？

6-5 交会定点有哪几种方法？试述边角后方交会法的现实意义。

6-6 与水准测量方法相比，光电测距三角高程测量有何优缺点？

习题

6-1　何谓坐标正算？何谓坐标反算？请写出相应的计算公式。

6-2　试以一级导线为例，解释光电测距导线的各项技术要求。

6-3　根据图 6-23 给出的已知坐标进行坐标反算，计算已知边 MN 的坐标方位角 α_{MN}。

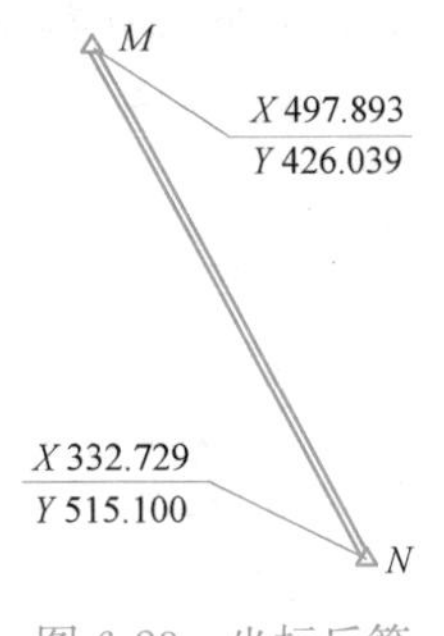

图 6-23　坐标反算

6-4　有附合图根导线如图 6-11 所示，又已知 B 点坐标为（60317.728，58724.469），C 点的坐标为(60259.022，59055.939)。问导线的外业观测是否达到图根导线的精度要求？将导线略图中的数据填入格式如表 6-4 的导线计算表中，试根据导线内业计算过程计算 1、2、3 点的坐标。

6-5　图 6-24 为某附合图根导线略图，已知点坐标、水平角及水平距离观测值如图中所示。试计算导线点 1、2、3 的坐标。

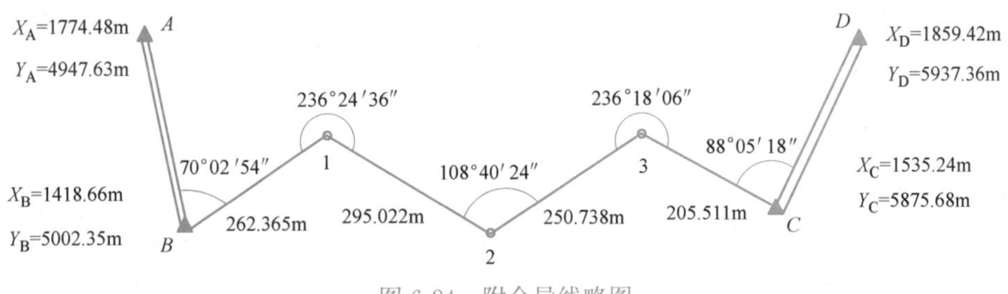

图 6-24　附合导线略图

6-6　某闭合图根导线如图 6-25 所示。已知数据为：$\alpha_{AB}=140°44'20''$，$x_B=1028.53\text{m}$，$y_B=4585.92\text{m}$；角度观测值为：$\beta=67°59'55''$，$\beta_1=88°33'33''$，$\beta_2=75°07'06''$，$\beta_3=89°17'30''$，$\beta_B=107°02'11''$；平距观测值为：$D_{B1}=334.737\text{m}$，$D_{12}=320.185\text{m}$，$D_{23}=406.101\text{m}$，$D_{3B}=215.363\text{m}$。试求导线全长相对闭合差，并计算各导线点的坐标，计算数据填入导线计算表。（提

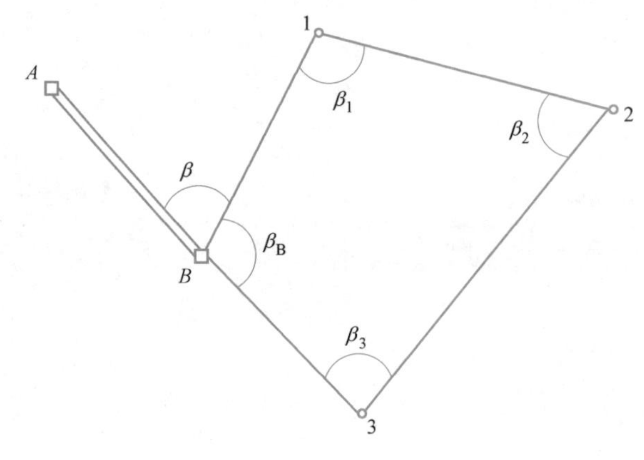

图 6-25　闭合导线示意图

示：首先计算出 B-1 边的坐标方位角，然后按 B1-12-23-3B-B1 的顺序推算。填入导线计算表计算）

6-7 以“后后前前”观测次序为例，简述四等水准测量一站的观测记录、计算过程。测站需要检核哪几项指标？

6-8 在精密光电测距三角高程测量中，需要进行哪些改正？写出对向精密光电测距三角高程测量的计算公式，并解释式中各符号的意义。

第7章 GPS测量基本知识

本章知识点

【知识点】 本章对全球定位系统（GPS）的基本原理作简要介绍。主要内容包括卫星导航系统的发展及特点、GPS的组成、GPS坐标及时间系统、GPS定位原理与方法、GPS测量误差源以及GPS测量的外业组织及实施等。

【重点】 GPS定位原理与方法、误差源以及GPS测量的外业组织及实施。

【难点】 GPS定位原理。

7.1 概述

美国国防部于1973年开始，历经20年，耗资300亿美元，于1993年建设成功了第二代卫星导航系统——GPS（Global Positioning System）卫星全球定位系统。GPS整个发展计划分三个阶段实施：第一阶段（1973—1978年）进行方案论证、理论研究和总体设计；第二阶段（1978—1988年）进行工程研制，主要是发射GPS试验性卫星，检验GPS系统的基本性能和完备性；第三阶段（1989—1993年）进行实用组网。GPS系统是继阿波罗登月、航天飞机之后的第三大空间工程。

GPS定位技术的发展、完善和应用，是大地测量发展里程上的重要的标志，对于传统的测量技术是一次巨大的冲击，更是一种机遇。它一方面使经典的测量理论和方法产生了深刻的变革，另一方面也进一步加强了测绘科学与其他学科之间的相互渗透，从而促进测绘科学技术的现代化发展。与传统的测量技术相比，GPS定位技术有以下特点：

（1）观测站之间无需通视。传统测量要求测站点之间既要保持良好的通视条件，又要保证三角网的良好结构。GPS测量不要求观测站相互之间通视，这一优点既可大大减少测量工作的经费和时间，同时也使点位的选择变得甚为灵活。GPS测量虽不要求观测站之间相互通视，但必须保持观测站的上空开阔，以便接收更多的GPS卫星信号，提高定位GPS定位精度。

（2）定位精度高。随着观测技术与数据处理方法的改善，其相对定位精度达到或优于10^{-6}～10^{-9}。

（3）观测时间短。目前，利用经典静态定位方法，完成一条基线的相对定位所需要的观测时间，根据要求的精度不同，一般约为 1～3h。快速相对定位法，其观测时间仅需数分钟至十几分钟。

（4）操作简便。GPS 测量的自动化程度很高，在观测中测量员的主要任务只是安装并开关仪器、量取仪器高和监视仪器的工作状态和采集环境的气象数据，而其他观测工作，如卫星的捕获、跟踪观测等均由仪器自动完成。另外，GPS 用户接收机一般重量较轻、体积较小，因此携带和搬运都很方便。

（5）全天候作业。GPS 观测工作可以在任何地点、任何时间连续地进行，一般也不受天气状况的影响。

GPS 于 1986 年开始引入我国测绘界，由于它比常规测量方法具有定位速度快、成本低、不受天气影响、测量点间无须通视、不建标等优越性，且具有仪器轻巧、操作方便等优点，目前已在测绘行业中广泛应用。卫星定位技术的引入已引起了测绘技术的一场革命，从而使测绘领域步入一个崭新的时代，GPS 已经广泛渗透到了经济建设和科学技术的许多领域。

7.1.1　GPS 全球定位系统的组成

全球定位系统（GPS）主要由空间星座、地面监控和用户设备共三大部分组成。

1. 空间星座

（1）GPS 卫星星座的构成与现状

全球定位系统的空间卫星星座（BLOCKII）是由 24 颗卫星组成，其中包括 3 颗备用卫星。工作卫星均匀分布在倾角为 55°的 6 个轨道面内，每个轨道面上有 4 颗卫星。轨道升交点的角距相差 60°。轨道平均高度约 20200km，卫星运行周期为 11h58min。因此同一观测站上每天出现的卫星分布图形相同，只是每天提前约 4min。每颗卫星每天约有 5h 在地平线以上，同时位于地平线以上的卫星数目随时间和地点而异，观测卫星数为 4～ 12 颗。工作卫星空间分布情况如图 7-1 所示。

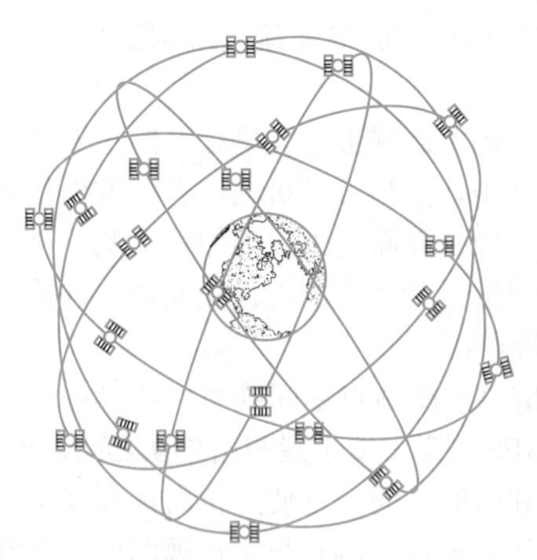
图 7-1　GPS 卫星

GPS 卫星的上述分布，使得在个别地区仍可能在数分钟内只能观测到 4 颗图形结构较差的卫星，因而无法达到理想的定位精度。

（2）GPS 卫星及其功能

GPS 卫星的主体呈圆柱形，直径约为 1.5m，质量约 1500kg，两侧设有两块双叶太阳能板，能自动对日定向，以保证卫星正常工作的用电（图 7-2）。每颗卫星装有 4 台高精度原子钟，它将发射标准频率，为 GPS 测量提供高精度、稳定的时间基准。GPS 卫星的基本功能是：①接收和储存由地面监控站发来的导航信息，并执行监控站的控制指令；②完成部分必要的数据处理工作；③通过星载的高精度铷钟和铯钟提供精密的时间标准；④向用户发送导航和定位数据；⑤在地面监控站的控制下，通过推进器调整卫星的姿态和启用备用卫星。

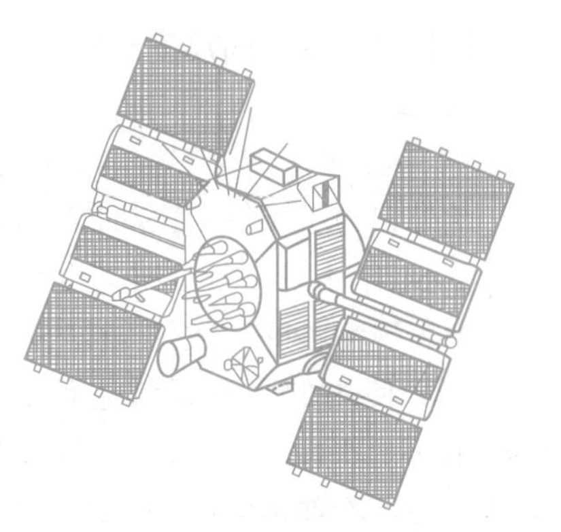

图 7-2 GPS 工作卫星

2. 地面监控

目前 GPS 的地面监控部分主要由分布在全球的 5 个地面站所组成，其中包括卫星监测站、主控站和注入站，负责监控全球定位系统的工作。

（1）主控站

主控站是卫星操控中心。主控站本身也是监控站，可诊断卫星的工作状态，其主要任务是：收集各监控站所有跟踪观测资料，计算各卫星的星历、卫星钟差和大气层的修正参数等，并把这些数据传送到注入站。

（2）监测站

现有 5 个地面监测站。监测站是在主控站直接控制下的数据自动采集中心。站内设有双频 GPS 接收机、高精度铯原子钟、计算机和环境传感器。接收机对 GPS 卫星进行连续观测，以采集数据和监测卫星的工作状况。原子钟提供时间标准，而环境传感器收集有关当地的气象数据。所有观测资料由计算机进行初步处理和存储并传送到主控站。

（3）注入站

注入站现有 3 个。注入站的主要设备包括 1 台直径为 3.6m 的天线、1 台 C 波段发射机和 1 台计算机。其主要任务是在主控站的控制下，将主控站计算得到的卫星星历、卫星钟差、导航电文和其他控制指令等注入到相应卫星的存储器中，并监测注入信息的正确性。

3. 用户设备

全球定位系统的空间和地面监控部分，是用户广泛应用该系统进行导航和定位的基础，而用户需要有接收设备，才能实现应用 GPS 进行导航和定位的目的。

用户设备的主要任务是接收 GPS 卫星发射的信号，以获得必要的导航和定位信息及观测数据，并经一定的数据处理而完成导航和定位工作。GPS 卫星发射两种频率的载波信号，即频率为 1575.42MHz 的 L1 载波和频率为 1227.60MHz 的 L2 载波。在 L1 和 L2 上分别调制着多种信号，如调制在 L1 载波上的 C/A 码，又称粗码，被调制在 L1 和 L2 载波上 P 码，又称精码。C/A 码是普通用户用以测定测站到卫星的距离的一种主要信号。

7.1.2 GPS 坐标系统及时间系统

GPS 时间（GPST）是 GPS 测量系统的专用时间系统，由 GPS 主控站的原子钟控制。其时间尺度与原子钟相同，但原点不同，比国际原子时（IAT）早 19s。即：

$$GPST = IAT - 19s \tag{7-1}$$

此外，为了保证 GPS 时间的有效性，采取了与协调时一样的闰秒办法，规定 1980 年 1 月 6 日 0 时与世界协调时时刻相一致。此后，随着时间积累两者差别表现为秒的整数倍。$GPST = UTC + 1s \times n - 19s$，$n$ 为闰秒数。

GPS 使用的坐标系统是地心坐标系统，称为 WGS-84 世界大地坐标系（World Geodetic System）。WGS-84 世界大地坐标系的几何定义是：原点是地球质心，Z 轴指向 BIH* 1984.0 定义的协议地球极（CTP**）方向，X 轴指向 BIH1984.0 的零子午面和 CTP 赤道的交点，Y 轴与 Z 轴、X 轴构成右手坐标系。

地面上任一点可以用三维直角坐标（X，Y，Z）表示，也可以用大地坐标（B，L，h）表示。两坐标系之间可以互相转换。已知某点大地纬度 B、大地经度 L 和大地高 h 时，可用下式计算其三维直角坐标：

$$\left.\begin{aligned} X &= (N+h)\cos B\cos L \\ Y &= (N+h)\cos B\sin L \\ Z &= [N(1-e^2)+h]\sin B \end{aligned}\right\} \tag{7-2}$$

其中，$N = \dfrac{a}{\sqrt{1-e^2\sin^2 B}}$，$a$，$e^2$ 为椭球元素。对于 WGS-84 椭球，长半轴 $a = 6\ 378\ 137.0\text{m}$，第一偏心率平方 $e^2 = 0.00669437999$。这个关系式的逆运算为：

$$\left.\begin{aligned} \tan B &= \frac{Z + Ne^2\sin B}{\sqrt{X^2+Y^2}} \\ \tan L &= \frac{Y}{X} \\ h &= \sqrt{\frac{X^2+Y^2}{\cos B}} - N \end{aligned}\right\} \tag{7-3}$$

式中，a、e^2 与上式相同。由式（7-3）可知，大地纬度 B 又是其自身的函数，因而需用迭代解算。

7.2　GPS 测量基本原理

7.2.1　GPS 定位的基本原理

若 GPS 接收机连续观测出卫星信号到达接收机的时间 Δt，那么卫星与接收机之间的距离 ρ：

$$\rho = c \times \Delta t + \sum \delta_i \tag{7-4}$$

式中　c——信号传播速度；

$\sum\delta_i$——有关的改正数之和，如电离层改正等。
GPS定位就是空间距离后方交会，定位过程如图7-3所示。

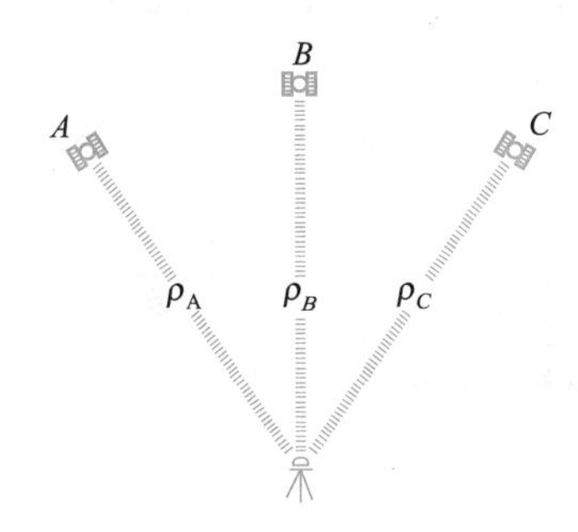

图7-3 GPS定位的基本原理

A、B、C为已知瞬时的卫星位置，接收机的位置坐标（x，y，z）可由下式计算：

$$
\begin{aligned}
\rho_{A}^{2}&=(x-x_{A})^{2}+(y-y_{A})^{2}+(z-z_{A})^{2}\\
\rho_{B}^{2}&=(x-x_{B})^{2}+(y-y_{B})^{2}+(z-z_{B})^{2}\\
\rho_{C}^{2}&=(x-x_{C})^{2}+(y-y_{C})^{2}+(z-z_{C})^{2}
\end{aligned}
\tag{7-5}
$$

式中　x_A、y_A、z_A——A点的空间直角坐标；
　　x_B、y_B、z_B——B点的空间直角坐标；
　　x_C、y_C、z_C——C点的空间直角坐标。

7.2.2　载波相位测量

载波相位测量的观测量是GPS接收机所接收的卫星载波信号与接收机参考信号的相位差。以$\varphi_k^j(t_k)$表示k接收机在接收机钟时刻t_k时所接收到的j卫星载波信号的相位值，$\varphi_k(t_k)$表示接收机在钟时刻所产生的本地参考信号的相位值，则k接收机在接收机钟时刻t_k时观测j卫星所取得的相位观测量为：

$$\Phi_k^j(t_k)=\varphi_k^j(t_k)-\varphi_k(t_k) \tag{7-6}$$

接收机与观测卫星的距离为：

$$\rho=\Phi_k^j(t_k)\times\lambda \tag{7-7}$$

式中，λ为波长，通常的相位或相位差测量只是测出一周以内的相位值，实际测量中，如果对整周进行计数，则自某一初始取样时刻（t_0）以后就可以取得连续的相位测量值。

如图7-4所示，在初始t_0时刻，测得小于一周的相位差为$\Delta\varphi_0$，其整周数为N_0^j，此时包含整周数的相位观测值应为

$$\Phi_k^j(t_0)=\Delta\varphi_0+N_0^j=\varphi_k^j(t_0)-\varphi_k(t_0)+N_0^j \tag{7-8}$$

接收机继续跟踪卫星信号，不断测得小于一周的相位差$\Delta\varphi(t)$，并利用整波计数器记录从t_0到t_i时间内的整周数变化量$Int(\varphi)$，只要卫星从t_0到t_i之间信号没有中断，则初始时刻整周模糊度N_0^j就为一常数，这样，任一

时刻 t_i 卫星到 k 接收机的相位差为：

$$\Phi_k^j = \varphi_k^j(t_i) - \varphi_k(t_i) + N_0^j + Int(\varphi) \tag{7-9}$$

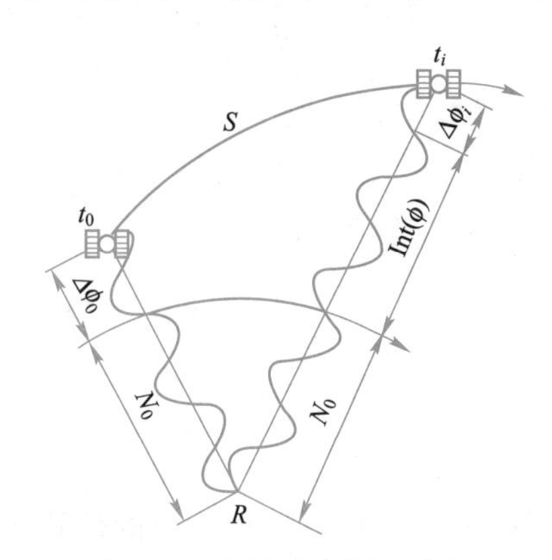

图7-4　载波相位测量原理

7.2.3　伪距法绝对定位原理

GPS卫星根据自己的星载时钟发出含有测距码的调制信号，经过 Δt 时间的传播后到达接收机，此时接收机的伪随机噪声码发生器在接收机时钟的控制下，又产生一个与卫星发射的测距码结构完全相同的复制码。通过机内的可调延时器将复制码延迟时间 τ，使得复制码与接收到的测距码对齐。在理想情况下，时延 τ 就等于卫星信号的传播时间 Δt，将传播速度 c 乘以时延 τ，就可以求得卫星至接收机天线相位中心的距离 $\overline{\rho}$：

$$\overline{\rho} = c \times \tau \tag{7-10}$$

考虑到卫星时钟和接收机时钟不同步的影响、电离层和对流层对传播速度的影响，所以将 $\overline{\rho}$ 称作伪距。真正距离 ρ 和伪距 $\overline{\rho}$ 之间的关系式：

$$\rho = \overline{\rho} + \delta\rho_{\text{ion}} + \delta\rho_{\text{trop}} - cv_{\text{ta}} + cv_{\text{tb}} \tag{7-11}$$

式中　$\delta\rho_{\text{ion}}$、$\delta\rho_{\text{trop}}$——分别表示电离层和对流层的改正；

v_{ta}、v_{tb}——分别表示卫星时钟的钟差改正和接收机的钟差改正。

7.2.4　相对定位原理

相对定位是用两台接收机天线分别安置在基线两端，同步观测GPS卫星信号，确定基线端点的相对位置或坐标差。若已知其中一点坐标后，则可求得另一点坐标。同样，多台接收机安置在多条基线上同步接收卫星信号，可以确定多条基线向量。

在两个观测站或多个观测站同步观测相同卫星的情况下，卫星的轨道误差、卫星钟差、接收机钟差以及电离层和对流层的折射误差等观测量的影响具有一定的相关性。利用这些观测量的不同组合（求差）进行相对定位，可有效地消除或减弱相关误差的影响，提高相对定位的精度。

假设安置在基线端点的接收机 $T_i(i=1, 2)$，对GPS卫星 s^j 和 s^k，于历元 t_1 和 t_2 进行了同步观测，则可得以下独立的载波相位观测量：$\varphi_1^j(t_1)$、φ_1^j

(t_2)、$\varphi_1^k(t_1)$、$\varphi_1^k(t_2)$、$\varphi_2^j(t_1)$、$\varphi_2^j(t_2)$、$\varphi_2^k(t_1)$、$\varphi_2^k(t_2)$。在静态相对定位中，目前普遍应用的重要组合形式有单差、双差和三差。

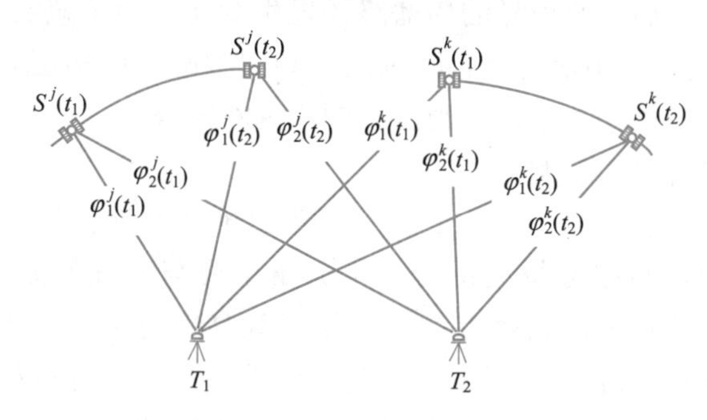

图 7-5　GPS 相对定位原理

单差，即不同观测站同步观测相同卫星所得观测量之差。其表达形式为

$$\Delta\varphi^j(t)=\varphi_2^j(t)-\varphi_1^j(t) \tag{7-12}$$

双差，即不同观测站同步观测同一组卫星所得单差之差。其表达形式为

$$\nabla\Delta\varphi^k(t)=\Delta\varphi^k(t)-\Delta\varphi^j(t)=[\varphi_2^k(t)-\varphi_1^k(t)-\varphi_2^j(t)-\varphi_1^j(t)] \tag{7-13}$$

三差，即于不同历元同步观测同一组卫星所得观测量的双差之差。其表达形式为

$$\begin{aligned}\delta\nabla\Delta\varphi^k(t)=\nabla\Delta\varphi^k(t_2)-\nabla\Delta\varphi^k(t_1)=&[\varphi_2^k(t_2)-\varphi_1^k(t_2)-\varphi_2^j(t_2)-\varphi_1^j(t_2)]\\&-[\varphi_2^k(t_1)-\varphi_1^k(t_1)-\varphi_2^j(t_1)-\varphi_1^j(t_1)]\end{aligned} \tag{7-14}$$

7.2.5　GPS 测量的误差来源

在 GPS 测量中，影响观测量精度的主要误差来源可分为与 GPS 卫星有关的误差、与信号传播有关的误差和与接收设备有关的误差三种。

1. 与 GPS 卫星有关的误差

与 GPS 卫星有关的误差，主要包括卫星钟差和卫星星历误差。

(1) 卫星钟差

在 GPS 测量中，要求卫星钟与接收机钟保持严格同步。实际上，尽管 GPS 卫星均设有高精度的原子钟，但它们与理想的 GPS 时之间仍存在一定的偏差和漂移。

对于卫星钟的这种偏差，一般可以通过对卫星钟运行状态的连续监测而精确地确定，并用钟差模型改正。卫星钟差或经改正后的残差，在相对定位中可以通过观测量求差的方法消除。

(2) 卫星星历误差

卫星的星历误差是当前利用 GPS 定位的重要误差来源之一。在相对定位中，随着基线长度的增加，卫星星历误差将成为影响定位精度的主要因素。在 GPS 测量精密定位中可采用精密星历的方法来消除这种误差对定位结果的影响。

2. 卫星信号的传播误差

与卫星信号传播有关的误差主要包括大气折射误差和多路径效应。

(1) 电离层折射的影响

GPS卫星信号和其他电磁波信号一样，当其通过电离层时，将受到这一介质弥散特性的影响，使信号的传播路径发生变化。为了减弱电离层的影响，在GPS定位中通常采用措施有：①利用双频观测减少电离层影响；②利用电离层模型加以改正；③利用两个观测站同步观测值求差。

(2) 对流层折射的影响

对流层大气折射与大气压力、温度和湿度有关，对流层折射对观测值的影响可分为干分量与湿分量两部分。干分量主要与大气的温度与压力有关，而湿分量主要与信号传播路径上的大气湿度和高度有关。关于对流层折射的影响，一般有四种处理方法：①定位精度要求不高时，可以简单地忽略；②采用对流层模型加以改正；③引入描述对流层影响的附加待估参数，在数据处理中一并求解；④两测站观测量求差。

(3) 多路径效应影响

所谓多路径效应，即接收机天线除直接收到卫星的信号外，尚可能收到天线周围地物反射的卫星信号。两种信号叠加将会引起测量参考点（相位中心）位置的变化，而且这种变化随天线周围反射面的性质而异，难以控制。多路径效应具有周期性的特征，在同一地点，当所测卫星的分布相似时，多路径效应将会重复出现。减弱多路径效应影响的主要办法有：①选择造型适宜且屏蔽良好的天线；②安置接收机天线的环境应避开较强的反射面，建筑物表面等，用较长观测时间的数据取平均值。

3. 接收设备有关的误差

与用户接收设备有关的误差主要包括观测误差、接收机钟差、相位中心误差。

(1) 观测误差

这类误差包括观测的分辨误差和接收机天线相对测站点的安置误差。观测时适当增加观测量将能明显地减弱观测的分辨率误差的影响。在精密定位工作中要仔细操作，尽量减小安置误差的影响。

(2) 接收机钟差

接收机的钟差是接收机钟与卫星钟之间存在同步差。处理接收机钟差比较有效的方法是在每个观测站上引入一个钟差参数作为未知数，在数据处理中与观测站的位置参数一并求解。在精密相对定位中，还可以利用观测值求差的方法有效地消除接收机钟差的影响。

(3) 相位中心误差

在GPS测量中，观测值都是以接收机天线的相位中心位置为准的，而天线的相位中心与其几何中心在理论上应保持一致。但实际上，天线的相位中心随着信号输入的强度和方向不同而有所变化，即观测时相位中心的瞬时位置（一般称相位中心）与理论上的相位中心将有所不同。

4. 其他误差来源

除上述三类误差的影响外，还有其他一些可能的误差来源，如地球自转以及相对论效应对 GPS 测量的影响。

7.3 GPS 测量外业组织及实施

7.3.1 GPS 控制网的技术设计

GPS 控制网按服务对象可以分成两大类：一类是国家或区域性的 GPS 控制网，这类 GPS 控制网是为地学和空间科学等方面的科研工作服务。另一类是局部的 GPS 控制网，包括城市或矿区的 GPS 控制网，这类网中相邻点间的距离为几千米至几十千米，其主要任务是直接为城市建设、土地管理和工程建设服务。

1. GPS 控制网布设原则

（1）GPS 网一般应通过独立观测边构成闭合图形，以增加检核条件，提高网的可靠性。

（2）GPS 网点应尽量与原有地面控制点相重合。重合点一般不应少于 3 个，且在网中应分布均匀，以便可靠地确定 GPS 网与地面网之间的转换参数。

（3）GPS 网点应考虑与部分水准点相重合，以便为大地水准面的研究提供资料。

（4）为了便于观测和水准联测，GPS 网点一般应设在视野开阔和容易到达的地方。

（5）为了便于用经典方法联测或扩展，可在网点附近布设一通视良好的方位点，以建立联测方向。方位点与观测站的距离一般要大于 300m。

2. GPS 测量精度分级

国家测绘局于 1992 年制定的我国第一部《全球定位系统（GPS）测量规范》将 GPS 的测量精度分为 A、B、C、D、E 五级。其中 A、B 两级一般是国家 GPS 控制网。我国的国家 GPS 网就是按照这一精度标准设计的。C、D、E 三级是针对局部性 GPS 网规定的。

为了适应生产建设的需要，有关部门制定了《全球定位系统城市测量技术规程》，按城市或工程 GPS 网中相邻点的平均距离和精度划分为二、三、四等和一、二级，在布网时可以逐级布网、越级布网或布设同级全面网。主要技术要求见表 7-1。

各等级 GPS 网技术要求　　表 7-1

项目＼级别	二等	三等	四等	一级	二级
固定误差 a(mm)	≤10	≤10	≤10	≤10	≤15
比例误差系数 b(ppm)	≤2	≤5	≤10	≤10	≤20
相邻点平均距离(km)	9	5	2	1	1
闭合环或附合路线的边数(条)	≤6	≤8	≤10	≤10	≤10

3. GPS 网形设计

GPS 网图形的基本形式有点连式、边连式、边点混合连接式、星形网、导线网、环形网。其中：点连式、星形网、导线网附合条件少，精度低；边连式附合条件多，精度高，但工作量大；边点混合连接式和环形网形式灵活，附合条件多，精度较高，是常用的布设方案，具体见图 7-6。

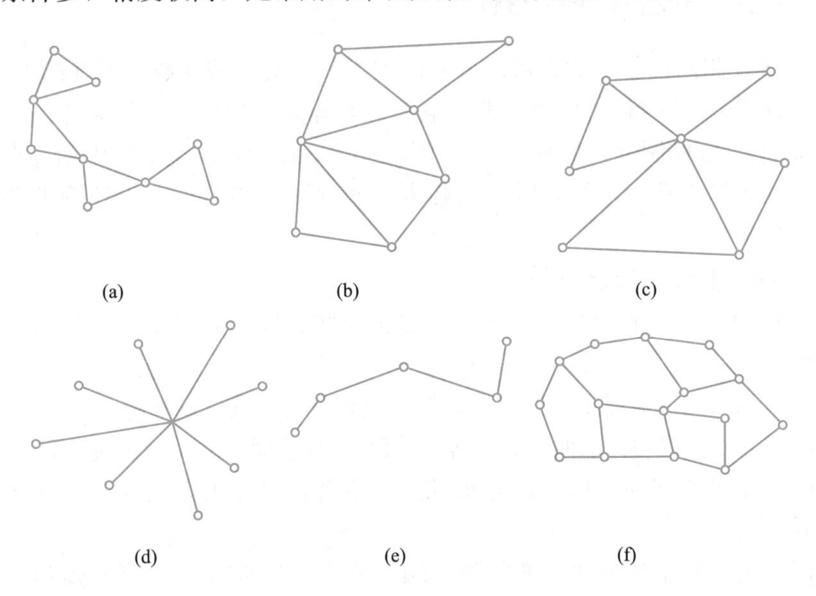

图 7-6　GPS 网图形的基本形式

（a）点连式；（b）边连式；（c）边点混合连接式；（d）星形网；（e）导线网；（f）环形网

各等级 GPS 相邻点间弦长精度为

$$\sigma=\sqrt{a^2+(bd)^2} \tag{7-15}$$

式中　σ——GPS 基线向量的弦长中误差（mm）；

a——接收机标称精度中的固定误差（mm）；

b——接收机标称精度中的比例误差系数（mm/km）；

d——GPS 网中相邻点间的距离（km）。

4. 选点和埋石

由于 GPS 观测站之间不需要相互通视，所以选点工作较常规测量要简便得多。但是，考虑到 GPS 点位的选择对 GPS 观测工作的顺利进行并得到可靠的效果有重要的影响，所以应根据测量任务、目的、测区范围对点位精度和密度的要求，充分收集和了解测区的地理情况及原有的控制点的分布和保存情况，以便恰当地选定 GPS 点的点位。

5. 坐标系统和起算数据

GPS 测量得到的是基线向量，属于 WGS-84 坐标系的三维坐标差，而实际工程上我们需要国家坐标或工程独立坐标，因为在 GPS 网技术设计中必须指明所采用的坐标系统和起算数据。

7.3.2 外业组织

1. 选择作业模式

为了保证GPS测量的精度，在测量上通常采用载波相位相对定位的方法。GPS测量作业模式与GPS接收设备的硬件和软件有关，分为主要静态相对定位模式、快速静态相对定位模式、伪动态相对定位模式、动态相对定位模式四种。

2. GPS卫星预报和观测调度计划

为保证观测工作顺利进行，提高工作效率，在进行外业观测前，需要编制GPS卫星可见性预报图表和外业调度计划表，卫星可预见表可利用相关软件计算。

3. 天线安置

测站应选择在反射能力较差的粗糙地面，以减少多路径误差，并尽量减少周围建筑物和地形对卫星信号的遮挡。天线安置后，在各观测时段的前后各量取一次仪器高。

4. 观测作业

观测作业的主要任务是捕获GPS卫星信号并对其进行跟踪、接收和处理，以获取所需的定位和观测数据。

5. 观测记录与测量手簿

观测记录由GPS接收机自动形成，测量手簿是在观测过程中由观测人员填写。

7.3.3 数据处理及成果检核

GPS外业观测得到的是伪距和载波相位观测值，而要想获得两测站点间的基线向量，需要经过基线向量解算和网平差以及各个解算过程的成果检核。

1. GPS基线向量的计算及检核

GPS测量外业观测过程中，必须每天将观测数据输入计算机，并计算基线向量。计算工作是应用随机软件或其他研制的软件完成的。计算过程中要对同步环闭合差、异步环闭合差以及重复边闭合差进行检查计算，闭合差符合规范要求。

2. GPS网平差

GPS控制网是由GPS基线向量构成的测量控制网。GPS网平差可以构成GPS向量的WGS-84系的三维坐标差作为观测值进行平差（无约束平差），也可以在国家坐标系中或地方坐标系中进行平差（约束平差），在无约束平差和约束平差过程中均要对基线向量的改正数进行检核，以保证成果满足有关规范要求。

3. 提交成果

在完成外业观测和内业数据处理后，需要提交有关测量成果，主要包括：技术设计说明书、卫星可见性预报表和观测计划、GPS网示意图、GPS观测数据、GPS 基线解算结果、GPS 基点的 WGS-84 坐标、GPS 基点的国家坐标中的坐标或地方坐标系中的坐标。

7.3.4　GPS-RTK 的外业组织

GPS-RTK 技术已经被广泛应用到工程测绘的各个领域，如地形图测绘、线路纵横断面图测量、施工放样以及水下地形测量等。GPS-RTK 测量可实时地获得流动站相对于基准站的 WGS-84 或国家 2000 坐标系下的三维基线向量以及相应的精度信息。根据基准站的坐标可获得流动站对应基准的坐标，而基准站的坐标获取一般通过两种方法：（1）通过现场进行单点定位；（2）若该点已进行 GPS 测量，则可将测量成果直接作为该基准站坐标，而在我国这种成果大部分也是固定控制网中某一个 GPS 点的单点定位结果通过无约束平差获得的。

GPS-RTK 的作业过程主要包括：

（1）收集测区控制点资料，明确坐标基准。

（2）外业安置基准站，并启动基准站，根据公共点两套坐标计算坐标转换参数。

（3）进行 GPS-RTK 作业。

GPS-RTK 在数字测图工作中的应用将在后续章节中详细介绍。

7.4　南方测绘银河 6GPS 测量系统简介

7.4.1　南方测绘银河 6GPS 测量系统组成

南方测绘银河 6 GPS 测量系统由接收机主机、手簿和配件三大部分组成。主机和手簿如图 7-7 所示。主机由采用镁合金的外壳，天线与主机一体设计。手簿通过蓝牙与主机连接。系统配件包括三脚架、基座、对中杆、主机电池、手簿电池、电池充电器、内置电台（UHF）差分天线、网络差分天线、USB 通讯电缆、五针串口通信缆线、七针串口通信缆线等。若实时差分定位作业半径较大时，可以选择配置大功率的外挂电台、电瓶、电台天线和相配套的多功能缆线等配件。南方测绘银河 6 GPS 测量系统的主要技术参数如表 7-2 所示。

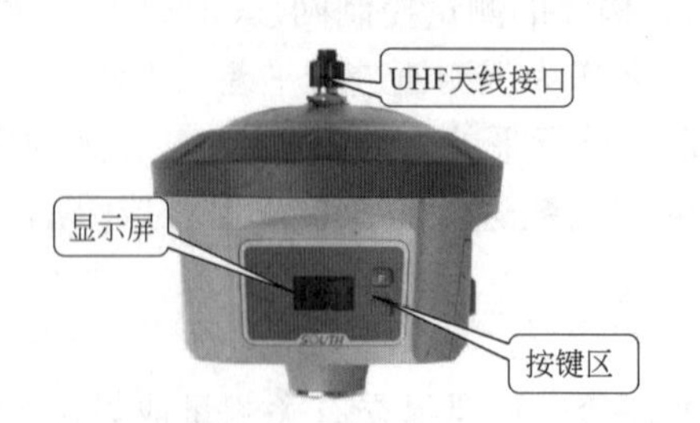

图 7-7　银河 6 GPS 测量系统主机和手簿

南方测绘 银河 6 GPS 测量系统主要技术参数　　表 7-2

配置		指标
测量性能	信号跟踪	BDS、GPS、GLONASS、SBAS：L1C/A、L5（对于支持 L5 的 SBAS 卫星）、Galileo 全星座跟踪技术；高可靠的载波跟踪技术 QZSS、WAAS、MSAS、EGNOS、GAGAN（星站差分）；220 通道
	GNSS 特性	定位输出频率 1～50Hz 初始化时间 小于 10s；初始化可靠性 >99.99% 智能动态灵敏度定位技术；高精度定位处理引擎
定位精度	码差分定位	水平：0.25m+1ppm RMS；垂直：0.50m+1ppm RMS SBAS 差分定位精度：典型<5m 3DRMS
	静态测量	±(2.5mm+0.5mm/km * D)(D 为被测点间距离，km)
	动态测量	±(10mm+1mm/km * D)(D 为被测点间距离，km)
数据格式	静态格式	南方 STH、Rinex2.01 和 Rinex3.02
	差分格式	CMR+、CMRX、RTCM 2.1、RTCM 2.3、RTCM 3.0、RTCM 3.1、RTCM 3.2
	GPS 输出	NMEA 0183、PJK 平面坐标、二进制码、Trimble、GSOF
存储		8G 内置固态存储器；外接 USB 存储器；最高支持 50Hz 原始观测数据采集
通信		SIM 卡槽、电台数据链天线接口、网络数据链天线接口；CDMA2000/EVDO 3G 模块和 TDD-LTE、FDD-LTE 4G 通信模块；LE Bluetooth 4.0 蓝牙标准，支持 Android、iOS 系统手机连接；可选配外接 GPRS/CDMA 双模通信模块
电源		高容量 7.4V 锂电池；静态模式持续 30h；动态模式持续 15h
防护		抗 3m 跌落；IP67 级防水防尘；工作温度：－45℃～＋60℃

7.4.2　南方测绘银河 6 GPS 测量系统功能

（1）控制测量：双频系统静态测量，可准确完成高精度变形观测、像控测量等。

（2）公路测量：快速完成控制点加密、公路地形图测绘、横断面测量、纵断面测量。

（3）CORS 应用：为野外作业提供稳定便利的数据链。无缝兼容国内各类 CORS 应用。

（4）数据采集测量：配合南方各种测量软件，能快速、方便地完成数据采集。

（5）放样测量：可进行大规模点、线、平面的放样工作。

（6）电力测量：可进行电力线测量定向、测距、角度计算等工作。

（7）水上应用：可进行海测、疏浚、打桩、插排水上作业。

7.4.3　南方测绘银河 6 GPS 测量系统作业模式

1. 静态测量模式

（1）静态测量及其适用范围

采用3台（或3台以上）接收机，分别安置测站上进行较长时间，多个时段同步观测，以确定测站之间相对位置的GPS定位测量，称为GPS静态测量。静态模式适用于：

1）建立国家大地控制网（二等或二等以下）。

2）建立精密工程控制网，如桥梁测量、隧道测量等。

3）建立各种加密控制网，如城市测量、图根点测量、道路测量、勘界测量等。

4）用于中小城市D、E级控制网以及测图、建筑工程施工、不动产测绘、勘测、物探等工程的控制测量等。

（2）静态测量基本操作

南方测绘银河6测量系统静态观测的主要操作包括：

1）将接收机设置为静态模式，并通过电脑设置高度角及采样间隔参数，检查主机内存容量。

2）在控制点架设好三脚架，每台主机天线严格对中整平。

3）量取仪器高三次，三次量取的结果之差不得超过3mm，并取平均值。仪器高应由控制点标石中心量至仪器的测量标志线的上边处。

4）记录仪器号，点名，仪器高，开始时间。

5）开机，确认为静态模式，主机开始搜星且卫星灯开始闪烁。达到记录条件时，状态灯会按照设定好采样间隔闪烁，闪一下表示采集了一个历元。

6）测试完毕后，主机关机，然后进行数据的传输和内业数据处理。

2. RTK作业（电台模式）

实时动态测量（Real time kinematic），简称RTK。RTK技术是全球卫星导航定位技术与数据通信技术相结合的载波相位实时动态差分定位技术，包括基准站和移动站，基准站将其数据通过电台或网络传给移动站后，移动站进行差分解算，便能够实时地提供测站点在指定坐标系中的坐标。根据差分信号传播方式的不同，RTK分为电台模式和网络模式两种。RTK电台模式基本操作过程如下。

（1）架设基准站

将接收机中的一台（或多台）设置为移动站，如图7-8（a）所示，将另一台接收机设置为基准站，如图7-8（b）所示。架好基准站，设为内置电台模式；安装内置电台天线，严格对中整平；打开基准站接收机；如采用外挂电台作业，具体操作参见本书第10章。

（2）设置基站参数。基站参数设置重点是选择合适的差分数据格式，设置好后启动基站。

（3）设置移动站。将移动站主机设置为移动站，安装内置电台天线，设置电台通道（与基站相一致）。连接手簿，新建工程，按需要设置投影或转换参数等，即可开始测量。若采用多个移动站作业，则逐台进行设置。

3. RTK作业（网络模式）

RTK网络模式与电台模式的主要区别是采用的网络方式传输差分数据。

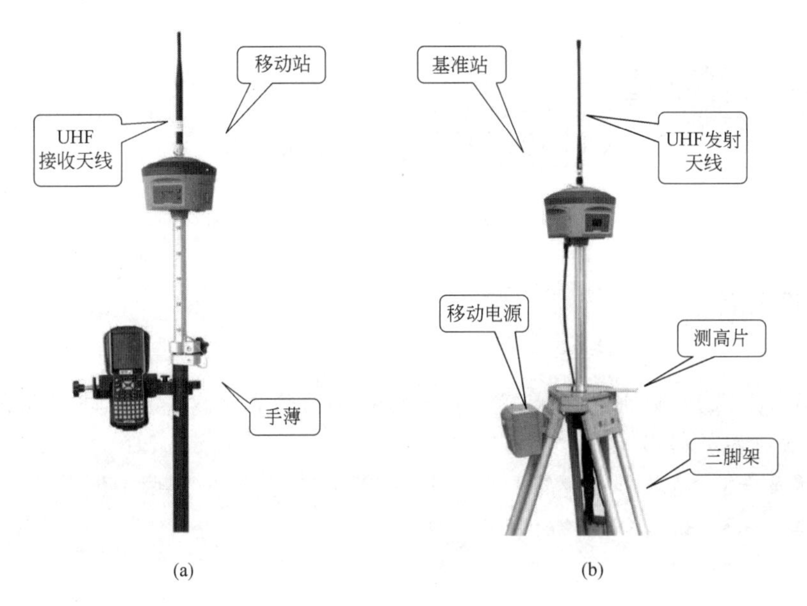

图 7-8 银河 6 GPS 测量系统
（a）移动站；（b）基准站

不需要架设基准站，只需要架设如图 7-8（a）所示的移动站（注意天线应更换为网络差分天线）。移动站的差分数据来自连续运行参考站系统（CORS），数据链路是依靠 GPRS 网络传输。所以，此种作业模式也称为 CORS 测量。

RTK 网络模式需要首先连接网络。网络连接方式有接收机插入 SIM 卡连接或通过主机蓝牙与手机连接的方式进行。后一种连接方法更为方便，主机使用手机的 WIFI 热点信号连接到 CORS 系统服务器来建立数据链路，以获取实时差分数据。网络连接完成后，移动站的设置与电台模式下的移动站设置基本相同。完成设置后，即可开始测量。

RTK 电台模式作业方法，可参见第 10 章，RTK 数值测图的内容。

思考题

7-1 画图说明 GPS 定位的基本原理。

7-2 GPS 主要由哪几部分组成？并简单说明各部分的功能。

7-3 GPS 测量技术和其他常规测量技术相比有哪些优点？

7-4 GPS 测量有哪些误差源？

7-5 简单说明 GPS 相对定位和绝对定位的基本原理。

7-6 GPS 网的技术设计主要有哪些内容？

7-7 GPS 外业观测主要包括哪些内容？

7-8 GPS 数据处理及成果检核包括哪些内容？

7-9 什么是 GPS 实时差分定位技术？

7-10 RTK 作业的电台模式与网络模式有何区别与联系？

第8章　大比例尺地形图的测绘

本章知识点

【知识点】 地形图的比例尺、地物和地貌的表示方法、经纬仪配合展点器法测图、摄影测量的基本知识。

【重点】 地物和地貌的表示方法、经纬仪配合展点器法测图。

【难点】 地物和地貌的表示方法。

8.1　地形图基本知识

8.1.1　地形图的概念

地球表面的形体繁杂多样，一般可归纳为地物、地貌两大类。凡地面上各种有固定的形状和位置，由自然生成或人工建筑而成的物体，称之为地物，如道路、房屋、江河、森林、草地等。把反映了地球表面各种高低起伏变化的形体称为地貌，如山丘、山谷、陡坎、峭壁和冲沟等。地形图是将地表的地物与地貌经过综合取舍，按比例缩小后，用规定的符号和一定的表示方法描绘在图纸上的正形投影图，如图 8-1 所示。在大的地区内测图时，须将地面点投影到参考椭球面上，然后再用特殊的投影方法绘制到图纸上。大比例尺地形图覆盖区域小，一般不考虑地球曲率的影响，是把投影面作为平面来处理

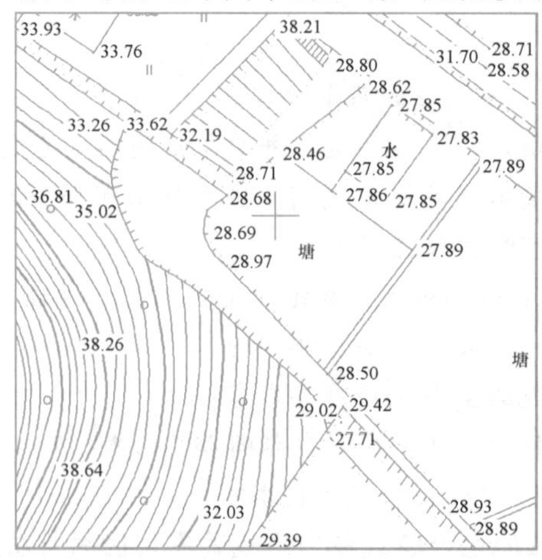

图 8-1　地形图

的。如图 8-2 所示，A、B、C、D、E 是地面上高低不等的一系列点，构成一个空间多边形。P 是投影的水平面。从 A、B、C、D、E 各点向平面 P 作铅垂线，则垂足 A'、B'、C'、D'、E' 就是空间各点的正射投影。从图中可以看到，多边形 $ABCDE$ 与 $A'B'C'D'E'$ 并不完全相似，投影面上的角是包含两倾斜边的空间角在水平面上的投影。所以，地形图上的各点是实地上相应点在水平面上正射投影的位置再依据测图的比例尺缩绘在图纸上的。

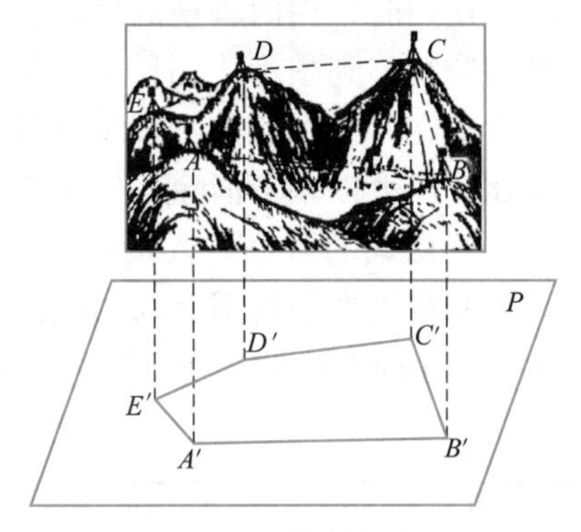

图 8-2　测图的原理

地形图的内容丰富，归纳起来大致可分为三类：数学要素，如比例尺、坐标格网等；地形要素，即各种地物、地貌；注记和整饰要素，包括各类注记、说明资料和辅助图表。

8.1.2　地形图比例尺

地形图上线段的长度与地面上相应线段的水平长度之比，称为地形图的比例尺。地形图的比例尺常有数字比例尺和图式比例尺两种表示形式。

1. 数字比例尺

比例尺用分子为 1，分母为整数的分数表示，称为数字比例尺。设图上某一线段的长度为 l，地面上相应线段的长度为 D，则该图的数字比例尺为

$$\frac{l}{D}=\frac{1}{M} \tag{8-1}$$

比例尺的大小是由比例尺的比值来决定的，比值越大，则比例尺越大（比例尺分母 M 越小、比例尺越大）。比例尺越大，表示地物地貌越详尽。数字比例尺通常标注在地形图下方。

国家基本比例尺地形图主要包括 1∶500、1∶1000、1∶2000、1∶5000、1∶1 万、1∶2.5 万、1∶5 万、1∶10 万、1∶25 万、1∶50 万、1∶100 万共 11 种，其中，1∶500、1∶1000、1∶2000、1∶5000 的地形图称为大比例尺地形图，1∶1 万、1∶2.5 万、1∶5 万、1∶10 万的地形图称为中比例尺地形图，1∶25 万、1∶50 万、1∶100 万的地形图称为小比例尺地形图。

2. 图式比例尺

在图上除了数字比例尺外，一般还标有用线段表示的比例尺，这就是图示比例尺。常用的图式比例尺是直线比例尺，如图 8-3 所示。

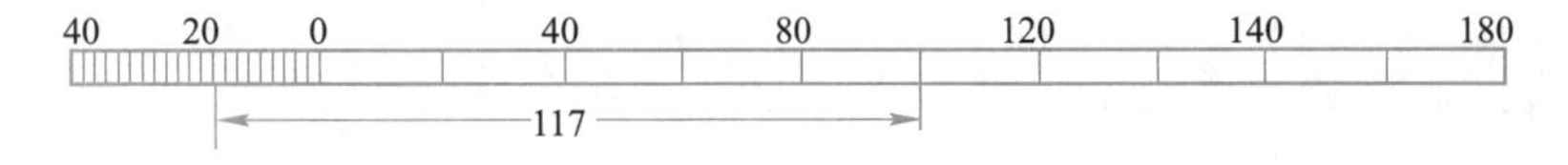

图 8-3　直线比例尺

直线比例尺是在一段直线上截取若干相等的线段，一般为1cm或2cm，称为比例尺的基本单位，将最左边的一段基本单位又分成10个或20个等分小段。使用时，用两脚规的两脚尖分别对准图上需要量测的线段两端点，然后将两脚规移到图示比例尺上，使一脚尖对准0线右侧一适当的分划线，另一脚尖落在0线左侧的细微分划线上，据此即可读出被量测的线段长。使用图式比例尺可以基本消除由于图纸伸缩而产生的误差。

由于视觉的限制，人的眼睛能正常分辨的最短距离为图上0.1mm，因此，在测量工作中将图上0.1mm所代表的实地水平距离称为比例尺的精度。表8-1为几种大比例尺地形图的比例尺精度。

几种大比例尺地形图的比例尺精度　　表8-1

比例尺	1∶500	1∶1000	1∶2000	1∶5000
比例尺精度(m)	0.05	0.1	0.2	0.5

地形图的比例尺越大，表示的测区地面情况越详细，但测图所需的工作量也越大，测量费用也越高。因此，应根据工程对地物、地貌详细程度的需求，确定所选用地形图的比例尺。如要求能反映出量距精度为±5cm的图，则应选比例尺为1∶500的地形图。当测图比例尺决定之后，宜根据相应比例尺的精度确定实地量测精度，如测绘1∶1000的地形图，量距精度只需达到±5cm即可。

8.1.3　大比例尺地形图的分幅、编号和图外注记

1. 分幅和编号

为了方便管理和使用，需要将各种比例尺的地形图进行统一的分幅和编号。地形图分幅与编号的方法有两大类，一类是按经纬线分幅的梯形分幅法，主要用于中小比例尺地形图；另一类是按坐标格网分幅的矩形分幅法，通常用于大比例尺地形图。

大比例尺地形图的矩形分幅以1∶5000比例尺为基础，按1∶2000、1∶1000、1∶500逐级扩展。图幅一般为40cm×40cm、50cm×50cm或40cm×50cm，以纵横坐标的整千米数或整百米数作为图幅的分界线，根据需要也可采用其他规格分幅。矩形分幅地形图的图幅编号，一般采用图廓西南角坐标千米数编号法。在工程建设和小区规划中，也可选用流水编号法和行列编号法。

大比例尺地形图的矩形分幅及面积　　表8-2

比例尺	图幅大小(cm×cm)	实地面积(km^2)	一幅1∶5000图幅包含相应比例尺图幅数目
1∶5000	40×40	4	1
1∶2000	50×50	1	4
1∶1000	50×50	0.25	16
1∶500	50×50	0.0625	64

采用图廓西南角坐标千米数编号时，以西南角的 x 坐标和 y 坐标加连字符来表示，x 坐标千米数在前，y 坐标千米数在后。1∶5000 地形图坐标取至 1km，1∶2000、1∶1000 地形图坐标取至 0.1km，1∶500 地形图坐标取至 0.01km。如一张 1∶1000 的地形图，其西南角的坐标 x＝4 510.0km 和 y＝45.5km，其编号为 4 510.0-45.5。

带状测区或小面积测区可按测区统一顺序编号，一般从左到右，从上到下用阿拉伯数字 1、2、3、4……编定，如图 8-4（a）中的 15。行列编号法一般以字母（如 A、B、C、D……）为代号的横行由上到下排列，以阿拉伯数字为代号的纵列从左到右排列来编定，先行后列，如图 8-4（b）中的 A-4。

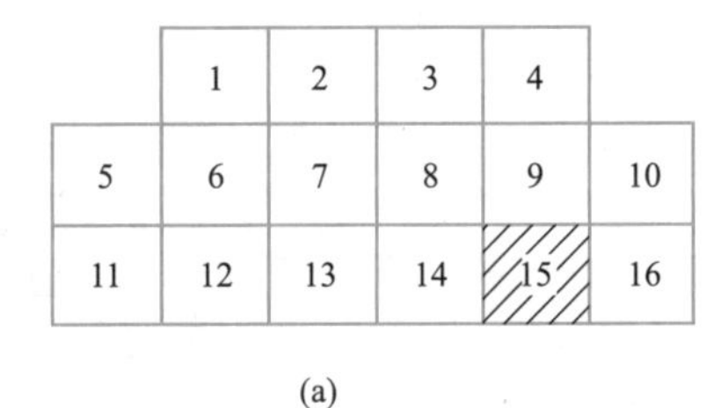

(a)

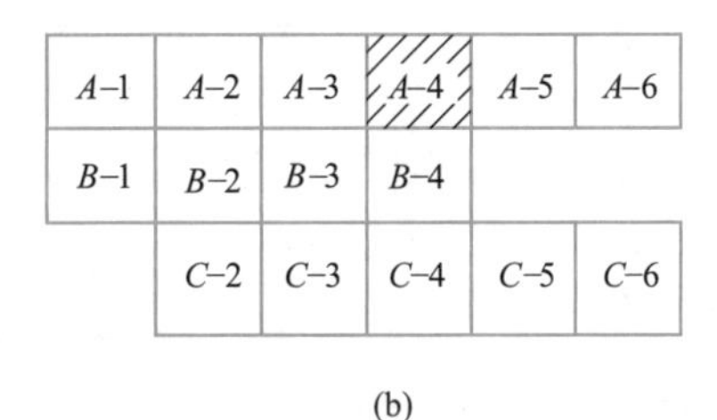

(b)

图 8-4　自由分幅与编号

（a）流水编号法；（b）行列编号法

2. 图外注记

（1）图名和图号

图名和图号标注在北图廓上方的中央。图名是本幅图的名称，通常以本幅图内最著名的城镇、村庄、厂矿企业、名胜古迹或突出的地物、地貌的名字来命名。图号即图的编号，是根据地形图分幅和编号方法编定的。

（2）接图表

接图表绘注在图廓外左上方，是本幅图与相邻图幅之间位置关系的示意图，供索取相邻图幅时用。接图表由 9 个方格组成，中间一格填充晕线，代表本图幅，其余 8 格分别注明相邻图幅的图名（或图号）。在各种比例尺表示的图上，除了接图表以外，还把相邻图幅的图号分别注在东、西、南、北图廓线中间，进一步表明与相邻的 4 幅图的位置关系。

（3）图廓和坐标格网

图廓是图幅四周的范围线，矩形图幅只有内、外图廓之分。内图廓线是地形图分幅时的坐标格网线，是图幅的边界线。外图廓线是距内图廓以外一定距离绘制的加粗平行线，有装饰等作用。在内图廓外四角处注有坐标值，并在内廓线内侧，每隔 10cm 绘有 5mm 的短线，在内图廓线内绘有 10cm 间隔互相垂直交叉的 5mm 短线，表示坐标格网线的位置。在内、外图廓线间还注记坐标格网线的坐标值。

在外图廓线外，有接图表、图名、图号，还注明有测量所使用的平面坐标系、高程系、比例尺、成图方法、成图日期及测绘单位等。在中、小比例

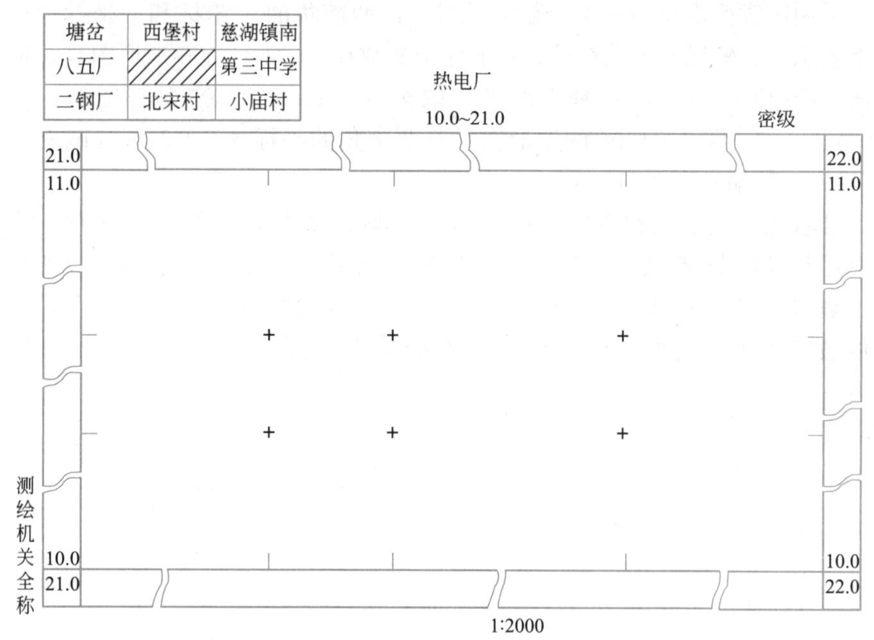

图 8-5　图廓外注记

尺图的南图廓线的右下方，还绘有真子午线、磁子午线和坐标纵轴方向这三者之间角度关系的三北方向图。

8.2　地物、地貌的表示方法

8.2.1　地形图图式

为了能够科学地反应实际场地的形态和特征，易于管理和制作，便于不同领域的使用者识别和使用地形图，国家统一制定和颁布了地形图上表示各种地物和地貌要素的符号、注记和颜色的规则和标准——地形图图式，它是测绘和出版地形图必须遵守的基本依据之一，是识图、用图的重要工具。

比例尺不同，各种符号的图形和尺寸也不尽相同。《国家基本比例尺地图图式》GB/T 20257 现分为 4 个部分：第 1 部分：1∶500、1∶1000、1∶2000 地形图图式；第 2 部分：1∶5000、1∶10000 地形图图式；第 3 部分：1∶25000、1∶50000、1∶100000 地形图图式；第 4 部分：1∶250000、1∶500000、1∶1000000 地形图图式。根据不同专业的特点和需要，各部门也制定有专用的或补充的图式。本书引用的是 GB/T 20257 的第 1 部分，适用于 1∶500、1∶1000、1∶2000 地形图的测绘，也是各部门使用地形图进行规划、设计、科学研究的基本依据。

8.2.2 地物的表示方法

1. 地物在地形图上表示的原则

地物测绘必须依据规定的比例尺，遵照规范和图式的要求，进行综合取舍，将各种地物表示在地形图上。能依比例尺表示的地物，则将它们水平投影位置的几何形状按照比例尺缩绘在地形图上，如房屋、湖泊等，或将其边界按比例尺缩小后表示在图上，边界内按照图式的规定绘上相应的符号，如树林、耕地等；不能依比例尺表示的地物，则在地形图上用相应的地物符号表示其中心位置，如路灯、水塔等；长度能依比例尺表示，而宽度不能依比例尺表示的地物，则其长度按比例尺描绘，宽度以相应符号表示，如小路、通信线等。

2. 地物符号

根据形状大小、描绘方法的不同，地物符号分为依比例符号、半依比例符号、不依比例尺符号和地物注记四种。

(1) 依比例符号

依比例尺符号是地物依比例尺缩小后，其长度和宽度能依比例尺表示的地物符号，如表 8-3 中的 13、14、15。这类符号用于表示轮廓大的地物，一般用实线或点线表示。

(2) 半依比例符号

半依比例尺符号是地物依比例尺缩小后，其长度能依比例尺而宽度不能依比例尺表示的地物符号，亦称线状符号，如表 8-3 中的 10、11、12。这类符号用于表示一些呈线状延伸地物，符号以定位线表示实地物体真实位置。符号定位线位置规定如下：

1) 成轴对称的线状符号，定位线在符号的中心线，如铁路、公路、电力线等。

2) 非轴对称的线状符号，定位线在符号的底线，如城墙、境界线等。

(3) 不依比例尺符号

《1∶500、1∶1000、1∶2000 地形图图式》中的部分符号　　表 8-3

编号	符号名称	符号式样			符号细部图	多色图色值
		1∶500	1∶1000	1∶2000		
1	三角点 *a*. 土堆上的 张湾岭、黄土岗——点名 156.718、203.623——高程 5.0——比高	3.0 △ 张湾岭/156.718 *a* 5.0 △ 黄土岗/203.623			1.0 0.5 1.0	K100
2	导线点 *a*. 土堆上的 Ⅰ16、Ⅰ23——等级、点号 84.46、94.40——高程 2.4——比高	2.0 ⊙ I16/84.46 *a* 2.4 ⊙ I23/94.40				K100

续表

编号	符号名称	符号式样 1:500	符号式样 1:1000	符号式样 1:2000	符号细部图	多色图色值
3	水准点 Ⅱ——等级 京石5——点名点号 32.805——高程	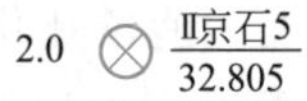 2.0 ⊗ Ⅱ京石5/32.805				K100
4	卫星定位等级点 B——等级 14——点号 495.263——高程	 3.0 B14/495.263				K100
5	纪念碑、北回归线标志塔 *a*. 依比例尺的 *b*. 不依比例尺的	 *a* *b*			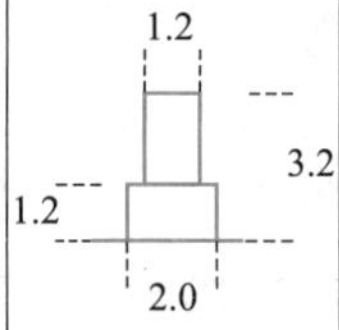 1.2 3.2 1.2 2.0	K100
6	亭 *a*. 依比例尺的 *b*. 不依比例尺的	 *a* 2.0 1.0 *b* 2.4			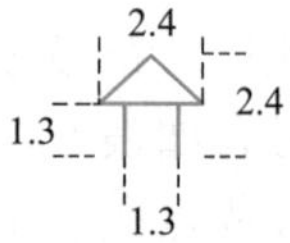 2.4 2.4 1.3 1.3	K100
7	文物碑石 *a*. 依比例尺的 *b*. 不依比例尺的	*a* *b* 2.6 1.2			 1.2	K100
8	旗杆	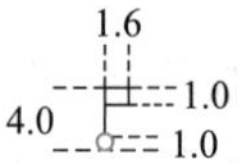 1.6 1.0 4.0 1.0				K100
9	塑像、雕塑 *a*. 依比例尺的 *b*. 不依比例尺的	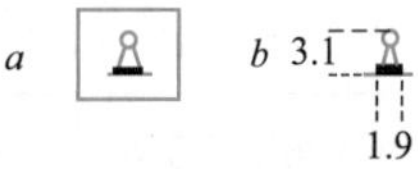 *a* *b* 3.1 1.9			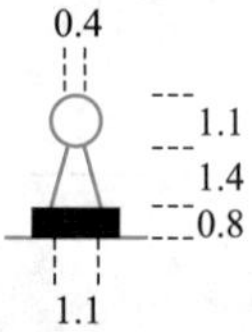 0.4 1.1 1.4 0.8 1.1	K100
10	围墙 *a*. 依比例尺的 *b*. 不依比例尺的	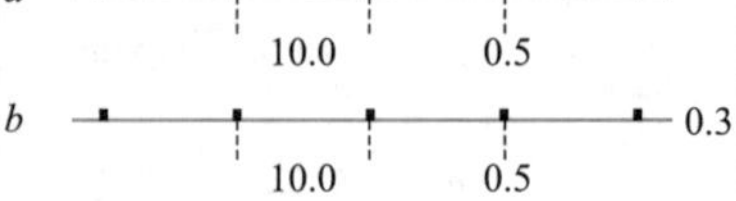 *a* 10.0 0.5 *b* 10.0 0.5 0.3				K100
11	栅栏、栏杆	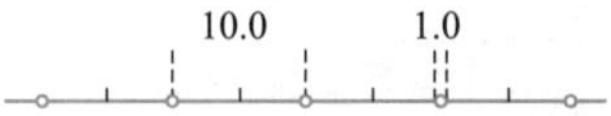 10.0 1.0				K100
12	篱笆	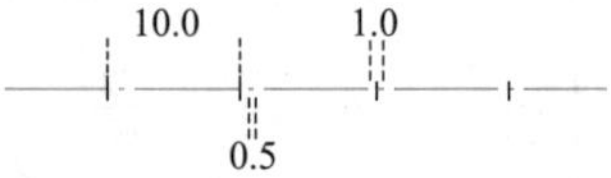 10.0 1.0 0.5				K100

续表

编号	符号名称	符号式样			符号细部图	多色图色值
		1∶500	1∶1000	1∶2000		
13	单幢房屋 *a*．一般房屋 *b*．有地下室的房屋 *c*．突出房屋 *d*．简易房屋 混、钢——房屋结构 1、3、28——房屋层数 −2——地下房屋层数	*a* 混1　*b* 混3-2　0.5　2.0　1.0 *c* 钢28　*d* 简		3 1.0　*c* 28		K100
14	建筑中房屋	建				K100
15	饲养场、打谷场、贮草场、贮煤场、水泥预制场 牲、谷、预——场地说明	牲　谷　预				K100
16	等高线及其注记 *a*．首曲线 *b*．计曲线 *c*．间曲线 25——高程	*a* 0.15 *b* 25　0.3 *c* 1.0　8.0　0.15				M40Y100 K30
17	示坡线	0.9				M40Y100 K30
18	高程点及其注记 1520.3、−15.3——高程	0.5 · 1520.3　· −15.3				K100
19	陡崖、陡坎 *a*．土质的 *b*．石质的 18.6、22.5——比高	*a* 18.6　300 *b* 22.5　100			*a* 2.0 *b* 2.0　0.3　0.6　0.6　0.8　2.4　0.7　0.2	M40Y100 K30
20	人工陡坎 *a*．未加固的 *b*．已加固的	*a* 2.0 *b* 3.0				K100
21	梯田坎 2.5——比高	2.5　0.5　2.0				K100

不依比例尺符号是地物依比例尺缩小后，其长度和宽度不能依比例尺表示的地物符号，又称记号符号，如表8-3中的1、3、7等。这类符号只表示地物的位置，不表示其形状和大小，而且符号的定位位置与该地物实地的中心位置关系，也随符号形状的不同而异。

1）符号图形中有一个点的，该点为地物的实地中心位置，如控制点等。

2）圆形、正方形、长方形等符号，定位点在其几何图形中心，如电线杆、独立树等。

3）宽底符号定位点在其底线中心，如蒙古包、岗亭、烟囱、水塔等。

4）底部为直角的符号定位点在其直角的顶点，如风车、路标、独立树等。

5）几种图形组成的符号定位点在其下方图形的中心点或交叉点，如旗杆、敖包、教堂、路灯、消火栓、气象站等。

6）下方没有底线的符号定位点在其下方两端点连线的中心点，如窑洞、亭、山洞等。

7）不依比例尺表示的其他符号定位点在其符号的中心点，如桥梁、水闸、拦水坝、岩溶漏斗等。

各种无方向的符号均按直立方向描绘，即与南图廓垂直。

（4）注记符号

用文字、数字或特有符号对地物的名称、性质、用途加以说明或对地物附属的数量、范围等信息加以注明的，称注记符号。诸如村镇、工厂、河流、道路的名称，房屋的结构与层数，树木的类别，河流的流向、流速及深度，桥梁的长宽及载重量等。

注记包括地理名称注记、说明文字注记、数字注记。

依比例符号、半依比例符号、不依比例符号的使用界限是相对的。测图比例尺越大，用依比例符号描绘的地物越多；测图比例尺越小，用不依比例符号或半依比例符号描绘的地物越多。如某道路宽度为6m，在小于1∶1万地形图上用半比例尺符号表示，在1∶5000及更大的大比例尺地形图上则用比例符号表示。

8.2.3　地貌的表示方法

在大、中比例尺地形图上主要采用等高线法表示地貌。对于等高线不能表示或者不能单独充分表示的地貌，通常配以特殊的地貌符号和地貌注记表示。

1. 等高线的概念

等高线是地面上高程相同的相邻各点连接而成的闭合曲线。

设想，首先把一座山浸没在静止的水中，使山顶与水面平齐，水面与山体相切于一点。然后将水位降低 h，静止的水面与山体之间的交接线（水崖线）是一条闭合的曲线，且曲线上各点的高程相等，这就是一条等高线。再将水面下降 h，水面与山体又形成一条新的交接线，这就是一条新的等高线。

依次类推，水面每下降 h，水面就与山体交接留下一条等高线，相邻等高线间的高差为 h。把这些等高线沿铅垂线方向投影到水平面上，并按规定的比例尺缩绘到图纸上，就得到了用等高线表示该山地貌的图形，如图 8-6 所示。

2. 等高距和等高线平距

（1）等高距

相邻等高线之间的高差称为等高距，常以 h 表示。在同一幅地形图中等高距应相同。《工程测量规范》对等高距作了统一的规定，这些规定的等高距称为基本等高距，如表 8-4 所示。

地形图的基本等高距（m）　　表 8-4

地形类别	比例尺			
	1∶500	1∶1000	1∶2000	1∶5000
平坦地	0.5	0.5	1	2
丘陵地	0.5	1	2	5
山地	1	1	2	5
高山地	1	2	2	5

注：1. 一个测区同一比例尺，宜采用一种基本等高距；
2. 水域测图的基本等深距，可按水底地形倾角所比照地形类别和测图比例尺选择。

（2）等高线平距

相邻等高线之间的水平距离，称等高线平距，常用 d 表示。

因为同一幅地形图内等高距相同，所以等高线平距 d 的大小（等高线的疏、密）直接反映着地面坡度的缓、陡。等高线平距越小，地面坡度就越大；平距越大，则坡度越小；坡度相同，平距相等。

在成图比例尺不变的情况下，等高距越小，表示地貌就越详细；等高距越大，表示地貌就越粗略。但另一方面，减小等高距，将成倍地增加工作量和图的负载量，甚至在图上难以清晰表达。因此，在选择等高距时，应结合图的用途、比例尺以及测区地形等多种因素综合考虑。

3. 等高线种类

等高线分为首曲线、计曲线、间曲线、助曲线四种，如图 8-6 所示。

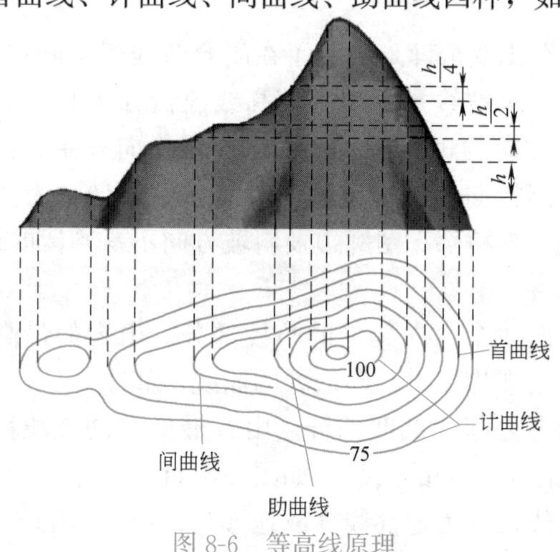

图 8-6　等高线原理

（1）首曲线：从高程基准面起算，按基本等高距测绘的等高线，又称基本等高线。用线宽为 0.15mm 的细实线表示。在等高线比较密的等倾斜地段，当两计曲线间的空白小于 2mm 时，首曲线可省略不表示。

（2）计曲线：从高程基准面起算，每隔四条首曲线加粗一条的等高线，又称加粗等高线。用线宽为 0.3mm 的粗实线表示，其上注有高程值，是辨认等高线高程的依据。

（3）间曲线：按二分之一基本等高距测绘的等高线，又称半距等高线。用长虚线表示，用于首曲线难以表示的重要而较小的地貌形态。间曲线可不闭合，但应表示至基本等高线间隔较小、地貌倾斜相同的地方为止。在表示小山顶、小洼地、小鞍部等地貌形态时，可缩短其实部和虚部的尺寸。

（4）助曲线：为了显示地面微小的起伏，必要时按四分之一等高距加绘等高线，用 0.15mm 的短虚线绘出。

4. 典型地貌的等高线

（1）山头和洼地

山头和洼地的等高线如图 8-7 所示，都是一组闭合曲线。内圈等高线的高程大于外圈的是山头；反之，为洼地。

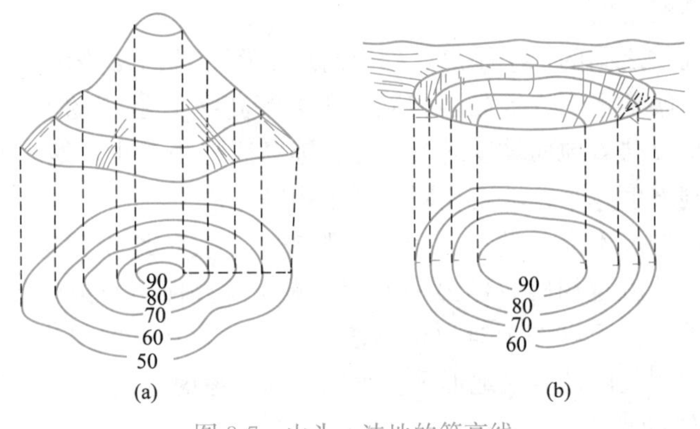

图 8-7　山头、洼地的等高线

（a）山头；（b）洼地

在地形图上区分山头或洼地，除了在闭合曲线组中间位置测注高程点外，还用示坡线来表示。示坡线是一端与等高线连接并垂直于等高线，另一端指示地面斜坡下降的方向的短线。示坡线从内圈指向外圈，说明中间高，四周低，为山头；从外圈指向内圈，说明四周高，中间低，为洼地。示坡线一般应表示在谷地、山头、鞍部、图廓边及斜坡方向不易判读的地方。

（2）山脊和山谷

山脊是由山顶向一个方向延伸的凸棱部分。山脊的最高点的连线称为山脊线。山脊等高线表现为一组凸向低处的曲线，如图 8-8（a）所示。

山谷是相邻山脊之间的低凹部分。山谷最低点的连线称为山谷线。山谷等高线表现为一组凸向高处的曲线，如图 8-8（b）所示。

山脊线和山谷线合称为地性线（或地形特征线）。山脊上的雨水会以山脊

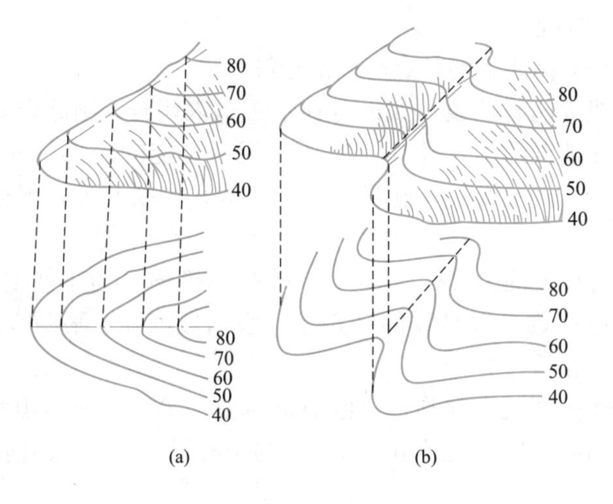

图 8-8　山脊、山谷的等高线
（a）山脊；（b）山谷

线为分界线，分别流向山脊的两侧；山谷中的雨水会由两侧山坡流向谷底，向山谷线汇集。因此，山脊线又称分水线，山谷线又称集水线。

（3）鞍部

鞍部是相邻两山头之间呈马鞍形的低凹部位，既处于两山顶间的山脊线连接处，又是两山谷线的顶端，如图 8-9 所示。鞍部等高线的特点是在一圈大的闭合等高线内，套有两组独立的小闭合等高线。

（4）陡崖

陡崖是指坡度在 70°以上，形态壁立、难于攀登的陡峭崖壁，分为土质和石质两种。陡崖处等高线非常密集或重合为一条线（图 8-10），须采用陡崖符号来表示，符号的实线为崖壁上缘位置。土质陡崖图上水平投影宽度小于 0.5mm 时，以 0.5mm 短线表示；大于 0.5mm 时，依比例尺用长线表示。石质陡崖图上水平投影宽度小于 2.4mm 时，以 2.4mm 表示，大于 2.4mm 时依比例尺表示。陡崖应标注比高。

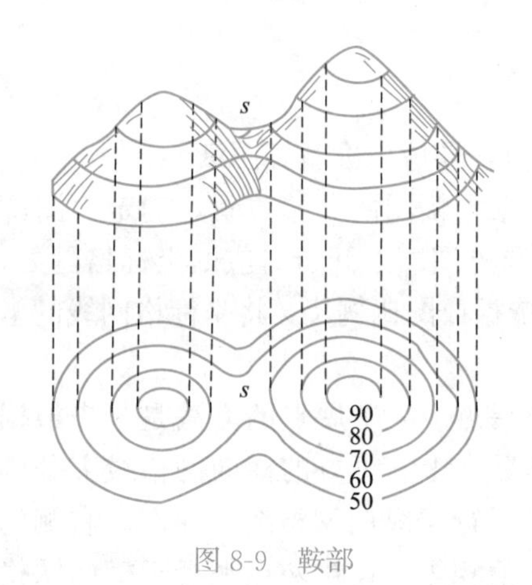

图 8-9　鞍部

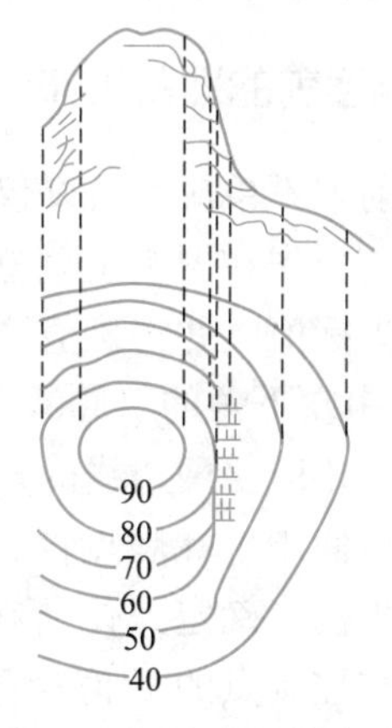

图 8-10　陡崖的等高线

5. 等高线的特性

（1）同一条等高线上的各点高程都相等。

（2）等高线为闭合曲线，如没有在本图幅内闭合，则必定在相邻或其他图幅内闭合。在地形图上，等高线除了在规范规定的局部（如内图廓线处、悬崖及陡坡处、与房屋或双线道路等相交处等）可断开外，不得在图幅内任意处中断。

（3）除在悬崖或陡崖等处，等高线在图上不能相交也不能重合。

（4）同一幅图内，等高线的平距小，表示坡度陡，平距大表示坡度缓，平距相等则坡度相等。

（5）等高线的切线方向与地性线方向垂直。等高线通过山脊线时，与山脊线正交，并凸向低处；通过山谷线时，与山谷线正交，并凸向高处。

8.3 大比例尺地形图的图解法测绘

大比例尺地形图的测绘方法有图解法和数字测图法。图解法主要有经纬仪配合展点器测绘法和大平板仪测绘法。本节主要介绍经纬仪配合展点器测绘法，数字测图法后继章节单独介绍。

8.3.1 图根控制测量

一般地区每幅图图根点的数量，1∶2000 比例尺地形图不宜少于 15 个，1∶1000 比例尺地形图不宜少于 12 个，1∶500 比例尺地形图不宜少于 8 个。

图根控制点一般是在各等级控制点下加密得到的。对于较小测区，图根控制也可作为首级控制。图根点宜采用木桩作点位标志，当图根点作为首级控制或等级点稀少时，应埋设适当数量的标石。

图根平面控制点可采用图根导线、图根三角、交会方法和 GPS RTK 等方法布设；图根点的高程可采用图根水准和图根三角高程等方法测定。图根点相对于邻近等级控制点的点位中误差不应大于图上 0.1mm，高程中误差不应大于基本等高距的 1/10。

8.3.2 测图前的准备工作

测图前，不单应准备好仪器设备和工具，还应先准备好图纸。

展点前应先在图纸上建立坐标系。根据本幅图的分幅位置，确定内图廓左下角的坐标值，并将该值注记在内图廓与外图廓之间所对应的坐标格网处，如图 8-11 中左下角的（500，500）。然后依据成图比例尺，将坐标格网线的坐标值注记在相应格网边线的外侧。

展点可使用坐标展点仪，也可以人工展点。人工展点的方法是：先根据控制点的坐标，确定点位所在的方格。然后在上、下方的横向网格线上分别截取一点与控制点的 y 值相等，连接两点平行于纵向网格线；在左、右侧的纵向网格线上分别截取一点与控制点的 x 值相等，连接两点平行于横向网格

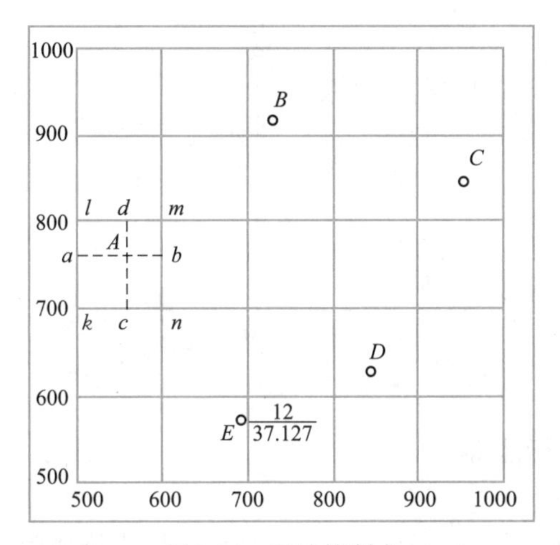

图 8-11　展绘控制点

线。两条线的交点即为所展绘的控制点位置。例如，在 1∶1000 比例尺的图纸上展绘控制点 A（764.30，566.15）。如图 8-11 所示，首先确定 A 点所在方格位置为 $klmn$。然后自 k、l 点分别沿横网格线向右量取（566.15－500.00)/1000＝66.15mm，得 c、d 两点；自 k、n 点分别沿纵网格线向上量取（764.30－700.00)/1000＝64.30mm，得 a、b 两点。ab 和 cd 的交点即为 A 点在图上位置。最后在点位上绘出控制点符号，右侧以分数形式注明点号及高程。同样方法将该图幅内所有控制点展绘在图纸上。控制点的展点误差不应大于 0.2mm，图根点间的长度误差不应大于 0.3mm。

展绘完控制点平面位置并检查合格后，擦去图幅内多余线划。图纸上只留下图廓线、图名和图号、比例尺、方格网十字交叉点处 5mm 长的相互垂直短线、格网坐标、控制点符号及其注记等。

8.3.3　碎部点的选择和测定碎部点的基本方法

1. 碎部点的选择

碎部点就是地物、地貌的特征点。地物的平面位置和形状可以用其轮廓线上的交点及拐点、中心点来表示，因此，地物的碎部点应选择地物轮廓线的方向变化处（如房角点、道路转折点和交叉点、河岸线转弯点）以及独立地物的中心点等。对于形状极不规则的地物，其轮廓线应根据规范要求综合取舍。地貌形态复杂，可将其归结为由许多不同方向、不同坡度的平面交结而成的几何体，诸平面的交线就是方向变化线和坡度变化线。测定了这些方向变化线和坡度变化线的平面位置和高程，地貌基本形态就确定了。因此地貌的碎部点应选择方向变化线或坡度变化线上（如山脊线、山谷线、山脚线上的点）和坡度变化及方向变化处（如山顶、坑底、鞍部等）。

2. 测定碎部点平面位置的基本方法

测定碎部点的平面位置就是测量碎部点与已知点间的水平距离、与已知方向间的水平角两项基本要素（图 8-12）。主要有极坐标法、角度交会法、距

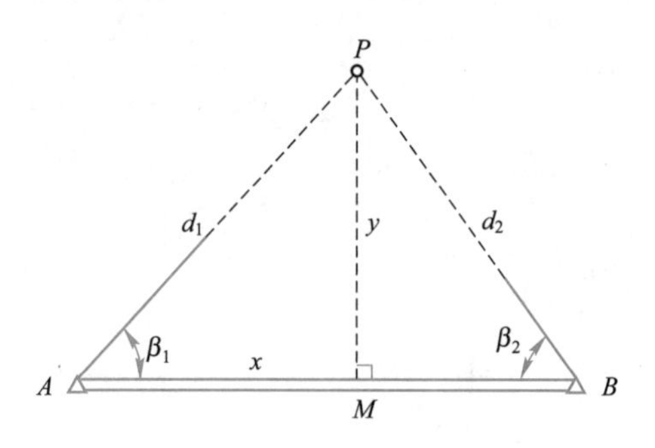

图 8-12　测定点的平面位置

离交会法、直角坐标法等。

（1）极坐标法

如图 8-13 所示，设 A、B 为已知控制点，P 为待测碎部点。在 A 点上设站，测定测站到碎部点的水平距离 d_1 和测站到碎部点连线方向与已知方向 AB 间的水平角 β_1，即可据此在图纸上将 P 点展绘出来。极坐标法是碎部测量最常用的方法。

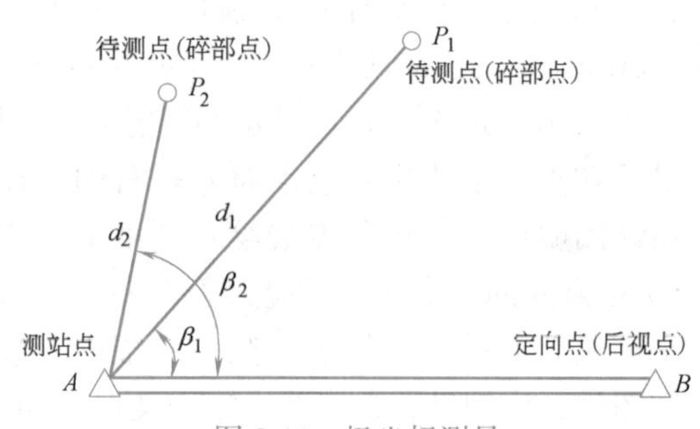

图 8-13　极坐标测量

（2）角度交会法

在两个已知点 A、B 上分别设站，测量测站点到碎部点 P 的连线和已知方向 AB 间的水平角 β_1、β_2。在图纸上，依据 AB 边，展绘 β_1、β_2 角，即可确定 P 点。

（3）距离交会法

如图 8-14 所示，在两个已知点 A、B 上分别设站，测量测站点到碎部点 P 的距离 d_1、d_2。分别以 A、B 在图上的位置为圆心，以 d_1、d_2 按比例尺缩小后的距离为半径划弧，即可交出碎部点 P 的位置。

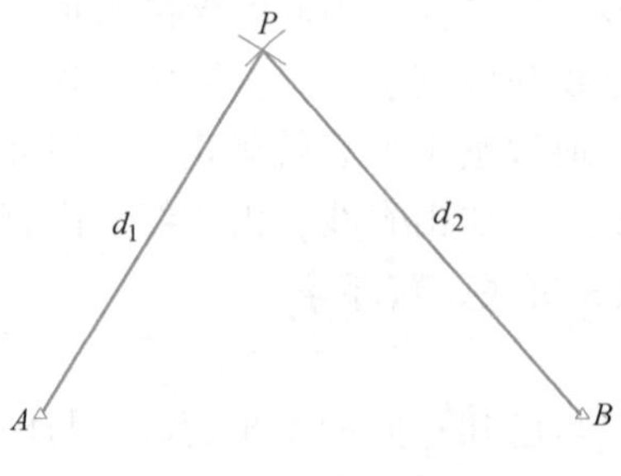

图 8-14　距离交会法

（4）直角坐标法

设碎部点 P 到线段 AB 的垂距为 y，垂足是 M 点，A、M 的水平距离为 x。在图纸上，以 A 为起点，沿 AB 方向量出 x 按比例尺缩小后的距离，得垂足点 M，再从 M 点沿与 AB 垂直的方向量取 y

按比例尺缩小后的距离，即可得到 P 点位置。

3. 碎部点高程的测量

测量碎部点高程可用水准测量和三角高程测量等方法。

8.3.4 经纬仪配合展点器测绘法

经纬仪配合展点器测绘法是在图根控制点上用经纬仪设站，测定碎部点的方向与已知方向之间的夹角，测站点至碎部点的距离和碎部点的高程（水平距离和高差一般采用视距法测量）。然后运用半圆仪等量角工具和比例尺，根据测得的数据把碎部点的平面位置展绘在图纸上，并注明其高程。再对照实地描绘地形。此法相对于大平板测图灵活，操作简单。

1. 一个测站上的具体工作

（1）测站准备工作

1）设站。如图 8-15 所示，在控制点 A 上安置经纬仪，量出仪器高 i，仪器对中的偏差不应大于图上 0.05mm。盘左瞄准另一较远的控制点（后视点）B，配置度盘为 $0°00'$，完成定向。为了防止出错，应检查测站到后视点的平距和高差。

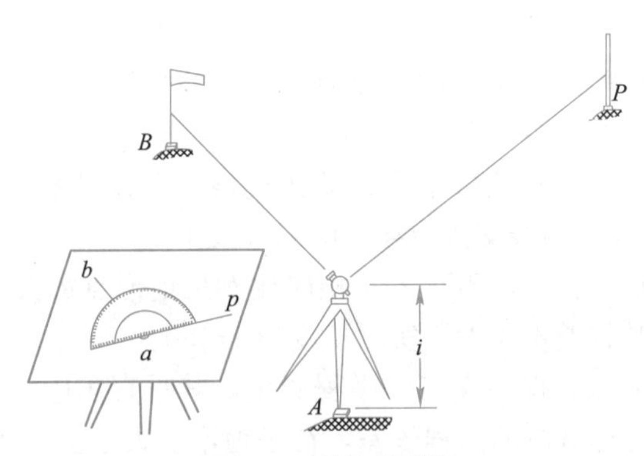

图 8-15 经纬仪测图

2）安置平板。将平板安置在测站附近合适处，图纸上点位方向与实地方向宜一致。把图纸上展绘出的 A、B 两点用铅笔连接起来作为起始方向线，将大头针穿过半圆仪的中心小孔准确地扎牢在图纸上的 A 点。

（2）观测与计算

1）立尺员将地形尺竖立在特征点 P 上。

2）观测员操作仪器，盘左照准地形尺，读取水平度盘读数 β、上下视距丝读数 $l_{上}$、$l_{下}$（或直接读取视距间隔 l）、竖盘读数 L、中丝读数 v 。用式（8-2）计算平距和高程。

$$\left.\begin{aligned}&D=100(l_{下}-l_{上})\cos^2(90°-L+x)\\&d=D/M\\&H=H_A+D\tan(90°-L+x)+i-v\end{aligned}\right\}\tag{8-2}$$

式中　x——竖盘指标差；

H_A——测站点高程；

M——测图比例尺的分母。

(3) 展绘碎部点

围绕大头针转动半圆仪，使半圆仪上等于水平角 β 的刻画线对准起始方向线，此时半圆仪的零方向（$\beta \leqslant 180°$ 时）或 360°方向（$\beta > 180°$时）便是碎部点方向，如图 8-16 所示。沿此方向量取 d，点一小点，即为碎部点 P。在点的右侧标注其高程。

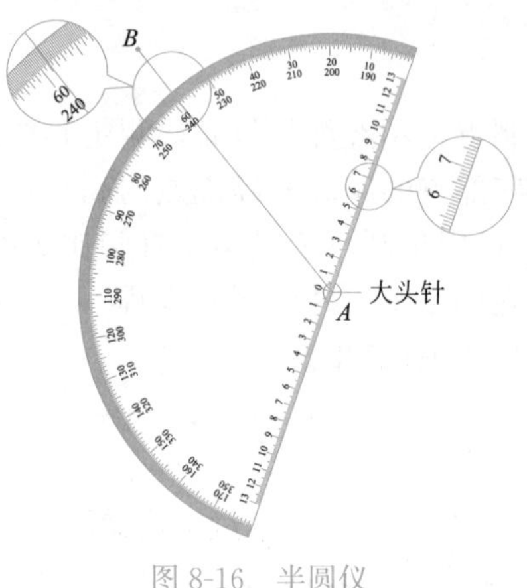

图 8-16　半圆仪

(4) 用同样的方法，测量出测站上其他各碎部点的平面位置与高程，绘于图上，并依据现实地形描绘地物和勾绘等高线。

(5) 检查

每站测图过程中和结束前应注意检查定向方向，归零差应不大于 4′。检查另一测站点的高程，其较差不应大于基本等高距的 1/5。

2. 增设测站

当解析图根点不能满足测图需要时，可增补少量图解交会点或视距支点作为测站点。图解补点应符合下列规定：

(1) 图解交会点，必须选多余方向作校核，交会误差三角形内切圆直径应小于 0.5mm，相邻两线交角应在 30°～150°之间。

(2) 视距支点的长度，不宜大于相应比例尺地形点最大视距长度的 2/3，并应往返测定，其较差不应大于实测长度的 1/150。

(3) 图解交会点、视距支点的高程测量，其垂直角应 1 测回测定。由两个方向观测或往、返观测的高程较差，在平地不应大于基本等高距的 1/5，在山地不应大于基本等高距的 1/3。

3. 注意事项

(1) 应预先分析测区特点，规划好跑尺路线，以便配合得当，提高效率。

(2) 主要的特征点应直接测定，一些次要特征点宜采用量距、交会等多种方法合理测出。

(3) 大比例尺测图的碎部点密度取决于地物、地貌的繁简程度和测图的比例尺，应遵照少而精的原则。地形点的最大点位间距不应大于表 8-5 的规定。

一般地区地形点的最大点位间距（m）　　表 8-5

比例尺	1∶500	1∶1000	1∶2000
间距	15	30	50

(4) 用视距法测量距离和高差，其误差随距离的增大而增大。为了保证成图的精度，各种比例尺测图时的最大视距不应大于表 8-6 的规定。

地物点、地形点的最大视距长度　　表 8-6

比例尺	最大视距长度(m)			
	一般地区		城镇建筑区	
	地物点	地形点	地物点	地形点
1∶500	60	100	—	70
1∶1000	100	150	80	120
1∶2000	180	250	150	200

注：1. 垂直角超过 10°时，视距长度应适当缩短；平坦地区成像清楚时，视距长度可放长 20%；
2. 城镇建筑区 1∶500 比例尺测图，测站点至地物点的距离应实地丈量。

（5）展绘碎部点后，应对照实地随时描绘地物和等高线。

（6）若测区面积较大，应分幅测绘。为了相邻图幅的拼接，每幅图应测出图廓外 5mm。

8.3.5 地物、地貌的绘制

1. 地物的描绘

（1）地物要按地形图图式规定的符号表示。

（2）图上凸凹小于 0.4mm 的地物弧线可表示为直线。

（3）为突出地物基本特征和典型特征，化简某些次要碎部。如在建筑物密集且街道凌乱窄小的居民区，为了突出居民区的整个轮廓，清晰地表示出居民区的主要街道，可以采取保证居民区外围建筑物平面位置正确，将内部凌乱的建筑物归纳综合并用加宽表示的道路隔开的方法。

（4）各类地物形状各异，大小不一，描绘时可采用不同的方法。

1）对于依比例符号表示的地物，在综合取舍后，连点成线，画线成形。如房屋轮廓需用直线连接起来，道路、河流的弯曲部分则逐点连成光滑的曲线。

2）对于半依比例符号表示的地物，顺点连线，近似成形。如管线应测定其交叉点、转折处的中心位置（或支架、塔、柱），并分别用不依比例符号或依比例符号表示。然后用规定的线型连接表示。

3）独立地物应准确测定其位置。凡图上独立地物轮廓大于符号尺寸的，按照依比例尺符号测绘；小于符号尺寸的，按照不依比例符号表示。如开采的或废弃井，应测定井口轮廓，若井口在图上小于井口符号时，应以不依比例符号表示。

4）对于不依比例符号表示的地物，按规定的不依比例符号表示，单点成形。

2. 等高线的勾绘

首先用铅笔轻轻描绘出山脊线、山谷线等地形线，再根据碎部点的高程内插等高线通过的点，然后勾绘等高线。

（1）测定地貌特征点。测定地貌特征点的平面位置，在图纸上以小点表示，并在其旁注记该点高程值。

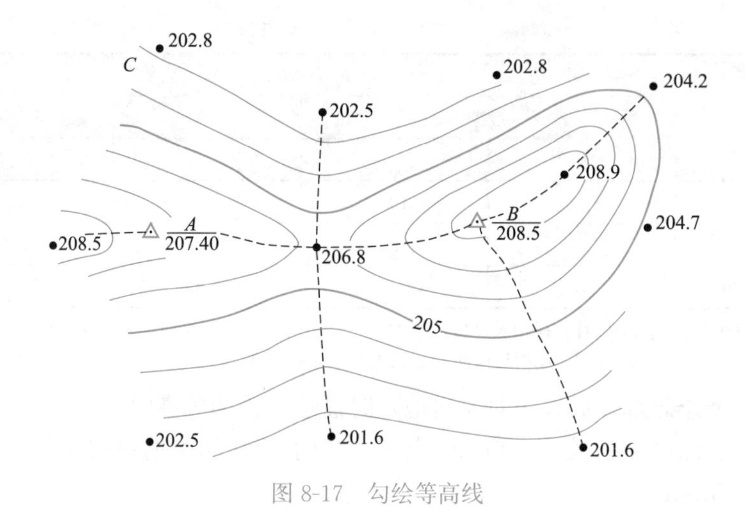

图8-17 勾绘等高线

1）高程注记点在地形图上宜均匀分布。

2）山顶、鞍部、山脊、山脚、谷底、谷口、沟底、沟口、凹地、台地、河（川、湖）岸旁、水涯线上以及其他地面倾斜变换处，均应测高程注记点。

3）城市建筑区高程注记点应测设在街道中心线、街道交叉中心、建筑物墙基脚和相应的地面、管道检查井井口、桥面、广场、较大的庭院内或空地上以及其他地面倾斜变换处。

4）高程点的注记，当基本等高距为0.5m时，应精确至0.01m；当基本等高距大于0.5m时，应精确至0.1m。

（2）连接地性线。自山顶至山脚用细实线连接山脊线上各变坡点，用细虚线将山谷线上各变坡点连接。通常两条山脊线夹一条山谷线，两条山谷线夹一条山脊线。

（3）求等高线通过点。一般地，地形图上相邻两高程注记点之间可视为坡度均匀变化，因此可在相邻两点的连线上，按平距与高差成比例的关系，目估内插出等高线通过点的位置。

（4）勾绘等高线。运用概括原则，将高程相等的相邻点连成光滑的曲线，即为等高线。勾绘等高线时，要对照实地情况，先画计曲线，后画首曲线。曲线应均匀圆滑，没有死角或出刺现象，并注意等高线通过山脊线、山谷线的走向。

（5）等高线绘出后，将图上的地性线全部擦去。山顶、鞍部、凹地等不明显处等高线应加绘示坡线。

（6）不能用等高线表示的地貌，如峭壁、土堆、冲沟、雨裂等，按图式中规定的符号表示。

8.3.6 地形图的拼接和检查

1. 地形图的拼接

（1）每幅图应测出图廓外5mm，自由图边在测绘过程中应加强检查，确保无误。

（2）地形图接边差不应大于规范规定的平面、高程中误差的 $2\sqrt{2}$ 倍。小于限差时可平均配赋，但应保持地物、地貌相互位置和走向的正确性。超过限差时则应到实地检查纠正。

2. 地形图的检查

地形图应经过内业检查、实地的全面对照及实测检查。检查应包括下列内容：

（1）图根控制点的密度应符合要求，位置恰当；各项较差、闭合差应在规定范围内；原始记录和计算成果应正确，项目填写齐全。

（2）地形图图廓、方格网、控制点展绘精度应符合要求；测站点的密度和精度应符合规定；地物、地貌各要素测绘应正确、齐全，取舍恰当，图式符号运用正确；接边精度应符合要求；图历表填写应完整、清楚，各项资料齐全。

（3）根据室内检查的情况，进行实地对照。主要检查地物、地貌有无遗漏；等高线是否逼真合理；符号、注记是否正确等。

（4）使用仪器到野外设站检查，实测检查量不应少于测图工作量的 10%，检查的统计结果，应满足表 8-7 和表 8-8 的规定。

图上地物点相对于邻近图根点的点位中误差　　表 8-7

区域类型	点位中误差(mm)
一般地区	0.8
城镇建筑区、工矿区	0.6
水域	1.5

工矿区细部坐标点的点位和高程中误差（cm）　　表 8-8

地物类别	点位中误差	高程中误差
主要建(构)筑物	5	2
一般建(构)筑物	7	3

8.4　航空摄影测量简介

航空摄影测量（简称航测）是利用安装在飞机上的专用航空摄影仪对地面进行摄影获取航摄像片，并据之进行量测和判析，确定被摄物体的形状、大小和空间位置，绘制被摄地区的地形图或生成数字地面模型。航空摄影测量可将大量的外业测量工作转移到室内完成，具有成图快、精度均匀、受季节限制小等优点，是较大区域地形图测绘的最主要、最有效的方法。我国现有的 1∶1 万～1∶10 万国家基本图都是采用这种方法测绘的。近年来，航空摄影测量也被广泛应用于工程建设和城市大、中比例尺地形图的测绘。

航空摄影测量包括航空摄影、航测外业、航测内业三部分内容。航空摄

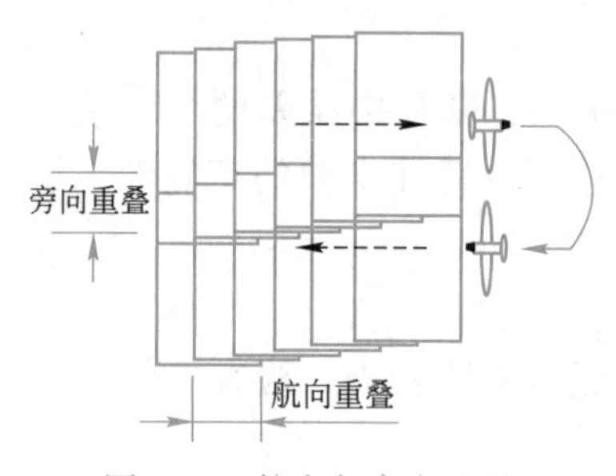

图 8-18　航向与旁向重叠

影是将专用的航空摄影仪安装在飞机上，按照设计好的航线和飞行高度对地面进行摄影，获取符合要求的航摄像片；航测外业主要包括像片控制测量和调绘。航测内业工作主要有在外业控制点基础上的控制加密和测图。航测法成图经历了全模拟法、模拟-数值法、模拟-解析法及数字-解析法等几个阶段，成果有线划地形图、数字地形图、像片平面图、影像地形图、数字地面模型（DTM）等多种形式。

GPS航空摄影测量技术是高精度GPS动态定位测量与航空摄影测量有机结合的一项新技术。GPS辅助空中三角测量是在航空摄影飞机上安设一台GPS接收机，并用一定方式将之与航空摄影仪相连接。在航摄飞机对地摄影的同时，该接收机与固定在地面参考点上的一台或几台GPS接收机同时、快速、连续地记录相同的GPS卫星信号，并精确而自动地“记录”每一个摄影时元。通过相对动态定位技术的数据后处理获得摄影站曝光时刻的GPS天线相位中心的三维坐标，然后将其化算为摄影站坐标作为附加观测值，参与空中三角测量的联合平差解算。它可以极大地减少野外实测像控点工作或实现无地面控制的空中三角测量，这对缩短成图周期、减少或免除在困难地区或不能到达地区的航测外业控制测量都有着十分重要的意义。

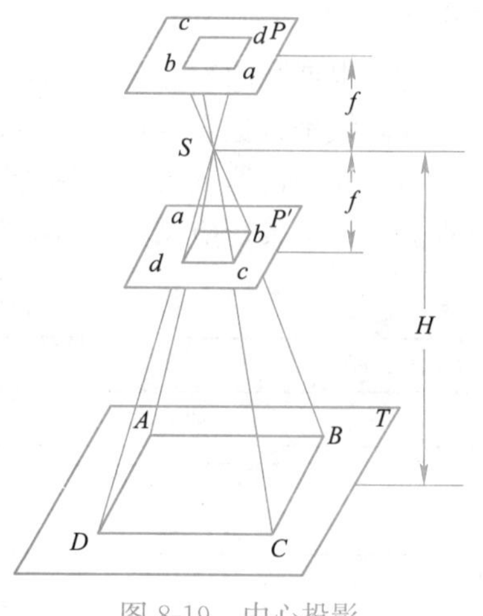

图 8-19　中心投影

8.4.1　航空摄影和航摄像片的基本知识

1. 航空摄影

航空摄影机又称航摄仪，其构造原理与普通照相机基本相同，但镜头畸变要小，分辨率要高，曝光时感光胶片要严格压平，能自动控制曝光时间间隔。摄影仪镜箱内设有光学框标、圆水准器、时表、像片号码、焦距值、日期和航向指示器等，像片曝光的同时被摄在像片边缘。航空摄影按航线进行，航片应覆盖整个测区，不应出现漏洞。航线弯曲度是指航摄像片的像主点离开航线最大偏离值与航线全长之比，航线弯曲不应大于其航线长度的3%；同一条航线上相邻两张像片的重叠称为航向重叠，为了建立有效的立体模型以便进行内业测图，航线重叠宜大于60%，并不应小于53%；相邻两条航线像片间的重叠称为旁向重叠（图8-18），为了防止出现摄影漏洞和满足相邻航线像片拼接的要求，旁向重叠宜为30%，并不应小于15%；航摄像片的倾角

（即摄影光轴与铅垂线的夹角）不宜大于 2°，个别像片最大不应大于 4°；航摄的旋偏角（像片边缘与航线方向的夹角）一般不大于 6°，最大不应超过 12°。另外，还要求，摄影分区内实际航高与设计航高之差不应大于 50m，当航高大于 1000m 时，实际航高与设计航高之差不应大于设计航高的 5%；同一航线上像片的最大航高与最小航高之差不应大于 30m，相邻像片的航高差不应大于 20m。

2. 航摄像片

航摄像片通常采用的像幅有 18cm×18cm、23cm×23cm 等，像幅四周有框标标志，相对框标的连线为像片坐标轴，其交点是像主点作为像片坐标系的原点，依据框标可以量测出像点坐标。航摄像片应影像清晰，层次丰富，反差适中，色调正常，能辨认与摄影比例尺相适应的细小地物的影像。光学框标影像必须清晰、齐全，其密度应与像幅内地面上大部分明亮地物影像的密度一致。航摄底片的不均匀变形不应大于 3/10000。

航摄像片上某两点间的距离和地面上相应两点间水平距离之比，称为航摄像片比例尺，通常用 $1/M$ 的形式表示。如图 8-19 所示，当被摄地面水平且摄影像片处于水平位置时，同一张像片上的比例尺是一个常数

$$\frac{1}{M}=\frac{ab}{AB}=\frac{f}{H} \tag{8-3}$$

式中 f——航摄仪的焦距；

H——航高（指相对航高）。

可见，像片比例尺与航高有关。对一架航摄仪来说，f 是固定值，要使各像片比例尺一致，必须保持同一航高。航摄像片比例尺根据成图比例尺确定，比例尺太小，成图精度低；比例尺过大，各种成本偏高。一般地，像片比例尺约为成图比例尺的 1/4。

3. 航摄像片的特点

（1）航摄像片是中心投影

如图 8-20 所示，地面点 A 发出光线经摄影镜头 S 交于底片 a 上。当地面水平，且摄影时像片严格水平时，像片上各处的比例尺一致，影像的形状与地表物体形状完全相似。此时，航摄像片具有平面图的性质。

（2）地面起伏引起投影误差

投影误差是指当地面有起伏时，高于或低于摄影基准面的地面点，其像点相对于基准面像点之间的直线位移。

如图 8-20 所示，选 AB 线段所在的平面为基准面 T_0，则 D 点在 T_0 上的投影为 D'。因为摄影是中心投影，所以两者的投影点分别为 d、d'，dd'即是 D 点的投影误差。因此，地面上两等长的线段 AB 和 CD，由于位于不同的高

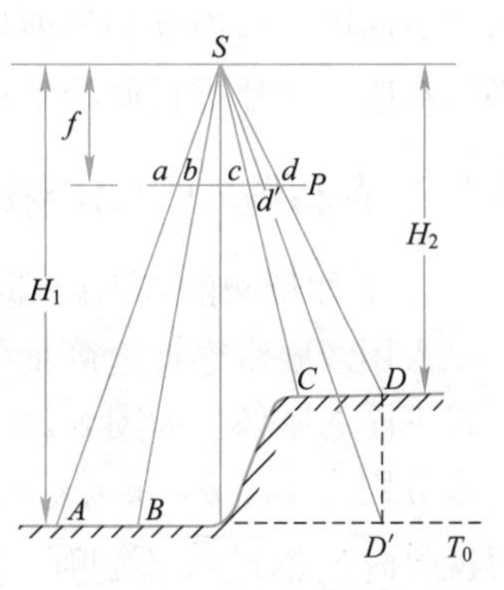

图 8-20　地形起伏产生投影误差

程面，它们在像片上的构像 ab、cd 的长度不同，比例尺不一样。

投影误差的大小与地面点距摄影基准面 T_0 的高差成正比。在基准面上的地面点，投影误差为零；高差越大，投影误差越大。可见，投影误差可随选择的基准面高度不同而增减。航测成图时，常采用分带投影的方法，选择几个基准面，将投影误差限制在一定的范围内，使之不影响地形图的精度。

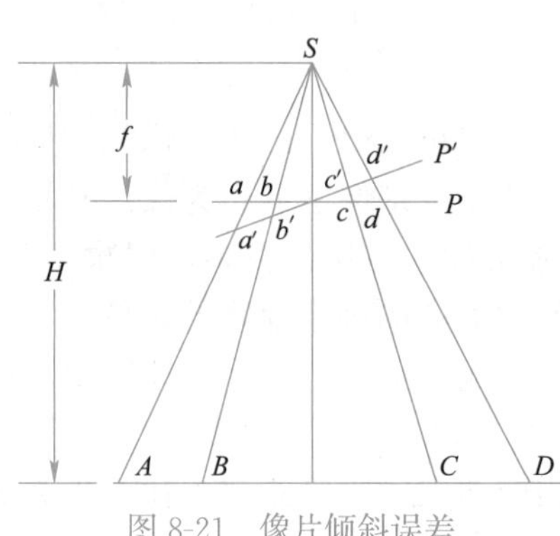

图 8-21　像片倾斜误差

(3) 航摄像片倾斜误差

同摄站同主距的倾斜像片和水平像片沿等比线重合时，地面点在倾斜像片上的像点与相应水平像片上像点之间的直线移位称为倾斜误差。

如图 8-21 所示，P 和 P' 分别为水平和倾斜像片，水平面上等长线段 AB、CD 在水平像片上构像为 ab、cd，在倾斜像片上构像为 $a'b'$、$c'd'$，可见倾斜像片上各处的比例尺都不相同。当像片倾角很小时，像片上点的倾斜误差可以用下式计算：

$$\delta=-\frac{r^2}{f}\sin\varphi\sin\alpha \tag{8-4}$$

式中　r——像点至主点的距离；

f——焦距；

φ——像点的方向角；

α——像片倾角。

等比线将影像分为上下两部分，上半部分影像线段长度短于水平像片相应线段长度，影像比例尺小于等比线影像比例尺；下半部分影像线段长度长于水平像片相应线段长度，影像比例尺大于等比线影像比例尺。为此，航片内业利用地面已知控制点，采取像片纠正的方法来消除倾斜误差。

(4) 像片是由影像的大小、形状、色调来反映地物和地貌的。这种表达方式有一定程度的不确定性和局限性，如物体名称、房屋结构、道路等级、河流流向以及地面高程等地物、地貌的属性在像片上是表示不出来的。因此，必须对航空像片进行调绘工作。

8.4.2　航摄像片的立体观测和立体量测原理

1. 立体量测的基本原理

人用双眼观察远近高低不同的物体时，物体在左右眼的视网膜上构成了位置不同的影像。如图 8-22 所示，空间 A、B 两点，在左、右眼视网膜上的影像分别为 a_0、b_0 和 a_0'、b_0'。由于 A、B 两点远近不同，造成在两眼上的生理视差 $\overline{a_0b_0}$、$\overline{a_0'b_0'}$ 不相等，两者的差值（生理视差较）通过大脑皮层的视觉中心，便会感知到物体的远近。

$$p=\overline{a_0b_0}-\overline{a_0'b_0'} \tag{8-5}$$

如果分别在两眼和 A、B 之间放置上玻璃板 P、P'，则人眼观察到的是 A、B 透过玻璃板后的影像，这可以理解为人眼观察到的是 A、B 留在玻璃板 P、P' 上的影像 a、b 和 a'、b'。

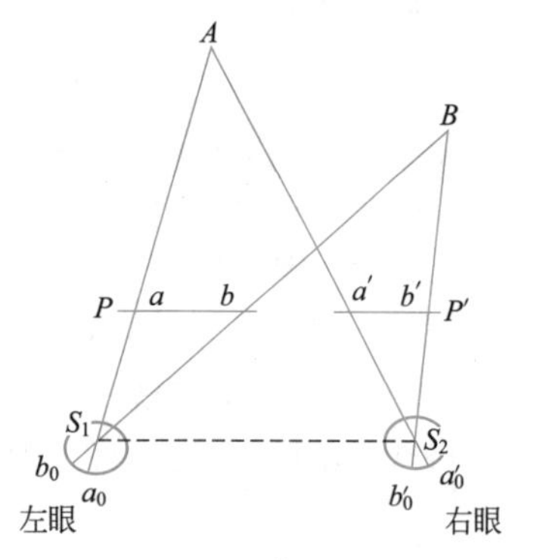

图 8-22　立体观测原理

如果使影像 a、b 和 a'、b' 保留在玻璃板 P、P' 上，然后将 A、B 两物体遮蔽，人眼通过观察影像 a、b 和 a'、b'，照样会感知到 A、B 的存在。这种现象称为人造立体视觉。

航空摄影时，从两个摄影站对同一目标拍摄有一定重叠度的两张像片。如采用一定的措施使左右眼分别位于两个摄影站的角度来观察两张像片，就会构成被摄物体的立体视觉模型。为此，立体观测应具备以下条件：

（1）有立体像对。必须从两个不同的位置对同一静止目标摄取两张有一定重叠度的像片，称为立体像对。

（2）有分像条件。立体观测时，左、右眼应只能同时分别观察到同一立体像对的左、右片。

（3）同名像点连线与眼基线平行。左像片安置在左边，右像片安置在右边，两像片上相同景物（同名像点）的连线应与眼基线大致平行。

（4）两像片的比例尺应相近，差别应小于 15%。

（5）两张像片的距离应适合人眼的交向和凝聚能力。

2. 像对的立体量测原理

如图 8-23 所示，设地面上有高低不同的 A、B 两点，在左右两张像片上的构像分别是 a_1、b_1 和 a_2、b_2。在像片坐标系中量测各像点坐标，令同一地面点在相邻像片上的 y 值为 0，x 值之差即为左右视差 P，则

$$P_A = x_{a1} - x_{a2} = \overline{a_1 a_2}$$
$$P_B = x_{b1} - x_{b2} = \overline{b_1 b_2} \tag{8-6}$$

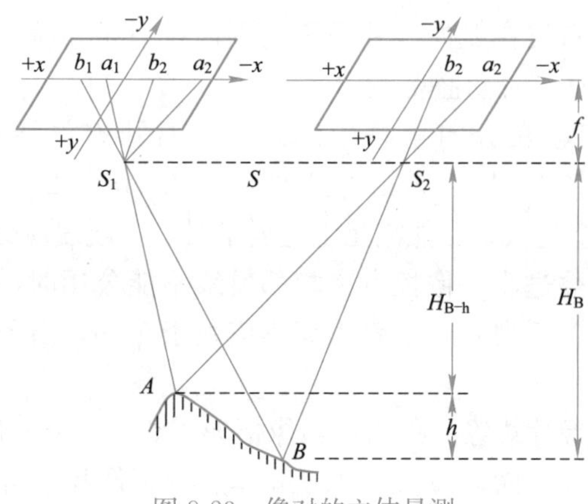

图 8-23　像对的立体量测

从图中可以看出：$\Delta a_1 S_1 a_2 \backsim \Delta S_1 A S_2$，因而有

$$\frac{a_1 a_2}{S}=\frac{f}{H_B-h} \tag{8-7}$$

式中　S——立体像对的投影基线长；

f——摄影机的焦距；

H_B——B 点的航高；

h——A、B 两点的高差。

将式（8-7）进行简单变换，代入式（8-4）可得

$$P_A=\frac{Sf}{H_B-h}$$

$$P_B=\frac{Sf}{H_B} \tag{8-8}$$

令 $\Delta P=P_A-P_B$，经整理得

$$\Delta P=\frac{P_B h}{H_B-h}$$

$$h=\frac{\Delta P H_B}{P_B+\Delta P} \tag{8-9}$$

上式为理想像对，以 B 点所在的高程面为基准面，以 B 点为起始点，只要量测出 A、B 两点的像点坐标，即可计算出 A 点相对于 B 点的高差。在非理想像对中，同名像点的纵坐标不为零，$q=y_{i1}-y_{i2}$ 称为上、下视差，利用它可以恢复摄影瞬间像片的空间位置，建立立体模型。

8.4.3　航测外业工作

1. 野外控制测量

航测成图必须具有足够数量的像片控制点（简称像控点），这些控制点在已有大地控制点的基础上进行加密。在野外，将实地形态与航片的影像相对照，选择合适的像控点位置，测定它的平面坐标和高程，并在像片上精确地刺点和描述。这项工作也称像片联测。像控点在像片上的位置应符合下列规定：

（1）像控点应布设在航向 3 片重叠范围内，当相邻航线公用时，应布设在航向及旁向 6 片或 5 片重叠范围内。

（2）像控点应选在旁向重叠中线附近，离开方位线的距离，像幅为 18cm×18cm 时，不应小于 3cm；当像幅为 23cm×23cm 时，不应小于 4.5cm。当旁向重叠过大，不能满足上述要求时，下航线应分别布点。

（3）当旁向重叠过小，像控点在相邻航线不能公用时，应分别布点，此时控制范围在像片上所裂开的垂直距离不应大于 1cm，当条件受限制时不应大于 2cm。

（4）像控点距像片边缘的距离，当像幅为 18cm×18cm 时，应大于 1cm；当像幅为 23cm×23cm 时，应大于 1.5cm。点位距像片上各类标志的距离应大于 1mm。

像控点全野外布点应符合下列规定：

（1）采用综合法全野外布点时，每隔号像片测绘面积的四个角上应各布设1个平高点，像主点附近增设1个平高检查点。

（2）采用全能法全野外布点时，每个立体像对测绘面积的四角，应各布设1个平高点。

2. 像片调绘

像片调绘就是利用航摄像片进行调查和绘图。调绘片宜采用放大像片进行，应能清晰判读、注记并绘示符号，调绘的范围应与控制片范围一致，方便接边。

实地识别像片上各种影像所反映的地物、地貌，根据用图的要求进行适当的综合取舍，调绘片应按现行地形图图式将地物、地貌元素描绘在相应的影像上。常用的、重复次数频繁的符号可简化，大面积的植被可用文字注记。同时，还要调查地形图上所必须注记的地形要素属性，补测地形图上必须有而像片上未能显示出的地物，最后进行室内整饰。

8.4.4 航测内业

1. 综合法

在室内利用航摄像片确定地物的平面位置，地物名称和类别等通过外业调绘确定，等高线则在野外用常规方法测绘。它综合了航测和地形测量两种方法，故称综合法。

2. 全能法

在完成野外像片控制测量和像片调绘后，利用具有重叠的航摄像片，在全能型的仪器上建立地形立体模型，并在模型上作立体观察，测绘地物和地貌，经着墨、整饰而得地形图。

8.4.5 数字摄影测量成图简介

数字摄影测量是基于数字影像与摄影测量的基本原理，应用计算机技术、数字影像处理、影像匹配、模式识别等多学科的理论与方法，提取所摄对象用数字方式表达的几何与物理信息的摄影测量学的分支学科，美国等国家称之为软拷贝摄影测量，我国王之卓教授称为全数字摄影测量。

数字摄影测量利用数字影像的灰度信号，采用数字相关技术寻找并量测同名像点，在此基础上通过解析计算，建立数字立体模型。数字摄影测量使用的数据除了扫描数字化影像外，更主要的是各种航空、航天携带的数字传感器直接获取的数字影像。除了利用可见光拍摄，合成孔径雷达（SAR）影像也得到了广泛的应用。SAR工作在微波波段，记录的是地面物体发射的雷达波信号，微波能穿透云、雾、雨等，不受天气影响，影像的空间分辨率高，而且微波的反射与地面的介质特性和地形起伏有关，因此可以测量地面介质和起伏，发现可见光所不能发现的地表构造和形态。

数字摄影测量系统（图8-24）包括系统硬件（如影像扫描数字化仪、计

算机、立体观测装置和输出设备等）和系统软件（应具备基本数据管理模块、定向模块、匹配模块、DEM生成模块、正射影像生成模块、数字测图模块等）。系统的一般工作流程是，进行原始数据的预处理，然后提取影像框标，提取用于立体量测的特征点并进行同名像点的匹配，人机交互完成影像的内定向和立体像对的相对定向。完成相对定向后，按照核线对影像进行重新排列，生成按核线方向排列的立体影像。最后利用核线影像在核线方向上进行一维搜索和特征匹配，建立数字高程模型和自动绘制等高线。数字摄影测量的内容还有制作正射影像、等高线与正射影像叠加（带等高线的正射影像图）、制作透视图和景观图、地物和地貌元素的量测、地图编辑与注记等。

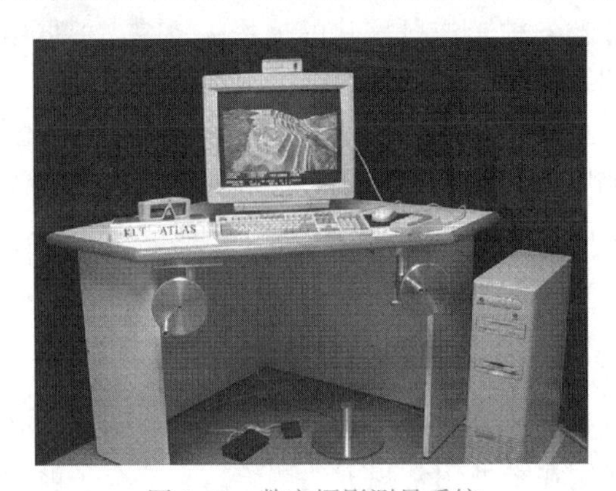

图8-24　数字摄影测量系统

思考题

8-1　什么是地形图？

8-2　什么是地形图比例尺、地形图比例尺精度？

8-3　地形图上的地物符号有哪些种？

8-4　什么叫等高线？等高线有哪些特性？

8-5　什么是等高距、等高线平距？它们与地面坡度有什么关系？

8-6　测定碎部点平面位置的基本方法有哪几种？

8-7　地形图测绘时，碎部点应选在什么地方？

8-8　测图时，用增补的图解交会点或视距支点作为测站点时应符合哪些规定？

8-9　用经纬仪配合展点器法测图，在测站上要做哪些工作？

8-10　摄影测量对航摄像片有什么要求？

8-11　航摄像片与地形图有什么不同？

8-12　简述利用立体像对进行立体量测的原理。

第9章 地形图的识读与应用

本章知识点

【知识点】 在地形图上确定点的高程及坐标，确定两点之间的距离，确定某直线的方位及坡度，计算指定范围的面积和土方量，绘制某方向上的断面图，确定汇水面积和场地平整挖填边界等。

【重点】 地形图在工程建设中的应用，断面图的绘制，面积和土方量的计算。

【难点】 土方量的计算。

地形图是国家经济发展和城市建设规划、设计和施工必不可少的地面信息资料。通过地形图人们可以比较全面、客观地了解和掌握地面丰富的信息，如居民地、交通网等社会经济地理属性，以及水系、植被、土壤、地貌等自然地理属性。技术人员利用地形图可以有效地处理和研究问题，进行合理地规划与设计。因此，正确识读和应用地形图成了有关工程技术人员必须具备的一项基本技能。

9.1 地形图的识读

9.1.1 地形图识读的目的和基本要求

首先要能看懂地形图，才能正确地应用地形图。地形图是用各种规定的符号和注记表示地物、地貌及其他有关资料。通过对这些符号和注记的识读，可使地形图成为展现在人们面前的三维地面模型，以判断地面的自然形态以及地面物体间相互关系。这就是地形图识读的主要目的。

地物、地貌是地形图上的基本内容，而地物、地貌在图上是用国家测绘局颁布的地形图图式规定的各种符号和注记表示的。因此，识读地形图的基本要求是必须熟悉相应的地形图图式；掌握地形图的测绘方法，熟悉各类要素符号间关系的处理原则以及各种注记的配置和整饰要求；识读时要分层次地进行识读，即从图外到图内，从整体到局部，由主及次地逐步深入到要了解的具体内容。这样，才能对地形图所描述的地面空间有一个完整的认识。

9.1.2 地形图识读的基本内容

1. 地形图图外注记的识读

首先了解地形图测绘的时间和测绘单位，以便判断地形图的新旧；然后了解地形图的图名、图号、比例尺、坐标系统、高程系统和基本等高距；还要了解图幅范围和接图表。例如在图 9-1 中，地形图的图名为潮莲镇，图号为 F-49-59（2），比例尺为 1：10000，坐标系统为 1980 西安坐标系，高程系统为 1956 黄海高程系，等高距为 5m 等。

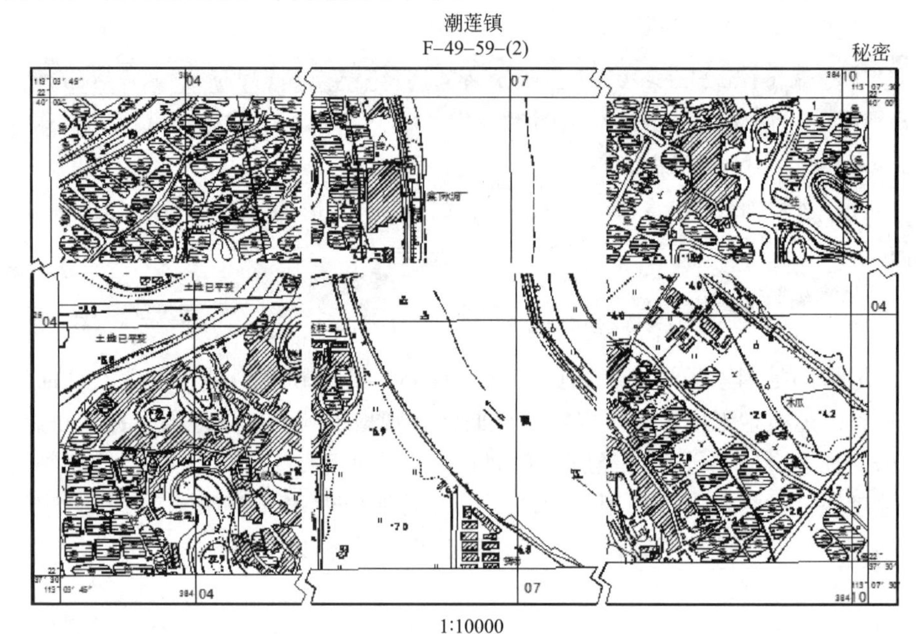

1994年10月—1996年1月航摄,1995年12月调绘。
1993年版地形图图式。
1980西安坐标系,1956年黄海高程系,等高距5m。

图 9-1 地形图识读

2. 地物、地貌的判读

对于地物要了解图幅内居民、工厂、学校、商店等分布情况；了解图内池塘、河流、道路、车站、码头等交通设施；了解图内控制点的等级、类型及其位置。对于地貌而言要了解高山的陡峭程度和地势走向；了解丘陵、洼地和平原的地表形态。更重要的是除在图上了解、掌握与所涉及的工程项目密切相关的地物、地貌外，还需要进行实地勘察，以便对建设用地进行更具体、全面、正确的了解。

9.2 地形图的基本应用

9.2.1 在地形图上确定某点的高程

地形图上某点的高程可以根据等高线来确定。当某点位于两等高线之间时，则可用内插法求得。如图 9-2 所示，欲求 k 点的高程，首先通过 k 点作相邻两等高线的垂线 mn。图上量出 mn 及 mk 的距离，然后根据已知等高距 h，则可求得 k 点的高程为

$$H_{\mathrm{k}}=H_{\mathrm{m}}+\frac{mk}{mn}\times h \tag{9-1}$$

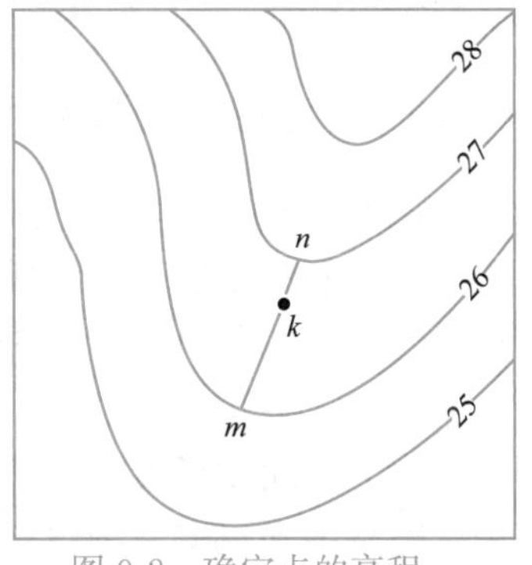

图 9-2　确定点的高程

9.2.2　在地形图上确定点的坐标

欲确定图上一点的平面坐标，可根据格网坐标采用图解法求得。图框边线上所注的数字就是坐标格网的坐标值，它们是在图上确定某点坐标的重要依据。

例如，欲求图 9-3 中 P 点的坐标，可先确定 P 点所在方格，画出坐标方格 $abcd$，过 P 点作平行于坐标格网的平行线 Pf 和 Pk。在图上量出 Pf、Pk 的长度，分别乘以比例尺的分母 M 得到实地水平距离，则 P 点坐标为

$$\left.\begin{array}{l} x_{\mathrm{P}}=x_{\mathrm{a}}+Pf\times M \\ y_{\mathrm{P}}=y_{\mathrm{a}}+Pk\times M \end{array}\right\}$$

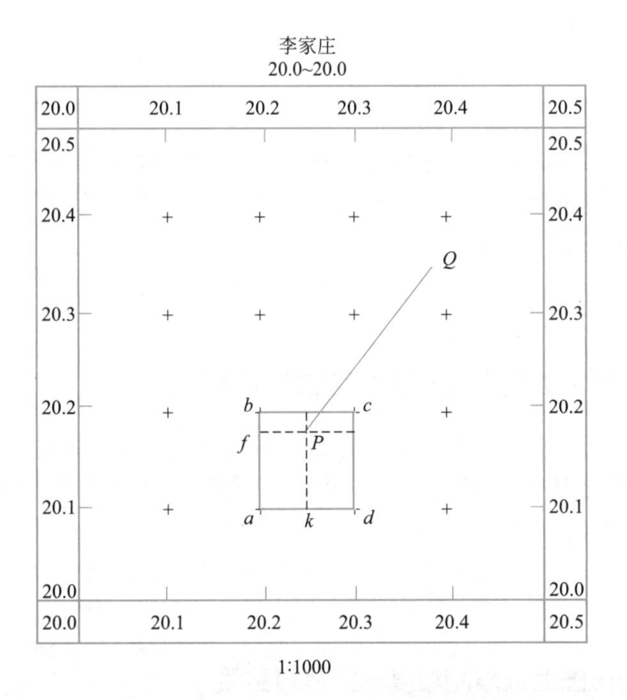

图 9-3　图上确定一点的平面位置

考虑到图纸不均匀变形的影响，在图纸上实际量出的方格边长往往不等于其理论长度（一般为 10cm），为了提高坐标量测角度，可按比例内插求得，则 P 点的坐标计算如下

$$
\left.\begin{aligned}
x_{\mathrm{P}}&=x_{\mathrm{a}}+\frac{af}{ab}\times10\times M\\
y_{\mathrm{P}}&=y_{\mathrm{a}}+\frac{ak}{ad}\times10\times M
\end{aligned}\right\}\tag{9-2}
$$

9.2.3　在地形图上确定两点间的距离

1. 图解法

在图上直接量测出线段长度，再乘以比例尺分母，即可得其地面水平距离。但应该考虑到会受到图纸伸缩的影响。

2. 解析法

为了消除图纸变形的影响，提高量测精度，可用两点的坐标计算距离。首先图解图上两点的坐标值 x_{A}、y_{A} 和 x_{B}、y_{B}，再利用下式计算出水平距离

$$
D_{\mathrm{AB}}=\sqrt{(x_{\mathrm{B}}-x_{\mathrm{A}})^2+(y_{\mathrm{B}}-y_{\mathrm{A}})^2}\tag{9-3}
$$

9.2.4　利用地形图求某直线的坐标方位角

欲求直线 AB 的坐标方位角，先求出 A、B 两点的坐标，然后再按坐标反算公式计算得到方位角 α_{AB} 为

$$
\alpha_{\mathrm{AB}}=\arctan\frac{y_{\mathrm{B}}-y_{\mathrm{A}}}{x_{\mathrm{B}}-x_{\mathrm{A}}}\tag{9-4}
$$

当精度要求不高时，可分别过直线 A、B 两点作平行于坐标格网纵线的直线，然后用量角器量取 AB 直线的正、反坐标方位角 α'_{AB}和 α'_{BA}，最后计算 AB 直线的坐标方位角为

$$
\alpha_{\mathrm{AB}}=\frac{1}{2}(\alpha'_{\mathrm{AB}}+\alpha'_{\mathrm{BA}}\pm180^\circ)\tag{9-5}
$$

9.2.5　在地形图上确定某一直线的地面坡度

设地面上两点之间的水平距离为 D，图上平距为 d，高差为 h，而高差与地面水平距离之比称为坡度，以 i 表示。坡度常以百分率（%）或千分率（‰）表示，即

$$
i=\frac{h}{D}=\frac{h}{d\times M}\tag{9-6}
$$

9.2.6　在地形图上按限制坡度选择最短路线

在线路、管线等工程勘测设计时，都要求线路坡度在不超过某一限制坡度的条件下，选择一条最短路线或等坡度线。

如图 9-4 所示，A、B 为一段线路的两端点，要求从 A 点起按 5%的坡度选不同路线到达 B 点，以便进行分析、比较，从中选定一条最短的路线。

首先要按照限定的坡度 i，等高距 h，地形图比例尺分母 M，求得该路线通过图上相邻两等高线之间的平距 d，即

$$d=\frac{h}{i \cdot M} \tag{9-7}$$

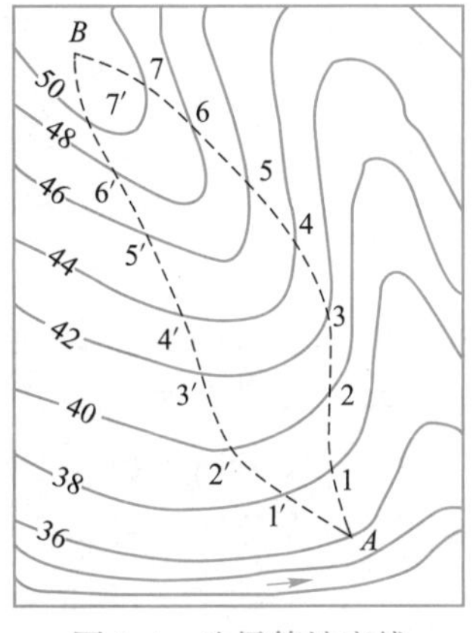

图 9-4　选择等坡度线

设图中等高距为 2m，比例尺为 1∶5000，则 $d=\frac{2}{0.05\times5000}=0.008$m。然后，以 A 点为圆心，d 为半径画弧，交 38m 等高线于点 1，再以 1 点为圆心，d 为半径画弧，交 40m 等高线于点 2，依次进行，直至 B 点为止。如果图上等高线平距大于 d，表明实地坡度小于限定坡度，线路可按两点间最短路线的方向绘出。顺序连接 A、1、2……B，便在图上得到符合限定坡度的路线。同法选出 A 点经 1′、2′……B 的另一条符合限定坡度的路线。

当然，在选线时还要考虑其他因素，才能最后确定线路位置。

9.3　图形面积量算

在工程勘测设计时，常常需要测定地形图上某一区域的图形面积。例如，场地平整中计算平整面积，道路工程中作勘测设计时计算流域面积，在线路工程施工前求出各横断面的面积等，下面介绍几种量算面积的常用方法。

9.3.1　透明方格纸法

如图 9-5 所示，要计算曲线内的面积，先将毫米透明方格纸覆盖在图形上，数出图形内完整的方格数 n_1 和不完整的方格数 n_2，则面积 A 可按下式计算

$$A=\left(n_1+\frac{1}{2}n_2\right)\frac{M^2}{10^6}(m^2) \tag{9-8}$$

式中　M——地形图比例尺分母。

9.3.2　平行线法

如图 9-6 所示，将绘有等距平行线的透明纸覆盖在图形上，使两条平行线与图形边缘相切，则相邻两平行线间截出的图形面积可近似视为梯形。梯形的高为平行线间距 h，图形截出各平行线的长度为 l_1、l_2……l_n，则各梯形面积分别为

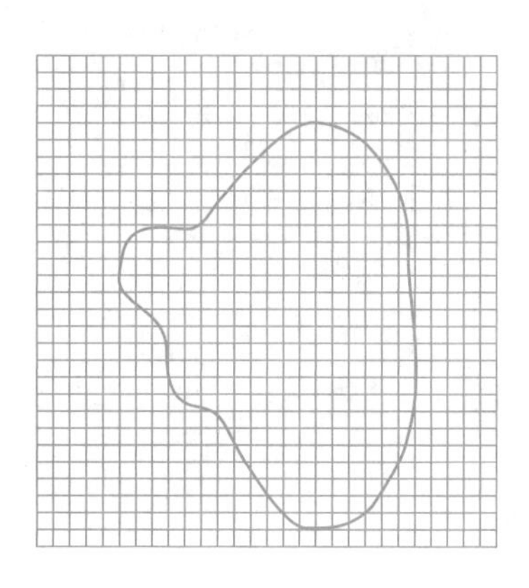
图 9-5　透明方格纸法

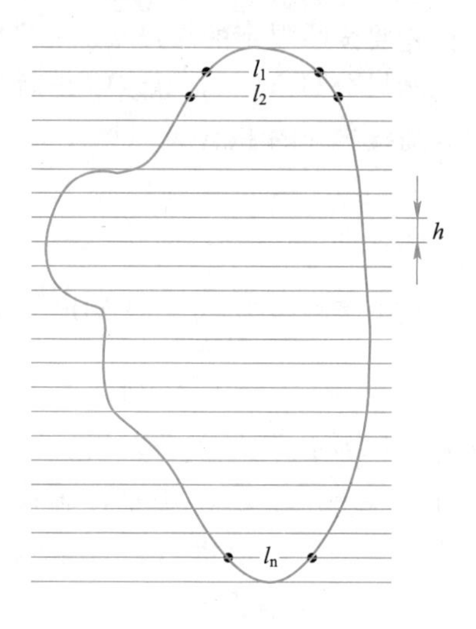

图 9-6　平行线法

$$s_1=\frac{1}{2}h(0+l_1)$$

$$s_2=\frac{1}{2}h(l_1+l_2)$$

……

$$s_n=\frac{1}{2}h(l_{n-1}+l_n)$$

$$s_{n+1}=\frac{1}{2}h(l_n+0)$$

总面积为

$$A=S_1+S_2+\cdots+S_n+S_{n+1}=h\sum_{i=1}^{n}l_i \tag{9-9}$$

9.3.3　解析法

如果图形为任意多边形，且各顶点的坐标已在图上量出或已在实地测定，可利用各点坐标以解析法计算面积。

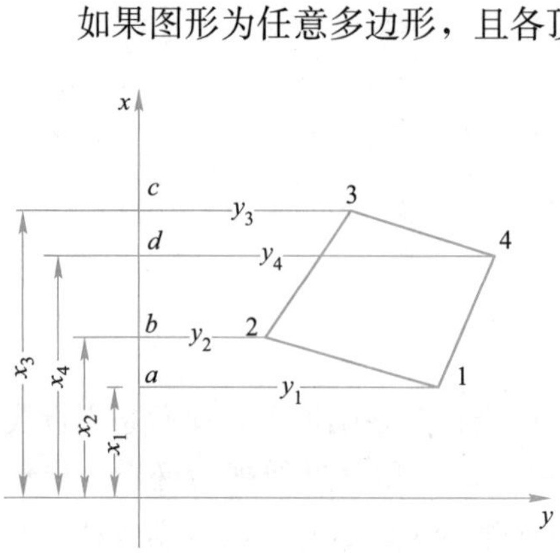

图 9-7　解析法求面积

如图 9-7 所示为一任意四边形，按顺时针方向依次对各顶点编号，设各顶点 1、2、3、4 的坐标分别为 (x_1, y_1)、(x_2, y_2)、(x_3, y_3)、(x_4, y_4)，由图中可知，四边形的面积为

$$A=A_{c34d}+A_{d41a}-A_{c32b}-A_{b21a}$$
$$=\frac{1}{2}[(x_3-x_4)(y_3+y_4)+(x_4-y_1)(y_4+y_1)-(x_3-x_2)(y_3+y_2)-(x_2-x_1)(y_1+y_2)]$$

$$
\begin{aligned}
A=&\frac{1}{2}[(x_3y_3+x_3y_4-x_4y_3-x_4y_4)\\
&+(x_4y_4+x_4y_1-x_1y_4-x_1y_1)]\\
&-\frac{1}{2}[(x_3y_3+x_3y_2-x_2y_3-x_2y_2)\\
&+(x_2y_2+x_2y_1-x_1y_2-x_1y_1)]
\end{aligned}
$$

经整理后得

$$A=\frac{1}{2}[x_1(y_2-y_4)+x_2(y_3-y_1)+x_3(y_4-y_2)+x_4(y_1-y_3)]$$

推广到一般情形，对于 n 边形面积，面积计算的通用公式为

$$A=\frac{1}{2}\sum_{i=1}^{n}x_i(y_{i+1}-y_{i-1}) \tag{9-10}$$

式中当 $i=1$ 时，$y_{i-1}=y_n$；当 $i=n$ 时，$y_{i+1}=y_1$。

若将各顶点投影于 y 轴，同法可推出

$$A=\frac{1}{2}\sum_{i=1}^{n}y_i(x_{i+1}-x_{i-1}) \tag{9-11}$$

式中当 $i=1$ 时，$x_{i-1}=x_n$；当 $i=n$ 时，$x_{i+1}=x_1$。

式（9-10）和式（9-11）可以互为计算检核。

9.3.4 求积仪法

求积仪是一种专门供图上量测面积的仪器，其优点是操作简便、速度快、精度好，适合任意曲线图形的面积量算。

电子求积仪属于数字式求积仪，采用具有专用程序的微处理器代替传统的机械计数器，使所量面积直接用数字显示出来。图 9-8 所示为 KP-90N 滚动式求积仪，其正面为计数器面板，面板左面为功能键和数字键，面板右面为液晶显示窗。使用方法与机械求积仪一样，将描迹点自图形周界的某一点开始，顺时针沿周界转动一周仍回至原来位置，转动过程中计数器背面的积分轮随之转动，积分轮转动采集的信息通过微处理器处理后，在显示窗中显示相应的符号和所量测的面积值。其特点是：

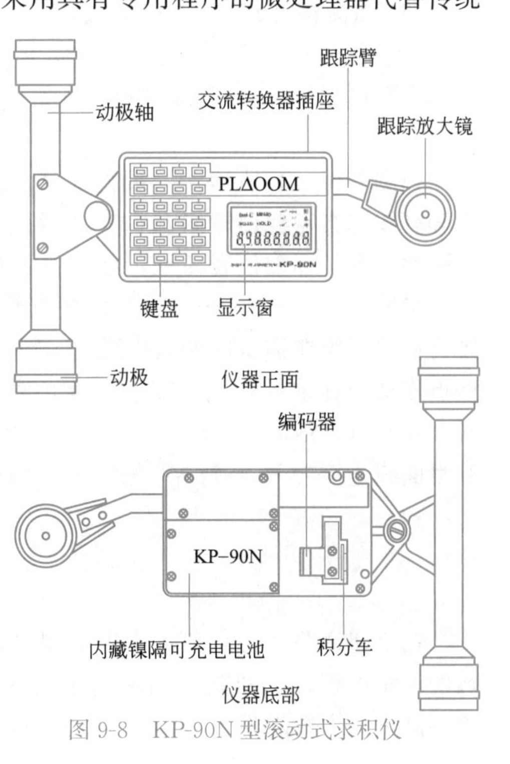

图 9-8 KP-90N 型滚动式求积仪

（1）可以选择面积的单位制和单位。单位制有公制和英制，单位有 cm^2、m^2、km^2 及 in^2（平方英寸）、ft^2（平方英尺）、Acre（英亩）。选

择单位制用 UNIT-1 键，选择单位用 UNIT-2 键，所选单位符号显示在显示窗内。

（2）设置比例尺 1∶X。用数字键输入 X 后，按 SCALE 键，显示窗内显示符号 SCALE 及数字"0"，比例尺已设置到微处理器内。用 R-S 键来检查所设置的比例尺，显示窗显示 X^2 的数值，但应注意显示窗只能显示 8 位数。

（3）量测用脉冲计数，能显示 6 位数，1 个脉冲代表 $0.1cm^2$（比例尺 1∶1），最大脉冲读数为 999999，相应于比例尺 1∶1 时的面积为 $99999.9cm^2=10m^2$。但在按 HOLD 键、MEMO（Memory）键或 AVER（Average）键时，可使显示的脉冲数转变为面积值，显示 8 位数，其最后三位为小数。

（4）图形过大，可分块量测后求得总面积。在选定面积单位及设置比例尺后，先按 START 键，显示"0"后开始量测，量测完毕显示脉冲数，按 HOLD 键将脉冲数转变为面积值。再量第二块图形时，只要将描迹点绕图形一周，就显示两块图形的累计脉冲数，按 HOLD 键得两块图形的累计面积值。如此继续，可得量测若干块图形的总面积值。

（5）可求得图形几次量测面积的平均值。如需量测一图形两次的面积平均值时，从按 START 键开始量测，第一次量测完毕，按 MEMO 键由显示的脉冲数转变为第一次量测的面积值；第二次量测前，按 START 键（显示"0"）才能开始量测，量测完毕，按 MEMO 键，显示第二次量测的面积值；最后按 AVER 键，显示两次量测的面积平均值。如果继续量测，最后按 AVER 键，便得量测若干次的平均面积。但应注意每次量测前均应按 START 键。

（6）量测精度±2/1000 脉冲。

9.4　利用地形图绘制某方向的断面图

如图 9-9（a）所示，欲沿直线 AB 方向绘制断面图。先将直线 AB 与图上等高线的交点标出，如 b、c、d 等点。绘制断面图时，以横坐标轴代表水平距离，纵坐标轴代表高程，如图 9-9（b）所示。然后在地形图上，沿 AB 方向量取 b、c、d、……、p、B 各点至 A 点的水平距离；将这些距离按地形图比例尺展绘在横坐标轴 AB 线上，得 A、b、c、……、p、B 各点；通过这些点作横坐标轴的垂线，在垂线上，按高程比例尺（可以作适度夸张，例如 $H\times10$）分别截取 A、b、c、……p、B 等点的高程。将各垂线上的高程点用光滑曲线连接起来，就得到直线 AB 方向上的断面图，如图 9-9（b）所示。

9.5　在地形图上确定汇水面积

在修建道路、桥涵和水库等工程时，需要知道路基、大坝所拦截某一区域的汇水面积，以便结合当地的水文气象资料计算来水量，进而设计路基、大坝高度和水库的蓄水量。所谓汇水面积，是指河道或沟谷某断面以上分水

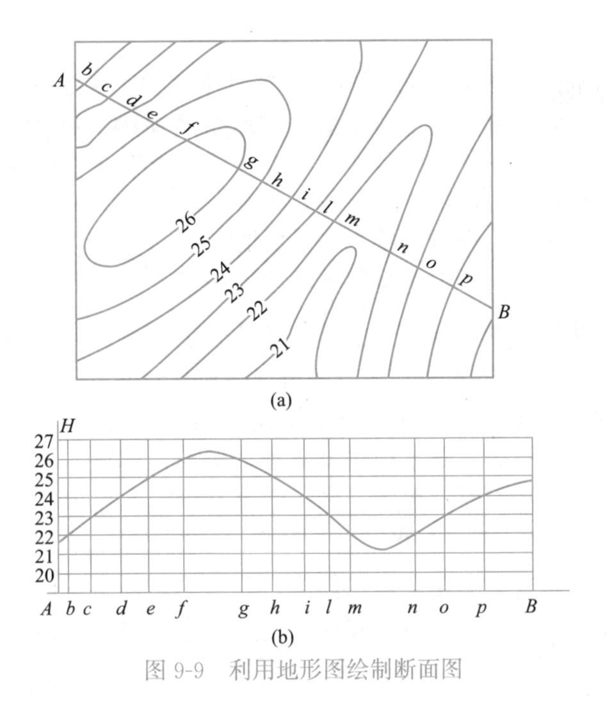

图 9-9 利用地形图绘制断面图

线所包围的面积。要确定汇水面积，首先要勾绘出汇水边界。汇水边界由一系列的山脊线和拟建的堤坝等构成，其勾绘要点是：

(1) 汇水边界线由河沟的指定点出发，最后又回到原来的指定点，形成一条闭合曲线；

(2) 边界线应通过山顶、鞍部等部位的最高点，且与山脊线（分水线）保持一致；

(3) 边界线要处处与等高线垂直。

在图 9-10 中，一条公路经过山谷，拟在 m 点处架桥或修涵洞，其孔径大小应该根据流经该处的流水量来决定，而流水量与汇水面积有关。要计算 ab 线段处上游的汇水面积，先由 ab 线段 b 点一侧的山脊线开始，经过山脊线 bc、cd、de、ef、fg、ga 与 ab 线段形成的闭合曲线构成汇水边界，其面积的大小可用格网法、求积仪等方法求得。

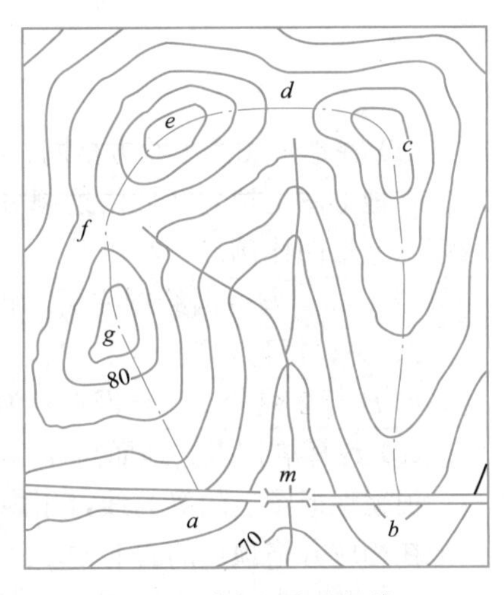

图 9-10 确定汇水边界线

9.6 利用地形图计算土方量

在工程建设中，往往要对建筑场地进行平整，需要利用地形图估算土石方工程量。计算土方工程量常用的有方格网法、等高线法和断面法等方法。

9.6.1　方格网法

方格网法是大面积场地平整时土方量估计的常用方法。场地平整有两种情况，一种是平整为水平场地，另一种是整理为倾斜场地。

1. 以填、挖平衡为原则平整为水平场地

如图 9-11 所示，假设要求将原来的地貌按填、挖平衡为原则改造为水平场地。其步骤如下：

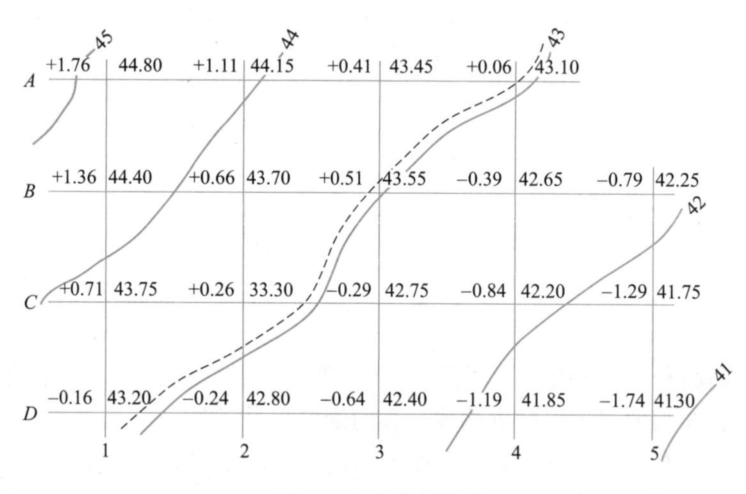

图 9-11　土方量计算

(1) 在地形图图上绘方格网、编号

在地形图上拟建区域内绘制方格网，方格网边长的大小取决于地形复杂程度、地形图比例尺大小以及土方概算的精度要求，一般代表的地面边长为 10m 或 20m。方格网绘制完后，将方格网按行、列编号，每行顺序编为 A、B、C、…，每列编为 1、2、3、…，行、列相交格网点的点号为行列序数组合，如 B 行 2 列相交的格网点号为 $B2$。

(2) 计算格网点的地面高程

根据地形图上的等高线，用内插法求出每一个方格顶点的地面高程，并注记在相应方格顶点的右上方。

(3) 根据挖、填平衡原则计算设计高程

先将每一方格顶点的高程加起来除以 4，得到各方格的平均高程 H_i，再把每个方格的平均高程相加除以方格总数，就得到设计高程 H_0 为

$$H_0=\frac{H_1+H_2+\cdots+H_n}{n} \tag{9-12}$$

从设计高程 H_0 计算方法和图 9-11 可知，方格网的角点 $A1$、$A4$、$B5$、$D1$、$D5$ 的高程只使用一次，边点 $A2$、$A3$、$B1$、$C1$、$C5$、$D2$、$D3$、$D4$ 的高程使用两次，拐点 $B4$ 的高程使用三次，中点 $B2$、$B3$、$C2$、$C3$、$C4$ 的

高程使用四次，其使用次数就是点的权重，亦即该点高程在确定设计高程中所起作用的大小。因此，设计高程 H_0 的计算公式可以简化为

$$H_0=\frac{\sum H_{角}+2\sum H_{边}+3\sum H_{拐}+4\sum H_{中}}{4n} \tag{9-13}$$

设计高程确定后，可在地形图上内插勾绘出不填不挖的边界线，如图 9-11 中的虚线所示。

(4) 计算填、挖高度

根据设计高程和方格顶点的高程，可以计算出每一方格顶点的填、挖高度，即

$$\Delta H_{填挖}=H_{实}-H_0 \tag{9-14}$$

当 ΔH 为正号（+）时为挖深，为负号（−）时为填高。将图中各方格顶点的填、挖高度写于相应方格顶点的左上方。

(5) 计算每格填、挖土方量

填、挖土方量可按角点、边点、拐点、中点的权重分别计算，公式如下

$$\left.\begin{aligned}
&角点：V_{挖(填)}=\Delta H\times\frac{1}{4}方格面积\\
&边点：V_{挖(填)}=\Delta H\times\frac{2}{4}方格面积\\
&拐点：V_{挖(填)}=\Delta H\times\frac{3}{4}方格面积\\
&中点：V_{挖(填)}=\Delta H\times\frac{4}{4}方格面积
\end{aligned}\right\} \tag{9-15}$$

根据以上公式，分别计算出各个方格的填、挖方量，然后求和，即可求得场地的填、挖土方总量。正号（+）为挖方，负号（−）为填方。由于设计高程 H_0 是各个方格的平均高程值，则最后计算出来的总填方量和总挖方量应基本平衡。

2. 按设计等高线整理成倾斜面的土方量计算

在工程设计与施工中，为了充分利用自然地势，考虑到场地排水的需要，在填挖土石方量基本平衡的原则下，可将场地平整成具有一定坡度的倾斜面。但是，有时要求所设计的倾斜面必须经过不能改变的某些高程点（称为设计斜面的控制高程点）。例如，永久性建筑物的外墙地坪高程，已有道路的中线高程点等。

在图 9-12 中，设 A、B、C 三点为控制高程点，其地面高程分别为 54.6m、51.3m 和 53.7m，要求将原地形改造成通过 A、B、C 三点的倾斜面，其土方量计算步骤如下：

(1) 计算设计等高线的平距

根据 A、B 两点的设计高程，在 AB 直线上用内插法定出高程为 54m、53m、52m 各点的位置，也就是设计等高线应经过 A、B 线上的相应位置，

如 d、e、f、g 等点。

(2) 确定设计等高线的方向

在 AB 直线上求出一点 k，使其高程等于 C 点的高程（53.7m）。过 kC 连一线，则 kC 方向就是设计等高线的方向。

(3) 绘制设计倾斜面等高线

过 d、e、f、g 各点作 kC 的平行线（图中的虚线），即为设计倾斜面的等高线。

(4) 确定填、挖边界线

设计等高线与原地面等高线的交点的连线即为填、挖边界线，如图 9-12 中连接 1、2、3、4、5 等点，就可得到填、挖边界线。填挖边界线上有短线的一侧为填方区，另一侧为挖方区。

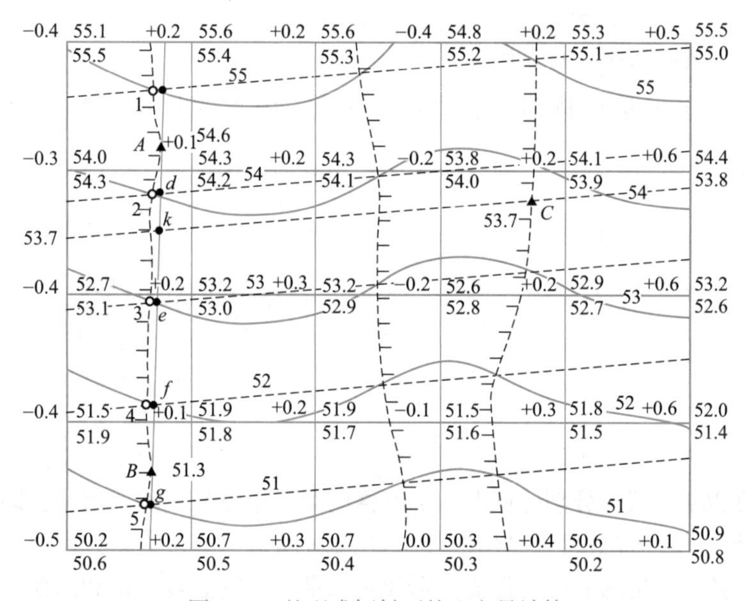

图 9-12　整理成倾斜面的土方量计算

(5) 计算方格顶点的设计高程

根据倾斜场地等高线用内插法确定各方格顶点的设计高程，并注于方格顶点的右下方。

(6) 计算方格顶点的挖填高（挖为+，填为−）

挖填高等于方格顶点的地面高程减去方格顶点的设计高程，其填高和挖深量仍记在方格顶点的左上方。

(7) 计算填、挖土方量

公式、方法与平整为水平场地相同。

9.6.2　等高线法计算土方量

若地面起伏较大，且仅计算单一的挖方（或填方）时，可采用等高线法。首先从场地设计高程的等高线开始，算出各等高线所包围的面积；再分别将相邻两条等高线所围面积的平均值乘以间隔(等高距)，就是此两等高线平面间的土方量；最后求和得到总挖（填）方量。

以挖方为例，图 9-13 中地形图的等高距为 2m，场地平整后的设计高程为 55m。首先在图中内插设计高程 55m 的等高线（图中虚线），再分别求出 55m、56m、58m、60m、62m 五条等高线所围成的面积 A_{55}、A_{56}、A_{58}、A_{60}、A_{62}，即可算出每层土石方量为

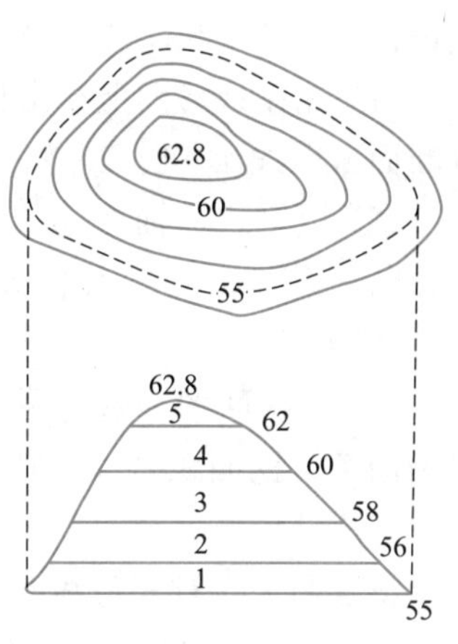

图 9-13　等高线法计算土方量

$$V_1=\frac{1}{2}(A_{55}+A_{56})\times 1$$

$$V_2=\frac{1}{2}(A_{56}+A_{58})\times 2$$

$$V_3=\frac{1}{2}(A_{58}+A_{60})\times 2$$

$$V_4=\frac{1}{2}(A_{60}+A_{62})\times 2$$

$$V_5=\frac{1}{3}A_{62}\times 0.8$$

其中，V_5 是 62m 等高线以上山头顶部的土石方量。则总挖方量为

$$\Sigma V_W=V_1+V_2+V_3+V_4+V_5$$

9.6.3　断面法计算土方量

在带状地形图中，估算道路和管线建设中的土石方量常用此法。首先在带状地形图中施工范围内以一定间距绘出断面位置，绘出断面图并进行断面设计；再分别求出各设计断面由设计高程线与断面曲线围成的填方面积和挖方面积；然后计算每相邻断面间的填（挖）方量，分别求和即为总填（挖）方量。

图 9-14 所示的地形图比例尺为 1∶1000，矩形范围是一段欲建的道路，

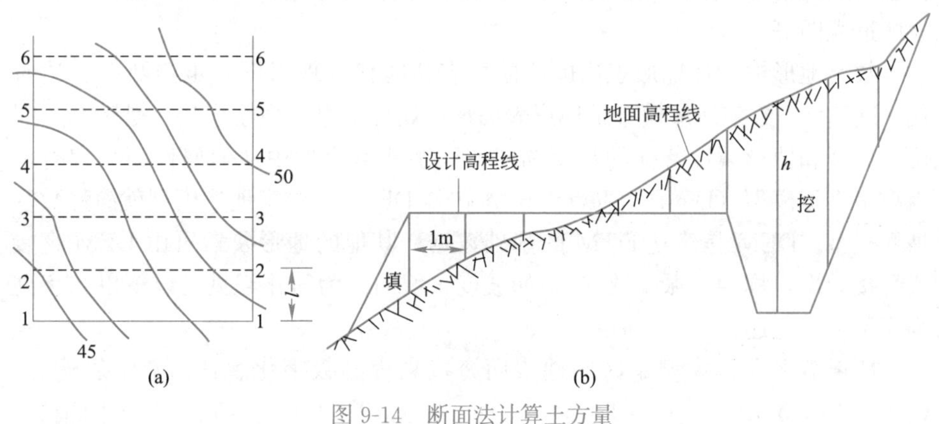

图 9-14　断面法计算土方量

(a) 断面位置；(b) 2—2 断面(放大)

其设计高程为47m，其土石方量的计算步骤为

（1）先在地形图上绘出相互平行且间隔为l（一般实地距离为20～40m）的断面方向线1—1、2—2、…、6—6。

（2）以纵、横轴相同的比例尺绘出各断面图（常用1∶100或1∶200），进行断面设计得到绘有相应地面线和设计高程线的断面图（如图9-14中的2—2断面图）。

（3）在断面图上做间隔1m的竖向平行线并量取填、挖高度h_i，分别计算各断面填、挖面积A_i，则填、挖方面积分别为

$$A_i=\sum h_i$$

将各断面设计高程线与地面高程线所包围的填土面积和挖土面积分别标示为$A_{\mathrm{T}i}$、$A_{\mathrm{W}i}$（i表示断面编号）。

（4）计算两断面间土石方量。例如，1—1、2—2两断面间的填、挖土石方量分别为

$$V_{\mathrm{T}}=\frac{1}{2}(A_{\mathrm{T1}}+A_{\mathrm{T2}})l \quad 和 \quad V_{\mathrm{w}}=\frac{1}{2}\times(A_{\mathrm{W1}}+A_{\mathrm{W2}})l$$

（5）计算总填、挖土石方量。

9.7 数字高程模型及其在线路工程中的应用

9.7.1 数字高程模型概述

数字地形模型（Digital Terrain Model，DTM）是1958年由美国麻省理工学院Miller教授为了高速公路的自动设计提出来的。在随后的四十余年间，数字地形模型在测绘和遥感、土木工程勘测与设计、城市规划、环境监测、水文、农业、交通导航、军事、地学分析等领域得到广泛深入地应用。数字地形模型是测绘部门重要的测绘产品，具体来说，DEM广泛应用于各种线路选线（铁路、公路、输电线）的设计研究各种工程的面积、体积、坡度计算，任意两点间的通视判断及任意断面图绘制，绘制等高线，制作坡度坡向图，立体透视图等。

数字地形模型让地形表达也从模拟表达时代（地形图）走向数字表达时代（DEM）。数字地形模型是地形表面形态属性信息的数字表达，是带有空间位置特征和地形属性特征的数字描述。数字地形模型中地形属性为高程时称为数字高程模型（Digital Elevation Model，DEM），数字地形模型就简称数字高程模型。DEM是建立DTM的基础数据，其他的地形要素可由DEM直接或间接导出，称为“派生数据”，如坡度、坡向。为简化起见，以下以数字高程模型为主论述。

所谓数字高程模型是区域地表面海拔高程的数字化表达。数学表达为：$V_i=(X_i,Y_i,Z_i)$（$i=1,2,3,\cdots,n$），其中（X_i，Y_i）是平面坐标，Z_i是（X_i，Y_i）对应的高程。

当该区域内的平面坐标呈规则排列时，则其平面坐标（X_i，Y_i）就可以省略，此时，DEM 就简化为一维向量序列 $\{Z_i, i=1, 2, 3, \cdots, n\}$。

总结起来，数字高程模型是对二维地理空间上具有连续变化特征地理现象的模型化表达和过程模拟。借助于地形的数字化表达，现实世界的三维特征以及可量测性能够得到充分而真实地再现。

与传统地形图相比较，新一代的数字地形模型具有精度恒定、表达多样性、实时更新、综合性较强等特点。

9.7.2 DEM 的数据结构

DEM 有规则分布的格网（Grid）和不规则三角网（Triangular Irregular Network，简称 TIN）两种数据结构。

当连接规则为正方形格网时，DEM 称为基于格网的 DEM（Grid based DEM）。由于正方形格网的规则性，格网点的平面位置（x，y）隐含在格网的行列号（i，j）中而不记录，此时的 DEM 就相当于一个 n 行 m 列的高程矩阵：

$$DEM=\begin{bmatrix} H_{11} & H_{12} & \cdots & H_{1m} \\ H_{21} & H_{22} & \cdots & H_{2m} \\ \vdots & \vdots & & \vdots \\ H_{n1} & H_{n2} & \cdots & H_{nm} \end{bmatrix}_{n\times m} \tag{9-16}$$

当连接规则为三角形时，其实质上是用互不交叉、互不重叠的连接在一起的三角形网络逼近地形表面（图 9-15），这时的 DEM 称为基于不规则三角网的 DEM（Irregular Triangulated Network based DEM，简写为 TIN based DEM），基于 TIN 的 DEM 表示为三角形 T 的集合为

$$DEM=\{T_i, T_i=\tau(P_j, P_l, P_k)\} \tag{9-17}$$

式中 τ——三角剖分准则。

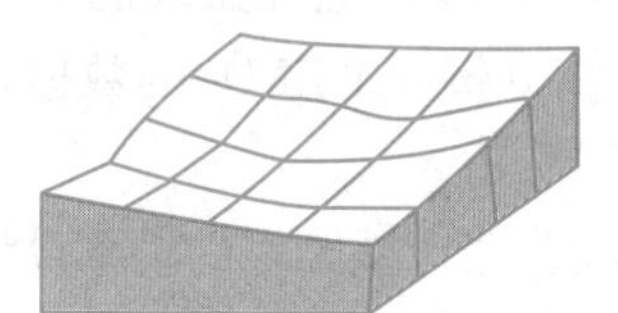
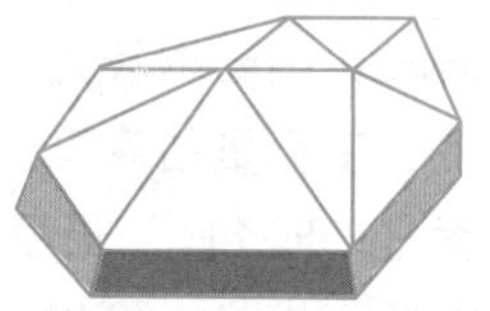

图 9-15 规则格网 DEM 和不规则三角 DEM

基于规则格网的 DEM 和基于不规则三角网的 DEM 是目前数字高程模型的两种主要结构。规则格网 DEM 的优点是（X，Y）位置信息可隐含，在数据处理方面比较容易；缺点是数据采集较麻烦，具有不规则分布的特点，必须采用内插函数计算得到网格点高程。TIN DEM 的优点是能以少量的点、线来描述地表形态，特别是当地形包含有大量复杂特征如断裂线、构造线时，TIN 模型能更好地顾及这些特征；缺点是 TIN 模型点、线、面之间的拓扑关系表示复杂，数据量比较大。

地形表面是一个三维空间表面，但人们往往通过投影将三维现象表达描述在二维平面上，如等高线对地形起伏的表示。对 DEM 也不例外，它是在二

维平面上通过规则或不规则方式对采样点集采样，然后同第三维的高程值组合来模拟空间曲面。

总之，DEM是计算机替代工程技术人员判读地形灵活有效、形象逼真的技术手段，它以规则格网点高程为基础建立规则格网DEM或者是以离散的地形高程点和地形特征线作为基础建立起不规则三角网（TIN）DEM。

9.7.3　DEM的数据采集及处理

DEM的数据采集方法有多种：（1）直接从地面测量，例如GPS测量、全站仪野外测量等；（2）根据航空或航天影像，通过摄影测量方式获取；（3）从现有地形图上采集，如格网读点法、数字化仪手扶跟踪及扫描仪半自动采集然后通过内插生成DEM等方法。

DEM的建立离不开对原始数据的处理，即采用数学内插函数获得规则格网点高程从而建立DEM模型。内插函数方法很多，主要有整体内插、分块内插和逐点内插三种。整体内插的拟合模型是由研究区内所有采样点的观测值建立的。分块内插是把参考空间分成若干大小相同的块，对各分块使用不同的函数。逐点内插是以待插点为中心，定义一个局部函数去拟合周围的数据点，数据点的范围随待插位置的变化而变化，因此又称移动拟合法。逐点内插比较灵活。

9.7.4　数字高程模型在线路工程建设的应用

对工程建设领域而言，数字高程模型主要用于进行各种辅助决策和设计，以提高设计质量，提高设计自动化水平。利用CAD的三维图形处理功能，建立数字地形模型，获得地面的立体形态。在工程建设的各个阶段，对DEM的精度和分辨率有着不同的需求。例如公路勘测设计的可行性研究阶段，一般在较小的比例尺上进行（较低分辨率DEM），以便把握路线的宏观走向；而在勘测设计阶段，则要求较大比例尺（较高分辨率DEM）的数据，以进行路线的详细设计、工程量估算等。

道路工程是DEM应用最早的领域。在公路、铁路等的勘测设计中，通过高精度的数字地形模型，可以绘制各种比例尺的等高线地形图、地形立体透视图、地形断面图，确定汇水范围和计算面积。在公路和铁路设计中，可以绘制地形的三维轴视图和纵、横断面图。利用该模型，设计人员可以进行土方量计算与调配、道路的多种方案比较和选择，并通过设计表面模型和DEM的叠加，实现道路的景观模型以及动画演示，从而对设计质量进行评价，并对拟建道路与周围环境的协调状况进行分析。基于DEM的线路CAD技术，是公路、铁路勘测设计自动化一体化的必由之路。

目前，主要的道路设计CAD软件都具有数字高程模型生成、编辑、管理和进行基于DEM的路线设计的功能。此外，DEM在工程中的应用已扩展到其他的线路工程如渠道、管道、输配电线等领域。

思考题

9-1　地形图的识读有哪些基本内容？

9-2　面积量算的方法有哪些？

9-3　土方量计算方法中方格网法步骤有哪些？

习题

9-1　在图 9-16 中完成如下内容：

(1) 用图解法求出 A、C 两点的坐标；

(2) 根据等高线按比例内插法求出 A、B 两点的高程；

(3) 求出 A、C 两点间的水平距离；

(4) 求出 AC 连线的坐标方位角；

(5) 求出 A 点至 B 点的平均坡度。

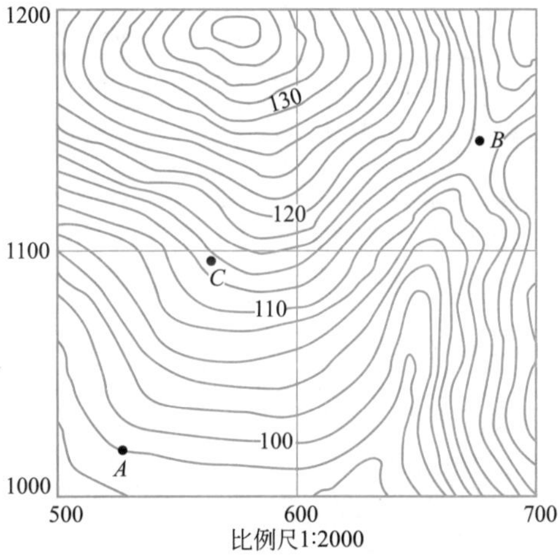

图 9-16　习题 9-1 图

9-2　欲在 A 点处（图 9-17，比例尺为 1∶1000）进行土地平整，其设计要求如下：

(1) 平整后要求成为挖、填平衡的水平面；

(2) 平整场地的范围为以点 A 为起点的方格网边界内，方格边长图上长度为 1cm，为根据设计要求计算出

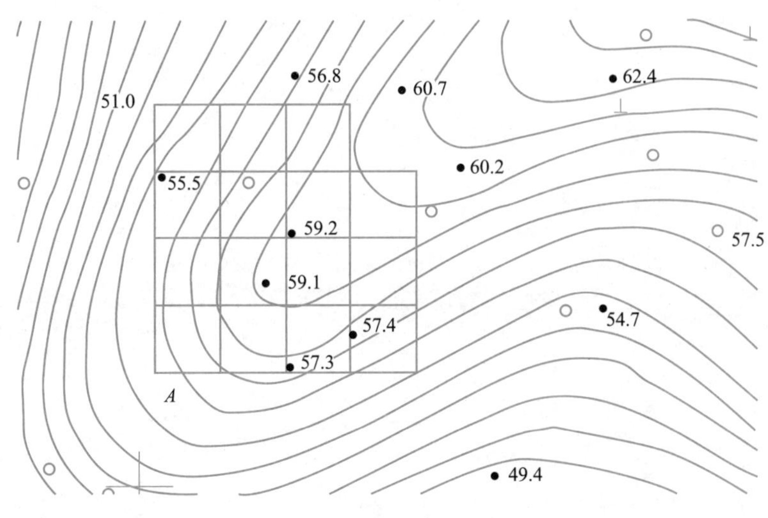

图 9-17　习题 9-2 图

挖、填土方量。

9-3　如图9-18所示的多边形，其各顶点按顺时针编号。已知各顶点的平面坐标如图所示。试计算多边形面积。

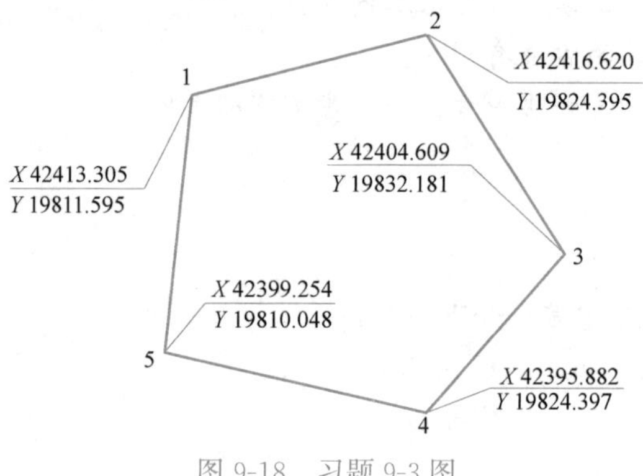

图9-18　习题9-3图

第10章

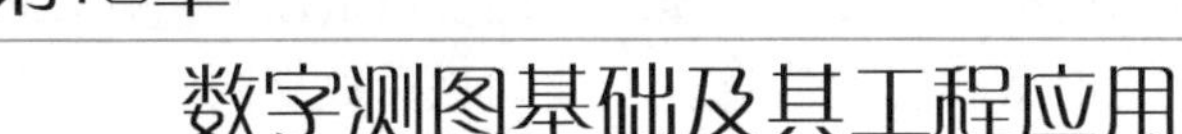

本章知识点

【知识点】 数字地形图的基本概念、数字地形图测图基本原理、方法以及数字地形图应用的基本内容。

【重点】 全野外数字测图基本技术路线；全站仪、GPS-RTK 等数字测图设备数据采集技术方法；CASS9.0 数字地形图成图系统应用。

【难点】 数字测图数据采集、数据处理及其工程应用。

10.1 数字测图概述

10.1.1 数字地形图与数字测图技术

传统的地形测图将测得的观测值用手工图解的方法转化成图形，绘制于纸张上（俗称白纸测图）。这样做不仅效率低，而且在图解的过程中使地形数据表达和读取的精度大幅度降低，非常不利于图形数据的维护、更新和共享。

数字地形图是可以由计算机系统存储、处理和显示的地形图，其数据格式有两种，一种是栅格图形，一种是矢量图形。数字地形图对表示和显示的精度要求比较高，所以数字地形图一般采用矢量图形格式，也称为数字线划地形图。

从 20 世纪 90 年代开始，以“计算机辅助地图制图”为代表的数字图形处理技术日趋成熟，得到广泛的应用。随着数字测绘仪器、数据通信、数据处理、图形处理平台等软硬件的不断涌现和普及，机助制图逐渐发展成为今天全野外的全数字测绘技术，通常称为数字测图技术。

数字测图是在采集解析数据的基础上，依靠地形数据的传输、处理、编辑的平台，产生数字的图形。它的基本特征是数据从采集、传输、处理到图形编辑输出，不需要过多的人工干预，整个过程在人机交互的环境中基本实现自动化。

目前数字测图技术仍以自动绘制地形图为首要目的，但它的功能已经从单纯为了实现图形的数字化表达，发展到了以数据为核心的地形数据采集、处理、存储和应用等方面。

10.1.2　数字测图基本原理

与手工绘制的模拟地形图（纸质地形图、白纸图）一样，数字地形图表达地理目标的定位信息和属性信息。不同的是，数字测图是经过数字设备和软件自动处理（自动记录、自动识别、自动连接、自动调用图式符号库等），自动绘出所测的地物、地貌。因此，必须采集地物、地貌特征点的有关的数字的位置数据、属性数据以及点的连接关系数据。位置数据一般为点的三维坐标，属性数据又称为非几何数据，用来描述地物、地貌不同特征，在地形图上表现为不同的符号、文字注记等。

数字测图技术通过对不同类别的地物、地貌特征进行编码来实现自动的属性识别。一般拟定一套完整的编码方案，并建立起相对应的图式符号库，当测量某类地物时，在记录点位坐标的同时，也记录该类地物的特征码，并且记录地物点间的连接关系。绘图时，数字测图软件系统就可以依据这些数据，自动完成连接线划的绘制，并且调用图式符号库，自动在准确位置绘出该地物符号。

目前不同的数字测图软件采用的数据格式、地形编码方案还不尽相同，因此，地形图和数据在不同软件之间传输时，需进行数据格式的转换。

10.1.3　数字测图作业模式

目前，获取数字地形图的数字测图作业模式大致可分为三类：

（1）由数字工程测绘仪器（全站仪、测距电子经纬仪等）、电子手簿（或笔记本、掌上电脑）、计算机和数字测图软件构成的全野外数字测图作业模式。

（2）由全球定位系统（GPS）实时差分定位装置（RTK）、计算机和数字成图软件构成的 GPS 数字测图作业模式。

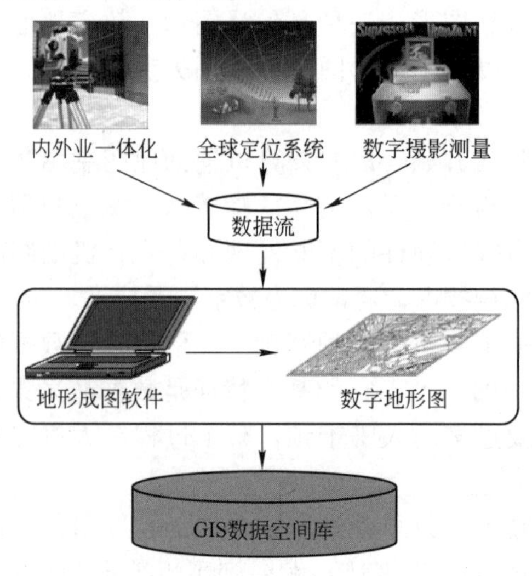

图 10-1　数字地形图的数据流

(3) 由航片（航空摄影地面影像）或卫片（卫星地面影像）和解析测图仪、计算机（或数字摄影测量系统）组成的数字摄影测图作业模式。

此外，还可以通过对已有的模拟地形图进行数字化来获取数字地形图。

10.1.4 数字测图的特点

(1) 测量精度高。数字测图采用光电测距，测距相对误差通常小于1/40000；数字测图仪器采用的数字度盘，其测角精度通常优于同等级光学测角仪器。

(2) 定点准确。传统方法图解展绘控制点和图上定碎部点，定点误差至少图上为0.1mm。数字测图方法是采用计算机自动展点，几乎没有定点误差。

(3) 绘图高效。可以依靠计算机软件、数字绘图设备自动生成规范的地形图文字、符号并且打印输出，高效且规范。

(4) 图幅连接自由。传统测图方法图幅区域限制严格，接边复杂。数字测图方法不受图幅限制，作业可以按照河流、道路和自然分界来划分，方便施测与接边。

(5) 便于比例尺选择。数字地图是以数字形式储存的1∶1的地图，根据用户的需要，在一定比例尺范围内可以打印输出不同比例尺及不同图幅大小的地图。

(6) 便于地图数据的更新。传统的测图方法获得的模拟地形图随着地面实际状况的改变而逐渐失去价值。而数字地形图可根据实地状况变化进行及时地修测，方便对图形进行局部的编辑和更新，以保持地形图的现势性。

(7) 便于图形的传输。

(8) 便于数据共享。

(9) 对测图成果有更加严格的保密要求。属于国家秘密或商业秘密的数字地形图成果资料，应严格按保密规定做好成果保管和使用，防止泄密。

10.2 全站仪数字测图原理

全站仪（Total Station）已经在本书第4章做了简单介绍。全站仪将电子经纬仪、电磁波测距仪的功能集于一身，还加上了微处理器、存储器等内部元件，且在内部固化了常用的测量计算程序。

利用全站仪，测量人员在测站即可轻松地获得地面点的坐标、高程等参数的数字数据。全站仪测角精度一般优于10s，测距精度一般优于5mm+5ppm，完全满足大比例尺地形图测图的精度要求。因此，全站仪成为大比例尺数字地形图测图主要采用的野外数据采集设备。

全站仪数字测图主要有测站设置、测站定向、碎部测点编号设置、碎部点观测、记录（存储）等步骤。在测区控制测量完成后，一般将控制点坐标成果数据批量传入全站仪。实地选定用作测站和定向的控制点后，在测站控

制点安置全站仪，并量取全站仪高度。瞄准定向点后，启动内置的测站设置与定向程序，输入测站点号、定向点号、仪器高以及棱镜高，待仪器提示测站设置与定向完成，即可开始对测站周围的碎部进行逐点测量。全站仪默认以极坐标方式进行碎部点的测量，每测定一个点即存储该点点号、水平角、竖直角、距离、镜高以及系统计算出的该点三维坐标。为了便于后期的图形编辑，一般要预先设置好碎部点的点号。此外一般还可以根据需要对轴系改正、气象改正参数、显示模式、存储模式、单位等进行设置。

全站仪记录碎部点的三维坐标和各观测值，根据不同全站仪的接口，一般可以通过蓝牙、USB、SD 卡或串行接口等方式与计算机进行通信，对数据存储或处理，以备成图。具体的成图方法在下一节详细介绍。

10.3　全野外数字测图

运用测距仪、电子经纬仪、全站仪、GPS-RTK 等数字测绘仪器采集地形数据，通过数据通信设备进行数据传输，依靠计算机和绘图软件进行自动绘图，产生数字地形图的测图模式，通常称为“全野外”数字测图。所谓“全野外”，就是说数字测绘的方法不同于模拟测图，必须将地形测图工作分成野外测图和内业清绘两部分。在全野外数字测图的整个作业流程中，所有的测图工作在野外全部完成，直接获得。本章重点介绍以全站仪为数据采集设备进行全野外数字测图作业方法。

10.3.1　全野外测图的作业方法

根据前述的数字测图原理，要实现自动绘图，使绘出的数字图形符合地形图图式标准，则必须用编码来表示地物不同的特征和属性。即在野外数据采集阶段，测量任意一个点坐标数据的同时，需要记录该点特定的编码，以便成图系统能自动绘制出相应的符号（图 10-2）。此外，一般还需记录该点的连接信息。目前，全野外数字测图一般采用以下几种作业方法中的一种。

1. 草图法

也称为“无码作业”法。作业员在野外无须记忆和输入复杂的编码，而是在测量点位的过程中现场绘制一个草图，标明测点的点号、相互连接关系、属性类别等信息。室内利用测图软件，依据自动绘出的点位和相应的草图，编辑成规范的地形图。这种模式现场绘制草图的过程十分关键，室内编辑和处理的工作量要大一些。

2. 简码法

即现场编码输入方法。作业员在野外利用全站仪内存或电子手簿记录测点的点号、坐标、编码以及连接信息，然后在室内将数据传输给台式机上的绘图软件自动成图，加以适当的编辑成图。这种模式需要作业员熟悉和牢记各类地物的特定编码，在测量点位的同时进行同步输入和记录，对作业员的要求较高。

3. 电子平板法

采用全站仪配合便携式计算机、全站仪配合掌上电脑、带图形界面的高端全站仪等设备进行联机数字测图。数据从测量记录到图形界面进行实时传输，每测量一个点都立刻在图形界面上显现。此模式一方面实现了现场测绘图形的可视化，做到了“所见即所得”，另一方面实现了地形编码对作业员透明，利用图形界面提供的图形菜单，就可以方便地同步输入各种地形编码。在现场就可以直接形成规范的地形图，测图的效率和可靠性大大提高。

系统配置文件设置

符号定义文件 WORK.DEF | 实体定义文件 INDEX.INI | 简编码定义文件 JCODE.DEF

编码	图层	类别	第一参数	第二参数	说明
131100	kzd	20	gc113	3	三角点
131200	kzd	20	gc014	3	土堆上...
131300	kzd	20	gc114	2	小三角点
131400	kzd	20	gc015	2	土堆上...
131500	kzd	20	gc257	2	导线点
131600	kzd	20	gc258	2	土堆上...
131700	kzd	20	gc259	2	埋石图...
131800	kzd	20	gc261	2	不埋石...
131900	kzd	20	gc260	2	土堆上...
132100	kzd	20	gc118	3	水准点
133000	kzd	20	gc168	3	卫星定...
133100	kzd	20	gc331	3	卫星定...
134100	kzd	20	gc112	2	独立天...
140001	jmd	0	yangtai	0	阳台
140110	jmd	5	continuous	0.1	裙楼分...
140120	jmd	5	x39	0	艺术建...
141101	jmd	8	continuous	0	一般房屋
141102	jmd	8	continuous	0	裙楼

添 加　删 除　保 存　退 出

图 10-2　南方 CASS 控制点编码

10.3.2　数字测图软件

实现全野外数字测图的关键是要选择一种成熟的技术先进的数字测图软件。目前，市场上比较成熟的大比例尺数字测图软件主要有广州南方测绘 CASS10.1、北京威远图 SV300 及图形处理软件 CITOMAP、北京清华山维 EPSW、武汉瑞得 RDMS 等。在数字地形图成图过程中可以充分利用 AutoCAD 强大的图形编辑功能。本章结合 CASS10.1 地形地籍成图系统进行介绍。

10.3.3　南方 CASS10.1 地形地籍成图系统

南方 CASS10.1 是一个以 AutoCAD 为平台的地形、地籍绘图软件。图 10-3 所示窗口为 CASS10.1 的图形界面，窗口内各区的功能如下。

（1）下拉菜单区：主要的测量和图形处理功能；

（2）屏幕菜单：各种类别的地物、地貌符号，操作较频繁的地方；

（3）绘图区：主要工作区，显示及具体图形操作；

（4）工具条：各种 AutoCAD 命令、测量功能，实质为快捷工具；

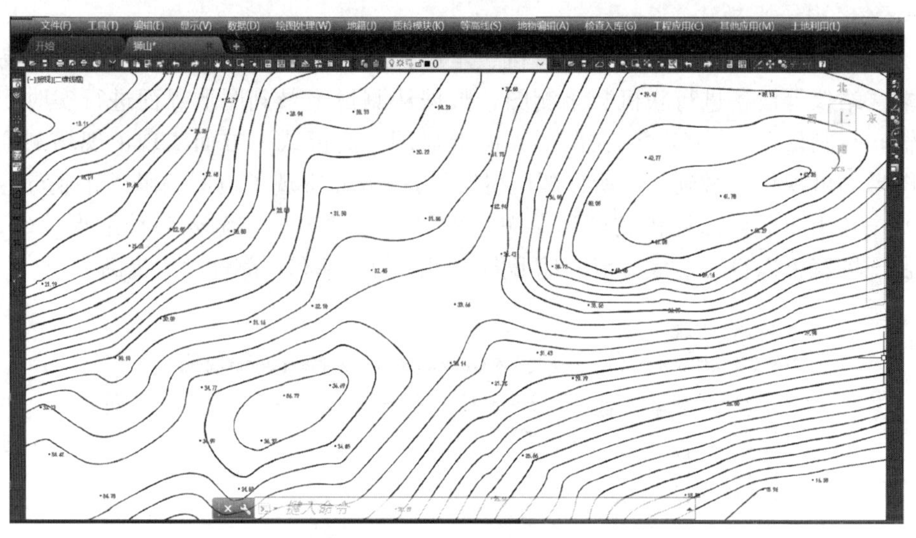

图 10-3　CASS10.1 界面

(5) 命令提示区：命令记录区，并且有各种各样的提示，以提示用户操作。

以下内容具体介绍利用 CASS10.1 进行草图模式作业和测图精灵电子平板模式作业的流程。

10.3.4　草图法数字测图的组织

观测员 1 人，负责操作全站仪，观测并记录观测数据，当全站仪无内存或存储卡时，必须加配电子手簿，此时观测员还负责操作电子手簿并记录观测数据。

领图员 1 人，负责指挥立镜员。现场勾绘草图，要求熟悉测量图式，以保证草图的简洁、正确。观测中应注意检查起始方向，应注意领图员与观测员随时核对点号。

草图纸应有规范、固定格式，不应该随便勾画；每张草图纸应包含日期、测站、后视、测量员、绘图员信息；当遇到搬站时，应使用新的草图纸，不方便时，应清楚记录本草图纸内测点与测站的隶属关系。绘制草图时，不要试图在一张纸上画足够多的内容，地物密集或复杂地物均可单独绘制一张草图，既清楚又简单。

立镜员 1 人，负责现场立反射镜。有经验的立镜员，根据数字图形精度要求和成图特点及需要，综合取舍，跟踪测量地形、地物特征点进行立点，以便于内业制图。对于经验不足者，应由领图员指挥立镜，以防止后期成图中出现混乱或错漏。

制图员 1 人，若无专门的制图员，通常由领图员担负制图任务；配置有专门制图人员的单位，通常将外业测量和内业制图人员分开，领图员只负责现场绘制草图，内业制图员得到草图和坐标文件，即可连线成图。领图员绘制的草图好坏将直接影响内业成图的效率和质量。

10.3.5 草图法数字测图的作业流程

草图法数字测图的作业流程分为野外数据采集和内业数据下载、设定比例尺、展绘碎部点、连线成图、等高线处理、整饰图形、图形分幅和输出管理等步骤，现将主要步骤分别说明如下。

1. 野外数据采集

在选择的测站点上安置全站仪，量取仪器高，将测站点、后视点的点名、三维坐标、仪器高、立镜员所持反射镜高度输入全站仪（操作方法参考所用全站仪的说明书），观测员操作全站仪照准后视点，将水平度盘配置为 $0°0'0''$ 并测量后视点的坐标，如与已知坐标相符即可以进行碎部测量。

立镜员手持反射镜立于待测的碎部点上，观测员操作全站仪观测测站至反射镜的水平方向值、天顶距值和斜距值，利用全站仪内的程序自动计算出所测碎部点的 x、y、H 三维坐标并自动记录在全站仪的记录载体上；领图员同时勾绘现场地物属性关系草图。

2. 数据下载

数据下载是将全站仪内部记录的数据下载到计算机，并将观测数据转换为所需格式的坐标文件。CASS 系统要求将全站仪观测数据转换为 .dat 格式的坐标文件。

不同的全站仪数据接口有所不同，但一般设有以下一种或几种数据接口。

用通信电缆将全站仪与计算机的一个接口连接，点取 CASS10.1 “数据” 下拉菜单下的 “读取全站仪数据” 选项，系统弹出的 “全站仪内存数据转换” 对话框。在该界面中的操作过程如下：

图 10-4 全站仪内存数据转换

(1) RS232 串口。通过数据线与计算机连接，设置波特率、奇偶校验、停止位等传输参数，如图 10-4 所示，建立连接。进行数据下载。

（2）SD 卡。设有此接口的全站仪可以将插入的 SD 卡作为仪器硬盘使用，测量完成后，可用读卡器读出数据文件。

（3）USB。插入 U 盘，即可方便地导出数据文件。

（4）蓝牙。新型的全站仪一般设有蓝牙接口，可以与技术机、手机等设备连接。

数据文件下载后，转换为后缀为 .dat 的 CASS 测图软件的文本格式，并确认已按设定的路径保存。

3. 设定比例和改变比例

绘制一幅新的地图必须先确定作图比例尺。点取 CASS10.1“绘图处理”下拉菜单下的“改变当前图形比例尺”选项，根据提示，在命令行输入要作图的比例尺分母值，回车，即完成比例尺的设定。系统默认的图形比例尺为 1∶500。若发现已经设置的比例尺不符合要求，CASS10.1 容许在绘图过程中执行此选项重新设置比例尺，并且可以自由选择是否需要符号大小随比例尺改变。

4. 展点和展高程点

展点是将 CASS 坐标文件中全部点的平面位置在当前图形中展出，并标注各点的点名和代码。展点的操作方法是点取 CASS10.1“绘图处理”下拉菜单下的“展野外测点点号”选项，系统弹出“输入坐标数据文件名”对话框，如图 10-5 所示，选中需要展点的后缀为 .dat 的坐标文件后，点击“打开”，则系统便开始执行展点操作。如果展绘的数据点在窗口不可见，则可以在命令行 zoom 回车，然后选 E 选项。

图 10-5　选测点坐标数据文件

完成连线成图操作后，如果需要注记点的高程，则可以执行“绘图处理”下拉菜单下的“展高程点”选项，在系统弹出的“输入坐标数据文件名”对话框中，选中与前面展点相同的坐标文件并打开即可。高程注记字高、小数位数、相对于点位的位置等可以执行“文件”下拉菜单下的“CASS参数配置”选项，在弹出的“CASS10.1参数设置”对话框中设置。

5. 连线成图

结合野外绘制的草图，在屏幕右侧CASS屏幕菜单属性符号库中点选相应的符号，将已经展绘的点连线成图，系统会自动对绘制符号赋予基本属性，如地物代码、图层、颜色、拟合等。

使用符号库执行连线成图操作时，可以选择输入点号或直接点取屏幕上的点位两种方式进行操作。采用后一种方式确定点位时，需要先设置AutoCAD的节点（Node）捕捉方式，以便于准确地捕捉到已经展绘的点位。注意在绘制某些带方向的线状地物时（如陡坎），小符号生成在线绘制方向的左侧，如绘制的方向不对，可以用CASS的“线型换向”功能。

10.3.6 电子平板法数字测图的组织

电子平板法可将安装有数字测图软件的便携式计算机当作绘图平板（如北京威远图公司的SV300），采用标准的RS232接口通信电缆与安置在测站上的全站仪连接，实现了在野外作业现场实时连线成图的数字测图，“所测即所得”。但便携机依然存在重量重、电池续航时间不长等严重不足。目前主要的测图软件商已推出了技术较为成熟的、能运行在掌上电脑（PDA）Windows CE系统上的电子平板软件（如测图精灵、e测通等）。这样，便捷、小巧的掌上电脑在现场取代了便携计算机，使得电子平板方法测图正真进入了实用的新阶段，如图10-6所示。

图10-6　安装有测图精灵PDA

1. 人员组织与分工

观测员1人，负责操作全站仪，观测并将观测数据传输到PDA中。

制图员1人，负责指挥立镜员，现场操作PDA和内业后继处理、图形编辑整饰的任务。

立镜员1～2人，负责现场立反射镜。

2. 数据采集设备

全站仪与掌上电脑，数据线分别连接于全站仪数据端口和掌上电脑上，也可以由带有蓝牙的全站仪和与PDA实现数据的无线传送。

10.3.7 测图精灵电子平板法数字测图的作业流程

电子平板法数字测图的作业流程分为室内生成PDA控制点展点图、展点图输入PDA、设置PDA与全站仪通信参数、测站定向、碎部测量、室内读取PDA图形数据、DTM生成与等高线绘制、分幅管理等步骤。本书以南方测绘公司的测图精灵 2005 为例分别说明如下。

1. 室内生成 PDA 测图精灵控制点展点图

在室内安装有 CASS10.1 的台式机上，根据控制测量产生的控制点坐标文件展绘控制点。在 CASS10.1“数据”下拉菜单中选择“测图精灵格式转换”下的“转出”项，系统弹出“输入测图精灵图形文件名”对话框，则可根据测区或日期来给定一个后缀为 .spd 图形文件并“保存”。在命令行提示中按默认“不转换等值线”，回车，则测图精灵格式的控制点图形文件生成完毕，并已存储于指定文件夹内，如图 10-7 所示。

图 10-7　生成测图精灵图形文件图

2. 控制点展点图输入 PDA

将 PDA 与台式机连接、同步后，把转换所得的控制点展点图文件拷贝到 PDA 指定的文件夹中。断开连接后，在 PDA“开始”菜单上点击“测图精灵”启动测图精灵电子平板软件，弹出测图精灵图形界面。点击“文件”下拉菜单的“打开”项，弹出“打开”界面，单击控制点展点图文件名，即可在测图精灵图形窗口中看到控制点的分布情况。

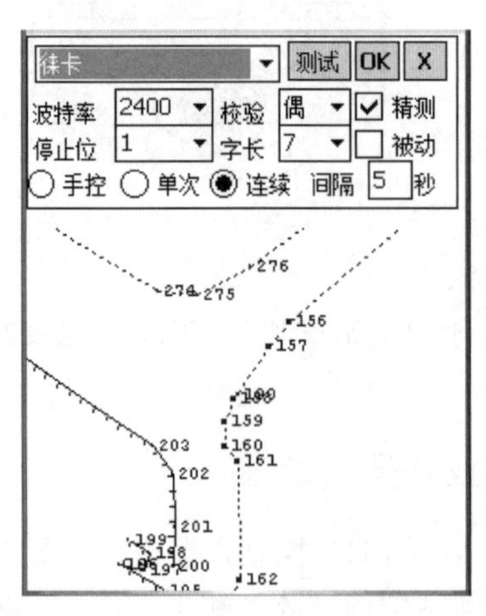

图 10-8　设置通信参数

3. 设置 PDA 与全站仪通信参数

点取测图精灵“设置”下拉菜单下的“仪器参数”选项，在弹出的图 10-8 所示的“全站仪类型及通信参数”对话框中，根据所使用的全站仪类型设定全站仪型号、波特率、奇偶校验、数据位和停止位，以保证通信双方的一致性。

4. 测站定向

当在野外某个控制点上设站准备开始碎部测量前，首先要进行测站设置。点取测图精灵“测量”下拉菜单下的“测站定向”选项，在弹出的窗口中输入测站点、定向点、检查点点名（或点号）、起始方向值、仪器高，然后将全站仪瞄准定向点，设置起始方向值（一般设置为0°00′00″）进行定向。此时可在图形中观察到测站点和定向点的增加了相应的标志。

5. 碎部测量

测站定向完毕，将数据线连接全站仪与PDA，即可开始本测站的碎部测量工作。点取测图精灵图形界面顶部测站按钮，即弹出碎部测量菜单界面，如图10-9所示。操作全站仪照准碎部点处的反射镜，点击“连接”，则测图精灵弹出如图10-10所示的测量界面，并自动驱动全站仪开始测量，当全站仪发出一声蜂鸣，则数据已测量完毕并实时传入了PDA，可在窗口内看到观测数据“水平角”“垂直角”“斜距”，此时输入当前棱镜高，点击“OK”按钮，则测图精灵自动赋予该测点一个顺序点号，将该测点数据记入测图精灵内存，并在当前屏幕上自动展绘该测点并将其自动定位于屏幕中心。对于高程奇异的测点，应注意在点击“OK”按钮之前勾选“不建模”复选框，使之不参与未来DEM建模。操作测图精灵进行碎部点测量，制图员还需要注意以下几点：

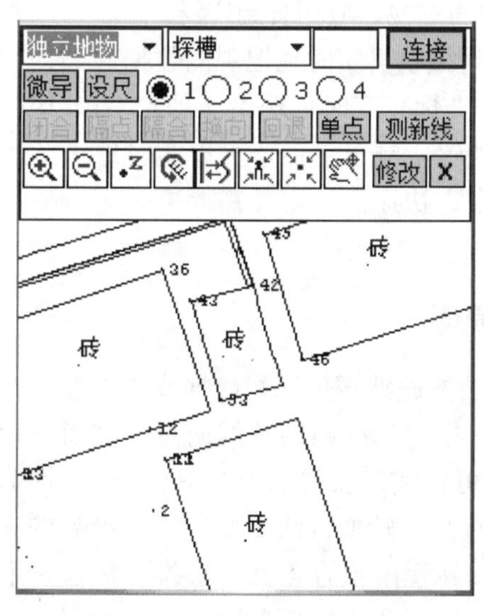

图10-9 测图精灵测量界面

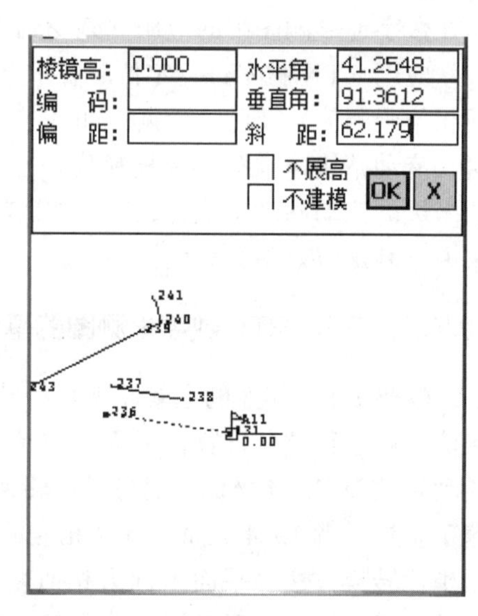

图10-10 测点数据传入

（1）随时掌握当前待测点的属性，并在连接启动全站仪测量前首先设定待测点的特征类别。方法是在测图精灵测量界面左上角属性下拉列表中选择。

（2）在测量线状地物时，利用“测新线”按钮来控制测点的自动连接，并注意行进的方向；在测量线状地物的过程中，也可穿插单点地物的测量。

（3）在测量房屋等直角地物的过程中，可灵活使用“微导”“闭合”“隔合”“隔点”等方便的功能，具体用法参看《测图精灵用户手册》。

（4）随时注意保存图形，以防数据以外丢失。

6. 室内读取测图精灵图形数据

完成当前图形的全部数据采集工作后，即可在室内将所得的测图精灵图

形文件拷贝到计算机。将后缀为 .spd 的测图精灵图形文件存在指定的文件夹后，启动 CASS10.1 图形软件，点取“数据”下拉菜单的“测图精灵数据转换”项下的“读入”子项，则系统在命令行提示设置图形比例尺，按需要设置后回车，系统弹出“输入测图精灵图形文件名”对话框，点选需要转换的测图精灵图形文件名，“打开”，则测图精灵图形文件被自动转换为 CASS 格式且与测图精灵图形文件同名的 .dat 点坐标数据文件，并在绘图区自动绘制出点、线以及相应的地物符号、注记及文字。此时即可开始运用 CASS 的图形处理功能对地物进行编辑。

10.4 GPS-RTK 数字测图

GPS 新技术的出现，可以大范围、高精度、快速地测定各级控制点的坐标。特别是应用 RTK 新技术，甚至可以不布设各级控制点，仅依据一定数量的基准控制点，便可以高精度、快速地采集地形点、地物点的坐标，结合数字测图软件，可以高效地进行全野外数字测图作业。因此 RTK 技术一出现，其在数字地形测图中的应用立刻受到人们的重视，应用日趋广泛。

应用 RTK 技术进行定位时要求基准站接收机实时地把观测数据（如伪距或相位观测值）及已知数据（如基准站点坐标）实时传输给流动站 GPS 接收机，流动站快速求解整周模糊度，在观测到 4 颗卫星后，可以实时地求解出厘米级的流动站动态位置。这比 GPS 静态、快速静态定位需要事后进行处理来说，其定位效率会大大提高。

10.4.1 GPS-RTK 数字化测图的基本原理

GPS-RTK 作业的主要原理是将基准站的载波相位观测数据或改正数发送到流动站进行差分计算，从而获得流动站相对基准站的基线向量，进而获得流动站的 WGS84 坐标，通过基准转换就可将实时获得的 WGS84 坐标转换为施工坐标或者 1954 北京坐标及相应的正常高。转换方法主要分为七参数的三维坐标转换方法和平面坐标由相似变换、高程由拟合得到的三维分离法。七参数坐标转换方法可以同时获得某一点的平面和高程信息，而三维分离法是通过两种不同的转换方法分别获得某一点的平面信息和高程信息。在 GPS-RTK 测量作业中，差分计算是一个重要的环节，它直接决定了测量得到的相对基准站系统的 WGS84 坐标的精度，而坐标转换模型和方法将直接影响 WGS84 坐标转换到工程坐标或国家坐标以及所获得的正常高的精度和成果的稳定性。一般情况下，GPS-RTK 坐标转换的模型均采用七参数法或相似变换法及高程拟合法。鉴于 GPS-RTK 测量技术具有全天候、高精度、高效率及无需更多的测量作业员等优点，该技术在数字化测图领域得到了广泛的应用。

在利用 GPS-RTK 进行数字化测图数据采集的过程中，由于 GPS-RTK 技术直接测量得到的是 WGS84 坐标和大地高，要想转换为我国坐标系和高程系统，需要经过两个重要的环节才能实现，这两个环节分别是坐标转换和 GPS

高程转换。一般情况下，GPS-RTK 随机商业软件都具有七参数坐标转换和点校正功能（四参数相似变换和高程拟合），下面将简单介绍一下七参数坐标转换和高程拟合的基本原理。

1. 坐标转换

布尔沙模型是空间七参数坐标转换常用的数学模型，其表示如下：

$$\begin{bmatrix} X_i \\ Y_i \\ Z_i \end{bmatrix}_2 = \begin{bmatrix} \Delta X \\ \Delta Y \\ \Delta Z \end{bmatrix} + \begin{bmatrix} X_i \\ Y_i \\ Z_i \end{bmatrix}_1 (1+\delta u) + \begin{bmatrix} 0 & -Z_i & Y_i \\ Z_i & 0 & -X_i \\ -Y_i & X_i & 0 \end{bmatrix}_1 \begin{bmatrix} \varepsilon_X \\ \varepsilon_Y \\ \varepsilon_Z \end{bmatrix} \tag{10-1}$$

其中，下标 1、2 分别表示两个不同坐标基准下的空间直角坐标。ΔX、ΔY 和 ΔZ 为三个平移参数；δu 为尺度参数；ε_X 、ε_Y 和 ε_Z 为三个旋转欧拉角。

在实际计算过程中，由于所计算的转换参数为 7 个，所以至少应当有 3 个重合点。若有 $n(n \geqslant 3)$ 个重合点，则应有 $3n$ 个误差方程，其误差方程式为

$$V = AX + L \tag{10-2}$$

其中

$$A = \begin{bmatrix} 1 & 0 & 0 & X_1 & 0 & -Z_1 & Y_1 \\ 0 & 1 & 0 & Y_1 & Z_1 & 0 & -X_1 \\ 0 & 0 & 1 & Z_1 & -Y_1 & X_1 & 0 \\ \vdots & \vdots & \vdots & \vdots & \vdots & \vdots & \vdots \\ 0 & 0 & 1 & Z_n & -Y_n & X_n & 0 \end{bmatrix}$$

$$X = [\Delta X \quad \Delta Y \quad \Delta Z \quad \delta u \quad \varepsilon_X \quad \varepsilon_Y \quad \varepsilon_Z]^T, L = \begin{bmatrix} X_1 \\ Y_1 \\ Z_1 \\ \vdots \\ Z_n \end{bmatrix}_1 - \begin{bmatrix} X_1 \\ Y_1 \\ Z_1 \\ \vdots \\ Z_n \end{bmatrix}_2$$

则可得转换参数的最小二乘解

$$X = (A^T A)^{-1} A^T L \tag{10-3}$$

上述转换公式是基于空间直角坐标的转换方法。在实际转换参数计算过程中，由于所提供的控制点的成果往往是 WGS84 坐标和对应的 1954 平面坐标或施工平面坐标和正常高。为此要将控制点的平面坐标按照相应的投影参数转换到空间直角坐标的形式，但需要知道控制点的高精度大地高。一般情况下，我们很难获得北京 1954 坐标或者西安 1980 坐标系下的精确大地高，因此可直接将控制点的正常高当作大地高，相当于选择了一个与测区似大地水准面相吻合的参考椭球面，这样转换成大地坐标后的大地高就是正常高，便于计算。

2. 高程拟合

GPS 高程拟合的原理是利用一些简单函数（如直线、曲线、平面和曲面

等）对变化相对比较平缓的高程异常进行拟合，进而由 GPS 测量得到的大地高获得正常高，也可采用加入地球重力场模型的移出-恢复法进行拟合计算。为了提高线状作业区域的直线高程拟合的精度，选择以线路延伸方向作为坐标轴的坐标系，称之为线路坐标系，线路坐标系以线路上一点 a 为原点，线路延伸方向 ab 为 u 轴方向，与 u 轴方向正交的方向为 v 轴方向，则线性高程拟合为

$$\zeta_k = a_0 + a_1\Delta u_k + a_2\Delta v_k + a_3\Delta u_k^2 + a_4\Delta v_k^2 + a_5\Delta u_k\Delta v_k \tag{10-4}$$

如果忽略垂直于线路方向的高程异常的变化，并且只取一次项，则上式可化为

$$\zeta_k = a_0 + a_1\Delta u_k \tag{10-5}$$

式（10-5）即为线路直线高程拟合模型，其中 ζ_k 为高程异常，Δu 为沿线路方向的坐标。

当用平面拟合方法时，其数学模型如下：

$$\zeta_k = a_0 + a_1 B_k + a_2 L_k \tag{10-6}$$

其中，ζ_k 为高程异常，B_k 和 L_k 分别为纬度和经度。在利用平面模型对高程异常进行拟合时，往往选择作业区域的某一中心点作为基准点，用经纬差进行拟合，这样可以提高拟合方程的稳定性。

当控制点个数比较少或测区非常平坦的情况时，为简化数据处理的模型，可通过 GPS 水准点计算该测区的平均高程异常，然后对其他所有待求点进行平移，从而获得待求点的正常高。

10.4.2　GPS-RTK 定位系统的组成

一套 GPS-RTK 系统至少是由一台基准站和一台流动站等一系列设备组成的。一套 GPS-RTK 主要由 GPS 接收机、电台和电子手簿组成。下面以美国 Trimble GPS 仪器为例简要介绍 GPS-RTK 系统的一般组成部分。如图 10-11 所示，左图为基准站架设完成的情况，右图为流动站工作中的情况。采用外设电台（图 10-12）作业。

图 10-11　Trimble 5700 GPS-RTK 系统组成

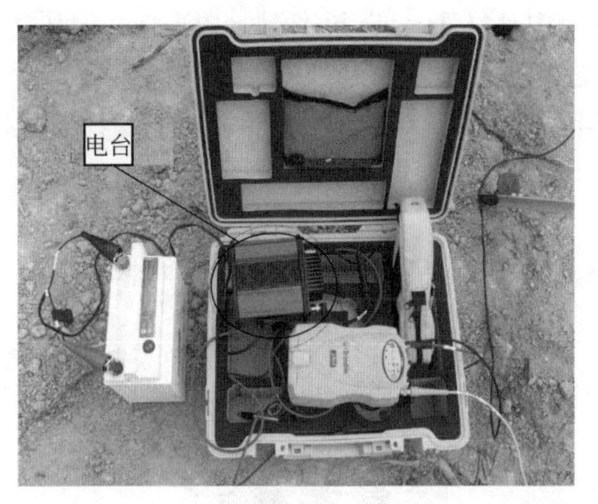

图 10-12 Trimble 5700 GPS-RTK 基准站电台

（1）GPS 接收机：基准站和流动站需要分别配置一台，负责接收 GPS 卫星信号，图 10-13 为 Trimble 5700 GPS 双频接收机，各端口功能表见表 10-1。

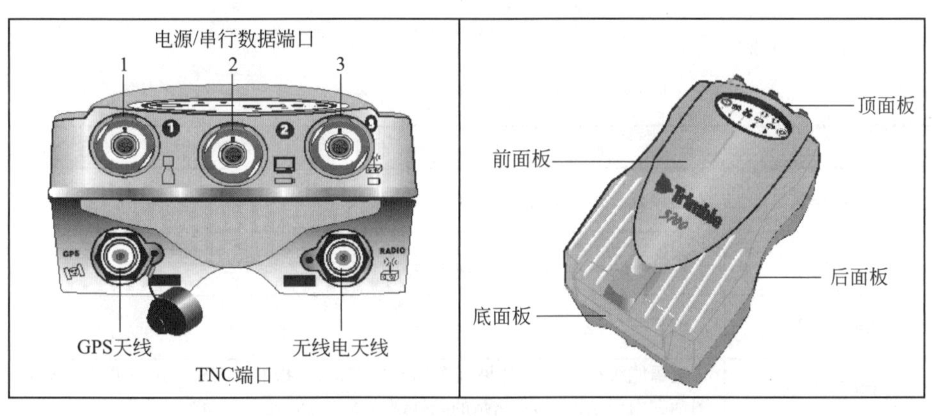

图 10-13 Trimble 5700 GPS 双频接收机

5700 接收机端口功能表 **表 10-1**

图标	名称	连接……
	端口 1	Trimble 手簿、事件标记或计算机
	端口 2	外接电源接入、计算机、1PPS 或事件标记
	端口 3	外部无线电入、外接电源接入、基准站电台数据线接出
	GPS	GPS 天线电缆接入
	无线电	流动站无线电通信天线接入

（2）电台：电台一般有两个，一个为基准站发射电台（一般为外置的独立电台），一个为流动站接收电台（一般为内置电台）。

（3）电子手簿：由于 GPS-RTK 作业过程中，为了方便建立测量项目、建立坐标系统、设置测量形式和参数、设置电台参数、存储测量坐标和精度等，一般都会采用手持式电子手簿，见图 10-14。手簿各图标含义说明见表 10-2。

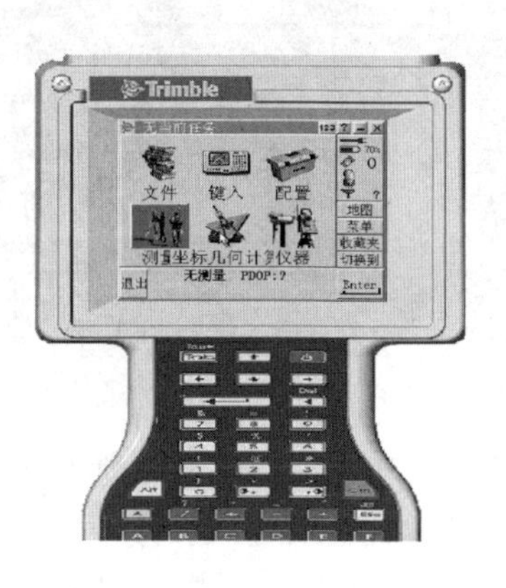

图 10-14　Trimble GPS-RTK 手簿

手簿各图标含义说明　　表 10-2

图标	表示的内容
	连接到数据采集器，正从外部电源接线
	数据采集器连接到外部电源，并正在给内部电池充电
100%	电源能级是 100%
50%	电源能级是 50%。如果该图标是在右角，它指的是 TSCe 内部电池。如果图标在内部电池下面，它指的是外部设备的电源能级
	GPS 接收机 5700 正在使用中
	外部天线正在使用中。天线高度显示在图标右边
	GPS 接收机 5700 正在使用中，天线高度显示在图标右边
	正在接收无线电信号
	正在接收流动的调制解调器信号（即手机通信）
	正在测量点
	如果没有运行测量：在被追踪的卫星数目（显示在图标右边） 如果正在运行测量：正在解算的卫星数目（显示在图标右边）

10.4.3　GPS-RTK 数字化测图的操作过程

GPS-RTK 数字化测图的基本操作过程为：设置基准站、设置流动站、地形和地物点数据采集、内业数据处理等。

1. 设置基准站

设置基准站主要包括：选址、架设、设置和启动基准站。

（1）选址。基站站位置选择比较重要，为了观测到更好的数据，基准站上空应当尽可能地开阔，周围尽量不要有高大建筑物或地物遮挡；为了减少电磁波干扰，基准站周围不要有高功率的干扰源；为了减少多路径效应，基准站应当尽量远离成片水域等；为了提高作业效率，基准站应当安置在交通便利的地方。

（2）架设。基准站架设主要包括：连接电台天线、电台及电子手簿，连接 GPS 天线、接收机和电台，架设好的基准站见图 10-11 所示。

（3）设置。在架设好基准站后，需要利用电子手簿做一些设置，主要包括：新建项目、选择坐标系统、设置投影参数、基准点名及坐标、天线高等内容。新建任务和坐标系选择如图 10-15 所示，一般情况可选择键入参数或者无投影无基准情况，输入任务名称，选择键入参数后，比例因子选 1，然后再选择投影参数，在我国投影方式要选择横轴墨卡托投影，参考椭球参数和投影高度面可根据实际情况进行选择，如图 10-16 所示，投影面高度一般设为 0m。

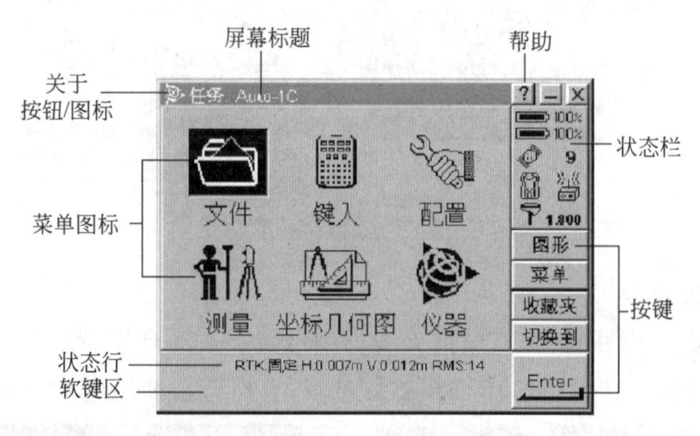

图 10-15　新建任务和坐标系选择

图 10-16　投影参数设置

设置好项目有关属性后，要设置基准站选项和基准站天线高，包括：基准站天线高和无线电类型，设置基准站天线高时，一定要选择好天线类型和天线量取的位置，天线量取位置一般有三种情况：天线底部、天线槽口和天线相位中心。基准站无线电要选择好电台的类型以及接口，否则将无法进行正确连接。各设置内容如图 10-17 所示。

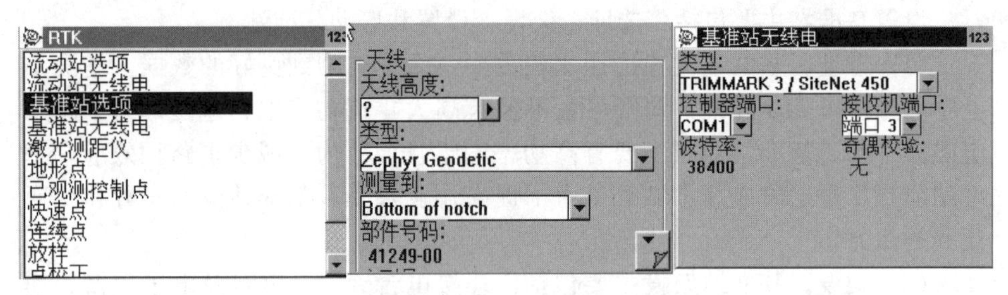

图 10-17 基准站天线高及无线电选项设置

（4）启动基准站。在设置好基准站后，必须启动基准站才能进行 GPS-RTK 作业。启动基准站图见图 10-18，点击“测量”中的“RTK”，然后选择“启动基准站接收机”。此时会出现一个界面，要求输入基准站坐标，可以输入，也可以通过点击“此处”获得当时单点定位的结果。

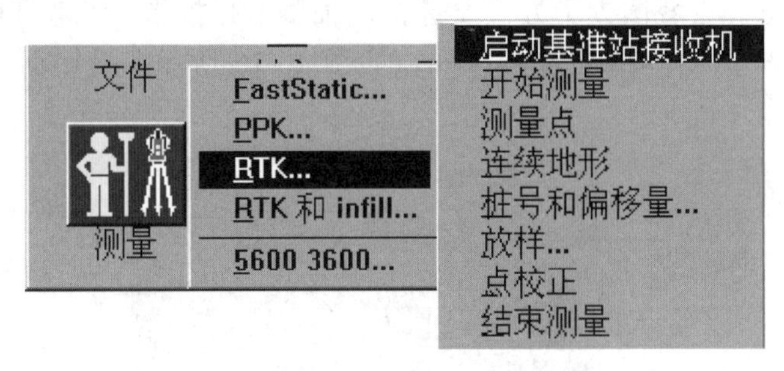

图 10-18 启动基准站

2. 设置流动站

流动站设置见图 10-19，包括天线类型设置、天线高设置、无线电设置。流动站无线电的频点和无线电传输模式设置一定要与基准站电台一致，否则流动

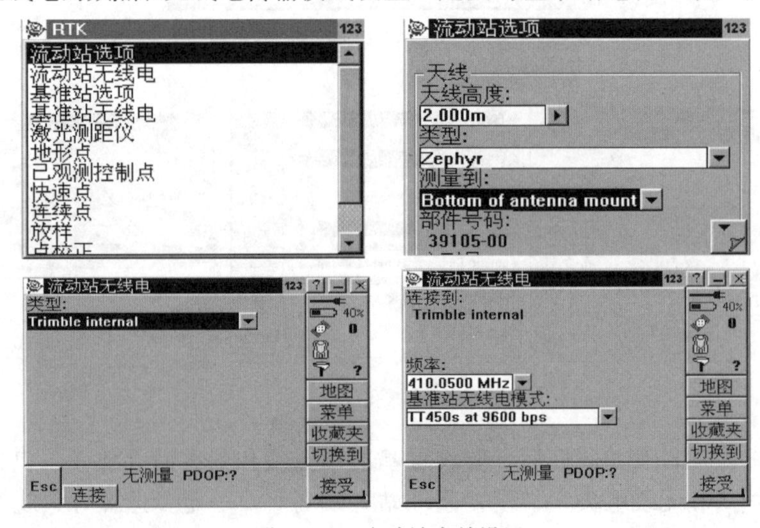

图 10-19 流动站有关设置

站接收不到无线电信号。一般无线电类型选择 Trimble internal（内置无线电），点击“连接”，如果连接成功，点击“接受”即可。然后点击“测量”中的“RTK”，选择“开始测量”即可，完成该步骤后就可以进行 GPS-RTK 作业了。

3. 地形和地物数据采集

开始测量后，可根据实际情况，逐一进行地形点和地物点的采集，见图 10-20，另外为了进行点校正往往还需要对已有的控制点进行观测，观测时间一般可设为 180 个历元。而对地物和地形点进行数据采集的时候，每次可采集 5 个历元。在采集数据时要及时输入要素代码，以便成图。

图 10-20　地形点采集

10.4.4　内业数据处理和地形图绘制

在外业采集完数据后，一般先在手簿中进行点校正，然后再将手簿中的数据传输到电脑，以便成图，数据传输可分两种情况：用 USB 口和串口，当采用 USB 口时需要同步软件支持。如果采用串口，则只需要 Data Transfer 软件即可，见图 10-21。

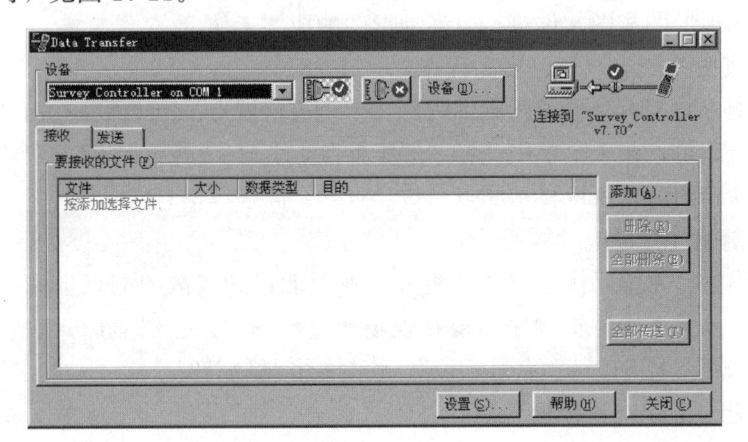

图 10-21　用 Data Transfo 进行数据传输

若在手簿中没有校正，也可以将导出数据导入 TGO 软件，再进行点校正。图 10-22 为外业测量结果导入 TGO 后的显示图。

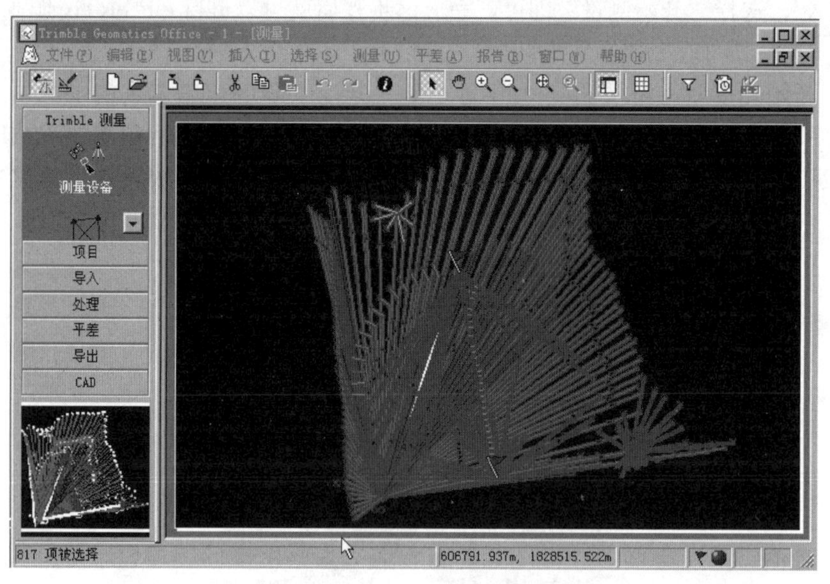

图 10-22　GPS-RTK 测量结果

1. 数据格式转换

将 GPS-RTK 获取碎部点的三维坐标文件，根据需要进行适当的数据格式转换。如采用南方 CASS 绘制地形，则将数据转换为南方 .dat 数据格式。南方 CASS 的点坐标数据点格式为文本格式，每个数据点占一行，中间用逗号分隔，不允许出现空格。其中，点的编码可以忽略。形式为

点号 1，编码 1，y，x，z

点号 2，编码 1，y，x，z

……

之后，可依据现场草图检查测点数据文件的点号、编码、坐标和高程情况，便于及时发现一些错点，如发现错点应立即加以错误纠正或删除。接着，即可利用地形图成图软件进行数字地形图的成图工作。

2. 展野外测点点号、展高程点

以南方 CASS 地形成图软件为例，首先进行展点。点 CASS10.1“绘图处理”下拉菜单，在子菜单中选择“展野外测点点号”“展高程点”，可将所有测点展会在绘图区，系统显示测点点位、点号、高程等信息。

3. 地物连接成线

草图法、无编码作业方法的野外作业只能得到离散的测点坐标，点与点之间的连接关系，逻辑顺序需要在现场通过草图记录。展点后，一般可根据草图，采用 CASS10.1“点号定位”，绘制线状地物符号。

4. 建立数字高程模型

地物绘制完成后，应建立数字地面模型。数字地面模型（DTM），是在

一定区域范围内规则格网点或三角网点的平面坐标（x，y）和其地物性质的数据集合，如果此地物性质是该点的高程 Z，则此数字地面模型又称为数字高程模型（DEM）。

CASS10.1 软件提供了根据测点坐标数据自动构建不规则三角网的功能。从而建立测区的数字地面模型。点“等高线”下拉菜单下的“建立三角网”项，系统弹出“建立 DTM”对话框，如图 10-23 所示。此时可选择：

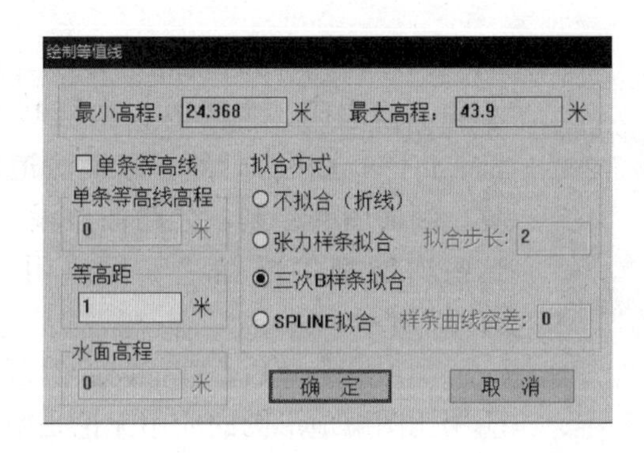

图 10-23　建立 DTM

（1）由坐标数据文件建立 DTM，适于整个测区生成等高线的情况；

（2）由图面高程点建立 DTM，适于测区内局部区域生成等高线的情况。

在指定坐标数据文件名或图面上的指定区域后，系统就会以三角网的数据结构自动建立起整个测区或局部的数字地面模型，并将三角网数据存储在同名的.sjw 文件内。此时可在图面通过“删除”“增加”“过滤”“插点”等三角形的编辑功能来实现对数字高程模型的局部修正，但要注意必须将修改结果存盘。

5. 自动绘制等高线

点“等高线”下拉菜单“绘制等高线”项，系统弹出“绘制等值线”对话框，如图 10-24 所示，显示了区域内的最大高程值和最小高程值。输入所需等高距后“确定”，系统自动生成等高线，如图 10-3 所示。

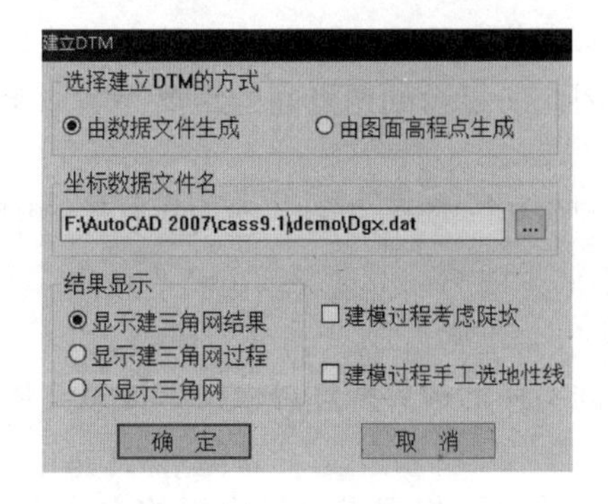

图 10-24　绘制等高线

6. 图形分幅管理

整个图形的地物、地貌、文字、符号、注记等编辑整饰完成后，即可利用“图形处理”“图幅管理”等下拉菜单的功能对测区图形进行分幅并进行图幅管理。

10.5　数字地形图的工程应用

本节结合南方 CASS10.1 地形地籍成图系统软件环境，介绍数字地形图上的工程应用，主要内容包括基本几何要素的查询、DTM 法土方计算、断面法道路设计及土方计算、断面图的绘制、公路曲线设计、面积应用等。这些功能都集成在“工程应用”菜单下，如图 10-25 所示。

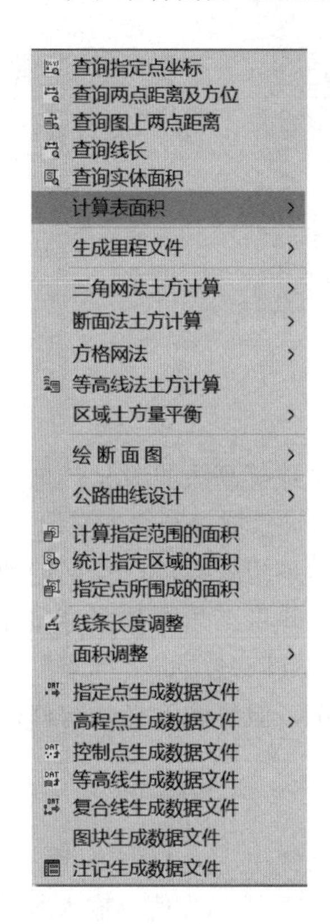

图 10-25　“工程应用”菜单

学习完本节后，我们将会发现，数字地形图的应用比图解地形图的应用无论是精度还是效率都要高得多。

10.5.1　基本几何要素的查询

1. 查询指定点坐标

用鼠标点取“工程应用”菜单中的“查询指定点坐标”。用鼠标点取所要查寻的点即可，也可以先进入点号定位方式，再输入要查询的点号。（注意：系统左下角状态栏显示的坐标是笛卡尔坐标系中的坐标，与测量坐标系的 X 和 Y 的顺序相反）用此功能查询时，系统在命令行给出的 XY 是测量坐标系的值。

2. 查询两点距离

用鼠标点取“工程应用”菜单下的“查询两点距离及方位”。用鼠标分别点取所要查询的两点即可。也可以先进入点号定位方式，输入要查询的点号获得。CASS10.1 所显示的坐标为实地坐标，因此所显示的两点间的距离为实地距离。

3. 查询线长

用鼠标点取“工程应用”菜单下的“查询线长”，用鼠标点取图上曲线即可获得。

4. 查询实体面积

用鼠标点取待查询实体的边界线即可获得（注意实体应该是闭合的）。

5. 计算表面积

对于不规则地貌，其表面积很难通过常规的方法来计算，在这里可以通过建模的方法来计算，系统通过 DTM 建模，在三维空间内将高程点连接为带坡度的三角形，再通过每个三角形面积累加得到整个范围内不规则地貌的面积，如图 10-26 所示。

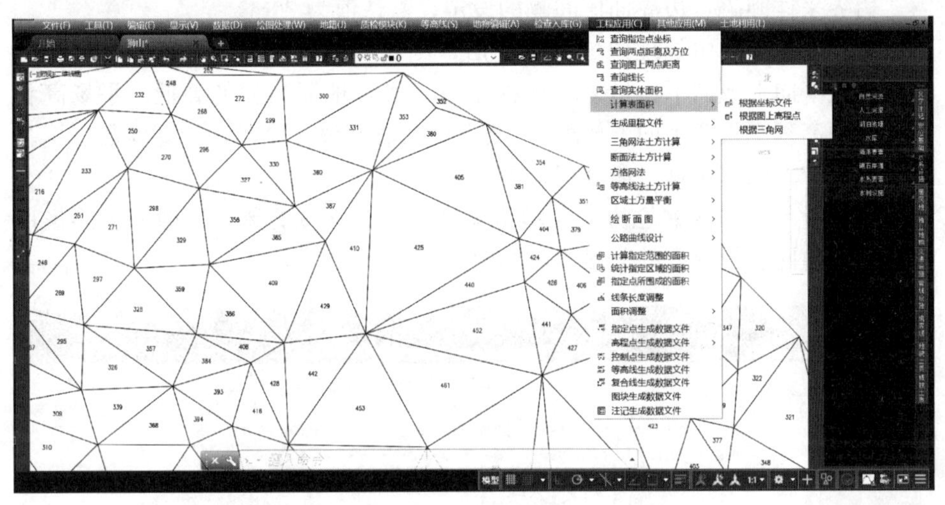

图 10-26　计算表面积

要计算范围内的地表面积，可通过点击“工程应用 \ 计算表面积 \ 根据坐标文件”命令完成。此时可以根据情况选择根据坐标数据文件或图上的范围边界线，并给定适当的插值密度来进行计算。

10.5.2　土方量计算

1. DTM 法土方计算

用数字高程模型计算土方量是根据实地测定的地面点坐标（x，y，z）和设计高程，通过生成三角网来计算每一个三棱锥的填挖方量，最后累计得到指定范围内填方和挖方的土方量，并绘出填挖方分界线。

DTM 法土方计算共有三种方法，一是由坐标数据文件计算，二是依照图上高程点进行计算，三是依照图上的三角网进行计算。前两种算法包含重新建立三角网的过程，第三种方法直接采用图上已有的三角形，不再重建三角网。下面分述三种方法的操作过程。

（1）根据坐标计算

用复合线画出所要计算土方的区域，一定要闭合，但是尽量不要拟合。因为拟合过的曲线在进行土方计算时会用折线迭代，影响计算结果的精度。用鼠标点取“ 工程应用 \ DTM 法土方计算 \ 根据坐标文件”。提示：选择边界线，用鼠标点取所画的闭合复合线弹出如图 10-27 所示的土方计算参数设置对话框。

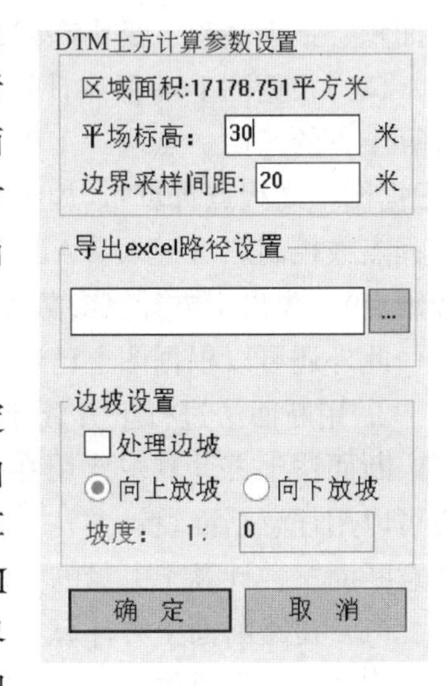

图 10-27　土方计算参数设置

区域面积：即复合线围成的多边形的水平投影面积。

平场标高：指设计要达到的目标高程。

边界采样间隔：边界插值间隔的设定，默认值为 20m。

边坡设置：选中处理边坡复选框后，则坡度设置功能变为可选，选中放坡的方式（向上或向下：指平场高程相对于实际地面高程的高低，平场高程高于地面高程则设置为向下放坡），然后输入坡度值。设置好计算参数后屏幕上显示填挖方的提示框，命令行显示：

挖方量＝××××立方米，填方量＝××××立方米，同时图上绘出所分析的三角网、填挖方的分界线，如图 10-28 所示。

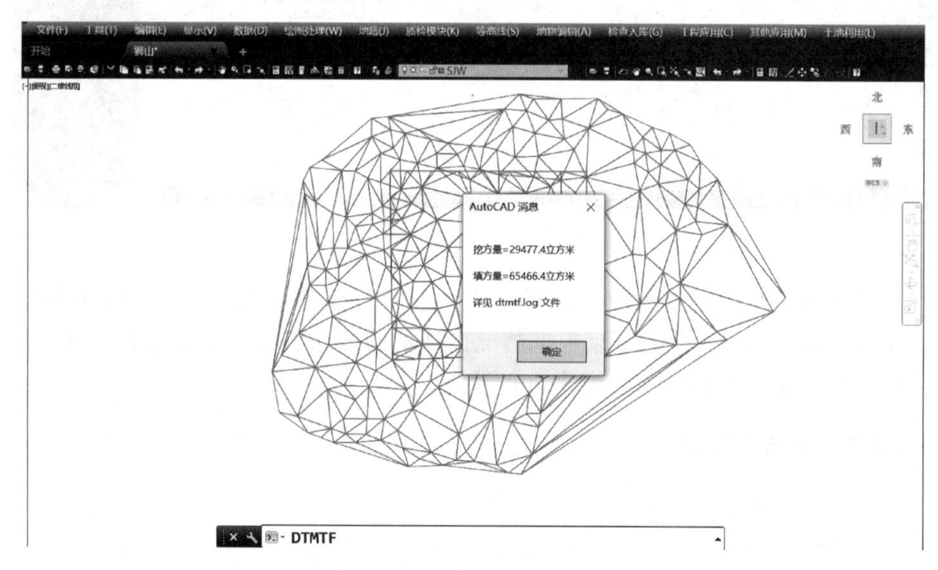

图 10-28　三角网法土方计算

用鼠标在图上适当位置点击，CASS10.1 会在该处绘出一个表格，包含平场面积、最大高程、最小高程、平场标高、填方量、挖方量和图形。

（2）根据图上高程点计算。首先要展绘高程点，然后用复合线画出所要计算土方的区域。点取“工程应用”菜单下“DTM 法土方计算”子菜单中的“根据图上高程点计算”，根据提示选择边界或直接在屏幕选取要参与计算的高程点或控制点（键入“ALL”回车，将选取图上所有已经绘出的高程点或控制点）。弹出土方计算参数设置对话框，以下操作则与坐标计算法一样。

此外还可以根据图上已经编辑好的三角网进行 DTM 法土方计算。

2. 用断面法进行土方量计算

断面法土方计算主要用在公路土方计算和隧道土方计算。特别复杂的地方可以用任意断面设计方法。断面法土方计算主要有道路断面、场地断面和任意断面三种计算土方量的方法。

（1）道路断面土方计算

第一步：生成里程文件。

里程文件用离散的方法描述了实际地形。接下来的所有工作都是在分析里程文件里的数据后才能完成的。生成里程文件常用的有四种方法，点取菜单“工程应用”，在弹出的菜单里选“生成里程文件”，CASS 10.1 提供了五种生成里程文件的方法：【1】由纵断面生成，【2】由复合线生成，【3】由等高线生成，【4】由三角网生成，【5】由坐标文件生成，可根据不同的情况选用，如图 10-29 所示。

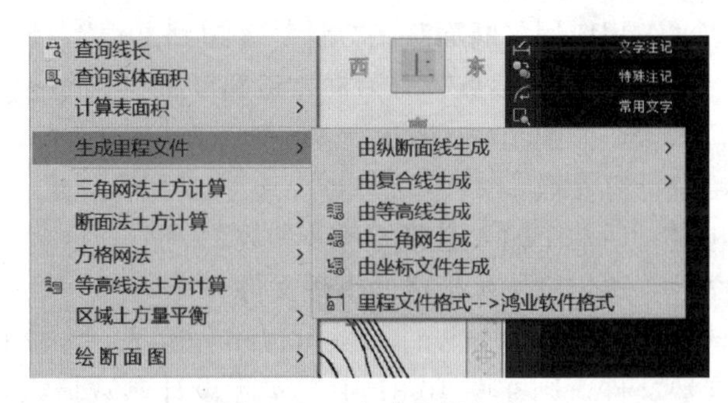

图 10-29 生成里程文件

下面以“由纵断面生成为例”说明。

在使用生成里程文件之前，要事先用复合线绘制出纵断面线。用鼠标点取“工程应用 \ 生成里程文件 \ 由纵断面生成 \ 新建”。

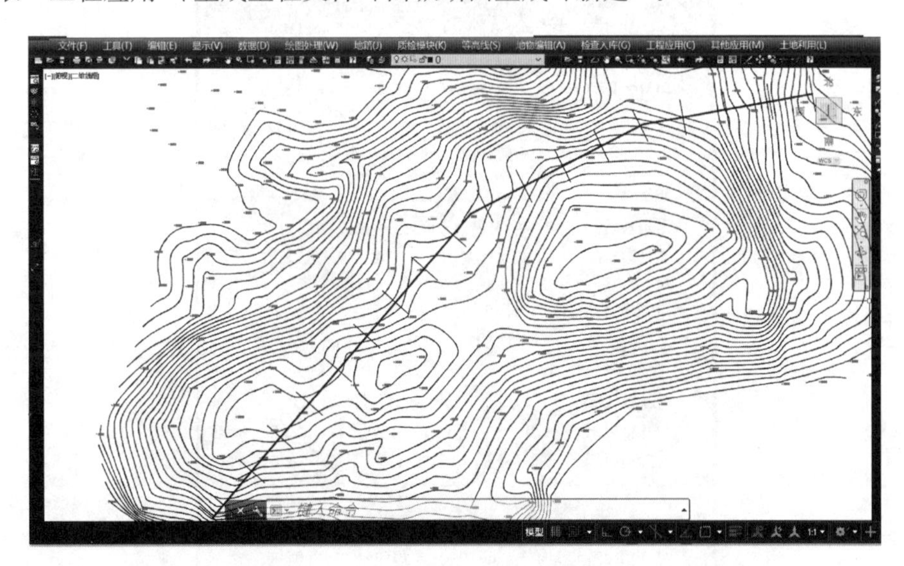

图 10-30 由纵断面生成横断面

屏幕提示：

请选取纵断面线：用鼠标点取纵断面线弹出“由纵断面生成里程文件”对话框；

中桩点获取方式：节点表示节点上要有断面通过；等分表示从起点开始用相同的间距；等分且处理节点表示用相同的间距且要考虑不在整数间距上的节点。

输入横断面间距、横断面左边长度、横断面右边长度。选择其中的一种方式后则自动沿纵断面线生成横断面线，如图 10-30 所示。

选择纵断面线 ，用鼠标拾取纵断面线；输入横断面左边长度、输入横断面右边长度后，选择获取中桩位置方式：【1】用鼠标在纵断面线上定点鼠标定点，【2】输入线路加桩里程。然后点击“生成”将设计结果生成里程文件。

第二步：选择土方计算类型。

用鼠标点取“工程应用＼断面法土方计算＼道路断面”。弹出“断面土方计算”子菜单 和“断面设计参数”对话框，道路断面的初始参数都可以在这个对话框中进行设置，如图 10-30 所示。

第三步：给定计算参数

在弹出的相应对话框中输入道路的各种参数。

选择里程文件：选定第一步生成的里程文件。

横断面设计文件：横断面的设计参数可以事先写入一个文件中。如果不使用道路设计参数文件，则在图 10-31 中把实际设计参数填入各相应的位置(注意单位均为米)。根据系统提示点击“确定”后，系统根据上步给定的比例尺，在图上绘出道路的纵断面，至此，图上已绘出道路的纵断面图及每一个横断面图，如图 10-32 所示。

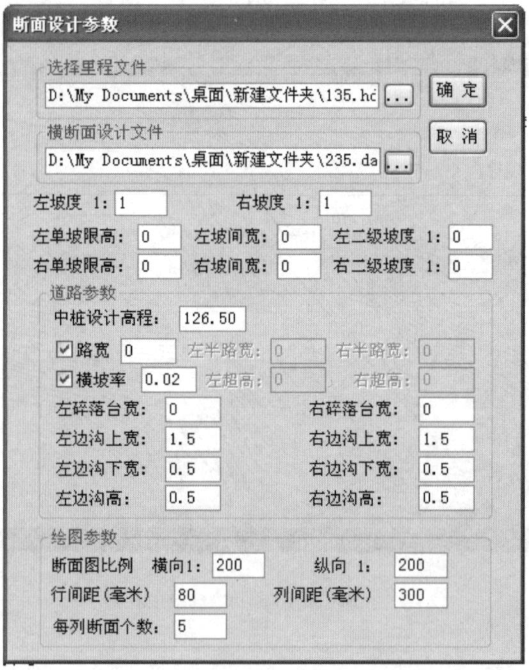

图 10-31　断面设计参数输入

(2) 场地断面土方计算

在场地的土方计算中，常用的里程文件生成方法同由纵断面线方法生成一样，不同的是在生成里程文件之前利用“设计”功能加入断面的设计高程。

3. 方格网法土方计算

由方格网来计算土方量是根据实地测定的地面点坐标（x，y，z）和设

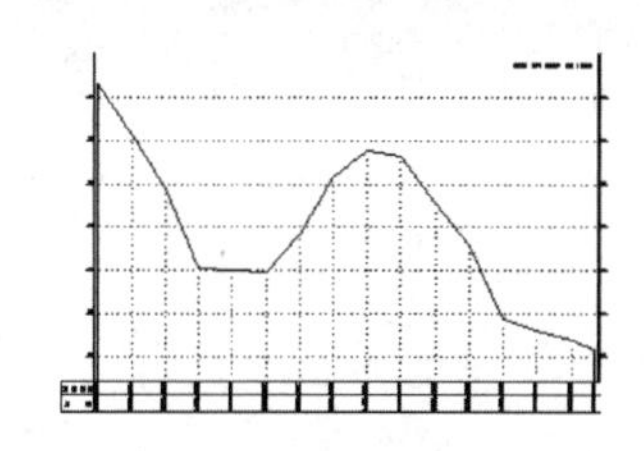

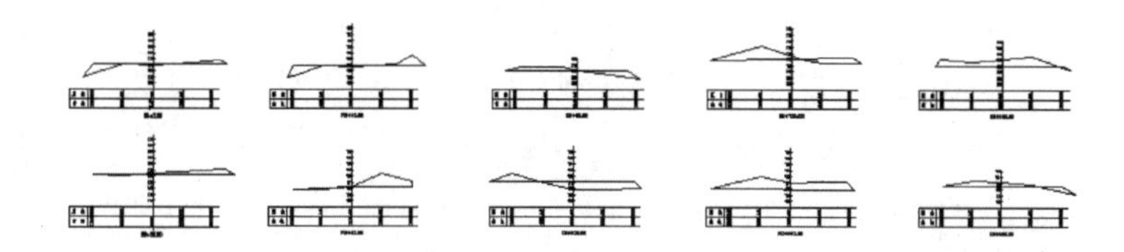

图 10-32　断面法土方计算中的纵横断面图

计高程，通过生成方格网来计算每一个方格内的填挖方量，最后累计得到指定范围内填方和挖方的土方量，并绘出填挖方分界线。

系统首先将方格的四个角上的高程相加（如果角上没有高程点，通过周围高程点内插得出其高程），取平均值与设计高程相减。通过指定的方格边长得到每个方格的面积，用长方体的体积计算公式得到填挖方量。方格网法简便直观，易于操作，在实际工作中应用非常广泛。

用方格网法算土方量，设计面可以是水平面、斜平面或由三角网表示的地形表面。

（1）设计面是水平面

用复合线圈出所要计算土方的区域，一定要闭合，但是不要拟合。因为拟合过的曲线在进行土方计算时会用折线迭代，影响计算结果的精度，也增加了计算时间。

选择“工程应用\方格网法土方计算”，命令行提示：“选择计算区域边界线”；选择土方计算区域的边界线（闭合复合线）。在弹出的方格网土方计算对话框给定坐标文件；输入设计面的目标高程；输入计算的方格网大小（一般设 10m 或 20m）。方格越小，计算精度越高。但如果给定的值太小，超过了野外采集的点密度，也是没有意义的。

点击“确定”，命令行提示：

最小高程＝××.×××，最大高程＝××.×××

总填方＝×××.×立方米，总挖方＝×××.×立方米。

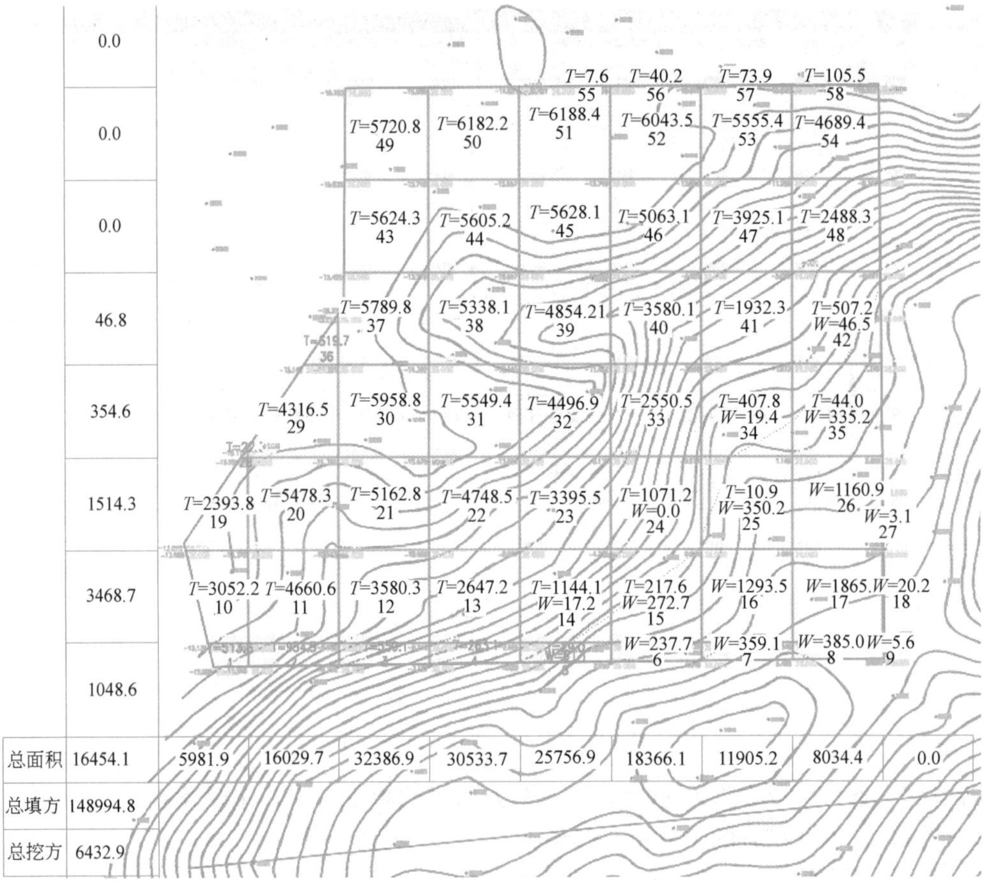

图 10-33　方格网法土方计算成果图

同时图上绘出所分析的方格网，填挖方的分界线，并给出每个方格的填挖方，每行的挖方和每列的填方。各方格的土方计算如图 10-33 所示。

（2）设计面是斜面

设计面是斜面的时候操作步骤与平面的时候基本相同，区别在于在方格网土方计算对话框中"设计面"栏中，选择"斜面【基准点】"或"斜面【基准线】"。

如果选择"斜面【基准点】"，需要确定坡度、基准点和向下方向上一点的坐标以及基准点的设计高程。

如果选择"斜面【基准线】"，需要输入坡度并点取基准线上的两个点以及基准线向下方向上的一点，最后输入基准线上两个点的设计高程即可进行计算。

（3）设计面是三角网文件

选择设计的三角网文件，点击，即可进行方格网土方计算。

4. 等高线法土方量计算

用等高线法可计算任两条等高线之间的土方量，但所选等高线必须闭合。由于两条等高线所围面积可求，两条等高线之间的高差已知，可求出这两条等高线之间的土方量。

点取“工程应用”下的“等高线法土方计算”。

屏幕提示：选择参与计算的封闭等高线，可逐个点取参与计算的等高线，也可按住鼠标左键拖框选取。但是只有封闭的等高线才有效。

回车后屏幕提示：输入最高点高程：<直接回车不考虑最高点>。

回车后：屏幕弹出等高线法土方计算总方量消息框。

回车后屏幕提示：请指定表格左上角位置：<直接回车不绘制表格>，在图上空白区域点击鼠标右键，系统将在该点绘出计算成果表格。

可以从表格中看到每条等高线围成的面积和两条相邻等高线之间的土方量，另外，还有计算公式等。

5. 区域土方量平衡

土方平衡的功能常在场地平整时使用。当一个场地的土方平衡时，挖掉的土石方刚好等于填方量。以填挖方边界线为界，从较高处挖得的土石方直接填到区域内较低的地方，就可完成场地平整。这样可以大幅度减少运输费用。

在图上展出点，用复合线绘出需要进行土方平衡计算的边界。

点取“工程应用\区域土方平衡\根据坐标数据文件（根据图上高程点)”。

此时可以根据情况选择整个坐标数据文件，或在图上选择复合线圈围起来的成片高程点区域，进行整个区域或局部区域的土方平衡计算。

如果前面选择“根据坐标数据文件”，这里将弹出对话框，要求输入高程点坐标数据文件名，如果前面选择的是“根据图上高程点”，此时命令行将提示：

选择高程点或控制点：用鼠标选取参与计算的高程点或控制点

回车后弹出对话框，同时命令行出现提示：

平场面积＝××××平方米

土方平衡高度＝×××米，挖方量＝×××立方米，填方量＝×××立方米。

点击对话框的确定按钮，命令行提示：请指定表格左下角位置：<直接回车不绘制表格>。

在图上空白区域点击鼠标左键，在图上绘出计算结果表格，如图 10-34 所示。

10.5.3 绘制纵断面图

绘制断面图的方法有由坐标文件生成、根据里程文件、根据等高线、根据三角网四种。

1. 由坐标文件生成

坐标文件指野外观测得的包含高程点文件，方法如下：先用复合线生成断面线，点取“工程应用\绘断面图\根据已知坐标”功能。

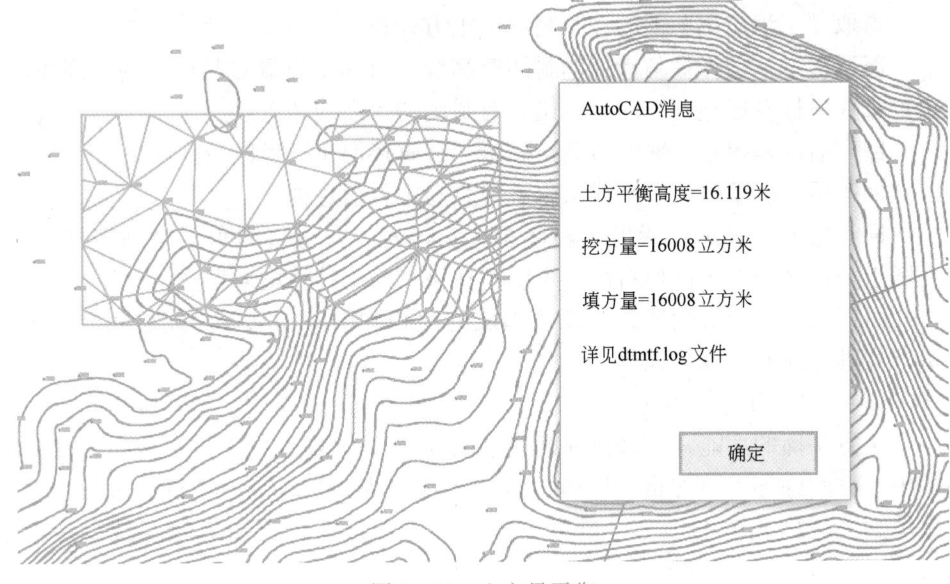

图 10-34　土方量平衡

提示选择断面线，用鼠标点上步所绘断面线。弹出“断面线上取值”对话框，如果“坐标获取方式”栏中选择“由数据文件生成”，则在“坐标数据文件名”栏中选定高程点数据文件，并确定断面图的相关参数。如图 10-35 所示：

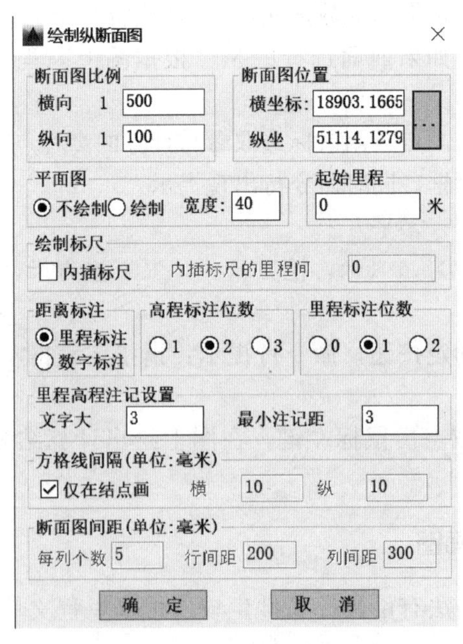

图 10-35　绘制纵断面图对话框

横向比例为 1∶<500>　输入横向比例，系统的默认值为 1∶500。

纵向比例为 1∶<100>　输入纵向比例，系统的默认值为 1∶100。

断面图位置：可手工输入，亦可在图面上拾取。

可以选择是否绘制平面图、标尺、标注：

点击“确定”之后，在屏幕上出现所选断面线的断面图，如 10-36 所示。

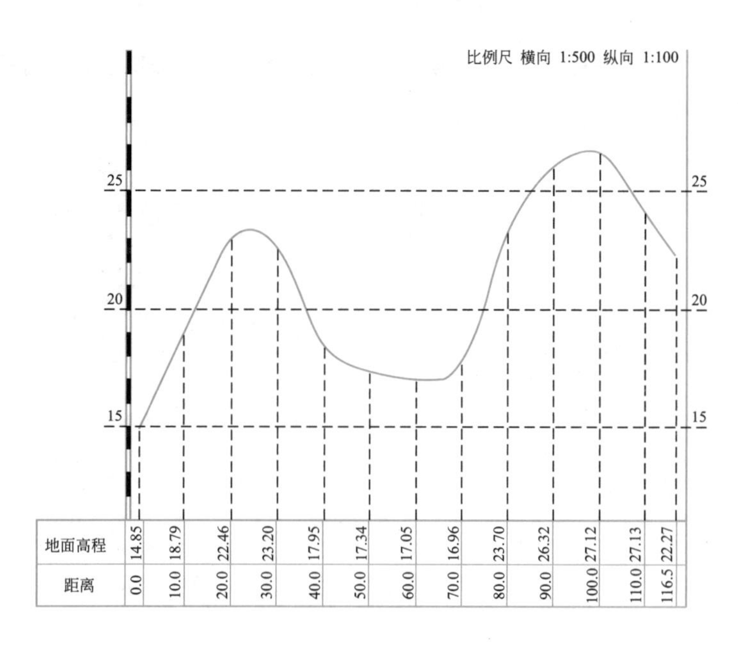

图 10-36 断面图

2. 根据里程文件

根据里程文件绘制断面图。

里程文件可包含多个断面的信息，此时绘断面图就可一次绘出多个断面。

一个里程文件的一个断面信息内允许有该断面不同时期的断面数据，这样绘制这个断面时就可以同时绘出实际断面线和设计断面线。

3. 根据等高线

如果图面存在等高线，则可以根据断面线与等高线的交点来绘制纵断面图。

4. 根据三角网

如果图面存在三角网，则可以根据断面线与三角网的交点来绘制纵断面图。

思考题

10-1 什么是数字地形图？目前获得数字地形图有哪些手段？

10-2 与模拟地形图相比，数字地形图具有哪些优点？

10-3 全野外数字测图方法与传统白纸测图方法比较，有何特点？

10-4 数字测图主要有哪几种作业方法？分别适合于什么情况下采用？

10-5 GPS-RTK 数字测图与全站仪数字测图技术相比有何异同？

10-6　CASS10.1 展点后绘制线状地物有哪几种定位方法？哪种效率较高？

10-7　简述 CASS10.1 建立数字地面模型（DTM）、三角网编辑、绘制等高线的过程。

10-8　利用数字地形图和数据，可以在 CASS10.1 地形地籍测图软件中进行哪些基本的应用？

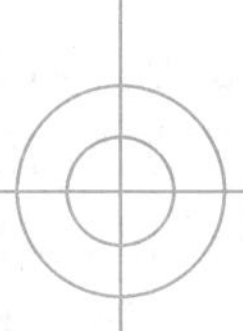

第11章 不动产测绘

本章知识点

【知识点】 不动产、不动产测绘、不动产调查、不动产测量、地籍调查、地籍测量、房产调查、房产测量、土地分类、分幅地籍图、宗地图、房产分户图等基本概念和基本内容。

【重点】 界址点测量，地籍调查，宗地图，土地面积量算；房产分户图，房产面积测算。

【难点】 地籍调查、房产调查的基本过程以及土地面积、房产面积测算的基本方法。

11.1 不动产测绘概述

11.1.1 不动产与不动产测绘

土地是人类赖以生存和发展的物质基础，是一切生产和存在的本源。土地一般指地球表层的陆地部分，也包括海洋、滩涂和内陆水域以及地表以上和以下一定的空间范围。土地既是一种自然资源，也是一种社会资产。

简单说来，不动产就是房地产。不动产测绘的对象包括土地、房屋以及固定于土地上的物体（称为定着物）。不动产测绘就是对上述对象的权属、位置、数量（面积）、质量（等级）、利用状况等信息进行调查、测量以便进行产权登记的过程。

不动产权籍是由国家建立和管理的不动产权属等基本信息的集合。对于土地，土地的权籍就是地籍，地籍是用数据、图形、图表等形式记载土地基本信息的簿册。除地籍外，不动产权籍还包括房产、定着物（如林木）等其他不动产单元的权籍信息。我国实行不动产产权登记制度，为了获得不动产各产权单元的基本信息，需要对其进行不动产测绘，然后对这些信息进行合法性审核，并依法对各不动产产权单元进行登记、发证。

我国从20世纪80年代起，就开始了全国统一地籍的建立和管理（建库与维护）工作，目前全国县级行政区已基本建成了较为完善的地籍信息系统。各城市也相继建立起了城市房产数据库，对房产单元进行登记、发证。这些不动产测绘成果已对我国土地资源的科学管理、合理利用以及房地产交易、产权保护等起到了重要的基础支撑作用。

不动产测绘是测绘学科的重要组成部分，其成果具有法律效力。随着我国社会经济的发展，不动产行业发展不断地深入和细化，对不动产测绘提出了更高要求。目前我国不动产测绘主要是针对山、水、林、田、湖、草、海进行调查与测绘，其中地籍测绘是调查和测定土地及其附着物的权属位置、质量（等级）、数量（面积）和利用现状等基本状况的测绘工作，其测绘的主要对象是地块。房产测绘是采集和表述房屋及房屋用地有关信息的测绘工作，主要是调查和测定房屋及其用地状况，为地籍管理、房屋产权、房地产开发利用、交易、征收税费以及城镇规划建设等提供数据和资料。

11.1.2　不动产测绘的内容

不动产测绘主要包含不动产调查、控制测量、要素测量、不动产图测绘、面积量算、数据库建设和变更测绘等工作内容。

1. 不动产调查

不动产调查是对土地及其定着物的位置、权属、数量、质量和利用现状等基本情况进行的技术性工作，不动产调查的内容主要有土地权属调查、土地利用现状调查、土地等级调查和房产调查。

2. 不动产测量

（1）不动产控制测量

不动产控制测量遵循从整体到局部、由高级到低级的布设原则，可分为基本控制测量和加密控制测量。基本控制测量分一、二、三、四等，可布设相应等级的导线网和 GNSS 控制网。不动产控制网的建立方法与工程控制网相同，可采用常规地面测量方法，卫星定位方法以及卫星和地面测量技术综合的方法。

（2）不动产要素测量

不动产要素主要是指地籍要素和房产要素等。其中地籍要素包括地籍区界线、地籍子区界线、土地权属界址线、界址点、图斑界线、地籍区号、地籍子区号、宗地号（含土地权属类型代码和宗地顺序号）、地类代码、土地权利人名称、坐落地址等。房产要素包括界址点、行政境界、房屋及其附属设施、陆地交通、水域及其他相关地理要素等。

（3）不动产图测绘或编绘

不动产图是按一定的投影方法、比例关系和专用符号描述不动产及有关地物、地貌要素的图，是不动产的基础资料之一。在地籍图集合中，目前主要测绘制作的有分幅地籍图、宗地图、土地利用现状图、土地权属界线图等。按房产管理的需要，房产图分为房产分幅平面图（简称分幅图）、房产分丘平面图（简称分丘图）和房产分层分户平面图。

1）分幅地籍图

分幅地籍图是不动产地籍的图形部分。

2）宗地图

宗地图是土地使用合同书附图及房地产登记卡附图。它反映一宗地的基本情况，包括宗地权属界线、界址点位置、宗地内建筑物位置与性质，与相邻宗地的关系等。

3）房产分丘图

房产分丘图上除表示分幅图的内容外，还应表示房屋权界线、界址点点号、窑洞使用范围、挑廊、阳台、建成年份、用地面积、建筑面积、墙体归属和四至关系等各项房产要素。

4）房产分层分户图

房产分户图是在房产分丘图的基础上绘制局部图，以一户产权人为单位，表示房屋权属范围内的细部图，以明确毗邻房屋的权属界线，作为核发不动产权证的附图使用。

5）土地利用现状图

3. 面积测算

不动产测量中的土地面积量算是一种高斯-克吕格投影面积测算。房产面积测算是指水平投影面积的测算，包括房屋建筑面积、共有建筑面积、产权面积、使用面积等测算。例如，一个行政管辖区的总面积、图幅面积、街坊面积、宗地面积、各种利用分类面积以及土地面积的汇总等。

4. 数据库建设

不动产数据库是用来存储和管理不动产数据的空间数据库。不动产数据主要是不动产调查得到的基础不动产数据、日常不动产管理所产生的变更不动产数据、不动产测量的成果数据及与不动产管理密切相关的数据、规划与道路数据等。这些数据可分为空间数据与非空间数据两类，其中用地数据与各种背景地理信息在空间上都以统一的地理坐标为基础，用地数据伴有大量的相关属性信息。

5. 变更测绘

变更测绘是指在土地权属总调查之后发生的因土地现状、权属发生变化而进行的测绘工作，包括变更权属调查、变更测量。变更权属调查包括界址未变化的土地权属调查、新设界址与界址变化的土地权属调查。变更测量包括界址检查、界址放样与测量、地形要素测量、宗地面积计算和变更测量报告编制等工作。

11.1.3 我国不动产测绘的现状

当前，不动产测绘工作以地籍测绘和房产测绘为主。长期以来，我国实行土地与房屋产权分离的管理体制，导致地籍测绘与房产测绘存在工作内容重叠、数据标准不统一、技术规范不一致的不利状况。现代不动产测绘，要求地籍测绘、房产测绘以及其他不动产单元测绘数据具有更好的完整性、一致性和现势性，形成完整统一的不动产数据库。这是新时期我国不动产测绘的工作重点和发展方向。

11.2　不动产调查

11.2.1　不动产调查概述

不动产调查是指遵照国家的法律规定，采用科学的方法，依照不动产权利人的申请，由政府统一组织，通过权属调查和不动产测量，查清不动产的权属、界址、面积、用途、等级、价格等基本情况，形成数据、图件、表册等调查资料，为不动产登记、核发证书等提供依据的一项技术性工作。

现阶段不动产权籍调查的主要内容是以宗地、宗海为单位，查清宗地、宗海及其房屋、林木等定着物组成的不动产单元状况，包括宗地信息、宗海信息、房屋（建、构筑物）信息、森林和林木信息等。不动产权籍调查是不动产登记的基础工作，权籍调查成果资料经不动产登记后，具有法律效力。

不动产权籍调查分为不动产总调查和不动产日常调查。不动产总调查是在辖区建立不动产系统之前的第一项工作，应在不动产登记之前进行。不动产日常调查是辖区不动产系统建立之后，当不动产要素改变时进行的。不动产日常调查及时获取新的变更数据和信息，以保证不动产系统的现势性和准确性。

1. 土地权属

土地权属性质具有两种：国有和集体所有。按我国现行的法律规定，城市市区的土地属于国家所有即国有；农村和城市郊区的土地，除由法律规定属于国家所有的（如国营农产、林场、工矿企业等）以外，农村耕地、林地、宅基地和自留地、自留山、水域，属于农村村民集体所有即集体所有；土地所有权受国家法律的保护。

土地产权是土地制度的核心。土地权属是指土地产权的归属，是土地权利人对土地的占有、使用和支配的权利。它包括土地所有权、土地使用权和他项权。

（1）土地所有权

土地所有权是土地所有制在法律上的表现，具体是指土地所有者在法律规定的范围内对土地占有、使用、收益和处分的权利，包括与土地相连的生产物、建筑物的占有、支配、使用的权利。土地所有者除上述权利外，同时有对土地的合理利用、改良、保护、防止土地污染、防止闲置和荒芜的义务。

（2）土地使用权

土地使用权是指依照法律对土地加以利用并从土地上获得合法收益的权利。按照有关规定，我国的政府、企业、团体、学校、农村集体经济组织以及其他企事业单位和公民，根据法律的规定并经有关单位批准，可以有偿或无偿使用国有土地或集体土地。

（3）他项权

土地的他项权利包括土地租赁权、土地抵押权、土地继承权、地役权等。

现阶段，我国不动产权利人的权属类型包括：国有土地使用权、集体土地所有权、集体土地使用权、宅基地使用权、土地承包经营权等。

2. 土地权利人

所谓土地权利人（或权属主，以下简称权利人）是指具有土地所有权的单位和土地使用权的单位或个人。在我国，根据土地法律的规定，国家机关、企事业单位、社会团体、“三资”企业、农村集体经济组织和个人，经有关部门的批准，可以有偿或无偿使用国有土地，土地使用者依法享有一定的权利和承担一定的义务。

依照法律规定的农村集体经济组织可构成土地所有权单位。乡、镇企事业单位，农民个人等可以使用集体所有的土地。集体所有的土地，由县级人民政府登记造册，核发土地权利证书，确认所有权和使用权。单位和个人依法使用的国有土地，由县级或县级以上人民政府登记造册，核发土地使用权证书，确认使用权。

3. 土地权属的确认

所谓土地权属的确认（简称确权）是指依照法律对土地权属状况的法律认定，包括土地所有权和土地使用权的性质、类别、权利人及其身份、土地位置等的认定。确权涉及用地的历史、现状、权源、取得时间、界址及相邻权利人等状况，是地籍调查中一件细致而复杂的工作。一般情况下，确权工作由当地政府授权的土地管理部门主持，土地权利人（或授权指界人）、相邻土地权利人（或授权指界人）、地籍调查员和其他必要人员都必须到现场。具体的确认方式包括文件确认、惯用确认、协商确认、仲裁确认。

11.2.2 不动产单元的划分与编号

不动产单元是指权属界线固定封闭，且具有独立使用价值的空间。地籍调查的基本单元是宗地，是指土地权属界址线封闭的地块或空间；房屋用地调查基本单元是丘，是指地表上一块有界空间的地块。地块是可辨认出同类属性的最小土地单元。

例如，若地块具有权利上的同类属性，则称为权利地块，不动产调查中称为“宗地”；如地块具有利用类别上的同一性，称为分类地块，在土地利用现状调查中称为“图斑”；如地块具有质量上的同一性，则称为质量地块；如地块是受特别保护的耕地，则称为农田保护区或基本农田保护区，等等。地块的特征如下：（1）在空间上具有连续性；（2）空间位置是固定的，边界相对明确；（3）具有同类属性。在具体工作中，宗地、图斑、农田保护区、林木小班等都是具有确定的“同类属性”的地块。

1. 土地划分

（1）县—地籍区—地籍子区

我国按各级行政区划的范围划分土地。在不动产总调查中，以县级行政区为单位，通常将县级行政区下辖的各个乡、镇、街道设为地籍区，再将各地籍区下辖的行政村、街坊（街道范围过大时，应在街道辖区内，沿明显特

征的线状地物，如马路、街巷、河道或沟渠等为界，将一个行政街道划分成若干街坊)，设为地籍子区，再在各地籍子区内区分和识别各个权利地块（宗地)，进行编号和调查。因此，对位于某省会城市的某个地块，其隶属关系为市×（县级）区×地籍区（街道）×地籍子区（街坊）×号宗地。而对某个承包经营权地块，应为×县×地籍区（乡、镇）×地籍子区（行政村）×号宗地。

（2）宗地或宗海

同类属性的、有边界的土地单元称为地块。地籍中以土地的权属界线来区分宗地地块，土地权属单一、边界明确的地块被称为“一宗地”或“一丘”。宗地一般是由一个独立的权利人使用的、相连成片的地块。宗地是地籍调查的最小土地单元。宗地具有固定的位置和明确的权利边界，并可辨认出确定的权利、利用、质量和时态等土地基本要素。

（3）土地权属界址

土地权属界址（简称界址）包括界址线、界址点和界标。所谓土地权属界址线（简称界址线）是指相邻宗地之间的分界线，或称宗地的边界线。有的界址线与明显地物重合，如围墙、墙壁、道路、沟渠等，但要注意实际界线可能是它们的中线、内沿或外沿。界址点是指界址线或边界线的转折点。界标是指在界址点上设置的标志。界标能确定土地权属界址或地块边界在实地的地理位置，是测定界址点坐标值的位置依据。

2. 土地编号

现代地籍中，对土地编号管理是必须的。土地的编号也称为宗地号、地号、地籍号，是每个宗地必须有且唯一的标识号。地籍总调查时，土地编号按地籍区—地籍子区—宗地的层次进行三级编号。在县级行政区（县、县级市、县级区）内划分若干地籍区和地籍子区，对各个地籍子区内的权属单元编列宗地顺序号。根据宗地的划分情况，每个宗地（宗海）编码共有 19 位，编号方法见表 11-1。宗地编号第 1～6 位为该宗地所在县级行政区划代码，代码采用《中华人民共和国行政区划分代码》GB/T 2260—2007 的统一规定；第 7～12 位表示地籍区、地籍子区编号；第 13、14 位为宗地特征码；第 15～19 位为宗地顺序号。若不动产单元为定着物，则应在宗地编号的基础上，加上 1 位定着物特征码和 8 位的定着物顺序号，共 28 位编码。

宗地（宗海）和不动产单元编码层次　　表 11-1

编码层次	一	二	三	四	五	六	七
代码位置	1～6 位	7～9 位	10～12 位	13～14 位	15～19 位	20 位	21～28 位
代码范围		001～999	001～999		00001～99999		00000001～99999999
代码意义	县级行政区代码	地籍区(乡、镇、街道)代码	地籍子区(街坊、行政村)代码	宗地(宗海)特征码	宗地(宗海)顺序号	定着物特征码	定着物顺序号

宗地顺序号应遵循“自西向东、从北到南”的编号原则，按“弓”形顺序进行编列。地籍分幅图上，地籍区号、地籍子区号采用不同的字体和字号加以区分；而宗地顺序号以分数形式表示，分子为宗地编号，分母为地类代码。通常在调查时，地籍区、地籍子区的编号已经存在，只需编列不同地籍子区内的宗地顺序号，注意不重号、不漏号，及时填写在相应的调查表册中。

11.2.3 土地产权属调查

土地权属调查是指以宗地为单位，对土地的权利、位置等属性的调查和确认（土地登记前具有法律意义的初步确认）。

1. 土地权属调查的内容

（1）土地的权属状况，包括土地权利人、权属性质、权利来源、取得土地时间、土地使用期限等。

（2）土地的位置，包括土地的坐落、界址、四至关系等。

（3）土地的行政区划界线，包括行政村界线（相应级界线）、村民小组界线（相应级界线）、乡（镇）界线、区界线以及相关的地理名称等。

（4）土地用途，包括土地的批准用途和实际用途。

2. 土地权属调查的程序

（1）组织准备。明确调查任务、范围、方法、时间、步骤，拟订调查计划，进行人员组织以及经费预算，组织专业队伍，进行技术培训与试点。

（2）资料准备。收集整理土地权源资料，收集整理已有的测绘成果图形、图件和影像，收集整理土地调查、土地规划等资料。

（3）工具与表册准备。印刷统一制定的调查表格和簿册，配备各种仪器与绘图工具。

（4）划分地籍区和地籍子区。在确定了调查范围之后，还要在调查底图上，依据行政区划或自然界线划分成若干街道和街坊，以街坊作为地籍调查基本工作区。

（5）调查底图的选择。根据需要和已有的图件，选择调查底图。一般要求使用近期测绘的地形图、航片、正射像片等。城镇地籍调查底图的比例尺在1∶500～1∶5000之间为宜。

（6）预编宗地代码。对已有资料进行分析处理，确定实地调查的技术方案，并按街道或街坊将宗地资料分类，预编宗地号，在工作图上大致圈定其位置，以备实地调查。

（7）发放指界通知书。实地调查前，要向土地所有者或使用者发出通知书，同时对其四邻发出指界通知。按照工作计划，分区分片通知，并要求土地所有者或使用者（法人或法人委托的指界人）及其四邻的合法指界人，按时到达现场。

（8）实地调查。根据资料收集、分析和处理的情况，逐宗地进行实地调查，现场确定界址位置，丈量界址边长。填写不动产权籍调查表，绘制宗地草图。

3. 土地权属状况调查

（1）土地权属来源调查。土地权属来源（简称权源）是指土地权利人依照国家法律获取土地权利的方式。

（2）权利人名称。权利人名称是指土地使用者或土地所有者的全称。有明确权利人的为权利人全称；组合宗地要调查清楚全部权利人全称和份额；无明确权利人的，则为该宗地的地理名称或建筑物的名称，如××公园等。

（3）取得土地的时间和土地年期。取得土地的时间是指获得土地权利的起始时间。土地年期是指获得国有土地使用权的最高年限。在我国，城镇国有土地使用权出让的最高年限规定为：住宅用地 70 年；工业用地 50 年；教育、科技、文化、卫生、体育用地 50 年；商业、旅游、娱乐用地 40 年；综合或者其他用地 50 年。

（4）土地位置。对土地所有权宗地，调查核实宗地四至，所在乡（镇）、村的名称以及宗地预编号及编号。对土地使用权宗地，调查核实土地坐落，宗地四至，所在区、街道、门牌号，宗地预编号及编号。

（5）土地利用分类和土地等级调查。土地分类参见《城镇土地利用分类及含义》（见附录一）。

4. 土地权属界址调查

界线调查时，必须向土地权利人发放指界通知书，明确土地权利人代表到场指界时间、地点和需带的证明与权源材料。

（1）界址调查的指界

界址调查的指界是指确认被调查宗地的界址范围及其界址点、线的具体位置。现场指界必须由本宗地及相邻宗地指界人亲自到场共同指界。若由单位法人代表指界，则出示法人代表证明。当法人代表不能亲自出席指界时，应由委托的代理人指界，并出示委托书和身份证明。由多个土地所有者或使用者共同使用的宗地，应共同委托代表指界，并出示委托书和身份证明。

（2）界标的设置

调查人员根据指界认定的土地范围，设置界标。对于弧形界址线，可以采取截弯取直的方法，按弧线的曲率加密设置界标。

（3）界址的标注和调查表的填写

一个镇（街道）权属调查结束后，在镇（街道）境界内形成的土地所有权界线、国有土地使用权界线、无权利人或权利人不明确的土地权属界线、争议界线、城镇范围线构成无缝隙、无重叠的界线关系，这些界址点、线均应标注在调查用图上。

5. 宗地草图的绘制

宗地草图是描述宗地位置、界址点、线和相邻宗地关系的实地预编记录。在进行权属调查时，调查员填写并核实所需要调查的各项内容，实地确定了界址点位置并对其埋设了标志后，要现场编制勾绘宗地草图，一般还需丈量相邻界址点的边长，标注在宗地草图上相应的位置，如图 11-1 所示。

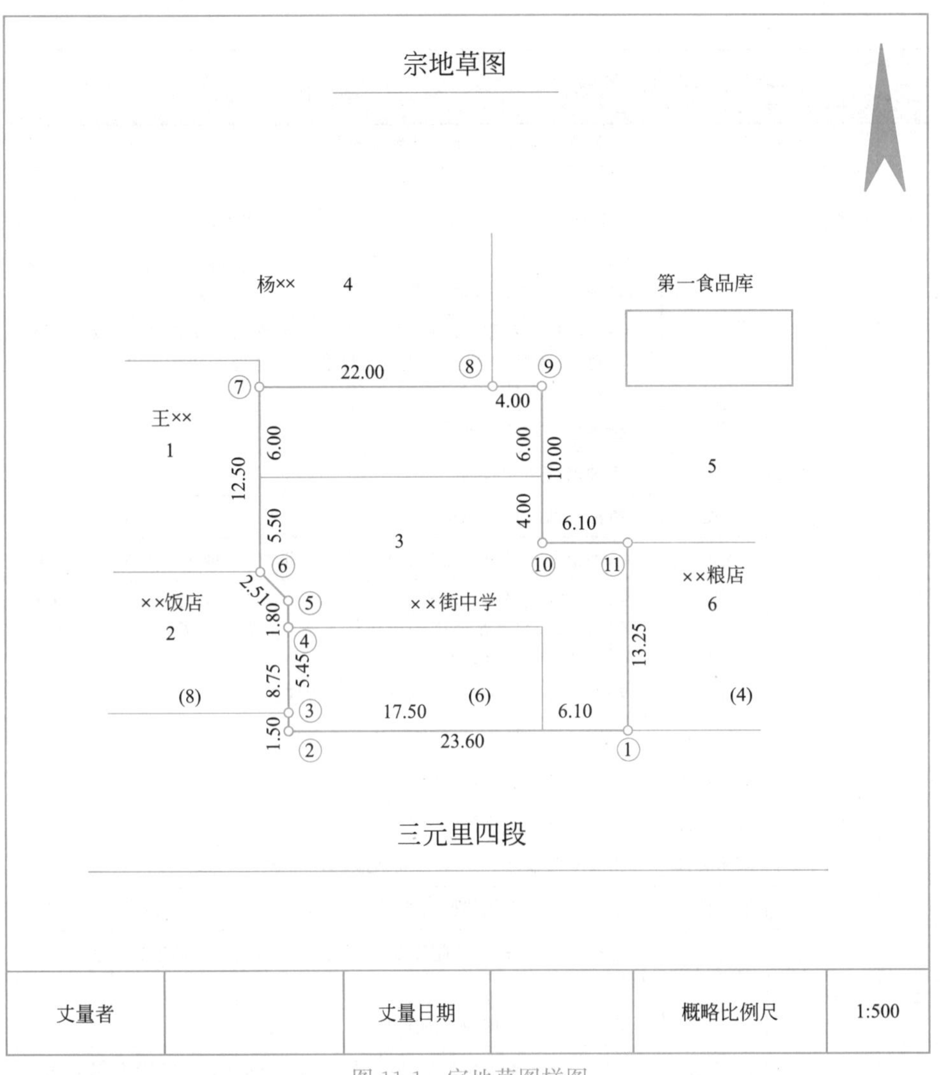

图 11-1 宗地草图样图

11.2.4 土地利用现状调查

土地利用现状调查指以一定的区域或自然区域为单位，查清区域内各种土地利用类型的面积、分布和利用状况，并自下而上，逐级汇总土地调查工作过程，见表 11-2。

土地利用分类及含义　　表 11-2

一级类型		二级类型		含义
编号	名称	编号	名称	
01	耕地			指种植农作物的土地，包括熟地，新开发、复垦、整理地，休闲地(含轮歇地、休耕地)；以种植农作物(含蔬菜)为主，间有零星果树、桑树或其他树木的土地；平均每年能保证收获一季的已垦滩地和海涂。耕地中包括南方宽度小于 1.0m，北方宽度小于 2.0m 固定的沟、渠、路和地坎(埂)；临时种植药材、草皮、花卉、苗木等的耕地，临时种植果树、茶树和林木且耕作层未破坏的耕地，以及其他临时改变用途的耕地

续表

一级类型		二级类型		含　义
编号	名称	编号	名称	
01	耕地	0101	水田	包括实行水生、旱生农作物轮种的耕地
		0102	水浇地	指有水源保证和灌溉设施，在一般年景能正常灌溉、种植旱生农作物（含蔬菜）的耕地，包括种植蔬菜的非工厂化的大棚用地
		0103	旱地	指无灌溉设施，主要靠天然降水种植旱生农作物的耕地，包括没有灌溉设施，仅靠引洪灌溉的耕地
02	园地			指种植以采集果、叶、根、茎、汁等为主的集约经营的多年生木本和草本作物，覆盖度大于 50%或每亩株数大于合理株数 70%的土地，包括用于育苗的土地
		0201	果园	指种植果树的园地
		0202	茶园	指种植茶树的园地
		0203	橡胶园	指种植橡胶树的园地
		0204	其他园地	指种植桑树、可可、咖啡、油棕、胡椒、药材等其他多年生作物的园地
03	林地			指生长乔木、竹类、灌木的土地及沿海生长红树林的土地，包括迹地，不包括城镇、村庄范围内的绿化林木用地，铁路、公路征地范围内的林木以及河流、沟渠的护堤林
		0301	乔木林地	指乔木郁闭度大于 0.2 的林地，不包括森林沼泽
		0302	竹林地	指生长竹类植物，郁闭度大于 0.2 的林地
		0303	红树林地	指沿海生长红树植物的林地
		0304	森林沼泽	以乔木森林植物为优势群落的淡水沼泽
		0305	灌木林地	指灌木覆盖度大于 40%的林地，不包括灌丛沼泽
		0306	灌丛沼泽	以灌丛植物为优势群落的淡水沼泽
		0307	其他林地	包括疏林地（树木郁闭度 0.1～0.2 的林地）、未成林地、迹地、苗圃等林地
04	草地			指生长草本植物为主的土地
		0401	天然牧草地	指以天然草本植物为主，用于放牧或割草的草地，包括实施禁牧措施的草地，不包括沼泽草地
		0402	沼泽草地	指以天然草本植物为主沼泽化的低地草甸、高寒草甸
		0403	人工牧草地	指人工种植牧草的草地
		0404	其他草地	指树木郁闭度小于 0.1，表层为土质，不用于放牧的草地
05	商服用地			指主要用于商业、服务业的土地
		0501	零售商业用地	以零售功能为主的商铺、商场、超市、市场和加油、加气、充换电站等的用地
		0502	批发市场用地	以批发功能为主的用地
		0503	餐饮用地	饭店、餐饮、酒吧等用地
		0504	旅馆用地	宾馆、旅馆、招待所、服务型公寓、度假村等用地
		0505	商业金融用地	指商务服务用地，以及经营性的办公场所用地，包括写字楼、商业性商服办公场所、金融活动场所和企业厂区外独立的办公场所；信息网络服务、信息技术服务、电子商务服务、广告传媒等用地

续表

一级类型		二级类型		含义
编号	名称	编号	名称	
05	商服用地	0506	娱乐用地	指剧院、音乐厅、电影院、歌舞场、网吧、影视城、仿古城以及绿地率大于65%的大型游乐设施等用地
		0507	其他商服用地	指零售商业、批发市场、餐饮、旅馆、金融服务、娱乐用地以外的其他商业、服务业用地，包括洗车场、洗染店、照相馆、理发美容店、洗浴场所、赛马场、高尔夫球场、废旧物资回收站、机动车、电子产品和日用产品维修网点、物流营业网点，居住小区及小区级以下的配套服务设施等用地
06	工业仓储用地			指主要用于工业生产、物资存放场所的土地
		0601	工业用地	将工业生产、产品加工制造、机械和设备维修及直接为工业生产等服务的附属设施用地
		0602	采矿用地	指采矿、采石、采砂(沙)场，砖瓦窑等地面生产用地，排土(石)及尾矿堆放地
		0603	盐地	指用于生产盐地土地，包括晒盐场、盐池及附属设施用地
		0604	仓储用地	指用于物资储备、中转的场所用地，包括物流仓储设施、配送中心、转运中心等
07	住宅用地			指主要用于人们生活居住的房基地及其附属设施的土地
		0701	城镇住宅用地	指城镇用于生活居住的各类房屋用地及其附属设施用地，不包括配套的商业服务设施等用地
		0702	农村宅基地	指农村用于生活居住的宅基地
08	公共管理与公共服务用地			指用于机关团体、新闻出版、科教文卫、公用设施等的土地
		0801	机关团体用地	指用于党政机关、社会团体、群众自治组织等的用地
		0802	新闻出版用地	指用于广播电台、电视台、电影厂、报社、杂志社、通讯社、出版社等的用地
		0803	教育用地	指用于各类教育用地，包括高等院校、中等专业学校、中学、小学、幼儿园及其附属设施用地，聋哑盲人学校及工读学校用地，以及为学校配建的独立地段的学生生活用地
		0804	科研用地	指独立的科研、勘察、研发、设计、检验检测、技术推广、环境评估与监测、科普等科研事业单位及其附属设施用地
		0805	医疗卫生用地	指医疗、保健、卫生、防疫、康复和急救设施等用地，包括综合医院、专科医院、社区卫生服务中心等用地；卫生防疫站、专科防治所、检验中心和动物检疫站等用地；对环境有特殊要求的传染病、精神病等专科医院用地；急救中心、血库等用地
		0806	社会福利用地	指为社会提供福利和慈善服务的设施及其附属设施用地，包括福利院、养老院、孤儿院等用地
		0807	文化设施用地	指图书、阅览等公共文化活动设施用地，包括公共图书馆、博物馆、档案馆、科技馆、纪念馆、美术馆和展览馆等设施用地；综合文化活动中心、文化馆、青少年宫、儿童活动中心、老年活动中心等设施用地
		0808	体育用地	指体育场馆和体育训练基地等用地，包括室内外体育用地，如体育场馆、游泳场馆、各类球场及其附属的业余体校等用地，溜冰场、跳伞场、摩托车场、射击场，以及水上运动的陆域部分等用地，为体育运动专设的训练基地用地，不包括学校等机构专用的体育设施用地
		0809	公用设施用地	指用于城乡基础设施的用地，包括供水、排水、污水处理、供电、供热、供气、邮政、电信、消防、环卫、公用设施维修等用地
		0810	公园与绿地	指城镇、村庄范围内的公园、动物园、植物园、街心花园、广场和用于休憩、美化环境及防护的绿化用地

续表

<table>
<tr><th colspan="2">一级类型</th><th colspan="2">二级类型</th><th rowspan="2">含　义</th></tr>
<tr><th>编号</th><th>名称</th><th>编号</th><th>名称</th></tr>
<tr><td rowspan="7">09</td><td rowspan="7">特殊用地</td><td></td><td></td><td>指用于军事设施、涉外、宗教、监教、殡葬、风景名胜等的土地</td></tr>
<tr><td>0901</td><td>军事设施用地</td><td>指直接用于军事目的的设施用地</td></tr>
<tr><td>0902</td><td>使领馆用地</td><td>指用于外国政府及国际组织驻华使领馆、办事处等的用地</td></tr>
<tr><td>0903</td><td>监教场所用地</td><td>指用于监狱、看守所、劳改场、戒毒所等的建筑用地</td></tr>
<tr><td>0904</td><td>宗教用地</td><td>指专门用于宗教活动的庙宇、寺院、道观、教堂等宗教自用地</td></tr>
<tr><td>0905</td><td>殡葬用地</td><td>指陵园、墓地、殡葬场所用地</td></tr>
<tr><td>0906</td><td>风景名胜用地</td><td>指风景名胜景点(包括名胜古迹、旅游景点、革命遗址、自然保护区、森林公园、地质公园、湿地公园等)的管理机构，以及旅游服务设施的建筑用地。景区内的其他用地按现状归入相应地类</td></tr>
<tr><td rowspan="10">10</td><td rowspan="10">交通运输用地</td><td></td><td></td><td>指用于运输通行的地面线路、场站等的土地，包括民用机场、汽车客货运场站、港口、码头、地面运输管道和各种道路以及轨道交通用地</td></tr>
<tr><td>1001</td><td>铁路用地</td><td>指用于铁道线路及场站的用地，包括征地范围内的路堑、路堑、道沟、桥梁、林木等用地</td></tr>
<tr><td>1002</td><td>轨道交通用地</td><td>指用于轻轨、现代有轨电车、单轨等轨道交通用地以及场站的用地</td></tr>
<tr><td>1003</td><td>公路用地</td><td>指用于国道、省道、县道和乡道的用地，包括征地范围内的路堤、路堑、道沟、桥梁、汽车停靠站、林木及直接为其服务的附属用地</td></tr>
<tr><td>1004</td><td>城镇村庄道路用地</td><td>指城镇、村庄范围内公用道路及行道树用地，包括快速路、主路、次干路、支路、专用人行道和非机动车道及其交叉口等</td></tr>
<tr><td>1005</td><td>交通服务场站用地</td><td>指城镇、村庄范围内交通服务设施用地，包括公交枢纽及其附属设施用地、公路长途客运站、公共交通场站、公共停车场(含设有充电桩的停车场)、停车楼、教练场等用地，不包括交通指挥中心、交通队用地</td></tr>
<tr><td>1006</td><td>农村道路</td><td>在农村范围内，南方宽度大于等于 1.0m 且小于 8m，北方宽度大于等于 2.0m 且小于 8m，用于村间、田间交通运输，并在国家公路网络体系之外，以服务于农村农业生产为主要用途的道路(含机耕道)</td></tr>
<tr><td>1007</td><td>机场用地</td><td>指用于民用机场、军民合用机场的用地</td></tr>
<tr><td>1008</td><td>港口码头用地</td><td>指用于人工修建的客运、货运、捕捞及工程、工作船舶停靠的场所及其附属建筑物的用地，不包括常水位以下部分</td></tr>
<tr><td>1009</td><td>管道运输用地</td><td>指用于运输煤炭，矿石，石油、天然气等管道及其相应附属设施的地上部分用地</td></tr>
<tr><td rowspan="5">11</td><td rowspan="5">水利及水利设施用地</td><td></td><td></td><td>指陆地水域，滩涂、沟渠、沼泽、水工建筑物等用地，不包括滞洪区和已垦滩涂中的耕地，园地，林地，城镇、村庄、道路等用地</td></tr>
<tr><td>1101</td><td>河流水面</td><td>指天然形成或人工开挖河流常水位岸线之间的水面，不包括被堤坝拦截后形成的水库区段水面</td></tr>
<tr><td>1102</td><td>湖泊水面</td><td>指天然形成的积水区常水位岸线所围成的水面</td></tr>
<tr><td>1103</td><td>水库水面</td><td>指人工拦截汇集而成的总设计库容大于等于 10 万 m^3 的水库正常蓄水位岸线所围成的水面</td></tr>
<tr><td>1104</td><td>坑塘水面</td><td>指人工开挖或天然形成的蓄水量小于 10 万 m^3 的坑塘常水位岸线所围成的水面</td></tr>
</table>

续表

一级类型		二级类型		含义
编号	名称	编号	名称	
11	水利及水利设施用地	1105	沿海滩涂	指沿海大潮高潮位与低潮位之间的潮浸地带，包括海岛的沿海滩涂，不包括已利用的滩涂
		1106	内陆滩涂	指河流、湖泊常水位至洪水位间的滩地；时令湖、河洪水位以下的滩地；水库、坑塘的正常蓄水位与洪水位间的滩地，包括海岛的内陆滩地，不包括已利用的滩地
		1107	沟渠	指人工修建，南方宽度大于等于 1.0m，北方宽度大于等于 2.0m，用于引、排、灌的渠道，包括渠槽、渠堤、护堤林及小型泵站
		1108	沼泽地	指经常积水或渍水，一般生长湿生植物的土地，包括草本沼泽、苔藓沼泽，内陆盐沼等，不包括森林沼泽、灌丛沼泽和沼泽草地
		1109	水工建筑用地	指人工修建的闸、坝、堤路林、水电厂房、扬水站等常水位岸线以上的建(构)筑物用地
		1110	冰川及永久积雪土地	指表层被冰雪常年覆盖的土地
12	其他土地			指上述地类以外的其他类型的土地
		1201	空闲地	指城镇、村庄、工矿范围内尚未使用的土地，包括尚未确定用途的土地
		1202	设施农业用地	指直接用于经营性畜禽养殖生产设施及附属设施用地；直接用于作物栽培或水产养殖等农产品生产的设施及附属设施用地；直接用于实施农业项目辅助生产的设施用地；晾晒场、粮食果品烘干设施、粮食和农资临时存放场所、大型农机具临时存放场所等规模化粮食生产所必需的配套设施用地
		1203	田坎	指梯田及梯状坡地耕地中，主要用于拦蓄水和护坡，南方宽度大于等于 1.0m，北方宽度大于等于 2.0m 的地坎
		1204	盐碱地	指表层盐碱聚集，生长天然耐盐植物的土地
		1205	沙地	指表层为沙覆盖、基本无植被的土地，不包括滩涂中的沙地
		1206	裸土地	指表层为土质，基本无植被覆盖的土地
		1207	裸岩石砾地	指表层为岩石或石砾，其覆盖面积大于等于 70%的土地

表 11-3 为我国地籍调查表样式示例。

地籍调查表样式　　　表 11-3

不动产权籍调查表

（试行）

________区（县）________地籍区________地籍子区

宗地（宗海）代码：

调查单位（机构）：

调查时间：　年　　月　　日

续表

宗地基本信息表					
权利人	所有权				
	使用权		权利人类型		
			证件种类		
			证件号		
			通信地址		
权利类型		权利性质		土地权属来源证明材料	
坐落					
法人代表或负责人姓名		证件种类		电话	
		证件号			
代理人姓名		证件种类		电话	
		证件号			
权利设定方式					
国民经济行业分类代码					
预编宗地号		宗地代码			
不动产单元号					
所在图幅号	比例尺				
	图幅号				
宗地四至	北：				
	东：				
	南：				
	西：				
等级			价格(元)		
批准用途			实际用途		
	地类编码			地类编码	
批准面积(m^2)		宗地面积(m^2)		建筑占地总面积(m^2)	
				建筑总面积(m^2)	
土地使用期限					
共有/共用权利人情况					
说明					

界址标示表																	
界址点号	界标种类					界址间距(m)	界址线类别							界址线位置			说明
	钢钉	水泥桩	喷涂				道路	沟渠	围墙	围栏	田埂			内	中	外	

续表

界址签章表						
界址线			邻宗地		本宗地	
起点号	中间点号	终点号	邻宗地权利人（宗地代码）	指界人姓名（签章）	指界人姓名（签章）	日期
宗地草图						
界址说明表						
界址点位说明						
主要权属界线走向说明						
权属调查记事	调查员：				日期	
不动产测量记事	测量人：				日期	
不动产权籍调查结果审核意见	审核人：				日期	

11.3　界址测量与地籍图

11.3.1　地籍控制测量

地籍控制测量包括地籍基本控制测量与地籍图根控制测量。地籍控制点是进行地籍测量和测绘地籍图的依据。地籍控制测量是根据界址点和地籍图的精度要求，视测区范围的大小、测区内现存控制点数量和等级等情况，按测量的基本原则和精度要求进行技术设计、选点、埋石、野外观测、数据处理等测量工作。地籍控制测量必须遵循从整体到局部、由高级到低级分级控制（或越级布网）的原则。

地籍测量的坐标系应采用国家统一的坐标系，当投影变形大于 2.5cm/km 时，可采用任意投影带高斯平面直角坐标系，或采用地方坐标系。在条件不具备的地方，也可采用任意坐标系。

1. 地籍基本控制测量

地籍基本控制测量可采用三角网（锁）、测边网、导线网和 GPS 相对定位测量网进行施测。各个城市和地区可根据面积大小及现有控制网，顾及发展规划，合理选择一、二、三、四等和一、二级控制网中的任何一级作为首级控制网。一般面积为 $100km^2$ 以上的大城市，应选择二等，30～$100km^2$ 的中等城市选二等或三等，10～$30km^2$ 的城镇选三等或四等，$10km^2$ 以下的城镇可选一级或二级。

目前各大、中城市所建立的质量良好的城市控制网，基本能满足建立地籍控制网的需要。城镇地籍控制测量应以光电测距导线布设，其布设规格和技术指标见表 11-4。

光电测距导线的布设规格和技术指标　　表 11-4

等级	平均边长（km）	附合导线长度（km）	每边测距中误差（mm）	测角中误差（″）	导线全长相对闭合差	水平角观测测回数		方位角闭合差（″）
						DJ_2	DJ_6	
一级	0.3	3.6	±15	±5.0	1/14000	2	6	$\pm10\sqrt{n}$
二级	0.2	2.4	±12	±8.0	1/10000	1	3	$\pm16\sqrt{n}$

2. 地籍图根控制网测量

为满足地籍细部测量和日常地籍管理的需要，在基本控制（首级网和加密控制网）点的基础上，加密的直接供测图及测量界址点使用的控制网称为地籍图根控制网。

由于地籍图根控制点密度是根据界址点位置及其密度决定的，一般说来，地籍图根控制点密度比地形图根控制点密度要大，通常每平方公里应布设 100～400 个地籍图根控制点。

图根导线的测量方法有闭合导线、附合导线、支导线等。在首级控制许可的情况下，尽可能采用附合导线和闭合导线，但如果控制点遭到破坏，不能满足要求，可考虑无定向附合导线、支导线。表 11-5 提供了两个等级的图根导线的技术指标，作业时可选用。

图根导线技术参数　　表 11-5

等级	平均边长（m）	附合导线长度（km）	测距中误差（mm）	测角中误差（″）	导线全长相对闭合差	水平角观测测回数		方位角闭合差（″）
						DJ_2	DJ_6	
一级	100	1.5	±12	±12	1/6000	1	2	$\pm24\sqrt{n}$
二级	75	0.75	±12	±20	1/4000	1	1	$\pm40\sqrt{n}$

11.3.2 界址测量

界址点坐标是确定地块（宗地）地理位置的依据，是量算宗地面积的基础数据。界址点坐标对实地的界址点起着法律上的保护作用。一旦某个区域的界址点坐标全部测定，则该区域的所有宗地的权属界线、位置、面积也就明确了。

1. 界址点精度要求

在我国，考虑到地域广大和经济发展不平衡，对界址点精度的要求有不同的等级，具体规定见表 11-6。

《城镇地籍调查规程》中对界址点精度的规定　　表 11-6

级别	界址点相对于对邻近控制点的点位中误差(cm)		相邻界址点之间的允许误差(cm)	适用范围
	中误差	允许误差		
一	±5.0	±10.0	±10	地价高的地区、城镇街坊外围界址点，街坊内明显的界址点
二	±7.5	±15.0	±15	地价较高的地区、城镇街坊内部隐蔽的界址点及村庄内部界点
三	±10.0	±20.0	±20	地价一般的地区

2. 界址点及地籍要素测量

界址点测量方法一般有解析法和图解法两种。我国目前已普遍采用全站型电子速测仪、电磁波测距仪和电子经纬仪或 GPS 接收机等数字设备进行解析测量。无论采用何种方法获得的界址点坐标，一旦履行确权手续，就成为确定土地权利人用地界址线的准确依据之一。界址点坐标取位至 0.01m。通常以地籍基本控制点或地籍图根控制点为基础（视界址点精度要求）测定界址点坐标。具体的方法有极坐标法、角度交会法、距离交会法、内外分点法、直角坐标法等。在野外作业过程中可根据不同的情况选用不同的方法。

界址点及其相关地物要素的测量基本程序如下：

（1）资料准备与踏勘

在土地权属调查时所填写的地籍调查表中详细地说明了界址点实地位置

的情况，并丈量了大量的界址边长，预编了宗地号，详细绘有宗地草图。这些资料都是进行界址点测量所必需的。

采用地籍调查区内现势性较强的大比例尺图件作为工作底图，在调查区内统一编制野外界址点观测草图（街坊草图）。踏勘时应有参加地籍调查的工作人员引导，实地查找界址点位置，了解权利人的用地范围，并在工作底图上清晰地标记出界址点的位置和权利人的用地范围，统一标出预编宗地号或权利人姓名，统一标上预编界址点号，并注记出与地籍调查表中相一致的实量边长。如无参考图件，则要在踏勘现场时详细画好街坊草图作为工作底图。

（2）野外测量实施

界址点坐标的测量应有专用的界址点观测手簿。记簿时，界址点的观测序号直接用观测草图上的预编界址点号。观测用的仪器设备有光学经纬仪、钢尺、测距仪、电子经纬仪、全站型电子速测仪和 GPS 接收机等。这些仪器设备都应进行严格的检验。

测角时，仪器应尽可能照准界址点的实际位置时，方可读数。角度观测一测回，距离读数至少两次。使用光电测距仪或全站仪测距。

用光电测距仪或全站仪测定界址点时，由于目标是一个有体积的单棱镜，因此会产生目标偏心的问题。偏心有两种情况：其一为横向偏心，如图 11-2 所示，P 点为界址点的位置，P' 点为棱镜中心的位置，A 为测站点，要使 $AP=AP'$，则在放置棱镜时必须使 P、P' 两点在以 A 点为圆心的圆弧上，在实际作业时达到这个要求并不难。其二为纵向偏心，如图 11-3 所示，P、P'、A 的含义同前，此时就要求在棱镜放置好之后，能读出 PP'，用实际测出的距离加上或减去 PP'，尽可能减少测距误差。这两种情况的发生往往是由于界址点 P 的位置是墙角。

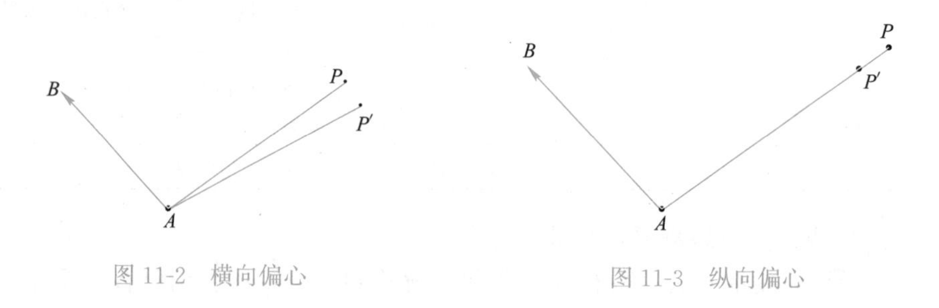

图 11-2　横向偏心　　图 11-3　纵向偏心

界址点测定的同时，一般还需按规范测定界址点、界址线的相关地物、地貌，以便绘制调查区内的分幅地籍图。

（3）野外观测成果整理

界址点的外业观测工作结束后，应及时地计算出界址点坐标，并反算出相邻界址边长，填入界址点误差表中，计算出每条边的 Δl。如 Δl 的值超出限差，应按照坐标计算、野外勘丈、野外观测的顺序进行检查，发现错误及时改正。

当一个宗地的所有边长都在限差范围以内才可以计算面积。

当一个地籍调查区内的所有界址点坐标（包括图解的界址点坐标）都经过检查合格后，按界址点的编号方法进行调查区域内所有界址点的统一编号，并计算全部的宗地面积，然后把界址点坐标和面积填入标准的表格中，并整理成册。

11.3.3 地籍图的绘制

地籍测量的成果除了界址点的坐标数据，还要将界址点、线及其相关地物、编号、注记、标识符等地籍图要素根据地籍图的图式规范表示在地籍图上。

地籍图有多种，地籍测量的基本图是分幅地籍图。在地籍分幅图的基础上，一般还需要要绘制宗地图。

1. 分幅地籍图的绘制

分幅地籍图采用专门的地籍图式符号，选用适当的比例尺和图幅大小，将地籍要素表示于图上。分幅地籍图逐个图幅地覆盖区域内的土地。分幅地籍图的比例尺一般选择 1∶500、1∶1000、1∶2000 出图。我国大中城市的地籍分幅图基本采用 1∶500 比例尺。图幅大小一般采用 50cm×50cm 或 40cm×40cm，并按规范对图幅进行统一编号。

分幅地籍图上应表示的内容，包括各级行政界线、宗地界址点、界址线、宗地编号、权属人、土地利用类别、相关的地物、地名等。一部分可通过实地调查得到，如街道名称、单位名称、门牌号、河流、湖泊名称等，而另一部分内容则要通过测量得到，如界址位置、建筑物、构筑物等。

地籍图的基本精度主要指界址点、地物点及其相关距离的精度。通常要求如下：

（1）相邻界址点间距、界址点与邻近地物点之间的距离中误差不得大于图上±0.3mm。依测量数据编绘的上述距离中误差不得大于图上±0.3mm。

（2）宗地内外与界址边相邻的地物点，不论采用何种方法测定，其点位中误差不得大于图上±0.4mm，邻近地物点间距中误差不得大于图上±0.5mm。

目前我国的地籍测量数据采集已经基本实现了数字化。当野外界址点、相关地物等地籍要素测定后，通常采用专业的地籍数字图形软件系统来编辑、绘制地籍分幅图。如南方 CASS10.1 等地形地籍图形系统等。标准的分幅地籍图也被称为双色图，因为其中的重要地籍要素要求用红色表示，地籍相关地物用黑色表示，如图 11-5 所示。

2. 宗地图

宗地图是以宗地为单位编绘的地籍图。它是在地籍测绘工作的后阶段，当对界址点坐标进行检核并确认准确无误后，并且在其他的地籍资料也正确收集完毕的情况下，依照一定的比例尺制作成的反映宗地实际位置和有关情况的一种图件。宗地图的主要用途是作为土地使用证的附图。宗地图样图见图 11-4。

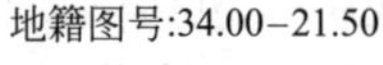

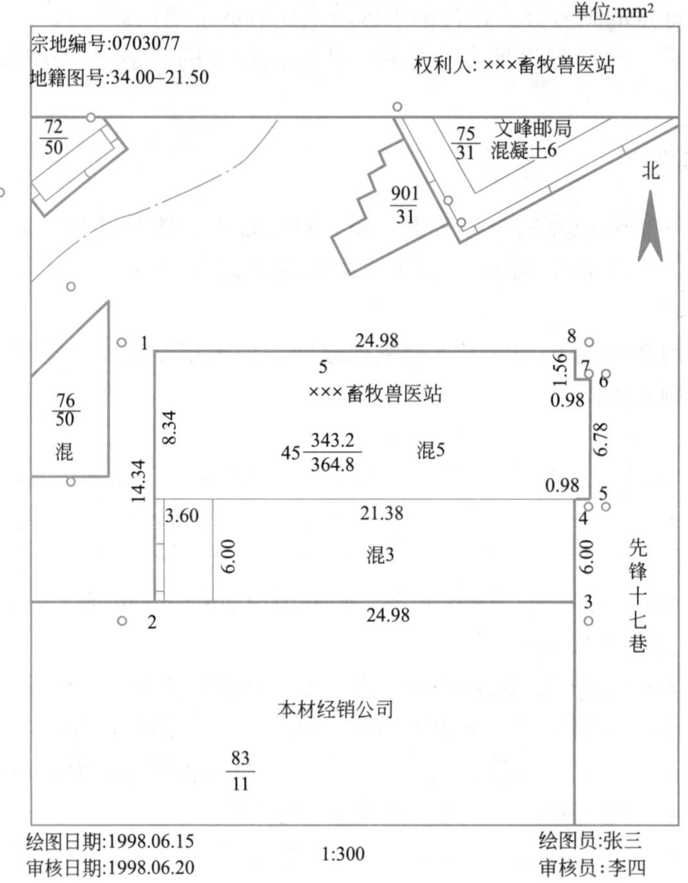

图 11-4　宗地图样图

宗地图通常在相应的基础地籍图（如分幅地籍图）基础上编制。宗地图图幅规格一般选用 32 开、16 开、8 开等，调查区内宗地图的图幅大小一般是固定的。宗地图的比例尺则可根据各宗地大小而进行调整，以能清楚表示宗地情况为原则。编绘宗地图时，应做到界址线走向清楚，坐标正确无误，面积准确，四至关系明确，各项注记正确齐全，比例尺适当。界址点用 1.0mm 直径的圆圈表示，界址线粗 0.3mm，用红色或黑色表示。一般一宗地编制一幅宗地图。对于有共有共用情况的宗地，则该宗地应制作多幅宗地图，以备使用。

11.3.4　土地面积量算与统计

1. 面积量算

土地面积量算包括宗地面积量算、街坊面积量算、图幅面积量算。一般应采用测定的数字坐标数据计算宗地面积，否则在铅笔原图的地籍图上图解界址点坐标或图解边长等参数量算面积，也可采用求积仪量算面积。图解面积量算应独立量算两次，两次量算所得面积的较差应符合以下规定：

$$\Delta S \leqslant 0.0003M\sqrt{S} \tag{11-1}$$

式中 ΔS——两次量算面积较差（m^2）；

S——所量算的面积（m^2）；

M——地籍图比例尺分母。

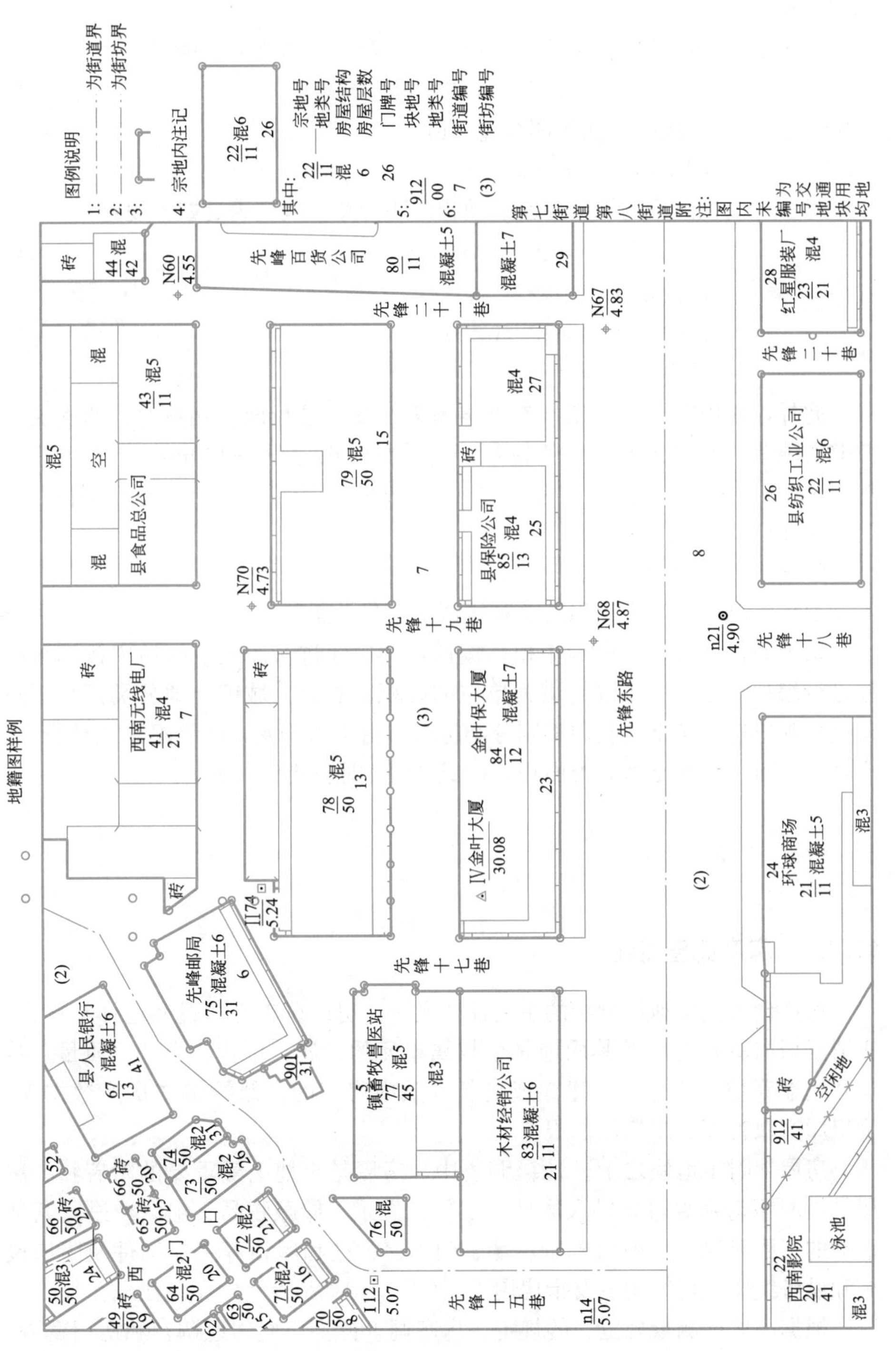

图 11-5　城镇地籍图样图

土地面积量算应遵循“两级控制，三级量算”的原则。首先要分别依据各宗地、街坊和图形的边界，采用适当的量算方法，分别量算各个宗地面积、街坊面积和图幅面积，即“三级量算”；然后进行检验，即图幅内各街坊的面积之和应等于图幅面积，称为首级控制，街坊内各宗地面积之和应等于街坊面积，称为“两级控制”。

对图解面积测算的首级控制，面积的闭合差应满足如下规定：

$$\Delta P \leqslant "0.0025P \leqslant 1/400P" \tag{11-2}$$

式中　ΔP——首级控制面积闭合差（m^2）；

　　　P——图幅面积（m^2）。

对图解面积测算的二级控制，面积的闭合差一般应满足如下规定：

$$\Delta A \leqslant "0.08" M/10000\sqrt{A} \tag{11-3}$$

式中　ΔA——两次量算面积较差（m^2）；

　　　A——区块的控制面积（m^2）；

　　　M——地籍图比例尺分母。

此外，使用电子求积仪（参见本书第 9 章）进行面积测算时，两次测量较差的限差一般按如下经验值执行：当图斑面积为 50～100mm^2，较差小于等于 1/30；当图斑面积为 100～400mm^2，较差小于等于 1/50。这个限值与式（11-1）相当，但更方便实用。

2. 面积汇总统计

面积汇总包括宗地面积汇总和城镇土地分类面积汇总。

宗地面积汇总以街道为单位，按街坊的次序进行。统一街坊内按编号次序进行编列汇总，形成以街道为单位的面积汇总表。城镇土地分类面积汇总以街坊为单位，按土地利用类别分类进行。由街坊开始，逐级汇总统计街道、市辖区、市、省的土地分类面积，形成城镇土地分类统计表。

11.4　房产调查

11.4.1　房产调查概述

房产调查是房地产测绘的主要任务之一。房产调查是通过实地详细调查，查清区域内所有房屋及其用地每个权属单元的权属、位置、界线、质量、数量和用途等基本信息，以建立或更新区域内房产的产籍档案或房产数据库，为房屋产权管理、产权保护服务。

房屋依附于地块之上。地籍调查中，房屋是土地上最重要的附着物。房屋是指能够遮风避雨并供人居住、工作、娱乐、储藏物品、纪念或进行其他活动的工程建筑，一般由基础、墙、门、窗、柱和屋顶等主要构件及附属设施和设备组成。建筑物主要指房屋。

根据《房产测量规范》的规定，房产调查分为房屋用地调查和房屋调查。通常，在尚未建立地籍档案的地区，房产调查应包括房屋调查和房屋用地调查两项内容；在已建立起地籍档案的地区，土地地块（宗地）权属、界址、利用状况等信息都已经明晰，房产调查可以在这些地籍数据的基础上进一步开展，一般只需进行房屋调查。

11.4.2 房产调查单元的划分与编号

房屋调查中，要首先将调查的区域（县、市辖区）划分成几个房产调查区（街道、镇），每个调查区内又划分为若干房产分区（街坊），每个房产分区内又根据权属的实际状况划分为若干地块，称为“丘”（宗地）。以丘为单位，对丘内的房产进行编号，逐幢展开调查。

1. 丘与丘号

丘是指地表上一有界空间的地块。一个地块只属于一个产权单元时称为独立丘，一个地块属于几个产权单元时称为组合丘，一般将一个单位、一个门牌号或一个院落划分为独立丘，当用地单位混杂或用地单元面积太小时划分为组合丘。在已进行过地籍测量的地区，丘的划分应尽可能与宗地一致，一宗地即为一丘，丘号沿用地籍调查中的宗地编号。对密集的小面积宗地的区域，可以适当将多宗地划分成一个组合丘。

2. 房产序号

在一丘内的若干独立产权房产，需依据一定的顺序进行编号，称为房产序号。即每个独立的房屋产权单元，相应地编立一个房产序号。整幢房屋属于一个权利人的，则编立一个房产序号，一幢房屋有多个权利人的，则每个权利人编立一个房产序号。

省、市、区（县）代码与房产区代码、房产分区代码、丘（宗地）号、房产分丘号与房产序号构成了房产的完全编号，房产编号全长17位，编号格式如表11-7所示。

《城镇地籍调查规程》中对界址点精度的规定　　表11-7

第1～13位	第14位	第15、16、17位
宗地编号 (同表2-1)	房产—“0”(一位数字) 户地—“1”(宅基地)	房产序号(三位数字) 000～999

3. 幢与幢号

幢是指一座独立的、包括不同结构和不同层次的房屋。统一结构互相毗连的成片的房屋可按街道门牌号适当分幢。一幢房屋有不同层次的，一般中间应用虚线分开。幢号以丘为单位，自进大门起，从左到右，从前到后，用数字1、2、…按S形编号。幢号注在房屋轮廓线内的左下角，并加括号表示。

11.4.3 房产调查的基本内容

房屋调查的内容包括五个方面，即房屋的权属、位置、数量、质量和利用状况。房产调查人员边调查边登记在统一格式的《房屋调查表》中。

1. 房屋的权属

房屋的权属包括权利人、权属来源、产权性质、产别、墙体归属、房屋

权属界线草图。

（1）权利人。房屋权利人是指房屋所有权人的姓名。私人所有的房屋，一般按照产权证件上的姓名登记。单位所有的房屋，应注明单位全称；两个以上单位共有的，应注明全体共有单位全称。

（2）权属来源。房屋的权源是指产权人取得房屋产权的时间和方式，如继承、购买、受赠、交换、自建、翻建、征用、收购、调拨、价拨、拨用等。

（3）产权性质。房屋产权性质是按照我国社会主义经济三种基本的形式，对房屋产权人占有的房屋进行所有制分类，共划分为国有、集体有制、私有等三类。外产、中外合资产不进行分类，但应按实际注明。

（4）产别。房屋产别是根据产权占有和管理不同而划分的类别。按两级分类，一级分 8 类，分别是：国有房产、集体所有房产、私有房产、联营企业房产、股份制企业房产、港澳台投资房产、涉外房产、其他房产。二级分四类，具体分类标准及编号参见《房产测量规范》。

（5）墙体归属。房屋墙体归属是指四面墙体所有权的归属，一般分三类：自有墙、共有墙、借墙。在房屋调查时应根据实际的墙体归属分别注明。

（6）房屋权属界线示意图。房屋权属界线示意图是以房屋权属单位为单位绘制的略图，表示房屋的相关位置。其内容有房屋权属界线、共有共用房屋权属界线以及与邻户相连墙体的归属、房屋的边长，对有争议的房屋权属界线应标注争议部分，并做相应的记录。

（7）房屋权属登记情况。若房屋原已办理过房屋所有权登记的，在调查表中注明《房屋所有权证》证号。

2. 房屋的位置

房屋的位置包括房屋的坐落、所在层次。

房屋坐落描述房屋在建筑地段的位置，是指房屋所在街道的名称和门牌号。房屋坐落在小的里弄、胡同或小巷时，应加注附近主要街道名称；当一幢房屋坐落在两个或两个以上街道或有两个以上门牌号时，应全部注明；单元式的成套住宅，应加注单元号、室号或产号。

所在层次是指权利人的房屋在该幢的第几层。

3. 房屋的质量

房屋的质量包括层数、建筑结构、建成年份。

房屋的层数是指房屋的自然层数，一般按室内地坪以上起计算层数。当采光窗在室外地坪线以上的半地下室，室内层高在 2.2m 以上的，则计算层数。地下层、假层、夹层、暗楼、装饰性塔楼以及突出层面的楼梯间、水箱间均不计算层数。层面上添建的不同结构的房屋不计算层数，但仍需测绘平面图并计算建筑面积。

房屋结构分为六个类型：钢结构、混凝土结构、钢筋混凝土结构、混合结构、砖木结构、其他结构。一幢房屋一般只有一种建筑结构。

房屋的建成年份是指实际竣工年份。拆除翻建的，应以翻建竣工年份为准。一幢房屋有两种以上建筑年份，应分别调查注明。

4. 房屋的用途

房屋的用途是指房屋目前的实际用途，也就是指房屋现在的使用状况。房屋的用途按两级分类，一级分 8 类，二级分 28 类，具体分类标准见表 11-8。一幢房屋有两种以上用途的，应分别调查注明。

5. 房屋面积

房屋的数量包括建筑占地面积、建筑面积、使用面积、共有共用面积、产权面积、宗地内的总建筑（总建筑面积）、套内建筑面积等。房屋面积数据可能来自产权人申报的不同权源资料，但其可靠性和准确性还需要进一步核实。

为了便于管理，房屋要素的调查结果需用房屋要素代码来表示。房屋要素代码全长 8 位。第 1 位为房屋产别，用一位数字表示到一级分类；第 2 位为房屋结构，用一位数字表示；第 3、4 位为房屋层数，用两位字符表示；第 5、6、7、8 位为建成年份，用四位字符表示。房屋要素代码应在房产分丘图表示。

房屋用途分类　　　　表 11-8

一级分类		二级分类		内容
编号	名称	编号	名称	
10	住宅	11	成套住宅	指有若干卧室、起居室、厨房、卫生间、室内走道或客厅组成供一户使用的房屋
		12	非成套住宅	指人们生活起居的但不成套的房间
		13	集体宿舍	指机关、学校、企事业单位的单身职工、学生居住的房屋，集体宿舍是住宅的一部分
20	工业交通仓储	21	工业	指独立设置的各类工厂、车间、手工作坊、发电厂等从事生产活动的房屋
		22	公用设施	指自来水、泵站、污水处理、变电、燃气、供热、垃圾处理、环卫、公厕、殡葬、消防等市政公用设施的房屋
		23	铁路	指铁路系统从事铁路运输的房屋
		24	民航	指民航系统从事民航运输的房屋
		25	航运	指航运系统从事水路运输的房屋
		26	公共运输	指公路运输公共交通系统从事客货运输、装卸、搬运的房屋
		27	仓储	指用于储备、中转、外贸、供应等各种仓库、油库用房
30	商业金融信息	31	商业服务	指各类商店、门市部、饮食店、粮油店、菜场、理发店、照相馆、浴室、旅社、招待所等从事商业和为居民生活服务的房屋
		32	经营	指各种开发、装饰、中介公司从事经营业务活动所用的场所
		33	旅游	指宾馆饭店、游乐园、俱乐部、旅行社等主要从事旅游服务所用的房屋
		34	金融保险	指银行、储蓄所、信用社、信托公司、证券公司、保险公司等从事金融服务所用的房屋
		35	电信信息	指各种电信部门、信息产业部门、从事电信与信息工作所用的房屋

续表

一级分类		二级分类		内　容
编号	名称	编号	名称	
40	教育医疗卫生科研	41	教育	指大专院校、中等专业学校、中学、小学、幼儿园、托儿所、职业学校、业余学校、干校、党校、进修学校、工读学校、电视大学等从事教育所用的房屋
		42	医疗卫生	指各类医院、门诊部、卫生所、(站)、检(防)疫站、疗养院、医学化验、药品检验等医疗卫生机构从事医疗、保健、防疫、检验所用的房屋
		43	科研	指各类从事自然科学、社会科学等研究设计、开发所用的房屋
50	文化娱乐体育	51	文化	指文化馆、图书馆、展览馆、博物馆、纪念馆等从事文化活动所用的房屋
		52	新闻	指广播电视台、电台、出版社、报社、杂志社、通讯社、记者站等从事新闻出版所用的房屋
		53	娱乐	指影剧院、游乐园、俱乐部、剧团等从事文化演出所用的房屋
		54	园林绿化	指公园、动物园、植物园、陵园、苗圃、花园、风景名胜、防护林等所用的房屋
		55	体育	指体育场(馆)、游泳池、射击场、跳伞塔等从事体育所用的房屋
60	公办	61	办公	指党政机关、群众团体、行政事业等行政、事业单位等所用的房屋
70	军事	71	军事	指中国人民解放军军事机关、营房、阵地、基地、机场、码头、工厂、学校等所用的房屋
80	其他	81	涉外	指外国使(领)馆、驻华办事处等涉外机构所用的房屋
		82	宗教	指寺庙、教堂等从事宗教活动所用的房屋
		83	监狱	指监狱、看守所、劳改场(所)等所用的房屋

11.5　房产要素测量与房产图

11.5.1　房产要素测量的内容

在房产调查的基础上，确定有关的房产信息后，就可进行房产要素的测量，包括界址测量、境界测量、房屋及其附属设施测量以及陆地交通、水域测量等内容。具体方法主要有野外解析法测量、丈量及航空摄影测量等。

房地产要素测量的内容包括：界址测量、境界测量、房屋及其附属设施测量。

房屋应逐幢测绘，不同产别、不同建筑结构、不同层数的房屋应分别测量。独立成幢房屋，以房屋四面墙体外侧为界测量；毗连房屋四面墙体，在房屋所有人指界下，区分自有、共有或借墙，以墙体所有权范围为准；每幢房屋除按《房产测量规范》要求测定其平面位置外，应分幢分户丈量作图，丈量房屋以勒脚为准，测绘房屋以外墙水平投影为准。

房角点测量是对建筑物角点测量。房角点测量不要求在房角上都设置标志，可以房屋外墙勒脚以上处墙角为测点。房角点测量一般采用极坐标法、正交法测量等。对于规则的矩形建筑物可直接测定三个房角点坐标，另一个房角点坐标可通过计算求出。

11.5.2 房产图绘制

房地产图是房产产权、产籍管理的重要资料。按房产管理的需要可分为房产分幅平面图（分幅图）房产分丘平面图（分丘图）和房屋分户平面图（分户图)。《房地产图图式》是测绘房地产图的基本依据。房地产图的测绘必须依据国家标准房地产图图式的规定。

1. 房产测量草图

测量草图是地块、建筑物位置关系和房地产调查的实地记录，是展绘地块和房屋界址、计算面积和填写房产登记表的原始依据。在进行房产测量时应根据项目的内容用铅笔绘制测量草图。房屋测量草图均按概略比例尺分层绘制，房屋外墙及分隔墙均绘单实线；图样上应注明房产区号、房产分区号、丘（宗地）号、幢号、层次及房屋坐落，并加绘指北方向线；注明住宅楼单元号、室号，注记实际开门处；逐间实量、注记室内净空边长（以内墙面为准）和墙体厚度，数字取至 1cm；室内墙体凹凸部位在 0.1m 以上者如柱垛、烟道、垃圾道、通风道等均应表示；凡有固定设备的附属用房如厨房、厕所、卫生间、电梯、楼梯等均须实量边长，并加必要的注记；遇有地下室、复式房、夹层、假层等应另绘草图。房屋外廓的全长与室内分段丈量之和（含墙身厚度）的较差在限差内时，应以房屋外廓数据为准，分段丈量的数据按比例配赋，超限须进行重新丈量。草图可用 8 开、16 开、32 开规格的图纸。选择合适的概略比例尺，使其内容清晰易读，在内容较集中的地方可绘制局部图。测量草图应在实地绘制，测量的原始数据不得涂改。汉字字头一律朝北，数字字头朝北或朝西。如图 11-6 所示为一房屋测量草图示例。

2. 房产分幅图

分幅图是全面反映房屋及其用地的位置和权属等状况的基本图，是测绘分丘图和分户图的基础资料。其测绘范围包括城市、县城、建制镇的建成和建成区以外的工矿企事业等单位及其毗连居民地。分幅图采用 50cm×50cm 正方形分幅，房产分幅图一般采用 1∶500 比例尺或 1∶1000 比例尺。在已经完成地籍调查的地区，也可利用已有的大比例尺分幅地籍图，按房产图图示要求进行编绘制作房产分幅图。

房产分幅图应表示的房产要素包括房屋附属设施，主要有柱廊、檐廊、架空通廊、底层阳台、门廊、门、门墩和室外楼梯以及和房屋相连的台阶等。分幅图上应表示的房地产要素和房产编号包括丘号、房产区号、房产分区号、

房产测量草图					
房产区名称	华侨路街道	丘号	0117	结构	混合
房产区号	15	幢号	18	层数	06
房产分区号	22	比例尺		层次	4
坐落	华侨路豆菜桥10号				

房屋轮廓线内的尺寸，均为内尺寸，即为不包括墙厚的尺寸，由内墙至内墙面的尺寸。

房屋轮廓线外的尺寸，均为外尺寸，尺寸包括墙厚，为外墙面至外墙面的尺寸。

阳台所注尺寸约为外尺寸，即阳台外围至房屋外墙面的尺寸。

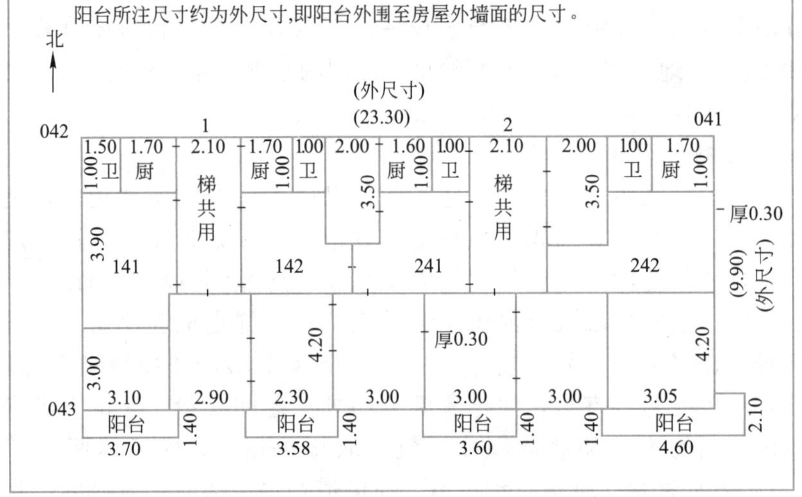

测量单位:××市房地产测绘队　测量员:李四　测量日期:2007年4月10日

图 11-6　房屋测量草图

丘支号、幢号、房产权号、门牌号、房屋产别、结构、层数、房屋用途和用地分类等，根据调查资料以相应的数字、文字和符号表示。当注记过密图面容纳不下时，除丘号、丘支号、幢号和房产权号必须注记，门牌号可首末两端注记、中间跳号注记外，其他注记按上述顺序从后往前省略。与房产管理有关的地形要素包括铁路、道路、桥梁、水系和城墙等地物均应表示；亭、塔、烟囱以及水井、停车场、球场、花圃、草地等可根据需要表示。

3. 房产分丘图

房产分丘图是房产分幅图的局部图，是绘制房屋产权证附图的基本图。分丘图的幅面可在 787mm×1092mm 的 1/32～1/4 之间选用；比例尺根据丘面积的大小可在 1∶1000～1∶100 之间选用。展绘图廓线、方格网和控制点的各项误差与绘制分幅图时相同，坐标系统应与房产分幅图坐标系统一致。

房产分丘图上除表示房产分幅图的内容外，还应表示房屋权属界线、界址点点号、挑廊、阳台、建成年份、用地面积、建筑面积、墙体归属和四至关系等各项房地产要素。四邻关系描述时应注明所有相邻产权单位（或人）的名称，分丘图上各种注记的字头应朝北或朝西。测量本丘与邻丘毗连墙体时，共有墙以墙体中间为界，量至墙体厚度的1/2处；借墙量至墙体的内侧；自有墙量至墙体外侧并用相应符号表示。房屋权界线与丘界线重合时，表示丘界线；房屋轮廓线与房屋权界线重合时，表示房屋权界线。分丘图的图廓位置根据该丘所在的位置确定，图上需要注出西南角的坐标值，以千米为单位注记至小数点后三位。房产分丘图的样式，参见《房产测量规范》。

4. 房产分户图

分户图是在分丘图的基础上绘制的细部图，以一户产权人为单位，表示房屋权属范围的细部，以明确不同产权毗连房屋的权利界线，供核发房屋所有权证的附图使用。分户图的方位应使房屋的主边线与图框边线平行，根据房屋形状横放或竖放，并在适当的位置加绘指北方向符号。幅面可选用787mm×1092mm的1/32或1/16等尺寸，比例尺一般为1∶200，当房屋图形过大或过小时，比例尺可适当放大或缩小。房屋的分丘号、幢号、应与分丘图上一致。房屋边长应实际丈量，注记取至0.01m，注在图上相应位置。

分户图表示的主要内容包括房屋权界线、四面墙体的归属和楼梯、走道等部位以及门牌号、所在层次、户号、室号、房屋建筑面积和房屋边长等。房屋产权面积包括套内建筑面积和共有分摊面积，标注在分户图框内；本户所在的丘号、幢号、户号、结构、层数、层次标注在分户图框内；楼梯、走道等共有部位需在范围内加简注；墙体归属与相邻关系的表示以及图面整饰详见《房地产图图式》。房产分户图的样式如图11-7所示。

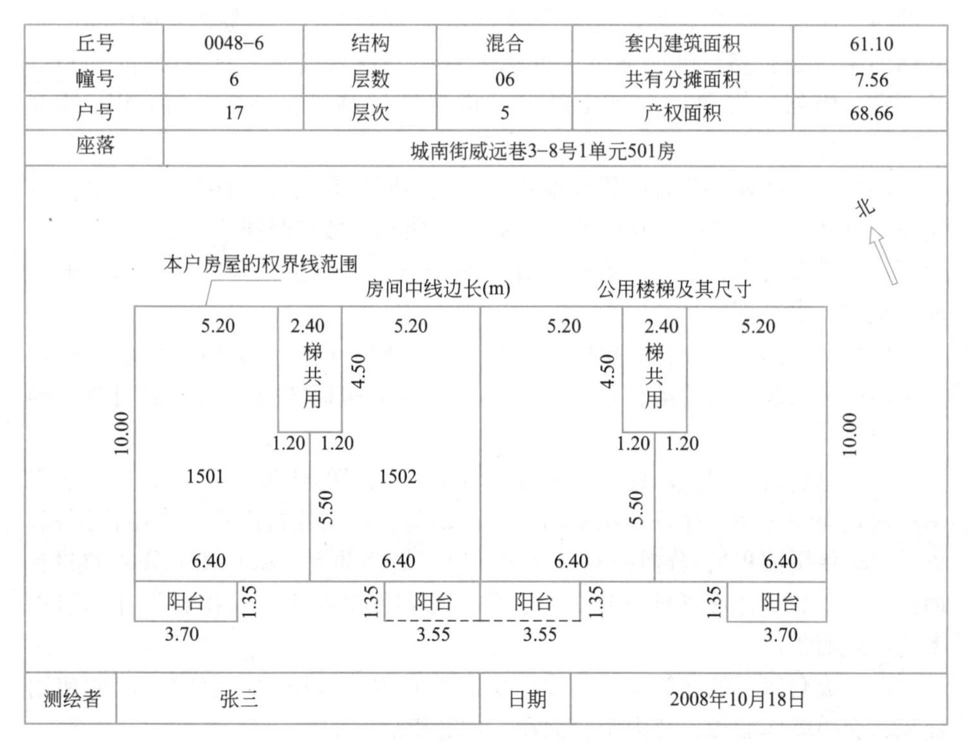

丘号	0048-6	结构	混合	套内建筑面积	61.10
幢号	6	层数	06	共有分摊面积	7.56
户号	17	层次	5	产权面积	68.66
座落	城南街威远巷3-8号1单元501房				

测绘者	张三	日期	2008年10月18日

图11-7 房产分户图

11.6　房产面积测算

11.6.1　房产面积测算的内容

房屋建筑面积测算是房产测绘的主要任务之一，其主要内容是测定房产权界、房屋建筑面积、坐落位置形式、房屋的层次、结构、分户的建筑面积以及共用面积分摊等基础数据。这些数据经房地产发证机关确认后，作为核发房屋所有权证的测绘资料及所有权证的附件，是核定产权、颁发产权证、保障房地产占有使用者的合法权益的重要依据。

房屋的数量包括建筑占地面积、建筑面积、使用面积、共有面积、产权面积、宗地内的总建筑面积（简称总建筑面积）、套内建筑面积等。

（1）建筑占地面积（基底面积）。房屋的建筑占地面积是指房屋底层外墙（柱）外围水平面积，一般与底层房屋建筑面积相同。

（2）建筑面积。建筑面积是指房屋外墙（柱）勒脚以上各层的外围水平投影面积，包括阳台、挑廊、地下室、室外楼梯等，有上盖，结构牢固，层高 2.2m 以上（含 2.2m）的永久性建筑。每户（或单位）拥有的建筑面积叫分户建筑面积。平房建筑面积指房屋外墙勒脚以上的墙身外围的水平面积，楼房建筑面积则指各层房屋墙身外围水平面积的总和。

（3）使用面积。使用面积是指房屋户内全部可供使用的空间面积，按房屋的内墙面水平投影计算，包括直接为办公、生产、经营或生活使用的面积和辅助用房如厨房、厕所或卫生间以及壁柜、户内过道、户内楼梯、阳台、地下室、附层（夹层）、2.2m 以上（指建筑层高，含 2.2m，后同）的阁（暗）楼等面积。

（4）共有面积。共有面积是指各产权主共同拥有的建筑面积，主要包括：层高超过 2.2m 的设备层或技术层、室内外楼梯、楼梯悬挑平台、内外走廊、门厅、电梯及机房、门斗、有柱雨篷、突出屋面有围护结构的楼梯间、电梯间及机房、水箱等。

（5）房屋的产权面积。房屋的产权面积是指产权主依法拥有房屋所有权的房屋建筑面积。房屋产权面积由直辖市、市县房地产行政主管部门登记确权认定。

（6）总建筑面积。总建筑面积等于计算容积率的建筑面积和不计算容积率的建筑面积之和。计算容积率的建筑面积包括使用建筑面积（含结构面积，以下简称使用面积）、分摊的共有面积（以下简称共有面积）和未分摊的共有面积。面积测量计算资料中要明确区分计算容积率的建筑面积和不计算容积率的建筑面积。

（7）成套房屋的建筑面积。成套房屋的套内建筑面积由套内房屋的使用面积、套内墙体面积、套内阳台面积三部分组成。

（8）套内房屋使用面积。套内房屋使用面积为套内房屋使用空间的面积，以水平投影面积按以下规定计算：套内使用面积为套内卧室、起居室、过厅、过道、厨房、卫生间、厕所、储藏室、壁橱、壁柜等空间面积总和。套内楼梯按自然层数的面积和计入使用面积。不包括在结构面积内的套内烟囱、通风道、管道井。内墙面装饰厚度计入使用面积。

（9）套内墙体面积。套内墙体面积是套内使用空间周围的围护、承重墙体或其他承重支撑体所占的面积，其中各套之间的分割墙、套与公共建筑空间的分割墙以及外墙（包括山墙）等共有墙，均按水平投影面积的一半计入套内面积。套内自有墙体按水平投影面积全部计入套内墙体面积。

（10）套内阳台建筑面积。套内阳台建筑面积均按阳台外围与房屋墙体之间的水平投影面积计算。其中，封闭的阳台按水平投影全部计算建筑面积，未封闭的阳台按水平投影的一半计算建筑面积。

11.6.2 房产面积测算规则

根据计算建筑面积的有关规定和规则，能够计算建筑面积的房屋原则上应具备以下条件：具有上盖；应有围护物；结构牢固，属永久性的建筑物；层高在 2.2m 或 2.2m 以上；可作为人们生产、生活的场所；权属明确、合法。

1. 计算全部建筑面积的范围

（1）单层建筑物，不论其高度如何，均按一层计算，其建筑面积按建筑物外墙勒脚以上的外围水平面积计算，单层建筑物内如带有部分楼层，亦应计算建筑面积。

（2）高低联跨的单层建筑物，如需分别计算建筑面积，高跨为边跨时，其建筑面积按勒脚以上两端山墙外表面间的水平长度乘以勒脚以上外墙表面至高跨中柱外边线的水平宽度计算；当高跨为中跨时，其建筑面积按勒脚以上两端山墙外表面间的水平长度乘以中柱外边线的水平宽度计算。

（3）多层建筑物的建筑面积按各层建筑面积总和计算，其第一层按建筑物外墙勒脚以上外围水平面积计算，第二层及以上按外墙外围水平面积计算。

（4）地下室、半地下室、地下车间、仓库、商店、地下指挥部等及相应出入口的建筑面积按其上口外墙（不包括采光井、防潮层及其保护墙）外围的水平面积计算。

（5）坡地建筑物利用吊脚作架空层加以利用且层高超过 2.2m 的，按围护结构外围水平面积计算建筑面积。

（6）穿过建筑物的通道，建筑物内的门厅、大厅，不论其高度如何，均按一层计算建筑面积。门厅、大厅内回廊部分按其水平投影面积计算建筑面积。

（7）图书馆的书库按书架层计算建筑面积。

（8）电梯井、提物井、垃圾道、管道井、烟道等均按建筑物自然层计算建筑面积。

（9）舞台灯光控制室按围护结构外围水平面积乘以实际层数计算建筑面积。

（10）建筑物内的技术层或设备层，层高超过 2.2m 的，应按一层计算建筑面积。

（11）突出屋面的有围护结构的楼梯间、水箱间、电梯机房等按围护结构外围水平面积计算建筑面积。

（12）突出墙外的门斗按围护结构外围水平面积计算建筑面积。

（13）跨越其他建筑物的高架单层建筑物，按其水平投影面积计算建筑面积。

2. 计算一半建筑面积的范围

（1）用深基础作地下室架空加以利用，层高超过 2.2m 的，按架空层外围的水平面积的一半计算建筑面积。

（2）有柱雨篷按柱外围水平面积计算建筑面积；独立柱的雨篷按顶盖的水平投影面积的一半计算建筑面积。

（3）有柱的车棚、货棚、站台等按柱外围水平面积计算建筑面积；单排柱、独立柱的车棚、货棚、站台等按顶盖的水平投影面积的一半计算建筑面积。

（4）封闭式阳台、挑廊，按其水平面积计算建筑面积。凹阳台、挑阳台、有柱阳台按其水平投影面积的一半计算建筑面积。

（5）建筑物墙外有顶盖和无柱的走廊、檐廊按其投影面积的一半计算建筑面积。

（6）两个建筑物间有顶盖和无柱的架空通廊，按通廊的投影面积计算建筑面积。无顶盖的架空通廊按其投影面积的一半计算建筑面积。

（7）室外楼梯作为主要通道和用于疏散的均按每层水平投影面积计算建筑面积；楼内有楼梯时室外楼梯按其水平投影面积的一半计算建筑面积。

3. 不计算建筑面积的范围

（1）突出墙面的构件配件和艺术装饰，如柱、垛、勒脚、台阶、挑檐、庭园、无柱雨篷、悬挑窗台等。

（2）检修、消防等用的室外爬梯。

（3）层高在 2.2m 以内的技术层。

（4）没有围护结构的屋顶水箱，建筑物上无顶盖的平台（露台），舞台及后台悬挂幕布、布景的天桥、挑台。

（5）建筑物内外的操作平台、上料平台，以及利用建筑物的空间安置箱罐的平台。

（6）构筑物，如独立烟囱、烟道、油罐、贮油（水）池、贮仓、园库、地下人防工程等。

（7）单层建筑物内分隔的操作间、控制室、仪表间等单层房间。

（8）层高小于 2.2m 的深基础地下架空层、坡地建筑物吊脚、架空层。

（9）建筑层高 2.2m 及以下的均不计算建筑面积。

11.6.3 房产面积测算的精度要求

房屋建筑面积测算一律以中误差作为评定精度的标准，以 2 倍中误差作为房屋建筑面积测算的最大限差。我国房产面积的精度分为 3 个等级，各级房产面积测算的限差和中误差不得超过表 11-9 计算的结果。

房屋面积测算的中误差与限差（S 为房产面积，m^2）　　表 11-9

房屋面积精度等级	房屋面积中误差(m^2)	房屋面积误差限差(m^2)
一级	$0.01\sqrt{S}+0.0003S$	$0.02+\sqrt{S}+0.0006S$
二级	$0.02\sqrt{S}0.001S$	$0.04\sqrt{S}+0.002S$
三级	$0.04\sqrt{S}+0.003S$	$0.08\sqrt{S}+0.006S$

（1）有特殊要求的用户和城市商业中心黄金地段可采用一级精度要求。

（2）对新建商品房（及以前未测算的）建筑面积测算精度采用二级精度要求。

（3）对其他房产建筑面积测算精度采用三级精度要求。

为保证房屋的精度要求，必须从边长丈量时就加以限制。根据表 5-4 的精度进行房屋的边长测量，可保证绝大部分的房屋面积精度在规定的限差之内，即对应于表 11-10 的要求。

对应于房屋面积误差的边长测量误差限差（D 为边长，m）　表 11-10

房屋面积精度等级	房屋边长中误差(m)	房屋边长误差限差(m)
一级	$0.007+0.0002D$	$0.014+0.0004D$
二级	$0.014+0.0007D$	$0.028+0.0014D$
三级	$0.028+0.002D$	$0.056+0.0004D$

11.6.4 房产套面积计算与共有面积分摊

1. 共有建筑面积的分类和确认

根据共有建筑面积的使用功能，共有建筑面积主要分成三类：

（1）全幢共有的建筑面积指为整幢服务的共有共用的建筑面积，此类共有建筑面积应全幢进行分摊。

（2）功能区共有共用的建筑面积指专为某一功能区服务的共有共用的建筑面积。例如某幢楼内专为某一商业区或办公服务的警卫值班室、卫生间、管理用房等。这一类专为某一功能区服务的共有建筑面积，应由该功能区内部分摊。

（3）层共有建筑面积由于功能设计不同，共有建筑面积有时也不相同，各层的共有建筑面积不同时，则应区分各层的共有建筑面积，由各层各自进行分摊。如果一幢楼各层的套型一致，各层的共有建筑面积相同，例如普通的住宅楼，则可以幢为单位，按幢进行一次共有建筑面积的分摊，直接求得各套的分摊面积。对于多功能的综合楼或商住楼，共有建筑面积的分摊比较复杂，一般要进行二级或三级甚至多级的分摊。因此在对共有建筑面积分摊

之前，应首先对本幢楼的共有建筑面积进行认定，决定其分摊层次与归属。

2. 套内建筑面积的内容

套内建筑面积为套内使用面积与套内墙体面积以及套内阳台面积三部分之和。

（1）套内使用面积。套内使用面积为套内房屋空间的净面积，按水平投影面积计算。一般根据内墙面之间的水平距离计算，内墙面的装饰厚度应计入使用面积。

（2）套内墙体面积。套内自有墙体面积全部计算套内墙体面积。套与套之间的共有墙体，套与公共部位的共有墙体，套与外墙（包括山墙的墙体），均按墙体的中线计入套内墙体面积。

（3）套内阳台面积。套内阳台建筑面积均按阳台外围与房屋外墙之间的水平投影面积计算，其中封闭阳台按外围水平投影面积全部计算建筑面积；不封闭的阳台按外围水平投影面积的一半计算建筑面积；没有封顶的阳台不计算建筑面积。

3. 套内建筑面积的计算

（1）层、功能区、幢建筑面积计算

1）层建筑面积的计算

$$S_{ci}=\sum S_{Ti}+\Delta S_{ci}$$

式中　S_{ci}——第 i 层的建筑面积，i 为层号；

S_{Ti}——本层内第 i 套的建筑面积，i 为套号；

ΔS_{ci}——第 i 层内共有共用的建筑面积，i 为层号。

2）功能区建筑面积的计算

$$S_{gi}=S_{ci}+\Delta S_{gi}$$

式中　S_{gi}——第 i 个功能区的建筑面积，i 为功能区号；

S_{ci}——本功能区内第 i 层的建筑面积，i 为层号；

ΔS_{gi}——第 i 个功能区内共有共用的建筑面积，i 为功能区号。

3）幢面积的计算

$$S_Z=\sum S_{gi}+\Delta S_Z$$

式中　S_Z——全幢的总建筑面积；

S_{gi}——本幢内各功能区的建筑面积；

ΔS_Z——本幢由全幢分摊的幢共有建筑面积。

4）面积计算的检核

$$S_Z=\sum S_{Ti}+\sum \Delta S$$

式中　S_Z——全幢的总建筑面积；

$\sum S_{Ti}$——本幢内各套建筑面积之总和；

$\sum \Delta S$——本幢内全部共有面积之总和：

$$\sum \Delta S=\sum \Delta S_{ci}+\sum S_{gi}+\Delta S_Z$$

即 $\sum \Delta S$——各层、各功能区，还有幢的共有面积之和。

（2）外墙体一半（外半墙）面积的计算

共有建筑面积中包括套与公共建筑之间的分隔离以及外墙（包括山墙）水平投影面积的一半的建筑面积。由于在实际计算中一般使用中线尺寸，所以套与公共建筑之间的分隔墙都已包括在套面积与公共建筑面积之内，需要分摊墙面积为外墙（包括山墙）的外半墙面积。如图 11-8 所示为一幢房屋被局部放大了的外墙。

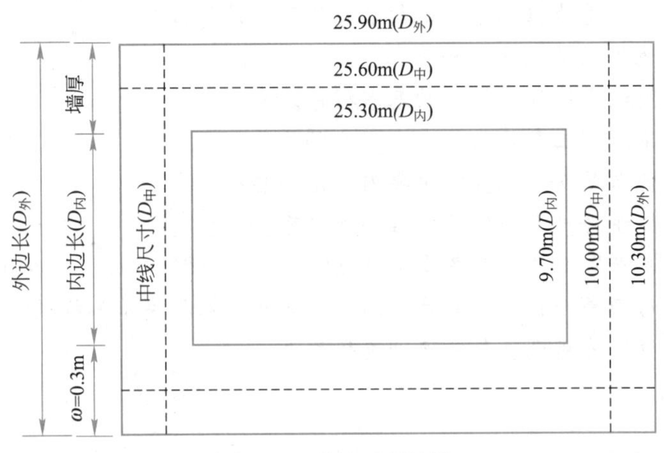

图 11-8　外墙面积计算

图 11-8 中，$D_{外}$ 为房屋的外边长，为外墙至外墙的尺寸，称外尺寸；$D_{中}$为房屋的中线边长，为墙体中线至中线的尺寸，称中线尺寸或轴线尺寸；$D_{内}$ 为房屋的内边长，为内墙体面之内墙体面的尺寸，称内尺寸。

规则建筑物外墙一半的建筑面积，可用建筑物外轮廓线包围的面积减去外墙中线包围的面积，例如图 11-8 中，外半墙面积＝25.90×10.30－25.60×10.00＝10.77m^2。

（3）阳台面积的计算。

阳台面积，应根据不同类型的阳台面积计算规则计算其建筑面积，并计入套面积。

（4）住宅楼共有建筑面积的分摊

住宅楼的共有建筑面积以幢为单位进行分摊，根据整幢的共有建筑面积和整幢套面积的总和求取整幢住宅楼的分摊系数，再根据各套房屋的套内建筑面积，求得各套房屋的分摊面积。各套房屋的分摊面积为

$$K_Z=\Delta S_Z/\sum S_{Ti}$$

$$\delta S_{Ti}=K_Z\cdot S_{Ti}$$

式中　K_Z——整幢房屋共有建筑面积的分摊系数；

S_{Ti}——幢内第 i 套房屋套内建筑面积，i 为套号；

$\sum S_{Ti}$——整幢房屋各套房屋内套内建筑面积的总和；

ΔS_Z——整幢房屋的共有共用建筑面积；

δS_{Ti}——各套房屋的分摊建筑面积。

住宅楼房屋的共有建筑面积计算：整幢房屋的建筑面积扣除整幢房屋各套套内建筑面积之和，并扣除作为独立使用的地下室、车棚、车库等和为多

幢服务的警卫室、管理用房、设备用房以及人防工程等不应计入共有建筑面积的面积，即得出整幢住宅楼的共有建筑面积。

思考题

11-1　什么是地籍调查？地籍调查的目的是什么？
11-2　地籍测量包含哪些内容？
11-3　简述土地权属调查的基本程序。
11-4　宗地图上表示的基本内容有哪些？
11-5　什么是房产调查？主要内容是哪些？
11-6　简述房产调查的基本程序和内容。
11-7　房产图有几种？各有何特点？
11-8　房产套面积计算与共有面积分摊的基本程序是怎样的？
11-9　试述地籍调查与房产调查的关系。

第12章 测设的基本工作

本章知识点

【知识点】测设的基本工作，包括测设已知水平角、测设已知水平距离、测设已知高程；点的平面位置测设的基本方法，如极坐标法、直角坐标法、角度交会法、距离交会法；已知坡度的测设方法。

【重点】测设的基本工作，测设平面点位的基本方法。

【难点】测设元素的计算及其测设方法。

测设是测量工作的主要任务之一，即利用测量仪器和工具，将图上设计好的建（构）筑物的特征点标定到实地上，以指导施工，通常又称为施工放样或放样。

测设的基本工作包括水平角测设、水平距离测设和高程测设。

12.1 已知水平角、水平距离和高程的测设

12.1.1 测设已知水平角

测设已知水平角指在地面上根据一个已知方向，确定另一个方向，使两者之间的水平夹角等于设计的角度值。测设水平角的方法分为一般测设和精密测设。

1. 一般测设方法

一般测设方法又叫盘左盘右分中法，适用于测设角度的中误差大于或等于一测回角值中误差的情况。如图 12-1 所示，地面上有已知方向 AB，现欲确定另一方向 AC，使两方向之间的水平角为设计值 β。将经纬仪安置在 A 点之后，按以下操作步骤进行测设：

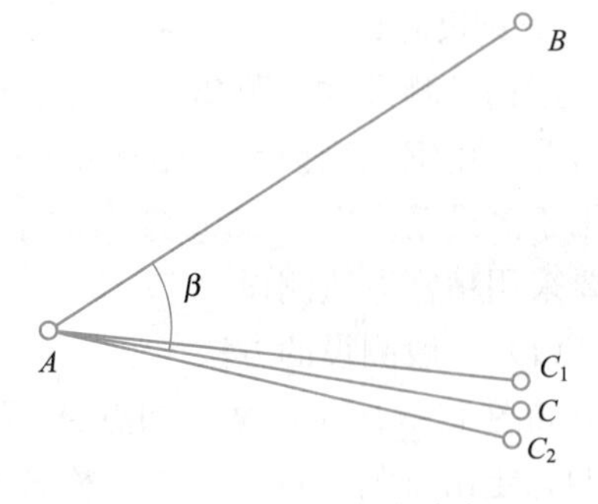

图 12-1 盘左盘右分中法测设水平角

（1）以盘左位置照准 B 点，读取水平度盘读数 L_B；松开水平制动螺旋，旋转照准部，当水平度盘读数为 $L_B+\beta$ 时，望远镜视线方向即为 AC 方向，在此方向上丈量一定距离，定

出 C_1 点；

(2) 倒转望远镜，用盘右位置重复上述操作，定出 C_2 点；

(3) 由于测量误差的存在，C_1、C_2 两点往往不能重合，取 C_1、C_2 的中点作为 C 点的位置，则$\angle BAC$ 为设计值β。

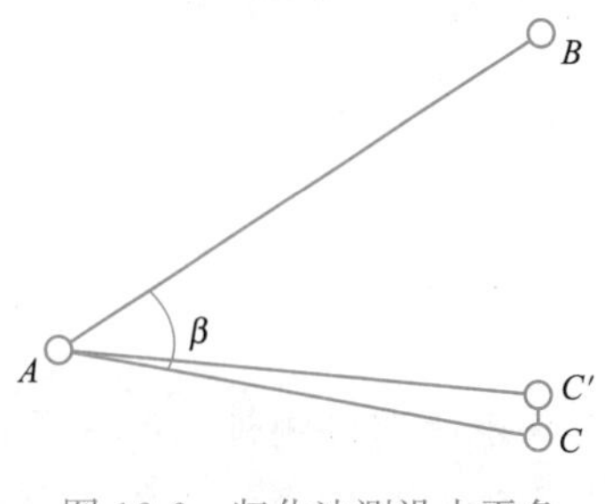

图 12-2　归化法测设水平角

测设时，需注意待测设方向与已知方向之间的相对位置关系，即须弄清楚设计角 β 是顺时针方向测设还是逆时针方向测设。

2. 精密测设方法

精密测设方法有时又称为归化法，适用于测设角度的中误差小于一测回角值中误差的情况。如图 12-2 所示，先用盘左盘右分中法测设出点 C'，然后用测回法对该角度观测多个测回，取平均值 β'。计算 β' 与设计值的差值

$$\Delta\beta''=\beta-\beta' \tag{12-1}$$

$\Delta\beta''$是以秒为单位的角差。根据 A 至 C 的水平距离 D，计算 C'点需要在与 AC'相垂直的方向移动的水平距离 $C'C$

$$C'C=D\ \frac{\Delta\beta''}{\rho''} \tag{12-2}$$

从 C'点沿与 AC'垂直的方向移动水平距离 $C'C$，即得到 C 点。

改正时必须注意移动的方向。若 $\beta'<\beta$，即 $\Delta\beta''$为正值，说明原测设值小于设计值，应往远离 B 点的方向移动；反之，若 $\beta'>\beta$，即 $\Delta\beta''$为负值，原测设值大于设计值，则应往靠近 B 点的方向改动。

当测设出 AC 方向后应检查其与 AB 方向构成的水平角与设计值的差值，若其大于允许误差，则注意修正，使其达到要求。

12.1.2　测设已知的水平距离

测设已知水平距离是指从给定的起点开始，沿指定方向测设已知的水平距离。测设水平距离的工具可以是钢尺、测距仪或全站仪。

1. 钢尺测设

用钢尺测设水平距离，适合于地势平坦且测设的长度小于一个钢尺整长的情况。用钢尺测设水平距离也分为一般测设和精密测设，一般测设的方法适用于测设精度在 1/2000 左右的精度要求，若距离测设精度要求较高时，则需要采用精密方法测设。

(1) 一般测设的方法

如图 12-3 所示，从已知点 A 开始，沿指定方向用钢尺量出设计的水平距离 D，定出待测设点。为进行检核和提高测设精度，可以先测设出一点 P'，再在起点处改变钢尺的读数 10～20cm，用同样的方法定出 P''，若 $P'P''$的长度小于待测设距离的两千分之一，则取 $P'P''$的中点 P 作为最终位置。若 P'

P''的长度大于待测设距离的两千分之一，则需要重新测设。

图 12-3　用钢尺测设水平距离

（2）精密测设方法

精密测设水平距离需要使用经过检定的钢尺进行测设。步骤如下：

1）在已知起点沿已知方向用一般方法测设出一点，用水准仪测量起点和该点的高差 h，并根据高差 h 和设计距离 D 计算“平距化斜距”的改正数 Δl_{h}（其值为$\dfrac{h^2}{2D}$，恒为正）；

2）用温度计钢尺测定温度，按尺长方程式计算尺长改正 Δl_{d} 和温度改正 Δl_{t}；

3）放样的倾斜距离为

$$L=D-\Delta l_{\mathrm{d}}-\Delta l_{\mathrm{t}}+\Delta l_{\mathrm{h}} \tag{12-3}$$

4）沿已知方向测设斜距 L，得到最后的放样点。

测设时，需用弹簧秤对钢尺施加标准拉力。

2. 测距仪（全站仪）测设

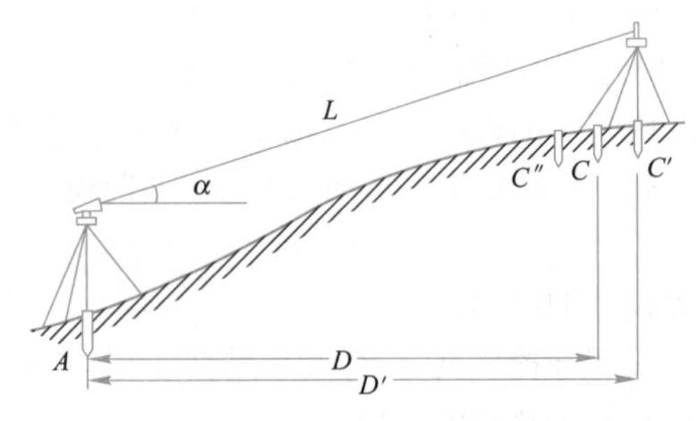

图 12-4　测距仪测设水平距离

用测距仪（全站仪）测设水平距离的步骤：

（1）在起点 A 安置仪器，并测定温度和气压；

（2）开机，将温度值和气压值输入仪器，进入测距模式；

（3）沿已知方向在与待测设点大致接近的前后位置各钉一木桩，并分别在桩顶做出标志 C'和 C''，将棱镜安置在 C'，精确测量、计算出 AC'的水平距离；并计算出其与设计值的差值 $\Delta=AC'-D$；

（4）当 Δ 大于零时，用钢尺由 C'点向 C''点方向测量水平距离 Δ，定出 C 点；当 Δ 小于零时，用钢尺在 $C''C'$方向测量水平距离 Δ，定出 C 点；在 C 点打下木桩，桩顶用铅笔标出 C 点；

（5）在 C 点架设反光棱镜，再次测量水平距离，当 Δ 小于规定要求时，在桩顶钉上小钉；为了确保精度，应再次测量 A、C 点间的水平距离，使 Δ 在允许范围之内。

12.1.3　测设已知点的高程

测设已知点的高程就是根据一个已知水准点，测设出给定点的高程。测设高程时通常采用水准测量方法（视线高法）。

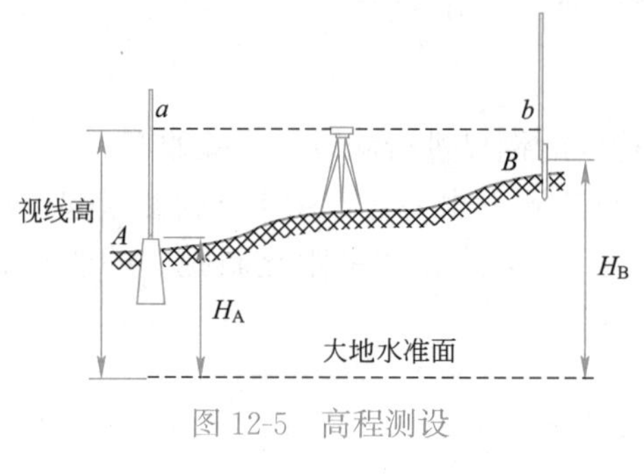

图 12-5　高程测设

如图 12-5 所示，已知点 A 的高程为 H_A，B 点平面位置已经确定并已钉设木桩，其设计高程为 H_B，需要标定出 B 的高低位置。将水准仪架设在 A、B 两点的中间位置，在 A 点竖立水准尺。水准管气泡居中后，A 尺的读数为 a，则水准仪的视线高为

$$H_i=H_A+a \tag{12-4}$$

在 B 点竖立水准尺，则 B 尺的读数应为

$$b=H_i-H_B \tag{12-5}$$

B 尺沿木桩的一侧上下移动，直至 B 尺读数为 b 时，水准尺的尺底即为设定的高程位置，沿尺底在木桩上画出标高线，该线的高程即为 H_B。

当已知高程点和待测设高程点的高差比较大时，可以采用悬挂钢尺的方法进行测设。如图 12-6 所示，地面上的已知点 A 与待测设的基坑底点 B 的高差较大，可以在基坑的一侧悬挂一把钢尺，在钢尺的零端悬挂重锤；在地面上架仪器，以 A 点为后视，钢尺为前视，分别读数 a_1、b_1；然后将仪器搬至基坑内，以钢尺为后视，读取 a_2，沿坑壁上下移动水准尺，使前视 B 点的标尺读数为

$$b_2=a_1+a_2-b_1-h_{AB} \tag{12-6}$$

此时，尺底即为设计的高程。

在工程中，为了控制开挖深度，常距设计坑底的上方大约 0.5m 处设一水平木桩，以便及时检查是否超挖或欠挖。

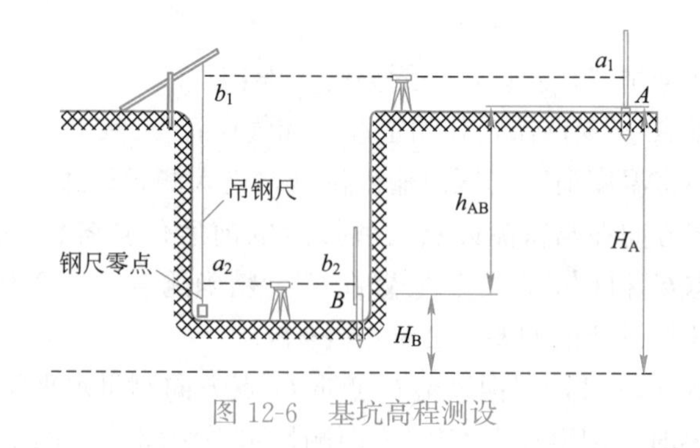

图 12-6　基坑高程测设

12.2　测设点的平面位置的方法

根据施工控制网的形式、控制点的分布、使用的仪器工具以及现场具体

情况的不同，测设点的平面位置可以选择不同的方法。传统的测设点位的方法主要有直角坐标法、极坐标法、角度交会法以及距离交会法等。随着全站仪的不断改进与发展，现在的全站仪一般都带有测设点位的程序。

12.2.1 直角坐标法

直角坐标法适用于测区已经建立相互垂直的方格网主轴线或建筑基线的情况。

如图 12-7 所示，施测区域已有建筑方格网点 A、B、C、D（坐标已知），a、b、c、d 为待建建筑物的主轴线点，其坐标在设计平面图中已给出。ab、cd 与方格边 AB、CD 平行，ad、bc 与方格边 AD、BC 平行。

用直角坐标法进行点位放样的过程如下：

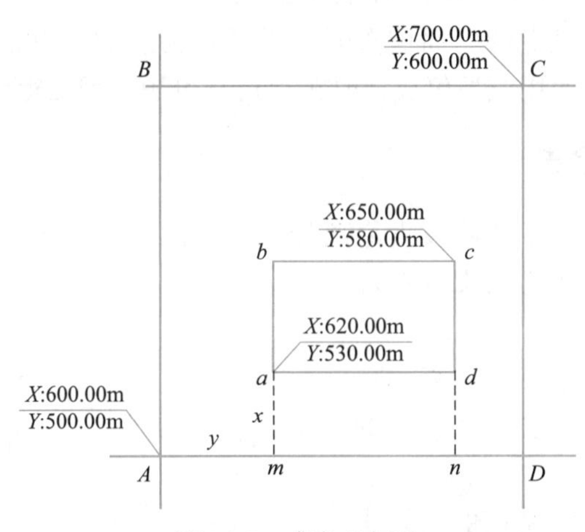

图 12-7　直角坐标法

（1）计算待测设点与坐标方格网点之间的坐标差 $\Delta X=X_a-X_A=20.000\text{m}$；$\Delta Y=Y_a-Y_A=30.000\text{m}$；

（2）在 A 点安置仪器，照准 D 点，沿视线方向量取距离 ΔY，得到过渡点 m；

（3）把仪器搬至 m 点，仍然照准 D 点，逆时针测设 90°，沿视线方向量取距离 ΔX，得到 a 点；

（4）同法将其他各点测设到地面上。

所有放样点测设完毕后，应进行检查。检查内容包括：建筑物轴线的交角是否为 90°，边长是否与设计值相等。若误差在允许范围内，测设工作结束；若超限，则应重新测设不合格的点。

用直角坐标法进行放样，计算简便，施测简单，在土木工程建设中应用较为广泛。

12.2.2 极坐标法

极坐标法是先利用角度放样得到测站点至待放样点的方向，后利用距离放样来确定测设点位置的方法。

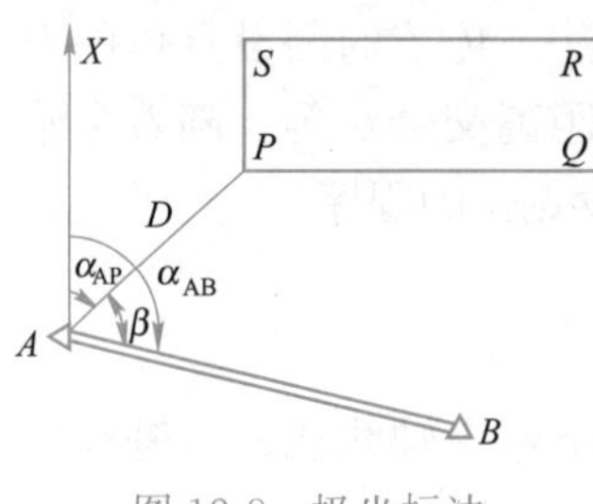

图 12-8　极坐标法

在图 12-8 中，A、B 两点是测区已有的控制点，$PQRS$ 为待建建筑物的定位点，其坐标已经在设计图中给出。用极坐标法测设点位的过程如下：

（1）计算测设数据（水平角 β 和水平距离 D）。

$$\beta = \alpha_{AB} - \alpha_{AP}$$

$$D_{AP} = \sqrt{\Delta x_{AP}^2 + \Delta y_{AP}^2} \tag{12-7}$$

（2）在 A 点安置仪器，照准 B 点，逆时针测设 β 角，得到 AP 的方向线，沿此方向测设水平距离 D，即得到 P 点。

（3）同法测设其他各点。

测设完成之后，应对各放样点进行角度及边长检核，看是否小于限差要求。不满足要求时，应重新测设不合格的点。

用极坐标法测设点的平面位置时，需注意角度的测设方向。该法架设仪器的次数少，且在使用全站仪放样时距离可长可短，因而得到广泛应用。

12.2.3　角度交会法

角度交会法适用于待测设点距离控制点较远，不方便钢尺量距；仅有经纬仪而没有全站仪或测距仪的情况。

如图 12-9（a）所示，A、B、C 三点为测区的控制点，P 点为待测设点。用角度交会法测设 P 点的过程如下：

（1）根据三个控制点的已知坐标和 P 点的设计坐标，计算测设数据（各方向之间的夹角 β_1、β_2、β_3、β_4）。

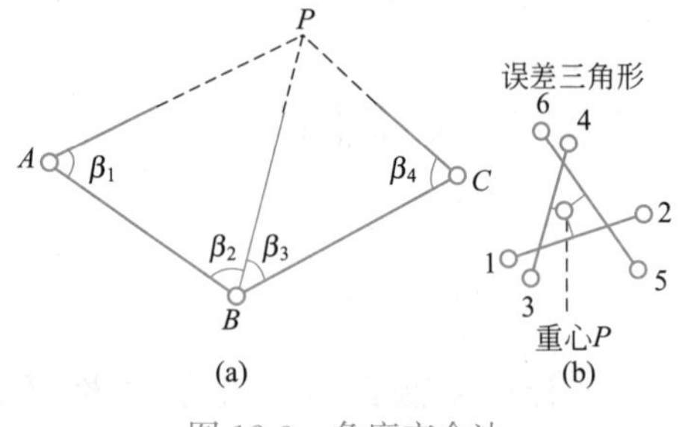

图 12-9　角度交会法

（2）分别在 A、B、C 三点安置经纬仪，测设 β_1、β_2（或 β_3）、β_4，得到 AP、BP、CP 的方向线。沿每一条方向线在 P 点附近各打下两个木桩，桩顶上钉上小钉，两两小钉的连线代表各自的方向线。在两个小钉间各拉一条细线，三线相交即可得到 P 点的位置。

由于测量误差的存在，三线往往不能交于一点，而是出现一个小三角形，称为误差三角形，如图 12-9（b）所示。当误差三角形的边长在允许范围内时，取三角形的重心作为 P 点的位置。如果超限，则应重新测设。

用角度交会法测设点位时，也可以只用两个控制点，但交会角须为 30°～150°。因没有检核条件时，最好慎用。

12.2.4　距离交会法

距离交会法适用于待测设点至控制点不远，地势比较平坦、量距比较方便的情况。

如图 12-10 所示，A、B 为两已知点，P 为待测设点，距离交会法测设点位的过程如下：

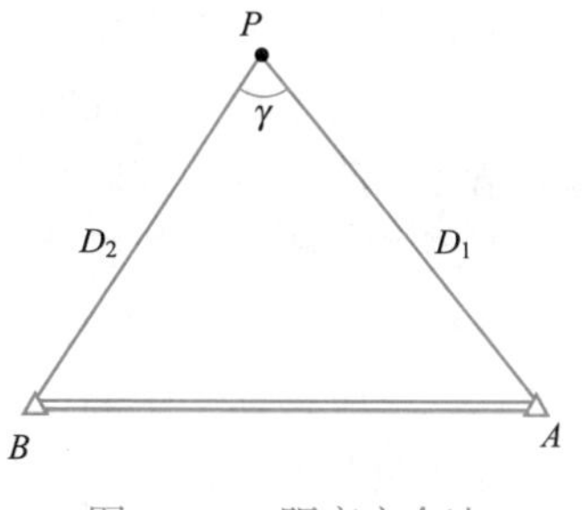

图 12-10 距离交会法

(1) 根据控制点的已知坐标和待测设点的设计坐标，计算待测设点与控制点之间的水平距离 D_1、D_2。

(2) 使用两把钢尺进行交会。一把钢尺的 D_1 分划线对准点 A，另一把钢尺的 D_2 分划线对准点 B，同时摆动钢尺，使两尺的零分划线相交，交点即为待测设点。

用距离交会法测设的地面点超过两个时，应检查测设点之间的长度是否与设计值一致。

理论上讲，用距离交会法放样点位时，满足条件的地面点有两个，对称于已知边。因此，放样时须根据设计图纸上的相对位置关系判断放样点的方位。另外，与角度交会法一样，交会角 γ 最好在 30°～150°之间，以保证测设点的精度。

在测设点的平面位置时，角度和距离也有一般测设和精密测设之分，应根据设计的精度要求设定测量方案。

12.2.5 用全站仪进行点位测设

1. 全站仪放样的一般过程

全站仪一般都有内设的点位测设程序（Layout、Setout、放样等），用户只需仔细阅读全站仪的使用说明书，按照说明书中介绍的方法建立坐标文件，然后进入专用程序即可进行测设。

全站仪型号不同，其测设操作的方法与过程亦会有所差异，但基本过程相同。全站仪测设坐标点位的一般过程如下。

(1) 建立坐标文件，将测站点、后视点和待测设点的坐标上传到仪器的内存中。

(2) 进入放样程序，设置测站点和后视点。

在测站点上安置仪器，量取仪器高。按系统提示选择放样点坐标数据文件，然后进行测站设置，并输入仪器高（如果放样时忽略点高程，则此项可省略）。

进行后视点的设置，在文件中找到后视点的点号之后，照准后视点并确认，仪器自动将此方向水平度盘读数设置为测站点到后视点的方位角角值，并回到放样的主界面。

若全站仪的数据文件中没有测站点、后视点的坐标数据，可在设置测站点和后视点时，根据系统提示，手动输入测站点和后视点的坐标和高程。

(3) 开始点位放样

首先在文件中找到欲放样点点号，根据系统提示输入棱镜高。确认后系统将显示计算的结果（包括测站点至放样点的方位角和水平距离）；也可直接在仪器上输入放样点的坐标和高程。

旋转照准部、水平制动、水平微动使视线方向的方位角与测站点到放样点方向的方位角相等，此时仪器显示的角度差（dH_R）为 0，仪器视线方向即为测站点到放样点的方向。

观测员指挥一名执棱镜者，将棱镜移至该方向上。开始测距，并显示测站点至棱镜中心的水平距离（H_D）、棱镜应前、后移动的水平距离（dH_D）以及上、下应移动的距离（dZ）。

观测员根据 dH_D 值指挥执棱镜者前后移动棱镜，直到显示的水平距离为设计值、应该移动的水平距离等于 0 为止。然后，操作员根据 dZ 值指挥执棱镜者上下移动棱镜，直至仪器显示高程方向应移动的距离 $dZ=0$。此时，棱镜对中杆杆尖所在位置即为放样点的位置。随后进行下一个点的放样。

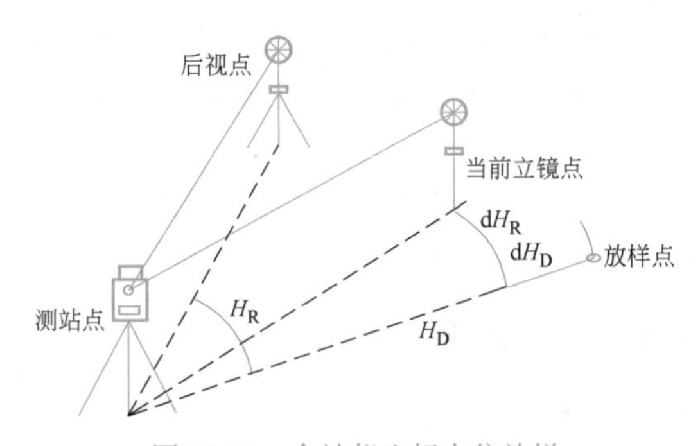

图 12-11　全站仪坐标点位放样

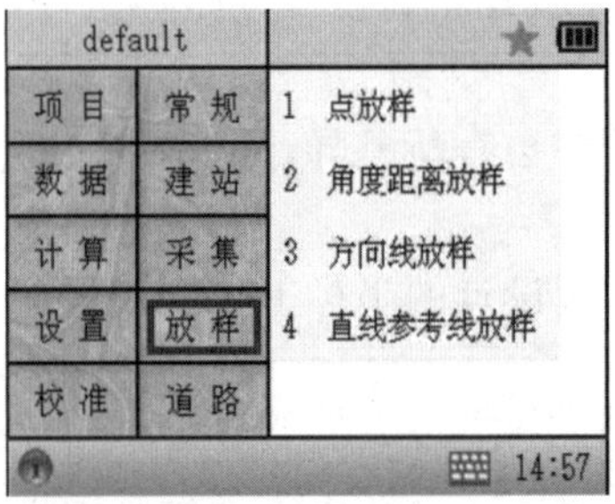

2. 利用南方 NTS-342R10A 进行坐标点放样

南方 NTS-342R10A 全站仪的介绍见本书第 4 章。南方 NTS-342R10A 全站仪的放样功能在屏幕主菜单的“放样”中，系统设置了“点放样”“角度距离放样”“方向线放样”“直线参考线放样”四个放样程序，如图 12-12 所示，可根据具体实际情况选用。对于坐标点放样，通常选择“点放样”程序。

图 12-12　NTS-342R10A 放样菜单

下面对南方 NTS-342R10A 全站仪中的“点放样”过程进行说明。其他三种放样程序的适用条件和具体使用方法，参见南方 NTS-342R10A 全站仪说明书。坐标点放样步骤如下。

（1）坐标点放样数据准备

批量的坐标点放样，数据可事先以文件的形式进行编辑，并导入到仪器指定项目中，放样时只需调用点号即可。少量几个点的放样，也可选择在放样前通过键盘输入坐标。

首先编辑好控制点、放样点点号和坐标数据的放样文件，并导入到仪器内存相应的项目中，以备放样时在建站设置、后视点设置、放样点设置各环节中方便地调用。若选择在测站键入已知数据，则应在键入数据后反复核对，以免出错。

(2) 已知点建站（设置测站）

在进行测量和放样之前都要首先进行已知点建站的工作。在仪器屏幕菜单中选择“建站”，则系统显示“已知点建站”“后方交会测量”“测站高程”等不同的建站程序，在其中选择“已知点建站”，则系统弹出“已知点建站”界面。在当前项目下，输入当前测站点的点号、后视点的点号，若同时需要进行高程放样，则需要输入仪器高、棱镜高等，如图 12-13 所示。确认输入无误，则按“设置”确定。

(3) 后视检查

检查当前的角度值 H_A 与控制点的已知方位角是否一致。可以在测站上输入不同的后视点点号，并瞄准相应的后视点进行检查。dH_A 反映出建站后某个后视点方位角的差值，如图 12-14 所示。若 dH_A 超限，则应重新定向，或重新选择较优的后视点。如当前瞄准的后视点较优，则可直接按“重置”完成重新定向。

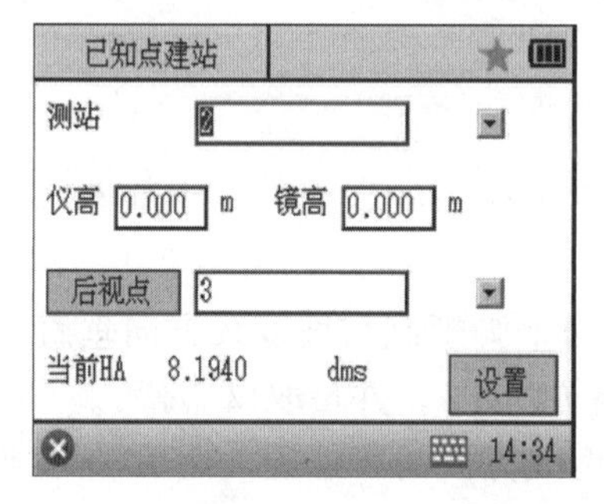

图 12-13 已知点建站

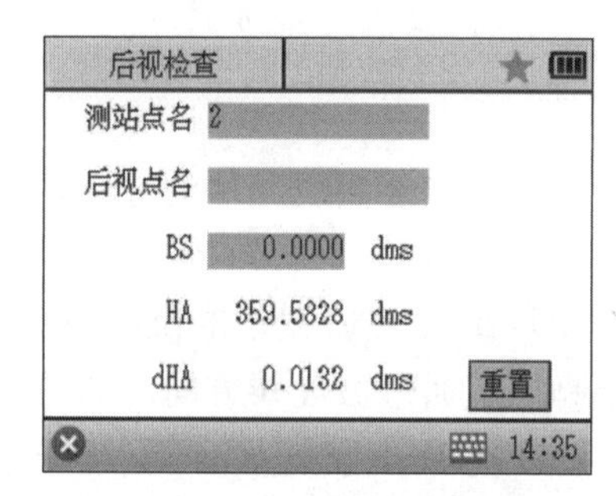

图 12-14 后视检查

(4) 开始点坐标放样。

上述建站、检查过程完成后，返回屏幕主菜单。点选屏幕菜单中的“放样”，并点选列表中的“1 点放样”开始点坐标放样工作。在弹出的点放样界面中，如图 12-15 所示，输入放样点点号，则屏幕右侧列出了放样点所在位置的角度、距离等的目标值。此时，首先估计放样点的大概位置放置棱镜（图 12-11)，瞄准棱镜进行测量，则屏幕左侧列出了当前立镜点与放样点之间的角度差值、距离差值以及“左转”“移远”“向右”等方向和距离的提示。同时，在屏幕左上角给出了图示指针，表示当前立镜点应该移动的方向。不断根据系统提示调整立镜点位置并测量，当所显示的角度、距离差值可以忽略不计时，则现场标定当前立镜点的位置，该点就是测设出的放样点位置。完成一个点的放样后，再输入新的点号，进行下一点的放样。

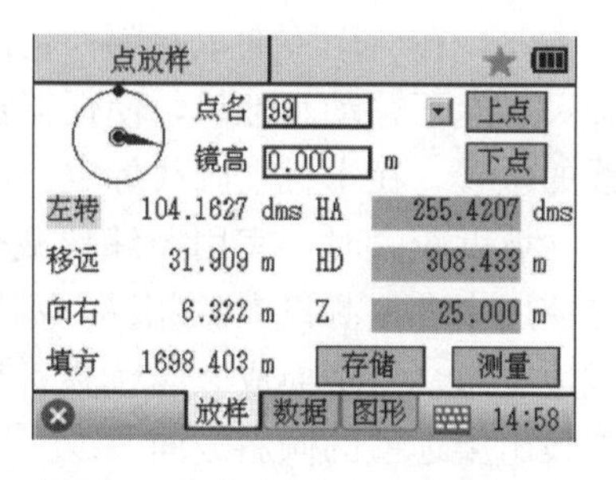

图 12-15 南方 NTS-342R10A 点

12.3　测设坡度线

在道路、给水排水工程中，经常会遇到设计的线路必须满足一定坡度的情况。在这种情况下，需要测设坡度线。

如图 12-16 所示，A 点为地面控制点，其高程 H_A 已知，现要求沿 AB 方向测设一条水平距离为 D、坡度为 m 的坡度线。具体测设过程如下：

（1）根据 A 点的高程、设计坡度以及水平距离，计算终点 B 的高程为

$$H_B = H_A + m \times D \tag{12-8}$$

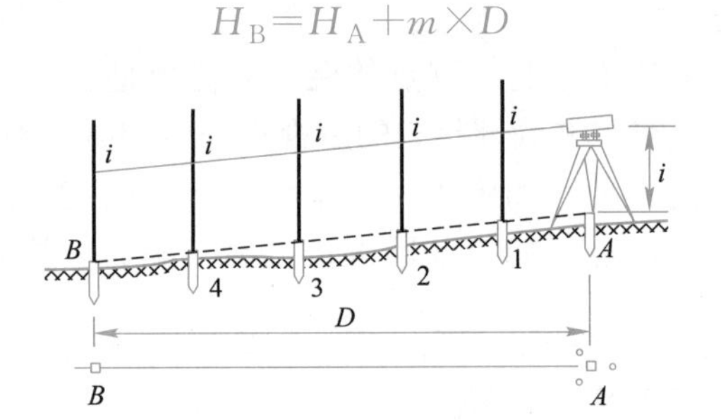

图 12-16　测设坡度线

（2）按前述测设高程的方法，用水准仪将 B 点的高程测设到地面，并标定之。

（3）在 A 点安置水准仪，使水准仪的两个脚螺旋与坡度线方向垂直，另一个脚螺旋通过坡度线方向（如图 12-16 下方所示），并量取仪器高 i。

（4）在 B 点竖立水准尺，旋转位于坡度线方向的脚螺旋，使 B 点水准尺的读数为水准仪的仪器高 i，则水准仪视线的坡度与设计的坡度相同，即水准仪视线与待测设的坡度线平行。

（5）在 AB 方向上每隔一定的距离打一木桩，贴靠木桩的一侧竖立水准标尺。上下移动水准尺，使仪器在标尺上的读数为 i，则尺底的位置便是坡度线的位置，在木桩上画线标定，即得到一个坡度线点。

坡度较大时，宜用经纬仪或全站仪配合水准尺进行坡度线的测设。方法与使用水准仪测设大致相同，不同之处在于，用经纬仪测设时须将坡度换算成坡度角，再转换成竖盘读数；用全站仪测设时直接利用仪器的坡度显示功能找出望远镜的倾斜方向。

思考题

12-1　测设包括哪些基本工作？

12-2　测设点的平面位置有哪些基本方法？

12-3　水平距离和水平角测设的一般方法和精密方法的步骤有哪些？各在什么情况下采用？

12-4　全站仪或光电测距仪测设水平距离有哪些步骤？

习题

12-1　盘左盘右分中法测设一直角$\angle PAB$，再对其进行多测回观测，测得其角值为$89°59'24''$，已知AP的距离为120.000m，试计算改正垂距，并说明测设步骤与垂距改正方向。

12-2　已知A的高程$H_A=27.126$m，待测设点的高程为26.500m。若水准仪在A点标尺的读数为0.983m，则前视标尺的读数应为多少？

12-3　已知控制点AB和P点坐标如表12-1所示，若在A点设站，计算用极坐标法测设P点的数据，并写出测设的过程。若分别在A、B两点安置仪器，互为后视，试计算用角度交会法测设P点数据，并写出测设的过程。

控制点和设计点坐标表　　表12-1

点号	X坐标(m)	Y坐标(m)	点号	X坐标(m)	Y坐标(m)
A	1562.374	1607.958	P	1517.653	1674.436
B	1578.697	1689.124			

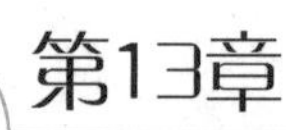

第13章 建筑施工测量

本章知识点

【知识点】 建筑施工控制网的两种主要布设形式，即建筑基线和建筑方格网的布设与测设方法；民用建筑物的定位与放线方法，基础与墙体的施工测量；工业厂房施工测量；高层建筑物的轴线投测和高程传递；竣工测量以及建筑物变形观测等。

【重点】 民用建筑施工测量，工业厂房施工测量，建筑物变形观测。

【难点】 民用建筑物的放线，构件安装定位测量，建筑物变形观测。

13.1　概述

建筑施工测量是指工业与民用建筑在施工过程中所进行的一系列测量工作，其主要任务是将在图纸上设计好的建筑物、构筑物按照设计的平面位置和高低位置测设标定到实地，作为建筑施工的依据，并通过一系列测量指导施工。

建筑施工测量贯穿于建筑物、构筑物施工的全过程。从场地平整、建筑轴线定位、基础施工、室内外管线施工到建筑物、构筑物的构件安装等，都需要进行施工测量。当工业或民用建设项目竣工以后，为了便于管理、维修和扩建，还要编绘竣工总平面图。对于高层、超高层建筑物和特殊构筑物，在施工期间和建成以后，还应进行变形测量，确保施工和使用安全，还可为掌握建筑物、构筑物的变形规律积累资料，为今后的设计、维护和使用提供资料。

建筑施工测量的精度要求取决于建筑物的结构类型、复杂程度和施工方法等因素。一般来讲，工业建筑精度要求高于民用建筑，高层高于低层，装配式高于现浇。测量技术人员要充分了解设计意图、建筑图纸、精度要求、施工方法和工艺流程，并随时掌握设计变更和施工环节的变化，与施工现场的进度密切配合。

建筑施工现场上有各种各样的建筑物、构筑物，并且分布较广，往往还不是同时开工兴建。为了保证各种建筑物、构筑物的平面和高程位置都符合设计要求，并互相连成统一的整体。建筑施工测量和地形图测绘一样，也应遵循“由整体到局部，先控制后碎部”的原则。即先在建筑施工现场建立统一的平面控制网和高程控制网，再以此为基础，测设出各个建筑物和构筑物的位置。建筑施工测量的检核工作也很重要，必须采用各种不同的方法加强外业和内业的检核工作。

施工测量的主要工作内容包括施工控制测量和施工放样。工业与民用建筑及水工建筑施工测量的依据是《工程测量规范》和相关专业的施工质量验收标准等。

在建筑施工测量之前，应首先核对设计图纸，检查总尺寸和分尺寸的一致性，总平面图和大样详图尺寸的一致性，不符之处要向设计单位提出，进行修正；然后对施工现场进行实地踏勘，根据实际情况编制测设详图，计算相应的测设数据。还要对建筑施工测量所使用的仪器和工具进行检验、校正。此外，在建筑施工测量过程中必须注意人身安全和仪器安全，特别是在高空和危险区域进行测量时，必须采取防护措施。

13.2 建筑施工控制测量

在建筑施工现场，由于建筑物的施工精度要求较高，在勘测阶段为测绘地形图而建立的测量控制点往往不能满足施工测量的精度要求。因此，施工前应在建筑场地上建立施工控制网。建筑施工控制网包括平面控制网和高程控制网，它是建筑施工测量的基础。

建筑施工控制网的布设形式，应根据建筑物的总体布置、建筑场地的大小以及测区地形条件等因素来确定。在大中型建筑施工场地上，建筑施工控制网一般布置成正方形或矩形的格网，称为建筑方格网。在面积不大且不十分复杂的建筑施工场地上，常常布置一条或几条相互垂直的线，称为建筑基线。对于山区或丘陵地区，建立方格网或建筑基线有时比较困难，此时可采用导线网或三角网来代替建筑方格网或建筑基线。

13.2.1 建筑基线

1. 建筑基线的布设

建筑基线是指在建筑场地上布设的平行或垂直于建筑物主要轴线的控制点连线，作为施工控制的基准线。

建筑基线适用于总平面图布置比较简单的小型建筑场地，其布设形式是根据建筑物的分布、场地地形等因素来确定的，常见的布设形式有三点“一”字形、三点“L”字形、四点“T”字形和五点“十”字形，如图 13-1 所示。

2. 建筑基线的测设方法

根据建筑场地的条件不同，建筑基线主要有两种测设方法。

（1）根据建筑红线或中线测设

建筑用地的边界线，通常是根据规划部门审核批准的规划图来测设的，又称为“建筑红线”，其界桩可以作为测设建筑基线的依据，它们的连线通常是正交的直线。如图 13-2 所示，AB、BC 为建筑红线，以建筑红线为基础，可以用平行线推移法来建立建筑基线 ab、bc，a、b、c 三点为建筑基线点。

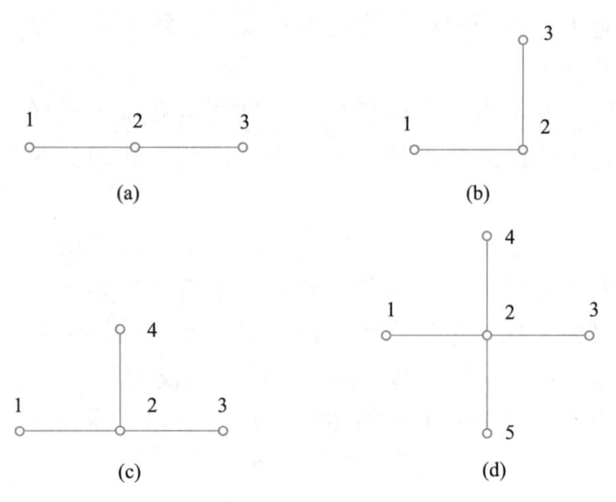

图 13-1　建筑基线的布设形式

建筑基线测设完成后，须进行相应的检核，方法是将经纬仪安置在 b 点，检测$\angle abc$ 是否为直角，其角度不符值不超过$\pm 20''$。

（2）根据测量控制点测设

如图 13-3 所示，若要测设一条由 M、O、N 三个点组成的“一”字形建筑基线，可以按照如下步骤进行：

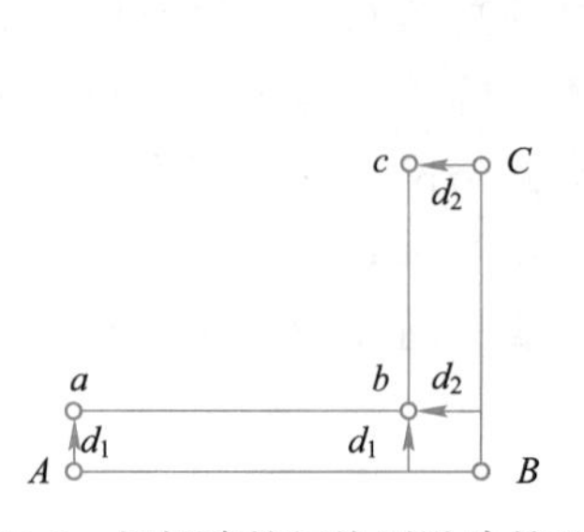

图 13-2　根据建筑红线测设建筑基线

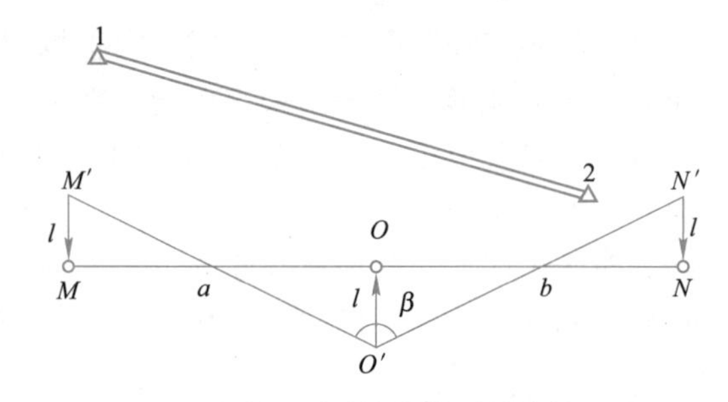

图 13-3　利用测量控制点测设建筑基线

① 根据邻近的测量控制点 1、2，采用极坐标法将三个基线点测设到地面上，得到 M'、O'、N'三点。

② 在 O'点安置经纬仪，观测$\angle M'O'N'$，检查其角度值是否为 180°，如果角度误差大于 $10''$，说明不在同一直线上，须进行调整。调整时将 M'、O'、N'三点沿与基线垂直的方向移动相等的距离 l，得到位于同一直线上的 M、O、N 三点，l 的距离计算如下：

设 M、O 两点间的距离为 a，N、O 两点间的距离为 b，$\angle M'O'N'=\beta$，则有

$$l=\frac{ab}{a+b}\left(90^\circ-\frac{\beta}{2}\right)''\frac{1}{\rho''} \tag{13-1}$$

③ 调整到一条直线上后，用钢尺检查 M、O 和 N、O 的距离是否与设计值一致，若偏差大于 1/10000，则以 O 点为基准，按设计距离调整 M、N 两点。

布设建筑基线过程中，要注意以下两点：

① 主轴线应尽量位于建筑场地中心，并与主要建筑物轴线平行，主轴线的定位点不少于三个，以便能够相互检核。

② 基线点位应选在通视良好且不易被破坏的地方，并将其设置成永久性控制点，如设置成混凝土桩或石桩。

其他形式的建筑基线测设，可以参照以上测设方法进行。

13.2.2 建筑方格网

1. 建筑方格网的布设和主轴线的选择

在布设建筑方格网时，一般根据建筑设计总平面图上各种已建和待建的建筑物、道路及各种管线的布设情况，结合现场的地形条件来拟定。布网时应先选定方格网的主轴线，如图 13-4 中的 *MON* 和 *COD*，再布置其他的方格点。格网可布置成正方形或矩形。当场地面积较大时，方格网常分为两级来布设，首级为基本网，通常可采用“十”字形、“口”字形或“田”字形，然后再加密方格网；当场地面积不大时，应尽量布置成方格网。

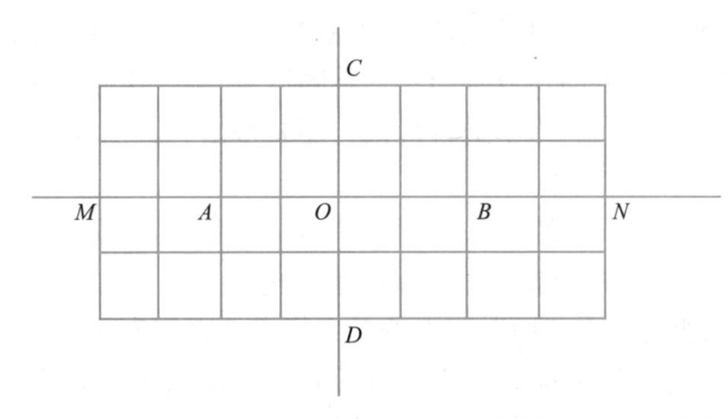

图 13-4　建筑方格网的布设

布设建筑方格网应注意以下几点：

① 建筑方格网的主轴线与主要建筑物的基本轴线平行，并使控制点接近测设对象。

② 建筑方格网的边长一般为 100～200m，边长相对精度一般为 1/20000～1/10000，为了便于设计和使用，方格网的边长尽可能为 50m 的整数倍。

③ 相邻方格点必须保持通视，各桩点均应能长期保存。

④ 选点时应注意便于测角、量距，点数应尽量少。

2. 确定各主点施工坐标

如图 13-4 中所示，*MN*、*CD* 为建筑方格网的主轴线，是建筑方格网扩展的基础。当场地很大时，主轴线很长，通常只测设其中的一段，如图中的 *AOB* 段，*A*、*O*、*B* 是主轴线的定位点，称为主点。主点的施工坐标一般由设计单位给出，也可在总平面图上用图解法求得。当坐标系统不一致时，还须进行坐标转换，使坐标系统统一。

3. 建筑方格网主轴线的测设

建筑方格网的主轴线测设同建筑基线的测设相似，其过程如下：

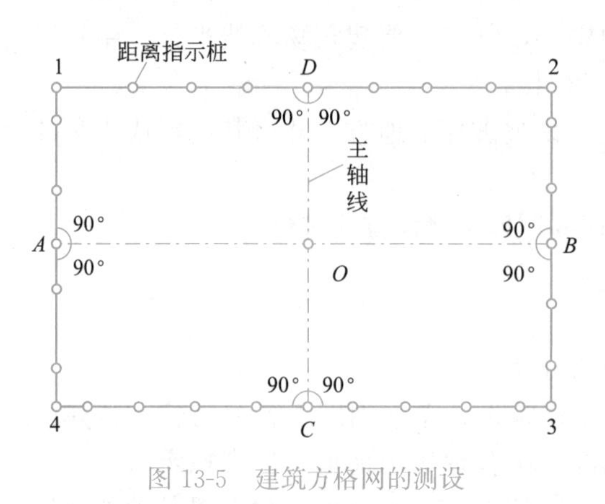

图 13-5　建筑方格网的测设

① 准备放样数据。

② 实地放样两条相互垂直的主轴线 AB、CD，交点为 O，如图 13-5 所示，A、B、C、D、O 五点为主点。

③ 精确检测主点的相对位置关系，并与设计值相比较。若角度较差大于±10″，则需要横向调整点位，使角度与设计值相符；若距离较差大于 1/10000，则需要纵向调整点位使距离与设计值相符。主点 A、B、C、D、O 要在地面上用混凝土桩做出标志。

4. 建筑方格网的测设

在主轴线测设出后，就要测设方格网。具体测设工作如下：

如图 13-5 所示，在主轴线的四个端点 A、B、C、D 上分别安置经纬仪，每次都以 O 点为起始方向，分别向左、右测设 90°角，这样就交会出了方格网的四个角点 1、2、3、4。为了进行检核，还要量出 $A1$、$A4$、$D1$、$D2$、$B2$、$B3$、$C3$、$C4$ 各段距离，量距精度要求与主轴线相同。若根据量距所得的角点位置和角度交会法所得的角点位置不一致时，则可适当地进行调整，以确定 1、2、3、4 点的最终位置，并用混凝土桩标定。由 A、B、C、D、O、1、2、3、4 九个点所述构成“田”字形的各方格点，就作为基本点。为了便于以后进行建筑物或构筑物细部的施工放样工作，在测设矩形方格网的同时，还要每隔一定距离埋设一个“距离指标桩”。

13.2.3　建筑施工高程控制测量

在建筑施工场地上，水准点的密度应尽可能满足安置一次仪器即可测设出所需的高程点的要求。建筑方格网点一般也可兼作高程控制点，只要在方格网点桩面上中心点旁边设置一个突出的半球状标志即可。在测定各水准点的高程时，一般采用四等水准测量方法，而对连续生产的车间或下水管道等，则需采用三等水准测量的方法来测定各水准点的高程。此外，为了测设方便和减少误差，一般应在稳定位置专门设置高程为±0.000 水准点，一般以底层建筑物的地坪标高为±0.000，如建筑物墙、柱的侧面等，用红油漆绘成上顶为水平线的“▼”形，其顶端表示±0.000 位置。在实际施工过程中需要特别注意的是，设计中各建筑物、构筑物的±0.000 的高程不一定相等，应严格加以区别。

13.3　民用建筑施工测量

住宅楼、医院、学校、商店、食堂、办公楼、俱乐部、水塔等都属于民用建筑。按照民用建筑的层数来分，可分为单层、低层（2～3 层）、多层（4～8 层）和高层（9 层以上）建筑。对于不同类型的建筑物，施工测量方法和精度将会有所不同，但总的放样过程基本相同，即都包括建筑物的定位、放线、基础工程施工测量、墙体工程施工测量等。建筑场地的施工放样的主要过程如下：

① 准备资料，如总平面图、建筑物的相关设计与说明等。

② 熟悉资料，结合场地情况制定放样方案，并满足工程测量技术规范，见表 13-1。

建筑施工放样的主要技术要求　　表 13-1

建筑物结构特征	测距相对中误差 K	测角中误差 m_β(″)	按距离控制点 100m，采用极坐标法测设的点位中误差 m_p(mm)	在测站上测定高差中误差(mm)	根据起始水平面在施工水平面上测定高程中误差(mm)	竖向传递轴线点中误差(mm)
金属结构、钢筋混凝土结构（建筑物高度 100～120m 或跨度 30～36m）	1/20000	±5	±5	1	6	4
15 层房屋（建筑物高度 60～100m 或跨度 18～30m）	1/10000	±10	±11	2	5	3
5～15 层房屋（建筑物高度 15～60m 或跨度 6～18m）	1/5000	±20	±22	2.5	4	2.5
5 层房屋（建筑物高度 15m 或跨度 6m 及以下）	1/3000	±30	±36	3	3	2
木结构、工业管线或公路铁路专用线	1/2000	±30	±52	5	—	—
土工竖向整平	1/1000	±45	±102	10	—	—

③ 现场放样，检测及调整等。

13.3.1　民用建筑物的定位

民用建筑物的定位就是把建筑物外廓各轴线交点（如图 13-6 中的 A、B、C、D、E、F 点）测设到地面上，然后再根据这些交点进行细部放样。建筑物主轴线的测设方法可根据施工现场情况和设计条件，采用以下几种方法。

1. 根据建筑红线、建筑基线或建筑方格网进行建筑物定位

若在施工现场已有拨地单位在现场测设出的建筑红线桩，或施工现场已建立了建筑基线或建筑方格网时，则可根据其中的一种进行建筑物的定位。

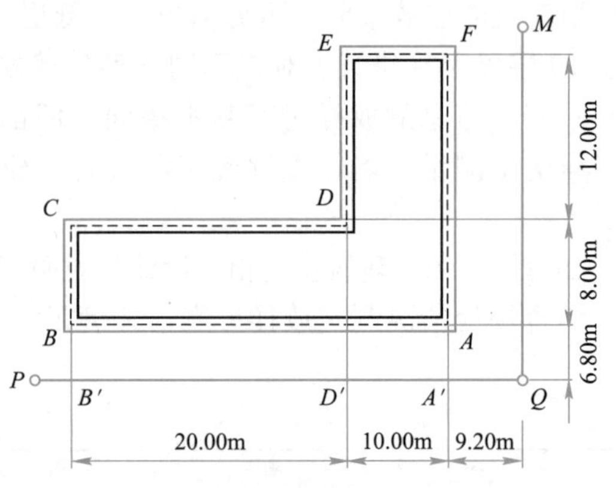

图 13-6　建筑物外廓轴线定位测量

在图 13-6 中，PQ、QM 为建筑红线。若根据 PQ、QM 测设建筑物的主轴线 AB、AF、DE、CD 时，可按以下步骤进行：

① 安置经纬仪于 Q 点上，瞄准 P 点，按图上所给的尺寸自 Q 点沿视线方向用钢尺量距，依次定出 A'、D'、B'各桩。

② 分别在 A'、D'、B'点安置仪器，瞄准 Q 点，分别向右测设 270°，并在所得方向线上用钢尺依图上尺寸量距，分别钉出 A、F、D、E、B、C 各桩。

③ 将经纬仪分别安置于 A、D 点，检查$\angle BAF$ 和$\angle CDE$ 是否等于 90°，用钢尺检查 CD、DE、EF 是否等于设计尺寸。若误差在容许范围内，则得到此建筑物的主轴线 AB、AF、DE、CD；否则，应根据情况适当调整。

2. 根据原有建筑物进行建筑物定位

如图 13-7 所示，画有晕线的为原有建筑物，没画晕线的为拟建的建筑物。

如图 13-7（a）所示，为了准确测设出 AB 的延长线 MN，就应先测设出 AB 边的平行线 $A'B'$。为此，先将 DA 和 CB 向外延长，并取 $AA'=BB'$，在地面上钉出 A'、B'两点。然后在 A'点安置经纬仪，照准 B'点，在 $A'B'$延长线上根据图纸上的 BM、MN 设计尺寸，用钢尺量距依次钉出 M'和 N'各点。再安置仪器于 M'和 N'点测设垂线，从而得到主轴线 MN。

如图 13-7（b）所示，按照上述方法测出 M'点后，安置经纬仪于 M'点测设垂线，从而得到主轴线 MN。

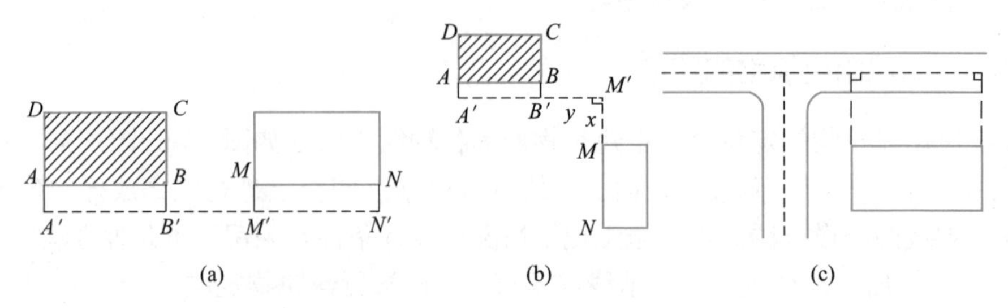

图 13-7　根据原有建筑物进行建筑物定位

（a）延长 $A'B'$交于 $M'N'$；（b）延长 $A'B'$交于 MN；（c）垂直道路中心线

如图 13-7（c）所示，拟建建筑物的主轴线平行于道路中心线，首先找出道路中心线，然后用经纬仪测设垂线即可得到主轴线。

13.3.2 民用建筑物的放线

在建筑物定位完成后，所测设的轴线交点桩（或称角桩），在开挖基槽时将被破坏。为了能方便地恢复各轴线的位置，施工时一般是把轴线延长到安全地点，并做好标志。延长轴线的方法主要有龙门板法和轴线控制桩法。

在一般民用建筑物中，为了便于施工，在基槽外的一定距离处设置龙门板，如图 13-8 所示，龙门板的具体设置如下：

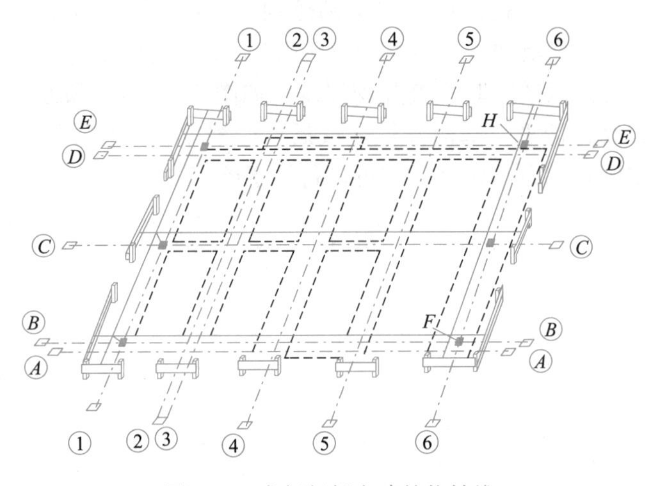

图 13-8 龙门板标定建筑物轴线

① 在建筑物四周和中间隔墙的两端离基槽约 1.5～2m 的地方设置龙门桩，桩要钉得竖直、牢固，桩面要与基槽平行。

② 根据施工场地内的水准点，在每个龙门桩上测设出室内或室外的地坪设计高程线，即±0.000 标高线。根据标高线把龙门板钉在龙门桩上，使龙门板的上边缘标高正好为±0.000。

③ 把轴线引测到龙门板上，将经纬仪安置在 H 点，瞄准 F 点，沿视线方向在龙门板上钉出一点，用小钉标志，倒转望远镜在 H 点附近的龙门板上钉上一小钉。

④ 把中心钉都钉在龙门板上以后，应用钢尺沿龙门板顶面检查建筑物轴线的距离，其误差不超过 1/2000。检查合格后，就以中心钉为准将墙宽、基槽宽标在龙门板上，最后根据槽上口宽度拉上小线，撒出基槽灰线。

龙门板使用方便，可以控制±0.000 以下各层标高和槽宽、基础宽、墙宽，但它需要较多木材，占用场地大，所以有时用轴线控制桩法来代替龙门板法。如图 13-8 所示，轴线控制桩设置在基础轴线的延长线上，控制桩离基槽外边线的距离根据施工场地的条件而定。若附近有已建的建筑物，则也可

将轴线投设在建筑物的墙上。为了保证控制桩的精度，施工过程中往往将控制桩与定位桩一起测设，有时先测设控制桩，再测设定位桩。

13.3.3　基础施工测量

1. 放样基础开挖边线和抄平

基础开挖前，按照基础详图（即基础大样图）上的基槽宽度，并顾及基础挖深应放坡的尺寸，计算出基础开挖边线的宽度。根据轴线控制桩（或龙门板）的轴线位置，由轴线向两边各量基础开挖边线宽度的一半，并作出记号。在两个对应的记号点之间拉线，在拉线位置撒白灰，即可按白灰线位置开挖基础。

为了控制基础的开挖深度，当基础挖到一定深度时，应该用水准测量的方法在基槽壁上、离坑底设计高程 0.3～0.5m 处、每隔 2～3m 和拐点位置，设置一些水平桩，以便随时检查开挖深度，如图 13-9（a）所示。在建筑施工中，称高程测设为抄平。基槽开挖完成后，应根据轴线控制桩或龙门板，复核基槽宽度和槽底标高，合格后方可进行垫层施工。

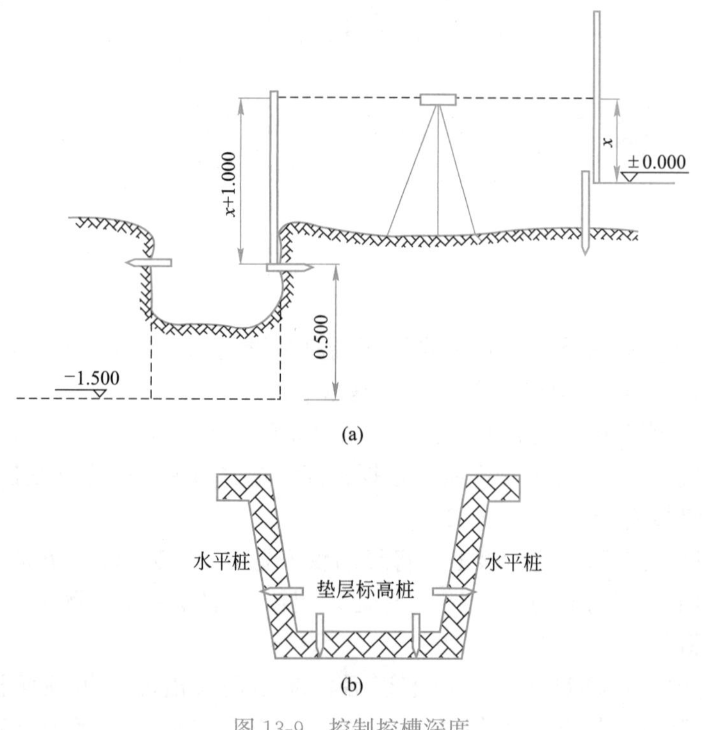

图 13-9　控制挖槽深度

2. 垫层和基础放样

如图 13-9（b）所示，基槽开挖完成后，应在基坑底设置垫层标高桩，使桩顶面的高程等于垫层的设计高程，作为垫层施工的依据。垫层施工完成后，根据轴线控制桩（或龙门板），用拉线的方法，吊垂球将墙基轴线投影到垫层上，用墨斗弹出墨线，用红油漆画出标记。墙基轴线投设完成以后，应按照相应的设计尺寸进行复核。

13.3.4 墙体施工测量

在垫层之上，±0.000 以下的砖墙称为基础墙。基础的高度利用基础皮数杆来控制。基础皮数杆是一根木制的杆子，如图 13-10 所示。皮数杆上注明了±0.000 的位置，并按照设计尺寸将砖和灰缝的厚度，分皮从上往下一一画出来。此外，还应注明防潮层和预留洞口的标高位置。在立皮数杆时，应把皮数杆固定在某一空间位置上，使皮数杆上标高名副其实，即使皮数杆上的±0.000 位置与±0.000 桩上标定位置对齐，以此作为基础墙的施工依据。

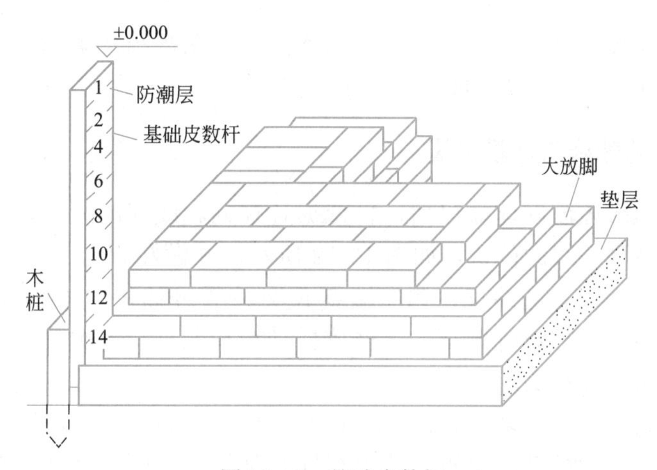

图 13-10 基础皮数杆

在±0.000 以上的墙体称为主体墙。主体墙的标高是利用墙身皮数杆来控制的。根据设计尺寸，墙身皮数杆按砖、灰缝从底部往上依次标明±0.000、门、窗、过梁、楼板预留孔以及其他各种构件的位置。同一标准楼层各层皮数杆可以共用，若不是同一标准楼层，则应根据具体情况分别制作皮数杆。砌墙时，可将皮数杆撑立在墙角处，使杆端±0.000 刻画线对准基础端标定的±0.000 位置。

13.4 工业厂房施工测量

工业建筑以厂房为主体，一般工业厂房大多采用预制构件在现场装配的方法进行施工。厂房的预制构件主要有柱子（也有现场浇筑的）、吊车梁、吊车车轨和屋架等。因此，工业建筑施工测量工作的任务是保证这些预制构件安装到位，其主要工作包括：厂房矩形控制网放样、厂房柱列轴线放样、基础施工放样、厂房预制构件安装放样等。

13.4.1 工业建筑控制网的测设

与一般民用建筑相比，工业厂房的柱子多、轴线多，且施工精度要求高。因此，对于每幢厂房还应在建筑方格网的基础上，再建立满足厂房特殊精度

要求的厂房矩形控制网，以其作为厂房施工的基本控制网。图 13-11 描述了建筑方格网、厂房矩形控制网以及厂房车间的相互位置关系。

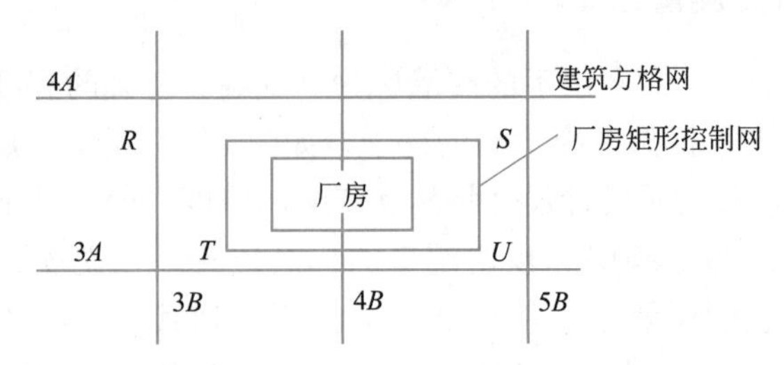

图 13-11　厂房矩形控制网

厂房矩形控制网是依据已有建筑方格网按直角坐标法来建立的，其边长误差应小于 1/10000，各角度误差应小于±10″。

13.4.2　柱列轴线与柱基测设

在厂房矩形控制网建立以后，再依据各柱列轴线间的距离，在矩形边上用钢尺定出柱列轴线的位置，如图 13-12 所示，并做好标志。其放样方法是：在矩形控制桩上安置经纬仪，如在端点 R 处安置经纬仪，照准另一端点 U，确定此方向线，根据设计距离，严格放样轴线控制桩。依次放样全部轴线控制桩，并逐桩加以检测。

柱列轴线桩确定下来之后，在两条互相垂直的轴线上各安置一台经纬仪，沿轴线方向交会出柱基的位置。然后在柱基基坑外的两条轴线上打入四个定位小桩，作为修坑和竖立模板的依据（图 13-13）。

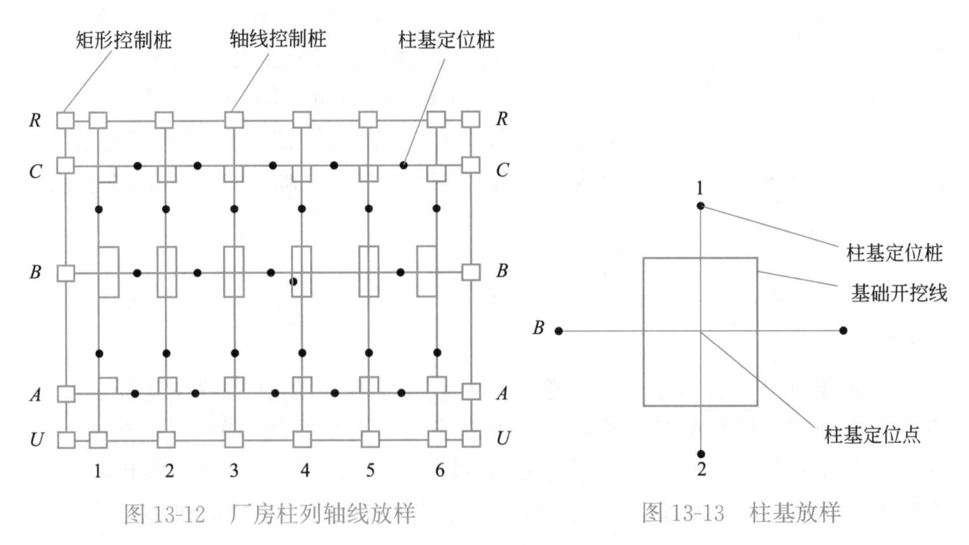

图 13-12　厂房柱列轴线放样

图 13-13　柱基放样

13.4.3　施工模板定位

在柱子或基础施工时，若采用现浇方式进行施工，则必须安置模板。模板内模的位置，将是柱子或基础的竣工位置。在安置模板时，应先在垫层上弹出墨线，作为施工标志。在模板安装定位以后，要再检查平面位置和高程以及垂直度是否与设计相符。若与设计相差太大，应以此误差来指导施工人员进行适当调整，直到平面位置和高程以及垂直度与设计相符为止。

13.4.4 构件安装定位测量

装配式单层工业厂房主要预制构件包括柱子、吊车梁、屋架等，在安装这些构件时，必须使用测量仪器进行严格的检测、校正，才能正确安装到位，即它们的位置和高程与设计要求相符。柱子、桁架或梁的安装测量容许误差见表 13-2。

厂房预制构件安装容许误差　　表 13-2

项目			容许误差(mm)
杯形基础	中心线对轴线偏移		10
	杯底安装标高		+0,10
柱	中心线对轴线偏移		5
	上下柱接口中心线偏移		3
	垂直度	≤5m	5
		>5m	10
		≥10 多节柱	1/1000 柱高，且不大于 20
	牛腿面和柱高	≤5m	+0,−5
		>5m	+0,−8
梁或吊车梁	中心线对轴线偏移		5
	梁上表面标高		+0,+5

厂房预制构件的安装测量所用仪器主要是经纬仪和水准仪等常规测量仪器，所采用的安装测量方法大同小异，仪器操作也基本一致，所以这里以柱子吊装测量为例来说明预制构件安装测量方法。

1. 投测柱列轴线

如图 13-14 所示，根据轴线控制桩用经纬仪将柱列轴线投测到杯形基础顶面作为定位轴线，并在杯口顶面弹出杯口中心线作为定位轴线的标志。

2. 柱身弹线

在柱子吊装之前，应按轴线位置对每根柱子进行编号，在柱身的三个面上弹出柱子中心线，供安装时校正使用。

3. 柱身长度和杯底标高检查

柱身长度是指从柱子底面到牛腿面的距离，其值等于牛腿面的设计标高与杯底标高之差。在检查柱身长度时，应量出柱身 4 条棱线的长度，以其中最长的一条为准，同时用水准仪测定标高。若所测杯底标高与所量柱身长度之和不等于牛腿面的设计标高，则必须用水泥砂浆修填杯底。抄平时，应将靠柱身较短棱线一角填高，以保证牛腿面的标高满足设计要求。若柱子在施工过程中，水平摆置于地上，则可用钢卷尺直接测量其长度，并在柱身上画

出标志线作为安置的依据。

4. 柱子吊装时垂直度的校正

柱子吊入杯底时，应使柱脚中心与定位轴线对齐，误差不超过 5mm。然后在杯口处柱脚两边塞入木楔，临时固定柱子，再在两条互相垂直的柱列轴线附近，离柱子约为柱高 1.5 倍的地方各安置一部经纬仪（图 13-15），照准柱脚中心线后固定照准部，仰倾望远镜，照准柱子中心线顶部。如重合，则柱子在这个方向上就是竖直的。如不重合，则应用牵绳或千斤顶进行调整，使柱中心线与十字丝竖丝重合为止。当柱子两个侧面都竖直时，应立即灌浆，以固定柱子的位置。

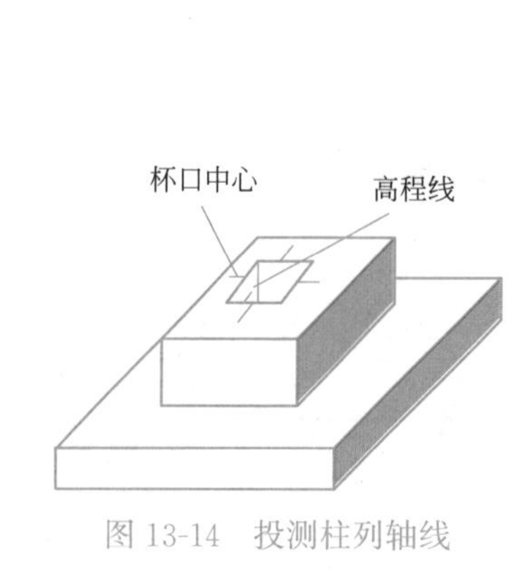

图 13-14　投测柱列轴线

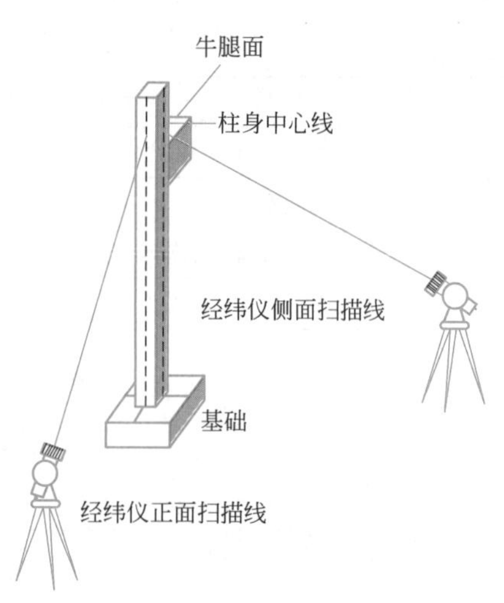

图 13-15　柱身垂直度校正

5. 吊车梁的吊装测量

吊车梁的吊装测量主要任务是保证吊装后的吊车梁中心线位置和梁面标高满足设计要求。在吊装之前，要先弹出吊车梁的顶面中心线和吊车梁两端中心线，将吊车轨道中心线投到牛腿面上。其步骤是：如图 13-16 所示，利用厂房中心线 A_1A_1，根据设计轨道间距在地面上放样出吊车轨道中心线 $A'A'$ 和 $B'B'$。然后分别安置经纬仪于吊车中线的一个端点 A' 上，瞄准另一个端点 A'，仰倾望远镜，即可将吊车轨道中线投测到每根柱子的牛腿面上并弹以墨线。吊装前，要检查预制柱、梁的施工尺寸以及牛腿面到柱底长度，看是否与设计要求相符，如不相符且相差不大时，可根据实际情况及时作出调整，确保吊车梁安装到位。吊装时使牛腿面上的中心线与梁端中心线对齐，将吊车梁安装在牛腿上。吊装完后，还需要检查吊车梁的高程，可将水准仪安置在地面上，在柱子侧面放样 50cm 的标高线，再用钢尺从该线沿柱子侧面向上量出到梁面的高度，检查梁面标高是否正确，然后在梁下用钢板调整梁面高程。

6. 吊车轨道安装测量

安装吊车轨道前，一般须先用平行线法对梁上的中心线进行检测。如图 13-16 所示，首先在地面上从吊车轨道中心线向厂房中线方向量出长度 a

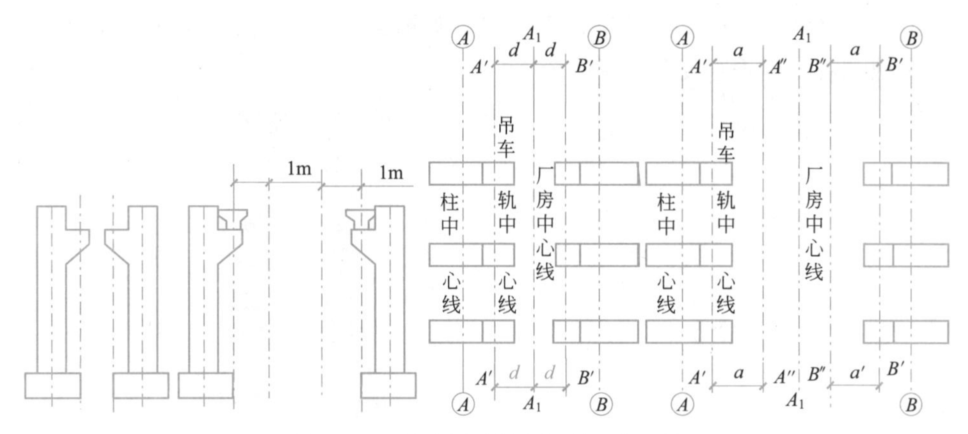

图 13-16　吊车梁及吊车轨道安装测量

(1m)，得平行线 $A''A''$和 $B''B''$。然后安置经纬仪于平行线一端点 A''上，瞄准另一端点，固定照准部，仰起望远镜进行投测。此时另一人在梁上移动横放的木尺，当视线正对准尺上 1m 刻划线时，尺的零点应与梁面上的中线重合。若不重合，则应予以改正，可用撬杠移动吊车梁，使吊车梁中线到 $A''A''$（或 $B''B''$）的间距等于 1m 为止。

吊车轨道按中心线安装就位后，可以将水准仪安置在吊车梁上，水准尺直接放在轨道顶上进行检测，每隔 3m 测一点高程，并与设计高程相比较，误差应在 3mm 以内。此外，还需用钢尺检查两吊车轨道间的跨距，并与设计跨距相比较，误差在 5mm 以内。

13.4.5　烟囱、水塔施工放样

烟囱和水塔虽然形式不同，但有一个共同特点，即基础小、主体高，其对称轴通过基础圆心的铅垂线。因此，在施工过程中，测量工作的主要目的是严格控制它们的中心位置，保证主体竖直。下面以烟囱的施工放样为例，来说明这类构筑物的放样方法和步骤（图 13-17）。

1. 基础中心定位

首先应按设计要求，利用与已有控制点或建筑物的尺寸关系，在实地定出基础中心 O 的位置。如图 13-18 所示，在 O 点安置经纬仪，测设出两条相互垂直的直线 AB、CD，使 A、B、C、D 各点至 O 点的距离均为构筑物直径的 1.5 倍左右。另外，在离开基础开挖线外 2m 左右标定 E、G、F、H 四个定位小桩，并使它们分别位于相应的 AB、CD 直线上。

以中心点 O 为圆心，以基础设计半径 r 与基坑开挖时放坡宽度 b 之和为半径（$R=r+b$），在地面画圆，撒上灰线，作为开挖的边界线。

2. 基础施工放样

当基础开挖到一定深度时，应在坑壁上放样出整分米的水平桩，用以控制开挖深度。当开挖到基底时，向基底投测中心点，检查基底大小是否符合设计要求。浇筑混凝土基础时，在中心面上要埋设铁桩，再根据轴线控制桩

用经纬仪将中心点投设到铁桩顶面，用钢锯锯刻“+”字形中心标记，以此作为施工时控制垂直度和半径的依据。

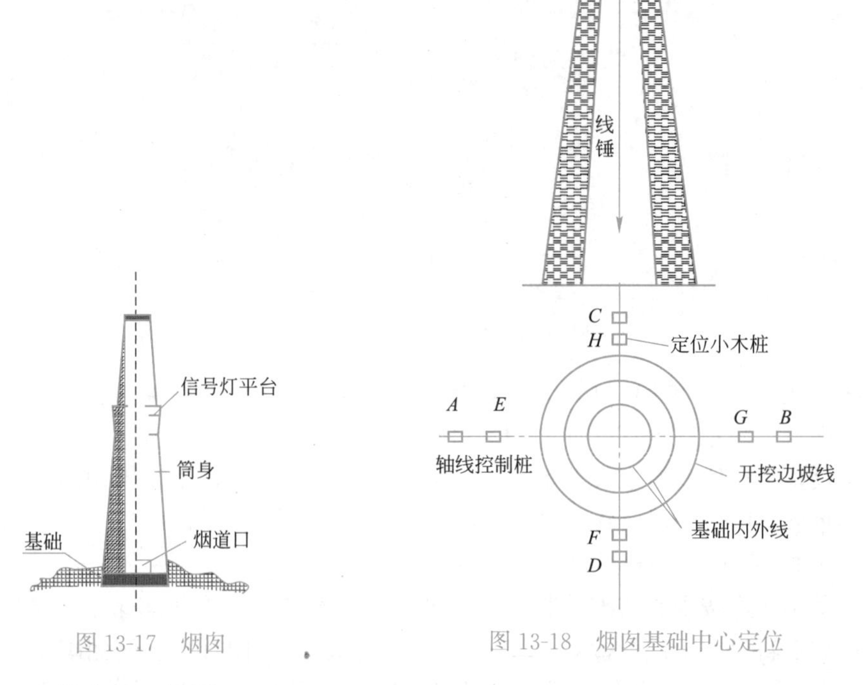

图 13-17　烟囱　　图 13-18　烟囱基础中心定位

3. 筒身施工放样

对于高度较低的烟囱、水塔，通常都是用砖砌筑的。为了保证筒身竖直和收坡符合设计要求，施工前要制作吊线尺和收坡尺。吊线尺用长度约等于烟囱筒脚直径的木方子制成，以中间为零点，向两头分别刻注厘米分划，如图 13-19 所示。收坡尺的外形如图 13-20 所示，两侧的斜边是严格按照设计的筒壁斜度来制作的。使用时，把斜边贴靠在筒身外壁上，若垂球线恰好通过下端缺口，则说明筒壁的收坡符合设计要求。

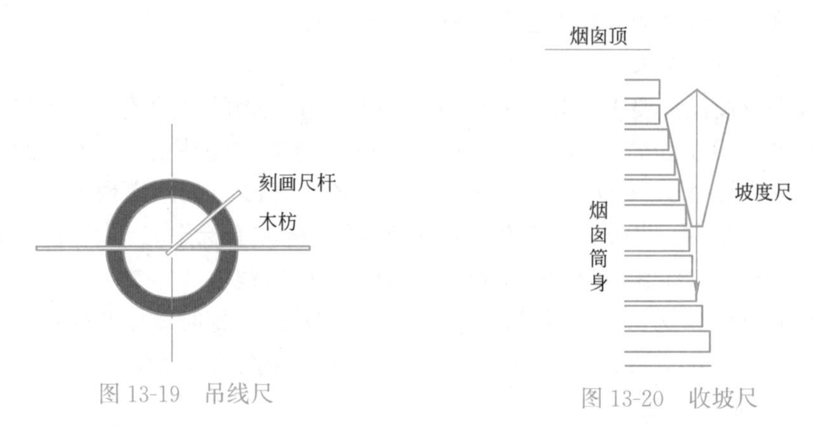

图 13-19　吊线尺　　图 13-20　收坡尺

4. 筒体标高控制

筒体标高控制是用水准仪在筒壁上测出整分米数（如+50cm）的标高线，再向上用钢尺量取高度。

13.5 高层建筑物的轴线投测和高程传递

高层建筑物的特点是层数多、高度高，特别是在繁华商业区建筑群中施工，场地十分狭窄，而且高空风力很大，给施工放样带来较大困难。在施工过程中，高层建筑物各部分的水平位置、垂直度、标高等精度要求都十分严格。高层建筑物的施工测量主要包括基础定位及建网、轴线投测和高层传递等工作。基础定位及建网的放样工作在前面已经论述，在此不再赘述。因此，高层建筑物施工放样的主要问题是轴线投测时控制竖向传递轴线点中误差和层高误差，即各轴线如何精确向上引测的问题。

13.5.1 高层建筑物的轴线投测

表 13-1 所规定的竖向传递轴线点中误差与建筑物的结构及高度有关，如 5 层房屋、建筑物高度 15m 或跨度 6m 以下的建筑物，竖向传递轴线点中误差不应超过 2mm；15 层房屋、建筑物高度 60～100m 或跨度 18～30m 的建筑物，竖向传递轴线点中误差不应超过 3mm。高层建筑的轴线投测方法主要有经纬仪引桩投测法和激光垂准仪投测法两种，下面分别介绍这两种方法。

1. 经纬仪引桩投测法

经纬仪引桩投测法就是在高层建筑物外部，利用经纬仪，根据高层建筑物轴线控制桩来进行轴线的竖向投测。具体操作方法如下：

(1) 在建筑物底部投测中心轴线位置

在高层建筑的基础工程完工以后，将经纬仪分别安置在轴线控制桩 A_1、A_1'、B_1 和 B_1'上，把建筑物主轴线精确地投测到建筑物的底部，并设立标志，如图 13-21 中的 a_1、a_1'、b_1 和 b_1'，以供下一步施工与向上投测之用。

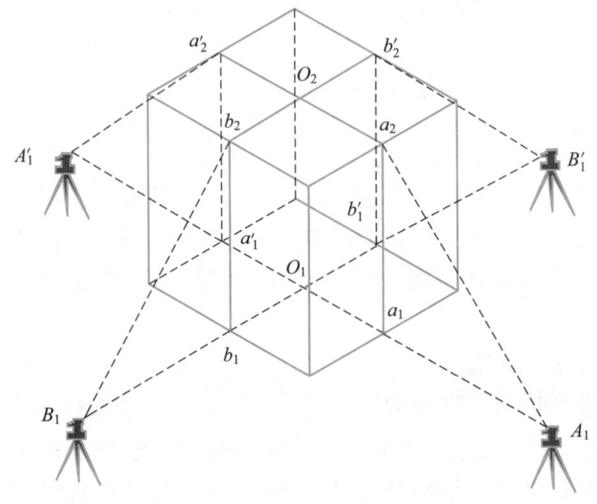

图 13-21 经纬仪投测中心轴线

(2) 向上投测中心线

随着建筑物不断升高，要逐层将轴线向上传递。如图 13-21 所示，将经纬仪安置在中心轴线控制桩 A_1、A_1'、B_1 和 B_1'上，严格整平仪器，用望远镜瞄准建筑物底部已标出的轴线点 a_1、a_1'、b_1 和 b_1'，用盘左和盘右分别向上投测到每层楼板上，并取其中点作为该层中心轴线的投影点，如图 13-21 中的 a_2、a_2'、b_2 和 b_2'，a_2a_2'和 b_2b_2'两线的交点 O_2 即为建筑物的投测中心。

（3）增设轴线引桩

若轴线控制桩距建筑物较近，随着楼房逐渐增高，望远镜的仰角也将逐渐增大，投测操作会越来越困难，投测精度也会逐渐降低。为此，要将原中心轴线控制桩引测到更远的安全地方，或者引测到附近大楼的楼顶上。具体做法是：将经纬仪安置在已经投测上去的较高层（如第十层）楼面轴线 $a_{10}a_{10}'$上（图 13-22），瞄准地面上原有的轴线控制桩 A_1 和 A_1'点，用盘左、盘右分中投点法（即取盘左和盘右所得到的两个投测点连线的中点），将轴线延长到远处 A_2 和 A_2'点，并用标志固定其位置，A_2、A_2'即为新投测的 A_1A_1'轴控制桩。对于更高楼层的中心轴线，可将经纬仪安置在新的引桩上，按前述方法继续进行投测。

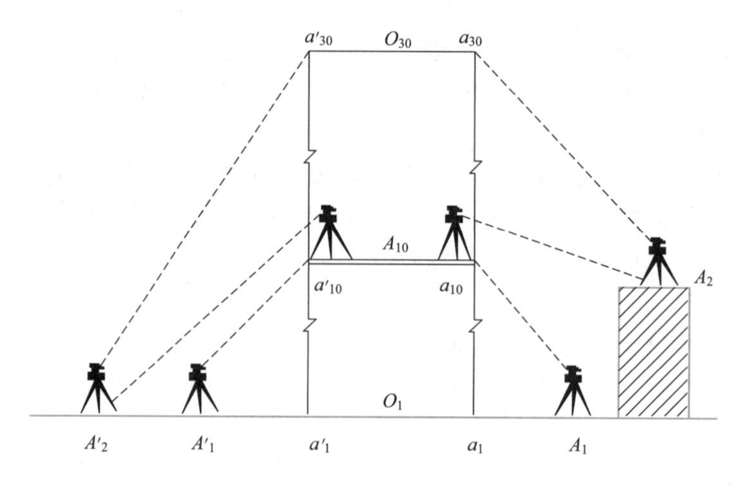

图 13-22　经纬仪引桩投测

（4）注意事项

在用经纬仪引桩投测法进行轴线投测时，经纬仪一定要经过严格检校才能使用，特别是照准部水准管轴应严格垂直于竖轴，作业时还需要仔细整平。为了减少外界条件（如日照和大风等）的不利影响，投测工作宜选择在阴天及无风天气进行。

2. 激光垂准仪投测法

（1）激光垂准仪的原理与构造

图 13-23 为 DZJ_2 型激光垂准仪。该仪器是在光学垂准系统的基础上添加了半导体激光器，可以分别给出上下同轴的两束激光铅垂线，并与望远镜视准轴同心、同轴、同焦。当望远镜照准目标时，在目标处就会出现一个红色光斑，并可以从目镜中观察到；另一个激光器通过下对点系统将激光束发射出来，利用激光束照射到地面的光斑进行对中操作。

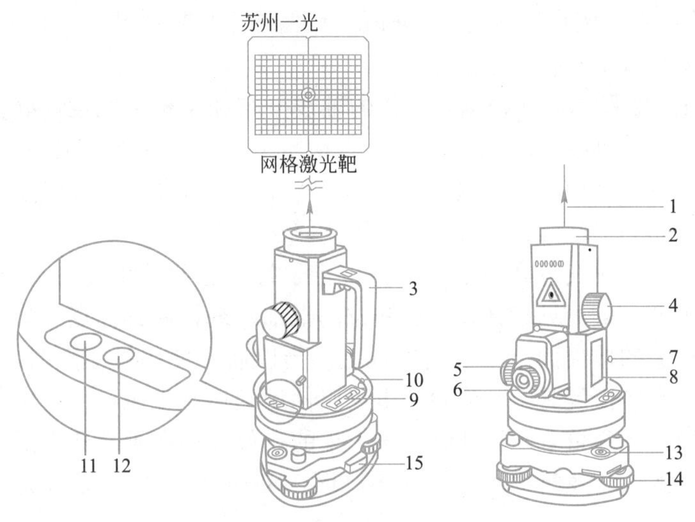

图 13-23　DZJ_2 型激光垂准仪

1—望远镜端激光束；2—物镜；3—手柄；4—物镜调焦螺旋；5—激光光斑调焦螺旋；6—目镜；7—电池盒盖固定螺栓；8—电池盒盖；9—管水准器；10—管水准器校正螺栓；11—电源开关；12—对点/垂准激光切换开关；13—圆水准器；14—脚螺旋；15—轴套锁定钮

激光垂准仪操作非常简单，在测站点上架好三脚架，将激光垂准仪安装到三脚架头上，按图 13-23 中的 11 键打开电源；按“对点/垂准”激光切换开关 12，使仪器向下发射激光，转动激光光斑调焦螺旋 5，使激光光斑聚焦于地面上一点，进行常规的对中整平操作安置好仪器；按“对点/垂准”激光切换开关 12，望远镜向上发射激光，转动激光光斑调焦螺旋，使激光光斑聚焦于目标面上的一点。仪器配有一个网格激光靶，将其放置在目标面上，可以使靶心精确地对准激光光斑，从而方便地将投测轴线点标定在目标面上。

DZJ_2 型激光垂准仪是利用圆水准器 13 和管水准器 9 来整平仪器。激光的有效射程白天为 120m，夜间为 250m，距离仪器 80m 处的激光光斑直径不大于 5mm，其向上投测一测回垂直测量标准偏差为 1/45000，等价于激光铅垂精度为±5″。仪器使用两节 5 号碱性电池供电，发射的激光波长为 0.65μm，功率为 0.1mW（更为详细内容请参考该仪器的使用说明书）。

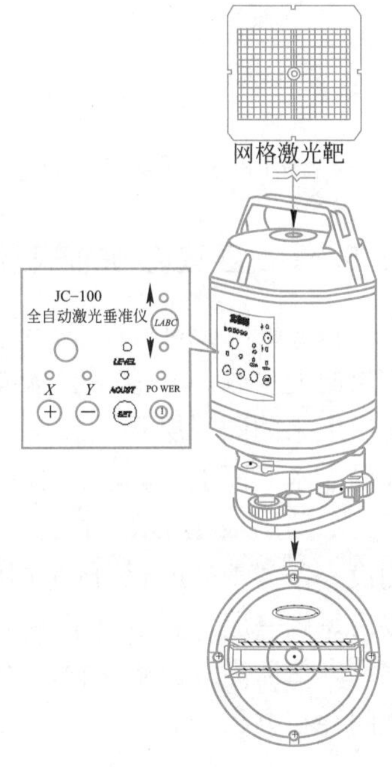

图 13-24　JC-100 型全自动激光垂准仪

图 13-24 为 JC-100 型全自动激光垂准仪，仪器只需要通过圆水准器粗平后，通过自动安平补偿器就可以提供向上和向下的激光铅垂线，其向上和向下投测一测回垂直测量标准偏差为 1/100000，等价于激光铅垂精度为±2″，其上、下出射激光的有效射程均为 150m，距离出射口

100m 处的激光光斑直径不大于 20mm，仪器使用自带的可充电电池供电。

(2) 激光垂准仪投测轴线点

如图 13-25 所示，先根据建筑物的轴线分布和结构情况设计好投测点位，投测点位至最近轴线的距离一般设计为 0.5～0.8m。基础施工完成以后，将设计投测点位准确地测设到地坪层上，以后每层楼板施工时，都应在投测点位处预留 30cm×30cm 的垂准孔，如图 13-26 所示。

将激光垂准仪安置在首层投测点位上，打开电源，在投测楼层的垂准孔上，就可看见一束可见激光；用压铁拉两根细麻线，使其交点与激光束重合，并在垂准孔旁的楼板面上弹出墨线标记。当以后要使用投测点时，仍然用压铁拉两根细麻线恢复其中心位置。也可以使用网格激光靶，移动网格激光靶，使靶心与激光光斑重合，拉线将投测上来的点位标记在垂准孔旁的楼板面上。根据设计投测点与建筑物轴线的关系（图 13-26），就可以测设出投测楼层的建筑轴线。

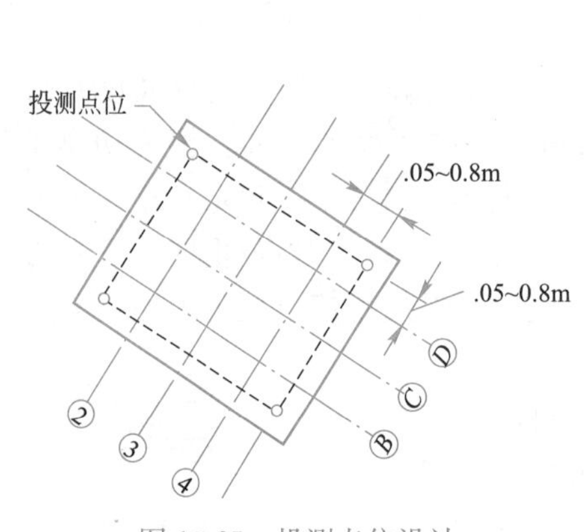

图 13-25　投测点位设计

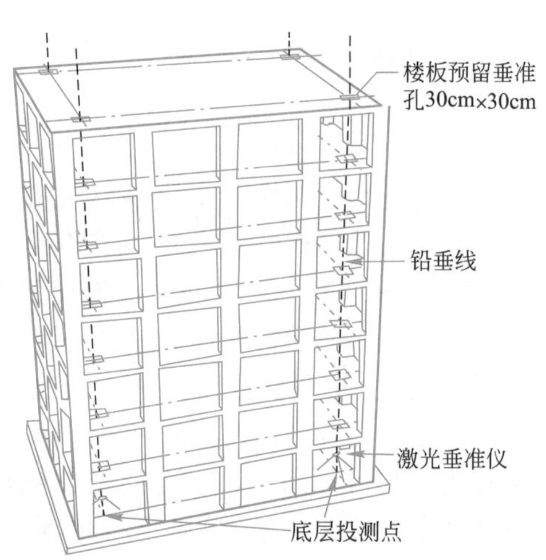

图 13-26　用激光垂准仪投测轴线点

13.5.2　高层建筑物的高程传递

将±0.000 的高程进行传递，一般都沿着建筑物外墙、边柱或电梯间等用钢尺向上量取。一幢高层建筑物至少要有三个底层标高点向上传递，由下层传递上来的同一层几个标高点必须要用水准仪进行检核，检查各标高点是否在同一水平面上，其误差不超过±3mm。

如图 13-27 所示，在首层墙体砌筑到 1.5m 标高后，用水准仪在内墙面上测设一条“+50mm”的标高线，作为首层地面施工及室内装修的标高依据。以后每砌一层，就通过吊钢尺从下层的“+50mm”标高线处，向上量出设计层高，从而测设出上一楼层的“+50mm”标高线。以第二层为例，图中各读数间存在方程 $(a_2-b_2)-(a_1-b_1)=l_1$，则 b_2 为

$$b_2=a_2-l_1-(a_1-b_1) \tag{13-2}$$

在进行第二层的水准测量时，上下移动水准尺，使其读数为 b_2，沿水准

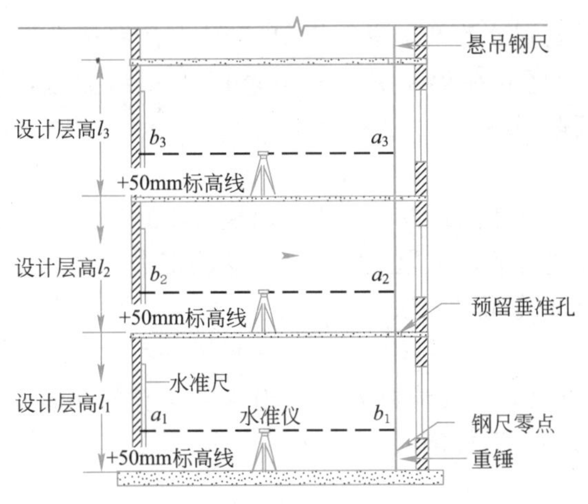

图 13-27　悬吊钢尺法传递高程

尺底部在墙面上划线，即得到该层的“+50mm”标高线。

同理，第三层 b_3 为

$$b_3=a_3-(l_1+l_2)-(a_1-b_1) \tag{13-3}$$

对于超高层建筑，若吊钢尺有困难，可以在投测点或电梯间安置全站仪，通过对天顶方向测距的方法引测高程（图 13-28），操作步骤如下：

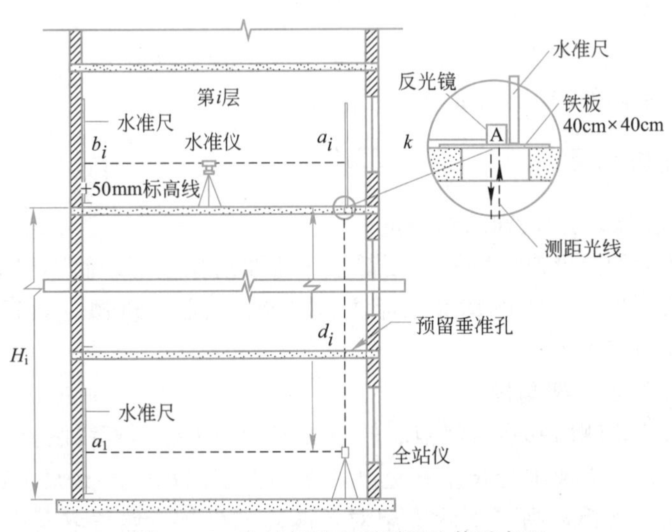

图 13-28　全站仪对天顶测距法传递高程

① 在投测点上安置全站仪，置平望远镜（屏幕显示竖直角为 0°或竖盘读数为 90°），读取竖立在首层“+50mm”标高线上水准尺的读数为 a_1，此时 a_1 即为全站仪横轴至首层“+50mm”标高线的仪器高。

② 将望远镜指向天顶（屏幕显示竖直角为 90°或竖盘读数为 0°），将一块制作好的 40cm×40cm、中间开了一个 ϕ30mm 圆孔的铁板，放置在需传递高程的第 i 层层面的垂准孔上，使圆孔的中心对准测距光线（由测站观测员使用全站仪望远镜观察指挥），将棱镜扣在铁板上，操作全站仪进行距离测量，得到距离 d_i。

③ 在第 i 层安置水准仪，将一把水准尺立在铁板上，设其上的读数为 a_i，另一把水准尺竖立在第 i 层"+50mm"标高线附近，设其上的读数为 b_i，则有下列方程成立

$$a_1+d_i-k+(a_i-b_i)=H_i \tag{13-4}$$

式中 H_i——第 i 层楼面的设计高程（以建筑物的±0.000 起算）；

k——棱镜常数，可通过实验的方法测定出。

由式（13-4）可解得 b_i 为

$$b_i=a_1+d_i-k+(a_i-H_i) \tag{13-5}$$

上下移动水准尺，使其读数为 b_i，沿水准尺底部在墙面上划线，即可得到第 i 层的"+50mm"标高线。

13.6 竣工测量

竣工测量是指各种工程建设竣工、验收时所进行的测绘工作。竣工测量的最终成果就是竣工总平面图，它包括反映工程竣工时的地形现状，地上与地下各种建筑物、构筑物、各类管线平面位置与高程的总现状地形图和各类专业图等。竣工总平面图是设计总平面图在工程施工后实际情况的全面反映和工程验收时的重要依据，也是竣工后工程改建、扩建的重要基础技术资料。因此，工程单位必须十分重视竣工测量。竣工测量包括两项工作，即室外的测量工作和室内的竣工总平面图编绘工作。

13.6.1 室外测量

1. 工业厂房及一般建筑物测量

对于较大的矩形建筑物至少要测三个主要房角坐标，而小型房屋可测其长边两个房角坐标，并量其房宽标注于图上。圆形建筑物应测其中心坐标，并在图上注明其半径。

2. 架空管线支架测量

架空管线要测出起点、终点、转点支架中心坐标，直线段支架用钢尺量出支架间距以及支架本身长度和宽度，在图上绘出每一个支架位置。若支架中心不能施测坐标，则可施测支架对角两点的坐标，然后取其中点来确定，或者测出支架一长边的两角坐标，并量出支架宽度标注于图上。若管线在转弯处无支架，则要求测出临近两支架中心坐标。

3. 地下管网测量

上水管线应施测起点、终点、弯头三通点和四通点的中心坐标，下水道应施测起点、终点及转点井位的中心坐标，地下电缆及电缆沟应施测其起点、终点、转点中心的坐标，井盖、井底、沟槽和管顶应实测高程。

4. 交通运输线路测量

厂区铁路应施测起点、终点、道岔岔心、进厂房点和曲线交点的坐标，还要测出曲线元素：半径 R、偏角 I、切线长 T 和曲线长 L。厂区和生活区

主要干道应施测交叉路口中心坐标，公路中心线则按铺装路面量取。生活区的建筑物一般可不测坐标，只在图上表示位置即可。

5. 电信线路测量

高压线、照明线、通信线需测出起点、终点坐标以及转点杆位的中心坐标，高压铁塔要测出一条对角线上两基础的中心坐标，另一对角的基础也应在图上表示出来，直线部分的电杆可用交会法确定其点位。

13.6.2 竣工总平面图的编绘

编绘竣工总平面图的室内工作主要包括竣工总平面图、专业分图和附表等的编绘工作。竣工总平面图上应包括建筑方格网点、主轴线点、矩形控制网点、水准点和厂房、辅助设施、生活福利设施、架空及地下管线、铁路等建筑物或构筑物的坐标和高程，以及厂区内空地和建筑区域的地形。有关建筑物、构筑物的符号须与设计图例相同，有关地形图的图例应使用国家地形图图式符号。

当将厂区地上和地下所有的建筑物、构筑物绘在一张竣工总平面图上时，若线条过于密集而不醒目，则可分类编图，如综合竣工总平面图、交通运输竣工总平面图、管线竣工总平面图等。比例尺一般采用 1∶1000，工程密集部分也可采用 1∶500 的比例尺。

图纸编绘完毕，要附上必要的说明及相关图表，连同原始地形图、地质资料、设计图纸文件、设计变更资料、验收记录等合编成册。

若施工的单位较多，多次转手，造成竣工测量资料不全，图面不完整或与现场情况不符，就只好进行实地施测，这样绘出的平面图，称为实测竣工总平面图。

13.7 建筑物变形观测

13.7.1 建筑物变形的基本概念

随着经济社会的快速发展，我国的城市化进程越来越快，大型及超大型建筑也越来越多，城市建筑向高空和地下两个空间方向拓展。在实际施工过程中，往往要在狭窄的场地上进行深基坑的垂直开挖，而在开挖过程中，由于周围高大建筑物以及深基坑土体自身的重力作用，使得土体自身及其支护结构发生失稳、裂变、坍塌等变形，从而对周围建筑物及地基产生影响。此外，随着建筑施工过程中荷载的不断增加，也会使深基坑从负向受压变为正向受压，进而使正在施工的建筑物自身下沉和对周围建筑物及地基产生影响。因此，在深基坑开挖和施工中，都应对深基坑的支护结构和周边环境进行变形监测。

建筑物在施工过程中，随着荷载的不断增加，不可避免地会产生一定量的沉降。沉降量在一定范围内是正常的，不会对建筑物安全构成威胁，而超过一定范围就属于沉降异常。其一般表现形式为沉降不均匀、沉降速率过快以及累计沉降量过大。

变形测量就是对建筑物及其地基或一定范围内岩体和土体的变形（包括水平位移、沉降、倾斜、挠度、裂缝等）所进行的测量工作。变形测量的意义是，通过对变形体进行动态监测，获得精确的监测数据，并对监测数据进行综合分析，及时对基坑或建筑物施工过程中的异常变形可能造成的危害作出预报，以便采取必要的技术措施，避免造成严重后果。

13.7.2　变形测量的技术要求

建筑变形测量就是每隔一定的时间，对控制点和观测点进行重复测量，通过计算相邻两次测量的变形量和累积变形量来确定建筑物的变形值，并分析变形规律。建筑变形测量应遵循技术先进、经济合理、安全适用、确保质量的原则，严格按照《建筑变形测量规程》JGJ/T 8—2007 的规定进行。

1. 变形测量的基本要求

① 建筑变形测量应能确切地反映建筑物、构筑物及其场地的实际变形程度或变形趋势，并以此作为确定作业方法和检验成果质量的基本要求。

② 变形测量工作开始之前，应该根据变形类型、测量目的、任务要求和测区条件来设计施测方案。

2. 变形测量实施的程序与要求

① 按照不同变形测量的要求，分别选定测量点，埋设相应的标石作为标志，建立高程控制网或平面控制网，也可建立三维控制网。高程测量宜采用测区原有高程系统，而平面测量可采用独立坐标系统。

② 按照确定的观测周期与总次数，对监测网进行施测。对于新建的大型和重要建筑物，应从其施工开始进行系统的观测，直至变形达到规定的稳定程度为止。

③ 对各观测周期的观测成果应及时处理，并应选取与实际变形情况接近或一致的参考系统进行严密平差计算和精度评定。对于重要的监测成果，应进行变形分析，并对变形趋势作出预报。

3. 设置变形测量点的要求

变形测量点可以分为控制点和观测点（又称变形点）。控制点包括基准点、工作基点以及定向点等工作点。

① 基准点应选设在变形影响范围以外且便于长期保存的稳定位置，数量不少于 3 个，构成变形监测基准网。在使用时，应经常进行稳定性检查或检验。

② 工作基点应选设在靠近观测目标且便于观测的稳定或相对稳定位置，可与基准点构成同一基准网，亦可单独构网。若可单独构网，则在使用前应利用基准点或检核点对其进行稳定性检测。

③ 对需要定向的工作基点或基准点应布设定向点，并应选择稳定且符合照准要求的点位作为定向点。

④ 观测点应选设在变形体上且能反映变形特征的位置，使得可从工作基点或邻近的基准点对其进行观测。

4. 建筑变形测量的精度等级

建筑变形测量的级别、精度指标及其适用范围如表 13-3 所示。

建筑变形测量的级别、精度指标及其适用范围　　表 13-3

变形测量级别	沉降观测	位移观测	主要适用范围
	观测点测站高差中误差(mm)	观测点坐标中误差(mm)	
特级	±0.05	±0.3	特高精度要求的特种精密工程的变形测量
一级	±0.15	±1.0	地基基础设计为甲级的建筑的变形测量；重要的古建筑和特大型市政桥梁等的变形测量等
二级	±0.5	±3.0	地基基础设计为甲、乙级的建筑的变形测量；场地滑坡测量；重要管线的变形测量；地下工程施工及运营中的变形测量；大型市政桥梁的变形测量等
三级	±1.5	±10.0	地基基础设计为乙、丙级的建筑的变形测量；地表、道路及一般管线的变形测量；中小型市政桥梁的变形测量等

注：1. 观测点测站高差中误差，系指水准测量的测站高差中误差或静力水准测量、电磁波测距三角高程测量中相邻观测点相应测段间等价的相对高差中误差；
2. 观测点坐标中误差，系指观测点相对测站点（如工作基点）的坐标中误差、坐标差中误差以及等价的观测点相对基准线的偏差值中误差、建筑物或构件相对底部固定点的水平位移分量中误差；
3. 观测点点位中误差为观测点坐标中误差的$\sqrt{2}$倍。

5. 建筑变形测量的观测周期

建筑变形测量的观测周期应满足工程设计的要求进行设计，基础数据要在施工前观测两次取均值，根据施工进度的变化和自然条件的变化（大雨、洪涝等）应适当增减观测次数。

13.7.3　建筑物的沉降观测

在建筑物施工过程中，随着上部结构的逐步建成、地基荷载的逐步增加，将使建筑物产生下沉现象。为防止不均匀沉降引起建筑物倾斜，需要进行沉降观测。高程基准点应设在稳固、便于观测的地方；建筑物的沉降观测点应布设在能反映沉降情况的位置。根据上部荷载的增加情况，按一定时间间隔观测基准点与沉降观测点高差，据此计算本次沉降量和累计沉降量，进而分析建筑物的沉降规律。

1. 水准基点的设置

水准基点每一个测区的水准基点不应少于 3 个，对于小测区，当确认点位稳定可靠时，水准基点可少于 3 个，但连同工作基点不得少于 2 个。水准基点的标石，应埋设在基岩层或原状土层中。在建筑区内，点位与邻近建筑物的距离应大于建筑物基础最大宽度的 2 倍，其标石埋深应大于邻近建筑物基础的深度。在建筑物内部的点位，其标石埋深应大于地基土压层的深度。水准基点的标石，可根据点位所在处的不同地质条件选埋基岩水准基点标石（图 13-29a）、深埋钢管水准基点标石（图 13-29b）、深埋双金属管水准基点标石（图 13-29c）、混凝土基本水准标石（图 13-29d）。

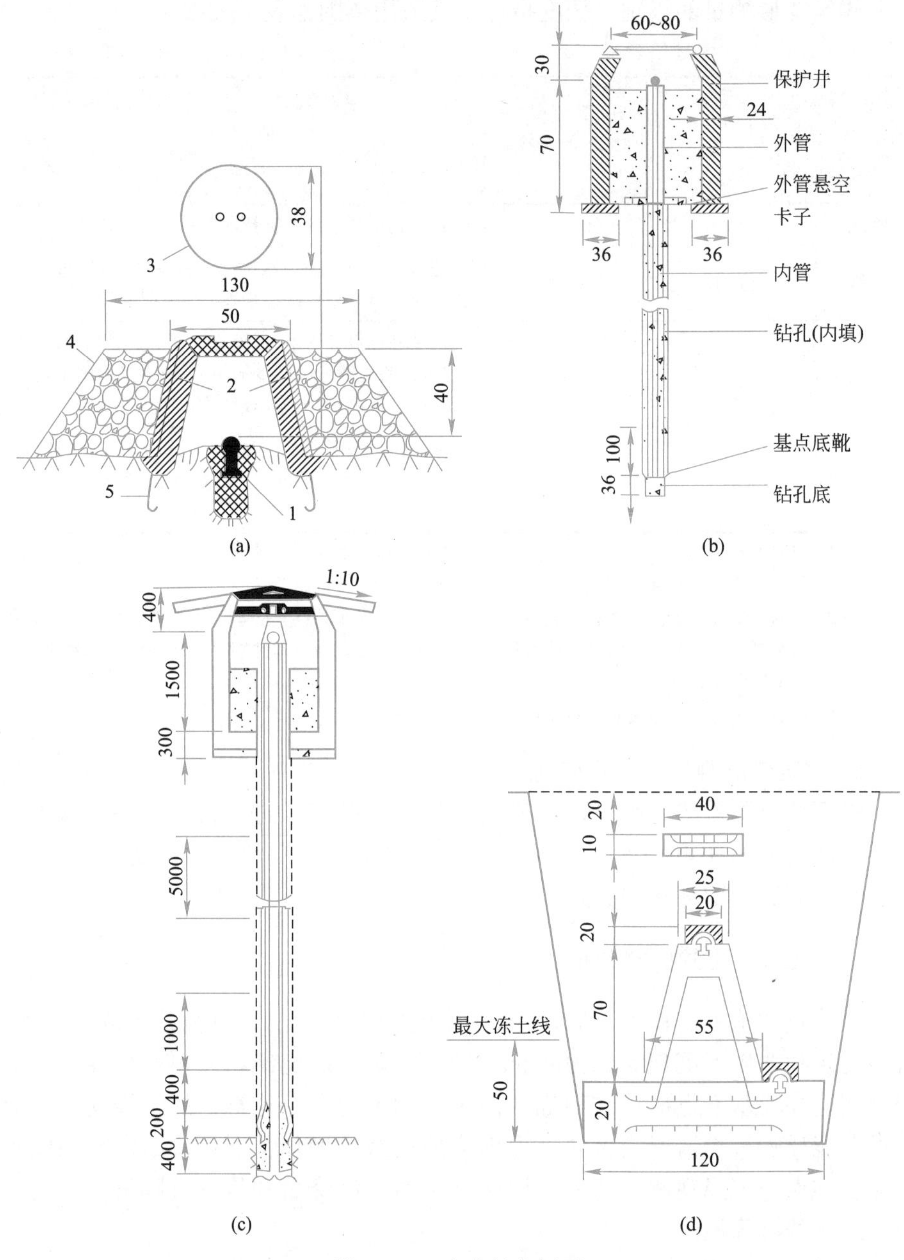

图 13-29　水准基点标石

（a）基岩水准基点标石（单位：cm）；（b）深埋钢管水准基点标石（单位：cm）；（c）深埋双金属管水准基点标石（单位：cm）；（d）混凝土基本水准标石（单位：cm）

1—抗蚀的金属标志；2—钢筋混凝土井圈；3—井盖；4—砌石土丘；5—井圈保护层

工作基点的位置与邻近建筑物的距离不得小于建筑物基础深度的 1.5～2.0 倍。工作基点也可设置在稳定的永久性建筑物墙体或基础上。工作基点的标石，可按所设点位的不同要求选埋浅埋钢管水准标石（图 13-30）、混凝土普通水准标石（图 13-31a）或墙角、墙上水准标志（图 13-31b）等。

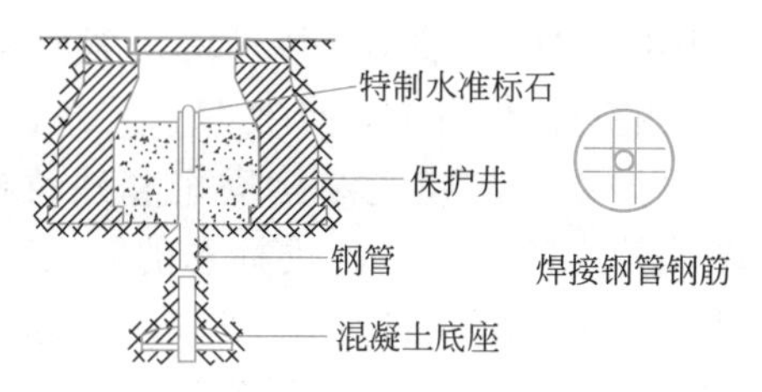

图 13-30　工作基点标石（浅埋钢管水准标石）

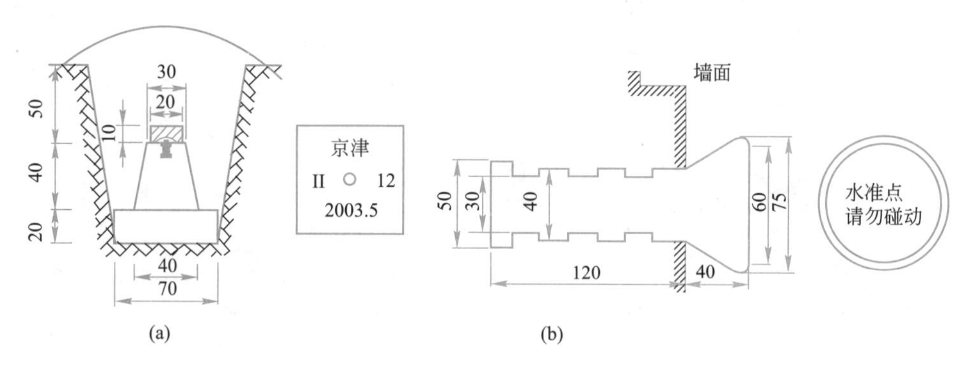

图 13-31　不同类型的水准标志

（a）混凝土普通水准标石（单位：cm）；（b）墙角水准标志埋设（单位：mm）

水准标石埋设后，应在其达到稳定后方可开始观测。稳定期根据观测要求与测区的地质条件确定，一般不少于 15 天。水准基点的设置应避开交通干道、地下管线、仓库堆栈、水源地、松软填土、河岸、滑坡地段、机器振动区以及其他能使标石、标志易遭腐蚀和破坏的地点。

2. 沉降观测点的设置

建筑物上布设的沉降观测点，应能全面反映建筑物地基变形特征，并且还要结合地质情况以及建筑结构的特点来确定。沉降观测点位宜选择在下列位置：

① 建筑物的四角、大转角处及沿外墙每 10～20m 处或每隔 2～3 根柱基上。

② 高低层建筑、新旧建筑、纵横墙等交接处的两侧。

③ 建筑物裂缝、后浇带和沉降缝两侧、基础埋深相差悬殊处、人工地基与天然地基接壤处、不同结构的分界处及填挖方分界处。

④ 对于宽度大于等于 15m 或小于 15m 而地质复杂以及膨胀土地区的建筑物，在承重内隔墙中部设内墙点，并在室内地面中心及四周设地面点。

⑤ 邻近堆置重物处、受振动有显著影响的部位及基础下的暗浜（沟）处。

⑥ 框架结构建筑的每个或部分柱基上或沿纵横轴线上。

⑦ 筏形基础、箱形基础底板或接近基础的结构部分的四角处及其中部位置。

⑧ 重型设备基础和动力设备基础的四角、基础形式或埋深改变处以及地质条件变化处两侧。

⑨ 对于电视塔、烟囱、水塔、油罐、炼油塔、高炉等高耸建筑，应设在沿周边在与基础轴线相交的对称位置上，点数不少于 4 个。

沉降观测的标志可根据不同的建筑结构类型和建筑材料，采用墙（柱）标志、基础标志和隐蔽式标志等形式。各类标志的立尺部位应加工成半球形或有明显的突出点，并涂上防腐剂，如图 13-32 所示。标志埋设位置应避开如雨水管、窗台线、散热器、暖水管、电气开关等有碍设标与观测的障碍物，并应使立尺离开墙（柱）面和地面一定距离。

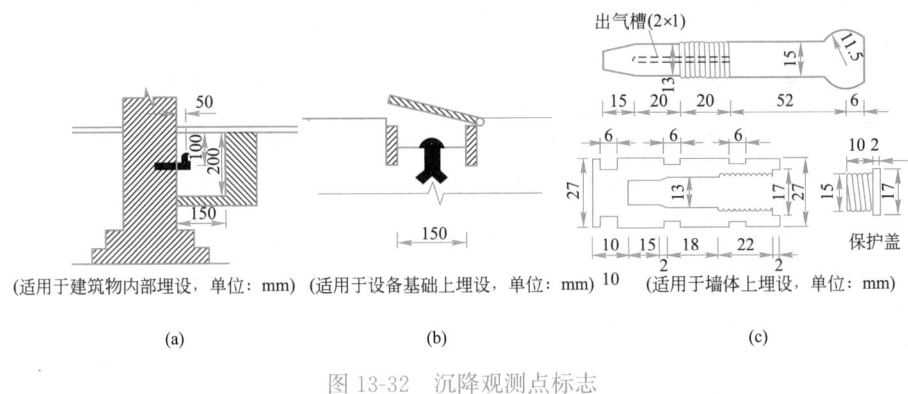

图 13-32　沉降观测点标志
（a）窨井式标志；（b）盒式标志；（c）螺栓式标志

3. 高差观测

高差观测宜采用水准测量方法。当不便使用水准测量或需要进行自动观测时，可采用液体静力水准测量方法；当测量点间的高差较大且精度要求低时，也可采用短视线三角高程测量方法。本节只介绍水准测量方法。

（1）水准网的布设

对于建筑物较少的测区，宜将水准点连同观测点按单一层次布设；对于建筑物较多且分散的大测区，宜按两个层次布网，即由水准点组成高程控制网、观测点与所联测的水准点组成扩展网。高程控制网应布设为闭合环、结点网或附合高程路线。

（2）水准测量精度等级的选择

水准测量的精度等级是根据建筑物最终沉降量的观测中误差来确定的。建筑物的沉降量分为绝对沉降量 s 和相对沉降量 Δs。绝对沉降的观测中误差 m_s，可按低、中、高压缩性地基土或微风化、中风化、强风化地基岩石的类别以及建筑对沉降的敏感程度大小，分别选±0.5mm、±1.0mm、±2.5mm；相对沉降（如沉降差、基础倾斜、局部倾斜等）、局部地基沉降（如基础回弹、地基土分层沉降等）以及膨胀土地基变形等的观测中误差 $m_{\Delta s}$，均不应超过其变形允许值的 1/20；建筑物整体变形（如工程设施的整体垂直挠曲等）的观测中误差，不应超过其允许垂直偏差的 1/10，结构段变形（如平置构件挠度等）的观测中误差，不应超过其变形允许值的 1/6。

确定了绝对沉降观测中误差 m_s 和相对沉降观测中误差 $m_{\Delta s}$ 后，按下列公式之一估算单位权中误差 μ（它也是观测点测站高差中误差）

$$
\left.\begin{aligned}
\mu &= \frac{m_{\mathrm{s}}}{\sqrt{2Q_{\mathrm{H}}}} \\
\mu &= \frac{m_{\Delta\mathrm{s}}}{\sqrt{2Q_{\mathrm{h}}}}
\end{aligned}\right\} \tag{13-6}
$$

取最小者作为 μ。式中，Q_H 为水准网中最弱观测点高程 H 的协因数；Q_h 为水准网中待求观测点间高差的协因数。求出观测点测站高差中误差 μ 后，就可根据水准观测限差的相关规定确定水准测量的精度等级。

（3）沉降观测的成果处理

沉降观测成果处理的内容是，对水准网进行严密平差计算，求出观测点每期观测高程的平差值，计算相邻两次观测之间的沉降量和累积沉降量，分析沉降量与增加荷载的关系。表 13-4 列出了某建筑物上 6 个观测点的沉降观测结果，图 13-33 是根据表 13-4 的数据画出的各观测点的沉降、荷重、时间关系曲线。

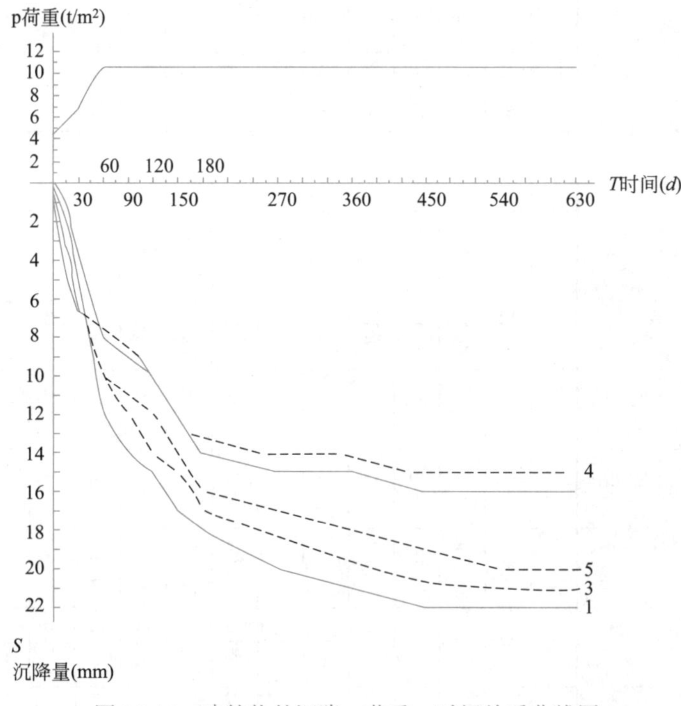

图 13-33　建筑物的沉降、荷重、时间关系曲线图

沉降观测应提交的图表包括：工程平面位置图及基准点分布图、沉降观测点位分布图、沉降观测成果表、时间-荷载-沉降量曲线图和等沉降曲线图。

13.7.4　建筑物的水平位移观测

建筑物的水平位移观测一般是在平面控制网的基础上进行的。根据场地条件的不同，可采用基准线法、小角法、全站仪坐标法等测量水平位移。

某建筑物6个观测点的沉降观测结果

表13-4

观测日期（年·月·日）	荷重（t/m^2）	观测点																	
		1			2			3			4			5			6		
		高程（m）	本次下沉（mm）	累计下沉（mm）	高程（m）	本次下沉（mm）	累计下沉（mm）	高程（m）	本次下沉（mm）	累计下沉（mm）	高程（m）	本次下沉（mm）	累计下沉（mm）	高程（m）	本次下沉（mm）	累计下沉（mm）	高程（m）	本次下沉（mm）	累计下沉（mm）
1997.4.20	6.5	50.157	±0	±0	50.154	±0	±0	50.155	±0	±0	50.155	±0	±0	50.156	±0	±0	50.154	±0	±0
5.5	5.5	50.155	−2	−2	50.153	−1	−1	50.153	−2	−2	50.154	−1	−1	50.155	−1	−1	50.152	−2	−2
5.20	7.0	50.152	−3	−5	50.150	−3	−4	50.151	−2	−4	50.153	−1	−2	50.151	−4	−5	50.148	−4	−6
6.5	9.5	50.148	−4	−9	50.148	−2	−6	50.147	−4	−8	50.150	−3	−5	50.148	−3	−8	50.146	−2	−8
6.20	10.5	50.145	−3	−12	50.146	−2	−8	50.143	−4	−12	50.148	−2	−7	50.146	−2	−10	50.144	−2	−10
7.20	10.5	50.143	−2	−14	50.145	−1	−9	50.141	−2	−14	50.147	−1	−8	50.145	−1	−11	50.142	−2	−12
8.20	10.5	50.142	−1	−15	50.144	−1	−10	50.140	−1	−15	50.145	−2	−10	50.144	−1	−12	50.140	−2	−14
9.20	10.5	50.140	−2	−17	50.142	−2	−12	50.138	−2	−17	50.143	−2	−12	50.142	−2	−14	50.139	−1	−15
10.20	10.5	50.139	−1	−18	50.140	−2	−14	50.137	−1	−18	50.142	−1	−13	50.140	−2	−16	50.137	−2	−17
1998.1.20	10.5	50.137	−2	−20	50.139	−1	−15	50.137	±0	−18	50.142	±0	−13	50.139	−1	−17	50.136	−1	−18
4.20	10.5	50.136	−1	−21	50.139	±0	−15	50.136	−1	−19	50.141	−1	−14	50.138	−1	−18	50.136	±0	−18
7.20	10.5	50.135	−1	−22	50.138	−1	−16	50.135	−1	−20	50.140	−1	−15	50.137	−1	−19	50.136	±0	−18
10.20	10.5	50.135	±0	−22	50.138	±0	−16	50.134	−1	−21	50.140	±0	−15	50.136	−1	−20	50.136	±0	−18
1999.1.20	10.5	50.135	±0	−22	50.138	±0	−16	50.134	±0	−21	50.140	±0	−15	50.136	±0	−20	50.136	±0	−18

注：数据来源：覃辉. 土木工程测量(第二版)[M]. 上海：同济大学出版社，2005：p357.

1. 基准线法

基准线法的基本原理是在与水平位移垂直的方向上建立一个固定不变的基准线，测定各观测点相对该基准线的距离变化，从而求得水平位移。基准线法适用于直线型建筑物的位移观测。

在深基坑监测中，主要是对冠梁测点的水平位移进行监测。如图 13-34 所示，在冠梁轴线两端基坑的外侧分别设立两个稳定的工作基点 A 和 B，它们的连线即为基准线方向。冠梁上的观测点应埋设在基准线所在的铅垂面上，偏离的距离应小于 2cm。观测点标志可埋设直径为 16～18mm 的钢筋头，顶部锉平后，做出"+"字标志，一般每 8～10m 设置一点。在观测时，将经纬仪安置于一端工作基点 A 上，瞄准另一端工作基点 B（后视点），此视线方向即为基准线方向，通过测量观测点 P 偏离视线的距离变化，即可得到水平位移。

2. 小角法

小角法测量水平位移的原理为（图 13-35）：将经纬仪安置于工作基点 A，在后视点 B 和观测点 P 分别安置观测觇牌，用测回法测出$\angle BAP$；设第一次观测角值为 β_1，后一次为 β_2，根据两次角度的变化量 $\Delta\beta=\beta_2-\beta_1$，即可求算出 P 点水平位移量，即

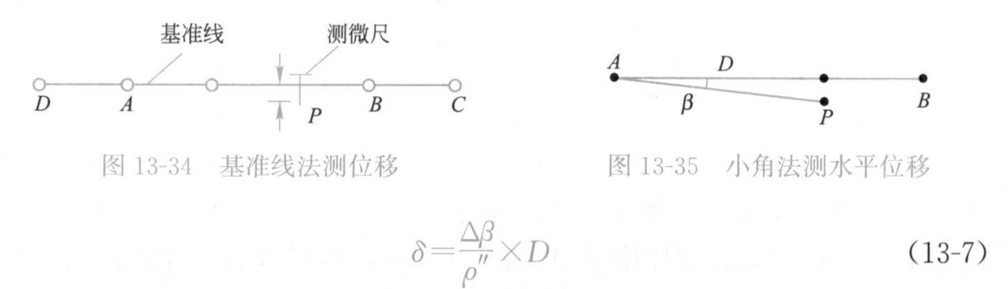

图 13-34　基准线法测位移　　图 13-35　小角法测水平位移

$$\delta=\frac{\Delta\beta}{\rho''}\times D \tag{13-7}$$

角度观测的测回数应视所使用的仪器精度和位移观测精度而定，位移的方向根据 $\Delta\beta$ 的符号而定。工作基点在观测期间也可能发生位移，因此工作基点应尽可能远离开挖边线；同时，两工作基点延长线上还应分别设置后视点。为减少对中误差，必要时工作基点可做成混凝土墩台，在墩台上安置强制对中设备。

建筑物水平位移观测方法与深基坑水平位移观测方法基本相同，只是受通视条件限制，工作基点、后视点和检核点都设在建筑物的同一侧，如图 13-36 所示。观测点设在建筑物上，可在墙体上用油漆做"◢◣"，然后按基准线法或小角法观测。

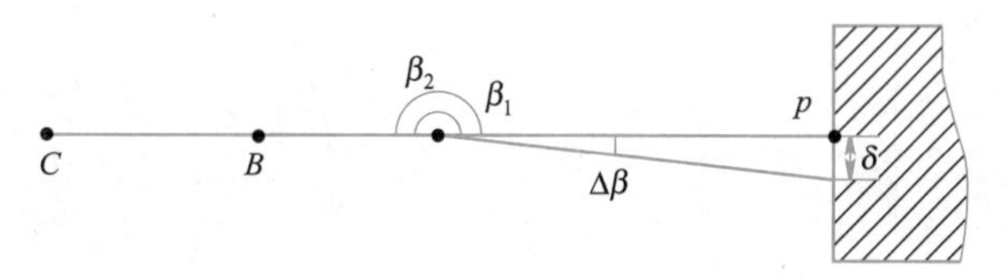

图 13-36　建筑物位移观测

当建筑场地受环境限制，不能采用小角法和基准线法时，可用其他类似控制测量的方法测定水平位移。首先在场地上建立水平位移监测控制网，然后用控制测量的方法测出各测点的坐标，将每次测出的坐标值与前一次坐标

值进行比较，即可得到水平位移在 x 轴和 y 轴方向的位移分量（Δx、Δy），则水平位移量为 $\delta=\sqrt{\Delta x^2+\Delta y^2}$，位移的方向根据 Δx、Δy 求出的坐标方位角来确定。x、y 轴最好与建筑物轴线垂直或平行，这样便于通过 Δx、Δy 来判定位移方向。

当需要动态监测建筑物的水平位移时，可用 GPS 来观测点位坐标的变化情况，从而求出水平位移。还可用全站式扫描测量仪，对建筑物全方位扫描之后，将获得建筑物的空间位置分布情况，并生成三维景观图。将不同时刻的建筑物三维景观图进行对比，即可得到建筑物全息变形值。

水平位移观测应提交的图表包括：水平位移观测点位布置图、水平位移观测成果表和水平位移曲线图。

13.7.5　建筑物的倾斜观测

如图 13-37 所示，根据建筑物的设计，M 点与 N 点位于同一铅垂线上。当建筑物因不均匀沉陷而倾斜时，M 点相对于 N 点移动了一段距离 D，即位于 M' 上。设建筑物的高度为 H，这时建筑物的倾斜度为

$$i=\tan\alpha=\frac{D}{H} \tag{13-8}$$

由上式可知，倾斜观测已转化为平距 D 和高度 H 的观测，因此就可以运用前面章节的知识，直接测量 D 和 H，从而得到建筑物的倾斜度 i。

在大多数情况下，直接测量 D 和 H 是困难的，可采用间接测量的方式。如图 13-38 所示，在建筑物顶部设置观测点 M，在离建筑物大于高度 H 的 A 点安置经纬仪，用正、倒镜法将 M 点向下投影，得到 N 点并做出标志。当建筑物发生倾斜时，顶角 P 点偏到了 P' 点的位置，M 点也向同一方向偏到了 M' 点位置。此时，经纬仪安置在 A 点将 M' 点向下投影得到 N' 点，N' 与 N 不重合，两点间的水平距离 D 即为建筑物在水平方向产生的倾斜量。

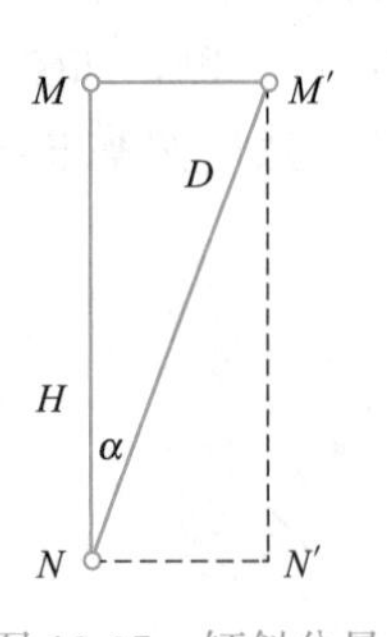

图 13-37　倾斜分量

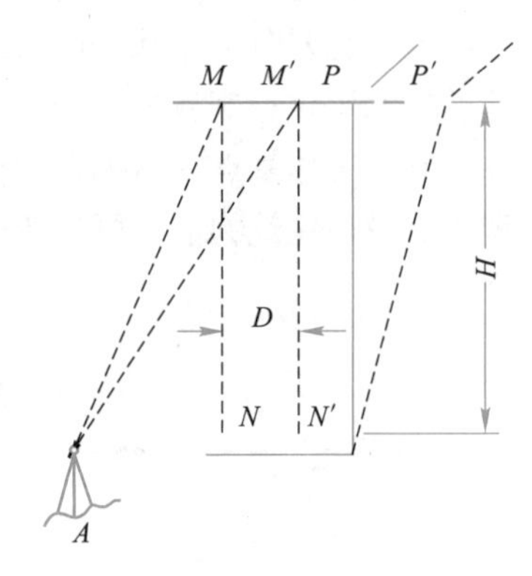

图 13-38　建筑物倾斜观测

对于挖孔或钻孔的倾斜观测，常采用埋设测斜管的办法。如图 13-39 所示，在支护桩后 1m 范围内，将直径 70mm 的 PVC 测斜管埋设在 100mm 的垂直孔内，管外填细砂与孔壁结合。观测时，将探头定向导轮对准测斜管定向槽放入

管内，再通过绞车用细钢丝绳控制探头到达的深度，测斜观测点竖向间距为 1～1.5m。打开测斜系统开关，孔斜顶角和方位角的参数以及图像会显示在监视器上。如与微机相连接，则直接可得到探头深度测点的坐标。通过比较前、后两次同上测点的坐标值的变化可求得水平位移量。测点坐标可以在任意坐标系中，主要是为了得到水平位移量。

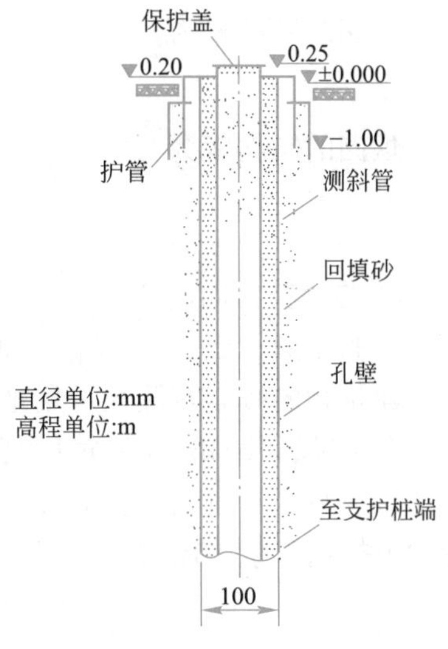

图 13-39　倾斜管埋设

对于圆形建筑物的倾斜观测，通常是测定其顶部中心与底部中心的偏心位移量，并将其作为倾斜量。如图 13-40 所示，欲测量烟囱的倾斜量 OO'，可在烟囱附近选两测站 A 和 B，要求 AO 与 BO 大致垂直，且距烟囱的距离大于烟囱高度的 1.5 倍。将经纬仪安置在 A 点，用方向观测法观测与烟囱底部断面相切的两个方向 $A1$、$A2$ 和与顶部断面相切的两个方向 $A3$、$A4$，得方向观测值分别为 α_1、α_2、α_3、α_4，则$\angle 1A2$ 的角平分线与$\angle 3A4$ 的角平分线的夹角为

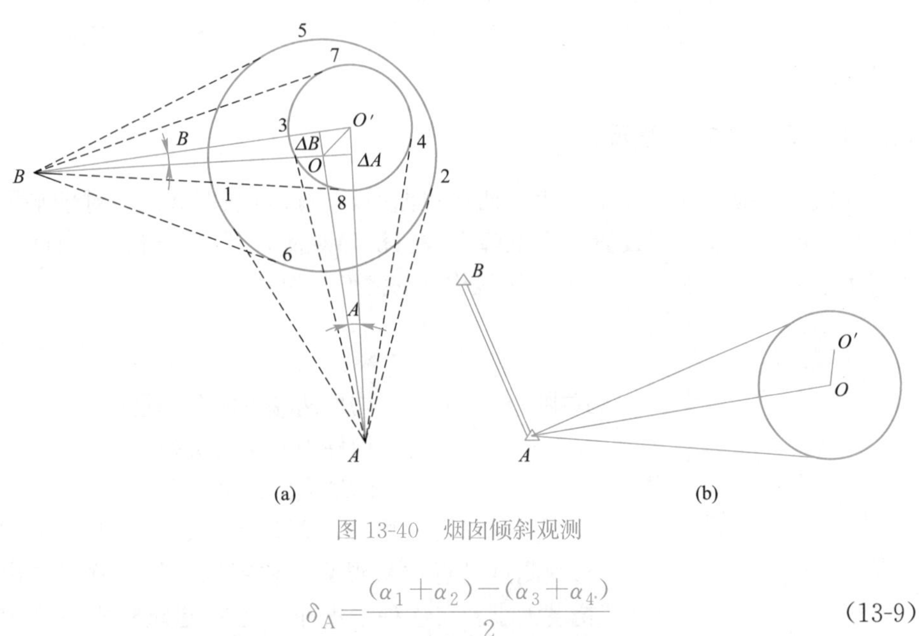

图 13-40　烟囱倾斜观测

$$\delta_A = \frac{(\alpha_1 + \alpha_2) - (\alpha_3 + \alpha_4)}{2} \tag{13-9}$$

δ_A 即为 AO 与 AO'两方向的水平角，则 O'点对 O 点的倾斜位移分量为

$$\left.\begin{aligned} \Delta_A &= \frac{\delta_A (D_A + R)}{\rho} \\ \Delta_B &= \frac{\delta_B (D_B + R)}{\rho} \end{aligned}\right\} \tag{13-10}$$

式中　D_A、D_B——分别为 AO、BO 方向 A、B 至烟囱外墙的水平距离；

R——底座半径，由其周长计算得到。

烟囱的倾斜量为

$$\Delta=\sqrt{\Delta_{A}^{2}+\Delta_{B}^{2}} \tag{13-11}$$

烟囱的倾斜度为

$$i=\frac{\Delta}{H} \tag{13-12}$$

O'的倾斜方向由 δ_A、δ_B 的正负号确定。当 δ_A 或 δ_B 为正时，O'偏向 AO 或 BO 的左侧；当 δ_A 或 δ_B 为负时，O'偏向 AO 或 BO 的右侧。

建筑物的倾斜观测还可用坐标法来测定，图 13-40（b）中，在测站 A 点安置经纬仪，瞄准烟囱底部切线方向 Am 和 An，测得水平角$\angle BAm$ 和$\angle BAn$。将水平度盘读数置于二者的平均值位置，得 AO 方向。沿此方向在烟囱上标出 P 点的位置，测出 AP 的水平距离 D_A。AO 的方位角为

$$\alpha_{AO}=\alpha_{AB}+\frac{\angle BAm+\angle BAn}{2} \tag{13-13}$$

O 点坐标为

$$\left.\begin{aligned} x_O&=x_A+(D_A+R)\cos\alpha_{AO} \\ y_O&=y_A+(D_A+R)\sin\alpha_{AO} \end{aligned}\right\} \tag{13-14}$$

由 O 点和O'点的坐标可求出烟囱的倾斜量。

倾斜观测应提交的图表包括：倾斜观测点位布置图、倾斜观测成果表和倾斜曲线图。

13.7.6　建筑物的挠度观测

建筑物在应力的作用下产生弯曲和扭曲时，应进行挠度观测。对于平置的构件，在两端及中间设置三个沉降点进行沉降观测，可以测得在某时间段内三个点的沉降量 h_a、h_b、h_c，则该构件的挠度值为

$$\tau=\frac{1}{2}(h_a+h_c-2h_b)\cdot\frac{1}{s_{ac}} \tag{13-15}$$

式中　h_a、h_c——构件两端点的沉降量；

h_b——构件中间点的沉降量；

s_{ac}——两端点间的平距。

对于直立的构件，要设置上、中、下三个位移观测点进行位移观测，利用三点的位移量求出挠度大小。在这种情况下，把在建筑物垂直面内各不同高程点相对于底点的水平位移称为挠度。

挠度观测的方法常采用正垂线法，即从建筑物顶部悬挂一根铅垂线，直通至底部或基岩上，在铅垂线的不同高程上设置观测点，借助光学式或机械式的坐标仪表量测出各点与铅垂线最低点之间的相对位移。如图 13-41 所示，任意点 N 的挠度 S_N 按下式计算

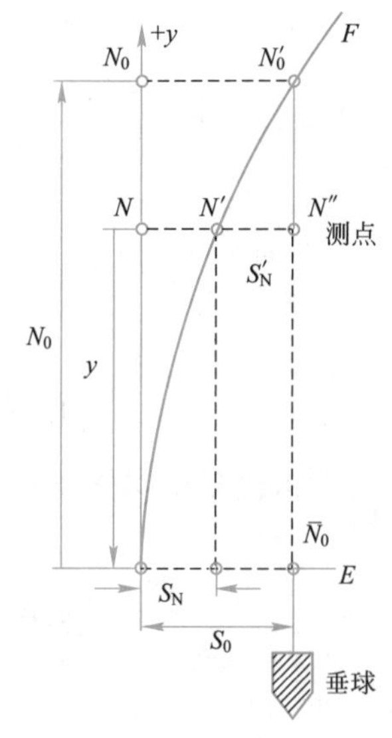

图 13-41　正垂线法机型挠度观测

$$S_N = S_0 - S'_N \tag{13-16}$$

式中 S_0——铅垂线最低点与顶点之间的相对位移；

S'_N——任一点 N 与顶点之间的相对位移。

挠度观测应提交的图表包括：挠度观测点位布置图、观测成果表和挠度曲线图。

13.7.7 建筑物的裂缝观测

当建筑物产生裂缝时，应系统地进行裂缝变化的观测，并画出裂缝的分布图，量出每一裂缝的长度、宽度和深度。

为了观测裂缝的发展情况，要在裂缝处设置观测标志。如图 13-42 所示，观测标志可用两片白铁皮制成：一片为 150mm×150mm，固定在裂缝的一侧，并使其一边和裂缝的边缘对齐；另一片为 50mm×200mm，固定在裂缝的另一侧，并使其一部分紧贴在对侧的一块上，两块白铁皮的边缘应彼此平行。标志固定好后，在两片白铁皮露在外面的表面涂上红色油漆，并写上编号与日期。标志设置好后，若裂缝继续发展，白铁皮就会被逐渐拉开，露出正方形白铁皮上没有涂油漆部分，它的宽度就是裂缝加大的宽度，可以用尺子直接量出。

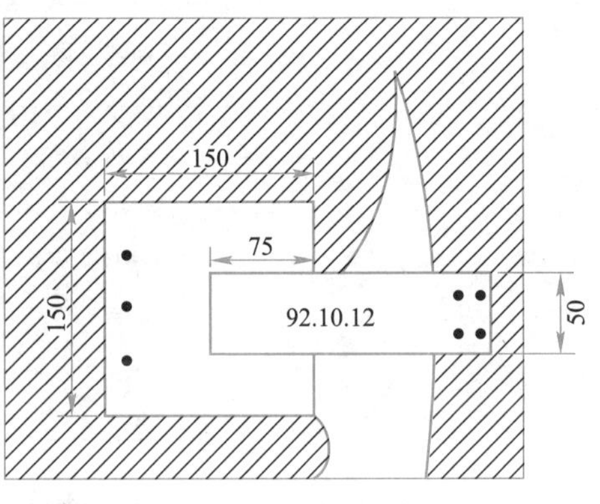

图 13-42 裂缝观测标志

裂缝观测应提交的图表包括：裂缝位置分布图、裂缝观测成果表和裂缝变化曲线图。

思考题

13-1 建筑施工测量的基本任务是什么？

13-2 建筑基线有哪些布设形式？建筑基线的布设有什么要求？

13-3 施工平面控制网有几种形式？它们各适用于哪些场合？

13-4 简述建筑方格网的测设过程，布设建筑方格网时应注意什么？

13-5 民用建筑施工测量包括哪些主要工作？

13-6 怎样进行建筑物的轴线投测和高程传递？

13-7 试述工业厂房控制网的测设方法。

13-8 如何进行柱子的竖直校正工作？应注意哪些问题？

13-9 试述吊车梁的安装测量工作。

13-10 竣工测量包括哪些工作？试述各项工作包含的内容。

13-11 建筑物变形观测包括哪些内容？

13-12 建筑物为什么要进行沉降观测？它有何特点？

习题

13-1　如图 13-43 所示，已绘出新建筑物与原建筑物的相对位置关系（墙厚 40cm，轴线偏里），试述测设新建筑物的方法和步骤。

13-2　已知某厂房两个相对房角轴线点的坐标为 1（6326.00，3684.00），2（6200.00，3732.00），拟将矩形控制网设置在距厂房轴线 6m 处，如图 13-44 所示。试计算矩形控制网四个角点 A、B、C、D 的坐标值。

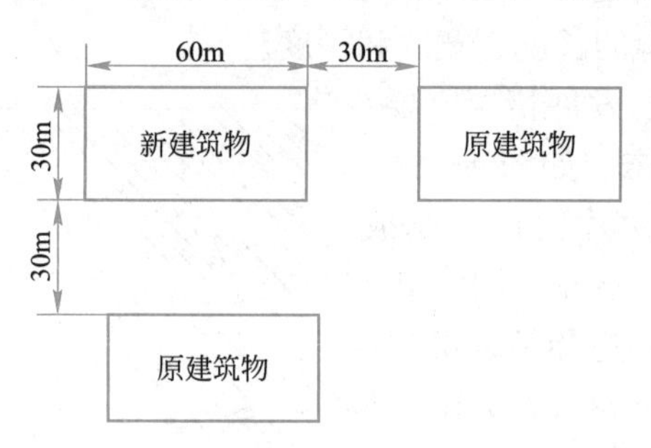

图 13-43　习题 13-1 图

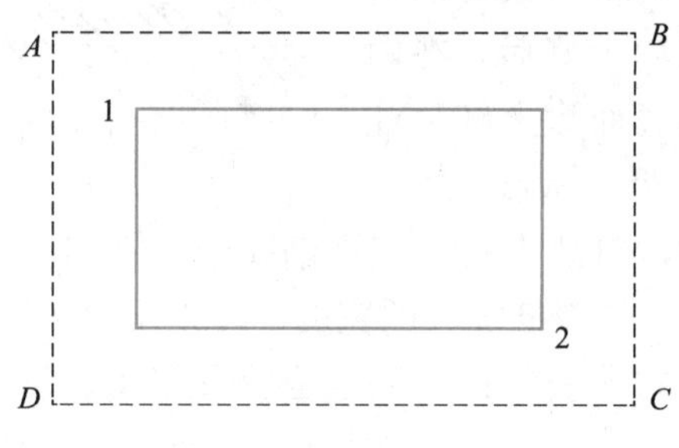

图 13-44　习题 13-2 图

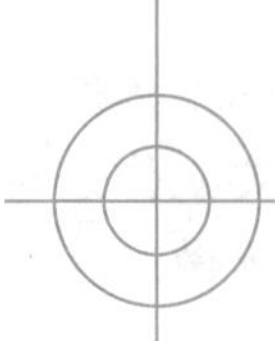

第14章 公路、铁路线路测量

本章知识点

【知识点】初测导线及其化算、基平、中平、中线测量，圆曲线及其测设，缓和曲线、圆曲线加缓和曲线的测设，纵断面测量，横断面测量。

【重点】新线初测的基本工作，新线定测的基本工作，曲线测设。

【难点】圆曲线加缓和曲线的测设。

14.1 公路、铁路线路测量概述

公路、铁路线路测量是指公路、铁路在勘测、设计和施工等阶段所进行的各种测量工作。主要包括新线初测、定测、施工测量、竣工测量以及既有线路测量。新线初测是为选择和设计线路中线位置提供大比例尺地形图。新线定测是把图纸上设计好的线路中线测设标定于实地，测绘纵、横断面图为施工图设计提供依据。施工测量是为路基、桥梁、隧道、站场施工而进行的测量工作。竣工测量主要是测绘竣工图，为以后的修建、扩建提供资料。既有线路测量是为已有线路的改造、维修提供的各种测量工作。

公路、铁路线路勘测的目的就是为线路设计收集所需地形、地质、水文、气象、地震等方面的资料，经过研究、分析和对比，按照经济上合理、技术上可行、能满足国民经济发展和国防建设要求等原则确定线路位置。公路、铁路建设一般要经过以下主要阶段：

1. 方案研究阶段

在中、小比例尺地形图上确定线路可行的路线，初步选定一些重要技术标准，如线路等级、限制坡度、牵引种类、运输能力等，提出多个初步方案。测绘工作为方案研究提供中、小比例尺地形图。

2. 初步设计阶段

初步设计的主要任务是根据水文地质勘查资料在大比例尺带状地形图上确定线路中心线位置，亦称纸上定线；经过经济、技术比较，在多个初步设计方案中确定一个最优方案；同时确定线路等级、限制坡度、最小半径等主要技术参数。

初测是为初步设计提供详细的地面资料，其主要任务是沿线建立控制点和测绘大比例尺带状地形图。

3. 施工图设计阶段

施工图设计是根据定测所提供的资料，对线路全线和所有个体工程做出详细设计，并提供工程数量、施工图和施工图预算。该阶段的主要工作是对道路进行纵断面设计和路基设计，对桥涵、隧道、车站、挡土墙等做出施工图设计。

定测是为施工图设计提供详细的地面资料而进行的测绘工作，其主要任务是把业已批准的初步设计方案的线路中线测设到地面，并进行线路纵断面和横断面测量；对个别工点测绘大比例尺地形图。

4. 施工阶段

当施工图设计阶段的设计方案得到批准和招标投标阶段完成后，新建项目进入施工阶段，路基、桥梁、隧道、站场开始全面修建。测量工作在该阶段为公路、铁路施工提供指导和质量检查，并在竣工前、后进行竣工测量，为道路的最后贯通和修建、改造提供可靠依据。

14.2　新线初测

新线初测的主要任务是沿线建立控制点和测绘地形图，传统的测量工作包括选点插旗、导线测量、高程测量、测绘大比例尺带状地形图等，现代测量的测绘手段可用 GPS 建立控制网和测绘地形图。初测决定着线路的基本走向，在勘测工作中的作用至关重要。

14.2.1　选点插旗

根据方案研究阶段在中、小比例尺地形图上所确定的线路位置，在野外用红白旗标出线路的实地走向，并在选定的线路转折点和长直线的转点处用木桩标定点位，用红白旗标示，为导线测量及各专业调查指出行进方向。通常大旗点亦为导线点，选点时要考虑线路的基本走向，还要便于测角、量距及地形测绘。

14.2.2　导线测量及相关计算

1. 导线测量

初测导线是测绘线路带状地形图和定测放线的基础，导线点位置的选择应遵循以下原则：

（1）尽量接近线路中线位置且地面稳固、易于保存之处，导线点应定设方桩与标志桩；

（2）大桥及复杂中桥和隧道口附近、严重地质不良地段以及越岭垭口均应设点；

（3）视野开阔、便于测绘；

（4）导线边长以不短于 50m、不大于 400m 为宜。当地形平坦且视线清晰时，导线边长不宜大于 500m。采用光电测距仪和全站仪观测的导线点，导线边长可增至1000m，但应在500m左右处钉设加点。加点应钉设方桩与标志桩。

导线点的点号自起点起依顺序编写，点号之前冠以“C”字表示初测导线。如“C6”，则表示第6号初测导线点。

导线测量要按照公路、铁路的测量规范中的精度要求进行施测。表14-1为《铁路工程测量规范》TB 10101—2018（后简称《铁规》）中对初测导线测量精度的要求。

初测导线测量精度要求　　表14-1

<table>
<tr><th colspan="4">仪器
项目型号</th><th>DJ_2</th><th>DJ_6</th></tr>
<tr><td rowspan="4">水平角</td><td colspan="3">检测时较差(″)</td><td>20</td><td>30</td></tr>
<tr><td rowspan="3">闭合差(″)</td><td colspan="2">附合和闭合导线</td><td>$25\sqrt{n}$</td><td>$30\sqrt{n}$</td></tr>
<tr><td rowspan="2">延伸导线</td><td>两端测真北</td><td>$25\sqrt{n+16}$</td><td>$30\sqrt{n+10}$</td></tr>
<tr><td>一端测真北</td><td>$25\sqrt{n+8}$</td><td>$30\sqrt{n+5}$</td></tr>
<tr><td rowspan="7">长度</td><td rowspan="2">检测较差</td><td colspan="2">光电测距仪和全站仪(mm)</td><td>$2\sqrt{2}m_D$</td><td>$2\sqrt{2}m_D$</td></tr>
<tr><td colspan="2">其他测距方法</td><td>1/2000</td><td>1/2000</td></tr>
<tr><td rowspan="4">相对闭合差</td><td rowspan="2">光电测距仪和全站仪</td><td>水平角平差</td><td>1/6000</td><td>1/4000</td></tr>
<tr><td>水平角不平差</td><td>1/3000</td><td>1/2000</td></tr>
<tr><td rowspan="2">其他测距方法</td><td>水平角平差</td><td>1/4000</td><td rowspan="2">1/2000</td></tr>
<tr><td>水平角不平差</td><td>1/2000</td></tr>
<tr><td colspan="3">附合导线长度(km)</td><td>30</td><td>30</td></tr>
</table>

注：n——置镜点总数；m_D——测距仪标称精度；附合导线长度的相对闭合差应为两化改正后的值。

（1）水平角测量，通常采用测回法观测，注意较差应满足规范要求。如《铁规》规定使用J_2或J_6经纬仪用测回法测角观测一测回，两半测回之间要变动度盘位置，上下半测回角度较差在±15″（J_2）或±30″（J_6）以内时，取平均数作为观测结果。使用全站仪测角时，其测角精度应与上述的经纬仪相匹配。

（2）导线边长量测可使用全站仪、光电测距仪或钢尺等。全站仪、光电测距仪读数可读到毫米，钢尺可读到厘米，测量精度应满足相关规范要求。

2. 导线联测及精度检验

为了保证初测导线的方位和检验导线量测精度，应不长于一定距离与国家控制点进行联测。如《铁规》规定，导线的起、终点及每隔30km的点，应与国家大地点（三角点、导线点、Ⅰ级军控点）或其他不低于四等的大地点进行联测。有条件时，也可采用GPS加密四等以上大地点。当与国家平面控制点联测困难时，应在导线的起点、终点和不远于30km处观测真北。与国家控制网联测构成附合导线和闭合导线时，水平角的闭合差为

$$f_\beta=\alpha'_K-\alpha_K \tag{14-1}$$

式中　α'_K——导线推算的坐标方位角；

α_K——联测所得的坐标方位角。

当导线为延伸导线时，需要在导线起点和终边测得真方位角（图 14-1），并假定其无误差，角度闭合差的计算公式（14-1）为

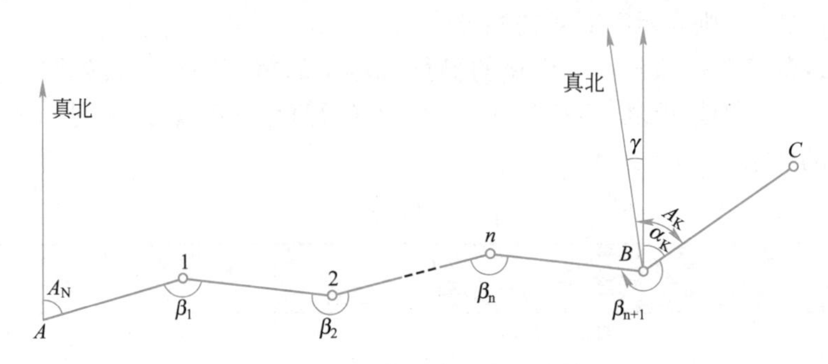

图 14-1　延伸导线的方向检核

$$f_\beta=\alpha'_K-\alpha_K=A'_K-A_K$$

$$A'_K=A_N+(n+1)180°-\sum_1^{n+1}\beta_i\pm\gamma;$$

式中　A_K——BC 边实测的真方位角；

A'_K——由 A_N 推算出导线 BC 边的真方位角；

A_N——导线 $A1$ 边实测的真方位角；

γ——子午线收敛角（′），$\gamma=(\lambda_B-\lambda_A)\sin\varphi$，当 B 点在 A 点之东时，γ 取正号；反之取负号；

λ_A、λ_B——分别为 A、B 的经度；

φ——两真北观测点 A、B 的平均纬度。

导线测量进行精度检核时，要先进行两化改正；还要看已知点之间是否需要进行换带计算，若需要，则要进行换带计算；最后，才能进行精度检核计算。

使用 GPS 进行线路平面控制测量时，要注意控制点的间距和测量精度应满足初测导线的精度要求。

3. 导线的两化改正

初测导线的两化改正是先将导线测量成果改化到大地水准面上，然后再归化至高斯投影平面上。两化改正后才能与国家控制点坐标进行比较检核。

设导线在地面上的长度为 S，将其改化至大地水准面上的长度 S_0 为

$$S_0=S\left(1-\frac{H_m}{R}\right)\tag{14-2}$$

式中　$\left(-S\frac{H_m}{R}\right)$——距离改正；

H_m——导线两端的平均高程；

R——地球平均半径。

将大地水准面上的长度 S_0 再改化到高斯平面上长度 S_K 为

$$S_K = S_0\left(1+\frac{y_m^2}{2R^2}\right) \tag{14-3}$$

式中 $S_0\frac{y_m^2}{2R^2}$——距离改正；

y_m——导线两端点横坐标的平均值（距中央子午线的平均距离）；

R——地球平均半径。

由于 S 与 S_0 相差很小，故常用 S 代替 S_0 将公式（14-3）简化计算。由于导线计算都是用坐标增量来求闭合差，所以只需求出坐标增量总和，将其经过两化改正，求出改化后的坐标增量总和，才能计算坐标闭合差。经过两化改正后的坐标增量总和为

$$\left.\begin{aligned}\sum\Delta x_s &= \sum\Delta x+\left(\frac{y_m^2}{2R^2}-\frac{H_m}{R}\right)\sum\Delta x\\ \sum\Delta y_s &= \sum\Delta y+\left(\frac{y_m^2}{2R^2}-\frac{H_m}{R}\right)\sum\Delta y\end{aligned}\right\} \tag{14-4}$$

式中 $\sum\Delta x_s$、$\sum\Delta y_s$——高斯平面上纵、横坐标增量的总和，以米为单位；

$\sum\Delta x$、$\sum\Delta y$——未改化前导线纵、横坐标增量的总和，以米为单位；

H_m——导线两端点的 1985 国家高程基准的平均高程，以千米为单位；

R——地球的平均曲率半径，以千米为单位。

4. 坐标换带计算

初测导线与国家控制点联测进行精度检核时，如果它们处于两个投影带中，必须将相邻两带的坐标换算为同一带的坐标，这项工作简称坐标换带。它包括 6°带与 6°带的坐标换算，6°带与 3°带的坐标换算等。坐标换带是根据地面上任意一点 P 在西（东）带的投影坐标（x_1，y_1）与其在东（西）带的投影坐标（x_2，y_2）之间的内在联系而进行坐标统一计算，有严密公式和近似公式。

为方便计算，将基本公式编制成《六度带高斯、克吕格坐标换带表》和《三度带高斯、克吕格坐标换带表》，供坐标换带使用。每种表又分为表Ⅰ（按严密公式编制）和表Ⅱ（按近似公式编制），供不同精度要求选用。使用表Ⅰ进行坐标换带计算时，其结果的最大误差不超过 1mm；用表Ⅱ 进行坐标换带计算，其结果误差不超过 1m。线路测量的坐标换带采用严密表Ⅰ计算。现在，坐标换带通常使用软件进行。详细内容请见相关的书籍。

14.2.3 高程测量

初测阶段高程测量的目的有两个，一是沿线路设置水准基点，建立线路高程控制系统；二是测量中桩（导线桩、加桩）高程，为地形测绘建立较低一级的高程控制系统；测量方法可采用水准测量、光电三角高程测量和 GPS 高程测量方法进行。

1. 线路高程控制测量——基平

线路高程控制测量的目的是沿线建立高程控制点，应与国家水准点或相当于国家等级水准点联测。如《铁规》规定水准点高程测量不大于 30km 联测一次，构成附合水准路线；水准点应沿线路布设，一般地段每隔约 2km 设置一个，重点工程地段应根据实际情况增设水准点；水准点最好设在距线路 100m 范围内，并设在不易风化的基岩或坚固稳定的建筑物上，亦可埋设混凝土水准点；水准点设置后，以“*BM*”字头加序数编号。线路高程控制测量可用水准测量、光电三角高程测量和 GPS 高程测量方法施测。

（1）水准测量

水准点水准测量精度按五等水准测量施测，其精度要求列于表 14-2。表中 R 为测段长度，L 为附合路线长度，F 为环线长度，单位均为公里。

五等水准测量精度　　表 14-2

每公里高差中数的中误差(mm)	限差（mm）			
	检测已测测段高差之差	往返测不符值	附合路线闭合差	环闭合差
≤7.5	$\pm30\sqrt{R}$	$\pm30\sqrt{R}$	$\pm30\sqrt{L}$	$\pm30\sqrt{F}$

注：每公里高差中数的中误差$=\sqrt{\frac{1}{4n}\left[\frac{\Delta\Delta}{R}\right]}$，$\Delta$ 为测段往返测高差不符值，n 为测段数。

水准测量应使用精度不低于 DS_3 型的仪器，水准尺宜用整体式标尺。水准测量应采用中丝读数法，可采用一组往返或两组单程进行，高差较差在限差以内时采用平均值。视线长度不应大于 150m，跨越河流、深谷时可增长至 200m。前、后视距应大致相等，其差值不宜大于 10m，且视线离地面不应小于 0.3m，并应在成像清晰时观测。

当跨越大河、深沟视线长度大于 200m 时，水准测量应按一定要求进行。如图 14-2 所示，在河（谷）两岸大致等高处设置转点 A、B 及测站点 C、D，并使 $AC\approx BD=15\sim20$m。往测在 C 点置镜，观测完 A、B 点所立水准尺后，应尽快到河（谷）对岸的 D 点置镜，观测 A 点时不允许调焦。返测程序与往测程序相反。往、返测得的两转点高程不符值在限差范围以内时，取用平均值以消减 i 角误差。

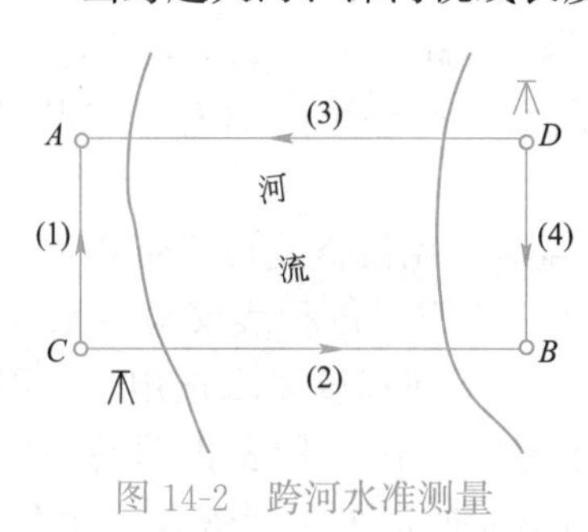

图 14-2　跨河水准测量

（2）光电三角高程测量

线路高程控制测量用光电三角高程测量时，可与平面导线测量同时进行。导线点应作为高程转点，高程转点间的距离和竖直角必须往返观测，并宜在同一气象条件下完成。计算时应加入气象改正、地球曲率改正，其较差在限差内时取其均值。高程测量的闭合差及检测限差，应符合水准测量要求（表 14-2）。

水准点光电三角高程施测应满足表 14-3 的要求。当竖直角大于 20°或边长小于 200m 时，应增加测回数以提高观测精度。前后视的棱镜应安置在支架上，仪器高、棱镜高应在测量前、后分别量测一次，取位至毫米，两次量测较差小于 2mm 时，取平均值。高程测量时视线离地面或障碍物的距离不宜于小于 1.3m。

水准点光电三角高程测量技术要求　　表 14-3

距离测回数	竖直角				往返观测高程较差(mm)	边长范围(m)
	测回数（中丝法）	最大角值(°)	测回间较差(″)	指标差互差(″)		
往返各一测回	往返各两测回	20	10	10	$60\sqrt{D}$	200～600

注：D 为光电测距边长度（km）。

2. 中桩高程测量——中平

中桩高程测量应在线路高程测量完成后进行，其目的是测定导线点的高程，可采用水准测量、光电三角高程和 GPS 高程测量方法进行。

（1）水准测量

用水准测量进行中桩高程测量，可采用单程观测，所用水准仪应不低于 S_{10} 级。中桩水准测量取位至毫米，中桩高程取位至厘米。从已知水准基点开始，沿导线行进附合到另一个水准点上，构成附合水准路线，闭合差限差为 $\pm 50\sqrt{L}$ (mm)，L 为路线长度，以千米为单位。检测已测测段限差为±100mm。

（2）光电三角高程测量

中桩光电三角高程测量可与导线测量、水准点高程测量同时进行。若单独进行中桩光电三角高程测量，其路线必须起闭于已知水准点，并符合中桩水准测量的闭合差限差和检测限差要求。光电三角高程的竖直角可用中丝法往返观测各一测回。

中桩光电三角高程测量应满足表 14-4 的要求，其中距离和竖直角可单向正镜观测两次（两次之间应改变反射镜高度），也可单向观测一测回，两次或半测回之差在限差以内时取平均值。

中桩光电三角高程测量观测　　表 14-4

类别	距离测回数	竖直角			半测回或两次高差较差(mm)
		最大竖直角(°)	测回数	半测回间较差(″)	
高程转点	往返各一测回	30	中丝法往返各一测回	12	—
中桩	单向一测回	40	单向两次		100
			单向一测回	30	

14.2.4 地形测量

在导线测量、高程测量完成的基础上，根据勘测设计的要求，沿初测导线测绘比例尺为 1∶500～1∶2000 的带状地形图，为线路设计提供详细的地面资料。

14.3　新线定测

新线定测的主要工作是有线路中线测量、线路纵断面测量及横断面测量。

14.3.1　线路的平面组成和标志

公路、铁路线路的平面形状通常由直线和曲线组成，道路在方向改变处需要用曲线连接相邻两直线，以保证行车顺畅安全，这种曲线称为平面曲线。

公路、铁路的平面曲线主要有圆曲线和缓和曲线，如图 14-3 所示。圆曲线是具有一定曲率半径的圆弧；缓和曲线是直线与圆曲线之间加入的过渡曲线，其曲率半径由直线的无穷大逐渐变化为圆曲线半径。低等级公路与铁路可不设缓和曲线，只设圆曲线。

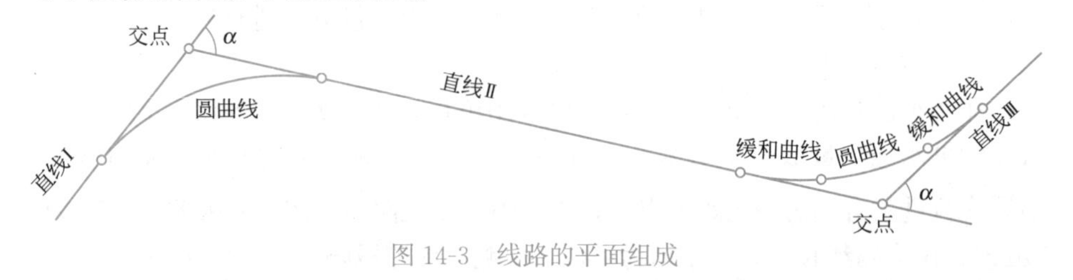

图 14-3　线路的平面组成

在地面上标定线路中线位置时常用木桩打入地下，线路的交点、主点（直线转点、曲线主点）用方桩，桩顶与地面平齐，并在桩顶面上钉一颗小钉标志线路的中心位置，在线路前进方向左侧约 0.3m 处打一标志桩（板桩），在其上写明所标志主桩的名称及里程。所谓里程是指该点距线路起点的距离，通常线路起点里程为 K0＋000.00。图 14-4 中的主桩为直线上的直线转点（ZD），其编号为 31；里程为 K3＋402.31，K3 表示 3km，402.31 表示千米以下的米数，即此桩距线路起点 3402.31m。交点是直线方向转折点，它不是中线上的点，但它是线路重要的控制点，一般也要标明编号和里程。板桩除用作标志桩外，还用作百米桩、曲线桩，钉设在线路中线上，高出地面 15cm 左右，写明里程，桩顶不需钉钉。

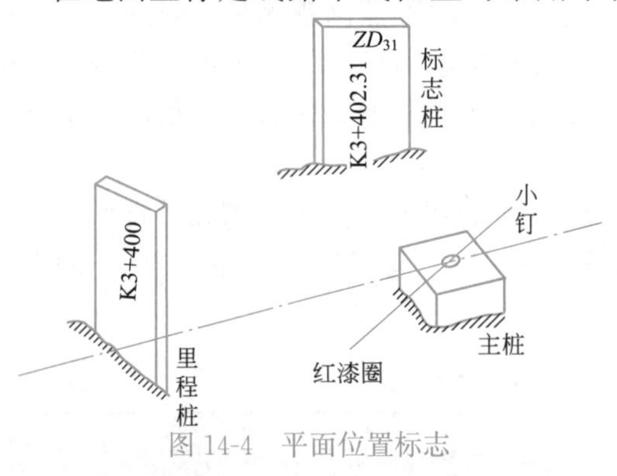

图 14-4　平面位置标志

14.3.2　中线测量

中线测量是新线定测阶段的主要工作，它的任务是把在带状地形图上设计好的线路中线测设到地面上，并用木桩标定出来。

中线测量分为放线和中桩测设两部分工作。放线，是把图纸上设计出的交点测设标定于地面上；中桩测设是在实地沿着直线和曲线详细测设中线桩

（百米桩、千米桩、加桩和曲线桩）。

1. 放线

常用的放线方法有拨角法、支距法、全站仪法和 GPS-RTK 法等，可根据地形条件、仪器设备及纸上定线与初测导线距离远近等情况而定。

（1）拨角法放线

根据图纸上定出的直线交点坐标和导线点坐标，计算出两相邻交点间距离及相邻两直线构成的水平角，然后根据计算资料到现场用极坐标法测设出各个交点，定出直线位置。拨角法放线分为计算放线资料、实地放线及调整误差三个步骤。

1）计算交点的测设资料

在图 14-5 中，C_0、C_1…为初测导线点，其坐标已知；JD_0、JD_1…为图纸上设计的线路起点和交点，它们的坐标可直接从数字地形图上查询得到，也可在纸质图上求得。在数字地形图上查询或由坐标反算公式求算相邻两直线交点的边长和坐标方位角，进而求出各交点处的转向角。转向角即相邻两直线坐标方位角之差（后视边的坐标方位角减前视边的坐标方位角），差值为正则左转，为负则右转，见表 14-5。计算出的距离和转向角应认真检查无误后，方可提供给外业放线使用。

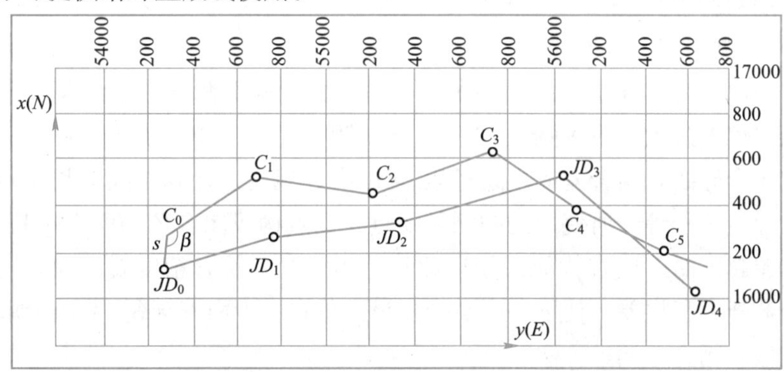

图 14-5 交点与导线点的位置关系

拨角法放线距离及转角计算表 **表 14-5**

桩号	坐标(m)		坐标增量(m)		坐标方位角 α ° ′ ″	直线长度 s(m)	交点转向角 ° ′ ″
	x	y	Δx	Δy			
C_1					246 28 26（已知）		
C_0	28346	66422					β=132°55′26″
			−142	−50	199 23 52	150.546	
JD_0	28204	66372					127 12 33（左）
			160	498	72 11 19	523.072	
JD_1	28364	66870					9 18 31（右）
			90	602	81 29 50	608.690	
JD_2	28454	67472					9 11 24（左）
			230	721	72 18 26	756.796	
JD_3	28684	68193					54 18 42（右）
			−463	623	126 37 08	776.207	
JD_4	28221	68816					

根据图 14-5 和表 14-5，在导线点 C_0 用极坐标法测设中线起点 JD_0 的测设数据为

$$\beta=\alpha_{C_0\sim JD_0}-\alpha_{C_0\sim C_1}=132°55'26''$$

$$s=150.546\text{m}$$

$$JD_0\text{ 的转向角为}\quad \alpha_0=\alpha_{C_0\sim JD_0}-\alpha_{JD_0\sim JD_1}=127°12'33''\text{（左）}$$

2）现场放线

根据事先计算好的测设资料，在 C_0 点置镜后视 C_1 点，拨角 132°55′26″定出 C_0-JD_0 方向，在该方向上测设 150.546m 定出 JD_0；然后在 JD_0 上置镜后视 C_0 点，拨该处的水平角定出 JD_0-JD_1 方向，在该方向上测设 JD_0 到 JD_1 的水平距离，得 JD_1；在 JD_1 置镜后视 JD_0，拨该点转向角得 JD_2 方向，在其方向测设 JD_1-JD_2 的水平距离得 JD_2；依次类推，根据相应的转向角 α_{JD} 及直线长度 s，测设出其他直线交点。

水平角测设应使用 DJ_2 或 DJ_6 级经纬仪，采用盘左盘右分中法测设；边长可用光电测距仪、钢卷尺测设；其精度要求与初测导线的测量精度相同。

在测设中线交点的同时，应测设百米桩、公里桩、加桩、曲线主点桩和曲线详细测设等。

3）联测与闭合差调整

拨角法放线速度快，但误差积累显著。为了确保测设的中线位置不至于与理论值偏差过大，应每隔 5～10km 与初测导线点、GPS 点等控制点联测一次构成闭合导线，闭合差应不超过表 14-1 中之规定。计算导线全长相对闭合差时，导线全长等于所使用的初测导线点与交点构成闭合环的所有边长之和。当闭合差超限时，应查找原因予以改正；当闭合差符合精度要求时，则应在联测处截断累积误差，使下一个点回到设计位置。下面以例题 14-1 说明联测、精度校核及闭合差调整方法。

【例题 14-1】　在图 14-6 中，将图 14-5 中的交点 JD_2、JD_3、JD_4 分别用 B、C 及 D 表示，初测导线点 C_3、C_4 则用 M、N 表示。b、c 是线路交点 JD_2、JD_3 在现场放出的实地位置。在 c、N 点与初测导线联测，测量水平角 β_1、β_2 及水平距离 cN；根据初测导线点 N 的坐标和 MN 边的坐标方位角 α_{MN} 计算出 c 点的坐标和 bc 边的坐标方位角，见表 14-6。

在图 14-6 中，C 点是 JD_3 的设计位置，c 点是测设出 C 点的实际位置，则 cC 长度是导线全长的绝对闭合差 f；BC 的坐标方位角 α_{BC} 是理论值，bc

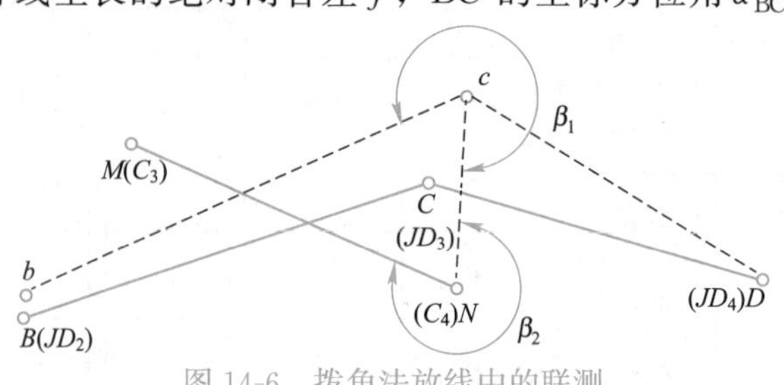

图 14-6　拨角法放线中的联测

边的坐标方位角 α_{bc} 是放线后的实际值，二者之差即角度闭合差 f_β。

联测坐标计算表　　　　表 14-6

桩号	右角β ° ′ ″	坐标方位角α ° ′ ″	距离 (m)	坐标增量(m)		坐标(m)	
				Δx	Δy	x	y
M							
		135 26 36					
N	331 22 18					28538.37	68234.48
		344 04 18	151.86	146.03	−41.68		
c	271 45 20					28684.4	68192.8
		252 18 58					
b							

【解】 ① 计算角度闭合差 f_β

在表 14-6 中由 Nc 边坐标方位角和 β_2 推算出 bc 边坐标方位角为 72°18′58″，已知 BC 边坐标方位角为 72°18′26″；则角度闭合差为

$$f_\beta=\alpha_{bc}-\alpha_{BC}=32''$$

要求 $f_\beta<f_{\beta容}$。

本例中假设转折角数 $n=9$，角度容许闭合差 $f_{\beta容}=\pm20''\sqrt{n}$；$f_{\beta容}=\pm60''$；$f_\beta<f_{\beta容}$。

② 计算导线全长的相对闭合差 K

根据推算的 Nc 边坐标方位角、Nc 实测边长及 N 点坐标计算 c 点坐标（$x_c=28684.4\text{m}$，$y_c=68192.8\text{m}$）。已知 C（JD_3）坐标（$x_C=28684.0\text{m}$，$y_C=68193.0\text{m}$），则坐标闭合差为

$$f_x=x_c-x_C=0.4\text{m}$$

$$f_y=y_c-y_C=-0.2\text{m}$$

导线全长的绝对闭合差

$$f=\sqrt{f_x^2+f_y^2}=0.45\text{m}$$

当导线全长相对容许闭合差为 $K_{容}=\dfrac{1}{2000}$ 时，假设本例闭合环边长总和 $\Sigma D=3689.6\text{m}$，其导线全长相对闭合差

$$K=\frac{f}{\Sigma D}=\frac{0.45}{3689.6}=\frac{1}{8199}<\frac{1}{2000}$$

满足精度要求。

③ 放线误差调整

如果放线精度合格，则闭合差在 c 点处截断，c 点及以前放样出的中线位置不再调整。此时，用 b、c 点的实际坐标和 D 点的设计坐标计算后续放线资料，在 c 点置镜，后视 b 点继续放线放出点 D。若误差超限，则应视具体情况对放出的 c 点予以调整。

(2) 支距法放线

当地面平坦、初测导线与中线相距较近时，宜用支距法放线。支距法在

导线点上独立测设出中线的直线转点（ZD），然后将两相邻直线延长相交得交点（JD），不存在拨角法放线所产生的误差累积。支距法放线的工作步骤有准备放线资料、实地放线和交点。

1）准备放线资料

在地形图上选定一些初测导线点或转点，作初测导线边的垂线与中线相交，交点作为测设中线的直线转点，如图 14-7 中的 ZD_{4-4}、ZD_{4-5} 等点，每一直线上不能少于三个转点，且转点间尽可能通视。直线转点选好后，用比例尺和量角器量出支距和水平角，作为放线时的依据。准备放线资料的过程又叫作图上选点、量距。

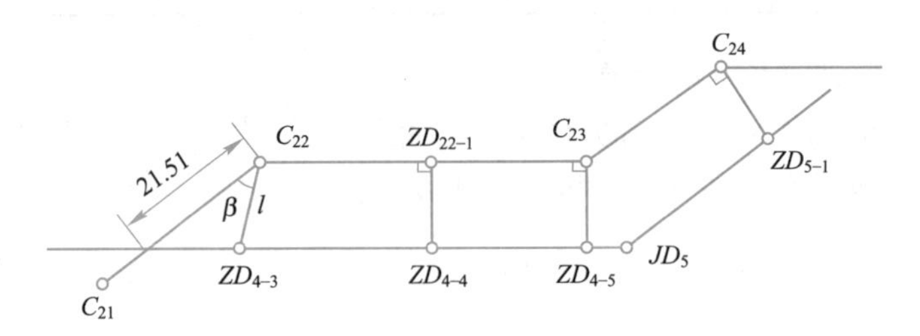

图 14-7　支距法放线

2）实地放线

① 放点

根据放线资料，到相应的初测导线点上，按已量得的支距和角值，用极坐标法实地放线。测设距离可用皮尺，测设角度用测角仪器；放出的直线转点应打桩、插旗标示其位置。

② 穿线

由于放线资料和实际测设都会产生误差，放出同一直线上的各转点常常不在一条直线上，必须用经纬仪将各转点调整到同一直线上，这项工作就称之为“穿线”。

穿线时将经纬仪安置在一个放线点上，照准放出最远的一个转点，由远及近检查各转点的偏差，若偏差不大，可将各点都移到视线方向上，并打桩钉钉。

③ 延长直线

在直线地段，当放出的直线转点还不能完全标志出直线时，需要延长直线。设图 14-8 中 AB 线段需延长，在 B 点置经纬仪，以盘左瞄准 A 点，倒转望远镜在地面上定出 C_1 点；再以盘右照准 A 点，倒镜在地面上定出 C_2。当延长直线每 100m，点 C_1 与点 C_2 间横向距离小于 5mm 时，可将 C_1 点与 C_2 点间连线分中定出 C 点，BC 段便是 AB 的延长线。当 B、C 点间距大于 400m 时，正倒镜 C_1 点与 C_2 点的横向差不大于 20mm。延长直线时，前后视距离应大致相等，距离最长不宜大于 400m，最短不宜小于 50m。对点时，应尽可能用测钎或垂球；当距离较远时可用花杆对点，但必须瞄准花杆的最下端。

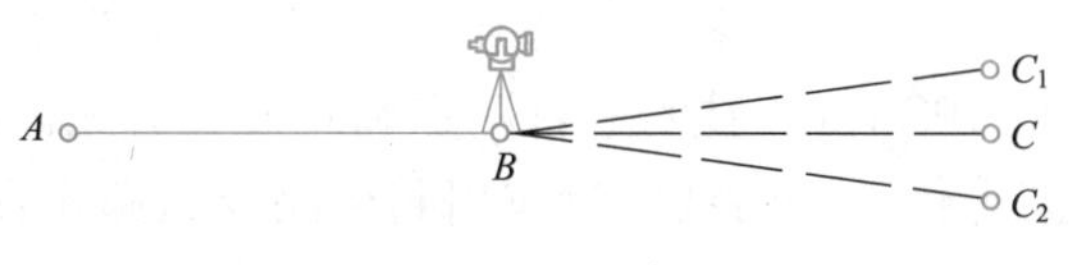

图 14-8　延长直线

3）交点

在地面上放出相邻两直线上的转点后，要测设两直线的交点，这一工作称为“交点”。交点是确定中线直线方向和测设曲线的控制点。

在图 14-9 中，A、B、C、D 为地面上不同方向两直线的转点。首先在 A 点置镜，后视 B 点，延长直线 BA，在估计与 CD 直线相交处的前后位置，打两个“骑马桩”a、b，在 a、b 桩上钉钉、拉上细线；在 C 点安置仪器，后视 D 点，延长直线 DC 与 ab 细线相交，用水笔定出 JD 在 ab 线上的垂线位置；一人在 ab 线上定出的 JD 垂线位置吊垂球，当垂球与地面相交时，在垂球尖处打下木桩；再在 ab 线上定出的 JD 垂线位置吊垂球，垂线与仪器竖丝重合且垂球尖与桩接近时，准确地用铅笔在桩顶标出交点位置；最后用测钎或垂球在桩顶上重新对点，用经纬仪检查，点位确定无误后钉上小钉，标志出 JD 位置。

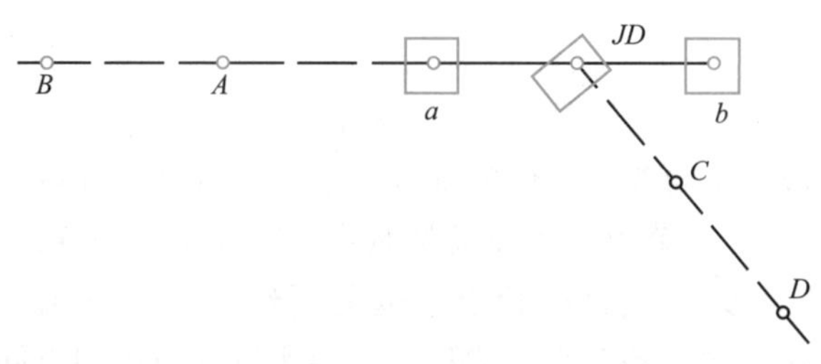

图 14-9　测设交点

为保证交点的精度，转点到交点的距离宜在 50～400m 之间。当地面平坦且目标清晰时，也不要大于 500m；若点与点间距短于 50m，经纬仪对中、照准、对点、钉点等都应格外仔细。当地面有障碍无法测设交点桩时，可钉设副交点。

（3）全站仪法放线

全站仪法放线是将全站仪安置于导线点上，后视另一导线点，利用极坐标法或直角坐标法测设点位的原理测设 JD 和 ZD。事先将导线点 JD 和 ZD 的点号及坐标按作业文件输入仪器内存，测设时调用放样菜单和作业文件，选用极坐标法或坐标法放样。全站仪法放线的测设数据由微处理器自动求得，有的仪器还能提示反射镜需要前、后、左、右的移动方向和距离。全站仪法放线时，一次设站可以测设若干个直线转点或交点，也需要经过穿线来确定直线的位置。全站仪法放线速度快、精度高、测程长，提高了放线效率。同时，要注意检核。

（4）利用 GPS-RTK 技术进行放线

在公路铁路建设中，中线测量常用经纬仪和全站仪进行放线，但其野外

测量劳动强度大，人力资源消耗多，作业工期长，而且还需要测站点与碎部点间相互通视。用 GPS-RTK 技术进行测定和测设具有无需通视、误差不累积、机动灵活性高等优点，已被广泛应用到公路及铁路定测中。利用 GPS-RTK 技术放样，可以获得流动站相对基准站线向量的精度达到厘米级。若已知基准站的 WGS-84 坐标，从而就可以获得流动站的 WGS-84 坐标。在公路、铁路工程建设中，线路设计坐标通常采用北京 54 坐标系或其他坐标系，而 GPS-RTK 测量获得的是 WGS-84 坐标，若利用 GPS-RTK 技术将工程设计坐标在实地进行标定，则需要将 GPS-RTK 获得的 WGS-84 坐标转换为工程设计坐标。目前坐标转换的方法很多，如七参数空间坐标转换、四参数平面相似坐标转换等，只要数据处理和作业方法得当，每一种方法均可以获得合格的成果，只是作业效率有所差别。具体过程如下：

1）收集测区控制点资料，了解控制点资料的坐标系统，并确定外业作业方案；

2）将导线点 JD 和 ZD 的点号、坐标和曲线设计要素按作业文件输入 GPS-RTK 手簿存贮；

3）在外业设置基准站，利用公共点坐标计算两坐标系转换参数，并将参数保存；

4）调出手簿中的有关软件和输入手簿的作业文件，进行 GPS-RTK 放样，同时还可对放样点进行测量，以便进行检核。

GPS-RTK 放线适合视野开阔的地区。事先设置好基准站及其参数后，即可调用作业文件和放样菜单，用流动站测设 JD 和 ZD。GPS-RTK 放线一次设站可以测设许多交点或直线转点，也需要经过穿线来确定直线的位置。GPS-RTK 放线速度快、精度高、测程长，待测设点与控制点间无需通视，大大提高了放线效率。

2. 中桩测设

中线测量中把依据 ZD 和 JD 桩将中线桩详细测设在地面上的工作称为中桩测设。它包括直线和曲线两部分，本节仅介绍直线部分，曲线部分的中桩测设将在本章后续内容介绍。

中线上应钉设百米桩、千米桩等，直线上中线桩间距不宜大于 50m；在地形变化处或按设计需要应设加桩，加桩一般宜设在整米处。中线距离应用光电测距仪或钢尺测量两次，在限差以内时取平均值。百米桩、加桩的钉设以第一次量距为准。中桩桩位误差限差为

横向：$\pm 10\text{cm}$

纵向：$\left(\frac{s}{2000}+0.1\right)\text{m}$

式中 s——转点至桩位的距离，以“m”为单位。

测设出的控制桩（直线转点、交点、曲线主点桩）一般都应固桩。固桩可埋设预制混凝土桩或就地灌注混凝土桩，桩顶埋设铁钉表示点位。

14.3.3 定测阶段的基平和中平

定测阶段基平的测量任务是沿线路建立水准基点，测定它们的高程，作为线路的高程控制点，为定测、施工及日后养护提供高程依据。中平的测量任务是测定线路中线桩所在地面的标高，亦称中桩抄平，为绘制纵断面图采集数据，为设计线路的高低位置提供可靠的地面资料。

1. 线路高程测量——基平

定测阶段线路水准点布设及高程测量是在初测水准点的基础上进行的，首先对初测水准点逐一检测，其差值在$\pm 30\sqrt{K}$ mm（K 为水准路线长度，以“km”为单位）以内时，采用初测成果；若确认超限，方能更改。若初测水准点远离线路或遭到破坏，则必须移至或重新设置在距线路 100m 的范围内。水准点一般 2km 设置一个，但长度在 300m 以上的桥梁和长度在 500m 以上的隧道的两端，以及大型车站范围内均应设置水准点。水准点应设置在坚固的基础上或埋设混凝土标桩，以 BM 表示并统一编号。

水准点高程测量方法及精度要求与初测水准点高程测量相同。当跨越大河、深沟视线长度超过 200m 时，应按跨河水准测量进行。当跨越河流或深谷时，前、后视线长度相差悬殊或受到水面折光影响，亦应按跨河水准测量方法进行。

2. 中桩高程测量——中平

初测时中桩高程测量是测定导线点及加桩桩顶的高程，以作为地形测量的图根高程控制。定测时的中桩高程测量则是测定中线控制桩、百米桩、加桩所在的地面高程（水准尺放在地面），为绘制线路纵断面图提供中线点的高程数据。

中桩高程测量应起闭于水准点，不符值的限差为$\pm 50\sqrt{L}$ mm（L 为水准路线长度，以“km”为单位）。中桩高程宜观测两次，其不符值不超过 10cm，取位至厘米。

中桩高程测量方法如图 14-10 所示。将水准仪安置于置镜点Ⅰ，瞄准后视点 BM_1 上的后视尺读取后视读数；然后，依次在各中线桩所在地面立尺，分别读取它们的尺读数；由于这些立尺点不起传递高程作用，故称其读数为中视读数；最后，读取转点 Z_1 的尺读数，作为前视读数。再将仪器搬至置镜点Ⅱ，后视转点 Z_1，重复上述方法直至附合于 BM_2。中视读数可读至厘米，转点读数读至毫米，记录、计算见表 14-7。

中桩高程计算采用仪器视线高法，先计算出仪器视线高 H_i 为

$$H_i = 后视点高程 + 后视读数$$

则有

$$中桩高程 = H_i - 中视读数$$

在表 14-7 中，置镜点Ⅰ的视线高为

$$H_i = 68.685 + 3.689 = 72.374\text{m}$$

中线桩 DK0+000 的高程为 $H_i - 2.128 = 70.25$m

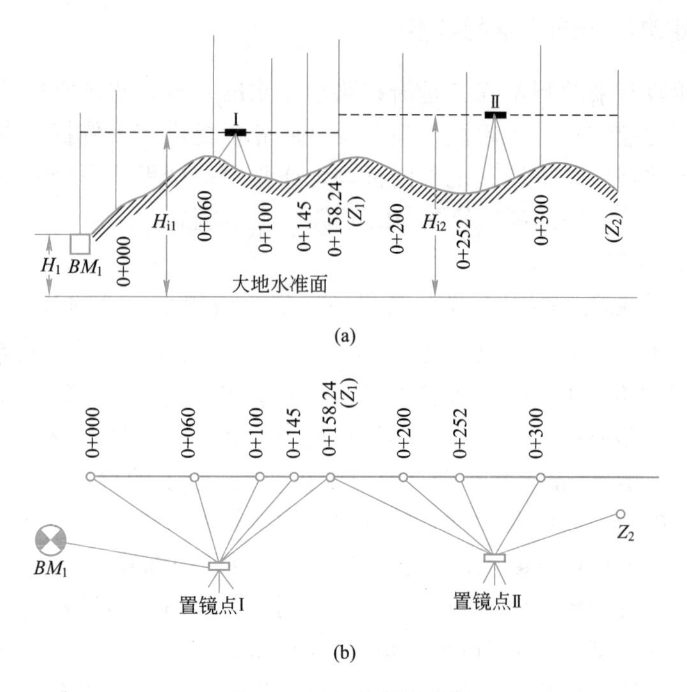

图 14-10　中桩高程测量

中桩高程测量记录、计算表　　表 14-7

测点	水准尺读数(m)			视线高程	高程	备注
	后视	中视	前视	(m)	(m)	
BM_1	3.689			72.374	68.685	
0+000		2.128			70.25	
0+060		0.853			71.52	
0+100		1.256			71.12	
0+145		2.645			69.73	
0+158.24(Z_1)	0.569		0.541	72.402	71.833	水准点高程： BM_1:68.685m BM_2:73.560m 实测闭合差： f_h=73.584−73.560=24mm 允许闭合差： $F_h=\pm 50\sqrt{2.2}=\pm 74$mm 精度合格
0+200		1.732			70.67	
0+252		2.974			69.43	
0+300		1.839			70.56	
Z_2	1.548		2.106	71.844	70.296	
……	……	……	……	……	……	
ZH_2+046.15	3.798		2.140	75.046	71.248	
BM_2			1.462		73.584	
Σ	32.956		28.057		73.584	
	−28.057				−68.685	
	4.899				4.899	

转点 Z_1 的高程为

$$H_i-0.541=71.833\text{m}$$

线路穿越山谷时，由于地形陡峭，加桩较多，如图 14-11 所示。为了减少多次安置仪器而产生的误差，可先在测站 1 读取沟对岸的转点 2＋200 的前视读数，再以支水准路线形式测定沟底中桩高程，其测量数据宜另行记录；待沟底中桩水准测量完成后，将仪器搬至测站 4 读取转点 2＋200 的后视读数，再继续往前测量。为了削减由于测站 1 前视距较后视距长而产生的测量误差，可将测站 4 或以后其他测站的后视距离适当加长，进而使得后视距离之和与前视距离之和大致相等。

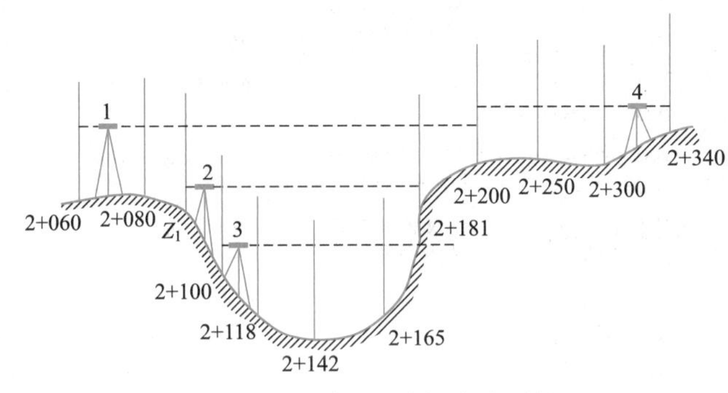

图 14-11　跨深谷中桩水准测量

跨越较宽的深谷时，也可采用跨河水准测量方法传递高程。

随着测量仪器精度的提高，中桩高程测量已普遍采用全站仪光电三角高程测量方法施测。采用 GPS 高程测量方法施测时要多与已知点联测，以便更好地与实地高程拟合。

3. 绘制纵断面图

线路纵断面图是反映线路中线地面起伏变化的断面图，以供设计线路的高低位置使用。它以线路中桩里程为横坐标，实测的中桩高程为纵坐标绘制而成（图 14-12）。为凸显地面的高低起伏和满足线路纵断面设计的需要，高程比例尺一般是里程比例尺的 10 倍，通常里程的比例尺为 1∶10000，高程的比例尺为 1∶1000。图 14-12 是线路高低位置设计完毕后的纵断面图，其上部表示中线地面的起伏变化、线路中线的设计坡度线以及桥隧、车站等建筑物和水准点位置等，下半部分表示线路中线经过区域的地质情况及各项设计信息。

连续里程：表示自线路起点计算的连续里程，粗短线表示公里桩的位置，其下注记的数字为千米数，粗短线左侧的注记数字为千米桩与相邻百米桩的水平距离。

线路平面：表示线路平面形状，即直线和曲线的示意图。中央的实线表示线路中线，在曲线地段表示为向上、向下凸出的折线，向上凸出表示线路向右转弯，向下凸出表示线路向左转弯，斜线部分表示缓和曲线；连接两斜线的直线表示圆曲线。在曲线处注名曲线要素。曲线起、终点的数字，表示起、终点至附近百米桩的水平距离。

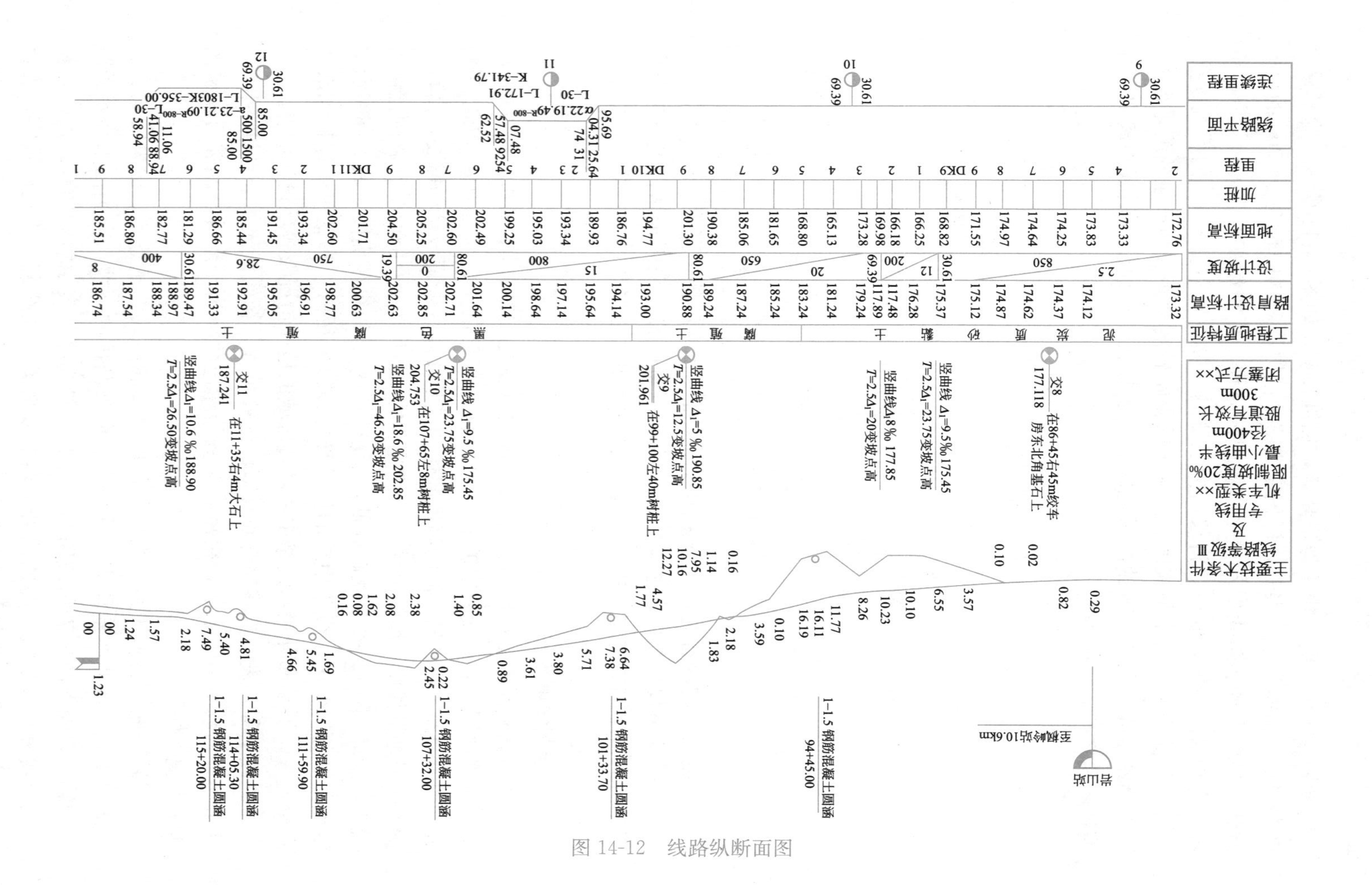

图 14-12　线路纵断面图

里程：表示勘测里程，在整百米和整千米处注记数字。

加桩：竖线表示加桩位置，旁边注记数字表示加桩到相邻百米桩的距离。

地面标高：是各中线桩所在地面的高程。

设计坡度：用斜线表示，斜线倾斜方向表示上坡或下坡，斜线上面的注记数字是设计坡度的千分率（如坡度为5‰，注记数字为5），下面的注字为该坡段的长度。

路肩设计标高：路基肩部的设计标高，由线路起点路肩标高、线路设计坡度及里程计算得出。

工程地质特征：表示沿线地质情况。

14.3.4 线路横断面测量

线路横断面测量的目的是在中线桩处测量垂直于中线方向的地面坡度变化，绘制线路横断面图，供路基断面设计、土石方量计算、挡土墙设计以及路基施工放样等使用。

1. 横断面施测地点及其密度

横断面测量的地点及横断面密度、宽度，应根据地形、地质情况以及设计需要而定。一般应在曲线控制点、千米桩、百米桩和线路纵向、横向地形变化处进行测绘。在铁路站场、大、中桥桥头、隧道洞口、高路堤、深路堑、地质不良地段及需要进行路基防护地段，均应适当加大横断面施测密度和宽度。横断面测绘宽度应满足路基、取土坑、弃土堆及排水系统等设计的要求。

2. 横断面方向的确定

线路横断面应与线路中线垂直，在曲线地段的横断面方向应与曲线上测点的切线垂直。确定直线地段的横断面方向可用经纬仪或方向架测设。在图14-13中，将方向架立于中线桩处，用其一个方向瞄准远处中线点所立标杆，则方向架确定的另一个方向就是与中线垂直的横断面方向。

在曲线上确定横断面方向，如图14-14所示，欲定出曲线上B点的横断面方向。将仪器（方向架或经纬仪等）置于B点，先瞄准曲线点A，测定与弦线AB垂直的方向BD'，并标定出点位D'；再瞄准另一侧曲线点C（要求$BC=AB$），测设与弦线BC垂直的方向BD''，使$BD''=BD'$，标定出点位D''。最后，取$D'D''$连线的中点得D点，则BD方向就是曲线点B横断面方向。

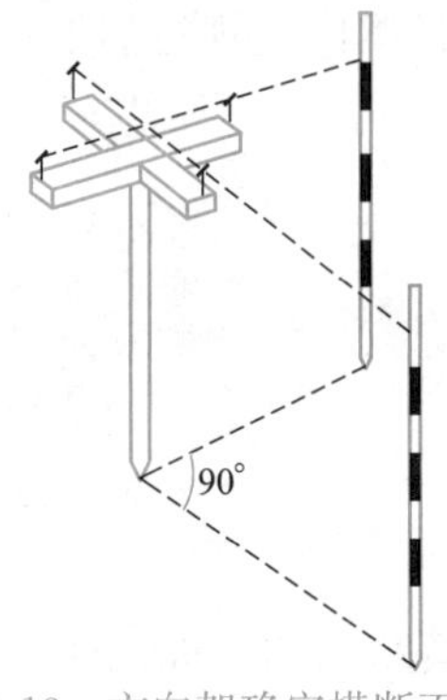

图14-13　方向架确定横断面方向

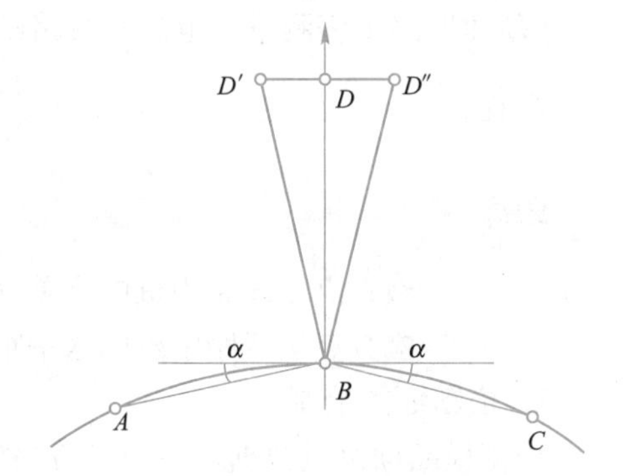

图14-14　曲线横断面方向的确定

用经纬仪确定横断面方向时，先根据曲线资料计算出曲线点 B 与相邻曲线点 A 的弦切角 α，如图 14-14 所示；然后在 B 点安置经纬仪，后视 A 点，顺时针转动照准部使读数增加（$90^\circ+\alpha$），则视线方向即为横断面方向。

3. 横断面测量的方法

横断面测量可采用水准仪法、经纬仪法或全站仪法进行施测。由于公路、铁路横断面数量多、工作量大，应根据精度要求、仪器设备情况及地形条件选择测量方法。

（1）水准仪测横断面

在地势平坦区域，用方向架定向，皮尺（或钢尺）量距，使用水准仪测量横断面上各坡度变化点间的高差。面向线路里程增加方向，分别测定中桩左、右两侧地面坡度变化点之间的平距和高差，按表 14-8 记录格式记录测量数据，分母是两测点间的平距，分子是两点间高差。绘制横断面图时，再统一换算成各测点到中桩的平距和高差。若仪器安置适当，置一次镜可观测多个横断面，如图 14-15 所示。为防止各断面互相混淆，存储数据时注意各断面测点编号要有序，同时画草图，做好记录。

横断面测量记录　　表 14-8

左侧	桩号	右侧
$\frac{+2.1}{12.0}$　$\frac{-1.9}{8.7}$　$\frac{2.6}{18.5}$	DK5+256	$\frac{-1.4}{14.5}$　$\frac{+1.8}{10.5}$　$\frac{-1.4}{16.0}$

（2）经纬仪测横断面

在中线桩上安置经纬仪，定出横断面方向后，用视距测量方法测出各测点相对于中桩的水平距离和高差。这种方法速度快、效率高，可适用于各种地形。

（3）全站仪测横断面

用全站仪测横断面，将仪器安置在中线桩上，定出横断面方向后，测出各测点相对于中桩的水平距离和高差。这种方法速度快、精度高，受地形限制小，是目前常用的测量方法。

4. 横断面测量检测精度要求

《新建铁路工程测量规范》对线路横断面测量检测限差规定如下：

高程　$\pm\left(\frac{h}{100}+\frac{L}{200}+0.1\right)\mathrm{m}$

距离　$\pm\left(\frac{L}{100}+0.1\right)\mathrm{m}$

式中　h——检查点至线路中桩的高差（m）；

L——检查点至线路中桩的水平距离（m）。

5. 横断面图绘制

根据横断面测量数据，在厘米方格纸上绘制横断面图，如图 14-16 所示。为了设计方便，其纵坐标（高程）、横坐标（地面坡度变化点到中线桩的平距）均采用 1∶200 的比例尺。

横断面图最好在现场绘制，以便及时复核测量结果和检查绘图质量，还可不做测绘记录，同时还可省去室内绘图时所要进行的复核工作。

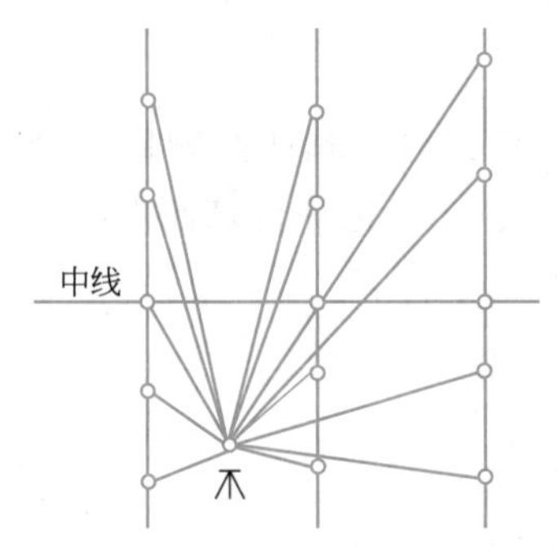

图 14-15　水准仪测量横断面

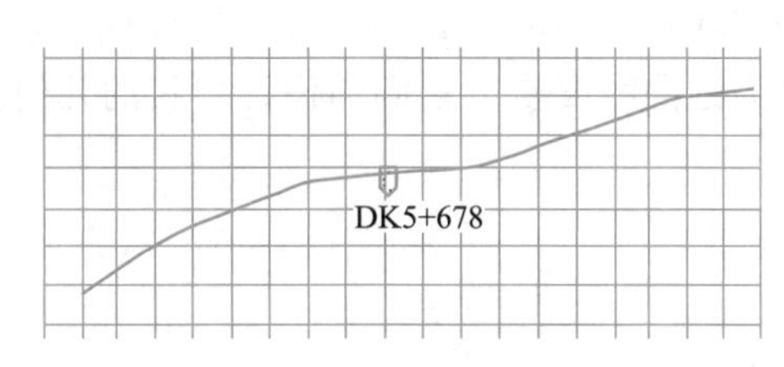

图 14-16　横断面图

14.4　圆曲线及其测设

圆曲线主要用于行车速度不高的公路和铁路专用线，常用的测设方法有偏角法、直角坐标法和极坐标法等方法。

14.4.1　圆曲线要素及其主点测设

在图 14-17 所示的圆曲线中，有 ZY、QZ、YZ 三个圆曲线主点和一个交点，其中：

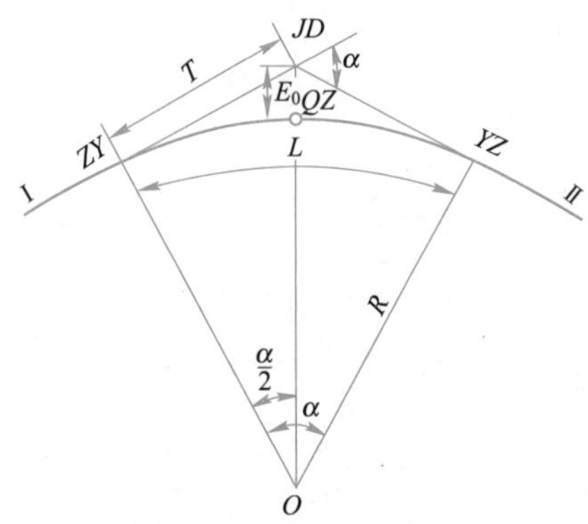

图 14-17　圆曲线主点及其要素

ZY——直圆点，即直线与圆曲线的分界点；

QZ——曲中点，即圆曲线的中点；

YZ——圆直点，即圆曲线与直线的分界点；

JD——两直线的交点，是一个不在线路上的重要点，它与圆曲线的三个主点统称为圆曲线控制点。

1. 圆曲线要素及其计算

圆曲线要素有

T——切线长，即交点至直圆点或圆直点的直线长度；

L——曲线长，即圆曲线的长度（ZY—QZ—YZ 圆弧的总长度）；

E_0——外矢距，即 JD 至 QZ 之水平距离；

α——转向角，即直线方向改变的水平角；

R——圆曲线半径。

其中，α、R 为设计要素，α 是 JD 处的转向角，以定测放线测量测设出的实际角度为准；T、L、E_0 为计算要素，是以 α、R 为依据计算而来的，称之为圆曲线要素，它们与设计要素的几何关系为

$$\left.\begin{aligned} T&=R\cdot\tan\frac{\alpha}{2}\\ L&=R\cdot\alpha\cdot\frac{\pi}{180^\circ}\\ E_0&=R\left(\sec\frac{\alpha}{2}-1\right)\end{aligned}\right\}\qquad(14\text{-}5)$$

【例题 14-2】　已知 $\alpha=55^\circ43'24''$，$R=500\text{m}$，求圆曲线要素 T、L、E_0。

【解】　由公式（14-5）计算出圆曲线要素 $T=264.31\text{m}$，$L=486.28\text{m}$，$E_0=65.56\text{m}$。

2. 圆曲线主点里程计算

根据圆曲线要素和已知点里程，按里程增加的方向（$ZY\rightarrow QZ\rightarrow YZ$）推算圆曲线主点里程，要注意检核。在上例中若已知 JD 点的里程为 K26＋817.55，则 ZY、QZ 及 YZ 的里程计算如下

$$\begin{array}{lr} JD & 26+817.55\\ -T & 264.31\\ \hline ZY & 26+553.24\\ +\frac{L}{2} & 243.14\\ \hline QZ & 26+796.38\\ +\frac{L}{2} & 243.14\\ \hline YZ & 27+039.52\end{array}$$

3. 圆曲线主点的测设

圆曲线如图 14-17 所示，在 JD 安置经纬仪或全站仪瞄准直线方向Ⅰ上的一个直线转点，在视线方向上测设水平距离 T，则得 ZY 点；再瞄准Ⅱ直线上的一个直线转点，沿视线方向测设水平距离 T，得 YZ 点；转动照准部用盘左、盘右分中法测设水平角 $(180^\circ-\alpha)/2$，得内分角线方向，在内分角线方向上测设 E_0 得 QZ 点。测设距离和角度按一般方法进行。三主点应在地面打方桩，桩顶面与地面平齐，加小钉标志点位，其左侧要钉设标志桩。

14.4.2　圆曲线详细测设的方法

圆曲线的主点 ZY、QZ、YZ 测设后，还不足以呈现圆曲线形状作为勘测设计及施工的依据，还必须对圆曲线进行详细测设，加密曲线点。除圆曲线的主点外，其他曲线点的里程一般要求为一定长度的倍数（例如 20m），在地形复杂处可适当减小倍数（如 10m），曲线点用写明里程的板桩在相应的中线位置标志，在地形变化处还要设置加桩。测设曲线点的工作称曲线测设，常用的测设方法有偏角法、切线支距法、极坐标法和 GPS-RTK 等方法。

1. 偏角法测设圆曲线

（1）测设原理

偏角即弦切角，如图 14-18 所示。偏角法测设圆曲线的原理是根据偏角及弦长交会出曲线点。在 ZY 点拨偏角 δ_1，得 ZY—1 方向，沿该方向量弦长 C_1 即得曲线点 1；拨偏角 δ_2，得 ZY—2 方向，由 1 点量出弦长 C_2 与 ZY—2 方向相交，得曲线点 2；用与测设 2 点相同的方法测设出曲线上的其他点。测设 1 点用极坐标法，测设 2 点及以后各点则是角度与距离交会法。

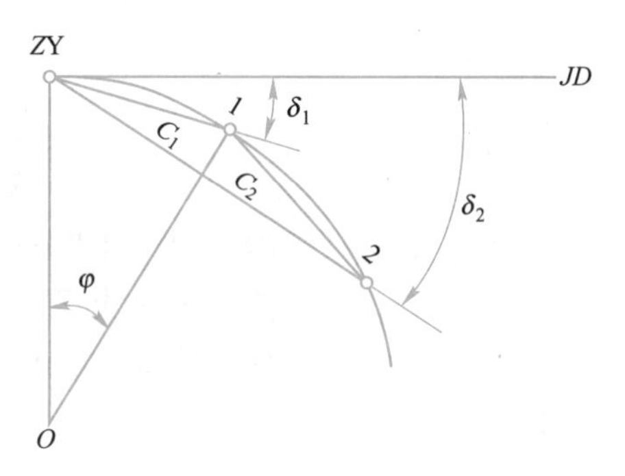

图 14-18　圆曲线偏角计算

（2）偏角及弦长的计算

按几何关系，偏角等于其弧长所对应的圆心角之半。若两圆曲线点间曲线长为 k，其所对应的圆心角为

$$\varphi=\frac{k}{R}\cdot\frac{180^\circ}{\pi}$$

则相应的偏角 δ 和弦长 C 为

$$\left.\begin{aligned}\delta&=\frac{\varphi}{2}=\frac{k}{2R}\cdot\frac{180^\circ}{\pi}\\C&=2R\sin\delta\end{aligned}\right\}\tag{14-6}$$

在圆曲线测设中，一般每隔等距弧长（如 20m）测设一个曲线点，当曲线半径较大时，等距弧长与其相应的弦长相差很小，可用弧长代替相应的弦长进行曲线测设。当 $R\leqslant 400$m 时，测设圆曲线才考虑弧弦差的影响，此时要根据弦长公式计算弦长。

在实际测设中，要求详细测设出的圆曲线点里程为定长的倍数，例如 20m。由于曲线主点 ZY、QZ、YZ 里程往往不是 20m 的倍数，因此在曲线主点附近就会出现曲线弧长小于 20m 曲线点，称其所对应的弦长为分弦。如上例中 ZY 的里程为 26＋553.24，QZ 的里程为 26＋796.38，YZ 的里程为 27＋039.52，在曲线两端及中间出现四段分弦（图 14-19），它们所对应的曲线长分别为 k_1、k_2、k_3、k_4，其值分别为

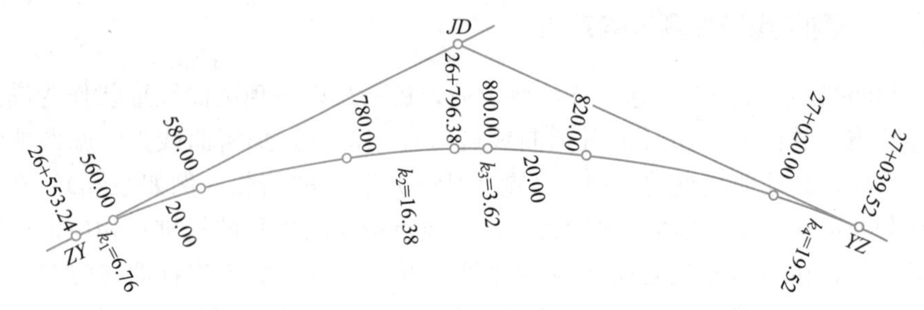

图 14-19　圆曲线的分弦

$$k_1=560.00-553.24=6.76\text{m}$$
$$k_2=796.38-780.00=16.38\text{m}$$
$$k_3=800.00-796.38=3.62\text{m}$$
$$k_4=039.52-020.00=19.52\text{m}$$

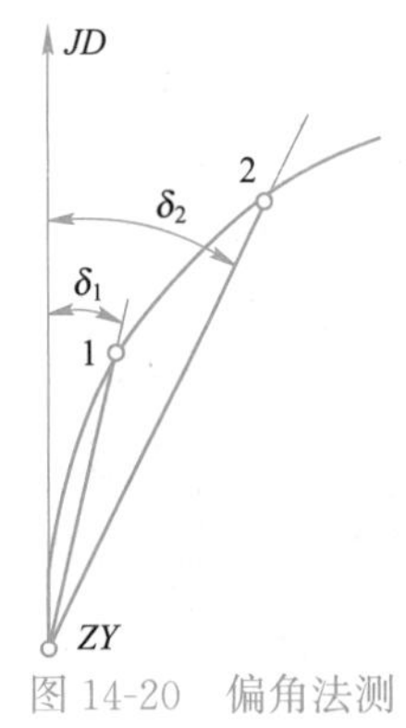

图 14-20　偏角法测设圆曲线（正拨）

【例题 14-3】　已知 $R=500\text{m}$，$\alpha=55°43'24''$，ZY 的里程为 K26＋553.24，QZ 点里程为 K26＋796.38，要在圆曲线 ZY—QZ 之间每隔 20m 测设一曲线点，且要求曲线点里程为 20m 的倍数，试计算偏角法测设的资料。

【解】　如图 14-20 所示，在 ZY 点设测站，以切线 ZY—JD 为零方向，测设 ZY—QZ 间曲线点的偏角照准部为顺时针方向旋转，与水平度盘读数增加方向一致，度盘读数增加，此时拨各曲线点的偏角称之为“正拨”。测设资料见表 14-9。

圆曲线偏角计算表（正拨）　　　　表 14-9

置镜点及曲线点里程	曲线点间曲线长(m)	累计偏角 °　′　″	备注
ZY　26＋553.24	0.00	0　00　00	置镜 ZY，后视 JD
＋560.00	6.76	0　23　15	
＋580.00	20.00	1　32　00	
…	…	…	
＋760.00			
＋780.00	20.00	12　59　33	
QZ　26＋796.38	16.38	13　55　51	(＝α/4)核

测设 QZ—YZ 间的圆曲线时，在 YZ 点（图 14-21）设置测站，以切线 YZ—JD 方向为零方向。测设偏角时照准部为逆时针方向旋转，与水平度盘读数增加方向相反，度盘读数减少，测设各曲线点的偏角称为“反拨”。曲线点里程和偏角值列于表 14-10。

（3）测设方法

偏角法详细测设圆曲线，通常在 ZY 和 YZ 设测站分别测设两个半个曲线，于 QZ 闭合以资检核。现以例题 14-3 的测设资料为例说明测设步骤。

圆曲线偏角计算表（反拨）　　表 14-10

置镜点及曲线点里程	曲线点间曲线长(m)	累计偏角 ° ′ ″	备注
YZ　27+039.52	0.00	0　00　00	置镜 YZ,后视 JD
+020.00	19.52	358　52　54	
+040.00	20.00	357　44　09	
…	…	…	
26+820.00			
+800.00	20.00	346　16　36	
QZ　26+796.38	3.62	346　04　09	(=360°−α/4)核

以 ZY 点为测站，测设 ZY—QZ 间曲线点的步骤如下：

1）将经纬仪或全站仪安置于 ZY 点（图 14-20），后视 JD 点，度盘配置为 0°00′00″；

2）松开照准部，顺时针转动照准部，当水平度盘读数为 23′15″时，在视线上用钢尺量出弦长 6.76m，在地面插一测钎，定出曲线点 1；

3）松开照准部，顺时针转动照准部，使水平度盘读数为 1°32′00″；同时测设距离，用钢尺的零刻划对准 1 点，使 20m 长的刻划与望远镜视线相交，在交点处插测钎，定出曲线点 2，此时，拔去 1 点测钎打入板桩；

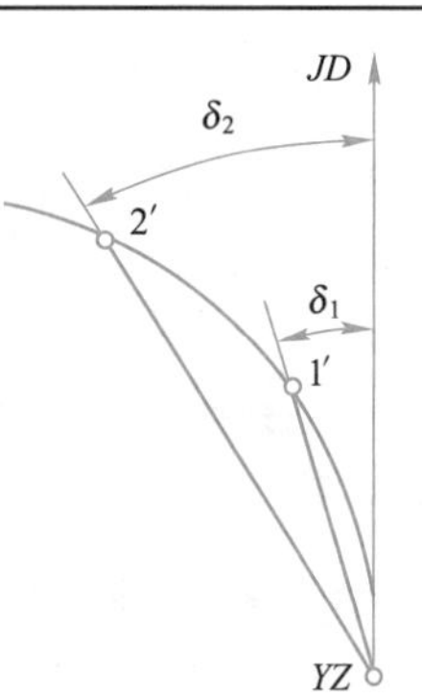

图 14-21　偏角法测设圆曲线（反拨）

4）以与测设 2 点相同的方法继续测出曲线点 3、4…直至测设出 QZ'点。

测设出 QZ'点后与主点 QZ 位置进行检核，当纵向（该点切线方向）闭合差小于半个曲线长的 1/2000，横向闭合差小于 10cm 时，曲线点不作调整；若闭合差超限，则应查找原因重测曲线点。

以 YZ 点为测站，测设 QZ—YZ 间曲线点的步骤如下：

将仪器安置在 YZ 点（图 14-21），后视 JD 点，度盘配置为 0°00′00″。测设方法与在 ZY 点置镜测设前半个曲线的方法基本相同，不同的是测设偏角时照准部逆时针方向转动反拨偏角，测设 1′点的度盘读数为（$360°-\delta_1$），测设 2′点的度盘读数为（$360°-\delta_2$），…测设 QZ 点时的度盘读数应为（$360°-\alpha/4$）。

偏角法测设速度较快，但误差累积，应注意检核。

2. 直角坐标法测设圆曲线

直角坐标法又称切线支距法，通常要先计算曲线点在切线坐标系下的坐标。

切线坐标系以 ZY 点（或 YZ 点）为坐标原点，以 ZY 点（或 YZ）到 JD 方向为 x 轴，过原点作切线的垂线为 y 轴，如图 14-22 所示。曲线点在切线坐标系下的直角坐标为

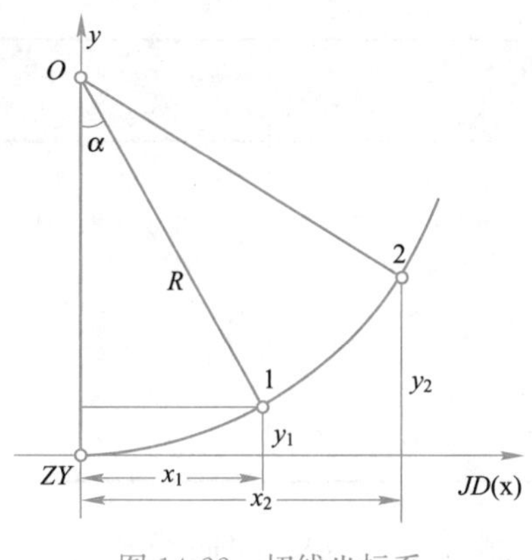

图 14-22 切线坐标系

$$\left.\begin{aligned} x_i &= R \cdot \sin\alpha_i \\ y_i &= R - R \cdot \cos\alpha_i = R(1-\cos\alpha_i) \\ \alpha_i &= \frac{L_i}{R} \cdot \frac{180°}{\pi} \end{aligned}\right\} \tag{14-7}$$

式中 R——圆曲线半径；

L_i——为曲线点 i 至 ZY（或 YZ）的曲线长。

在实际工程中常用经纬仪和全站仪测设，下面分别叙述其测量方法。

(1) 经纬仪直角坐标法测设圆曲线

置镜在 ZY 点或 YZ 点，瞄准 JD 点，在视线方向用钢尺测设水平距离，其长度分别为各曲线点的 x 坐标值，得各曲线点在 x 坐标轴上的垂足；再分别在各垂足上置镜，后视 JD，测设 90°角，在相应的视线方向上用钢尺测设曲线点的 y 坐标值，得各曲线点。

(2) 全站仪直角坐标法测设圆曲线

当圆曲线主点测设出来后，先将 ZY（YZ）和 JD 及曲线点的点号及坐标按作业文件输入仪器内存储；测设时将全站仪安置在 ZY 或 YZ 点上，后视 JD 点，调用放样菜单，选择坐标放样，当测站设置完毕后调出作业文件，仪器自动计算出测设数据，还可显示反射镜的世界位置与理论位置的差值，观测者可指挥反射镜前、后、左、右移动测设曲线点。曲线点测设中要对主点再次测设，以便进行检核。

用全站仪测设圆曲线时，还可置镜在附近的导线点上将曲线主点和曲线点同时测设。主点、曲线点在测量坐标系下的坐标可直接在数字图上查询获得，若无法查询，要先将它们在切线坐标系下的坐标转换为测量坐标，存为作业文件，再调用坐标放样菜单进行测设。

用全站仪在导线点上置镜，测设曲线时，主点测设要盘左、盘右取均值，曲线点可只用盘左位置测设。

3. 极坐标法测设圆曲线

极坐标法详细测设圆曲线是利用极坐标法测设平面点位的原理，在极点上置镜，后视极方向，测设极角得曲线点方向，在该方向上测设极距得曲线点。通常有置镜在曲线主点或曲线外任意点上两种方法。

（1）置镜在 ZY 点或 YZ 点，后视 JD 点，测设偏角 δ，得置镜点到曲线点方向，在该方向上测设弦长 C（置镜点到曲线点的水平距离），则得曲线点。这种方法又称为长弦偏角法，其偏角和弦长计算公式见式（14-6）。

（2）置镜在曲线外任意点，后视曲线主点或导线点。测设时首先要测算出置镜点的坐标，同时计算出各曲线点的切线坐标；然后将它们的坐标变换成某一坐标系下的坐标；最后，根据置镜点、后视点和各曲线点换算后的坐标，计算出要测设相应曲线点的水平角 β 和水平距离 d。其测设方法与用极坐标法测设点的平面位置方法相同。

4. 利用 GPS-RTK 技术测设圆曲线

利用 GPS-RTK 技术测设圆曲线，首先将它们的切线坐标换算为测量坐标，或者在数字图上查询圆曲线主点和曲线点在测量坐标系下的坐标，并把它们存储在 GPS 手簿的项目文件内，在基准站设置好参数后，调用测设菜单即可用流动站进行测设。

14.5 圆曲线加缓和曲线及其测设

14.5.1 缓和曲线的作用及其线形选用的前提条件

火车和汽车在曲线上运行时，会受到离心力的作用，当离心力超过一定值时，车辆就会倾覆。为了抵消离心力的影响，铁路、公路在曲线部分把外轨或路面外侧抬高一定数值，使得车辆在运行中向曲线内倾斜，以达到平衡离心力的作用，从而保证车辆行驶安全。图 14-23 为铁路外轨超高后的情况。此外，由于铁路车辆的构造要求，需进行轨距加宽。无论是外轨超高还是轨距加宽，都需要在直线与圆曲线之间加设过渡曲线逐渐完成。

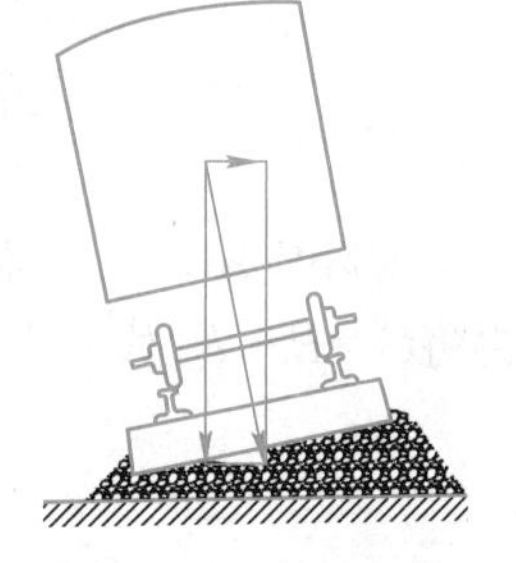
图 14-23　外轨超高

缓和曲线是直线与圆曲线之间的一种过渡曲线，曲率半径由直线的无穷大逐渐变化到圆曲线半径 R，如图 14-24 所示。在缓和曲线上任一点 p 的曲率半径 ρ 与该点到缓和曲线起点的曲线长度 l 成反比，即

$$\rho \propto \frac{1}{l} \quad 或 \quad \rho \cdot l = C \tag{14-8}$$

式中，C 是一个常数，称为缓和曲线的曲率变更率。

当缓和曲线点 P 到曲线起点的曲线长度 l 等于缓和曲线总长 l_0 时，$\rho = R$，则有

$$C = \rho \cdot l = R \cdot l_0 \tag{14-9}$$

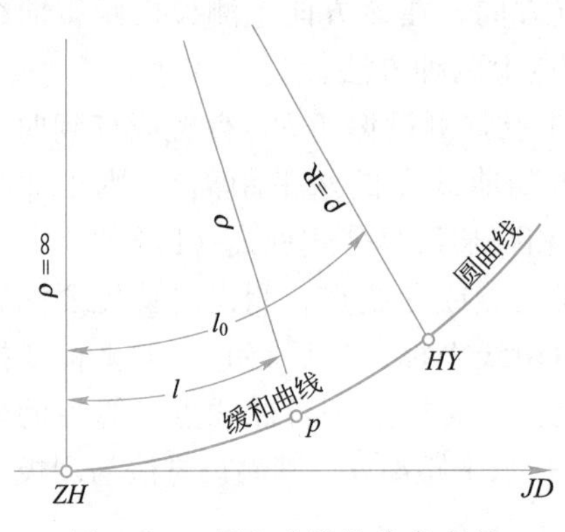

图 14-24　缓和曲线的曲率半径

式（14-8）或式（14-9）是缓和曲线线形选用的必要前提条件。符合这一条件的曲线有辐射螺旋线和三次抛物线，我国采用辐射螺旋线作为缓和曲线。

14.5.2　缓和曲线的参数方程

如图 14-25 所示，缓和曲线上任一点在以缓和曲线起点——直缓（ZH）点或缓直（HZ）点为原点的切线坐标系中的直角坐标 x、y 为

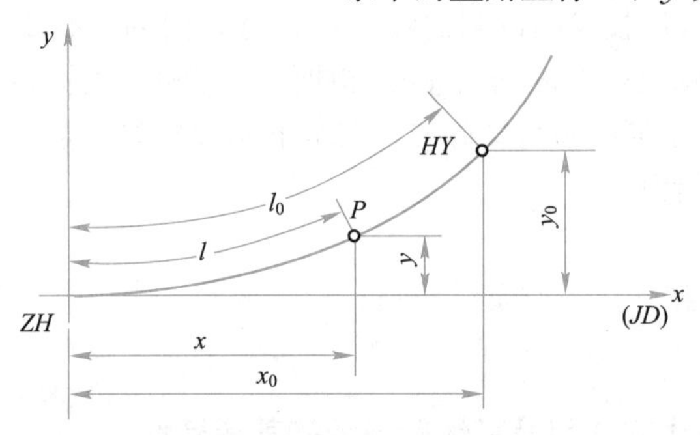

图 14-25　缓和曲线点的坐标

$$x=l-\frac{l^5}{40C^2}+\frac{l^9}{3456C^4}+\cdots$$

$$y=\frac{l^3}{6C}-\frac{l^7}{336C^3}+\frac{l^{11}}{42240C^5}-\cdots$$

实际应用时，x 取前两项，y 值取一项（高速铁路 x、y 要多取一项），再将$C=R\cdot l_0$ 代入上式，其参数方程为

$$\left.\begin{aligned}x&=l-\frac{l^5}{40R^2l_0^2}\\ y&=\frac{l^3}{6Rl_0}\end{aligned}\right\}\tag{14-10}$$

式中　l——缓和曲线点 P 到直缓点的曲线长；

R——圆曲线半径；

l_0——缓和曲线总长度。

当 $l=l_0$ 时，则 $x=x_0$，$y=y_0$，代入式（14-10），得

$$\left.\begin{aligned}x_0&=l_0-\frac{{l_0}^3}{40R^2}\\ y_0&=\frac{{l_0}^2}{6R}\end{aligned}\right\}\tag{14-11}$$

式中　x_0、y_0——缓圆（HY）点或圆缓（YH）点在切线坐标系下的坐标。

14.5.3　缓和曲线的插入和缓和曲线常数

在直线和圆曲线之间插入缓和曲线的基本要求是要保证不改变线路的直线方向。如图 14-26 所示，缓和曲线插入后，约有缓和曲线长度 l_0 的一半是靠近原来的直线部分，而另一半是靠近原来的圆曲线部分；使圆曲线沿与曲线起点切线相垂直的方向移动一段距离 p，圆心就由 O' 移到 O，显然，$O'O=p\sec\dfrac{\alpha}{2}$，而圆曲线的半径 R 保持不变。

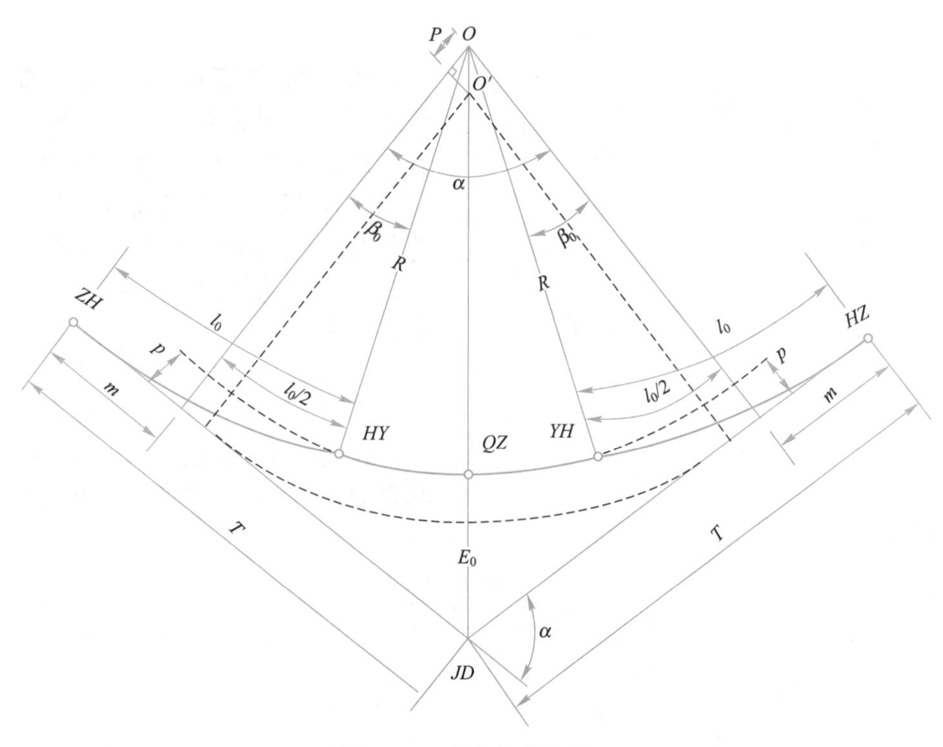

图 14-26　缓和曲线的插入

由图 14-26 中可以看出，插入缓和曲线后，原来圆曲线的两端由部分缓和曲线代替，原来的圆曲线变短了，只剩下 HY 到 YH 这段弧长。由于在圆曲线两端加设了等长的缓和曲线 l_0，曲线的主点由原来的三大主点变为直缓（ZH）点、缓圆（HY）点、曲中（QZ）点、圆缓（YH）点、缓直（HZ）点五大主点。

图 14-26 中的 β_0、δ_0、m、p、x_0、y_0 统称为缓和曲线常数。其中，β_0 为缓和曲线的总切线角，即 HY 点（或 YH 点）的切线与 ZH 点（或 HZ 点）切线的交角，亦即圆曲线向两端各延长 $l_0/2$ 部分所对应的圆心角。m 为切垂距，即由圆心 O 作与 ZH 点（或 HZ 点）的切线的垂线，垂足到 ZH 点（或 HZ 点）的距离。p 为内移距，即圆曲线沿垂线方向的移动量。δ_0 为缓和曲线总偏角，即 ZH 点（或 HZ 点）的切线与其到 HY 点（或 YH 点）弦线

的夹角。x_0、y_0 为 HY（或 YH）的切线坐标，由式（14-11）计算求出。

β_0、p、m、δ_0 的计算式如下

$$\left.\begin{aligned}\beta_0&=\frac{l_0}{2R}\cdot\frac{180°}{\pi}\\p&=\frac{l_0^2}{24R}-\frac{l_0^4}{2688R^3}\approx\frac{l_0^2}{24R}\\m&=\frac{l_0}{2}-\frac{l_0^3}{240R^2}\\\delta_0&=\frac{\beta_0}{3}=\frac{l_0}{6R}\cdot\frac{180°}{\pi}\end{aligned}\right\}\tag{14-12}$$

如图 14-27 所示，l 为缓和曲线上任一点到 ZH 点的缓和曲线长，其曲率半径为 ρ，切线角为 β（该点的切线与 ZH 点或 HZ 点切线的夹角），在切线坐标系下的坐标为 x、y。根据积分原理，缓和曲线常数推导如下。

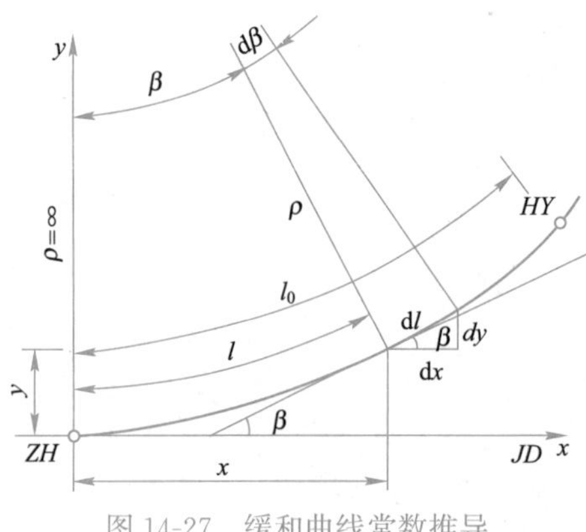

图 14-27　缓和曲线常数推导

1. 推导总切线角 β_0

在图 14-27 中的缓和曲线某点作一弧线微量 dl，已知该点的曲率半径为 ρ，则对应 dl 的切线角的微量为

$$d\beta=\frac{dl}{\rho}=\frac{l\cdot dl}{R\cdot l_0}$$

$$\left(因为 C=\rho l=Rl_0，则有 \rho=\frac{R\cdot l_0}{l}\right)$$

$$\beta=\int_0^l d\beta=\int_0^l\frac{l\cdot dl}{R\cdot l_0}=\frac{1}{R\cdot l_0}\int_0^l l\cdot dl=\frac{l^2}{2R\cdot l_0}\quad 或 \quad \beta=\frac{l^2}{2R\cdot l_0}\cdot\frac{180°}{\pi}$$

当 $l=l_0$ 时，$\beta=\beta_0$

$$\beta_0=\frac{l_0}{2R}\cdot\frac{180°}{\pi}$$

2. 推导 HY（YH）点的切线坐标 x_0、y_0

在图 14-27 中，由缓和曲线某点所作弧线微量 dl 和该点的切线角 β 可知

$$dx=dl\cdot\cos\beta$$
$$dy=dl\cdot\sin\beta$$

将 $\cos\beta$、$\sin\beta$ 按级数展开

$$\cos\beta=1-\frac{\beta^2}{2!}+\frac{\beta^4}{4!}\cdots\cdots$$

$$\sin\beta=\beta-\frac{\beta^3}{3!}+\frac{\beta^5}{5!}\cdots\cdots$$

已知 $\beta=\frac{l^2}{2R\cdot l_0}$，与上两式一起代入 d$x$、d$y$ 式中积分，略去高次项得 x、y 的一般表达式

$$\left.\begin{aligned}x&=l-\frac{l^5}{40R^2l_0^2}\\y&=\frac{l^3}{6Rl_0}\end{aligned}\right\}$$

即式（14-10）。当 $l=l_0$ 时，有

$$\left.\begin{aligned}x_0&=l_0-\frac{l_0^3}{40R^2}\\y_0&=\frac{l_0^2}{6R}\end{aligned}\right\}$$

即式（14-11）。

3. 推导切垂距 m

由图 14-28 中几何关系知

$$m=x_0-R\cdot\sin\beta_0$$

将 x_0 及 $\sin\beta_0$ 的级数展开式代入上式整理得

$$m=\frac{l_0}{2}-\frac{l_0^3}{240R^2}\quad（取至\ l_0\ 三次方）$$

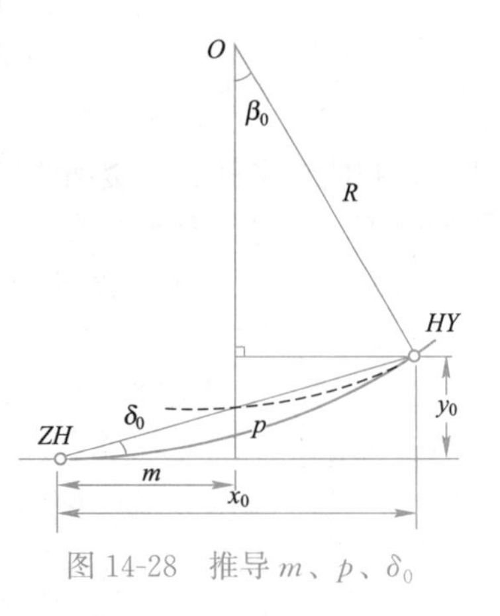

图 14-28　推导 m、p、δ_0

4. 推导内移距 p

由图 14-28 中几何关系知

$$p=y_0-R(1-\cos\beta_0)$$

将 y_0 及 $\cos\beta_0$ 的级数展开式代入上式整理得

$$p=\frac{l_0^2}{24R}\quad（取至\ l_0\ 二次方）$$

5. 推导总偏角 δ_0

由图 14-28 可知

$$\tan\delta_0=\frac{y_0}{x_0}$$

因 δ_0 很小，则取

$$\delta_0\approx\tan\delta_0=\frac{y_0}{x_0}$$

将 x_0、y_0 代入上式，仅取至 l_0 二次方项（忽略三次方及其以上项），则有

$$\delta_0=\frac{l_0}{6R}=\frac{\beta_0}{3}$$

【例题 14-4】 当 $R=500$m，$l_0=60$m，求缓和曲线常数。

【解】 根据式（14-12）、式（14-11）计算得

$$\beta_0=3°26'16'';\quad \delta_0=1°08'45'';$$
$$m=29.996\text{m};\quad p=0.300\text{m};$$
$$x_0=59.978\text{m};\quad y_0=1.200\text{m}$$

14.5.4　圆曲线加缓和曲线的综合要素及主点测设

从图 14-26 中可以看出，在直线和圆曲线之间加入缓和曲线后的综合要素为切线长 T、曲线长 L、外矢距 E_0，还有两倍的切线与曲线之差——切曲差 q，它们的计算公式分别为

$$\left.\begin{aligned}&T=(R+p)\cdot\tan\frac{\alpha}{2}+m\\&L=L_0+2l_0=R(\alpha-2\beta_0)\frac{\pi}{180°}+2l_0\\&E_0=(R+p)\sec\frac{\alpha}{2}-R\\&q=2T-L\end{aligned}\right\}\tag{14-13}$$

式中，圆曲线半径 R、缓和曲线长 l_0 及转向角 α 是设计值，当 α 的测设值与设计值不一致时，取实测值。

【例题 14-5】　已知 $R=500\text{m}$，$l_0=60\text{m}$，$\alpha=28°36'20''$，ZH 点里程为 86+424.67，求综合要素及主点的里程。

【解】　(1) 先根据式 (14-12) 计算缓和曲线常数，再根据式 (14-13) 计算综合要素，得

$$T=157.55\text{m}$$
$$L=309.63\text{m}$$
$$E_0=16.30\text{m}$$
$$q=5.46\text{m}$$

(2) 主点里程计算

已知 ZH 点里程为 86+424.67，则有

$$\begin{array}{lr}ZH & 86+424.67\\ +l_0 & 60\\ \hline HY & 86+484.67\\ +\left(\frac{L}{2}-l_0\right) & 94.82\\ \hline QZ & 86+579.49\\ +\left(\frac{L}{2}-l_0\right) & 94.82\\ \hline YH & 86+674.31\\ +l_0 & 60\\ \hline HZ & 86+734.31\end{array}\qquad\qquad\begin{array}{lr}ZH & 86+424.67\\ +2T & 315.10\\ \hline & 86+739.77\\ -q & 5.46\\ \hline HZ & 86+734.31\end{array}\quad(核)$$

测设 ZH、HZ、QZ 点的方法与测设圆曲线主点 ZY、YZ、QZ 点的方法相同。测设 HY 和 YH 时，经纬仪安置在 JD 点上，后视 ZH 点（或 HZ 点），自 ZH 点（或 HZ 点）起沿 ZH→JD（或 HZ→JD）切线方向测设平距 x_0，打桩、钉小钉；然后在切线的 x_0 点上置镜，后视 JD，测设垂直于切线的方向，在垂线上测设平距 y_0，打桩、钉小钉，定出 HY 点（或 YH 点）。也可以在切线方向上自 JD 起向 ZH（或 HZ）测设平距（$T-x_0$），打桩、钉小钉，然后在该点置镜，测设垂直于切线的方向，在垂线方向上测设平距 y_0，打桩、钉小钉，定出 HY 点（或 YH 点）。

为保证主点测设精度，角度测设要采用盘左、盘右分中法；距离测设应往返丈量，互差在限差内取平均位置。曲线主点测设完毕后，应在 ZH 或 HZ 点安置仪器，检查 HY 或 YH 点的总偏角 δ_0 是否正确。

当使用全站仪和 GPS-RTK 测设曲线主点时，要事先在数字图上查询出它们的测量坐标并存在仪器内或手簿中；然后将全站仪或 GPS 基准站安置好，置好参数后，调用测设菜单，直接测设五大主点。

14.5.5 圆曲线加缓和曲线的详细测设

1. 偏角法测设圆曲线加缓和曲线

（1）偏角法测设缓和曲线部分

通常将缓和曲线总长 l_0 设计为 10m 的整倍数，用偏角法测设缓和曲线时，将缓和曲线分为 N 等份，即每 10m 测设一个缓和曲线点。偏角法测设缓和曲线时其方法与偏角法测设圆曲线方法相同，依次拨各缓和曲线点的累计偏角并与 10m 长的距离交会，即可定出各缓和曲线点。

在图 14-29 中，l 为缓和曲线上任一点 A 到 ZH 的曲线长，δ 为对应的偏角，b 为 A 点的反偏角，即 A 点到 ZH 点的弦线与 A 点切线构成的夹角；x、y 为 A 点在 ZH 点切线坐标系下的坐标；可以看出

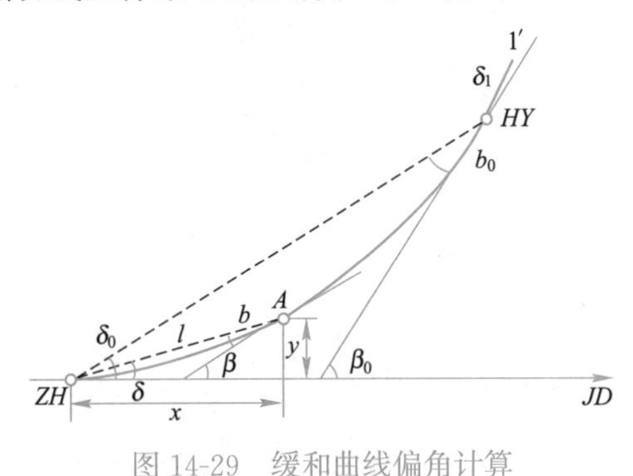

图 14-29　缓和曲线偏角计算

$$\sin\delta=\frac{y}{l}$$

因 δ 很小，则有 $\delta\approx\sin\delta$。

已知
$$y=\frac{l^3}{6Rl_0}$$

则有

$$\delta=\frac{l^2}{6Rl_0} \quad 或 \quad \delta=\frac{l^2}{6Rl_0}\cdot\frac{180^\circ}{\pi} \tag{14-14}$$

又已知缓和曲线点 A 的切线角为

$$\beta=\frac{l^2}{2Rl_0}\cdot\frac{180^\circ}{\pi}$$

∴

$$\beta=3\delta$$

由图中几何关系可知

$$b=\beta-\delta=\frac{2}{3}\beta=2\delta \tag{14-15}$$

可以看出

$$\delta : b : \beta=1:2:3 \tag{14-16}$$

当 $l=l_0$ 时，$\delta=\delta_0$，$b=b_0$，$\beta=\beta_0$，则

$$\beta_0=3\delta_0$$

$$b_0=2\delta_0$$

则有

$$\delta_0 : b_0 : \beta_0=1:2:3$$

其中，δ_0 为缓和曲线总偏角，即缓和曲线总长对应的偏角；b_0 为 HY 点的总反偏角。

当缓和曲线分成 N 等份时，各缓和曲线点到 ZH 点或 HZ 点的曲线长分别为

$$l_2=2l_1,\quad l_3=3l_1,\quad \cdots,\quad l_0=N\cdot l_1$$

根据偏角计算公式（14-14），则有

$$\delta_1=\frac{l_1^2}{6Rl_0}\cdot\frac{180^\circ}{\pi}$$

$$\delta_2=\frac{l_N^2}{6Rl_0}\cdot\frac{180^\circ}{\pi}=\frac{2^2l_1^2}{6Rl_0}\cdot\frac{180^\circ}{\pi}=2^2\delta_1$$

……

$$\delta_N=\frac{l_N^2}{6Rl_0}\cdot\frac{180^\circ}{\pi}=\frac{N^2l_1^2}{6Rl_0}\cdot\frac{180^\circ}{\pi}=N^2\delta_1=\delta_0$$

∴

$$\delta_1=\frac{\delta_0}{N^2} \tag{14-17}$$

由上述推导可以看出，若缓和曲线分成 N 等份，则各缓和曲线点的偏角等于各曲线点序号平方与 δ_1 的乘积；若先算出 δ_0，即可算出 δ_1 和其他偏角。还可看出，各缓和曲线点的偏角与各曲线点到缓和曲线起点的曲线长的平方成正比，即

$$\delta_1 : \delta_2 : \cdots : \delta_n = l_1^2 : l_2^2 : \cdots : l_N^2 \tag{14-18}$$

【例题 14-6】 设 $R=500\text{m}$，$l_0=60\text{m}$，$N=6$，即每分段曲线长 $l_1=10\text{m}$，ZH 点里程为 K86+424.67，计算各点的偏角。

【解】 (1) $\beta_0=\frac{l_0}{2R}\cdot\frac{180°}{\pi}=\frac{60}{2\times500}\times\frac{180°}{3.1416}=3°26'16''$

(2) $\delta_0=\frac{\beta_0}{3}=\frac{3°26'16''}{3}=1°08'45''$

(3) 缓和曲线按 10m 测设一点，$N=6$，则有

$$\delta_1=\frac{\delta_0}{N^2}=\frac{1°08'45''}{36}=1'54''.59=1'55''$$

(4) 各点偏角值列表计算于表 14-11 中。

缓和曲线偏角计算 表 14-11

里程		曲线长(m)	累计偏角 ° ′ ″	备注
ZH	K86+424.67	00	0 00 00	ZH 点置镜,后视 JD 方向
	+434.67	10	0 01 55	
	+444.67	10	0 07 38	
	+454.67	10	0 17 11	
	+464.67	10	0 30 33	
	+474.67	10	0 47 45	
HY	K86+484.67	10	1 08 45	$=\delta_0$(核)

偏角法测设缓和曲线部分时，将经纬仪安置在 ZH 点（或 HZ 点）上，后视 JD，配置度盘为 0°00′00″；如果是右转曲线，先拨偏角 δ_0，若为左转曲线，先拨（$360°-\delta_0$），如 HY（YH）点在视线上说明主点测设正确；然后，与偏角法测设圆曲线方法相同，拨角 δ_1 并从 ZH 点（或 HZ 点）起沿视线方向量 10m 得 1 点，拨角 δ_2，钢尺零刻划对 1 点，10m 刻划与 δ_2 方向相交得 2 点，……依次测设出其他曲线点，直至 HY（YH）点，检核是否与主点重合。图 14-30 所示为左转曲线，拨角时度盘读数应为（$360°-\delta_i$）。

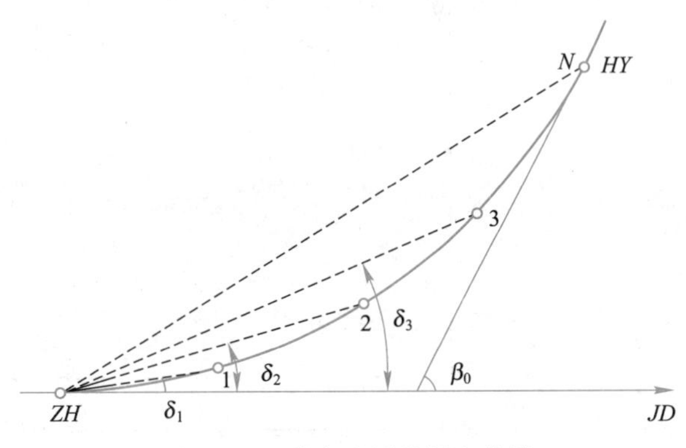

图 14-30 偏角法测设缓和曲线

一个曲线若在 ZH 点置镜用偏角法测设缓和曲线为正拨，则在 HZ 点上测设必为反拨，反之亦然。

（2）偏角法测设圆曲线部分

图 14-29 中的曲线为左转曲线，用偏角法测设圆曲线部分时，在 HY 点安置经纬仪，后视 ZH 点，度盘上配置反偏角 b_0，倒镜后转动照准部当度盘读数为 0°00′00″时，视线方向则为 HY 点的切线方向，可按偏角法测设圆曲线的方法反拨偏角测设圆曲线点，直到 QZ 点。

若在图 14-29 中所示曲线的 YH 点置镜，后视 HZ 点，度盘上配置为 $(360°-b_0)$，倒镜后则 YH 点的切线方向的度盘读数为 0°00′00″，可正拨偏角测设圆曲线另一半圆曲线点，直至 QZ 点。

为了避免视准轴误差的影响，在 HY（YH）点置镜，后视 ZH（HZ）点，可将度盘配置为 $180°\pm b_0$，然后转动照准部，使度盘读数为 0°00′00″，则视线方向为 HY（YH）点的切线方向。偏角为正拨时，取"－"号，反拨时取"＋"号。

偏角法的优点是测设速度快，有检核，适用于山区；缺点是误差积累。应加强检核，其方法是用偏角法测设曲线主点与已测设出的主点进行比较，横向误差小于 10cm，纵向误差不超过本段曲线的 1/2000，则认为测设合格。否则，需要重测。

2. 极坐标法测设圆曲线加缓和曲线

极坐标法测设圆曲线加缓和曲线，亦分为置镜在曲线主点和置镜在线外任意点两种情况，无论哪种情况都要计算曲线点的坐标。

（1）曲线点切线坐标的计算

在缓和曲线部分曲线点的坐标为

$$\left.\begin{aligned} x&=l-\frac{l^5}{40R^2l_0^2} \\ y&=\frac{l^3}{6Rl_0} \end{aligned}\right\}$$

在圆曲线部分，由图 14-31 知圆曲线点 i 的坐标为

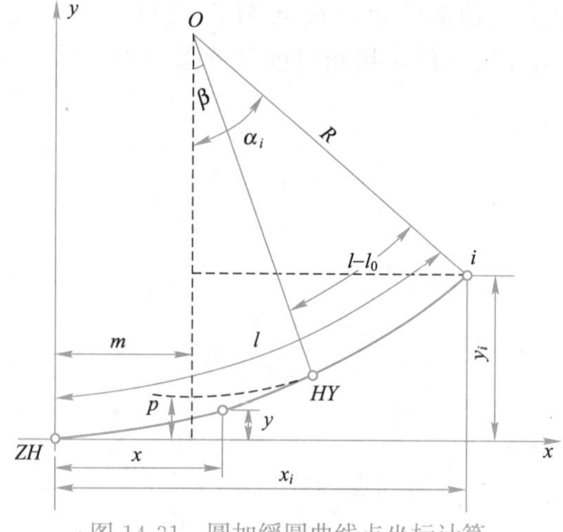

图 14-31　圆加缓圆曲线点坐标计算

$$\left.\begin{aligned}x_i&=R\cdot\sin\alpha_i+m\\y_i&=R(1-\cos\alpha_i)+p\end{aligned}\right\}\tag{14-19}$$

式中 $\alpha_i=\dfrac{l_i-l_0}{R}\cdot\dfrac{180°}{\pi}+\beta_0$

l_i——曲线点 i 到曲线起点的曲线长。

（2）两个切线坐标系的坐标统一换算

由于一个曲线有两个切线坐标系，要在一个置镜点用极坐标法测设整个曲线，需要将另半个曲线在 HZ 点切线坐标系下的 x'、y'坐标转换为 ZH 点切线坐标系下的坐标 x、y。在图 14-32 中的左侧为右转曲线，右侧为左转曲线，将以 HZ 点为原点的切线坐标转换到以 ZH 点为原点的坐标系中的通用公式为

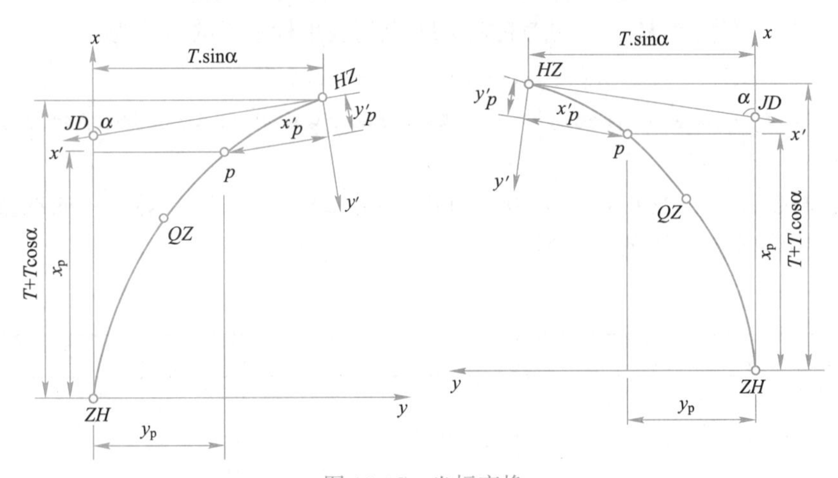

图 14-32 坐标变换

$$\begin{pmatrix}x\\y\end{pmatrix}=\begin{pmatrix}T(1+\cos\alpha)\\T\sin\alpha\end{pmatrix}+\begin{pmatrix}-\cos\alpha & -\sin\alpha\\-\sin\alpha & \cos\alpha\end{pmatrix}\cdot\begin{pmatrix}x'\\y'\end{pmatrix}\tag{14-20}$$

式中 T——切线长；

α——转向角；

x、y——以 ZH 为原点切线坐标系下的坐标；

x'、y'——以 HZ 为原点切线坐标系下的坐标。

若要在线外任意点置镜测设曲线时，需要将置镜点、后视点、曲线点的坐标变换为一个坐标系下的坐标，才能计算测设资料进行测设。

（3）测设方法

测设前应首先计算出各曲线点相对于置镜点和后视点的测设参数——极坐标（θ，ρ），即可用经纬仪或全站仪测设。用极坐标法测设曲线时应注意如下事项：

1）用经纬仪测设曲线时，曲线主点应单独测设，不得与曲线测设同时进行；用全站仪测设时主点与曲线点测设可同时进行，但主点应盘左盘右测设取均值；

2）用任意点极坐标法测设主点时，必须更换测站点或后视点以作检核，其点位误差不大于 5cm；

3）用极坐标法详细测设曲线时应加强检核，每 100m 不宜少于 1 个点；当置镜点多于 2 个时，应形成闭合环，闭合差应满足放线精度要求。

【例题 14-7】　已知某曲线 $R=500m$，$l_0=60m$，$\alpha_{右}=28°36'20''$，$m=29.996m$，$p=0.300m$，$\beta_0=3°26'16''$，$x_0=59.978m$，$y_0=1.200m$，$T=157.56m$，$L=309.64m$，*ZH* 点里程为 86＋424.67，*HY* 点里程为 86＋487.67，*QZ* 点里程为 86＋579.49，*YH* 点里程为 86＋674.31，*HZ* 点里程为 86＋743.31。

（1）求 *ZH*—*QZ* 间曲线点在 *ZH* 点切线坐标系下的坐标；

（2）求 *HZ*—*QZ* 间曲线点在 *HZ* 点切线坐标系下的坐标；

（3）现有线外 *E* 点，测得它在 *ZH* 点切线坐标系下的坐标为

$$x_E=50.000m,\quad y_E=86.603m$$

仪器置于 *E* 点，后视 *ZH* 点，测设 *HZ*—*QZ* 间曲线点的极坐标法测设资料。

【解】（1）根据式（14-10）和式（14-19）计算 *ZH*—*QZ* 间曲线点在 *ZH* 点切线坐标系下的坐标列于表 14-12。

ZH—*QZ* 曲线点坐标　　　　表 14-12

里程	曲线长（m）	X 坐标（m）	Y 坐标（m）	备注
ZH K86＋424.67	0	0.000	0.000	
＋434.67	10	10.000	0.006	
＋444.67	20	20.000	0.044	
＋454.67	30	29.999	0.150	
＋464.67	40	39.997	0.356	
＋474.67	50	49.991	0.694	
HY 86＋484.67	60	59.978	1.200	与 *HY* 坐标相等
＋500.00	15.33	75.264	2.353	
＋520.00	35.33	95.140	4.561	
＋540.00	55.33	114.913	7.564	
＋560.00	75.33	134.549	11.353	
QZ 86＋579.49	94.82	153.524	15.799	

（2）根据式（14-10）和式（14-19）求 *HZ*—*QZ* 间曲线点在 *HZ* 点切线坐标系下的坐标列于表 14-13。

（3）先据式（14-20）计算 *HZ* 点坐标变换的平移量。

$$T(1+\cos\alpha)=157.56\times(1+\cos28°36'20'')=295.888m$$

$$T\times\sin\alpha=157.56\times\sin28°36'20''=75.436m$$

再按式（14-20）计算 HZ—QZ 间曲线点在 *ZH* 点切线坐标系下的坐标，列于表 14-14。

HZ—QZ 曲线点坐标　　　　表 14-13

里　程	曲线长(m)	X′坐标(m)	Y′坐标(m)	备注
HZ K86+734.31	0	0.000	0.000	
+724.31	10	10.000	0.006	
+714.31	20	20.000	0.044	
+704.31	30	29.999	0.150	
+694.31	40	39.997	0.356	
+684.31	50	49.991	0.694	
YH 86+674.31	60	59.978	1.200	与 *YH* 坐标相等
+660.00	14.31	74.248	2.262	
+640.00	34.31	94.129	4.430	
+620.00	54.31	113.907	7.391	
+600.00	74.31	133.551	11.141	
+580.00	94.31	153.030	15.674	
QZ 86+579.49	94.82	153.524	15.799	

HZ—QZ 间曲线点在 *ZH* 点切线坐标系下的坐标　　　　表 14-14

里　程	X′坐标(m)	Y′坐标(m)	X 坐标(m)	Y 坐标(m)	备注
HZ K86+734.31	0.000	0.000	295.888	75.436	
+724.31	10.000	0.006	287.106	70.653	
+714.31	20.000	0.044	278.119	65.899	
+704.31	29.999	0.150	269.479	61.205	
+694.31	39.997	0.356	260.603	56.599	
+684.31	49.991	0.694	251.667	52.111	
YH 86+674.31	59.978	1.200	242.656	47.773	
+660.00	74.248	2.262	229.620	41.874	
+640.00	94.129	4.430	211.128	34.258	
+620.00	113.907	7.391	192.346	27.389	
+600.00	133.551	11.141	173.305	21.276	
+580.00	153.030	15.674	154.033	15.930	
QZ 86+579.49	153.524	15.799	153.539	15.803	较差满足要求

解得 $\alpha_{E-ZH}=240°$，极坐标法测设曲线点的测设资料计算见表 14-15。

HZ—QZ 间曲线点在 *E* 点置镜的测设资料　　　　表 14-15

里　程	X 坐标(m)	Y 坐标(m)	α_{E-i} ° ′ ″	θ ° ′ ″	d(m)
HZ K86+734.31	295.888	75.436	357 23 59	117 23 59	246.141
+724.31	287.106	70.653	356 09 06	116 09 06	237.642
+714.31	278.119	65.899	354 48 51	114 48 51	229.057
+704.31	269.479	61.205	353 23 57	113 23 57	220.944
+694.31	260.603	56.599	351 53 30	111 53 30	212.730
+684.31	251.667	52.111	350 17 40	110 17 40	204.595
YH 86+674.31	242.656	47.773	348 36 17	108 36 17	196.530

续表

里　程	X 坐标(m)	Y 坐标(m)	α_{E-i} ° ′ ″	θ ° ′ ″	d(m)
+660.00	229.620	41.874	345 59 10	105 59 10	185.105
+640.00	211.128	34.258	342 00 28	102 00 28	169.417
+620.00	192.346	27.389	337 24 48	97 24 48	154.171
+600.00	173.305	21.276	332 05 07	92 05 07	139.541
+580.00	154.033	15.930	325 48 38	85 48 38	125.768
QZ 86+579.49	153.539	15.803	325 38 08	85 38 08	125.431

（4）直角坐标法详细测设圆曲线加缓和曲线

直角坐标法测设圆曲线加缓和曲线，同直角坐标法测设圆曲线一样有经纬仪和全站仪测设之分。不同的是在 ZH 点或 HZ 点置镜测设。

曲线主点要盘左、盘右测设，若互差在 5cm 内取均值位置，曲线点可用盘左位置测设。

（5）利用 GPS-RTK 技术测设圆曲线加缓和曲线

利用 GPS-RTK 技术详细测设圆曲线加缓和曲线方法与测设圆曲线方法相同，要注意加强检核。

3. 曲线测设的限差

在曲线测设中，由于拨角及量距误差的影响，从一个主点测设到另一个主点时，往往产生闭合差。如图 14-33 所示，曲线测设由 ZH 点测设到 QZ 点时，测设出的 QZ 点为 M'，与主点测设时定出的 QZ（M）点不在同一位置，产生闭合差 f。f 可在 M' 处分解为外矢距方向及 QZ 点切线方向的两个分量。切线方向的分量为纵向闭合差 $f_{纵}$，外矢距方向分量为横向闭合差 $f_{横}$。

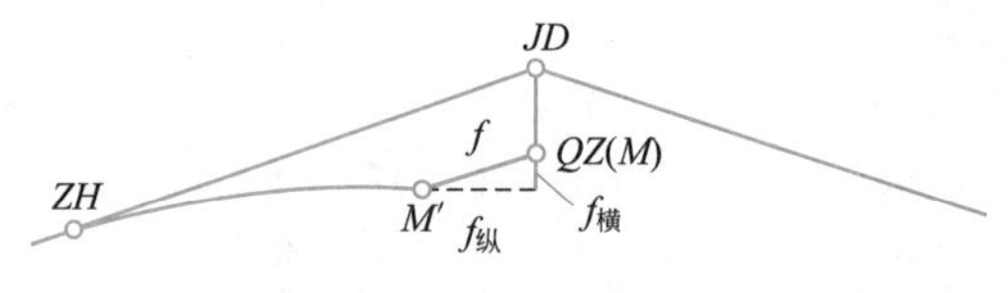

图 14-33　曲线测设误差

《新铁规》规定曲线测设闭合差的允许值：

（1）偏角法：

$$f_{纵} \leqslant \frac{l}{2000}$$

$$f_{横} \leqslant 0.1\text{m}$$

其中，l 为两主点之间测设的曲线长。当曲线半径较大时，认为纵向闭合差主要是由量距引起的，所以纵向允许闭合差是一个相对值；认为横向闭合差主要是由拨角引起的，因此，横向允许闭合差是一个绝对量。

（2）极坐标法

中桩检测点位误差小于±10cm。

14.6 线路施工测量

在施工阶段，线路施工测量的主要任务是将线路施工桩点的平面位置和高程测设于实地。施工桩点包括中线桩和标志路基施工界线的边桩。线路中线在线路施工中起平面控制作用，也是路基施工的主要依据。在施工中，中线位置必须与定测一致。由于定测以后要经过施工图设计、招标投标阶段才能进入施工阶段，定测钉设的某些桩点可能丢失或被移动。因此，在线路施工之前，必须进行复测，恢复受到破坏的控制点，恢复定测测设的中线桩，检查定测资料，这项工作称为线路复测。此外，在修筑路基前，需要在地面上把标志路基中线方向不填不挖的施工零点和路基施工边界桩钉出来，作为线路施工的依据。测设施工零点桩和边桩的工作称为路基放样。

14.6.1 线路复测

线路复测的目的是检测定测质量和恢复定测桩点。施工单位在施工复测前应检核定测资料及有关图表，会同设计单位在现场进行交接平面控制点和水准点、*ZD* 桩、*JD* 桩、曲线主点桩、中线桩等。施工复测应对全线的控制点和中线进行复测，其工作内容和方法与定测时基本相同，精度要求与定测一致。

当复测结果与定测成果互差在限差范围内时，可按定测成果。当复测与定测成果互差超限时，应多方寻找原因，如确属定测资料错误或桩点发生移动时，则应改动定测成果。

《铁规》复测与定测成果不符值的限差规定如下：

水平角：$\pm 30''$；

距离：钢尺 1/2000，光电测距 1/3000；

转点点位横向差：每 100m 不应大于 5mm，当距离超过 400m 时，亦不应大于 20mm；

曲线横向闭合差：10cm（施工时应调整桩位）；

水准点高程闭合差：$\pm 30\sqrt{K}$ mm（K 为路线长度的公里数）；

中桩高程：± 10cm。

此外，在施工阶段对土石方的计算要求比设计阶段准确。因此，横断面要求测得密些，通常在地势平坦地区为每 50m 一个，在土石方量大的复杂地区，应不远于每 20m 一个。所以，在施工中线上的里程桩也要加密为每 50m 或 20m 一个。

14.6.2 路基放样

路基放样的主要内容是测设路基中线的施工零点和路基边桩。

1. 路基中线施工零点的测设

路基横断面是在横断面图上设计的，在路基中需要填方的横断面称为路堤，需要挖方的称为路堑。当在线路中线方向某点的填挖量为零时，该点为线路中线方向上不填不挖的点，也就是线路纵断面图上设计中线与地面线的交点，是路基中线的施工零点。

在图 14-34 中，A、B 为中线上的里程桩，O 是路基在线路中线方向的施工零点。要测设施工零点，首先求算零点距邻近里程桩的距离。

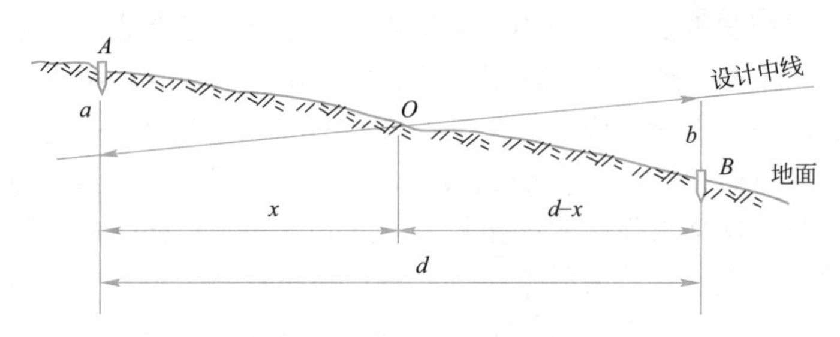

图 14-34　路基施工零点的测设

设 x 为路基中线的施工零点距邻近里程桩 A 的水平距离，d 为两相邻里程桩 A、B 之间的水平距离，a 为 A 点挖深；b 为 B 点填高，根据几何关系有

$$\frac{a}{x}=\frac{b}{d-x}$$

故

$$x=\frac{a}{a+b}\cdot d$$

施工时，自 A 起沿中线方向量取水平距离 x，即可测出施工零点桩 O。

2. 路基边桩的测设

路基施工前，要在线路中桩两侧横断面上用边桩标志出路堤坡脚或路堑坡顶的位置，作为填土或挖土的边界依据。要正确测设边桩，必须熟悉路基设计资料。边桩测设的方法很多，常用的有图解法、解析法和逐渐趋近法。

（1）图解法

在较平坦地区，当横断面测量精度较高时，首先在横断面图上量取边坡线与地面线交点至中桩的水平距离，然后在实地根据中桩测设边桩。

（2）解析法

在地势平坦路段，如图 14-35 所示（图 a 为路堤，图 b 为路堑），首先要计算出边桩到中线桩的水平距离 D，D 等于中线一侧路堤路肩宽（或路堑底面宽）与填（挖）高 H 乘以设计边坡坡度之和，即

$$D_1=D_2=\frac{b}{2}+m\times H \tag{14-21}$$

式中　b——路堤或路堑（包括侧沟）的宽度，由设计确定；

m——路基边坡坡度比例系数；

H——填（挖）高度。

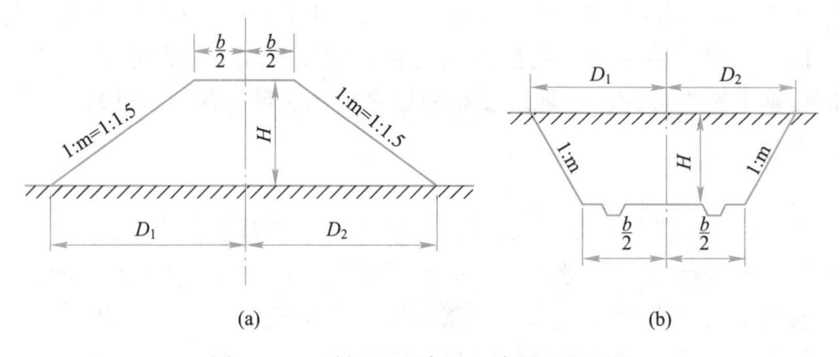

图 14-35　平坦地面路堑、路堤边桩测设

测设时，以中桩为依据，分别向中桩左右两侧量取水平距离 D_1、D_2，即可钉出边桩。

（3）逐渐趋近法

地面高低起伏不平时，边桩到中线桩的距离随地面的高低起伏而发生变化。此时，要用逐渐趋近法进行测设，如图 14-36 所示。首先在横断面图上量得的边桩到中桩的平距，在实地确定其大概位置点 1；再用水准仪测出 1 点与中桩的高差 h_1，用尺量出 1 点至中桩的平距 D'；然后，根据高差 h_1，按公式（14-22）计算边坡桩至中桩的距离 D 为

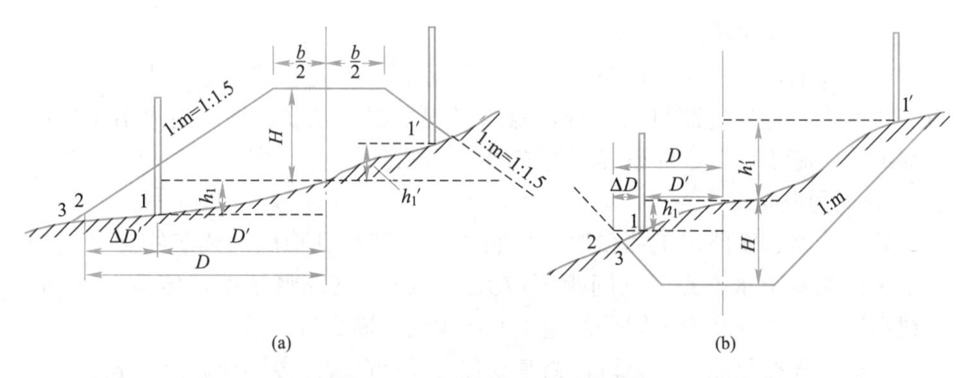

图 14-36　逐渐趋近法测设边桩

$$D=b/2+m\times(H\pm h_1) \tag{14-22}$$

式中　b——中桩路堤顶面或路堑底部宽度；

m——设计边坡的坡度系数；

H——路基中桩填（挖）高；

h_1——1 点与中桩的实测高差，h_1 的"±"号规定为：

当边桩在测设路堤下坡一侧时，h_1 取"+"，在测设路堤上坡一侧时，h_1 取"—"；

当边桩在测设路堑下坡一侧时，h_1 取"－"，在测设路堑上坡一侧时，h_1 取"+"。

若 $D>D'$，说明边桩的位置应在 1 点的外边，向外移动 $\Delta D=D-D'$；若 $D<D'$，则边桩应在 1 点里边，向里移动 ΔD。图 14-36（a）中，$D>D'$，

水准尺向外移动 ΔD，再次进行测算，直至 $\Delta D < 0.1$m 时，即可认为立尺点即为边桩的位置。用逐渐趋近法测设边桩，需要在现场边测边算，试测一两次后即可确定边坡位置。在地形复杂地段采用此法较为快捷、准确。

14.6.3　竣工测量

新建公路、铁路应在路基工程、桥梁工程、隧道工程完成之后，路面和轨道铺设之前进行竣工测量，其目的是最后测定线路中线位置，同时检查路基施工质量是否符合设计要求，为路面铺设和铺轨提供依据。此外，还为运营阶段的维护、扩建、改建提供依据。它的主要内容包括中线测量、高程测量和横断面测量。

1. 中线测量

首先根据护桩或控制点将线路的主要控制点恢复到路基上，进行线路中线贯通测量；在有桥隧的路段，从桥梁、隧道的线路中线向两端引测贯通。贯通测量后的中线位置应符合路基宽度和建筑物限界的要求，中线控制桩和交点桩应固桩。

在曲线地段，应交出交点，重新测量转向角；当新测角值与原来转向角之差在允许范围内时，仍采用原来的资料，测角精度与复测相同。应检查曲线控制点、切线长、外矢距等长度的相对误差，在 1/2000 以内，横向闭合差不大于 5cm 时，仍用原桩点。

在中线上，直线路段每 50m、曲线路段每 20m 设一桩；道岔中心、变坡点、桥涵中心等处均需钉设加桩，全线里程自起点连续计算，消灭由于局部改线或分段施工而造成的里程不能连续的“断链”。

2. 高程测量

新建公路、铁路竣工测量时，应将水准点移设到稳固的建筑物上，或埋设永久性混凝土水准点，其间距不应大于 2km，其测量精度与定测时相同，全线高程必须统一，消灭因分段施工而产生的“断高”。

中桩高程按复测方法进行，路基高程与设计高程之差不应超过 5cm。

3. 横断面测量

主要检查路基宽度，侧沟、天沟的深度，宽度与设计值之差不得大于 5cm，路堤护道宽度误差不得大于 10cm。若不符合要求且误差超限应进行整修。

思考题

14-1　线路初测的目的是什么？有哪些主要工作？

14-2　初测导线选点的原则有哪些？

14-3　为什么在计算导线全长的相对闭合差时要对坐标增量总和进行两次改化？

14-4　何谓坐标换带？导线计算在哪些情况下要进行坐标换带？

14-5　新建公路、铁路在初测阶段水准点高程测量的任务是什么？中平的目的是什么？

14-6　线路定测的目的是什么？有哪些主要工作？

14-7　定测放线常用哪些方法？

14-8　定测时的中平与初测时的中平有哪些异同？

14-9　在公路、铁路转弯处为什么要加入缓和曲线？加入的缓和曲线需要具有何种特性？

14-10　测设曲线的主要方法有哪些？

14-11　试叙述用偏角法测设具有缓和曲线的圆曲线时，在 HY 点和 YH 点置镜应如何找出切线方向？

14-12　试述用逐渐趋近法测设路基边桩的方法。

习题

14-1　已知初测导线点 c_1 的坐标为 $x_{c_1}=10117$m，$y_{c_1}=10259$m；c_1c_2 边的坐标方位角为 $68°24'16''$；中线交点 JD_1 的设计坐标为（10045m，10268m），JD_2 的设计坐标为（11186m，12094m），分别在 c_1 点和 JD_1 置镜，试计算用拨角放线法测设 JD_1 和 JD_2 所需要的资料。

14-2　圆曲线半径 $R=500$m，转向角 $\alpha_{右}=25°30'16''$，若 ZY 点的里程为 $K28+615.36$，试计算圆曲线要素、各主点的里程及仪器设置在 ZY 点时各曲线点时的偏角。

14-3　某左转曲线 $\alpha=28°36'00''$，半径 $R=800$m，缓和曲线长 $l_0=100$m，JD 点的里程为 K39+305.38。

（1）计算缓和曲线常数和曲线综合要素；

（2）计算各主点里程；

（3）试计算：当仪器设置在 ZH 点时，测设 ZH-HY 点间各曲线点的偏角；当仪器设置在 HY 点时，测设 HY-YH 点间各点的偏角；当仪器设置在 HZ 点时，测设 HZ-YH 点间各点的偏角。

14-4　曲线半径 $R=500$m，缓和曲线长 $l_0=60$m，转向角 $\alpha_{右}=28°36'20''$，JD 点里程为 K3+246.25，在 ZH 点上安置仪器，后视 JD 点，试计算用直角坐标法测 ZH 到 QZ 点间各曲线点在切线坐标系下各点坐标，要求缓和曲线每隔 10m 测设一点，圆曲线点里程为 20m 倍数。

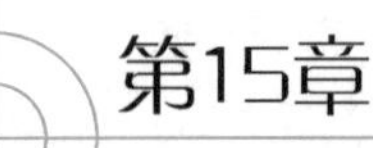

桥梁施工测量

本章知识点

【知识点】桥梁施工控制测量的方法、桥轴线长度所需精度估算、桥梁墩台中心的定位和轴线测设、重要细部点的放样、墩台变形观测。

【重点】桥梁施工控制测量、重要细部点的放样、墩台变形观测。

【难点】桥轴线长度所需精度估算、桥梁墩台中心定位及轴线测设。

桥梁是道路工程的重要组成部分之一，有铁路桥梁、公路桥梁、铁路公路两用桥梁以及陆地上的立交桥和高架道路。在工程建设中，无论是投资比重、施工期限、技术要求等各个方面，它都居于重要位置。特别是一般特大桥、复杂特大桥等技术较复杂的桥梁建设，对一条路线能否按期、高质量地建成通车，均具有重要影响。桥梁按其轴线长度一般分为特大型桥（＞500m）、大型桥（100～500m）、中型桥（30～100m）和小型桥（＜30m）四类。

15.1　桥梁控制测量

一座桥梁的建设，在勘测设计、建筑施工和运营管理期间都需要进行大量的测量工作，其中包括：勘测选址、地形测量、施工测量、竣工测量；在施工过程中及竣工通车后，还要进行变形观测。本章主要讨论施工阶段的测量工作。桥梁施工测量的内容和方法，随桥长及其类型、施工方法、地形复杂情况等因素的不同而有所差别，概括起来主要有桥轴线长度测量、桥梁控制测量、墩台定位及轴线测设、墩台细部放样及梁部放样等。另外，还要按规范要求等级进行水准测量。对于小型桥一般不进行控制测量。

现代的施工方法日益走向工厂化和拼装化，尤其对于铁路桥梁，梁部构件一般都在工厂制造，在现场进行拼接和安装，这就对测量工作提出了十分严格的要求。

15.1.1　桥梁平面控制测量

在选定的桥梁中线上，于桥头两端埋设两个控制点，两控制点间的连线称为桥轴线。由于墩、台定位时主要以这两点为依据，所以桥轴线长度的精度直接影响墩、台定位的精度。为了保证墩、台定位的精度要求，首先需要估算出桥轴线长度需要的精度，以便合理地拟定测量方案。

1. 桥轴线长度所需精度估算

在现行的《铁规》中，根据梁的结构形式、施工过程中可能产生的误差，推导出了如下的估算公式：

（1）钢筋混凝土简支梁

$$m_{\mathrm{L}}=\pm\frac{\Delta_{\mathrm{D}}}{\sqrt{2}}\sqrt{N} \tag{15-1}$$

（2）钢板梁及短跨（$l\leqslant 64\mathrm{m}$）简支钢桁梁

单跨：
$$m_{l}=\pm\frac{1}{2}\sqrt{\left(\frac{l}{5000}\right)^{2}+\delta^{2}} \tag{15-2}$$

多跨等跨：
$$m_{\mathrm{L}}=m_{l}\sqrt{N} \tag{15-3}$$

多跨不等跨：
$$m_{\mathrm{L}}=\pm\sqrt{m_{l1}^{2}+m_{l2}^{2}+\cdots} \tag{15-4}$$

（3）连续梁及长跨（$l>64\mathrm{m}$）简支钢桁梁

单联（跨）：
$$m_{l}=\pm\frac{1}{2}\sqrt{n\Delta_{l}^{2}+\delta^{2}} \tag{15-5}$$

多联（跨）等联（跨）：
$$m_{\mathrm{L}}=m_{l}\sqrt{N} \tag{15-6}$$

多联（跨）不等联（跨）：
$$m_{\mathrm{L}}=\pm\sqrt{m_{l1}^{2}+m_{l2}^{2}+\cdots\cdots} \tag{15-7}$$

式中 m_{L}——桥轴线（两桥台间）长度中误差（mm）；

m_{li}——单跨长度中误差（mm）（$i=1$，2，……）；

l——梁长；

N——联（跨）数；

n——每联（跨）节间数；

Δ_{D}——墩中心的点位放样限差（±10mm）；

Δ_{l}——节间拼装限差（±2mm）；

δ——固定支座安装限差（±7mm）；

1/5000——梁长制造限差。

2. 桥轴线长度测量方法

一般地，直线桥或曲线桥的桥轴线长度可用光电测距仪或钢卷尺直接测定。但如果精度需要或对于复杂特大桥，则应布设 GPS 网与导线网进行平面控制测量，这时桥轴线长度的精度估算还应考虑利用平面控制点交会墩位的误差影响。

3. 桥梁平面控制测量

桥梁平面控制测量的目的是测定桥轴线长度并据以进行墩、台位置的放样；同时，也可用于施工过程中的变形监测。

根据桥梁跨越的河宽及地形条件，平面控制网多布设成如图 15-1 所示的形式。

选择控制点时，应尽可能使桥的轴线作为三角网的一条边，以利于提高桥轴线的精度。若不可能，也应将桥轴线的两个端点纳入网内，以便间接求算桥轴线长度，如图 15-1（d）所示。

对于控制点的要求，除了图形简单、图形强度良好外，还要求地质条件稳定，视野开阔，便于交会墩位，其交会角不致太大或太小。基线应与桥梁中线近似垂直，其长度宜为桥轴线的 0.7 倍，困难时也不应小于其 0.5 倍。在控制点上要埋设标石及刻有“+”字的金属中心标志。如果兼作高程控制点用，则中心标志宜做成顶部为半球状。

控制网可采用测角网、测边网或边角网。采用测角网时宜测定两条基线，如图 15-1 中的双线所示；测边网是测量所有的边长而不测角度；边角网则是边长和角度都测。一般说来，在边、角精度互相匹配的条件下，边角网的精度较高。

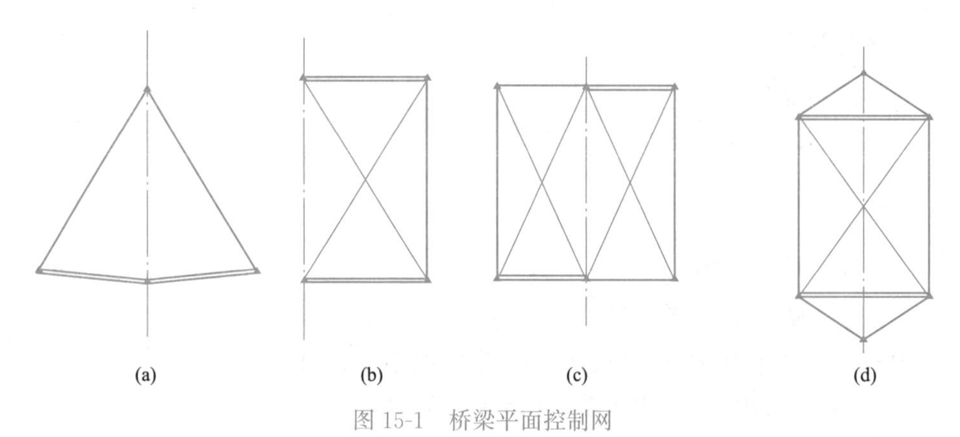

图 15-1　桥梁平面控制网

桥梁控制网分为五个等级，它们分别对测边和测角精度的规定如表 15-1 所示。

测边和测角的精度规定　　表 15-1

三角网等级	桥轴线相对中误差	测角中误差(″)	最弱边相对中误差	基线相对中误差
一	1/175000	±0.7	1/150000	1/400000
二	1/125000	±1.0	1/100000	1/300000
三	1/75000	±1.8	1/60000	1/200000
四	1/50000	±2.5	1/40000	1/100000
五	1/30000	±4.0	1/25000	1/75000

上述规定是对测角网而言，由于桥轴线长度及各个边长都是根据基线及角度推算的，为保证轴线有可靠的精度，基线精度要高于桥轴线精度 2～3 倍。如果采用测边网或边角网，由于边长是直接测定的，所以不受或少受测角误差的影响，测边的精度与桥轴线要求的精度相当即可。

由于桥梁三角网一般都采用独立坐标系统，它所采用的坐标系，一般是以桥轴线作为 x 轴，桥轴线始端控制点的里程作为该点的 x 值。这样，桥梁墩台的设计里程即为该点的 x 坐标值，便于以后施工放样的数据计算。

在施工时，如果因机具、材料等遮挡视线，无法利用主网的点进行施工放样时，可以根据主网两个以上的点将控制点加密，这些加密点称为插点。插点的观测方法与主网相同，但在平差计算时，主网上点的坐标不得变更。

此外，随着GPS应用技术的发展，在桥梁控制网建立中使用GPS方法日益增多，尤其在特长桥梁控制网中，更显示出其优越性。具体方法可参考GPS测量有关书籍。

15.1.2 桥梁高程控制测量

在桥梁的施工阶段，应建立高程控制网，作为放样的高程依据。即在河流两岸建立若干个水准基点，这些水准基点除用于施工外，也可作为以后变形观测的高程基准点。

水准基点布设的数量视河宽及桥的大小而异。一般小桥可只布设一个；在200m以内的大、中桥，宜在两岸各设一个；当桥长超过200m时，由于两岸连测不便，为了在高程变化时易于检查，则每岸至少设置两个。水准基点是永久性的，必须十分稳固。除了它的位置要求便于保护外，根据地质条件，可采用混凝土标石、钢管标石、管柱标石或钻孔标石。在标石上方嵌以凸出半球状的铜质或不锈钢标志。

为了方便施工，也可在附近设立施工水准点，由于其使用时间较短，在结构上可以简化，但要求使用方便，也要相对稳定，且在施工时不致破坏。

桥梁水准点与线路水准点应采用同一高程系统。与线路水准点连测的精度根据设计和施工要求确定，如当包括引桥在内的桥长小于500m时，可用四等水准连测，大于500m时可用三等水准进行测量。但桥梁本身的施工水准网，则宜用较高精度，因为它是直接影响桥梁各部放样精度的。

当跨河距离大于200m时，宜采用过河水准法连测两岸的水准点。跨河点间的距离小于800m时，可采用三等水准，大于800m时则采用二等水准进行测量。

15.2 墩台中心定位和轴线测设

15.2.1 墩台中心定位

在桥梁施工过程中，最主要的工作是测设出墩、台的中心位置和它的纵横轴线。其测设数据由控制点坐标和墩、台中心的设计位置计算确定，若是曲线桥还需桥梁偏角、偏距及墩距等原始资料。测设方法则视河宽、水深及墩位的情况，可采用直接测设或角度交会等方法。墩、台中心位置定出以后，还要测设出墩、台的纵横轴线，以固定墩、台方向，同时它也是墩台施工中细部放样的依据。

1. 直线桥的墩、台中心定位

直线桥的墩、台中心都位于桥轴线的方向上。墩、台中心的设计里程及桥轴线起点的里程是已知的，如图 15-2 所示，相邻两点的里程相减即可求得它们之间的距离。根据地形条件，可采用直接测距法或交会法测设出墩、台中心的位置。

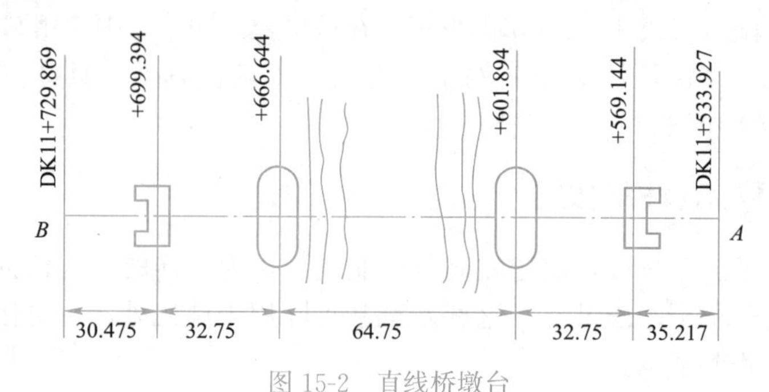

图 15-2 直线桥墩台

（1）直接测距法

这种方法适用于无水或浅水河道。

根据计算出的距离，从桥轴线的一个端点开始，用检定过的钢尺测设出墩、台中心，并附合于桥轴线的另一个端点上。若在限差范围之内，则依各端距离的长短按比例调整已测设出的距离。在调整好的位置上钉一小钉，即为测设的点位。

若用光电测距仪测设，则在桥轴线起点或终点架设仪器，并照准另一个端点。在桥轴线方向上设置反光镜，并前后移动，直至测出的距离与设计距离相符，则该点即为要测设的墩、台中心位置。为了减少移动反光镜的次数，在测出的距离与设计距离相差不多时，可用小钢尺测出其差数，以定出墩、台中心的位置。

（2）角度交会法

当桥墩位于水中，无法直接丈量距离及安置反光镜时，则采用角度交会法。

如图 15-3 所示，C、A、D 为控制网的三角点，且 A 为桥轴线的端点，E 为墩中心设计位置。C、A、D 各控制点坐标已知，若墩心 E 的坐标与之不在同一坐标系，可将其进行改算至统一坐标系中。利用坐标反算公式即可推导出交会角 α、β。如利用计算器的坐标换算功能，则 α 的计算过程更为简捷。以 CASIO fx-4500P 为例：

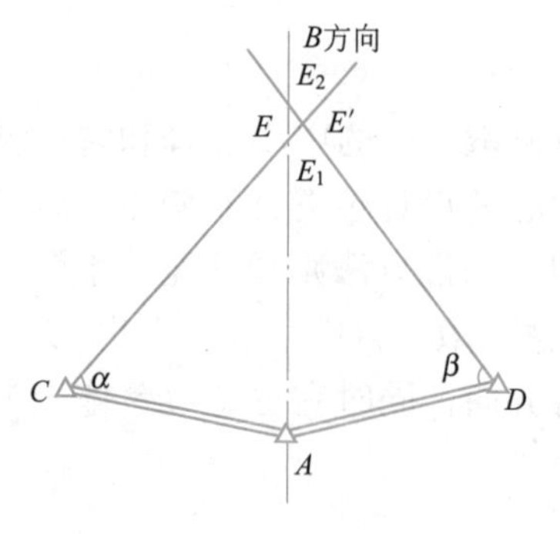

图 15-3 角度交会法

$$pol((x_E - x_C),\ (y_E - y_C)),$$

$$\alpha_{CE} = W$$

$$pol((x_A - x_C),\ (y_A - y_C)),$$

$$\alpha_{CA} = W$$

则交会角为

$$\alpha = \alpha_{CA} - \alpha_{CE}$$

其中，pol 为直角坐标、极坐标的换算功能；

W 为极角的存储区，$W<0$ 时，加 360°赋与方位角。

同理，可求出交会角 β。当然也可以根据正弦定理或其他方法求得。

在 C、D 点上安置经纬仪，分别自 CA 及 DA 方向测设出交会角 α、β，则两方向的交点即为墩心 E 点的位置。为了检核精度及避免错误，通常还利用桥轴线 AB 方向，用三个方向交会出 E 点。

由于测量误差的影响，三个方向一般不交于一点，而形成一如图 15-3 所示的三角形，该三角形称为示误三角形。示误三角形的最大边长，在建筑墩台下部时不应大于 25mm，上部时不应大于 15mm。如果在限差范围内，则将交会点 E' 投影至桥轴线上，作为墩中心 E 的点位。

随着工程的进展，需要经常进行交会定位。为了工作方便，提高效率，通常都是在交会方向的延长线上设置标志，以后交会时可不再测设角度，而直接瞄准该标志即可。

当桥墩筑出水面以后，即可在墩上架设反光镜，利用光电测距仪，以直接测距法定出墩中心的位置。

2. 曲线桥的墩、台中心定位

位于直线桥上的桥梁，由于线路中线是直的，梁的中心线与线路中线完全重合，只要沿线路中线测出墩距，即可定出墩、台中心位置。但在曲线桥上则不然，曲线桥的线路中线是曲线，而每跨梁本身却是直的，两者不能完全吻合，而是如图 15-4 所示。梁在曲线上的布置，是使各梁的中线连接起来，成为与线路中线基本吻合的折线，这条折线称为桥梁工作线。墩、台中心一般位于桥梁工作线转折角的顶点上，所谓墩台定位，就是测设这些转折角顶点的位置。

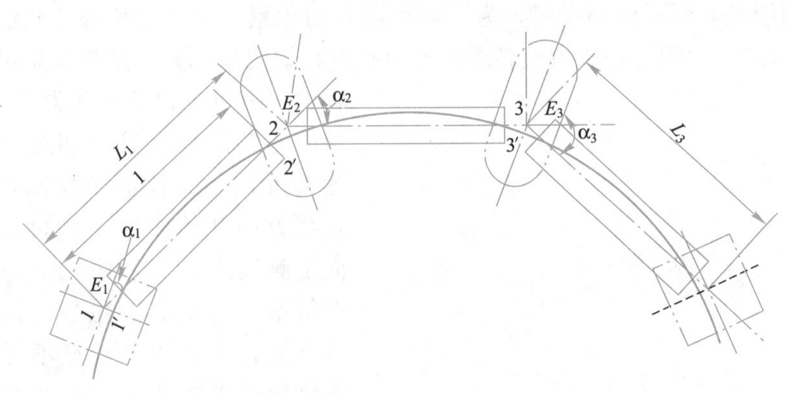

图 15-4 曲线桥墩台

在桥梁设计时，为使车辆运行时梁的两侧受力均匀，桥梁工作线应尽量接近线路中线，所以梁的布置应使工作线的转折点向线路中线外移动一段距离 E，这段距离称为桥墩偏距，如图 15-4 所示，其中 11′、22′和 33′分别为桥墩台的偏距 E_1、E_2 和 E_3。偏距 E 一般是以梁长为弦线的中矢值的一半，这是铁路桥梁的常用布置方法，称为平分矢布置。相邻梁跨工作线构成的偏角 α 称为桥梁偏角。每段折线的长度 L 称为桥墩中心距。E、α、L 在设计图中都已经给出，结合这些资料即可测设墩位。

综上所述可以看出，若直线桥的墩、台定位，主要是测设距离，其所产生的误差，也主要是距离误差的影响；而在曲线桥时，距离和角度的误差都会影响到墩、台点位的测设精度，所以它对测量工作的要求比直线桥要高，工作也比较复杂，在测设过程中一定要多方检核。

在曲线上的桥梁是线路组成的一部分，故要使桥梁与曲线正确的连接在一起，必须以高于线路测量的精度进行测设。曲线要素要重新以较高精度取得。为此需对线路进行复测，重新测定曲线转向角，重新计算曲线要素，而不能利用原来线路测量的数据。

曲线桥上测设墩位的方法与直线桥类似，也要在桥轴线的两端测设出两个控制点，以作为墩、台测设和检核的依据。两个控制点测设精度同样要满足估算出的精度要求。在测设之前，首先要从线路平面图上弄清桥梁在曲线上的位置及墩台的里程。位于曲线上的桥轴线控制桩，要根据切线方向用直角坐标法进行测设。这就要求切线的测设精度要高于桥轴线的精度。至于哪些距离需要高精度复测，则要看桥梁在曲线上的位置而定。

将桥轴线上的控制桩测设出来以后，就可根据控制桩及给出的设计资料进行墩、台的定位。根据条件，可采用直接测距法或交会法。

(1) 直接测距法

在墩、台中心处可以架设仪器时，宜采用这种方法。由于墩中心距 L 及桥梁偏角 α 是已知的，可以从控制点开始，逐个测设出角度及距离，即直接定出各墩、台中心的位置，最后再附合到另外一个控制点上，以检核测设精度。这种方法称为导线法。

利用光电测距仪测设时，为了避免误差的积累，可采用长弦偏角法（也称极坐标法）。因为控制点及各墩、台中心点在切线坐标系内的坐标是可以求得的，故可据以算出控制点至墩、台中心的距离及其与切线方向间的夹角 δ_i。架仪器于控制点，自切线方向开始拨出 δ_i，再在此方向上测设出 D_i，如图 15-5 所示，即得墩、台中心的位置。该方法特点是独立测设，各点不受前一点测设误差的影响；但在某一点上发生错误或有粗差也难以发现。

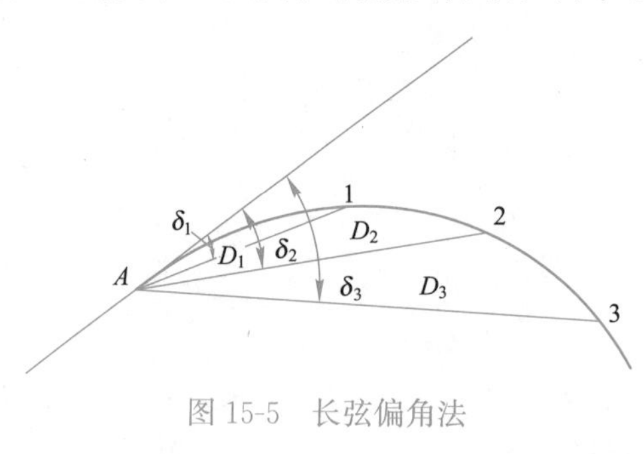

图 15-5　长弦偏角法

所以一定要对各个墩、台中心距进行检核测量，可检核相邻墩、台中心间距，若误差在 2cm 以内时，则认为成果是可靠的。

(2) 角度交会法

当桥墩位于水中，无法架设仪器及反光镜时，宜采用交会法。

与直线桥上采用交会法定位所不同的是，由于曲线桥的墩、台心未在线路中线上，故无法利用桥轴线方向作为交会方向之一；另外，在三方向交会时，当示误三角形的边长在容许范围内时，取其重心作为墩中心位置。

由于这种方法是利用控制网点交会墩位，所以墩位坐标系与控制网的坐标系必须一致，才能进行交会数据的计算。如两者不一致时，则须先进行坐标转换。交会数据的计算与直线桥时类似，根据控制点及墩位的坐标，通过坐标反算出相关方向的坐标方位角，再依此求出相应的交会角度。

15.2.2 墩台轴线测设

为了进行墩、台施工的细部放样，需要测设其纵、横轴线。

纵轴线是指过墩、台中心平行于线路方向的轴线；横轴线是指过墩、台中心垂直于线路方向的轴线；桥台的横轴线是指桥台的胸墙线。

直线桥墩、台的纵轴线于线路的中线方向重合，在墩、台中心架设仪器，自线路中线方向测设 90°角，即为横轴线的方向（图 15-6）。

曲线桥的墩、台纵轴线位于桥梁偏角的分角线上，在墩、台中心架设仪器，照准相邻的墩、台中心，测设 $\alpha/2$ 角，即为纵轴线的方向。自纵轴线方向测设 90°角，即为横轴线方向（图 15-7）。

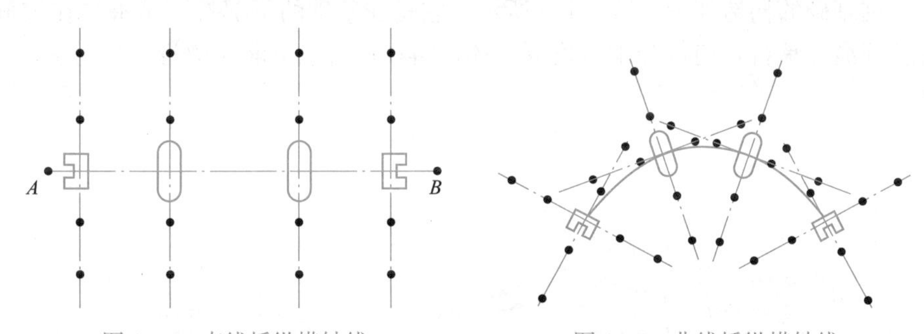

图 15-6　直线桥纵横轴线　　　　图 15-7　曲线桥纵横轴线

墩、台中心的定位桩在基础施工过程中要被挖掉，实际上，随着工程的进行，原定位桩常被覆盖或破坏，但又经常需要恢复以便于指导施工。因而需在施工范围以外钉设护桩，以方便恢复墩台中心的位置。

所谓护桩，即指在墩、台的纵、横轴线上，于两侧各钉设至少两个木桩，因为有两个桩点才可恢复轴线的方向。为防止破坏，可以多设几个。在曲线桥上相近墩、台的护桩纵横交错，使用时极易弄错，所以在桩上一定注意要注明墩、台的编号。

15.3 桥梁细部施工放样

所有的放样工作都遵循这样一个共同原则，即先放样轴线，再依轴线放样细部。就一座桥梁而言，应先放样桥轴线，再依桥轴线放样墩、台位置；就每一个墩、台而言，则应先放样墩、台本身的轴线，再根据墩、台轴线放样各个细部。其他各个细部也是如此。这就是所谓“先整体，后局部”的测量基本原则。

在桥梁的施工过程中，随着工程的进展，随时都要进行放样工作，细部放样的项目繁多，桥梁的结构及施工方法千差万别，所以放样的内容及方法也各不相同。总的说来，主要包括基础放样，墩、台细部放样及架梁时的测设工作。现择其要者简单说明。

中小型桥梁的基础，最常用的是明挖基础和桩基础。明挖基础的构造如图 15-8（a）所示。它是在墩、台位置处挖出一个基坑，将坑底平整后，再灌注基础及墩身。根据已经测设出的墩中心位置及纵、横轴线及基坑的长度和宽度，测设出基坑的边界线。在开挖基坑时，根据基础周围地质条件，坑壁需放有一定的坡度，可根据基坑深度及坑壁坡度测设出开挖边界线。边坡桩至墩、台轴线的距离 D 依下式计算

$$D=\frac{b}{2}+h\cdot m+l \tag{15-8}$$

式中　b——基础底边的长度或宽度；

h——坑底与地面的高差；

m——坑壁坡度系数的分母；

l——基底每侧加宽度。

桩基础的构造如图 15-8（b）所示，它是在基础的下部打入基桩，在桩群的上部灌注承台，使桩和承台连成一体，再在承台以上灌注墩身。

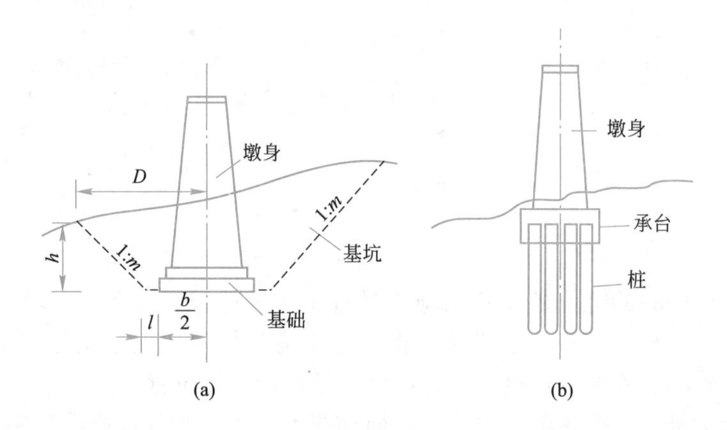

图 15-8　明挖基础和桩基础

基桩位置的放样如图 15-9 所示，它是以墩、台纵、横轴线为坐标轴，按设计位置用直角坐标法测设；或根据基桩的坐标依极坐标的方法置仪器于任一控制点进行测设。后者更适合于斜交桥的情况。在基桩施工完成以后，承台修筑以前，应再次测定其位置，以作竣工资料。

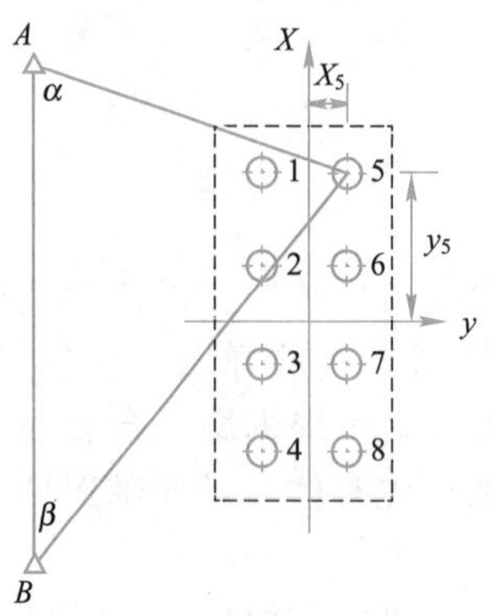

图 15-9　基桩放样

明挖基础的基础部分、桩基的承台以及墩身的施工放样，都是先根据护桩测设出墩、台的纵、横轴线，再根据轴线设立模板。即在模板上标出中线位置，使模板中线与桥墩的纵横、轴线对齐，即为其应有的位置。

架梁是建造桥梁的最后一道工序。无论是钢梁还是混凝土梁，无论是预制梁还是现浇梁，同样需要相应的梁部放样工作。

梁的两端是用位于墩顶的支座支撑，支座放在底板上，而底板则用螺栓固定在墩台的支撑垫石上。架梁的测量工作，主要是测设支座底板的位置，测设时也是先设计出它的纵、横中心线的位置。支座底板的纵、横中心线与墩、台纵、横轴线的位置关系是在设计图上给出的。因而在墩、台顶部的纵、横轴线设出以后，即可根据它们的相互关系，用钢尺将支座底板的纵、横中心线放样出来。对于现浇梁则其测设工作相对更多些，需要放样模板的位置并根据设计测设并检查模板不同部位的高程等。

另外，桥梁细部放样过程中，除平面位置的放样外，还有高程放样。墩台施工中的高程放样，通常都在墩台附近设立一个施工水准点，根据这个水准点以水准测量方法测设各部的设计高程。但在基础底部及墩、台的上部，由于高差过大，难以用水准尺直接传递高程时，可用悬挂钢尺的办法传递高程。

15.4 桥梁墩台的变形观测

在桥梁的建造过程中及建成运营时，由于基础的地质条件不同，受力状态发生改变，结构设计、施工、管理不合理，外界环境影响等一些原因，总会产生变形。

变形观测的任务，就是定期地观测墩、台及上部结构的垂直位移、倾斜和水平位移（包括上部结构的挠曲），掌握其随时间的推移而发生的变形规律。以便在未危及行车安全时，及时采取补救措施。同时，也为以后的设计提供参考数据。

随着桥梁结构的更新，如箱形无碴无枕梁的采用，对桥梁变形的要求日益严格，因为微小的变形，会引起桥梁受力状态的重大变化。所以桥梁的变形观测是一项十分重要的工作。至于观测的周期，则应视桥梁的具体情况而定。一般来说，在建造初期应该短些，在变形逐步稳定以后则可以长些。在桥梁遇有特殊情况时，如遇洪水，船只碰撞等，则应及时观测。观测的开始时间，应从施工开始时即着手进行，在施工时情况变化很快，观测的周期应短，观测工作应由施工单位执行。在竣工以后，施工单位应将全部观测资料移交给运营部门，在运营期间，则由运营部门继续观测。

15.4.1 墩台的垂直位移观测

1. 水准点及观测点的布设

为进行垂直位移观测，必须要在河流两岸布设作为高程依据的水准点，在桥梁墩、台上还要布设观测点。垂直位移观测对水准点的要求是要十分稳定，因而必须建在基岩上。有时为了选择适宜的埋设地点，不得不远离桥址，但这样工作又不方便，所以通常在桥址附近便于观测的地方布设工作基点。

日常的垂直位移观测，即自工作基点施测，但工作基点要定期与水准基点联测，以检查工作基点的高程变化情况。在计算桥梁墩、台的垂直位移值时，要把工作基点的垂直位移考虑在内，如果条件有利，或桥梁较小，则可不另设水准基点，而将工作基点与水准基点统一起来，即只设一级控制。无论是水准基点还是工作基点，在建立施工控制时就要予以考虑，即在施工以前，就要选择适宜的位置将它们布设好，以求得施工以及运营中的垂直位移观测，保持高程的统一。

观测点应在墩、台顶部的上下游各埋设一个，其顶端做成球形，之所以要在上下游各埋设一个，是为了观测墩、台的不均匀下沉及墩、台的倾斜。

2. 垂直位移观测

垂直位移观测的精度要求甚高，所以一般都采用精密水准测量。但这种要求并非指绝对高程，而是指水准基点与观测点之间的相对高差。

观测内容包括两部分：一部分是水准基点与工作基点联测，这称为基准点观测；另一部分是根据工作基点测定观测点的垂直位移，称为观测点观测。

基准点观测，当桥长在 300m 以下时，可用三等水准测量的精度施测，在 300m 以上时，用二等水准的精度施测；当桥长在 1000m 以上时，则用一等水准测量的精度施测。基准点观测的水准路线必须构成环线。

基准点的观测，每年进行一次或两次，各次观测时间及条件应尽可能相近，以减少外界条件对成果的影响。由于各次观测路线相同，而在转点处也可埋设一些简易的标志，这样既省去每次选点的时间，同时各次的前后视距相同，有利于提高观测的精度。

观测点的观测则是从一岸的工作基点附合到另一岸的工作基点上。由于桥梁构造的特殊条件，只能在桥墩上架设仪器，而且受梁的阻挡，还不能观测同一墩上的两个水准点，所以只能由上下游的观测点分别构成两条水准路线。

基准点闭合线路及观测点附合路线的闭合差，均采取按测量的测站数多少进行分配，将每次观测求得的各观测点的高程与第一次观测数值相比，即得该次所求得的观测点的垂直位移量。如果高程控制是采用两级控制，设置水准基点和工作基点，则计算垂直位移时还应考虑工作基点的下沉量。

为了计算观测精度，需要计算出一个测站上高差的中误差。在桥梁垂直位移观测中，路线比较单一，也比较固定。即从一岸的工作基点到对岸的工作基点，期间安置仪器的次数受墩位的限制都是固定的，因而可视为等权观测。根据每条水准路线上往返测高差的较差，依下式即可算出一个测站上高差的中误差

$$m_{站}=\pm\sqrt{\frac{[dd]}{4n}} \tag{15-9}$$

式中　d——每条水准路线上往返测高差的较差，以毫米为单位；

n——水准路线上单程的测站数。

在桥梁中间的桥段上的观测点离工作基点最远，因而其观测精度也最低，称之为最弱点。最弱点相对工作基点的高程中误差依下式计算：

$$m_{弱}=m_{站}\sqrt{k}$$
$$k=\frac{k_1 \cdot k_2}{k_1+k_2} \tag{15-10}$$

式中 k_1、k_2——分别为自两岸工作基点到最弱点的测站数。垂直位移量是各次观测高差与第一次观测高差之差，因而最弱点垂直位移量的测定中误差为

$$m_{垂}=\sqrt{2}m_{弱} \tag{15-11}$$

它应该满足±1mm 的精度。

3. 垂直位移观测的成果处理

根据历次垂直位移观测的资料，应按日期先后编制成垂直位移观测成果表，格式见表 15-2。

垂直位移观测　　表 15-2

时间 沉降量	1998.6.24	1998.12.8	1999.6.20	备注
3号上	4.2	5.4	6.8	

为了更加直观起见，通常还要根据上表，以时间为横坐标，以垂直位移量为纵坐标，对于每个观测点都绘出一条垂直位移过程线（图 15-10）。绘制垂直位移过程线时，先依时间及垂直位移量绘出各点，将相邻点相连，构成一条折线，再根据折线修绘成一条圆滑的曲线。从垂直位移过程线上，可以清楚地看出每个点的垂直位移趋势、垂直位移规律和大小，这对于判断变形情况是非常有利的。如果垂直位移过程线的趋势是日渐稳定，则说明桥梁墩台是正常的，而且日后的观测周期可以适当延长，如果这一过程线表现为位移量有明显的变化，且有日益加速的趋势，则应及时采取工程补救措施。如果每个桥墩的上下游观测点垂直位移不同，则说明桥墩发生倾斜。

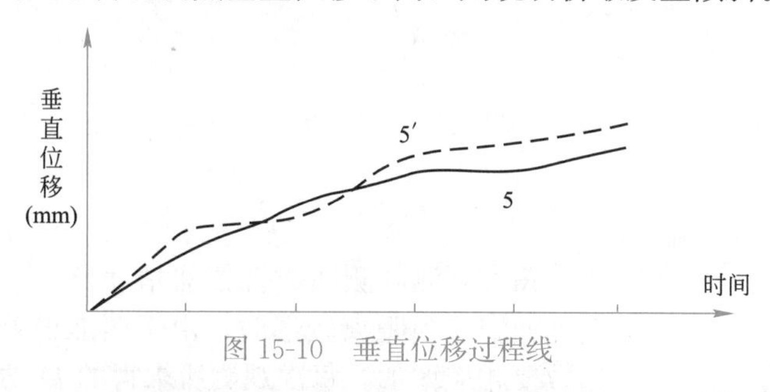

图 15-10　垂直位移过程线

15.4.2　墩台的水平位移观测

1. 平面控制网的布设

为测定桥梁墩台的水平位移，首先要布设平面控制网。对于平面控制网的设计，如果在桥梁附近找到长期稳定的地层来埋设控制点，可以采用一级布点，即只埋设基准点，如果必须远离桥梁才能找到稳定的地层，则需采用

两级布点，即在靠近桥梁的适宜位置布设工作基点，用于直接测定墩台位移，而再在地层稳定的地方布设基准点，作为平面的首级控制。根据基准点定期检测工作基点的点位，以期求出桥梁上各观测点的绝对位移值。

2. 墩台位移的观测方法

墩台位移主要产生于水流方向，这是因为它经常受水流的冲击，但由于车辆运行的冲击，也会产生顺桥轴线方向的位移，所以墩台位移的观测，主要就是测定在这两个互相垂直的方向上的位移量。

由于位移观测的精度要求很高，通常都需要达到毫米级，为了减少观测时的对点误差，在埋设标志时，一般都安设强制对中设备。

对于墩台沿桥轴线方向的位移，通常都是观测各墩中心之间的距离。采用这种方法时，各墩上的观测点最好布设成一条直线，而工作基点也应位于这条直线上。有些墩台的中心连线方向上有附属设备的阻挡，此时，可在各墩的上游一侧或下游一侧埋设观测点，而测定这些观测点之间的距离。

每次观测所得观测点至工作基点的距离与第一次观测距离之差，即为墩台沿轴线方向的位移值。

对于沿水流方向的位移，在直线桥上最方便的方法是视准线法。这种方法的原理是在平行于桥轴线的方向上建立一个固定不变的铅直面，从而测定各观测点相对于该铅直面的距离变化，即可求得沿水流方向墩台的位移值。

用视准线法测定墩台位移，有测小角法及活动觇牌法，现分别说明。

(1) 测小角法

这种方法如图 15-11 所示，图中 A、B 为视准线两端的工作基点，C 为墩上的观测点。观测时在 A 点架设经纬仪，在 B 点和 C 点安置固定觇牌，当测出 $\angle BAG$ 以后，即可以下式计算出 C 点偏离 AB 的距离 d，即

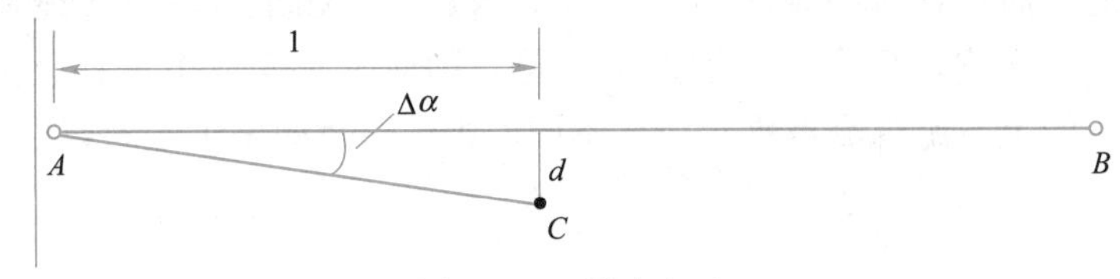

图 15-11 测小角法

$$d=\frac{\Delta\alpha''}{\rho''}\cdot l \tag{15-12}$$

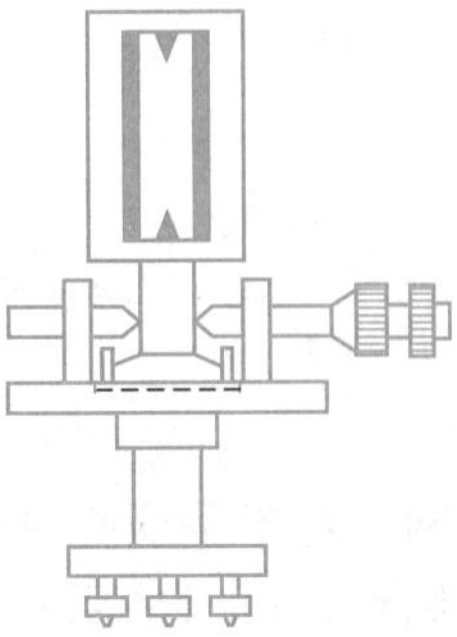

图 15-12 活动觇牌

角度观测的测回数视仪器精度及要求的位移观测精度而定。当距离较远时，由于照准误差的增大，测回数要相应增加。每次观测所求得的 D 值与第一次相较，即可求得该点的位移量。

(2) 活动觇牌法

所谓活动觇牌法，是指在观测点上所用的觇牌是可以移动的。其构造如图 15-12 所示，它有微动和读数设备，转动微动设备，则觇牌可沿导轨作微小移动，并可在读数设备上读出读数。其最小读数可达 0.1mm。

观测时将经纬仪安置于一端的工作基点上，并照准另一端的工作基点上的固定觇牌，则此视线方向即为基准方向。然后移动位于观测点上的活动觇牌，直至觇牌上的对称轴线位于视线上，则可从读数设备上读出读数。为了消除活动觇牌移动的隙动差，觇牌应从左至右及从右至左两次导入视线，并取两次读数的平均值。为提高精度，应连续观测多次，将观测读数的平均值减去觇牌零位，即觇牌对称轴与标志中心在同一铅直线上时的读数，即得该观测点偏离视准线的距离。将每次观测结果与第一次观测结果相较，其差值即为该点在水流方向上的位移值。

在曲线桥上，由于各墩不在同一条直线上，因而不便采用上述的直线丈量法及视准线法观测两个方向上的位移，这时，通常都采用前方交会。

如果采用前方交会，则工作基点的选择除了考虑稳定、通视、避免旁折光外，尽量考虑优化设计的结果，使误差椭圆的短轴大致沿水流方向，且在水流方向上的交会精度应满足位移观测的精度要求。

根据前方交会的观测资料计算出观测点的坐标，每次求得的坐标与第一次观测结果相比较，即为观测点的位移量。根据坐标轴与桥轴线及水流方向的方向关系，还可将其化算为沿桥轴线方向及水流方向上的位移量。

由于变形观测的精度要求极高，所以观测所用的经纬仪应采用 J_1 级。

不论采用什么方法，都要考虑工作基点也可能发生位移。如果是采用两级布网，还要定期进行工作基点与基准点的联测，在计算观测点的位移时，应将工作基点位移产生的影响一起予以考虑。

如果在桥墩的上下游两侧均设置观测点并定期进行观测，还可发现桥墩的扭动。对于在桥墩处水流方向不是很稳定的桥梁，这项观测也是十分必要的。

15.4.3 上部结构的挠曲观测

桥梁通车，桥梁上承受静荷载或动荷载后，必然会产生挠曲。挠曲的大小，对上部结构各部分的受力状态影响极大。在设计桥梁时，已经考虑了一定荷载下它应有的挠曲值，挠曲值是不应超过一定限度的，如果超过，则会危及行车安全。

挠曲的观测是在承受荷载的条件下进行的，对于承受静荷载时的挠曲观测与架梁时的拱度观测可以采用相同的方法。即按规定位置将车辆停稳以后，用水准测量的方法测出下弦杆上每个节点处的高程，然后绘出下弦杆的纵断面图，从图上即可求得其挠曲值。

在承受动荷载的情况下，挠曲值是随着时间变化的，因而无法用水准测量的方法观测。在这种情况下，可以采用高速摄影机进行单片或立体摄影。在摄影以前，应在上部结构及墩台上预先绘出一些标志点，在未加荷载的情况下，应先进行摄影，并根据标志点的影像，量测出它们之间的相对位置。在加了荷载以后，再用高速摄影机进行连续摄影，并量测出各标志点的相对位置。由于摄影是连续的，所以可以求出在加了动荷载的情况下的最大瞬时挠曲值。现在已有了带伺服系统的全站仪和高速摄影机一体化的挠度仪，用于挠度观测和数据处理更为方便。应该注意的是桥梁上部结构的挠曲与行车重量及行车速度是密切相关的。在观测挠曲的同时，应记下车辆重量及行车速度。这样，即可求得车辆重量、行车速度与桥梁上部结构挠曲的关系。它一方面可以作为对设计的检验，同时也为运营管理提供科学的依据。

思考题

15-1　桥梁施工测量的主要内容有哪些？

15-2　何谓桥轴线长度？其所需精度与哪些因素有关？

15-3　桥梁控制网主要采取哪些形式？桥梁施工控制网的坐标系一般如何建立？

15-4　何谓桥梁工作线、桥梁偏角、桥墩偏距？画图示意。

15-5　桥梁墩台变形观测有哪些内容？

习题

15-1　某桥梁施工三角网如图 15-13 所示，各控制点及墩台中心的坐标值见表 15-3。

现拟在控制点Ⅰ、Ⅱ、Ⅲ处安置经纬仪，用交会法测设墩台中心位置，试计算放样时的交会数据。

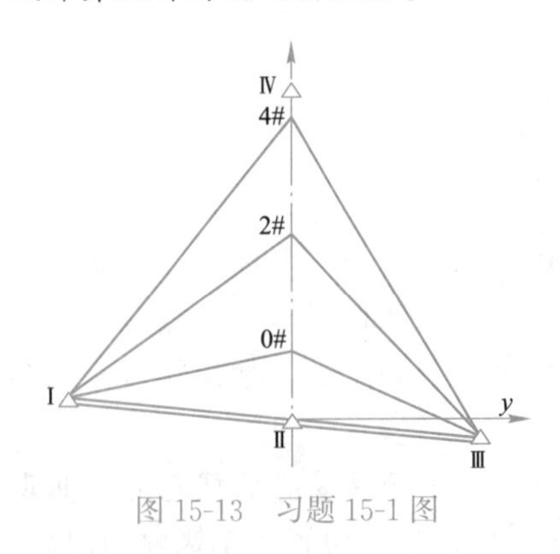

图 15-13　习题 15-1 图

习题 15-1 表　　表 15-3

编号	x 坐标（m）	y 坐标（m）
Ⅰ点	21.563	−316.854
Ⅱ点	0.000	0.000
Ⅲ点	−7.686	+347.123
Ⅳ点	+473.435	0.000
0 号台	+11.120	0.000
2 号墩	+75.120	0.000
4 号墩	139.120	0.000

第16章 隧道测量

本章知识点

【知识点】本章主要介绍隧道洞外控制测量、洞内控制测量、贯通误差预计、隧道施工测量、隧道变形监测、隧道竣工测量等内容。

【重点】洞内、洞外控制测量；隧道贯通误差控制。

【难点】隧道洞内控制测量；贯通误差预计。

16.1 概述

16.1.1 隧道工程的特点

随着经济建设的发展，地下隧道工程日益增多，特别是在铁路、公路、水利等工程领域，应用更加普遍。与从前的设计相比，现代设计中隧道占线路总长的比重逐步增大；并且特长大隧道（详见表16-1隧道长度的划分）不断涌现，新的长度纪录不断刷新。隧道工程的大量增加，大大缩减了线路的长度，提高了运行效率，刚投入运营的全长约28km的石太客运专线太行山隧道，辽宁全长85.3km的大伙房输水隧道，全长18.02km的秦岭终南山特长公路隧道等，都已经或即将在我国的经济建设中发挥重要作用，显现出良好的经济和社会效益。

隧道长度的划分　　表16-1

	特长隧道	长隧道	中隧道	短隧道
铁路隧道	≥10000m	10000～3000m	3000～500m	≤500m
公路隧道	≥3000m	3000～1000m	1000～500m	≤500m

隧道工程测量与地面工程的测量相似，需要先建立控制系统，然后再测设开挖方向，测设出设计中线的平面位置和高程，放样各细部，如衬砌、避车洞、排水沟等的位置等。但隧道地下工程的显著特点是施工面狭窄，工期长，为增加工作面而开设的施工面在不同工段之间互不通视（图16-1）；隧道工程测量不便组织校核，错误往往不能及时发现。因此，测量工作在隧道工程中更加重要，常常被誉为指挥员的眼睛。

16.1.2　隧道测量的内容

隧道工程施工需要进行的主要测量工作包括：

（1）洞外控制测量：在洞外建立平面和高程控制网，测定各洞口控制点的坐标和高程。

（2）进洞测量：将洞外的坐标、方向和高程传递到隧道内，建立洞内、洞外统一坐标系统。

（3）洞内控制测量：包括隧道内的平面和高程控制测量。

（4）隧道施工测量：根据隧道设计要求进行施工放样、指导开挖。

（5）竣工测量：测定隧道竣工后的实际中线位置和断面净空及各建（构）筑物的位置尺寸。

隧道测量的主要目的，是保证隧道相向开挖时，能按规定的精度正确贯通，并使各建筑物的位置和尺寸符合设计规定，不使侵入建筑限界，以确保运营安全。

16.1.3　隧道贯通测量的含义

在长大隧道施工中，为加快进度，常采用多种措施增加施工工作面，如图 16-1 所示。

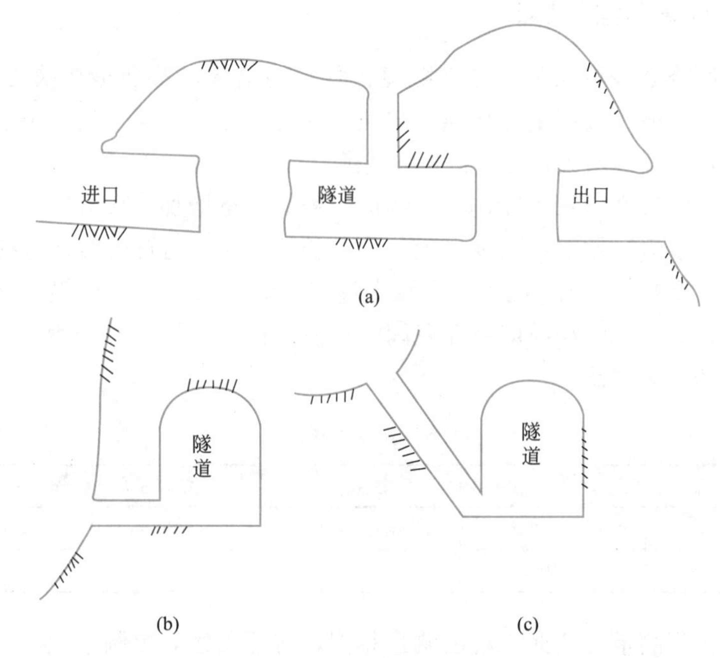

图 16-1　隧道增加施工工作面的方法

（a）竖井；（b）平洞；（c）斜井

两个相邻的掘进面，按设计要求在预定地点彼此接通，称为隧道贯通，为此而进行的相关测量工作称为贯通测量。贯通测量涉及大部分的隧道测量内容。由于各项测量工作中都存在误差，导致相向开挖中具有相同贯通里程的中线点在空间不相重合，此两点在空间的连接误差（即闭合差）称为贯通误差。该线段在线路中线方向的分量称为纵向贯通误差（简称纵向误差），在水平面内垂直于中线方向的分量称为横向贯通误差（简称横向误差），在高程方向的分量称为高程贯通误差（简称高程误差）。

三种贯通误差对隧道的质量将产生不同影响：高程贯通误差对隧道的设计坡度产生影响；横向贯通误差对隧道的平顺质量有显著影响；纵向贯通误差仅在距离上（隧道长度）有影响。不同的隧道工程对贯通误差的容许值有各自具体的规定。如何保证隧道在贯通时，两相向开挖的施工中线的闭合差（包括横向、纵向及高程方向）不超过规定的限值，成为隧道测量的关键问题。

接到隧道测量任务之后，应先了解隧道设计的意图和要求，收集有关资料，经实地踏勘后，确定具体的测量方案（即确定布网形式、观测方法、仪器设备类型、控制网的等级、误差参数等）。对于一些重要的或精度要求较高的隧道，还需根据确定的方案进行贯通误差预计，若预计误差在工程设计要求范围之内，即可按此方案实施；否则，需对原方案进行修改调整，重新预计，直到符合要求为止。

各项贯通误差的允许数值，根据我国铁路隧道工程建设的要求及多年来贯通测量的实践，在《铁规》中的规定见表 16-2。

贯通误差的限差（mm） 表 16-2

两开挖洞口间长度(km)	<4	4～<8	8～<10	10～<13	13～<17	17～<20
横向贯通误差(mm)	100	150	200	300	400	500
高程贯通误差(mm)	50					

公路隧道洞内两相向施工中线，在贯通面上的极限误差：当两相向开挖洞口间长度小于 3000m 时，为±150mm；当两相向开挖洞口间长度在 3000～6000m 时，为±200mm；高程极限贯通误差定为±70mm。

对于纵向贯通误差虽然没有作出具体规定，但一般小于隧道长度的 1/2000，由于测距精度的提高，在纵向方面所产生的贯通误差，远远小于这一要求，且一般对隧道施工和隧道质量不产生影响。隧道高程所要求的精度，使用一般等级水准测量方法即可满足。可见，横向贯通误差的大小，会直接影响隧道的施工质量，严重者甚至会导致隧道报废。所以，一般意义上的贯通误差主要是指隧道的横向贯通误差。

16.2 隧道洞外平面控制测量

隧道的设计位置，一般是以定测的精度初步标定在地面上。在施工之前必须进行施工复测，检查并确认两端洞口中线控制桩（也称为洞口投点）的位置，还要与中间其他施工进口的控制点进行联测，这是进行隧道施工测量的主要任务之一，也为后续洞内施工测量提供依据。

一般要求在每个洞口应测设不少于 3 个平面控制点（包括洞口投点及其相联系的三角点或导线点、GPS 点）。直线隧道上，两端洞口应各确定一个中线控制桩，以两桩连线作为隧道的中线；在曲线隧道上，应在两端洞口的切线上各确定两个间距不小于 200m 的中线控制桩，以两条切线的交角和曲线要素为依据，来确定隧道中线的位置。平面控制网应尽可能包括隧道各洞口的中线控制点，可以在施工测量时提高贯通精度，又可减少工作量。

隧道洞外控制测量的目的是在各开挖洞口之间建立一精密的控制网，以便据此精确地确定各开挖洞口的掘进方向，使之正确相向开挖，保证准确贯通。洞外平面控制测量应结合隧道长度、平面形状、线路通过地区的地形和环境等条件进行设计，常采用 GPS、精密导线、中线和三角锁等测量方法进行施测。

16.2.1　GPS 测量法

GPS 是全球定位系统的简称，它的原理和使用方法，可参阅本书第 7 章有关内容。

隧道洞外控制测量可利用 GPS 相对定位技术，采用静态测量方式进行。测量时仅需在各开挖洞口附近测定几个控制点的坐标，工作量小，精度高，而且可以全天候观测，因此是大中型隧道洞外控制测量的首选方案。

隧道 GPS 控制网的布网设计，应满足下列要求：

（1）控制网由隧道各开挖口的控制点点群组成，GPS 定位点之间一般不要求通视，但布设同一洞口控制点时，考虑到用常规测量方法检核及引测进洞的需要，洞口控制点间应当通视。

（2）基线最长不宜超过 30km，最短不宜短于 300m。

（3）每个控制点应有三个或三个以上的边与其连接，极个别的点才允许由两个边连接。

（4）点位上空视野开阔，保证至少能接收到 4 颗卫星的信号。

（5）测站附近不应有对电磁波有强烈吸收或反射影响的金属和其他物体。

（6）各开挖口的控制点及洞口投点高差不宜过大，尽量减小垂线偏差的影响。

16.2.2　精密导线法

在隧道进、出口之间，沿勘测设计阶段所标定的中线或离开中线一定距离布设导线，采用精密测量的方法测定各导线点和隧道两端控制点的点位。

在进行导线点的布设时，除应满足第 6 章的有关要求外，导线点还应根据隧道长度和辅助坑道的数量及位置分布情况布设。导线宜采用长边，且尽量以直伸形式布设，这样可以减少转折角的个数，以减弱边长误差和测角误差对隧道横向贯通误差的影响。为了增加检核条件和提高测角精度评定的可行性，导线应组成多边形导线闭合环或具有多个闭合环的闭合导线网，导线环的个数不宜太少，每个环的边数不宜太多，一般在一个控制网中，导线环的个数不宜少于4个，每个环的边数宜为4～6条。导线可以是独立的，也可以与国家高等级控制点相连。

导线水平角的观测，宜采用方向观测法，测回数应符合表16-3的规定。

测角精度、仪器型号和测回数　　表16-3

三角锁、导线测量等级	测角中误差(″)	仪器型号	测回数
二	1.0	DJ_1	6～9
		DJ_2	9～12
三	1.8	DJ_1	4
		DJ_2	6
四	2.5	DJ_1	2
		DJ_2	4
五	4.0	DJ_2	2

当水平角为两方向时，则以总测回数的奇数测回和偶数测回分别观测导线的左角和右角。左、右角分别取中数后应按式（16-1）计算圆周角闭合差⊿，其值应符合表16-4的规定。再将它们统一换算为左角或右角后取平均值作为最后结果，这样可以提高测角精度。

$$\Delta=[\text{左角}]_{\text{中}}+[\text{右角}]_{\text{中}}-360^\circ \tag{16-1}$$

测站圆周角闭合差的限差（″）　　表16-4

导线等级	二	三	四	五
⊿	2.0	3.6	5.0	8.0

导线环角度闭合差，应不大于按下式计算的限差：

$$f_{\beta\text{限}}=2m\sqrt{n} \tag{16-2}$$

式中　m——设计所需的测角中误差（″）；

n——导线环内角的个数。

导线的实际测角中误差应按下式计算，并应符合控制测量设计等级的精度要求。

$$m_\beta=\pm\sqrt{\frac{[f_\beta^2/n]}{N}} \tag{16-3}$$

式中　f_β——每一导线环的角度闭合差（″）；

n——每一导线环内角的个数；

N——导线环的总个数。

导线环（网）的平差计算，一般采用条件平差或间接平差（可参考有关“测量平差”的教材）。当导线精度要求不高时，亦可采用近似平差。

用导线法进行平面控制比较灵活、方便，对地形的适应性强。我国长达14.3km的大瑶山隧道和8km多的军都山隧道，就是采用光电测距导线网作控制测量，均取得了很好的效果。

16.2.3　中线法

中线法就是将隧道中线的平面位置测设在地表上，经反复核对改正误差后，把洞口控制点确定下来，施工时就以这些控制点为准，将中线引入洞内。在直线隧道，于地表沿勘测设计阶段标定的隧道中线，用经纬仪正倒镜延伸直线法测设中线；在曲线隧道，首先精确标出两端切线方向，然后测出转向角，将切线长度正确地标定在地表上，再把线路中线测设到地面上。经反复校核，与两端线路正确衔接后，再以切线上的控制点（或曲线主点及转点等）为准，将中线引入洞内。

中线法平面控制简单、直观，但精度不高，适用于长度较短或贯通精度要求不高的隧道。

16.2.4　三角锁网法

将测角三角锁布置在隧道进出口之间，以一条高精度的基线作为起始边，并在三角锁的另一端增设一条基线，以增加检核和平差的条件。三角测量的方向控制较中线法、导线法都高，如果仅从提高横向贯通精度的观点考虑，它是最理想的隧道平面控制方法。

由于光电测距仪和全站仪的普遍应用，三角测量除采用测角三角锁外，还可采用边角网和三边网作为隧道洞外控制。但从其精度、工作量等方面综合考虑，以测角单三角形锁最为常用。经过近似或严密平差计算可求得各三角点和隧道轴线上控制点的坐标，然后以这些控制点为依据，可计算各开挖口的进洞方向。

比较上述几种平面控制测量方法可以看出，中线法控制形式计算简单，施测方便，但由于方向控制较差，故只能用于较短的隧道（长度 1km 以下的直线隧道，0.5km 以下的曲线隧道）。三角测量方法方向控制精度高，故在测距效率比较低、技术手段落后而测角精度较高的时期，是隧道控制的主要形式，但其三角点的定点布设条件苛刻。而精密导线法，图形布设简单、选点灵活，地形适应性强，随着光电测距仪的测程和精度的不断提高，已成为隧道平面控制的主要形式。若在水平角测量时使用精度较高的经纬仪、适度增加测回数或组成适当的网形，都可以大大提高其方向控制精度，而且光电测距导线和光电测距三角高程还可同步进行，提高了效率，减小了野外劳动强度。GPS 测量是近年发展起来的最有前途的一种全新测量形式，已在多座隧道的洞外平面控制测量中得到应用，效果显著。随着其技术的不断发展、观测精度的不断提高，必将成为未来既满足精度要求又效率最高的隧道洞外控制方式。

16.3　隧道洞内平面控制测量

在隧道施工中，随着开挖的延伸进展，需要不断给出隧道的掘进方向。

为了正确完成施工放样，防止误差积累，保证最后的准确贯通，应进行洞内平面控制测量。此项工作是在洞外平面控制测量的基础上展开的。

隧道洞内平面控制测量应结合洞内施工特点进行。由于场地狭窄，施工干扰大，故洞内平面控制常采用精密导线或中线两种形式。

16.3.1 精密导线法

精密导线法是在隧道洞内布设精密导线而进行的平面控制测量。导线控制的方法较中线形式灵活，点位易于选择，测量工作也较简单，而且可有多种检核方法；当组成导线闭合环时，角度经过平差，还可提高点位的横向精度。施工放样时的隧道中线点依据临近导线点进行测设，中线点的测设精度能满足局部地段施工要求。洞内导线平面控制方法适用于长大隧道。

洞内导线与洞外导线相比，具有以下特点：洞内导线是随着隧道的开挖而向前延伸，只能敷设支导线或狭长形导线环，而不可能将贯穿洞内的全部导线一次测完；测量工作间歇时间取决于开挖面的进展速度；导线的形状（直伸或曲折）完全取决于坑道的形状和施工方法。支导线或狭长形导线环只能用重复观测的方法进行检核，定期进行精确复测，以保证控制测量的精度。洞内导线点不宜保存，观测条件差，标石顶面最好比洞内地面低 20～30cm，上面加设坚固护盖，然后填平地面，注意护盖不要和标石顶点接触，以免在洞内运输或施工中使标石遭受破坏。

1. 洞内导线的形式

（1）单导线。导线布设灵活，但缺乏检测条件。测量转折角时最好半数测回测左角，半数测回测右角，以加强检核。施工中应注意定期检查各导线点的稳定情况。

（2）导线环。如图 16-2 所示，是长大隧道洞内控制测量的首选形式，有较好的检核条件，而且每增设一对新点，如 5 和 5′点，可按两点坐标反算 5～5′的距离，然后与实地丈量的 5～5′距离比较，这样每前进一步均有检核。

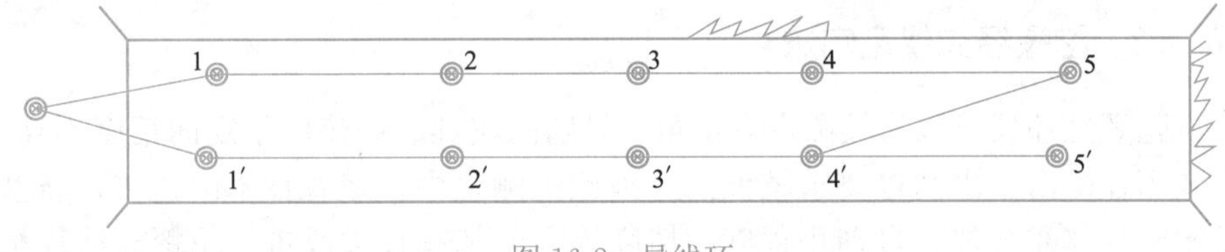

图 16-2　导线环

（3）主、副导线环。如图 16-3 所示，图中双线为主导线，单线为副导线。主导线既测角又测边长，副导线只测角不测边长，增加角度的检核条件。在

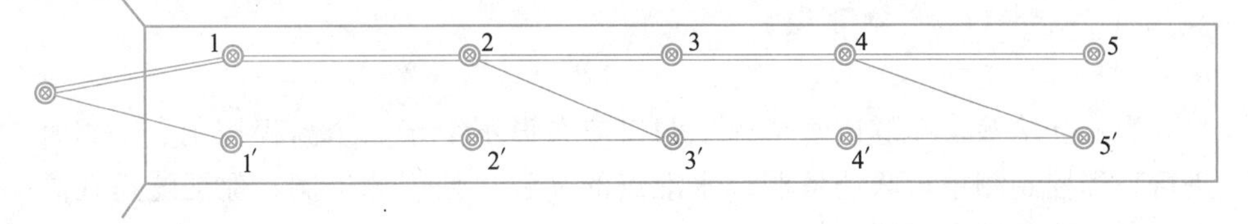

图 16-3　主、副导线环

形成第二闭合环时，可按虚线形式，以便主导线在 2 点处能以平差角传算 3～4 边的方位角。主副导线环可对测量角度进行平差，提高了测角精度，对提高导线端点的横向点位精度非常有利。

此外，还有交叉导线、旁点闭合环等方式。

当有平行导坑时，还可利用横通道形成正洞和导坑联系起来的导线闭合环，重新进行平差计算，可进一步提高导线的精度。

2. 在洞内进行平面控制的注意事项

（1）每次建立新点，都必须检测前一个旧点的稳定性，确认旧点没有发生位移，才能用来发展新点。

（2）导线点应布设在避免施工干扰、稳固可靠的地段，尽量形成闭合环。导线边以接近等长为宜，一般直线地段不短于 200m，曲线地段不宜短于 70m。

（3）测角时，必须经过通风排烟，使空气澄清以后，能见度恢复时进行。根据测量的精度要求确定使用仪器的类型和测回数。

（4）洞内边长丈量，用钢尺丈量时，钢尺需经过检定；当使用光电测距仪测边时，应注意洞内排烟和漏水地段测距的状况，准确进行各项改正。

16.3.2　中线法

中线法是指采用直接定线法，即以洞外控制测量定测的洞口投点为依据，向洞内直接测设隧道中线点，并不断延伸作为洞内平面控制。这是一种特殊的支导线形式，即把中线控制点作为导线点，直接进行施工放样。一般以定测精度测设出待定中线点，其距离和角度等放样数据由理论坐标值反算。这种方法一般适用于小于 500m 的曲线隧道和小于 1000m 的直线隧道。若将上述测设的中线点，辅以高精度的测角、量距，可以计算出新点实际的精确点位，并和理论坐标相比较，根据其误差，再将新点移到正确的中线位置上，这种方法也可以用于较长的隧道。中线法的缺点是受施工运输的干扰大，不方便观测，点位易被破坏。

16.3.3　陀螺经纬仪定向法

陀螺经纬仪可以直接测定方位角。早期的陀螺经纬仪由于定向精度不高，主要用在矿山、水利等要求较低的隧道施工测量中。随着技术的进步，新型陀螺经纬仪在性能、自动化程度、精度等方面都有较大改进。陀螺经纬仪精确测定方位角，配合精密光电测距仪的边长测量，这种方法在隧道测量中的应用前景越来越广。

16.4　隧道高程控制测量

为相互检核，在隧道每个施工洞口应布设不少于 2 个高程控制点，同时进行高程控制测量，联测各洞口水准点的高程以便引测进洞，保证隧道在高程方向正确开挖和贯通。

16.4.1 洞外高程控制测量

洞外高程控制测量，是按照设计精度施测各开挖洞口附近水准点之间的高差，以便将整个隧道的统一高程系统引入洞内，保证在高程方向按规定精度正确贯通，并使隧道各附属工程按要求的高程精度正确修建。

高程控制常采用水准测量方法，但当山势陡峻采用水准测量困难时，三、四、五等高程控制亦可采用光电测距三角高程的方法进行。随着新型精密全站仪的出现和使用，在特定条件下，光电测距三角高程可以有条件地代替二等几何水准测量。

高程控制路线应选择连接各洞口最平坦和最短的线路，以期达到设站少、观测快、精度高的要求。每一个洞口应埋设不少于 2 个水准点，以相互检核；两水准点的位置，以能安置一次仪器即可联测为宜，方便引测并避开施工的干扰。

高程控制水准测量的精度，应参照相应行业的测量规范实施，表 16-5 列举了《铁规》中要求。

各等级水准测量的路线长度及仪器等级的规定　　表 16-5

测量部位	测量等级	每公里水准测量的偶然中误差 M_{Δ}（mm）	两开挖洞口间水准路线长度（km）	水准仪等级/测距仪精度等级	水准标尺类型
洞外	二	≤1.0	>36	$DS_{0.5}$、DS_1	线条式铟瓦水准尺
	三	≤3.0	13～36	DS_1	线条式铟瓦水准尺
				DS_3	区格式水准尺
	四	≤5.0	5～13	DS_3/Ⅰ、Ⅱ	区格式水准尺
	五	≤7.5	<5	DS_3/Ⅰ、Ⅱ	区格式水准尺
洞内	二	≤1.0	>32	DS_1	线条式铟瓦水准尺
	三	≤3.0	11～32	DS_3	区格式水准尺
	四	≤5.0	5～11	DS_3/Ⅰ、Ⅱ	区格式水准尺
	五	≤7.5	<5	DS_3/Ⅰ、Ⅱ	区格式水准尺

16.4.2 洞内高程控制测量

洞内高程控制测量是将洞外高程控制点的高程通过联系测量引测到洞内，作为洞内高程控制和隧道构筑物施工放样的基础，以保证隧道在竖直方向正确贯通。

洞内水准测量与洞外水准测量的方法基本相同，但有以下特点：

（1）隧道贯通之前，洞内水准路线属于水准支线，故需往返多次观测进行检核。

（2）洞内三等及以上的高程测量应采用水准测量，进行往返观测；四、五等也可采用光电测距三角高程测量的方法，应进行对向观测。

（3）洞内应每隔 200～500m 设立一对高程控制点以便检核。为了施工便利，应在导坑内拱部边墙至少每 100m 设立一个临时水准点。

（4）洞内高程点必须定期复测。测设新的水准点前，注意检查前一水准点的稳定性，以免产生错误。

（5）因洞内施工干扰大，常使用倒、挂尺传递高程，如图 16-4 所示，高差的计算公式仍用 $h_{AB}=a-b$，但对于零端在顶上的倒、挂尺（如图中 B 点倒尺），读数应作为负值计算，记录时必须在挂尺读数前冠以负号。

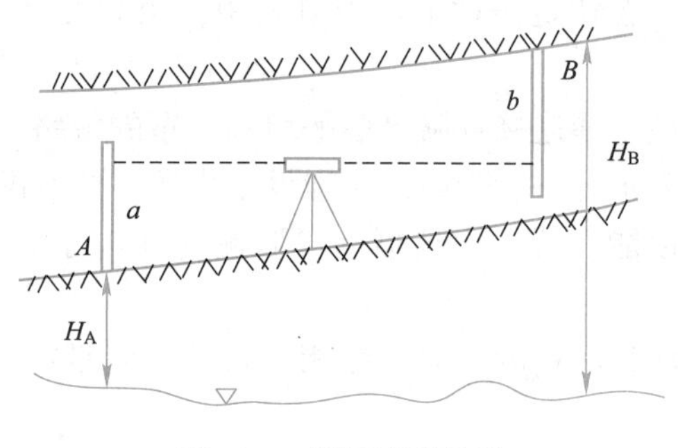

图 16-4　倒尺高程传递

B 点的高程：

$$H_B=H_A+a-(-b)=H_A+a+b$$

洞内高程控制测量的作业要求、观测限差和精度评定方法符合洞外高程测量的有关规定。洞内测量结果的精度必须符合洞内高程测量设计要求或规定等级的精度（表 16-5）。

当隧道贯通之后，求出相向两支水准路线的高程贯通误差，在允许误差以内时可在未衬砌地段进行调整。所有开挖、衬砌工程应以调整后的高程指导施工。

16.5　隧道贯通精度的预计

16.5.1　贯通精度预计的意义

隧道施工通常是在进口和出口相向开挖，为了加快隧道的施工进度，需要增加开挖面，这就必须严格保证其施工质量，特别是各开挖面的贯通质量。由于隧道施工是在洞内、洞外控制测量的基础上进行的，因此必须根据控制测量的设计精度或实测精度，在隧道施工前或施工中对其未来的贯通质量进行预计，以确保准确贯通，避免重大事故的发生，对于长大隧道尤其重要。

鉴于横向贯通误差对隧道贯通影响最大，直线隧道大于 1000m，曲线隧道大于 500m 就要进行误差预计。即在进行平面控制测量设计时，应进行横向贯通误差的估算。考虑到横向贯通误差是受洞外、洞内控制的综合影响，应对其影响程度分别进行预计。《铁规》对隧道横向贯通中误差和高程中误差作出规定，见表 16-6 所示。

隧道贯通精度要求 表 16-6

测量部位	横向贯通中误差(mm)						高程中误差(mm)
	两开挖洞口间长度(km)						
	<4	4~8	8~10	10~13	13~17	17~20	
洞外	30	45	60	90	120	150	18
洞内	40	60	80	120	160	200	17
总和	50	75	100	150	200	250	25
限差	100	150	200	300	400	500	50

16.5.2 洞外、洞内平面控制测量对横向贯通误差的估算

当洞内、洞外的控制点在图纸（或数字图）上设计好后，再分别估算洞外控制和洞内控制对隧道横向贯通误差的影响。

预计洞外平面控制测量对横向贯通误差的影响时，不考虑洞内平面控制测量和进洞联系测量的影响，从进、出口两端相向推算出贯通点的坐标，其坐标差即为 X 和 Y 轴方向的贯通误差。这个差值是洞外观测值的函数，利用误差传播定律即可求得洞外控制测量误差对贯通误差的影响值。

在此，我们仅介绍一种简易的估算方法，估算洞内、洞外控制测量对隧道横向贯通误差的影响。在误差估算时，将洞外平面控制网看作单导线，如图 16-5 所示。设在两洞口处的控制点 A、B 间布设一条单导线，E 为贯通点。洞外导线测量了 S_1、S_2、…、S_5 各边长，其相对中误差为 m_{si}/S_i；测量了导线的各转折角的角度，其测角中误差为 m_β。假设洞内导线无误差，故可用 AE、BE 两边分别代表从两洞口引入洞内的导线边，其边长分别为 S_A、S_B；β_A、β_B 是洞内、洞外导线边间的连接角。

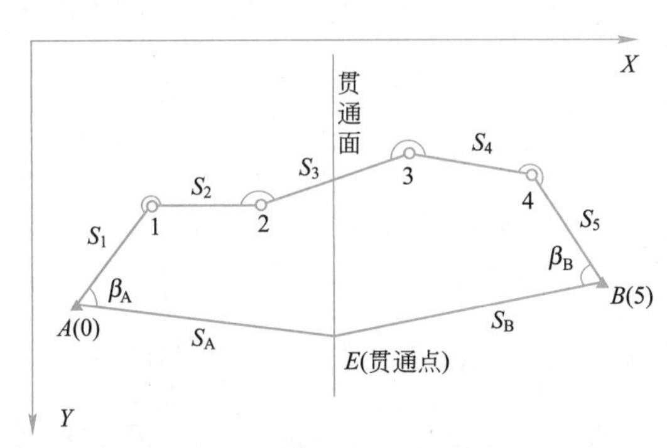

图 16-5 隧道贯通误差估算

为贯通误差估计方便，通常将垂直于贯通面的方向为 X 坐标轴，与贯通面平行的方向为 Y 坐标轴。洞外导线的起算点为 A 点，起算方位角 $\alpha_{A1}=\alpha_1$，其他各边对应于 S_i 的方位角为 α_i。从 A 点沿洞内导线推算 E 点 Y 坐标为

$$y'_E=y_A+S_A\sin\alpha_{AE}$$

从 B 点沿洞内导线推算 E 点 Y 坐标为

$$y''_E = y_A + \sum_{i=1}^{5} S_i \sin\alpha_i + S_B \cdot \sin\alpha_{BE}$$

则横向贯通误差为

$$y''_E - y'_E = \sum_{i=1}^{5} S_i \sin\alpha_i + S_B \cdot \sin\alpha_{BE} - S_A \cdot \sin\alpha_{AE} \tag{16-4}$$

对其求全微分，同时考虑

$$\begin{cases} \alpha_{AE} = \alpha_1 + \beta_A - 360° \\ \alpha_{BE} = \alpha_1 + \sum_{1}^{4} \beta_i - \beta_B - 3 \times 180° \end{cases}$$

则有

$$\begin{aligned} d(y''_E - y'_E) = & S_1 \sin\alpha_1 \frac{dS_1}{S_1} + S_2 \sin\alpha_2 \frac{dS_2}{S_2} + \cdots S_5 \sin\alpha_5 \frac{dS_5}{S_5} + \\ & + S_1 \cos\alpha_1 \frac{d\alpha_1}{\rho} + S_2 \cos\alpha_2 \frac{d\alpha_2}{\rho} + \cdots S_5 \cos\alpha_5 \frac{d\alpha_5}{\rho} + \\ & + S_B \cos\alpha_{BE} \frac{d\alpha_{BE}}{\rho} \end{aligned}$$

因为假定起始方位角无误差，即 $d\alpha_{A1}=0$，其中

$$d\alpha_2 = d\alpha_1 + d\beta_1$$

$$d\alpha_3 = d\alpha_1 + d\beta_1 + d\beta_2$$

$$d\alpha_4 = d\alpha_1 + d\beta_1 + d\beta_2 + d\beta_3$$

$$d\alpha_5 = d\alpha_1 + d\beta_1 + d\beta_2 + d\beta_3 + d\beta_4$$

$$d\alpha_{BE} = d\alpha_1 + d\beta_1 + d\beta_2 + d\beta_3 + d\beta_4 + d\beta_B$$

将它们带入上式有

$$\begin{aligned} d(y''_E - y'_E) = & \sum_{i=1}^{5} \Delta y \frac{dS_i}{S_i} + \Delta x_2 \frac{d\beta_1}{\rho} + \Delta x_3 \frac{d\beta_1 + d\beta_2}{\rho} + \Delta x_4 \frac{d\beta_1 + d\beta_2 + d\beta_3}{\rho} + \\ & + \Delta x_5 \frac{d\beta_1 + d\beta_2 + d\beta_3 + d\beta_4}{\rho} + \Delta x_{BE} \frac{d\beta_1 + d\beta_2 + d\beta_3 + d\beta_4 + d\beta_B}{\rho} \\ = & \sum_{i=1}^{5} \Delta y_i \frac{dS_i}{S_i} + \frac{d\beta_1}{\rho}(\Delta x_2 + \Delta x_3 + \Delta x_4 + \Delta x_5 + \Delta x_{BE}) + \\ & + \frac{d\beta_2}{\rho}(\Delta x_3 + \Delta x_4 + \Delta x_5 + \Delta x_{BE}) + \frac{d\beta_3}{\rho}(\Delta x_4 + \Delta x_5 + \Delta x_{BE}) + \\ & + \frac{d\beta_4}{\rho}(\Delta x_5 + \Delta x_{BE}) \\ = & \sum_{i=1}^{5} \Delta y_i \frac{dS_i}{S_i} + \frac{d\beta_1}{\rho}(x_E - x_1) + \frac{d\beta_2}{\rho}(x_E - x_2) \\ & + \frac{d\beta_3}{\rho}(x_E - x_3) + \frac{d\beta_4}{\rho}(x_E - x_4) \end{aligned}$$

整理为

$$
\begin{aligned}
\mathrm{d}(y''_{\mathrm{E}}-y'_{\mathrm{E}}) &= \sum_{i=1}^{5}\Delta y_i \frac{\mathrm{d}S_i}{S_i}+\frac{1}{\rho}\sum_{i=1}^{4}\mathrm{d}\beta_i(x_{\mathrm{E}}-x_i) \\
&= \sum_{i=1}^{n}\Delta y_i \frac{\mathrm{d}S_i}{S_i}+\frac{1}{\rho}\sum_{i=1}^{n-1}\mathrm{d}\beta_i(x_{\mathrm{E}}-x_i)
\end{aligned}
\tag{16-5}
$$

运用误差传播定律得到横向贯通的中误差 $m_{外}$ 为

$$
m_{外}=\pm\sqrt{\sum_{i=1}^{n}\left(\frac{m_{S_i}}{S_i}\right)^2\Delta y_i^2+\frac{m_\beta^2}{\rho^2}\sum_{i=1}^{n-1}(x_{\mathrm{E}}-x_i)^2} \tag{16-6}
$$

式中 $\rho=206265''$，x_i 为各导线点在图 16-5 所示坐标系下的 X 坐标（可在设计图上获得）。一般认为根号内的第一部分是测距误差的影响，第二部分是测角误差的影响。

由于测边精度相同，可将式（16-5）中的各边相对中误差统一用设计值代替。通常将 Δy_i 记为 $\mathrm{d}y_i$，是第 i 条导线边在贯通面上的投影长度；将（$x_{\mathrm{E}}-x_i$）记为 R_{xi}，它是第 i 点到贯通面的垂直距离，则有

$$
m_{外}=\pm\sqrt{\left(\frac{m_S}{S}\right)^2\sum_{i=1}^{n}\mathrm{d}y_i^2+\frac{m_\beta^2}{\rho^2}\sum_{i=1}^{n-1}R_{xi}^2} \tag{16-7}
$$

实际工作中，洞外网不会布设成单导线的形式，用式（16-7）估算得出的中误差偏大，比较安全。但因其计算简单方便，一般都用式（16-7）估算。

当估算值大于表 16-6 中相应的洞外中误差分配限值时，应重新确定 $\frac{m_S}{S}$、m_β 值。若满足要求，即可根据选用的 $\frac{m_S}{S}$、m_β 值和现有的仪器设备确定洞外控制网的等级及其施测方案。

【例题 16-1】 某隧道洞外控制导线布置如图 16-6 所示，1、6 点为洞口点，2、3、4、5 为导线点，在 1∶1000 地形图上截得各点相对于贯通面垂直距离和各导线边在贯通面上的投影长度，见表 16-7，假设测角中误差为 ±4″，测距的相对中误差为 1/10000。试计算洞外导线对横向贯通误差的影响程度。

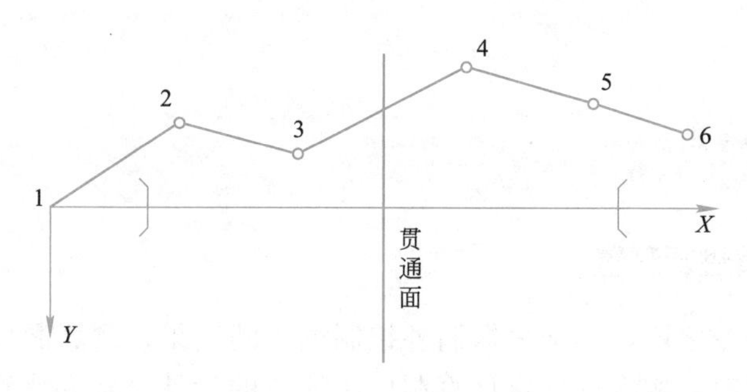

图 16-6 隧道贯通误差估算

贯通误差估算表　　　　表 16-7

各导线点到贯通面的垂直距离 R_x			各导线边在贯通面上的投影长度 dy		
点号	R_x(m)	R_x^2(m^2)	边名	dy(m)	dy^2(m^2)
2	390	152100	1-2	130	16900
3	150	22500	2-3	50	2500
4	240	57600	3-4	150	22500
5	470	220900	4-5	80	6400
			5-6	120	14400
$\sum R_x^2=453100m^2$			$\sum dy^2=62700m^2$		

【解】 首先在表 16-7 中计算出 R_x^2 和 $\sum dy^2$，然后将它们和测角中误差、量距相对中误差带入式（16-7），有

$$m_{外}=\pm\sqrt{\left(\frac{m_S}{S}\right)^2\sum_{i=1}^{n}dy_i^2+\frac{m_\beta^2}{\rho^2}\sum_{i=1}^{n-1}R_{xi}^2}=\pm\sqrt{\left(\frac{1}{10000}\right)^2\times 62700+\frac{4^2}{206265^2}\times 453100}$$
$$=\pm 28.2mm$$

此隧道长度小于 4km，洞外导线产生的横向贯通中误差小于表 16-6 的 30mm 精度要求。

洞内平面控制测量对横向贯通精度影响的估算方法与洞外的估算方法基本相同，不同之处有两点：一是在两洞口处的控制点在测洞内导线时需要测水平角，其测角误差应算入洞内测量误差，即要计算这两点的 R_x 值；二是将贯通点当做一个导线点。

当洞外、洞内平面控制测量对横向贯通影响估算出后，即使它们都满足要求，还要计算它们的综合影响是否满足要求。它们的综合影响为

$$m_{综}=\pm\sqrt{m_{外}^2+m_{内}^2} \tag{16-8}$$

【例题 16-2】 假设隧道长度小于 4km，$m_{内}=\pm 20.3mm$；取 $m_{外}=\pm 28.2mm$，试计算隧道洞内、外平面控制测量的综合影响。

【解】 将其带入式（16-8），得

$$m_{综}=\pm\sqrt{m_{外}^2+m_{内}^2}=\pm\sqrt{28.2^2+20.3^2}\approx\pm 35mm$$

洞内、外平面控制测量对横向贯通的影响均满足 16-6 表 50mm 的规定要求。

16.6 隧道施工测量

16.6.1 隧道进洞测量

在隧道开挖之前，必须根据洞外控制测量的结果，测算洞口控制点的坐标和高程。同时，按设计要求计算洞内中线点的设计坐标和高程，通过坐标反算，求出洞内待定点与洞口控制点（或洞口投点）之间的距离和角度关系。

也可按极坐标或其他方法测设出进洞的开挖方向，并放样出洞门内中线点，这就是隧道洞外和洞内的联系测量（即进洞测量）。

1. 洞门的施工测量

进洞数据通过坐标反算得到后，应在洞口控制点（或洞口投点）安置仪器，测设出进洞方向，并将此掘进方向标定在地面上，即测设洞口投点的护桩表示方向，如图 16-7 所示。

在洞口的山坡面上标出中线位置和高程，按设计坡度指导劈坡工作。劈坡完成后，在洞帘上测设出隧道断面轮廓线，就可以进行洞门的开挖施工了。

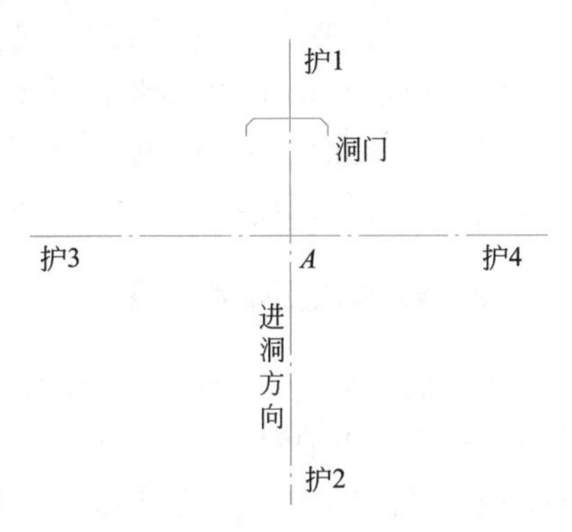

图 16-7　洞门施工测量

2. 正常进洞关系的计算和进洞测量

洞外控制测量完成之后，应把各洞口的线路中线控制桩和洞外控制网联系起来，为施工测量方便，也可建立施工坐标系。如若控制网和线路中线两者的坐标系不一致，应首先把洞外控制点和中线控制桩的坐标纳入同一坐标系统内，即进行坐标转换。在直线隧道，一般以线路中线作为 X 轴；在曲线隧道，则以一条切线方向作为 X 轴，建立施工坐标系。用控制点和隧道内待测设的线路中线点的坐标，反算两点的距离和方位角，从而确定进洞测量的数据，把中线引进洞内。

（1）直线隧道进洞

直线隧道进洞计算比较简单，常采用拨角法。

如图 16-8 所示，A、D 为隧道的洞口投点，位于线路中线上，当以 AD 为坐标纵轴方向时，可根据洞外控制测量确定的 A、B 和 C、D 点坐标进行坐标反算，分别计算放样角 β_1 和 β_2。测设放样时，仪器安置在 A 点，后视 B 点，拨角水平角 β_1，就得到 A 端隧道口的进洞方向；仪器安置在 D 点，后视 C 点，拨水平角 β_2，得到 B 端隧道口的进洞方向。

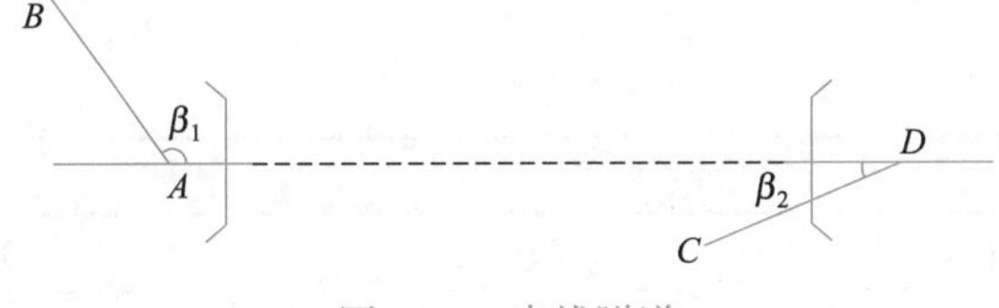

图 16-8　直线隧道

（2）曲线隧道进洞

曲线隧道每端洞口切线上的两个投点的坐标在平面控制测量中已计算出，根据四个投点的坐标可算出两切线间的偏角 α（α 为两切线方位角之差），α 值与原来定测时所测得的偏角值可能不相符，应按此时所得 α 值和设计所采用曲线半径 R 和缓和曲线长 l_0，重新计算曲线要素和各主点的坐标。

曲线进洞测量一般有两种方法，一是洞口投点移桩法，另一是洞口控制点与曲线上任一点关系计算法。

1）洞口投点移桩法

即计算定测时原投点偏离中线（理论中线）的偏移量和移桩夹角，并将它移到正确的中线上，再计算出移桩后该点的隧道施工里程和切线方向，于该点安置仪器，就可按曲线测设方法测设洞门位置或洞门内的其他中线点。

2）洞口控制点与曲线上任一点关系计算法

将洞口控制点坐标和整个曲线转换为同一施工坐标系，无论待测设点位于切线、缓和曲线还是圆曲线上，都可根据其里程计算出施工坐标，在洞口控制点上安置仪器用极坐标法测设洞口待定点。

16.6.2 洞内施工中线测量

隧道洞内掘进施工，是以中线为依据进行的。当洞内敷设导线之后，导线点不一定恰好在线路中线上，也不可能恰好在隧道的轴线上（隧道衬砌后两个边墙间隔的中心即为隧道中心轴线，其在直线部分与线路中线重合；而曲线部分由于隧道断面的内、外侧加宽值不同，所以线路中心线与隧道中心线并不重合）。施工中线分为永久中线和临时中线，永久中线应根据洞内导线测设，中线点间距应符合表 16-8 的规定。

1. 由导线测设中线

用精密导线进行洞内控制测量时，应根据导线点位的实际坐标和中线点的理论坐标，反算出距离和角度，用极坐标法测设出中线点。为方便使用，中线桩可同时埋设在隧道的底部和顶板，底部宜采用混凝土包木桩，桩顶钉一小钉以示点位；顶板上的中线桩点，可灌入拱部混凝土中或打入坚固岩石的钎眼内，且能悬挂垂球线以标示中线。测设完成后应进行检核，确保无误。

2. 独立中线法

对于较短隧道，若用中线法进行洞内控制测量，则在直线隧道内应用正倒镜分中法延伸中线；在曲线隧道内一般采用弦线偏角法，也可采用其他曲线测设方法延伸中线。

永久中线点间距（m） 表 16-8

中线测量	直线地段	曲线地段
由导线测设中线	150～250	60～100
独立的中线法	不小于 100	不小于 50

3. 洞内临时中线的测设

隧道的掘进延伸和衬砌施工应测设临时中线。随着隧道掘进的深入，平面测量的控制工作和中线测量也需紧随其后。当掘进的延伸长度不足一个永久中线点的间距时，应先测设临时中线点，如图 16-9 中的 1、2 等。点间距离，一般直线上不大于 30m，曲线上不大于 20m。为方便掌子面的施工放样，当点间距小于此长度时，可采用串线法延伸标定简易中线，超过此长度时，应该用仪器测设临时中线，当延伸长度已大于永久中线点的间距时，就可以建立一个新的永久中线点，如图中的 e 点。永久中线点应根据导线或用独立中线法测设，然后根据新设的永久中线点继续向前测设临时中线点。当采用全断面法开挖时，导线点和永久中线点都应紧跟临时中线点，这时临时中线点要求的精度也较高；供衬砌用临时中线点，直线上应采用正倒镜压点或延伸，曲线上可用偏角法、长弦支距法等方法测定，宜每 10m 加密一点。

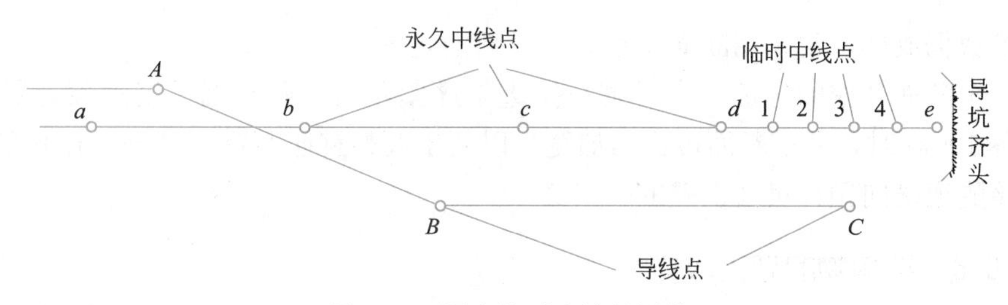

图 16-9 洞内临时中线的测设

16.6.3 高程控制

隧道施工中要随时测设和检查洞底高程，为方便起见，通常在隧道侧壁沿中线方向比洞底高程高 1m 的位置每隔一定距离测设并标出一个高程点，这些点构成一条线，称其为腰线。腰线与隧道底板的中线高程平行，与隧道底板具有相同的坡度，掘进时用腰线控制掌子面的高程。一般在隧道内的临时水准点上测设腰线，测设腰线时先要检查临时水准点有无错误，要保证高程控制万无一失。

16.6.4 掘进方向指示

应用经纬仪指示，根据导线点和待定点的坐标反算数据，用极坐标的方法测设出掘进方向。还可应用激光定向经纬仪或激光指向仪来指示掘进方向。利用它发射的一束可见光，指示出中线及腰线方向或它们的平行方向。它具有直观性强、作用距离长、测设时对掘进工序影响小、便于实现自动化控制的优点。如采用机械化掘进设备，则配以装在掘进机上的光电跟踪靶，当掘进方向偏离了指向仪的激光束，光电接收装置将会通过指向仪表给出掘进机的偏移方向和偏移量，并能为掘进机的自动控制提供信息，从而实现掘进定向的自动化。激光指向仪可以被安置在隧道顶部或侧壁的锚杆支架上，如图 16-10所示，以不影响施工和运输为宜。

16.6.5 开挖断面的放样

开挖断面的放样是在中垂线和腰线基础上进行的，包括两侧边墙、拱顶、底板（仰拱）三部分。根据设计断面的宽度、拱脚和拱顶的标高、拱曲线半

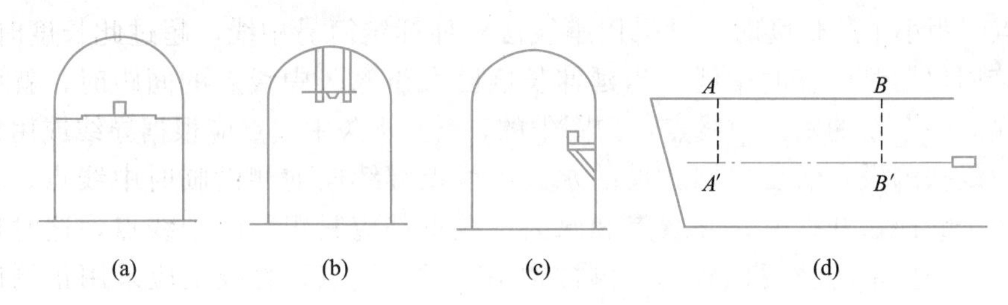

图 16-10 激光指向仪的安置

(a) 安装在横梁上；(b) 安装在锚杆上；(c) 安装在侧面钢架上；(d) 指向仪定向

径等数据放样，常采用断面支距法测设断面轮廓。

全断面开挖的隧道，当衬砌与掘进工序紧跟时，两端掘进至距预计贯通点各 100m 时，开挖断面可适当加宽，以便于调整贯通误差，但加宽值不应超过该隧道横向预计贯通误差的一半。

16.6.6 结构物的施工放样

在结构物施工放样之前，应对洞内的中线点和高程点加密。中线点加密的间隔视施工需要而定，一般为 5～10m 一点，加密中线点应以铁路定测的精度测设。加密中线点的高程，均以五等水准精度测定。

在衬砌之前，还应进行衬砌放样，包括立拱架测量、边墙及避车洞和仰拱的衬砌放样等一系列的测量工作。鉴于篇幅所限，请参阅相关书籍。

16.7 隧道变形监测

为确保施工安全，监控工程对周围环境的影响，为信息化设计与施工提供依据，隧道监控量测应作为关键工序列入施工组织，并认真实施。隧道变形监测以洞内、洞外观察、净空收敛量测、拱顶下沉量测、洞身浅埋段地表下沉量测为必测项目。

16.7.1 隧道地表沉降监测

隧道地表沉降监测包括纵向地表和横向地表沉降观测。隧道地表沉降监测点应在隧道开挖前布设，地表沉降测点应与隧道内测点布置在同一里程的断面内。一般条件下，地表沉降测点纵向间距应按表 16-9 的要求布置。

地表沉降测点纵向间距　　表 16-9

隧道埋深与开挖宽度	纵向测点间距（m）	隧道埋深与开挖宽度	纵向测点间距（m）
$2B<H_0<2.5B$	20～50	$H_0\leqslant 2B$	5～10
$B<H_0\leqslant 2B$	10～20		

注：H_0 为隧道埋深，B 为隧道开挖宽度。

地表沉降测点横向间距为 2～5m。在隧道中线附近测点应适当加密，隧道中线两侧量测范围不应小于 H_0+B，地表有控制性建筑物时，量测范围应适当加宽。测点布置如图 16-11 所示。

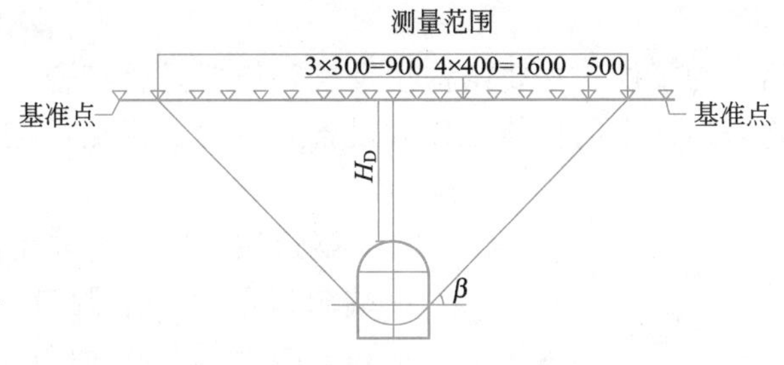

图 16-11　地表沉降横向测点布置示意图（cm）

地表沉降监测精度等级视施工现场和设计要求确定，在地表有重要设施和人口密集区域应用二等水准测量精度等级施测。

16.7.2　隧道洞内变形监测

洞内拱顶下沉测点和净空变化测点应布置在同一断面上，拱顶下沉测点原则上设置在拱顶轴线附近，当隧道跨度较大时，应结合设计和施工方法在拱部增设测点，如图 16-12 所示。

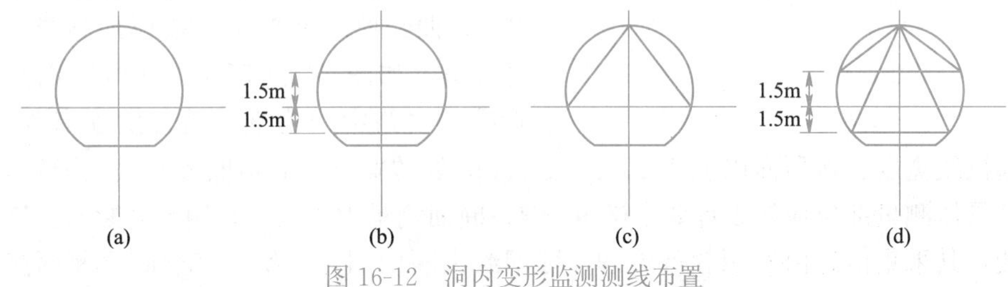

图 16-12　洞内变形监测测线布置

（a）、（c）单线隧道；（b）、（d）双线隧道

由于铁路客运专线无砟轨道对线路高平顺性的要求，在上述必测项目的基础上，增加了沉降观测和评估的内容。隧道工程沉降观测是指隧道基础的沉降观测，即隧道的仰拱部分。隧道的进出口进行地基处理的地段，地应力较大、断层或隧底溶蚀破碎带、膨胀土等不良和复杂地质区段，特殊基础类型的隧道段落，隧底由于承载力不足进行过换填、注浆或其他措施处理的复合地基段落适当加密布设；围岩级别、衬砌类型变化段及沉降变形缝位置应至少布设两个断面；一般地段沉降观测断面的布设根据地质围岩级别确定，一般情况下Ⅲ级围岩每 400m、Ⅳ级围岩每 300m、Ⅴ级围岩每 200m 布设一个观测断面，如图 16-13 所示。

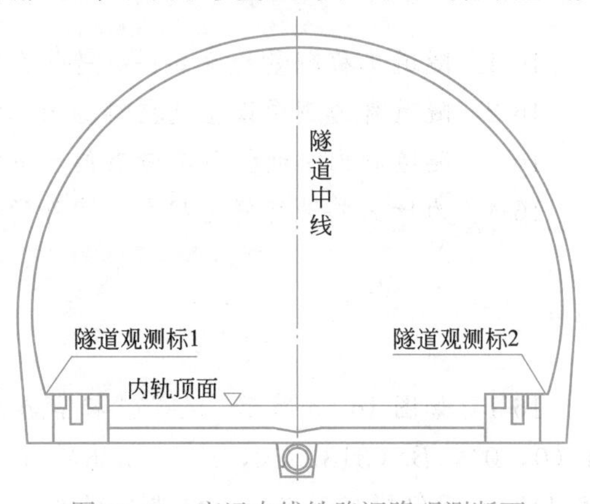

图 16-13　客运专线铁路沉降观测断面

16.8　隧道竣工测量

隧道竣工后，为了检查主要结构物及线路位置是否符合设计要求并提供竣工资料，为将来运营中的检修工作和设备安装等提供测量控制点，应进行竣工测量。

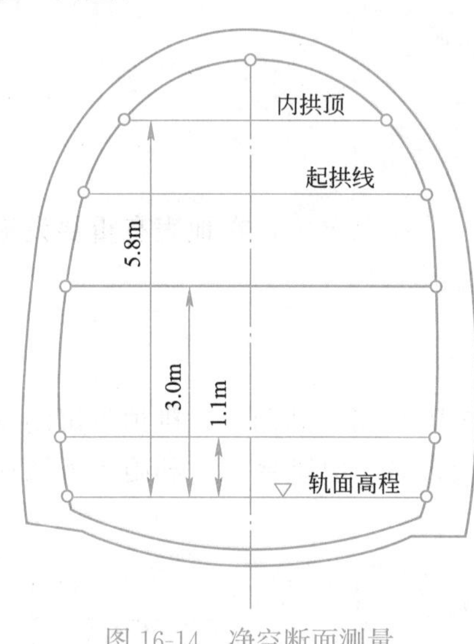

图 16-14　净空断面测量

隧道竣工时，首先检测中线点，从一端洞口至另一端洞口。检测闭合后，应在直线上每 200～250m、各曲线主点上埋设永久中线桩；洞内高程点应在复测的基础上每千米埋设一个永久水准点。永久中线点、水准点经检测后，除了在边墙上加以标示之外，需列出实测成果表，注明里程，必要时还需绘出示意图，作为竣工资料之一。

竣工测量另一主要内容是测绘隧道的实际净空断面，应在直线地段每 50m，曲线地段每 20m 或需要加测断面处施测。如图 16-14 所示，净空断面测量应以线路中线为准，测量拱顶高程、起拱线宽度、轨顶面以上 1.1、3.0、5.8m 处的宽度。其他断面形式的隧道，其具体测量部位应按设计要求确定。隧道断面测量现在大都采用激光断面仪量测，其采集信息由专用软件处理，随即绘出断面图，其精度完全满足断面测量精度要求。

竣工测量后一般要求提供下列图表：隧道长度表、净空表、隧道回填断面图、水准点表、中桩表、断链表、坡度表。

思考题

16-1　隧道工程测量的主要任务是什么？有哪几项主要测量工作？

16-2　隧道贯通测量误差包括哪些内容？什么误差是应主要控制的？

16-3　隧道洞内平面控制测量有何特点？常采用什么形式？

16-4　为什么要进行隧道洞内、洞外的联系测量？

习题

16-1　如图 16-15 所示，A、C 投点在线路中线上，导线坐标计算如下：A（0，0），B（318.582，－29.376），C（2630.566，0），D（2916.768，36.113），问仪器安置在 A、C 点怎样进洞测设。

图 16-15　习题 16-1 图

16-2　假设某隧道长 5km，洞外导线设计测角中误差 $m_\beta = \pm 1.8''$，测距相对中误差为十万分之一，导线点到贯通面的垂直距离和各导线边在贯通面上的投影长度列于表 16-10，试计算洞外导线测量对横向贯通的影响。

习题 16-2 表　　表 16-10

点号	导线点到贯通面的垂直距离(m)	导线边	导线边在贯通面上的投影长度(m)
2	3200	1-2	125
3	1930	2-3	420
4	620	3-4	80
5	260	4-5	440
6	300	5-6	210
7	500	6-7	180
8	1650	7-8	350
		8-9	160

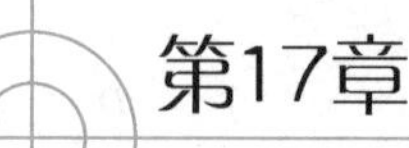

第17章 管道工程测量

本章知识点

【知识点】管道中线测量，管道纵横断面测量，管道施工测量和顶管施工测量。

【重点】管道纵横断面测量，管道施工测量。

【难点】绘制纵断面图、顶管施工测量工程应用。

17.1 概述

随着城市基础设施建设和其他各种工程建设的不断推进，在城市和工矿企业中敷设的管道也越来越多，如上下水、热力、输气、输油管道等。这些管道从设计、施工到竣工验收都需要测量工作的支持，我们把这种为管道工程建设服务的测量工作称为管道工程测量。

管道工程测量不仅是衔接管道设计与施工的关键步骤，也是保证管道工程顺利实施的重要措施。因此，对管道工程测量工作必须充分准备、合理安排、认真校核。一是要充分了解设计意图。通过仔细阅读设计图，对设计图纸和实际情况要进行对比，及时发现设计中的错误并处理。二是对工程精度要有总体把握。一般地，厂区内部管道比外部管道要求的精度高，永久性管道比临时性管道要求精度高。要仔细核实已知点的精度，若控制点较少或没有控制点，应补测控制点；若控制点精度较低，应重新布设或引测等级较高的控制点。三是认真校核。管道工程测量应具有统一的平面和高程控制系统。对计算的放样数据检核无误后方可使用，放样完成后应对放样数据进行检查。测量时严格按照设计要求，做到步步有检核。四是对工程进度要进行合理安排，避免重复作业或耽误工期。

管道工程测量的主要内容包括管道中线测量，管道纵、横断面测量，管道施工测量和管道竣工测量等。

17.2 管道中线和纵横断面测量

17.2.1 管道中线测量

管道中线测量与道路的中线测量基本相同，就是将设计的管道中线的平面位置测设在实地上，其任务包括主点测设、转向角测量、中桩测设等。

1. 主点测设

管道主点（起点、终点和转向点）的位置在设计资料中已给出。主点的测设方法有图解法和解析法两种。

（1）图解法

图解法是指在规划或设计图纸上，量取主点与附近固定地物间的数据关系，据此在实地确定主点位置的方法。如图 17-1 所示，Ⅰ、Ⅱ、Ⅲ点是设计管道的主点。欲在地面测设出Ⅰ、Ⅱ、Ⅲ点，先在图上量出 D，a、b、c、d、e、f 等相关距离，根据比例尺计算出实地测设数据，然后沿管道 MN 方向（M、N 为已有检查井位置），由 M 点实地量取 D 即得Ⅰ点，用直角坐标法测设Ⅱ点，用距离交会法测设Ⅲ点。测设主点时要进行校核，如用直角坐标法由 a、b 测设Ⅱ点后，还要量出 c 作为校核；用交会法由 d、e 测设Ⅲ点后，还要量出 f 作为校核。

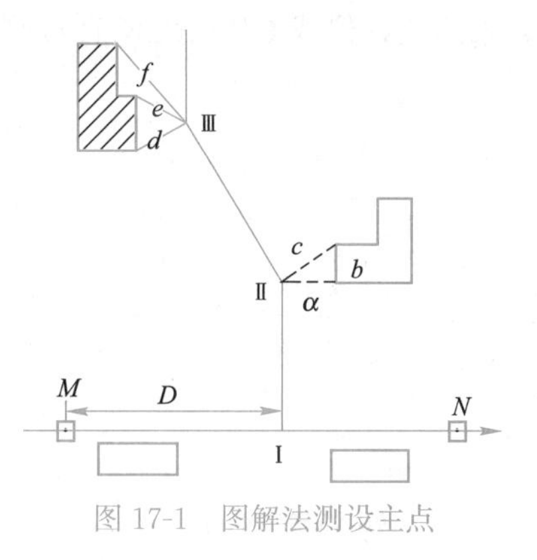

图 17-1 图解法测设主点

（2）解析法

解析法是根据设计给出的主点坐标和附近的导线点计算出测设数据（设计坐标和导线点的坐标系必须统一），将其标定于实地的方法。如图 17-2 所示，1、2、3…为导线点，M、N、P…为管道设计主点。首先根据 1、2 和 N 点坐标，计算出$\angle 12N$ 和 D，然后将经纬仪置于 2 点，后视 1 点，拨$\angle 12N$，得 $2N$ 方向，在此方向上量出距离 D 即得 N 点。其他各主点均可按此方法进行测设。也可用 GPS-RTK、全站仪等仪器测设主点。不论用何种方法，都应对结果进行校核。如在 3 点上测设 N 检核 N 的位置。

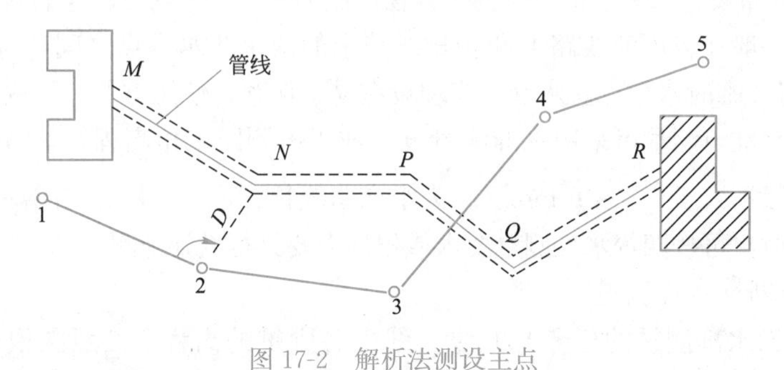

图 17-2 解析法测设主点

2. 中桩测设

中桩测设即在地面上沿管道中心线测设整桩和加桩。

整桩和加桩统称为里程桩。整桩是从起点开始，按里程每间隔一整数值设置的桩橛。整桩间隔一般为 20m、30m 或 50m。加桩是在相邻整桩间管线穿越重要地物处和地面坡度变化处加设的桩橛。整桩和加桩均须注明里程及桩号。

中桩测设，可采用经纬仪配合钢尺或皮尺，也可以使用全站仪或 GPS-RTK 等直接测设。若用钢尺或皮尺量距，一般要求丈量两次，相对误差一般不大于$\frac{1}{2000}$。

3. 转向角测量

转向角即管线转变方向后与原方向之间的夹角，有左、右角之分，如图 17-3 所示 θ_1（左偏）、θ_2（右偏）。转向角一般用经纬仪观测一测回即可。若采用全站仪或 GPS-RTK 直接测设中桩坐标，转向角以计算值为准。

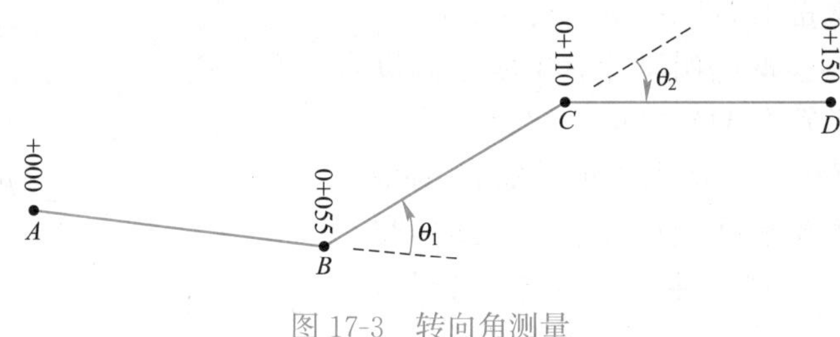

图 17-3　转向角测量

17.2.2　纵断面测量

管道纵断面测量的任务是根据水准点高程，测量各中桩的地面高程，然后根据测得的高程和相应的桩号绘制纵断面图。其方法与线路的纵断面测量方法基本相同，管道纵断面图是设计管道埋深、坡度和计算土方量的主要依据。管道纵断面测量的工作内容包括水准点的布设、纵断面水准测量和纵断面图的绘制。

1. 水准点的布设

为保证高程测量的精度，在纵断面水准测量之前，一般沿管道中线方向每隔 1～2km 布设一永久水准点。为了方便纵断面水准测量时分段附合和施工时引测高程，一般在较短的线路上和较长线路上的两永久水准点之间，每隔 300～500m 布设一临时水准点。水准点应埋设在易于保存、使用方便和不受施工影响的地方。水准点测量可采用水准测量方法或光电测距三角高程测量方法，高差闭合差一般不大于$\pm 30\sqrt{L}$ mm（L 为水准路线长度，以“km”计算）；若精度要求较高时，可按四等水准测量要求或根据需要另行设计施测。

2. 纵断面水准测量

纵断面水准测量的任务是测量中线上各中桩的高程，按照图根水准测量或图根光电测距三角高程测量的方法和精度要求施测。一般从一个水准点开始，沿中线逐桩测量各中桩高程并检查里程桩号后，附合到另一水准点上，转点一般为中桩点。水准点和转点上的读数须读至毫米，转点间的中桩点可用视线高程法求得，读至厘米。高差闭合差应不大于$\pm 40\sqrt{L}$ mm（L 为路线长度，以“km”计算）。若成果合格，闭合差不必调整。表 17-1 是某段纵断面水准测量记录手簿。

纵断面水准测量记录手簿　　　表 17-1

测站	桩号	水准尺读数			高差		仪器视线高	地面高程
		后视	前视	中视	+	−		
1	水准点 M 0+000	1.204	0.895		0.309			55.800 56.109
2	0+000 0+050 0+100	1.054	0.566	0.81	0.488		57.163	56.109 56.35 56.597
3	0+100 0+150 0+182 0+200	0.970	1.048	0.70 0.55		0.078	57.567	56.597 56.87 57.02 56.519
4	0+200 0+250 0+265 0+300	1.674	3.073	1.78 3.08		1.399	58.193	56.519 56.41 55.11 55.120

当管道较短时，纵断面高程测量可与水准点测量一起进行。

在进行纵断面高程测量时，应特别注意做好与其他管道交叉的调查工作，记录管道交叉点的桩号，测量已有管道的高程和管径等数据，并在纵断面图上标明其位置。

3. 纵断面图的绘制

如图 17-4 所示，纵断面图绘制一般在毫米方格纸上进行，图幅设计视

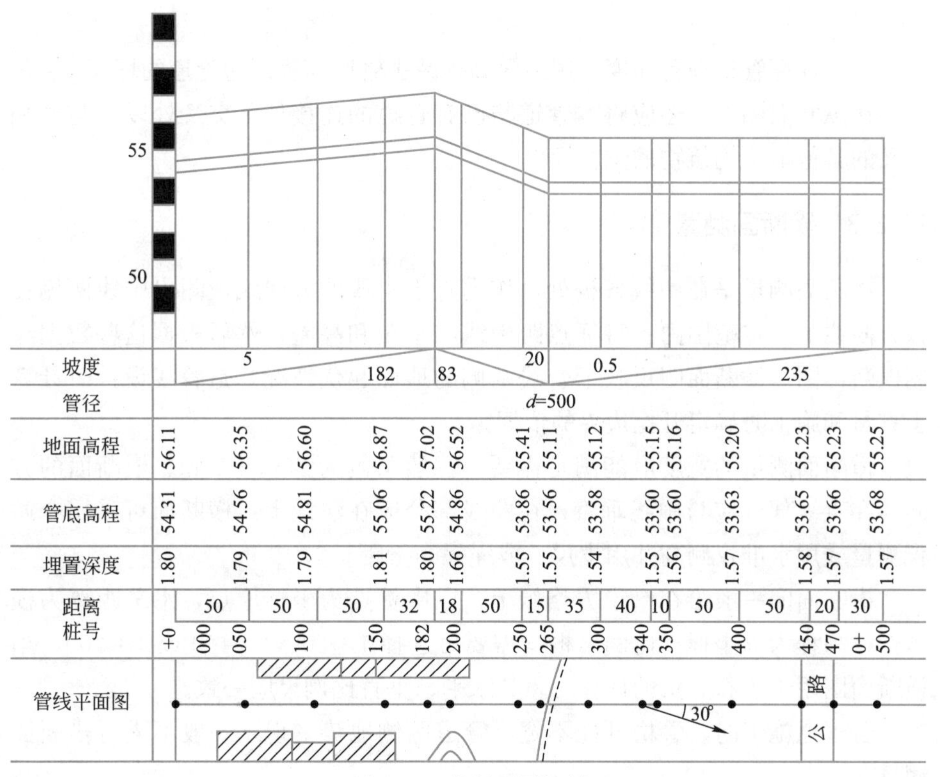

图 17-4　纵断面图绘制

线路长度、高差变化与晒印条件而定。纵断面图应自左至右展绘，以管道的里程为横坐标，各桩地面高程为纵坐标。为了更明显表示地面的起伏，一般纵断面的高程比例尺要比水平比例尺放大 10 倍或 20 倍。展绘地面线时，应根据高差和工程性质确定最高和最低点的位置，使地面线适中或偏上些。若中线有断链，应在纵断面上注记断链桩的里程及线路总长所增、减数值。其具体绘制方法如下：

（1）在毫米方格纸上适当位置绘出水平线，水平线上绘管线纵断面图，水平线下注记实测、设计和计算的有关数据。

（2）在管线平面图内表明整桩和加桩的位置，在桩号栏内注明各桩的桩号，距离栏内填写相邻两桩间的距离，在地面高程栏内注记各桩地面高程，并凑整到厘米（个别管道须注记到毫米）。

（3）水平线上部，按高程比例尺，依各桩的地面高程，在相应的垂直线上确定各点位置。用直线连接各点，即得纵断面图。

（4）根据设计要求，在纵断面图上绘出管道设计线。在坡度栏内注记坡度方向，用“/”“\”“—”分别表示上坡、下坡和平坡。坡度线上以千分数形式注记坡度值，线下注记该段坡度的距离。

（5）计算管底高程。管道起点的管底高程一般由设计者决定，其他各点的管底高程是根据管道起点的高程、设计坡度、各桩之间的距离逐点推算出来的。如 0+000 的管底高程为 54.31m，管道坡度为 +5‰（+号表示上坡），则 0+050 管底高程为

$$54.31+5‰\times50=54.31+0.25=54.56\text{m}$$

（6）计算管道埋置深度。用地面高程减去管底高程即为管道的埋深。

在纵断面图上，还应将本管道与已有管道的连接处、交叉处以及与之相交叉的其他地下构筑物的位置标出。

17.2.3 横断面测量

横断面测量是在中线各桩处，作垂直于中线的方向线，测出中线两侧在该方向线上一定范围内各特征点距中线的平距和高差，然后根据这些数据绘制横断面图。横断面图反映了管线两侧的地面起伏情况，是管线设计时计算土方量和施工时确定开挖边界的依据。

横断面测量的宽度应能满足需要，一般每侧为 20m～25m。横断面的方向，在直线部分应与中线垂直，在曲线部分应在法线上。横断面可采用全站仪测量或用水准仪测高并用皮尺（或绳尺）量距。

横断面图一般绘在毫米方格纸上，以中桩点为坐标原点，水平距离为横坐标，高程为纵坐标。比例尺根据需要可选择 1∶50、1∶100 或 1∶200。当横断面图用于土石方量的计算时，其水平、垂直比例尺应一致。

若管道施工时，管槽开挖不宽，管道两侧地势平坦，一般不进行横断面测量。

17.3 管道施工测量

管道工程施工前应结合图纸和现场情况，校核管道线路中线，然后测设出施工控制桩，确定槽口开挖边界线，再测设控制管道中线和高程的施工测量标志。根据管道所在的空间位置不同，可以分为地下管道施工测量和架空管道施工测量。

17.3.1 地下管道施工测量

1. 校核中线

检查设计标定的管道中线位置与施工时所需中线位置是否一致，若不一致或主点桩已经丢损，则需要重新测设管道中线。测设中线时，应同时定出井位等附属构筑物的位置。

2. 测设施工控制桩

在施工时，管道中线桩将会被挖掉，为便于恢复管道中线和检查井位置，应在引测方便、易于保存的地方测设施工控制桩。管线施工控制桩分为中线控制桩和井位控制桩两种。中线控制桩一般测设在管道主点处的中心线延长线上。如图 17-5（a）中所示的 1 和 2 井位控制桩测设于管道中线的垂直线上。

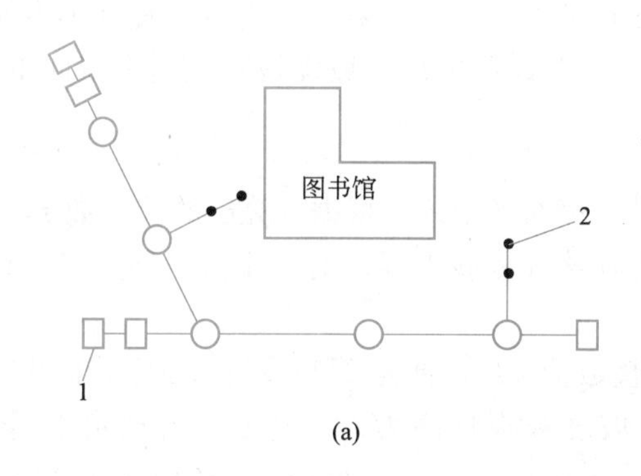

图 17-5　管道施工测量

3. 槽口放线

槽口边线宽度通常依据土质情况、管径大小、埋设深度等来确定。当横断面坡度较平缓时，通常用下述方法计算槽口宽度（如图 17-5b 所示）。

$$B=b+2mh \tag{17-1}$$

式中　b——槽底宽度；

$1:m$——槽边坡的坡度；

h——中线上挖土深度。

4. 测设控制管道中线及高程的施工测量标志

管道施工是按照设计的管道中线和高程进行的，在开槽前应设置控制管道中线和高程的施工测量标志，常用以下两种方法。

（1）龙门板法

龙门板法是控制管道中线位置和高程的常用方法。龙门板由坡度板和高程板组成，如图 17-6 所示。一般在检查井处和沿中线方向每隔 10～20m 处埋设一龙门板。

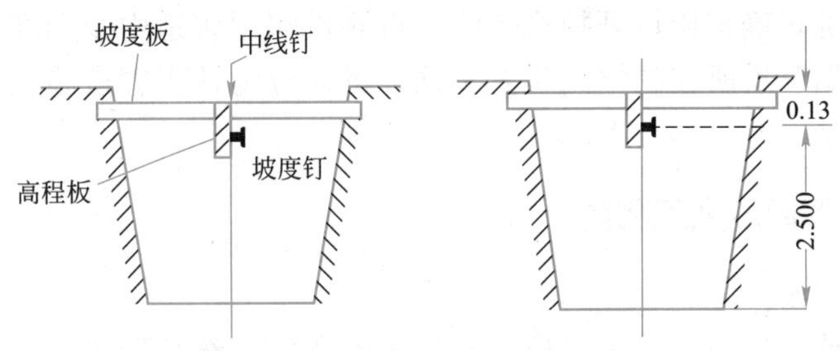

图 17-6　管道中线控制龙门板法

为了控制中线，一般将全站仪或经纬仪置于中线控制桩上，把管道中线投影到坡度板上，再用小钉标定其点位（中线钉），各龙门板上中线钉的连线即为管道的中线方向。还可将中线位置投影到管槽内。

为了控制管槽的开挖深度，应先从已知水准点，用水准仪测出各坡度板的板顶高程，再根据管道坡度计算出该处管底的设计高程，二者之差即为由坡度板的板顶向下开挖的深度（下返数），即

下返数＝板顶高程－管底高程

由于各坡度板的下返数不一致且基本上不是整数，施工或检查都不方便，因此，可令下返数为一整数值 M，由下式算出每一坡度板顶应向下或向上量的改正数 ε 为

$$\varepsilon = M - (H_{板顶} - H_{管底}) \tag{17-2}$$

在坡度板上设一高程板，使其一侧对齐中线。根据计算出的改正数 ε，在高程板竖面上标出一条高程线，再在该高程线上横向钉一小钉，称为坡度钉，如图 17-6 所示。

从坡度钉再向下量下返数（整数值 M），便是管底设计高程。如：已知 0＋000 的管底高程为 54.310m，坡度板板顶高为 56.929m。若选定下返数 M＝2.500m，则 0＋000 的改正数 ε＝2.500－(56.929－54.310)＝－0.119m。即由坡度板顶向下量 0.119m，便是坡度钉的位置，再由坡度钉向下量取下返数 2.500m，便是管底高程。

（2）平行轴腰桩法

对现场坡度大、管径小、精度要求不高的管道，可采用平行轴腰桩法控制管道中线和管底高程。

1）测设平行轴线。为控制管道中线位置，开工前先在中线一侧测设一排与中线平行的轴线桩。桩位应落在槽开挖边线外，各桩间距 10～20m，各检查井位也应在平行轴线上设桩。如图 17-7 中 A 点，各平行轴线桩与管道中线桩

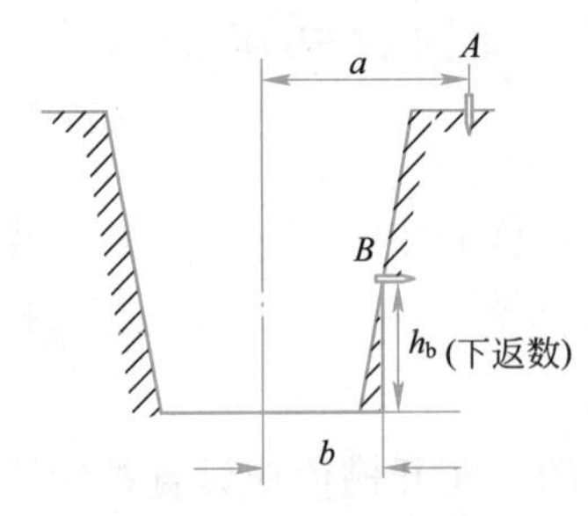

图 17-7　平行轴腰桩法

的平距为 a。

2）钉腰桩。为控制管底高程，在槽坡上（距槽底约 1m 左右）再钉一排与 A 轴对应的轴线桩 B，称为腰桩。在腰桩上钉一小钉，用水准仪测出腰桩上小钉的高程。则小钉高程与该处管底设计高程之差为 h_b（下返数），如图 17-7 所示。用各腰桩 h_b 即可控制埋设管道的高程。

由于腰桩上各点的下返数都不一样，在施工和检查中较麻烦，容易出错。为此，先确定下返数为一整数 M，并计算出腰桩的高程值。然后用水准仪据此值在槽坡上测设出腰桩并钉设小钉标明其位置，则此时各小钉的连线与设计坡度线平行，而小钉的高程与管底高程相差为一常数 M。

17.3.2 架空管道施工测量

1. 管架基础施工测量

架空管道主点测设与地下管道测设相同。

管架基础中心桩测设后，一般采用骑马桩法进行控制。如图 17-8 所示，管线上每个支架中心桩（如 1 点）在开挖时要挖掉，因此须将其位置引测到互为垂直的四个控制桩上。先在主点 A 置经纬仪，然后在 AB 方向上钉出 a、b 两控制桩，仪器移至 1 点，在垂直于管线方向标定 c、d 点，有了控制桩，即可决定开挖边线进行施工。

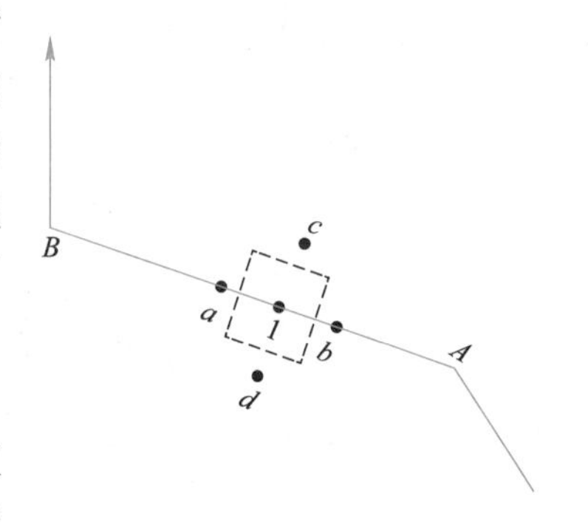

图 17-8　管架基础中心控制桩

2. 架空管道的支架安装测量

架空管道安装在钢筋混凝土支架或钢支架上，安装管道支架时，应配合施工进行柱子垂直校正和标高测量工作。

17.4 顶管施工测量

当管道穿越铁路、公路、河流或建筑物时，往往不能开槽施工，须采用顶管施工方法。该方法需要在顶管的两端先挖工作坑，然后于坑内安装导轨，把管材放在导轨上，再用顶管的方法，将管材沿管线方向顶进土中，最后将管内土方挖出，从而形成管道。顶管施工测量工作的主要任务是测设好管道中线方向、高程及坡度。

1. 顶管测量的准备工作

（1）设置顶管中线桩

测设时先在工作坑的前后中线上钉立两个桩，称为中线控制桩。待开挖到设计高程后，再根据中线控制桩将中线引测到坑壁上，并钉木桩，此桩称为顶管中线桩，用以指示顶管中线位置。中线控制桩、顶管中线桩和管道中线应在一条直线上。测量时应有足够的校核，中线桩要钉牢固，防止丢失或碰动。

（2）测设坡度板和水准点

当工作坑开挖到一定深度时，应先在其两端埋设坡度板，并在其上钉中线钉，中线钉代表管道中线位置；再按设计要求在板上测设坡度钉，坡度钉用于控制挖槽深度和安装导轨。坡度板应牢固，位置一般选在距槽底 1.8～2.2m 处为宜。

工作坑内需设置水准点，作为安装导轨和顶管顶进过程中掌握高程的依据。可在靠近顶管起点处设一木桩，使桩顶或桩上钉的高程与顶管起点管底设计标高相同（图 17-9）。为确保此水准点高程准确，引测时尽量不设转点，并需经常校核，其误差应不大于±5mm。

（3）导轨安装

导轨用以控制顶进的方向和高程，常用钢轨（图 17-10）或断面为 15cm×20cm 的方木（图 17-11）。为正确地安装导轨，应先算出导轨的轨距 A_0，使用木导轨时，还应求出导轨抹角的 x 值和 y 值（y 值一般规定为 50mm）。

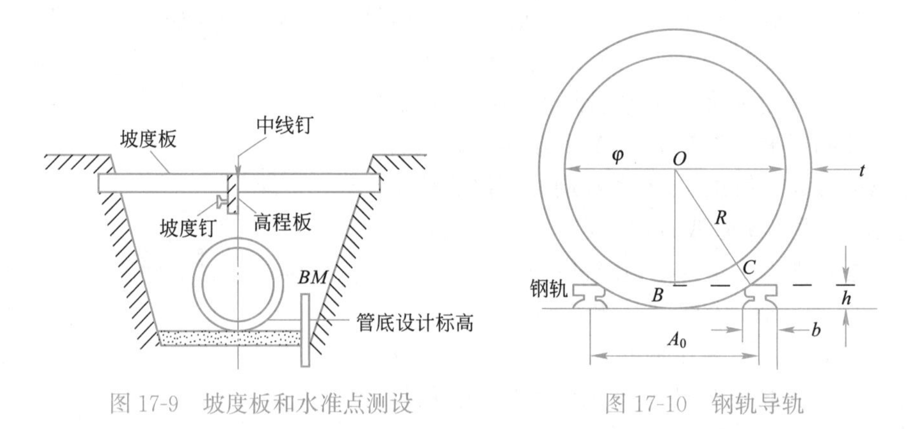

图 17-9　坡度板和水准点测设　　图 17-10　钢轨导轨

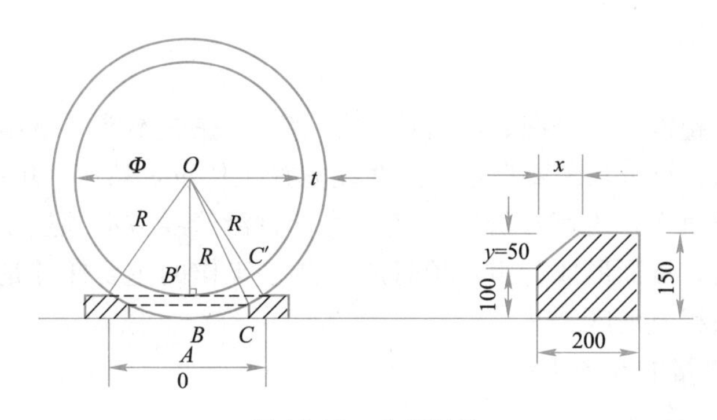

图 17-11　木质导轨

1）钢导轨轨距 A_0 的计算

由图 17-10 可知

$$\left.\begin{aligned}A_0&=2\times BC+b\\BC&=\sqrt{R^2-(R-h)^2}\end{aligned}\right\}\qquad(17\text{-}3)$$

式中　R——管外壁半径；

b——轨顶宽度；

h——钢轨高度。

2）木导轨轨距 A_0 及抹角 x 值的计算

从图 17-11 中（木导轨断面为 150mm×200mm）可看出

$$\left.\begin{aligned}BC&=\sqrt{R^2-(OB)^2}=\sqrt{R^2-(R-100)^2}=\sqrt{200R-100^2}=10\sqrt{2R-100}\\B'C'&=\sqrt{R^2-(OB')^2}=\sqrt{R^2-(R-150)^2}=\sqrt{300R-150^2}=10\sqrt{3R-255}\\A_0&=2(BC+x)\\x&=B'C'-BC=10\sqrt{3R-255}-10\sqrt{2R-100}\end{aligned}\right\} \tag{17-4}$$

式中　R——管外壁半径（mm）；

A_0——木导轨轨距（mm）；

x——抹角横距（mm）。

由上式计算得各种管径的 A_0 及 x 值见表 17-2。

各种管径的 A_0 及 x 的计算值　　　　**表 17-2**

管内经 φ(mm)	管壁厚 t(mm)	抹角(mm)		轨距 A_0(mm)
		横距 x	纵距 y	
900	155	66	50	866
1000	155	69	50	896
1100	155	73	50	924
1250	155	78	50	964
1600	155	88	50	1051
1800	155	94	50	1097

3）导轨的安装

导轨一般安装在木基础或混凝土基础上。基础面高程和坡度都应符合设计要求，中线处高程应稍低，以利于排水和减少管壁摩擦。安装时，根据 A_0 及 x 值稳定好铁轨或方木，然后根据中心钉和坡度钉用与管材半径一样大的样板检查中心线和高程，无误后，将导轨稳定牢固。

2. 顶进过程中的测量工作

顶管过程中，测量的主要任务是控制好管线的中线位置和高程。测量工作分为中线测量和高程测量两部分。

（1）中线测量

当顶管距离较短时，如小于 50m，可以顶管中线桩连线为方向线。通过顶管中线桩拉一条细线，并在细线上挂两个垂球，两垂球的连线即为管道方向线，然后在此方向上以水平尺控制中线方向。如图 17-12 所示，在管内安置一个水平尺，其上有刻划和中心钉。如果两垂球的连线方向与水平尺的中心钉重合，则说明管的中心在设计方向线上；如尺上中心钉偏向哪一侧，则表

明管道也偏向哪个方向。为了及时发现顶进的中线是否有偏差，中线测量以每顶进 0.5m 量一次为宜。

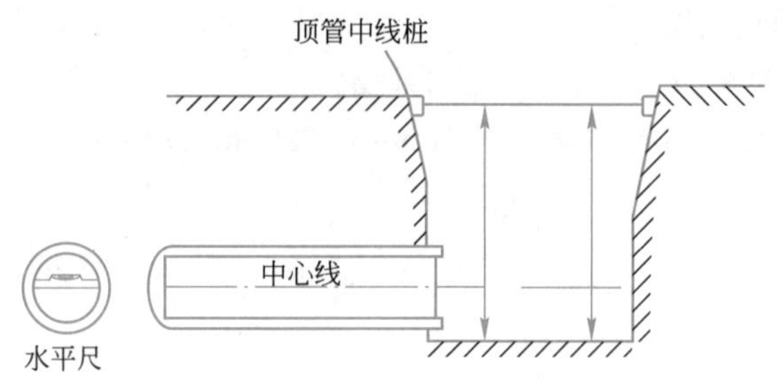

图 17-12　顶管施工中心线测量

当顶管距离较长时，如大于 100m，可在中线上每 100m 设一工作坑，分段施工，采用对向顶管施工方法。当顶管距离太长时可采用激光导向仪定向。采用对向顶管施工方法，贯通时管子错口不得超过 30mm。

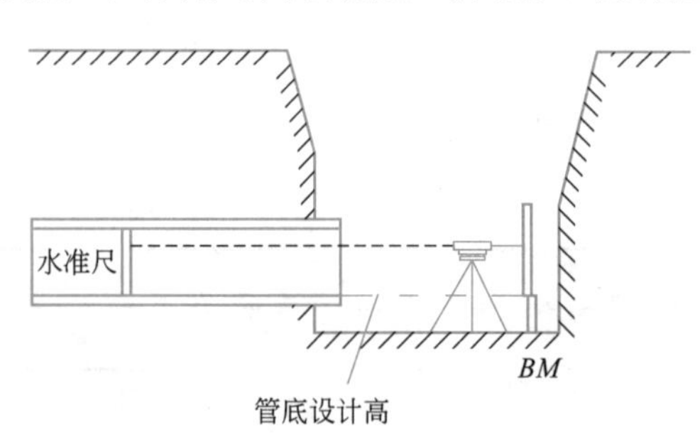

图 17-13　顶管施工高程测量

（2）高程测量

如图 17-13 所示，以工作坑内水准点为后视，以顶管内待测点为前视，将测得的高程与管底设计高程相比较，其高程偏差要求为：高不得超过设计高程 10mm，低不得低于设计高程 20mm。

17.5　管道竣工测量和竣工图的编绘

管道工程竣工后，为反映施工成果，应进行竣工测量，整理竣工资料并编绘竣工图。竣工资料和竣工图是工程交付使用后，管理、维修以及改、扩建时的可靠依据。

地下管线必须在回填土以前测量出转折点、起止点、管井的坐标和管顶标高，并根据测量资料编绘竣工平面图和纵断面图。竣工平面图应全面地反映管道及其附属构筑物的平面位置，竣工纵断面图应全面反映管道及其附属构筑物的高程。竣工图一般根据室外实测资料进行编绘，如工程较小或不甚重要时，也可在施工图上，根据施工中设计变更和测量验收资料，在室内修绘。

思考题

17-1　管道工程测量的主要内容是什么？

17-2　管道中线测量的实质是什么？其任务有哪几项？

17-3　简要介绍顶管施工方法。

17-4　顶管施工测量工作的主要任务是什么？

习题

17-1　根据纵断面水准测量记录（表17-3），计算各点的高程。

纵断面水准测量记录手簿　　表17-3

测站	桩号	水准尺读数			高差		仪器视线高	地面高程
		后视	前视	中视	+	—		
1	0+000 0+033 0+070 0+100	1.480	 0.905	 1.63 1.83				34.050
2	0+100 0+200	1.379	 0.278					
3	0+200 0+224 0+268 0+300	1.278	 0.159	 0.94 1.48				
4	0+300 0+335 0+400	1.466	 1.032	 1.69				

17-2　根据第17-1题计算的水准测量成果，绘出纵断面图。要求水平比例尺1∶1000，高程比例尺1∶50，且已知管道起点管底设计高程为32.40m，坡度为+7‰，绘出设计管线。

17-3　已知A、B两井之间的距离50m，其坡度为-5%，A井的管底高程为135.250m，设置腰桩是从附近水准点（高程为139.234m）引测的。若每隔10m在沟槽内设置一腰桩，选定下返数$M=1$m。试计算出各个腰桩的前视读数。

附录
测量常用计量单位与换算

角度常用单位与换算		
度	弧度	
1 圆周＝360° 1°＝60′ 1′＝60″	1 圆周＝2π 弧度(Rad) 1 弧度＝57.2598°＝ρ° ＝206265″＝ρ″	

长度常用单位与换算		
公制	英制	美制
1 公里(km)＝1000 米(m) 1 米(m)＝10 分米(dm) ＝100 厘米(cm) ＝1000 毫米(mm) 1 公里(km)＝0.6214 英里(mi) 1 米(m)＝1.0936 码(yd) ＝3.2808 英尺(ft) 1 厘米(cm)＝0.3937 英寸(in)	1 英里(mi)＝1.6093 公里(km) ＝5280 英尺(ft) 1 英尺(ft)＝12 英寸(in) ＝0.3048 米(m) 1 英寸(in)＝2.5400 厘米(cm) 1 海里＝1852 米(m)	1 码(yd)＝3 英尺(ft) ＝0.9144 米(m) 1 英里(mi)＝1760 码(yd) ＝1.6093 千米

面积常用单位与换算		
公制	市制	英制
1 平方公里＝1000000 平方米 1 公顷＝10000 平方米 ＝15 亩 1 平方米＝100 平方分米 ＝10000 平方厘米 ＝1000000 平方毫米	1 亩＝666.6667 平方米 ＝0.06666667 公顷 ＝0.1647 英亩 1 平方米＝0.0015 亩	1 平方英寸＝6.4516 平方厘米 1 平方码＝9 平方英尺 ＝0.8361 平方米 1 英亩＝4840 平方码 ＝4046.86 平方米 1 平方英里＝640 英亩 ＝259.0 公顷

温度常用单位与换算		
摄氏度(℃)	华氏度(℉)	
20℃＝68℉ 摄氏度(℃)＝(℉－32)×5/9	100℉＝37.8℃ 华氏度(℉)＝(℃×9/5)＋32	

气压常用单位与换算		
毫巴(mBar)	百帕(hpa)	毫米汞柱(mmHg)
1 毫巴(mbar)＝1 百帕(hpa)＝ 0.7501 毫米汞柱(mmHg) 1013.25 毫巴(mbar)＝ 1 标准大气压	1 百帕(hpa)＝1 毫巴(mBar)＝ 0.7501 毫米汞柱(mmHg) 1013.25 百帕(hpa)＝ 1 标准大气压	1 毫米汞柱(mmHg)＝ 1.3332 百帕(hPa) 760mmHg＝1 标准大气压

参考文献

[1] 合肥工业大学，重庆建筑大学，天津大学，哈尔滨建筑大学合编. 测量学（第四版）[M]. 北京：中国建筑工业出版社，2009.

[2] 覃辉等. 测量学 [M]. 北京：中国建筑工业出版社，2007.

[3] 杨松林等. 测量学 [M]. 北京：中国铁道出版社，2001.

[4] 王侬等. 现代普通测量学 [M]. 北京：清华大学出版社，2009.

[5] 王兆祥主编. 铁道工程测量 [M]. 北京：中国铁道出版社，1998.

[6] 王兆祥，朱成燐主编. 铁道工程测量学（上册）[M]. 北京：中国铁道出版社，1989.

[7] 朱成燐，王兆祥主编. 铁道工程测量学（下册）[M]. 北京：中国铁道出版社，1989.

[8] 宁津生，陈俊勇，李德仁，刘经南，张祖勋等编著. 测绘学概论（第二版）[M]. 武汉：武汉大学出版社，2018.

[9] 武汉大学测绘学院测量平差学科组编著. 误差理论与测量子差基础 [M]. 武汉：武汉大学出版社，2003.

[10] 顾孝烈，鲍峰，程效军. 测量学（第四版）[M]. 上海：同济大学出版社，2011.

[11] 施一民. 现代大地控制测量（第二版）[M]. 北京：测绘出版社，2008.

[12] 张坤宜主编. 交通土木工程测量 [M]. 武汉：武汉大学出版社，2008.

[13] 刘大杰，施一民等. 全球定位系统（GPS）的原理与数据处理 [M]. 上海：同济大学出版社，1996.

[14] 陈久强，刘文生. 土木工程测量（第二版）[M]. 北京：北京大学出版社，2012.

[15] 刘书玲. 高层建筑施工细节详解 [M]. 北京：机械工业出版社，2009.

[16] 高井祥，肖本林等. 数字测图原理与方法（第三版）. 徐州：中国矿业大学出版社，2015.

[17] 杨晓明，王德军，时东玉. 数字测图（内外业一体化）[M]. 北京：测绘出版社，2005.

[18] 王侬，廖元焰. 地籍测量（第二版）[M]. 北京：测绘出版社，2008.

[19] 詹长根，唐祥云等. 地籍测量学（第三版）[M]. 武汉：武汉大学出版社，2011.

[20] 郭玉社. 房地产测绘（第二版）[M]. 北京：机械工业出版社，2018.

[21] 中华人民共和国行业标准. 城市测量规范 CJJ T8—2011. 北京：中国建筑工业出版社，2011.

[22] 吕永江. 房产测量规范与房地产测绘技术. 北京：中国标准出版社，2001.

[23] 中华人民共和国国家标准. 国家三、四等水准测量规范 GB/T 12898—2009. 北京：中国标准出版社，2009.

[24] 中华人民共和国国家标准. 全球定位系统（GPS）测量规范 GB/T 18314—2009. 北京：中国标准出版社，2009.

[25] 中华人民共和国行业标准. 全球定位系统城市测量技术规程 CJJ 73—2010. 北京：中国建筑工业出版社，2010.

[26] 中华人民共和国行业标准. 公路全球定位系统（GPS）测量规范 JTJ/T 066—98. 北京：人民交通出版社，1998.

[27] 中华人民共和国行业标准. 公路勘测规范 JTGC 10—2007. 北京：人民交通出版社，2007.

[28] 中华人民共和国行业标准. 公路工程技术标准 JTGB 01—2014. 北京：人民交通出版社，2014.

[29] 城镇地籍调查规程 TD 1001—93. 北京：地质出版社，1993.

[30] 中华人民共和国测绘行业标准. 地籍测绘规范. CH 5002—94. 北京：中国林业出版社，1995.

[31] 中华人民共和国测绘行业标准. 地籍图图式. CH 5003—94. 北京：中国林业出版社，1995.

[32] 中华人民共和国行业标准. 铁路工程测量规范. TB 10101—2018. 北京：中国铁道出版社，2018.

[33] 中华人民共和国国家标准. 工程测量规范. GB 50026—2007. 北京：中国计划出版社，2008.

[34] 中华人民共和国国家标准. 国家基本比例尺地图图式第 1 部分：1∶500 1∶1000 1∶2000 地形图图式 GB/T 20257.1—2007 [S]. 北京：中国标准出版社. 2008.

[35] 中华人民共和国国家标准. 中国有色金属工业总公司主编. 工程摄影测量规范 GB 50167—2014 [S]. 北京：中国计划出版社. 2014.

[36] 中华人民共和国行业标准. 建筑变形测量规程 JGJ/T 8—2016 [S]. 北京：中国建筑工业出版社，2016.

高等学校土木工程学科专业指导委员会规划教材
(按高等学校土木工程本科指导性专业规范编写)

征订号	书 名	作者	定价
V21081	高等学校土木工程本科指导性专业规范	土木工程专业指导委员会	21.00
V20707	土木工程概论(赠课件)	周新刚	23.00
V32652	土木工程制图(第二版)(含习题集、赠课件)	何培斌	85.00
V35996	土木工程测量(第二版)(赠课件)	王国辉 魏德宏	68.00
V34199	土木工程材料(第二版)(赠课件)	白宪臣	42.00
V20689	土木工程试验(含光盘)	宋 彧	32.00
V35121	理论力学(第二版)(含光盘)	温建明	58.00
V23007	理论力学学习指导(赠课件素材)	温建明 韦 林	22.00
V20630	材料力学(赠课件)	曲淑英	35.00
V31273	结构力学(第二版)(赠课件)	祁 皑	55.00
V31667	结构力学学习指导	祁 皑	44.00
V20619	流体力学(赠课件)	张维佳	28.00
V23002	土力学(赠课件)	王成华	39.00
V22611	基础工程(赠课件)	张四平	45.00
V22992	工程地质(赠课件)	王桂林	35.00
V22183	工程荷载与可靠度设计原理(赠课件)	白国良	28.00
V23001	混凝土结构基本原理(赠课件)	朱彦鹏	45.00
V31689	钢结构基本原理(第二版)(赠课件)	何若全	45.00
V20827	土木工程施工技术(赠课件)	李慧民	35.00
V20666	土木工程施工组织(赠课件)	赵 平	25.00
V34082	建设工程项目管理(第二版)(赠课件)	臧秀平	48.00
V32134	建设工程法规(第二版)(赠课件)	李永福	42.00
V20814	建设工程经济(赠课件)	刘亚臣	30.00
V26784	混凝土结构设计(建筑工程专业方向适用)	金伟良	25.00
V26758	混凝土结构设计示例	金伟良	18.00
V26977	建筑结构抗震设计(建筑工程专业方向适用)	李宏男	38.00
V29079	建筑工程施工(建筑工程专业方向适用)(赠课件)	李建峰	58.00
V29056	钢结构设计(建筑工程专业方向适用)(赠课件)	于安林	33.00
V25577	砌体结构(建筑工程专业方向适用)(赠课件)	杨伟军	28.00
V25635	建筑工程造价(建筑工程专业方向适用)(赠课件)	徐 蓉	38.00
V30554	高层建筑结构设计(建筑工程专业方向适用)(赠课件)	赵 鸣 李国强	32.00

续表

征订号	书　　名	作者	定价
V25734	地下结构设计(地下工程专业方向适用)(赠课件)	许　明	39.00
V27221	地下工程施工技术(地下工程专业方向适用)(赠课件)	许建聪	30.00
V27594	边坡工程(地下工程专业方向适用)(赠课件)	沈明荣	28.00
V35994	桥梁工程(道路桥梁工程专业方向适用)(赠课件)	李传习	98.00
V25562	路基路面工程(道路与桥工程专业方向适用)(赠课件)	黄晓明	66.00
V28552	道路桥梁工程概预算(道路与桥工程专业方向适用)	刘伟军	20.00
V26097	铁路车站(铁道工程专业方向适用)	魏庆朝	48.00
V27950	线路设计(铁道工程专业方向适用)(赠课件)	易思蓉	42.00
V27593	路基工程(铁道工程专业方向适用)(赠课件)	刘建坤 岳祖润	38.00
V30798	隧道工程(铁道工程专业方向适用)(赠课件)	宋玉香 刘　勇	42.00
V31846	轨道结构(铁道工程专业方向适用)(赠课件)	高　亮	44.00

注：本套教材均被评为《住房城乡建设部土建类学科专业“十三五”规划教材》。